国家社会科学基金重点项目"我国儿童青少年人格发展及其培养研究"（11AZD089）

中国儿童、青少年
健全人格发展评定与培养研究

杨丽珠 等◎著

Evaluation and Cultivation of
Healthy Personality Development for
Children and Adolescents in China

科学出版社
北　京

内 容 简 介

儿童、青少年是中华民族的未来，是实现中国梦的建设者，培养其健全人格是培育和践行社会主义核心价值观的必然要求，是中华民族文化传承，深化教育改革，促进儿童、青少年健康成长的正确选择。

本书综合采用量表法、访谈法、实验法、观察法等研究方法，全面、系统、深入地探索了儿童、青少年人格发展指标体系（结构），促进了人格研究的理论创新；制定了基于全国样本的标准化系列人格评定工具，建立常模；探讨了我国儿童、青少年人格跨阶段的发展特点；探究了家庭、教育机构（幼儿园或学校）、同伴群体等环境因素，气质、神经机制等对人格发展的影响；设计了培养幼儿健全人格发展的实验游戏库、小学生健全人格发展的互动体验式活动库、初中生健全人格发展的团体体验式活动库；进行了教育现场实验，探索了我国儿童、青少年人格培养模式。

本书适合心理学、教育学领域的研究者和学生，以及幼儿园、中小学教师及家长阅读和参考。

图书在版编目（CIP）数据

中国儿童、青少年健全人格发展评定与培养研究 / 杨丽珠等著. —北京：科学出版社，2022.10
ISBN 978-7-03-073334-4

Ⅰ. ①中⋯ Ⅱ. ①杨⋯ Ⅲ. ①儿童心理学-人格心理学-研究-中国②青少年心理学-人格心理学-研究-中国 Ⅳ. ①B844.1②B844.2

中国版本图书馆 CIP 数据核字（2022）第 184582 号

责任编辑：孙文影　高丽丽 / 责任校对：郑金红
责任印制：李　彤 / 封面设计：有道文化

科 学 出 版 社 出版
北京东黄城根北街 16 号
邮政编码：100717
http://www.sciencep.com

北京建宏印刷有限公司 印刷
科学出版社发行　各地新华书店经销
*
2022 年 10 月第 一 版　开本：720×1000　1/16
2022 年 10 月第一次印刷　印张：31 1/4
字数：587 000

定价：199.00 元
（如有印装质量问题，我社负责调换）

前 言
PREFACE

《中国儿童、青少年健全人格发展评定与培养研究》一书是我们承担的国家社会科学基金重点项目"我国儿童青少年人格发展及其培养研究"（11AZD089）的研究成果。

党的十八大以来，党和国家注重人的心理和谐，注重人文关怀和心理疏导，将立德树人作为教育的根本任务，多次强调心理健康对于全面建成小康社会的重要性。健全人格者就是心理健康的人。儿童、青少年是中华民族的未来，是实现中国梦的建设者，培养其健全人格是培育和践行社会主义核心价值观的必然要求，是中华民族文化传承，深化教育改革，促进儿童、青少年健康成长的正确选择。我们必须从国家任务、民族责任的高度去理解和践行儿童、青少年健全人格研究与培养的历史使命和责任。

人格是在生物基础上受社会生活条件制约而形成的，独特而稳定的，具有调控能力、倾向性和动力性的各种心理特征的综合系统[1]。儿童人格是以个性差异、适应特征和生活事件整合的形式表现出来的，在文化和情境中体现出差异性和复杂性[2]。作为决定人的典型行为方式的心理系统或动力结构，人格会直接影响人们在环境变化及其适应过程中的态度、信念、情绪和行为。健全人格也称完美人格、优秀人格或理想人格，是各种积极人格特征的有机整合[3]。儿童、青少年健全人格是不断发展的，其内涵具有独特性，是指儿童、青少年人格结构中具有普遍性和积极适应性的典型人格特质的健康、均衡、稳定发展。

西方国家致力于对儿童、青少年人格的结构及其发展特征进行有效评价，形成了具有一定跨文化普适性的"大五"人格和"小五"人格结构，即人格由开放性、公正严谨性、外倾性、宜人性、神经质5个维度构成，并以此为理论依托构建了较为系统的包括问卷测量、结构访谈、投射测验、同伴提名、自然观察、实

---

[1] 杨丽珠：《幼儿个性发展与教育》，世界图书出版公司1993年版，第11页。
[2] DeYoung, C. G. Personality Neuroscience and the biology of traits. Social & Personality Psychology Compass, 2010, 4（12），1165-1180.
[3] 黄希庭：《健全人格与心理和谐》，重庆出版社2010年版，第63页。

验室测量、童话故事测验等多种方法结合的综合测评体系,开发了诸如BFQ-C、SIFFM、NPQ、BPI等有效的测评工具。目前,研究者大多利用这些测评工具对儿童、青少年人格发展进行追踪研究,探讨了人格发展的内容构成和特质水平的变化及这种变化的个体差异,并进一步考察了遗传、社会环境等诸多因素在其中的作用,为正常或具有轻微人格障碍儿童、青少年良好人格教育方案的制订提供了理论基础和技术支持。很多国家开展了人格教育运动,家庭和学校教育依儿童、青少年发展规律而行。我国对儿童、青少年人格的研究尚不全面,成体系的本土化研究还不多见,并存在一些问题,尚未形成综合的测评与理论体系;缺少长期的追踪研究及对人格发展机制的探索;还没有形成家园、家校共建的完善培育方案及教育指导体系等。

鉴于上述分析,1983年以来,我们针对我国儿童、青少年人格发展呈多元化的特点,以辩证唯物主义为指导,借鉴系统论和生态化思想,将理论研究、实证研究和经验总结有机结合,在全面、系统地评述儿童、青少年人格发展理论的基础上,对我国儿童、青少年人格发展与教育进行了全方位的系统研究。我们的研究分为五个阶段,第一阶段为1981—1996年,第二阶段为1996—2001年,第三阶段为2001—2008年,第四阶段为2008—2012年,第五阶段为2012年至今[1]。第五阶段研究是在前4个阶段研究[2]的基础上进行的。习近平总书记高度评价了马克思主义的指导地位,他认为:"马克思主义揭示了事物的本质、内在联系及发展规律,是'伟大的认识工具',是人们观察世界、分析问题的有力思想武器;马克思主义具有鲜明的实践品格,不仅致力于科学'解释世界',而且致力于积极'改变世界'。"[3]为此,我们首先要认识儿童、青少年人格发展的规律,解释儿童、青少年人格发展的状况,在此基础之上进行应用研究,提升儿童、青少年健全人格发展的水平。具体而言,我们运用EEG/ERP、眼动、生理多导仪、教育现场实验、现场追踪观察等技术手段,以及跨文化(中美、中澳、中新、中日韩、中德等)和本土化相结合的研究,系统地探索了中国儿童、青少年人格及其重要特质(如自我认知、自我控制、自我意识情绪、自尊、同情等)的结构、类型、发展特点、评估工具;初步探究了生理、气质、认知、家庭、社会环境、文化等因素在儿童、青少年人格发展中的作用;探究了促进儿童、青少年人格发展与教育的规律,建构出一套培养中国儿童、青少年健全人格发展的有效、可行的教育途径与方法,

---

[1] 第一阶段为1981—1996年(不含1996年),第二阶段为1996—2001年(不含2001年),第三阶段为2001—2008年(不含2008年),第四阶段为2008—2012年(不含2012年),第五阶段为2012年至今。全书重叠的时间分段均以此类推。

[2] 杨丽珠:《儿童青少年人格发展与教育》,中国人民大学出版社2014年版,第2-5页。

[3] 习近平:《在哲学社会科学工作座谈会上的讲话》,《民族论坛》2016年第5期,第4-12页。

取得了系列的开创性研究成果。

一、探索出中国儿童、青少年人格结构，制定出人格评定量表和全国常模

　　儿童、青少年人格的内涵和构成是研究人格要解决的基本问题。对于该问题，我们历经了3轮、15年的研究探索。第一轮研究经探索性因素分析得出教师评价的幼儿和小学生人格结构①。为验证此结构的合理性，在第二轮研究中，我们首先运用质化研究梳理来自全国六大区、16个省份的教师自由描述词，结合理论推导和质化研究结果，编制出儿童人格发展教师评定问卷，经探索性因素分析和验证性因素分析得出幼儿和小学生人格结构②。2011年，我们综合多种方法进行了第三轮研究，首先结合教师的自由描述和词汇学方法对儿童人格进行质化研究，确立了儿童人格的描述性结构，在质化研究的基础上经理论推导、实证研究，最终确定幼儿人格由5个维度、15个特质构成，小学生人格由5个维度、15个特质构成，这5个维度与幼儿人格的5个维度相同，但具体包含的特质有差别，进而编制了中国幼儿人格教师评定量表、中国小学生人格教师评定量表③，两个量表的信度、效度指标均良好。我们从幼儿人格各维度抽取了探索性、自制力、善交际、分享行为、情绪稳定性5个人格特质，并依据特质的内涵设计了5个情境实验，从小学生人格维度中抽取了创造性思维、坚持性、善交际、合作行为、情绪稳定性5个人格特质，并依据特质的内涵设计了5个情境实验，计算实验结果与问卷结果的相关，得出问卷具有较好的构念效度。对于12～15岁少年儿童人格的研究，我们借鉴了幼儿和小学生人格研究的方法，结果发现初中生人格由5个维度、17个特质构成，进而确定了"初中生人格评定量表"，测量学指标的评定表明该量表有较好的信度和效度。

　　总体上看，我们通过多轮的综合研究发现，幼儿、小学生和初中生的人格维度相同，但各个维度包含的具体特质稍有差异，这也说明随着年龄的增长，儿童、青少年人格既具有稳定性又具有可变性，儿童、青少年人格结构发展具有动态性。

　　儿童人格评定量表需要建立常模，这样有利于评价儿童在群体中的位置。首先，我们通过对在全国收集的资料进行编码，结合文献检索，构建了3～15岁儿童、青少年人格的理论建构；进而通过探索性因素和验证性因素分析获得了3～

---

① 刘雯、杨丽珠：《3～6岁幼儿个性结构研究》，《心理科学》1999年第5期，第459-460页；刘文、杨丽珠：《小学儿童个性结构研究》，《心理科学》2001年第6期，第741-742页。

② 杨丽珠、张野、刘文：《基于教师描述的幼儿个性结构的验证性因素分析》，《心理科学》2004年第3期，第575-579页；杨丽珠、张野：《小学生人格测评结构的验证性因素分析》，《心理科学》2006年第4期，第933-936页。

③ 3～6岁不包含6岁，即包含3周岁、4周岁、5周岁；6～12岁不包含12岁，即包括6周岁至11周岁。本书中重叠的年龄分段以此类推。

15岁儿童、青少年人格的结构和特质,验证了我们原来获得的幼儿、小学生、初中生人格结构的有效性,验证了3~15岁儿童、青少年人格评定量表。在此基础上,我们进行了幼儿、小学生、初中生人格测评全国常模的制定。以幼儿为例,我们依据中国人民大学中国调查评价中心发布的"中国发展指数",在全国四类地区选取9个省份、14个市的42所幼儿园的7161名幼儿,运用百分等级转换为 Z 分数(标准分数),建立了幼儿人格五维度的性别(男、女)与班级(小、中、大班)6个团体常模参照分数。同样,我们建立了小学生人格五维度的性别(男、女)与班级(小一、小二、小三、小四、小五、小六)12个团体常模参照分数,建立了初中生人格五维度的性别(男、女)与年级(初一、初二、初三)6个团体常模参照分数。

二、揭示了中国儿童、青少年人格跨阶段纵向发展特点

儿童、青少年人格的发展是稳定性与可变性的统一,在具有相对稳定性的同时,也会随着社会环境因素的影响而不断变化[①]。为了更好地探讨儿童人格的发展特点,我们首先采用群组序列设计,应用潜变量增长曲线模型和多层线性模型对幼儿和小学生人格发展特点进行追踪研究。结果发现,幼儿人格五维度呈显著的二次增长趋势,女孩的认真自控、亲社会性发展水平在3岁时高于男孩。幼儿人格从"被动"的发展转变为"主动"的发展,并在5~6岁逐渐趋于稳定,这表明5岁左右幼儿的人格开始形成。小学生除认真自控维度呈显著的线性上升趋势外,其他4个维度都呈现出先上升后放缓最后下降的趋势,发展的关键阶段在6~7岁,有些特质存在性别差异。我们采用横向研究探讨了初中生人格的发展特征,发现初中生人格在认真自控和情绪稳定性上存在显著的年级差异,其余3个维度不存在年级差异。女生在亲社会性、认真自控和情绪稳定性上的分数显著高于男生。那么,3~15岁孩子的人格发展趋势、发展特点如何?这个阶段是人的人格形成与发展的关键时期,因此这个问题是发展心理学家应该解决的问题。但是测量不同阶段(幼儿、小学生、初中生)人格的量表不尽相同,不同研究工具的原始分数不具备可比性。我们采用测验等值方法将不同阶段的量表分数等值到同一尺度,并在此基础上进行儿童、青少年跨阶段的人格发展特点研究。结果表明,采用Tucker线性等值方法,并以幼儿为尺度将人格各维度分数进行等值,进行发展特点的探讨可靠、有效。在变迁阶段,环境发生了很大变化,幼儿园变迁至小学、小学变迁至初中,其间儿童、青少年人格的改变较大。变迁阶段是儿童、青少年

[①] Robert, B. W., Delvecchio, W. F. The rank-order consistency of personality traits from childhood to old age: A quantitative review of longitudinal studies. Psychological Bulletin, 2000, 126(1), 3-25.

人格发展的敏感期。幼儿阶段、小学阶段和初中阶段的人格各维度得分的均值水平和等级顺序方面均有显著改变。我们用中国的数据来验证儿童、青少年人格发展既有连续性又有阶段性这一重要理论问题。

三、揭示了中国儿童、青少年人格类型及跨阶段纵向发展特点

以人为中心的研究方式为考察儿童、青少年人格发展的研究提供了新的视角。我们使用潜在类别分析对初中生人格类型进行划分,采用无序多分变量的 Logistic(逻辑斯蒂)回归考察初中生人格类型的年级与性别特点[①]。结果表明,依据人格类型划分的相关理论和潜在类别分析的拟合指数,初中生人格类型可划分为低控型、过度控制型和适应型三种。随着年级的升高,初中生适应型人数比例有显著下降趋势,过度控制型和低控型人数比例有所上升。在性别差异方面,女生人格类型的适应型人数比例显著高于男生,过度控制型和低控型人数比例则显著低于男生。

以往研究依据自我适应与自我控制理论,区分出三种人格类型,即适应型、过度控制型及低控型。这是通过三个年龄阶段(幼儿、小学生、初中生)分别实现的,得出的人格类型结果不能做到具备完全相同的意义或是等值的。为了获得 3~15 岁儿童、青少年人格发展跨阶段人格类型和跨阶段纵向发展特点,本书在人格测验得分的 Tucker 线性等值的基础上,采用了潜在类别分析技术。结果表明,我国儿童、青少年人格可以被合理地划分为适应型、过度控制型和低控型三种类型。随着年级的升高,我国儿童、青少年人格类型中适应型比例升高,另两类比例降低。在低控型和过度控制型人格类型中,女生比例低于男生。在适应型人格类型中,女生比例高于男生。

四、探究出儿童、青少年人格及相关重要特质的影响因素

人格的发展离不开遗传与社会环境的相互作用,我们做了大量有关人格影响因素的研究。

生理是人格发展的生物基础。我们对初中生自我控制、情绪稳定性、外倾性、人格特质进行了 ERP 研究。自我控制的 ERP 研究结果表明,自我控制得分低的被试对抑制信号的加工速度快,初三年级学生的抑制能力显著优于初一年级学生,脑电成分 N2 和 P3 可以预测初中生的自我控制水平。情绪稳定性的 ERP 研究结果表明,在加工情绪的晚期 N2 和 P3 阶段,无论是高分组还是低分组,对负性情绪刺激都有较大反应,表现为负性情绪痕迹难以消除,表明青少年的情绪调节能

[①] 杨丽珠、马世超:《初中生人格类型划分及人格类型发展特点研究》,《心理科学》2014 年第 6 期,第 1377-1384 页。

力还不成熟。外倾性的 ERP 研究结果表明，在接收外界视觉刺激并感知这种刺激的能力上，外倾性高分组和低分组初中生并无不同；低分组运动决策的行动更慢，消耗在运动反应上的时间更长。另外，我们还从社会基因的角度探讨了人格改变的动力。

气质也是人格发展的基础，是个体对刺激反应的外在表现方式，体现在情绪和行为方面的个体差异上，具有先天性、生理性和中度稳定性的特点。我们系统地探讨了气质的结构[①]及其对儿童自我调控、利他行为、好奇心等的影响[②]。我们采用实验法和问卷法考察了不同气质类型的儿童自我控制和利他之间的关系，探讨了气质对3~5岁幼儿自我控制能力和利他行为之间关系的调节作用。我们采用同伴提名和问卷测量，考察了气质、教师期望和同伴接纳对幼儿自我控制的影响。

家庭教育是影响儿童身心发展的重要因素。我们从父母共同养育与儿童人格的关系出发，探讨了家庭对儿童人格发展的影响[③]；采用问卷法探讨了父母教养方式、同伴接纳、学生知觉教师期望对小学生人格发展的影响；采用问卷方式探讨了家长教育价值观、父母教养方式、儿童气质与儿童人格之间的关系，构建了一个有调节的中介模型，即父母教养方式在教育价值观和儿童人格之间起中介作用，这一中介作用受到儿童自身气质特点的调节。

学校是影响儿童、青少年人格发展的重要社会环境。其中，教师是影响儿童、青少年人格发展的重要变量，教师期望与学生知觉的教师期望对儿童、青少年的人格发展有重要影响。我们采用问卷法探讨了小学生知觉的教师期望对人格的影响及学生知觉在教师期望对人格影响中的中介效应[④]；采用问卷法，应用多层线性模型，在班级和个体两个层面上探讨了教师期望对幼儿人格的影响，并考察了师幼关系的中介效应；采用问卷法对初中生及教师进行施测，探索了教师期望和学生知觉的教师期望对初中生人格的影响。

同伴关系是影响儿童、青少年人格发展的重要因素，儿童的友谊是两个个体在相互喜欢的基础上形成的双向、平等、亲密而持久的特殊同伴关系，友谊质量指两个个体间友谊关系的亲密程度。我们运用问卷法探讨了小学生友谊质量的结构，形成了小学生友谊质量的测评工具，进而考察了小学生友谊质量的发展特点；采用同伴提名法、小学生友谊质量问卷、儿童人格发展教师评定问卷，运用多层线性模型考察了个体和班级两个水平上的同伴接纳、友谊质量对人格的影响，并

[①] 刘文、杨丽珠：《基于教师评定的3~9岁儿童气质结构》，《心理学报》2005年第1期，第67-72页。
[②] 杨丽珠、刘文：《幼儿气质与其自我延迟满足能力的关系》，《心理科学》2008年第4期，第784-788页。
[③] 邹萍、杨丽珠：《父母教育观念类型对幼儿个性相关特质发展的影响》，《心理与行为研究》2005年第3期，第182-187页。
[④] 杨丽珠、张华：《小学教师期望对学生人格的影响：学生知觉的中介作用》，《心理与行为研究》2012年第3期，第161-166页。

在两个水平上检验了友谊质量在同伴接纳对人格影响上的多层中介效应[①]。

为了检验气质、家庭、学校对人格各维度的因果影响关系及影响程度，我们采用贝叶斯网络技术构建了综合影响幼儿人格发展和小学生人格发展的贝叶斯网络模型[②]。

从文化差异出发，我们进行了中美、中澳、中日等跨文化研究。例如，关于4~5 岁幼儿人格特征的中澳跨文化比较研究，首先，我们进行了中澳父母教育价值观的跨文化比较，其次进行了中澳父母育儿风格的跨文化比较，最后进行父母育儿风格与幼儿人格关系的跨文化比较。研究发现，社会主流文化通过父母育儿风格影响着幼儿人格，使其形成与文化价值观一致的特征[③]。

本书还从亚文化的角度进行了音乐速度对冒险行为影响的行为与 ERP 研究。首先，通过改变背景中重金属音乐的速度，考察个体冒险行为的变化，随后通过 ERP 技术，采用 Go/No-Go 范式考察背景中重金属音乐的音乐速度对青少年认知控制能力的影响及其电生理特征，以深入考察人格与文化的关系。

人格对人的发展至关重要，我们以自我描述或自我连续性作为评估自我的指标，考察自我与心理时间旅行的作用，发现自我描述在少年期开始对情景预见产生预测作用，在青年早期，情景记忆以自我连续性为中介变量作用于情景预见。

我们还探讨了小学生努力控制、同伴关系和学业成绩之间的关系。我们将修订后的美国的 TMCQ-努力控制分问卷作为测量小学生努力控制的工具，并结合同伴关系问卷和期末考试成绩，探讨小学生努力控制对学业成绩的影响，即同伴关系的中介作用；探讨了初中生人格特质水平和人格类型对学业成绩的影响，无论从以变量为中心还是以个体为中心，均得出人格发展较好的学生相对于较差的学生具有更高的学业成绩。

五、构建出儿童、青少年健全人格培养模式

儿童早期健全人格的发展能为人的终身发展奠定基础。我们在研究儿童人格的结构、发展特点和影响因素的基础上，对幼儿自我控制、好奇心、自尊、自信、

---

① 杨丽珠、徐敏、马世超：《小学生同伴接纳对其人格发展的影响：友谊质量的多层级中介效应》，《心理科学》2012 年第 1 期，第 93-99 页。

② Sun, Y., et al. Comprehensive influence model of preschool children's personality development based on the Bayesian network. Abstract and Applied Analysis, 2014, (2), 1-7.

③ 杨丽珠、邹晓燕、朱玉华：《学前儿童在游戏中社交和认知类型发展的研究——中美跨文化比较》，《心理学报》1995 年第 1 期，第 84-90 页；杨丽珠、李灵、田中敏明：《少子化时代幼儿家长教育观念的研究——中、日、韩跨文化比较》，《学前教育研究》1999 年第 5 期，第 32-35 页；杨丽珠、孙晓杰、常若松：《中国澳大利亚 4~5 岁幼儿人格特征的跨文化研究》，《心理学探新》2007 年第 3 期，第 76-80 页；杨丽珠、王江洋、刘文等：《3~5 岁幼儿自我延迟满足的发展特点及其中澳跨文化比较》，《心理学报》2005 年第 2 期，第 224-232 页。

责任心和同情等人格特质进行了教育现场实验,形成了人格培养的理论①。我们认为儿童人格的培养应该依据国家方针政策、儿童人格结构确定培养目标;依据影响儿童人格发展的因素选择最佳和有效的载体;依据儿童人格发展的特点和关键期设计教育活动方案;运用最佳的自主性教育和尊重平等的教育方式,确保对儿童进行的健全人格培养有效。

我们分别依据幼儿、小学生、初中生的人格结构,结合国家方针政策及社会需求,通过内容分析法、文献分析法、教师评定(初中生自评)及家长评定,确定幼儿、小学生、初中生健全人格培养的总目标及阶段目标,根据培养阶段目标及儿童人格发展的特点、关键期及有效载体,分别设计培养幼儿健全人格发展的实验游戏库、小学生健全人格发展的互动体验式活动库、初中生健全人格发展的团体体验式活动库,分别进行培养幼儿、小学生、初中生健全人格的教育现场实验。结果显示,无论是情境实验、问卷评定还是脑电测查,实验班与对照班的幼儿、小学生、初中生人格整体发展都有显著性差异,由此掌握了培养儿童、青少年健全人格发展的规律。

我们在对幼儿健全人格小样本培养的基础上,再在全国进行大样本的推广实验。由于中国地域广阔,经济发展水平各异,为获得中国幼儿人格教师评定量表的常模,我们采用分层随机抽样,在抽样第一层考虑被试所在地区的发展水平,确定抽样地区;在抽样第二层考虑被试的性别、年级、所在学校类型等人口学变量。在衡量地区发展水平时,可参考"中国发展指数"。该指数反映的我国地区综合发展水平是较为全面和客观的②。对中国发展指数的聚类分析结果显示,结果与2012年相同。中国发展指数(2013年)仍然将31个省(自治区、直辖市③)划分为四大区域。第一类为特大都市区,包括北京、上海2个直辖市;第二类为沿海发达区,包括天津、浙江、江苏、山东、辽宁、广东6个省(直辖市);第三类为中度发展区,包括内蒙古、吉林、福建、黑龙江、湖北、山西、海南、河北、陕西、湖南、安徽、重庆、河南、四川、江西、宁夏、新疆、广西18个省(自治区、直辖市);第四类为西部偏远区,包括青海、甘肃、云南、贵州、西藏5个省(自治区)。

幼儿样本在以上四类地区中按照中国发展指数,在每个类别中按照人口比例选取有代表性的省份,在每个省份按照经济发展水平选取2个有代表性的市,包括一个较大的市,如省会或副省级城市,以及一个地级市,在每个市里选取有代

---

① 杨丽珠、宋芳:《幼儿健全人格培养的意义与模式》,《学前教育研究》2008年第9期,第3-6页。
② 袁卫、彭非:《中国发展指数的编制研究》,《中国人民大学学报》2007年第2期,第1-12页。
③ 不包含港、澳、台地区。

表性的幼儿园 2 所进行实验,即城市公办幼儿园和城市民办幼儿园。

对幼儿园的要求有三点:第一,幼儿园教师喜欢做实验;第二,参与现场实验的教师(实验班和对照班)有 3~5 年教龄;第三,实验幼儿园小、中、大班每个年级有平行班。具体抽取地区样本时从四类地区抽取 15 个省份、53 所幼儿园、318 个班(在中小学也是如此抽取样本)。这项研究结果表明,108 个游戏活动库方案能有效地促进幼儿健全人格的发展。我们在更大范围内探索儿童健全人格培养的有效途径,整体构建幼儿健全人格教育模式,为幼儿园提供系统化课程,为幼儿健全人格的发展提供有意义的指导。

我们已在全国取样,进行我国中小学生健全人格培养推广教育现场实验。

我们还以游戏、音乐训练和音乐律动为载体对幼儿进行人格的核心特质——自我控制的培养。结果表明,游戏训练可以促进幼儿自我控制相关大脑系统的发展,为自我控制游戏训练的效果提供电生理证据。音乐训练和音乐律动是培养幼儿自我控制的良好载体,可以促进幼儿自我控制特质的发展。

全书共分 13 章。

第一章,明确人格与儿童、青少年健全人格的概念,阐述研究儿童、青少年人格评定与培养的理论意义、实践意义;概括研究背景和研究的指导思想;进一步梳理了以往研究的成果,提出研究的问题,构建出儿童、青少年人格发展的理论框架。

第二章,主要阐述中国儿童、青少年人格结构、评定量表编制与常模制定,包括幼儿、小学生、初中生人格结构、评定量表编制与常模制定。

第三章,主要阐述中国儿童、青少年人格纵向发展特点及分数等值与跨阶段纵向发展特点,包括幼儿、小学生人格发展的群组序列追踪研究,中国儿童、青少年人格分数等值性与跨阶段纵向发展特点研究。

第四章,主要阐述中国儿童、青少年人格分数等值后人格类型划分,研究中国儿童、青少年人格类型跨阶段纵向发展特点。

第五章至第十章,主要阐述儿童、青少年人格发展与影响因素的关系,包括生理、气质、父母教育价值观与教养方式、教师期望与学生知觉的教师期望、同伴接纳与友谊质量、重金属音乐对人格的影响,以及人格对儿童、青少年发展的影响。

第十一章,主要阐述儿童、青少年人格发展的培养研究,包括全国幼儿健全人格培养推广教育现场实验、小学生健全人格的培养、初中生健全人格的培养研究。

第十二章,主要阐述游戏训练、音乐训练、音乐律动训练对幼儿自我控制特质的培养的影响。

第十三章,主要概括总结儿童、青少年人格发展的理论,提出教育的建议和未来研究方向。

本书研究有如下特点。

1）儿童、青少年人格发展研究的连续性。世界上任何一项科研成果都不是一蹴而就的，它需要研究者锲而不舍、持之以恒。研究者不断提出假设，不断验证假设，不断完善，不断积淀，方能获得有科学性及应用价值的研究成果。我们的研究对象由幼儿、小学生扩展到初中生；研究方法由横向研究扩展到纵向研究；由研究单一影响因素扩展到探究多因素〔气质、家庭因素（父母共同养育、父母教育价值观、教养方式）、同伴关系、友谊质量、教师期望、学生知觉到的教师期望〕是如何综合影响儿童、青少年人格发展的；从对人格某个特质，诸如好奇心、独立性、自尊、自信、自我控制、同情的培养扩展到对幼儿健全人格的培养，进而扩展到对小学生、初中生健全人格的培养，从而构建了儿童、青少年健全人格教育模式，为幼儿园、小学、初中提供了人格教育课程模式。

2）儿童、青少年人格发展研究的中国化。不同国家、不同文化中人的人格结构包含的成分存在一些差异[1]要准确把握中国人的人格结构及发展规律，不能照搬西方的理论，而是应在中国文化背景下进行研究。要准确把握中国儿童、青少年人格结构及发展规律，必须研究其人格发展特点。基于上述思想，我们所有研究的对象都是中国儿童、青少年，揭示的是中国儿童、青少年人格发展的规律，这些研究成果更适于对中国儿童、青少年人格的培养。

3）儿童、青少年人格发展研究的系统性与全面性。儿童、青少年人格发展是由多因素组成的系统的整体结构，这一结构又具有不同的子系统。我们以辩证唯物主义的系统论、整体观、发展观、主客体相互作用的观点，全方位地研究儿童、青少年人格发展，在研究时考虑了儿童、青少年人格发展的结构、评估、发展的特点、影响因素（特别是加强了对生理因素的研究）和培养等诸多方面的问题，同时还考虑到了这些因素之间的相互作用。本书的终极目标就是使儿童、青少年具有健全人格观念，并对其人格进行培养。

4）儿童、青少年人格发展研究的创新性。首先是选题新，将儿童、青少年人格发展与其教育有机结合起来。其次是方法和手段新，运用综合方法，诸如开放式问卷、自由描述法、词汇法、分子行为分析法、自然观察法、问卷法、情境实验法、追踪观察法、实验室观察法、教育现场实验法、实验室实验法、脑电等方法互为佐证。再次是制定了崭新且有价值的评估工具，如编制出中国幼儿人格教师评定量表、中国小学生人格教师评定量表、中国初中生人格自评量表并建立相

---

[1] 张野、杨丽珠：《西方儿童个性结构研究进展》，《心理学探新》2003年第2期，第12-14、19页。

应的常模,以及编制出自我控制等18个系统评估儿童人格发展的工具。最后是建立了自己的理论,如提出儿童、青少年人格结构发展的动态理论,儿童、青少年人格发展的稳定性、可变性理论,儿童、青少年的生活环境变迁导致儿童、青少年人格会有很大改变,以及儿童、青少年人格培养理论,所有这些都彰显了本书的创新性。

5)儿童、青少年人格发展研究的科学性与应用性。我们将儿童心理与儿童教育有机结合。例如,在小学对小学生健全人格进行培养,依据国家方针政策及社会需要、小学生人格的结构确立人格培养的目标,依据小学生人格发展的特点和关键期确定互动体验式活动内容,依据影响小学生人格发展的因素确立教育活动载体。教育现场实验结果表明这一研究具有重要的理论与实践意义。

本书是集体智慧的结晶,是我的团队,包括硕士生、博士生,以及广大的幼儿园、小学、初中领导与教师共同努力的结果;是心理学界的老前辈及众多专家学者指导的结果。在这里,特别要感谢我在北京师范大学做国内访问学者的恩师林崇德先生。1982年,在哈尔滨师范大学会议上,先生就指点我"搞研究一定要有自己的特色,在韩先生(韩进之)的指导下,做好儿童个性和社会性发展与教育的研究"。30多年来,我一直朝着韩先生指出的研究方向努力。特别是先生一再强调要理论联系实际,要将基础研究做扎实,形成理论。在理论研究的基础上进行儿童、青少年人格的培养,为基础教育服务,虽然艰难,但要坚持。先生身先士卒,为基础教育发展做出了卓越贡献,实为楷模。感谢中国科学院心理研究所接受我为所外博士生导师,为我提供了难得的发展平台。同时,还要感谢车文博、沈德立、杨玉芳、黄希庭、杨治良、乐国安、李其维、刘华山等先生的无私帮助和真诚的指导,以及莫雷、白学军、张文新、方晓义、邹泓、陈英和、苏彦捷、陈红、周宗奎、桑标、卢家楣、郭永玉、陶沙等教授的大力支持,没有他们的真诚帮助与支持,我们的团队不可能有如此大的进步。

我要感谢研究期间国家社会科学基金委员会给予我们的立项、经费支持,感谢辽宁省教育厅原副厅长王庆东、学前教育处原处长王长勤、义务教育处处长宋升勇,以及大连市教育局副局长鞠振伟的鼎力相助,感谢辽宁师范大学校领导的大力支持,感谢科学出版社编辑为本书付出的努力。

我还要感谢我的博士生高毓婉、沈悦、刘嵩涵、王素霞和硕士生王美娥、张佳琦、王莹、李玲玉、孟妍菁、范明明、余永金、张雯、张欣、齐红煜等帮我整理和校对书稿。

本书在撰写的过程中参考并借鉴了诸多国内外文献,在此就不一一列出了,一并对有关作者表示感谢。

本书由杨丽珠策划、统稿、定稿。由于我们的水平有限，本书难免会有不尽如人意之处，望同行、同人、广大读者予以斧正，不胜感谢。

"问渠那得清如许，为有源头活水来。"儿童、青少年人格发展与教育研究是一个永恒的科研项目，随着社会的发展需要不断更新和完善，需要更多致力于人格研究的学者继续研究。

杨丽珠于大连

目 录
CONTENTS

前言
缩略语表

第一章 绪论 ·· 1
    第一节 健全人格的概念与研究意义 ······································ 1
    第二节 研究背景与指导思想 ··· 6
    第三节 研究的问题与理论框架 ··· 13

第二章 中国儿童、青少年人格结构、评定量表编制与常模建立 ······· 18
    第一节 中国 3～6 岁幼儿人格结构、教师评定量表编制与常模制定 ······· 18
    第二节 中国 6～12 岁小学生人格结构、教师评定量表编制与常模制定 ····· 32
    第三节 中国 12～15 岁初中生人格结构、自评量表编制与常模制定 ······· 45

第三章 中国儿童、青少年人格纵向发展特点及分数等值与跨阶段纵向
           发展特点 ·· 55
    第一节 儿童人格群组序列追踪发展特点 ······························· 55
    第二节 中国儿童、青少年人格分数等值与跨阶段发展特点 ············· 79

第四章 中国儿童、青少年人格分数等值后人格类型及跨阶段纵向
           发展特点 ·· 111
    第一节 中国儿童、青少年人格分数等值后人格类型划分 ·············· 111

第二节　中国儿童、青少年人格类型跨阶段纵向发展特点 ……………… 125

第五章　人格发展与生理的关系 …………………………………………… 136

　　第一节　初中生人格特质：自我控制的 ERP 研究 ……………………… 136

　　第二节　初中生人格特质：情绪稳定性的 ERP 研究 …………………… 155

　　第三节　初中生人格特质：外倾性的 ERP 研究 ………………………… 175

　　第四节　人格改变的动力——从社会基因视角看天性与教养之争 …… 193

第六章　人格发展与气质的关系 …………………………………………… 206

　　第一节　幼儿气质对自我控制与利他行为关系的调节作用 …………… 206

　　第二节　幼儿气质、教师期望和同伴接纳对自我控制的影响 ………… 218

第七章　人格发展与家庭的关系 …………………………………………… 228

　　第一节　父母教养方式、同伴接纳和教师期望对小学生人格的影响 …… 228

　　第二节　父母教育价值观对幼儿人格的影响 …………………………… 238

第八章　人格发展与学校的关系 …………………………………………… 252

　　第一节　教师期望对初中生人格的影响 ………………………………… 252

　　第二节　教师期望对幼儿人格的影响 …………………………………… 263

　　第三节　小学生友谊质量结构及其发展特点研究 ……………………… 275

第九章　人格发展与重金属音乐的关系 …………………………………… 289

　　第一节　背景中的重金属音乐速度对青少年冒险行为的影响 ………… 289

　　第二节　背景中的重金属音乐速度对认知控制影响的事件相关电位
　　　　　　研究 ……………………………………………………………… 295

第十章　人格的作用 ………………………………………………………… 306

　　第一节　中小学生的自我与心理时间旅行 ……………………………… 306

第二节　小学生努力控制对学业成绩的影响 …………………………… 314

　　第三节　初一年级学生人格发展对其学业成绩的影响——基于辽宁省
　　　　　　17.5 万名初一年级学生数据的分析 …………………………… 325

第十一章　促进儿童、青少年健全人格的发展 ………………………………… 334

　　第一节　全国 3~6 岁幼儿健全人格的培养 ……………………………… 334

　　第二节　6~12 岁小学生健全人格的培养 ………………………………… 348

　　第三节　12~15 岁初中生健全人格的培养 ……………………………… 369

第十二章　幼儿自我控制的培养 …………………………………………………… 397

　　第一节　游戏训练能提高幼儿的自我控制能力 ………………………… 397

　　第二节　音乐训练对幼儿自我控制的促进 ……………………………… 407

　　第三节　音乐律动对幼儿自我控制的促进 ……………………………… 425

第十三章　理论总结、教育建议与未来展望 …………………………………… 438

　　第一节　理论总结 ……………………………………………………………… 439

　　第二节　教育建议 ……………………………………………………………… 454

　　第三节　未来展望 ……………………………………………………………… 471

后记 ……………………………………………………………………………………… 473

缩 略 语 表

aBIC	adjusted Bayesian information criterion	校正的贝叶斯信息准则
ADHD	attention deficit and hyperactivity disorder	注意缺陷与多动障碍
AIC	Akaike information criterion	赤池信息准则
ATQ	Adult Temperament Questionnaire	成人气质问卷
BART	the balloon analog risk task	气球模拟冒险任务
BAS	behavioral activation system	行为兴奋系统
BDNF	brain derived neurotrophic factor	脑源性神经营养因子
BFQ-C	The Big Five Questionnaire for Children	大五人格量表（儿童版）
BIC	Bayesian Information Criterion	贝叶斯信息准则
BIS	behavioral inhibition system	行为抑制系统
BPI	Brief Pain Inventory	简明疼痛评估量表
CAP	Creative Assessment Packet	创意评估包
CAWS	Chinese Affective Words System	汉语情感词系统
CBQ	Children's Behavior Questionnaire	儿童行为问卷
CCQ	California Child Q-Set	加利福尼亚州儿童 Q 分类测验
CFA	confimatory factor analysis	验证性因素分析
CFPS	Chinese Family Panel Studies	中国家庭追踪调查
CIPE	common item programme for equating	共同题等值程序
CNV	contingent negative variation	关联性负变
DAPP-SF-A	Dimensional Assessment of Personality Pathology-Short Form-Adolescent Version	青少年病理性人格维度评价表简版
DC	direct current	直流电

EATQ	Early Adolescent Temperament Questionnaire	青少年早期气质问卷
ECBQ	Early Childhood Behavior Questionnaire	早期行为问卷
EEG	Electroencephalogram	脑电波
EFA	Exploratory Factor Analysis	探索性因素分析
EFQ-C	Everyday Feelings Questionnaire	日常感受问卷
ERP	Event-related Potential	事件相关电位
EPQ	Eysenck Personality Questionnaire	艾森克人格问卷
EM 算法	expectation maximization algorithm	最大期望算法（或译为期望最大化算法）
FFM	five-factor model	人格五因素模型
GPA	grade-point average	平均学分绩点
GSES	General Self-Efficacy Scale	一般自我效能量表
HiPIC	Hierarchical Personality Inventory for Children	儿童层级人格调查表
HLM	hierarchical liner model	多层线性模型
IBQ	Infant Behavior Questionnaire	婴儿行为问卷
ICID	Inventory for Child Individual Differences	儿童个性差异调查表
IPIP	International Personality Item Pool	国际人格题目库
ISR	ICD-10-Symptom Rating	ICD-10 症状评定
LPP	late positive potential	晚正电位
LGM	latent growth curve model	潜变量增长曲线模型
LRP	lateralized readiness potential	偏侧准备电位
LRP-R	response-locked LRP	反应锁定 LRP
M5-PS-35	Measuring 5 Factors for Preschool Students (35 items)	学龄前儿童人格五因素测量量表（35 题）
NEO-FFI	Neuroticism Extraversion Openness Five-Factor Inventory	大五人格测试
NEO-PI-3	Neuroticism Extroversion Openness Personality Inventory	大五人格问卷（青少年版）
NEO-PI-R	Revised NEO Personality Inventory	大五人格量表修订版

NPQ	Nonverbal Personality Questionnaire	非言语人格问卷
PANAS	Positive And Negative Affect Schedule	正性负性情绪问卷
PATHS	promoting alternative thinking strategy	促进可选择性思维策略
PET	positron emission tomography	正电子发射断层成像
PHQ-9	Patient Health Questionnaire	病人健康问卷
SAT	Scholastic Aptitude Test	学术能力评估测试
SCPs	slow cortical potentials	皮层慢电位
SES	the Self-Esteem Scale	自尊量表
SIFFM	Structured Interview for the Five-Factor Model	五因素模型结构化访谈
S-LRP	stimulus-locked LRP	刺激锁定 LRP
SRI	Self Regulation Inventory	自我控制问卷
SRQ	Self Regulation Questionnaire	自我调节问卷
SSD	stop-signal delay	停止信号时间间隔
SSRQ	Short Version of SRQ	SRQ 简易版问卷
SSRQ-IC	SSRQ-Impulse Control	SSRQ 冲动控制分量表
SSRQ-GS	SSRQ-Goal Setting	SSRQ 目标制定分量表
TCT-DP	the test for creative thinking-drawing production	创造性思维的绘画创作
TMCQ	Temperament in Middle Childhood Questionnaire	儿童中期气质问卷
TTCT	Torrance Tests of Creative Thinking	托兰斯创造性思维测验

第一章

绪　论

本章主要介绍了儿童、青少年健全人格的内涵，阐述了研究儿童、青少年人格评定与培养的理论意义和实践意义；概括了相关研究背景和研究的指导思想；提出了研究问题，构建了儿童、青少年人格发展的理论框架。

第一节　健全人格的概念与研究意义

一、健全人格的概念

20世纪30年代，人格得到心理学家的广泛研究，并迅速形成了心理学的新分支——人格心理学。心理学家对人格的看法仁者见仁，智者见智，主要从自然属性（个体的人格是外在行为和内在心理品质的综合表征）及社会属性（个体的人格是个体在环境、文化的影响下适应社会关系的自我表现）来表述。我们借鉴了以往的理论，从个体发展的角度出发，认为人格具有调控能力及动力性。换言之，我们认为人格是指个体在生物基础上，受社会生活条件制约形成的，独特而稳定的，具有调控能力的，具有倾向性、动力性的各种心理特征的综合系统。这一观点不但兼顾了人格的生物基础，也考虑到了个体的社会化过程，反映了人格发展具有稳定性、动力性、整体性、独特性等特点。

作为决定人的典型行为方式的心理系统或动力结构，人格会直接影响人们在环境变化及其适应过程中的态度、信念、情绪和行为。健全人格是从人格这一概念衍生出来的，它随着个体人格的发展而发展，是一个相对的、发展的、结构性的概念[①]。如果个体人格要全面健康地发展，需要人格各维度间均衡统一地发展。换言之，其中

---

① 葛明贵：《健全人格的内涵及其教育》，《安徽师范大学学报（人文社会科学版）》2003年第4期，第469-473页。

任何一个人格维度过度发展或发展不足，个体就会出现不同程度的外在或内在的问题。以认真自控维度为例，过度控制型人格在此维度上有较高的发展水平，但由于过于死板，会表现出过度追求完美、焦虑抑郁、不善表达自我、自我批判等内在问题；而低控型人格的个体由于缺乏自我控制的能力，会出现多种行为问题，如药物滥用、攻击性行为、学业不良等[1]。

健全人格也称完美人格、优秀人格或理想人格，是各种积极人格特征的有机整合[2]。我们通过多轮综合研究发现，幼儿、小学生和初中生的人格维度相同，但是各个维度下的特质却有所不同，随着年龄的增长，儿童、青少年人格既具有稳定性又具有可变性，即其发展具有动态性。结合多方学者对健全人格的理解，从人格测量的角度出发，我们认为对于儿童、青少年的健全人格，可以从其内部心理发展规律及年龄特征的角度归纳，其内涵具有独特性。儿童、青少年健全人格是指儿童、青少年人格结构中具有普遍性和积极适应性的典型人格特质的健康、均衡、稳定的发展[3]。幼儿健全人格是指在幼儿人格结构中具有普遍性、积极适应性的典型人格特质，如聪慧性、文艺兴趣、自主进取、探索创新、坚持自制、认真负责、攻击反抗、善交际、精力充沛、乐观开朗、暴躁易怒、敏感焦虑、诚实知耻、同情利他、合群守礼的健康、均衡、稳定发展。小学生健全人格是指在小学生人格结构中具有普遍性、积极适应性的典型人格特质，如聪慧性、探索创新、文艺兴趣、自主进取、认真尽责、攻击反抗、坚持自制、同情利他、合群守礼、诚实知耻、暴躁易怒、敏感焦虑、善交际、精力充沛、乐观开朗的健康、均衡、稳定发展。初中生健全人格是指在初中生人格结构中具有普遍性、积极适应性的典型人格特质，如条理性、计划性、责任心、坚持性、攻击反抗、合群性、诚实守信、同情利他、聪慧性、探索创新、自主性、暴躁易怒、敏感焦虑、忧郁、精力充沛、善交际性、乐观开朗的健康、均衡、稳定发展。

二、研究意义

儿童、青少年期是构建自我认同、培养健全人格、发展社会技能的重要阶段。

---

[1] Bleys, D., et al. The role of intergenerational similarity and parenting in adolescent self-criticism: An actor-partner interdependence model. Journal of Adolescence, 2016, 49, 68-76; Boone, L., et al. Too strict or too loose? Perfectionism and impulsivity: The relation with eating disorder symptoms using a person-centered approach. Eating Behaviors, 2014, 15（1）, 17-23; Haan, A. D., et al. Developmental personality types from childhood to adolescence: Associations with parenting and adjustment. Child Development, 2013, 84（6）, 2015-2030; Ngo, F. T., Paternoster, R. Contemporaneous and lagged effects of life domains and substance use: A test of Agnew's general theory of crime and delinquency. Journal of Criminology, 2014,（3）, 1-20.

[2] 黄希庭：《健全人格与心理和谐》，重庆出版社2010年版，第63页。

[3] 杨丽珠：《中国儿童青少年人格发展与培养研究三十年》，《心理发展与教育》2015年第1期，第9-14页。

儿童、青少年人格的形成与发展是在一定的环境中展开的，儿童的早期经验、家庭环境、父母教养、同伴关系和学校教育方式等都会在其人格发展中起到至关重要的作用。清末著名学者梁启超在《少年中国说》中说："少年智则国智……少年强则国强……少年进步则国进步……少年雄于地球则国雄于地球。"[1]儿童、青少年是国家的未来、民族的希望，他们的健康、能力、知识、综合品格决定了一个国家的未来。目前，我国正处于经济社会快速转型期，生活节奏明显加快，竞争压力不断加大，人们的心理受到多元文化与价值观的冲击，这都会给儿童、青少年健全人格的发展带来难得一见的机遇和挑战。教育部委托林崇德先生主持的中国学生发展核心素养课题研究表明：中国学生发展核心素养包括三个方面、六大素养、18种主要表现[2]，其中自主发展方面包括健康生活素养，而健康生活就包括健全人格。由此可见，儿童、青少年人格发展与教育的研究是21世纪全面推进素养教育的一个关键性问题。这不仅对探讨遗传、环境、教育的作用具有重大理论意义，而且对有效评价我国儿童、青少年人格发展的个体差异，并制订相应的培育方案，更好地以问题为导向来解决影响儿童、青少年人格发展的社会问题，提高儿童、青少年的生命质量，提高儿童、青少年的核心素养，推进素养教育的实施和创新人才的培养，具有重要的现实意义。

（一）构建系统的儿童、青少年人格发展指标体系，促进人格研究的理论创新

人格是在遗传素质和环境教育因素的共同作用下个体主动建构的产物，在其发展过程中既表现出连续性，又呈现出独特的年龄特征；既有共同的发展路径，又蕴含了丰富的个体差异。我国正处于社会转型期，在经济快速发展的同时，人们的心理不断受到多元文化与价值观的影响。在儿童、青少年人格教育的领域，许多实际问题凸显，如独生子女的教养，单亲、离异、重组等不同家庭结构对儿童人格发展的影响，农村留守儿童、城市流动儿童人格的发展，祖父母代养对儿童人格的影响，青少年网络依赖的现象，学校应试教育方面的压力，城乡儿童享受教育资源的失衡，儿童缺乏责任感、忍受挫折的能力差、独立性差、不善于合作等，所有这些都给儿童、青少年人格的发展带来了巨大的挑战。然而，个体在儿童期形成的思维、情感和行为方式，会影响到其今后的学习、工作、生活等诸多方面。因此，塑造健全人格应是儿童、青少年教育倡导的方向，也应是基础教育的重要目标。我们在以往研究的基础上，进一步探讨中国儿童、青少年人格发

---

[1] 梁启超：《少年中国说》，中国言实出版社2014年版，第7页。
[2] 林崇德：《21世纪学生发展核心素养研究》，北京师范大学出版社2016年版，第6页。

展的结构（指标体系）、发展特点，努力展现儿童、青少年对环境变迁的适应，对文化价值观念的探索和对道德与创新人格的追求，努力使指标体系反映儿童、青少年人格发展的主要内容、动态特点、时代特色和文化特征，并依据幼儿、小学生、初中生人格结构及其发展特点，制定了适用于不同时期儿童、青少年的健全人格培养的总目标及相应的年龄的阶段目标，以设计的培养活动库作为自变量进行系统的培养实验。这不仅能够为更广泛地开展儿童、青少年人格教育实践提供有益的参考，还能揭示儿童、青少年人格发展的规律，构建儿童、青少年健全人格教育模式，从而达到理论创新。

（二）开发基于全国样本的标准化系列人格评定工具，促进儿童、青少年心理健康

儿童、青少年人格的结构及其发展历来都是国内外心理学研究者关注的焦点。目前，西方对人格的结构及其发展规律的探讨相对成熟，国际上主流的人格评定工具多是西方文化的反映，我国在此领域的研究基础还相当薄弱，无论是学术研究还是实际应用，大多直接运用修订的国外量表，在应用过程中，存在着语言等值性、功能同质性、文化差异性和价值观念导向性等方面的局限。本书致力于推进我国儿童、青少年人格评定的中国化研究，在借鉴和使用已经被证明可信、有效的国内外人格评定工具的同时，编制各年龄阶段人格整体评定量表、常模及情境实验评定工具，尤其是制定了中国儿童、青少年人格发展评定量表全国常模。同时，完善中国幼儿人格教师评定量表、中国小学生人格教师评定量表和中国初中生人格自评量表的标准化工作。在实际工作中，为我国儿童、青少年人格评价提供标准化研究工具，为儿童、青少年人格发展和培养，人格障碍和诊断，以及幼儿及中小学生心理健康教育体系的构建提供依据。

（三）明确儿童、青少年人格发展的影响因素，促进相关的课程和教材开发

在我国幼儿园和中小学教育培养中，偏重文化学习忽视人格培养的倾向在有些地方还相当严重，这反映了儿童、青少年人格发展机制的基础研究相对薄弱，课程标准和相关教材的制定相对滞后。本书在前期研究的基础上，从生理、气质、家庭、同伴接纳、友谊质量、学生知觉到的教师期望在儿童、青少年人格发展中的作用等方面，综合采用脑电、眼动、追踪、访谈、问卷等方法，系统地研究儿童、青少年人格发展的影响因素。另外，提炼人格发展的有效载体，在人格结构、发展特点、影响因素研究的基础之上，分别确定幼儿、小学生、初中生人格培养

的总目标和阶段目标，编制幼儿游戏活动方案和中小学生全员互动体验式教育活动方案，通过大样本的教育现场实验检验其有效性，为儿童、青少年人格教育课程标准的制定和相关教材的开发提供科学的依据。

（四）为幼儿教育和义务教育政策的制定提供科学依据，提高教师素养，促进儿童、青少年核心素养的发展

有效的教育政策是实现人才强国战略的重要条件，为此不少国家都致力于相关政策的研究。例如，日本颁布的《幼儿园教育要领》明确提出幼儿人格和社会性发展的教育目标[1]；美国学者米勒（Miller）提出全人教育[2]；1994年，国际性机构"促进社会情绪学习合作组织"（Collaborative to Advance Social and Emotional Learning，CASEAL）成立了社会情绪学习（Social and Emotional Learning，SEAL）项目。该项目将社会情绪能力学习作为从幼儿园到高中教育的必修课程[3]；另有学者通过设置实验学校和控制学校考察人格教育方案的有效性，结果表明，人格教育方案能促进学生的社会和认知发展，人格教育方案也提高了教师的自我评价，并为与学校有关的职业发展提供信息[4]。本书研究的实施有利于促进教师对人格问题的关注、各部门信息共享、教育和心理引导氛围的优化，为学校管理体制、教师进修状况、咨询机构运行状态、校外专业机构合作等相关政策的制定提供科学的依据。

从积极心理学角度而言，培养全体幼儿、小学生、初中生的健全人格，促进儿童、青少年全面发展，是他们身心健康发展和成才的需要。人在获得和应用知识的过程中形成各种各样的心理特征，这种心理特征导致人与人之间的个体心理差异。人格由各种心理特征构成，健全的人格作为心理健康资源的来源，标志着个体心理的健康情况。正确的自我认知是个体人格成长的关键目标，自我意识的发展对儿童、青少年来说是十分重要的。比如，中小学生的本职工作就是学习，健全人格有利于培养和开发他们的智力，激发学生的创造性，并提升学生在学习过程中的各种能力，如阅读能力、理解能力、表达能力、综合归纳能力等。健全人格能将心理、情感、认知能力整合为一套行为技能，从而有助于儿童、青少年在未来的社会生活中努力克服对自己的不利条件和制约因素，改正缺点和弥补不足，从而正确地认识自己，进而提高综合素质及社会适应能力。

---

[1] 樊偞：《当代中日学前教育内容比较》，《云南师范大学学报（教育科学版）》2002年第6期，第229-232页。
[2] Miller, R. What are schools for? Holistic education in American culture. Inside Tucson Business, 1990, 28 (101), 51.
[3] Durlak, J. A., et al. The impact of enhancing student's social and emotional learning: A meta-analysis of school-based universal interventions. Child Development, 2011, 82 (1), 405-432.
[4] Chang, F., Muñoz, M. A. School personnel educating the whole child: Impact of character education on teachers' self-assessment and student development. Journal of Personnel Evaluation in Education, 2006, 19 (1-2), 35-49.

（五）促进儿童、青少年社会主义核心价值观的内化

人格的培养是促进儿童、青少年身心健康的发展及社会主义核心价值观内化的有效途径。党的十八大提出，要积极培育和践行社会主义核心价值观。《教育部关于培育和践行社会主义核心价值观进一步加强中小学德育工作的意见》中强调，社会主义核心价值观是中国特色社会主义的本质体现[①]。培育和践行社会主义核心价值观、加强中小学德育，是推进中国特色社会主义事业的必然要求，是深化教育领域综合改革、促进学生健康成长的现实选择，并明确指出要加强心理健康教育。也就是说，对我国儿童、青少年的道德品质的教育，一定要体现社会主义核心价值观的内涵。这种体现并不是盲目、生硬地强迫儿童、青少年去接受，而是通过健全人格的培养，潜移默化、润物无声地根植于他们的思想之中，从认同认知阶段转化为行动阶段，真正做到知、行同步。个体内在的核心价值观主导着个体的内在和谐发展，具有健全人格的个体应具有和谐的内在、良好的认知、积极的情绪和优良的意志品质。我国基础教育发展的目标就是牢固树立社会主义核心价值观，培养儿童、青少年具备健全的人格、良好的心理素质和较强的社会适应能力。所以，培养儿童、青少年健全人格，不仅是促进其身心健康发展的需要，也是促进其社会主义核心价值观内化的需要。

第二节 研究背景与指导思想

一、研究背景

未来世界的竞争说到底是人才的竞争。为了提高综合国力和人才国际竞争力，很多国家把发展儿童健全人格作为教育的重要目标。美国哲学家、教育家杜威及20世纪早期其他有影响的哲学家和教育家都将人格教育作为学校"天职的核心"[②]。20世纪80年代，西方掀起了人格教育运动，很多国家实施初级预防和制订最优化发展方案，以促进儿童、青少年的人格全面发展，并致力于对儿童、青少年人格的结构及其发展特征进行有效评价，构建便捷、高效的交互式数据平台。

20世纪80年代，美国兴起了人格教育（character education）的热潮，它是20世纪二三十年代兴起的"人格教育运动"（character education movement）的回潮。

[①] 教育部：《教育部关于培育和践行社会主义核心价值观进一步加强中小学德育工作的意见》，《基础教育参考》2014年第11期，第3-4、7页。
[②] 转引自萝玲：《人格养成：教师与同伴》，《三联生活周刊》2014年第26期。（2014-06-30）. http://old.lifeweek.com.cn//2014/0630/44623.shtml?kcity=1wxk9[2022-07-19].

美国前总统克林顿特别提到了儿童人格培养在全美公立教育中处在联邦政府优先考虑的地位。从 1994 年开始，人格建构会议成了白宫每年必开的年度例会。美国启动了许多大型儿童、青少年发展项目，并取得了可观的成效。在 20 世纪 80 年代的美国，只关注单一问题行为的预防工作受到越来越多的批评，许多人主张除了注重预防问题外，还应关注促进儿童、青少年人格积极发展的因素。在青少年人格积极发展的研究中，77 项获得政府支持。其中，19 个相关项目显示出儿童青年行为出现了积极变化，24 个项目表明在儿童、青少年人格问题行为方面有显著改善[1]。"从神经细胞到社会成员：早期儿童发展的科学"是美国国家研究会理事会批准的研究项目，获得美国国家儿童健康与人类发展研究所、国家心理健康研究所、教育部、司法部、物质滥用预防中心等几十个基金会与政府机构和几十位科学家的大力支持，特别加强了情感、自我控制和人际交往等能力的教育，促进了儿童发展，影响很大[2]。美国儿童发展项目（children development program）则是由美国卫生部物质滥用和精神健康服务管理局主持的一个多层面的项目，旨在提高学生的交往技能，促进他们对积极价值观的认同，通过培养学生的责任感增强其社会服务意识，成为"关爱社区的学习者"。美国有学者通过设置实验学校和控制学校考察了人格教育方案的有效性，结果表明，人格教育方案能促进学生的社会和认知发展，也提高了教师的自我评价，并为与学校有关的职业发展提供了信息[3]。布里茨曼（Britzman）认为人格教育能改善学校的道德风貌，由专业的学校顾问确定那些被大家认可的、合乎道德的价值观并教给学生，从而帮助学生做出恰当的行为选择[4]。这些行为是形成良好人格、提高学生成就所必需的。也有学者对儿童的某些人格特质进行了一定的干预研究，尤其对注意力和自我控制的研究较多[5]。米勒（Miller）等提出人格教育是校园内暴力的有效防御策略，通过人格教育方案，学生提高了社会技能、阅读成绩和与父母交往的能力[6]。

第二次世界大战后，日本在大规模调查的基础上，颁布了儿童福利法、青少

---

[1] Catalano, R. F., et al. Positive youth development in the United States: Research findings on evaluations of positive youth development programs. Prevention & Treatment, 2002.
[2] 〔美〕杰克·肖可夫、〔美〕黛博拉·菲利普斯：《从神经细胞到社会成员：儿童早期发展的科学》，方俊明、李伟亚译，南京师范大学出版社 2007 年版，第 1—6 页。
[3] Chang, F., Muñoz, M. A. School personnel educating the whole child: Impact of character education on teachers' self-assessment and student development. Journal of Personnel Evaluation in Education, 2006, 19 (1-2), 35-49.
[4] Britzman, M. J. Improving our moral landscape via character education: An opportunity for school counselor leadership. Professional School Counseling, 2005, 8 (3), 293-295.
[5] Rueda, M. R., et al. Training, maturation, and genetic influences on the development of executive attention. Proceedings of the National Academy of Sciences of the United States of America, 2005, 102 (41), 14931-14936; Posner, M. I., et al. The anterior cingulate gyrus and the mechanism of self-regulation. Cognitive, Affective, and Behavioral Neuroscience, 2007, 7 (4), 391-395.
[6] Miller, T. W., et al. Character education as a prevention strategy in school-related violence. The Journal of Primary Prevention, 2005, 12, 455-466.

年育成法和学校保健法，形成了包括咨询机构、资格认定和人才培养体系在内的较完备的干预体系。为了动态监测儿童、青少年的发展趋势，总务厅会在调查的基础上每年发布《儿童白皮书》《青少年白皮书》。开展儿童健全人格教育实践活动成为世界教育的一股潮流。

在中国，党和政府明确意识到了健全人格研究在解决与社会有关问题上的重要性与紧迫性。1999年，科技部把心理学列为我国2001—2015年优先发展的18个基础学科之一；2006年，党的十六届六中全会通过《中共中央关于构建社会主义和谐社会若干重大问题的决定》，明确提出要"注重促进人的心理和谐，加强人文关怀和心理疏导，引导人们正确对待自己、他人和社会，正确对待困难、挫折和荣誉。加强心理健康教育和保健，健全心理咨询网络，塑造自尊自信、理性平和、积极向上的社会心态"；党的十七大再次提出"建设和谐文化，培育文明风尚……加强和改进思想政治工作，注重人文关怀和心理疏导，用正确方式处理人际关系"；2013年，党的十八届三中全会审议通过了《中共中央关于全面深化改革若干重大问题的决定》，进一步提出"建立畅通有序的诉求表达、心理干预、矛盾调处、权益保障机制，使群众问题能反映、矛盾能化解、权益有保障"；《中华人民共和国国民经济和社会发展第十二个五年规划纲要》提出"培育奋发进取、理性平和、开放包容的社会心态"；《国家中长期教育改革和发展规划纲要（2010—2020年）》明确指出"把育人为本作为教育工作的根本要求"，"尊重教育规律和学生身心发展规律，为每个学生提供适合的教育。努力培养造就数以亿计的高素质劳动者、数以千万计的专门人才和一大批拔尖创新人才"。2014年，习近平总书记在庆祝国际"六一"儿童节讲话中指出："让社会主义核心价值观的种子在少年儿童心中生根发芽。"[1]这充分体现了党和国家对儿童践行社会主义核心价值观，促进其健全人格发展的重视。同年，习近平总书记在教师节参观北京师范大学心理学院时，着重强调了心理学对于促进儿童、青少年发展的重要性[2]。2016年，习近平总书记在哲学社会科学工作座谈会上明确指出："哲学社会科学是人们认识世界、改造世界的重要工具，是推动历史发展和社会进步的重要力量，其发展水平反映了一个民族的思维能力、精神品格、文明素质，体现了一个国家的综合国力和国际竞争力"，"要加快完善对哲学社会科学具有支撑作用的学科，如……心理学等"。[3]2016年，习近平总书记在教师节回母校北京市八一学校看望师生，殷切希望学生"努力做一个心灵纯洁、人格健全、品德高尚的人，努力做一个有文化修养、有人文关怀、

---

[1] 新华网：《习近平向全国各族少年儿童致以节日祝贺》，2014年5月30日，http://www.xinhuanet.com//politics/2014-05/30/c_1110944124.htm。
[2] 人民网：《习近平同北京师范大学师生代表座谈时的讲话（全文）》，2014年9月10日，http://politics.people.com.cn/n/2014/0910/c70731-25629093.html。
[3] 习近平：《在哲学社会科学工作座谈会上的讲话》，《民族论坛》2016年第5期，第4-12页。

有责任担当的人"[①]。

国内学者对儿童健全人格的塑造一直非常重视，尤其是近20年，涌现出一批针对幼儿人格特质培养的实证研究，如刘云艳等关于幼儿好奇心的教育促进实验[②]。杨丽珠带领的研究团队自1995年以来针对自我控制[③]、好奇心[④]、自信心[⑤]、责任感[⑥]、同情心[⑦]及自尊[⑧]等人格特质展开了系列培养实验，初步提出了幼儿人格培养的理论观点[⑨]。刘玉娟基于心理健康教育的角度开展了幼儿积极心理品质的培养目标及内容研究，也有一定的借鉴意义[⑩]。卡迈尔-米勒（Kammeyer-Mueller）提出，个体发展是整体交互作用的过程，发展过程的整体性本质意味着人作为一个不能精简的整体在前进和发展[⑪]。人格发展也是如此，教育者首先要了解青少年人格发展的现状，有目的、有计划地运用多种手段对儿童、青少年施加影响，争取用最短的时间和尽可能易操作的方法实现健全人格培养的目标，进而全面提高儿童、青少年的心理健康水平。

二、指导思想

（一）贯彻国家教育方针，尊重儿童发展规律

《中共中央关于全面深化改革若干重大问题的决定》明确提出："全面贯彻党的教育方针，坚持立德树人，加强社会主义核心价值体系教育。"本书着重体现"育人为本"，无论是发展目标的确定、教育内容的选择，还是教育方法的运用，都以儿童、青少年为主体，注重发挥其主体性，充分尊重儿童、青少年的身心发展特点及教育规律，强调良好品德的养成，注重品德教育的渗透性。

为了促进幼儿心理健康教育，教育部颁发了《3~6岁儿童学习与发展指南》，确保幼儿园、家庭和社会对幼儿的发展和教育有一个正确的认识和价值取向，坚

---

① 新华网：《习近平总书记在北京市八一学校考察时的讲话引起热烈反响》，2016年9月10日，http://www.xinhuanet.com/politics/2016-09/10/c_1119542690.htm。
② 刘云艳、张大均：《幼儿好奇心结构的探索性因素分析》，《心理科学》2004年第1期，第127-129页。
③ 但菲：《儿童自我控制能力研究综述》，《沈阳师范大学学报（社会科学版）》2001年第1期，第68-72、95页；但菲、杨丽珠、冯璐：《在游戏中培养幼儿自我控制能力的实验研究》，《学前教育研究》2005年第11期，第13-15页。
④ 袁茵、杨丽珠：《促进幼儿好奇心发展的教育现场实验研究》，《教育科学》2005年第6期，第54-56页。
⑤ 王娥蕊、杨丽珠：《促进幼儿自信心发展的教育现场实验研究》，《教育科学》2006年第2期，第86-89页；杨丽珠、王娥蕊：《大班幼儿自信心培养的实验研究》，《学前教育研究》2005年第4期，第40-42页。
⑥ 杨丽珠、金芳：《促进幼儿责任心发展的教育现场实验研究》，《学前教育研究》2005年第5期，第22-24页。
⑦ 辛晓莲、杨丽珠：《如何培养孩子的同情心》，《早期教育（家教版）》2005年第4期，第37页。
⑧ 张丽华、方红、杨丽珠：《游戏促进幼儿自尊的实验研究》，《应用心理学》2006年第1期，第67-72页。
⑨ 杨丽珠、宋芳：《幼儿健全人格培养的意义与模式》，《学前教育研究》2008年第9期，第3-6页。
⑩ 刘玉娟：《幼儿积极心理品质培养研究》，《中国特殊教育》2010年第11期，第16-19页。
⑪ Timothy, A. J. Kammeyer-Mueller, J. D. Personality and career success. University of Florida, Gainesville, 2007, (4), 59-78.

持科学保教方法，提供有质量的学前教育，保障幼儿快乐健康成长。《幼儿园工作规程》指出："幼儿园应当关注幼儿心理健康，注重满足幼儿的发展需要，保持幼儿积极的情绪状态，让幼儿感受到尊重和接纳"。教育部发布的《中小学心理健康教育指导纲要（2012年修订）》指出，"中小学心理健康教育，是提高中小学生心理素质、促进其身心健康和谐发展的教育，是进一步加强和改进中小学德育工作、全面推进素质教育的重要组成部分。中小学生正处在身心发展的重要时期，随着生理、心理的发育和发展、社会阅历的扩展及思维方式的变化，特别是面对社会竞争的压力，他们在学习、生活、自我意识、情绪调适、人际交往和升学就业等方面，会遇到各种各样的心理困扰或问题。因此，在中小学开展心理健康教育，是学生身心健康成长的需要，是全面推进素质教育的必然要求"。

开展儿童、青少年心理健康教育工作，必须高举中国特色社会主义伟大旗帜，践行社会主义核心价值体系，贯彻党的教育方针，坚持立德树人、育人为本，注重儿童、青少年心理和谐健康，加强人文关怀和心理疏导。开展儿童、青少年心理健康教育，要以儿童、青少年的发展为根本，遵循其身心发展规律，必须坚持以下基本原则：第一，坚持科学性与实效性相结合。要根据儿童、青少年身心发展的规律和特点及心理健康教育的规律，科学地开展心理健康教育，注重心理健康教育的实践性与实效性，切实提高儿童、青少年的心理素质和心理健康水平。第二，坚持发展、预防和危机干预相结合。要立足教育和发展，培养儿童、青少年的积极心理品质，挖掘他们的心理潜能，注重预防和解决发展过程中的心理行为问题，在应急和突发事件中及时进行危机干预。第三，将坚持面向全体儿童、青少年与关注个别差异相结合。全体教师都要树立心理健康教育意识，尊重儿童、青少年，平等地对待他们，注重教育方式方法，关注个别差异，根据不同儿童、青少年的特点和需要开展心理健康教育与辅导。第四，坚持教师的主导性与儿童、青少年的主体性相结合。也就是说，要在教师的教育指导下，充分调动和发挥儿童、青少年的主体性，引导他们积极主动地关注自身的心理健康，培养儿童、青少年自主维护自身心理健康的意识和能力。

心理健康教育的终极目标就是形成健全的人格，即提高全体儿童、青少年的心理素质，培养他们积极乐观、健康向上的心理品质，充分发掘他们的心理潜能，促进其身心和谐可持续发展，为他们的健康成长和幸福生活奠定基础。同时，要按照"全面推进、突出重点、分类指导、协调发展"的工作方针，不同地区根据本地实际情况，积极做好心理健康教育工作。心理健康教育应从不同地区的实际和不同年龄阶段儿童、青少年的身心发展特点出发，做到循序渐进，设置分阶段的具体教育内容。

（二）坚持儿童、青少年人格发展研究的中国化

潘菽教授在1983年曾提出，要建立有中国特色的心理学[①]。随后，我国开始进行涉及心理学中国化的研究。林崇德等在《心理学研究的中国化：过程和道路》一文中指出，"中国心理学的发展虽然步履艰难，但已有了一个良好的开端，如何在此基础上更上一层楼，就需要通过心理学研究的中国化，形成中国自己的心理学理论与体系"[②]，至此，心理学中国化的研究开始深入。

文化是随着民族的发展而发展的，当代文化的发展趋势虽然是各民族不同文化相互吸收和借鉴的结果，但终究不会改变多元化的基本态势。东西方文化具有不同的特质。东方的不同国家的文化仍具有不同特质，这些特质都渗透在生活的各个领域，影响着家庭、幼儿园、小学、中学对儿童、青少年的教养方式与内容，影响着儿童、青少年心理的发展。儿童、青少年的发展不仅受生物性因素的影响，还受文化、社会阶层、家庭等社会性因素的影响。对于东西方人来说，千百年来，他们生活在不同的环境中，时代的变迁已经造成其遗传素质的差异。更为重要的是，他们生活在不同的文化背景下，不同的社会文化环境、法律制度、行为规范等均产生作用，并影响了其人格结构的内容[③]。综述西方关于个性结构的研究，我们还发现在不同国家、不同文化中，人们的人格包含的成分也存在一些差异[④]。因此，不同文化背景下人的人格结构应该既有相似性，又有差异性。我们要了解中国儿童、青少年人格发展特点，不能照搬西方的理论，而应在中国文化背景下进行研究。基于这种思想，本书的研究对象是中国儿童、青少年，所揭示的应该是中国儿童、青少年人格发展的规律。

（三）勇于探索，彰显儿童、青少年人格发展研究的创新性

创新是一个理论发展恒久不变的主题，对我国儿童、青少年人格发展研究的创新，首先表现在研究内容具有创新性。我们借鉴大五人格因素理论，并依据当前社会中正在使用的描述儿童、青少年特点的自然语言来建构儿童、青少年人格理论。这些语言是儿童、青少年所在社会长期积累的结果。它包含了所有描述儿童、青少年特质所需的概念，差异越明显，说明在日常生活中描述这一特点的词汇越多。我们请幼儿园、小学及初中教师运用中文形容词描述儿童人格特征，试图从自然语言途径入手，结合词汇学，在王登峰创建的由1520个词汇构成的人格

[①] 杨鑫辉、汪凤炎：《论潘菽"建立有中国特色的心理学思想"》，《心理科学进展》1997年第3期，第46-52页。
[②] 林崇德、俞国良：《心理学研究的中国化：过程和道路》，《心理科学》1996年第4期，第193-198、255页。
[③] 王登峰、崔红：《中西方人格结构的理论和实证比较》，《北京大学学报（哲学社会科学版）》2003年第5期，第109-120页。
[④] 张野、杨丽珠：《我国3~6岁儿童个性类型及发展特点的研究》，《心理科学》2005年第4期，第893-896页。

描述词汇表中进行筛选。同时,我们又结合"九五""十五""十一五"期间对人格理论的研究与文献检索,初建了儿童、青少年人格理论建构,采用验证性因素分析确立了我国3~15岁儿童人格结构;依据"中国发展指数"确定的中国四类地区进行分层随机抽样,通过将原始分数转换为正态化标准分数,制定了中国儿童、青少年人格发展评定量表全国常模;运用纵向追踪的研究方法,结合潜变量增长模型,探索了幼儿、小学生人格发展的特点;用贝叶斯网络探究了多种因素对儿童人格发展的综合影响;用整体交互理论进行儿童、青少年健全人格的培养,构建儿童、青少年健全人格教育模式,这些都具有创新性,获得了一些突破性的成果。

其次,研究方法具有创新性。我们采用综合研究方法,诸如开放式问卷、自由描述法、词汇法、分子行为分析法、自然观察法、问卷法、情境实验法、追踪观察法、实验室观察法、教育现场实验法、实验室实验法、脑电等方法互为佐证,既有定性研究,也有定量统计;既有横向研究,也有纵向研究;既有常规研究,也有现代化手段,使其具有前沿性。例如,我们不仅运用群组序列设计、纵向追踪、潜变量增长模型统计探讨了儿童人格发展特点,而且首次在我国依据整体交互人格理论,运用贝叶斯网络探讨了各种因素是如何综合影响幼儿人格发展的,所有这些都彰显了本书的创新性。

(四)把握儿童、青少年人格发展研究的系统性与全面性

儿童、青少年人格是由多因素组成的系统的整体结构,包括不同的子系统。我们以辩证唯物主义的系统论、整体观、发展观、主客体相互作用的观点,全方位地研究儿童、青少年的人格发展。在研究时,既要考虑儿童、青少年人格发展的结构、评估、发展的特点、影响因素和培养等诸多方面的问题,同时还要考虑这些因素之间的相互作用。我们研究的终极目标是致力于培养儿童、青少年的健全人格,研究内容应是系统、全面的。

(五)体现儿童、青少年人格发展和教育研究的科学性与应用性

研究儿童、青少年人格发展的终极目标是培养儿童、青少年的健全人格。应用研究要在基础研究之上进行,基础研究要真正体现出科学性。科学的基础研究能为应用研究提供理论依据,保证应用研究的有效性;应用研究可以验证基础研究是否具有科学性。为此,我们将儿童、青少年心理与儿童、青少年教育有机结合,将专业工作者与幼儿园、小学及初中的实际工作者相结合,既发挥专业工作者的科研能力,又借鉴实践工作者的宝贵经验,在幼儿园、小学及初中对儿童、

青少年人格进行整体培养，依据他们人格的结构确立人格培养的目标，依据儿童、青少年人格发展的特点和关键期确定教育游戏活动内容，依据影响他们人格发展的因素确立教育游戏载体，在施以游戏活动方案时采用尊重、平等、自主的教育，在幼儿园、小学、初中分别进行儿童、青少年健全人格培养的教育现场实验，其结果显示，研究既有理论力度，又有实践价值。因此，本书建构的儿童、青少年人格发展与教育模式具有科学性、可操作性，同时具有广阔的应用前景。

第三节　研究的问题与理论框架

一、研究的问题

西方学者对儿童、青少年人格评定与发展的探索已卓有成效，但也存在一定的问题。在人格结构方面，其直接采用成人人格结构的测评工具或从中挑选题目来测量不同文化背景下的儿童、青少年人格，忽视了人格发展的年龄阶段性、社会化进程及文化等影响因素。而且，编制测评工具时单纯采用教师、父母自由描述或从字典中抽取的人格特质形容词的词汇。另外，其人格测评体系主要以他评量表为基础，缺少自然观察和实验室测量，量表评定的有效性不可避免地会受评定者自身特征的影响。具有较高生态效度的自然观察及相当于自我报告的实验室可控制观察应当被纳入儿童、青少年人格评价体系中，这将有利于从多角度评定儿童、青少年人格发展，尤其能提高对尚没有自我报告能力的年幼儿童的人格评定效度。

同时，我国儿童、青少年儿童人格结构、类型及其发展规律研究也取得了一定的成果。在此基础上，本书提出继续深入研究的问题。

（一）构建中国儿童、青少年人格评定指标体系，建立人格评定常模

构建人格发展指标体系，主要是探讨人格结构。我国对儿童人格结构的研究始于20世纪七八十年代，大多采用理论推导及查阅国内外文献资料的方式。儿童人格结构的实证研究始于张雨青，其采用教师自由描述的途径得出3岁、6岁、9岁、12岁4个年龄组的儿童的人格均包括"智力""认真性""外倾性""宜人性""情绪稳定性""自主性"[①]；杨丽珠及其团队通过开放式问卷和访谈，多角度搜集具体的行为表现，结合王登峰创建的1520个成人人格描述词，建立描述性儿童人

---

① 张雨青：《基于父母知觉的儿童人格结构及其发展的研究》，《心理学报》1999年第2期，第177-189页。

格理论结构，进行问卷编制，通过专家评定、项目分析、探索性因素分析和验证性因素分析等方法，经过3轮、15年的系统研究，最终得出从幼儿到初中生个体的人格均由智能特征、认真自控、外倾性、亲社会性、情绪稳定性5个维度构成，幼儿、小学生有15个下属特质，初中生有17个下属特质，各年龄段的特质略有差别[①]。

我国关于儿童、青少年人格类型的研究较少，大多数研究均采用修订的艾森克人格问卷进行直接测量，仅有的一项原创性研究是张野和杨丽珠从同伴关系的角度，采用聚类分析的方法，将3～12岁儿童划分为认可型、矛盾型、拒绝型、中间型4类[②]，但这种划分是否具有推广价值，还有待于进一步探讨。

虽然我们已经取得了初步进展，但是关于人格结构与人格类型的划分还需要在全国取样以进行进一步探讨；编制的测评工具尚未建立全国常模，其应用价值受到限制；测评体系仍然以量表评定为主，而没有将多元观察系统及可精细化分析某个独特行为并与脑功能直接建立联系的实验室测量方法纳入进来，本书就是要构建3～6岁、6～12岁、12～15岁儿童、青少年人格结构，编制评定量表，建立常模。

（二）探索3～15岁儿童、青少年跨阶段人格发展的规律

3～15岁的儿童、青少年的人格发展趋势和发展特点如何？这个阶段是人格形成与发展的关键时期，所以这一问题应该是发展心理学家解决的问题。我们认为探索儿童、青少年人格发展特点，长期的追踪研究无疑是较好的方法。我们首先采用群组序列设计，应用潜变量增长曲线模型和多层线性模型对幼儿、小学生、初中生人格发展特点进行追踪。要了解幼儿至初中生人格整体发展的趋势不容易，因为测量不同阶段的儿童、青少年（幼儿、小学生、初中生）人格发展采用的量表不尽相同，不同研究工具的原始分数不具备可比性。我们采用Tucker测验等值方法将不同阶段的量表分数等值到同一尺度，并在此基础上进行儿童、青少年跨阶段的人格发展特点研究；使用潜在类别分析对初中生人格类型进行划分，在人格测验得分的Tucker线性等值的基础上，采用潜在类别分析技术探讨中国儿童、青少年人格类型及跨阶段纵向发展特点。

---

① 刘雯、杨丽珠：《3～6岁幼儿个性结构研究》，《心理科学》1999年第5期，第459-460页；刘文、杨丽珠：《小学儿童个性结构研究》，《心理科学》2001年第6期，第741-742页；杨丽珠、张野、刘文：《基于教师描述的幼儿个性结构的验证性因素分析》，《心理科学》2004年第3期，第575-579页；杜文轩、杨丽珠、马世超：《初中生人格量表的常模制定——基于大连市6449名初中生的研究》，《辽宁师范大学学报：社会科学版》2014年第3期，第365-370页；杨丽珠、张金荣、刘红云等：《3～6岁儿童人格发展的群组序列追踪研究》，《心理科学》2015年第3期，第586-593页。

② 张野、杨丽珠：《我国3～6岁儿童个性类型及发展特点的研究》，《心理科学》2005年第4期，第893-896页。

（三）综合研究影响儿童、青少年人格发展的因素

我们于1981—2011年分别从气质、认知、家庭、学校（诸如教师期望与同伴关系）、社会因素角度研究了儿童人格的影响因素。很少有学者将这些因素综合起来研究其对儿童、青少年人格的影响，而现实生活中儿童、青少年人格的形成发展不是单一因素影响的结果，而是多因素影响所致。随着心理统计学的发展，多因素影响研究已成为可能。本书主要探讨气质、家庭、学校等各种因素是如何综合影响儿童、青少年人格发展的，探讨脑电生理因素对儿童、青少年人格发展的影响。

（四）从整体上对儿童、青少年进行健全人格的培养

我们研究儿童、青少年人格发展是为探究出有效、适宜的培养中国儿童、青少年健全人格的方法和途径，即形成培养中国儿童、青少年健全人格的教育活动方案，构建中国儿童、青少年健全人格的培养模式。以往我们分别对儿童人格特质进行了培养，诸如儿童的好奇心、自尊、自信、自我控制、独立性、同情心等，初步形成了儿童人格培养的理论。本书在此基础上从整体上对幼儿、小学生、初中生进行健全人格的培养，为基础教育服务。本书研究的问题见图1-1。

二、理论框架

在2016年哲学社会科学工作座谈会上，习近平总书记明确指出："哲学社会科学是人们认识世界、改造世界的重要工具，是推动历史发展和社会进步的重要力量，其发展水平反映了一个民族的思维能力、精神品格、文明素质，体现了一个国家的综合国力和国际竞争力。"并进一步指出："要加快完善对哲学社会科学具有支撑作用的学科，如……心理学等。"[1]我们进行儿童、青少年人格发展与教育研究，就是要不断地探索儿童、青少年人格发展的规律，完善儿童、青少年人格发展的理论。习近平总书记高度评价了马克思主义的指导地位，认为"马克思主义揭示了事物的本质、内在联系及发展规律，是'伟大的认识工具'，是人们观察世界、分析问题的有力思想武器；马克思主义具有鲜明的实践品格，不仅致力于科学'解释世界'，而且致力于积极'改变世界'"[2]。为此，我们首先要认识儿童、青少年人格发展的规律，解释这些规律，并在此基础上进行儿童、青少年健全人格的培养，提升儿童、青少年健全人格的发展水平。

---

[1] 习近平：《在哲学社会科学工作座谈会上的讲话》，《民族论坛》2016年第5期，第4-12页。
[2] 习近平：《在哲学社会科学工作座谈会上的讲话》，《民族论坛》2016年第5期，第4-12页。

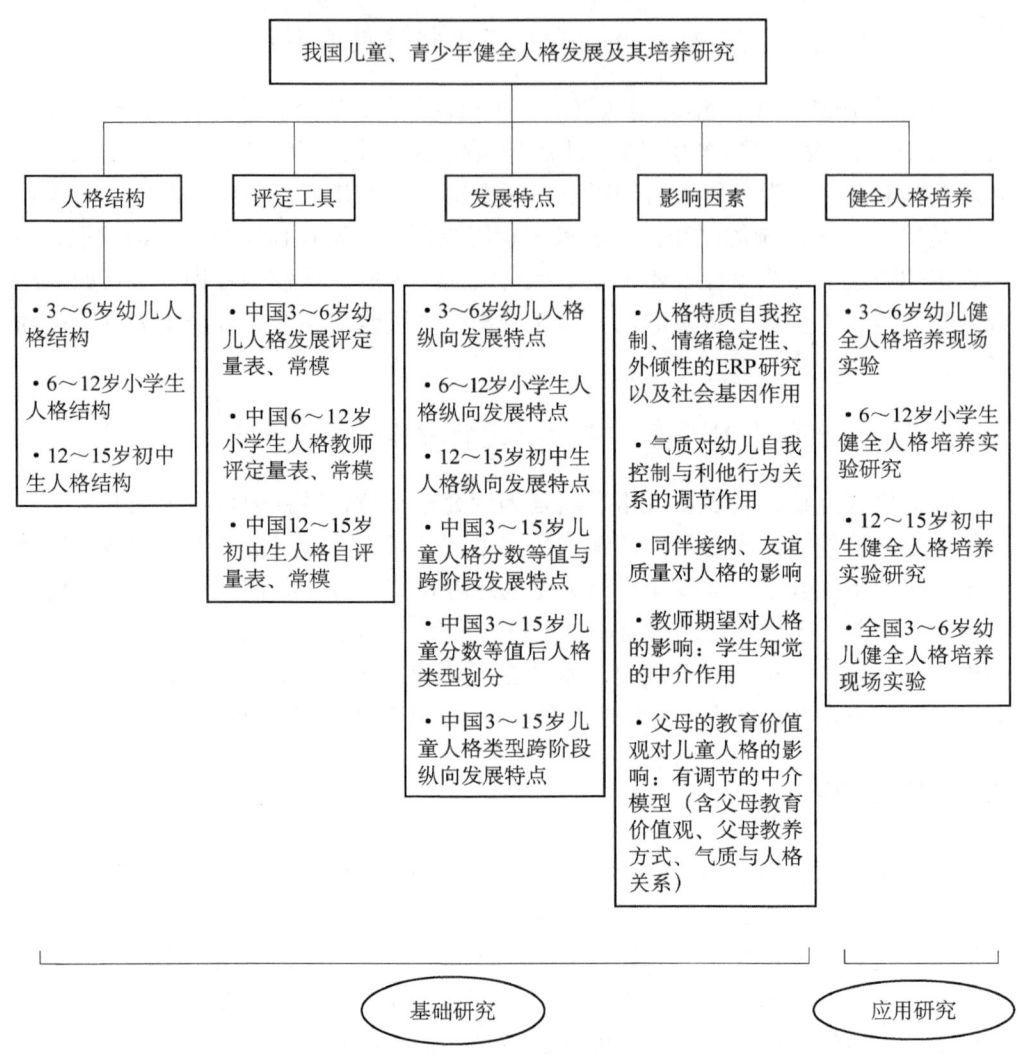

图 1-1　本书研究的问题

理论来源于实际，我们在研究以上问题时，也思考了儿童、青少年人格发展的理论问题。儿童、青少年人格发展的理论大致包括以下几个方面。

（一）儿童、青少年人格发展的形式

儿童、青少年人格发展是阶段性的，还是既有发展性又有阶段性？年龄阶段性的本质特点是什么？发展中的阶段性之间又有何特点？我们试图从探讨3～6岁、6～12岁、12～15岁儿童、青少年人格纵向发展特点，以及3～15岁儿童、青少年人格跨年龄阶段的纵向发展特点入手，来回答上述重要理论问题。

（二）儿童、青少年人格发展的动力

儿童、青少年人格发展是先天的还是后天的？遗传、基因、环境和教育在其中究竟起到了什么作用？我们试图通过脑电生理、基因研究，以及气质、家庭、幼儿园（学校）及社会文化对儿童、青少年人格综合影响的研究，回答这些重要理论问题。

（三）儿童、青少年人格发展与教育的关系

探讨儿童、青少年人格发展与教育的关系，是发展心理学工作者所做的一项十分有价值的工作。我们试图分别通过对 3~6 岁、6~12 岁、12~15 岁儿童、青少年健全人格培养的研究，分析人格发展与教育的辩证关系。

（四）儿童、青少年人格发展的主动性与被动性

对于儿童、青少年人格发展，有人认为是内因起根本作用，也有人强调了外因的作用，那么在儿童、青少年人格发展方面，内因到底是怎样起作用的？儿童、青少年主动参与的特点是什么？以上是研究儿童、青少年人格发展的十分关键的问题，我们要通过对儿童、青少年人格培养的研究回答上述理论问题。

第二章

中国儿童、青少年人格结构、评定量表编制与常模建立

本章集中介绍中国儿童、青少年人格结构研究历程,在此基础上在全国取样,按幼儿3个年级、男女共分为6个群体,建立中国幼儿人格教师评定量表的常模;按小学6个年级、男女共分为12个群体,建立了中国小学生人格教师评定量表的常模;按初中3个年级、男女共分为6个群体,建立了中国初中生人格自评量表的常模。由此验证了中国儿童、青少年人格发展结构的有效性;验证了中国儿童、青少年人格评定量表的可靠性、有效性;以年级、性别制定的群体的常模参照分数标准,可作为评定儿童、青少年人格发展水平的测量工具。

第一节 中国3~6岁幼儿人格结构、教师评定量表编制与常模制定

一、中国3~6岁幼儿人格结构、教师评定量表的编制

(一)引言

人格是个体的独特性,基于人类一般进化中的变异,以个性差异、适应特征和生活事件整合的形式表现出来,在文化和情境中体现出差异性和复杂性[1]。

人格发展是指个体自出生至老年、死亡的整个生命过程中的人格特征的表现,随着年龄的增长和习得经验的增加而逐渐改变的过程。人格发展是人生发展中至

---

[1] DeYoung, C. G. Personality neuroscience and the biology of traits. Social and Personality Psychology Compass, 2010, 4(12), 1165-1180.

关重要的部分①。人格特质具有稳定性，但人格的稳定性和可变性是并存的②。

与当前关于人格研究的趋势一致，人格发展研究也是基于五因素人格取向，其代表着与社会适应密切相关的人格特质，如经验开放性或可培养性、外倾性、神经质－情绪稳定性③、宜人性和责任心④。五因素人格模型被几组研究人员相对独立地发现并定义。这些研究者都从被熟知的人格特质开始研究，这些人格特质在自评、同伴评价和实验中获得，然后进行因素分析，以分析人格的潜在结构。最初的模型是由图普斯（Tupes）和克罗斯特尔（Christal）提出的⑤，但并未得到学术界的广泛认可。美国国家健康中心的麦克雷（McCrae）和科斯塔（Costa）在此基础上发展出了 NEO-PI-R⑥。迪格曼（Digman）⑦与戈德堡（Goldberg）⑧为这一模型的发展进行了最高水平的理论建构。几组研究人员使用不同方法发现，五种人格特质虽然在命名上有所不同，但均高度相关，并且在因素分析中的结果是一致的⑨。这一模型已在跨研究领域得到验证，总体而言，这一模型促进了专业研究者之间的交流。五因素人格模型代表的人格结构不仅存在于成人中，也存在于儿童、青少年中⑩，之前的研究也显示青少年能提供可信且有效的五因素人格自评结果⑪。

人格发展包含均值水平变化（mean-level change）和等级顺序变化（rank-order

---

① 马世超、杨丽珠、邹伟：《人格改变的动力——从社会基因视角看天性与教养之争》，《辽宁师范大学学报（社会科学版）》2015年第5期，第636-642页。

② McAdams, D. P., Olson, B. D. Personality development: Continuity and change over the life course. Annual Review of Psychology, 2010, 61 (61), 517-542; McGue, M., et al. Personality stability and change in early adulthood: A behavioral genetic analysis. Developmental Psychology, 1993, 29 (1), 96-109.

③ Sturaro, C., et al. Person-environment transactions during emerging adulthood: The interplay between personality characteristics and social relationships. European Psychologist, 2008, 13 (1), 1-11.

④ McCrae, R. R., John, O. P. An introduction to the five-factor model and its applications. Journal of Personality, 1992, 60 (2), 175-215.

⑤ Tupes, E. C., Christal, R. E. Recurrent personality factors based on trait ratings. Journal of Personality, 1992, 60 (2), 225-251.

⑥ McCrae, R., Costa, P. Validation of the five-factor model of personality across instruments and observers. Journal of Personality and Social Psychology, 1987, 52 (1), 81-90.

⑦ Digman, J. M. Personality structure: Emergence of the 5 factor model. Annual Review of Psychology, 1990, 41 (1), 417-440.

⑧ Goldberg, L. R. The structure of phenotypic personality traits. American Psychologist, 1993, 48 (1), 26-34.

⑨ Goldberg, L. R., et al. The international personality item pool and the future of public-domain personality measures. Journal of Research in Personality, 2006, 40 (1), 84-96.

⑩ 张野、杨丽珠：《西方儿童个性结构研究进展》，《心理学探新》2003年第2期，第12-14、19页；Tackett, J. L., et al. The hierarchical structure of childhood personality in five countries: Continuity from early childhood to early adolescence. Journal of Personality, 2012, 80 (4), 847-879.

⑪ Soto, C. J., et al. The developmental psychometrics of big five self-reports: Acquiescence, factor structure, coherence, and differentiation from ages 10 to 20. Journal of Personality and Social Psychology, 2008, 94 (4), 718-737.

change）两种类型①。人格均值水平的变化涉及人格的正常改变，反映了人格特质的得分随时间而发生变化。大多数研究表明，人格各维度得分的发展趋势是：责任心增强，情绪稳定性增强②，宜人性增强③，外倾性降低④，开放性则呈曲线趋势⑤，成年早期为增长趋势，年长时则为下降趋势。人格等级顺序的变化或稳定性则反映了人格特质是否随时间推移保持其稳定性。等级顺序稳定性的测量通常是测量某个特定的人格特质的重测信度⑥。基于人格的稳定性和可变性，中国学者对幼儿阶段的人格结构、发展特点等进行了深入研究。陈基越等建议使用五因素人格取向来概括大五和五因素人格模型，并回顾了从大五和五因素人格模型提出以来的国内外各种类型五因素人格取向测验的发展历程，结果表明，一些在五因素人格模型框架下编制的自评测验量表适用于中国文化⑦。如何应对西方五因素取向人格测验与中国本土化五因素人格测验的碰撞，以及在其影响下如何发展中国的五因素人格测验，都是值得研究的。在儿童、青少年人格测验领域，目前研究面临的关键问题在于仍然缺乏以五因素人格理论为框架的标准化的中国儿童、青少年人格评定工具。本书中，如果能够制定标准化的中国儿童、青少年人格评定量表，那么不但可以重复验证儿童、青少年人格结构，还可以为修订儿童、青少年人格发展测评工具奠定基础，为今后测量儿童、青少年人格提供有效工具，也

---

① Mõμttus, R., et al. Personality traits in old age: Measurement and rank-order stability and some mean-level change. Psychol Aging, 2012, 27 (1), 243-249; Specht, J., et al. Stability and change of personality across the life course: The impact of age and major life events on mean-level and rank-order stability of the Big Five. Journal of Personality and Social Psychology, 2011, 101 (4), 862-882.

② Bleidorn, W., et al. Patterns and sources of adult personality development: Growth curve analyses of the NEO PI-R scales in a longitudinal twin study. Journal of Personality and Social Psychology, 2009, 97 (1), 142-155; Neyer, F. J., Lehnart, J. Relationships matter in personality development: Evidence from an 8-year longitudinal study across young adulthood. Journal of Personality, 2007, 75 (3), 535-568; Roberts, B. W., et al. Patterns of mean-level change in personality traits across the life course: A meta-analysis of longitudinal studies. Psychological Bulletin, 2006, 132 (1), 1-25; Soto, C. J., et al. Age differences in personality traits from 10 to 65: Big Five domains and facets in a large cross-sectional sample. Journal of Personality and Social Psychology, 2011, 100 (2), 330-348.

③ Lüdtke, O., et al. A random walk down university avenue: Life paths, life events, and personality trait change at the transition to university life. Journal of Personality and Social Psychology, 2011, 101 (3), 620-637; Soto, C. J., et al. Age differences in personality traits from 10 to 65: Big Five domains and facets in a large cross-sectional sample. Journal of Personality and Social Psychology, 2011, 100 (2), 330-348.

④ Branje, S. J. T., et al. Big Five personality development in adolescence and adulthood. European Journal of Personality, 2007, 21 (1), 45-62.

⑤ Lehmann, R., et al. Age and gender differences in motivational manifestations of the Big Five from age 16 to 60. Developmental Psychology, 2013, 49 (2), 365-383.

⑥ Gordon, J. The extent of personality change: Rank order consistency, mean level change, individual level change, and ipsative stability. Griffith University Undergraduate Psychology Journal, 2009, (1); Roberts, B. W., et al. The kids are alright: Growth and stability in personality development from adolescence to adulthood. Journal of Personality and Social Psychology, 2001, 81 (4), 670-683.

⑦ 陈基越、徐建平、黎红艳等：《五因素取向人格测验的发展与比较》，《心理科学进展》2015年第3期，第460-478页。

可以为教师和家长进行儿童、青少年人格评价提供简便、易行的工具。

1. 西方幼儿人格发展研究现状

有关西方人格五因素的研究历程可见杨丽珠等[①]、杜文轩等[②]，以及陈基越等[③]的论述。本部分拟对 2012 年以来西方关于幼儿的五因素取向的人格发展研究进行回顾。

首先，一项跨文化研究选取了来自 5 个国家的父母，让其评价 3~14 岁儿童的人格特征，包括加拿大、中国、希腊、俄罗斯和美国。研究首先比较了 4 个年龄组的人格等级结构，包括童年早期（3~5 岁）、童年中期（6~8 岁）、童年晚期（9~11 岁）和青少年早期（12~14 岁）。加拿大被试为来自南安大略的 392 名儿童，95.9%的被试由母亲评价，其余由父亲评价。中国样本由来自大连市的 506 名被试构成，98.8%的被试由母亲评价。希腊样本有 572 人，96.5%的被试由母亲评价，对该样本使用了滚雪球抽样法。俄罗斯样本有 1374 名被试，来自新西伯利亚等地，87.3%的被试由母亲评价。美国样本有 907 人，来自佐治亚州、弗吉尼亚州和北达科他州，63.2%的被试由母亲评价。对于所有被试，采用儿童个性差异调查表（ICID）进行测量。该工具使用 108 题的版本，采用利克特 7 级计分，可测量人格五因素，被翻译成汉语、希腊语和俄语等版本。结果发现，在人格的层级结构中，具有个人主义特征的国家，如美国和加拿大之间的相似性要高于具有集体主义特征的国家，如俄罗斯和中国。希腊介于典型的个人主义和集体主义之间，但其被试的人格特征更接近美国和加拿大儿童。随着年龄的增长，儿童人格结构越发接近成人人格结构。另外，该研究也赞成人格评价由多主体进行，如自评、父母评价、教师评价及同伴评价等[④]。

格里斯特（Grist）等使用学龄前儿童人格五因素测量量表（M5-PS-35）对幼儿人格进行了测量[⑤]。M5-PS-35 是基于 FFM 理论框架的问卷，题目来源于 IPIP。研究者挑选适宜测量幼儿人格的题目或将题目改写为适宜评价幼儿人格的内容，每题采用利克特 5 级计分，采用幼儿教师进行评价的方式。第一阶段，621 名被试被分为两组，310 名 2~6 岁幼儿作为探索性因素分析（EFA）的样本，311 名

[①] 杨丽珠、张金荣、刘红云等：《3~6 岁人格发展的群组序列追踪研究》，《心理科学》2015 年第 3 期，第 586-593 页。
[②] 杜文轩、杨丽珠、马世超：《初中生人格量表的常模制定——基于大连市 6449 名初中生的研究》，《辽宁师范大学学报（社会科学版）》2014 年第 3 期，第 365-370 页。
[③] 陈基越、徐建平、黎红艳等：《五因素取向人格测验的发展与比较》，《心理科学进展》2015 年第 3 期，第 460-478 页。
[④] Tackett, J. L., et al. The hierarchical structure of childhood personality in five countries: Continuity from early childhood to early adolescence. Journal of Personality, 2012, 80（4），847-879.
[⑤] Grist, C. L., et al. The M5-PS-35: A Five-Factor Personality Questionnaire for Preschool Children. Journal of Personality Assessment, 2012, 94（3），287-295.

幼儿作为验证性因素分析（CFA）的样本，所有被试由教师使用 90 题的人格问卷版本进行评价。第二阶段，对来自加利福尼亚州北部的 122 名 3~4 岁正常幼儿的 35 题人格问卷版本和 Rothbart 的儿童行为问卷（CBQ）简版的三个维度——精力充沛、消极情感、努力控制做相关分析，结果发现，90 题版本缩减为 35 题后，外倾性与精力充沛、情绪稳定性与消极情感、责任心与努力控制之间的相关度均较高。此研究表明，对学前儿童的人格也可在五因素理论框架内进行测量与评价。

2. 我国幼儿人格发展评定工具的研究现状

国内学者陈学诗等进行了标准化幼儿人格评估工具的编制工作。该幼儿人格评定量表由父母对幼儿进行评价。首先，在北京、宁波和宁夏选取 700 名幼儿，获得人格测验分数后进行 EFA，得到 4 个人格因素，包括探索主动性、自我控制与独立性、合群和适应性及情绪稳定性，共 45 题。之后，为了使评定工具标准化，在全国包括华东、西南、西北、华北及华中等 9 个地区的大中城市抽取幼儿 2341 人，年龄为 2.5~3 岁，每三个月划为一个年龄组，共 6 个年龄组，各年龄组和性别的幼儿比例大致相当，制定了 $M\pm SD$ 的性别年龄组常模。量表各维度的克龙巴赫 α 系数为 0.77~0.90，基于 82 个样本的 15~30 天的重测信度为 0.59~0.67[①]。该量表的常模参照团体取样范围较广、信度较理想，用于父母评价幼儿人格较为可行、方便。但常模参照团体的年龄覆盖范围较小，未能覆盖全部幼儿年龄组，且理论结构构想与现代人格理论略有出入，如未能很好地区分情绪稳定性与自我控制等。

（二）中国 3~6 岁幼儿人格结构、教师评定量表编制历程

为了探索中国幼儿人格结构，杨丽珠团队进行了 3 轮、为期 15 年的研究。

1. 第一轮研究

第一轮研究中，刘文与杨丽珠编制了幼儿人格教师评定问卷，探讨了 3~6 岁幼儿人格的结构。研究中，使用自由描述法，请幼儿教师在中文环境下对本班熟悉的两名人格特征不同的幼儿的典型行为通过自然语境中的自由词汇进行描述，共收集到形容幼儿人格的词汇 394 个。其后，在武汉、大连两市共 6 所幼儿园抽取接触幼儿半年以上的现任教师，对她们所在班级的共 566 名 3~6 岁男女比例相当的各年龄段幼儿进行人格评定。运用 EFA 获得的幼儿人格结构由智能特征、意志特征（责任心）、活动性（内外向）、亲社会性和情绪情感（神经质）5 个因素构

---

① 陈学诗、吴桂英：《幼儿人格评定量表的编制及其信效度研究》，《中国临床心理学杂志》2001 年第 1 期，第 13-16 页。

成。研究初步表明，中国幼儿人格结构与五因素理论存在相似的结构①。

2. 第二轮研究

继第一轮研究之后，为了验证幼儿人格结构的稳定性，杨丽珠等在其幼儿人格发展研究中再次编制了中国幼儿人格教师评定量表。研究中继续使用幼儿教师自由描述的方法，对幼儿的人格特质进行评定。来自全国 10 个省份的 336 名幼儿教师参与自由描述的开放式问卷研究。研究者请幼儿教师在自己任教的班级随机选取 4 名自己熟悉的幼儿，对其在幼儿园日常学习与生活中经常表现出来的具体行为表现和特点进行描述。经过对 1347 份开放式问卷的质性分析，包括编码、设置码号和建立类属等过程，进行幼儿人格特征的理论建构，进而编制问卷，并首次应用 EFA 与 CFA 交叉确定幼儿人格结构。在大连 9 所幼儿园的 3 个年级中抽样，请教师对所在班级的幼儿进行人格评价。90 名幼儿教师评定了 1642 份有效问卷。随机将样本分为两部分，其中对一部分 4 所幼儿园的样本（$n=715$）进行 EFA，对另一部分 5 所幼儿园的样本（$n=927$）进行 CFA。EFA 与 CFA 获得的幼儿人格结构由智能特征、认真自控、情绪性、亲社会性 4 个因素构成，问卷有较理想的信度和效度②。

3. 第三轮研究

杨丽珠等的第三轮第一阶段的研究共调查了 3 个样本。第一个样本是前期质化研究的被试。质化研究同时使用了基于教师评价幼儿的开放式自由描述法和基于形容词表的词汇学方法。对于自由描述开放式问卷，在大连 7 所幼儿园施测，91 名教师对 364 名 3～6 岁幼儿进行了评定，男女各半；大连和广州共 324 名幼儿教师填写了形容词表，最后选取了完整的 47 份。第二个样本是预测验样本，抽取大连市的两所幼儿园的共 295 名幼儿，由 14 名幼儿教师进行评定。第三个样本是正式测验的样本，包括 EFA 样本和 CFA 样本，在大连市选取 8 所幼儿园的共 71 名幼儿教师对本班幼儿进行人格评定，收回有效问卷 1104 份。随机选取其中 3 所幼儿园的幼儿（$n=510$）作为 EFA 样本，另外 5 所幼儿园的幼儿（$n=594$）作为 CFA 样本。结果发现，在幼儿样本中同样存在一个五因素结构，但其内涵与五因素理论略有差别。为了考察中国幼儿人格教师评定量表的聚合效度，本阶段研究还首次运用了各维度与相应情境实验结果的相关系数作为效度系数。结果表明，五因素与相应情境实验结果的相关系数分别为 $r_{(探索性)}=0.755$（$p<0.05$），$r_{(自制力)}=0.708$（$p<0.05$），$r_{(内外向)}=0.845$（$p<0.05$），$r_{(亲社会)}=0.766$（$p<0.05$），$r_{(情绪稳定性)}=0.775$

---

① 刘文、杨丽珠：《3～6 岁幼儿个性结构研究》，《心理科学》1999 年第 5 期，第 459-460 页。
② 杨丽珠、张野、刘文：《基于教师描述的幼儿个性结构的验证性因素分析》，《心理科学》2004 年第 3 期，第 575-579 页。

（$p<0.05$）。研究结果表明，五因素结构的中国幼儿人格教师评定量表具有较理想的构念效度。

张庭辉和张进辅也编制了由幼儿家长评价的幼儿人格问卷[①]。基于柳州 3 所幼儿园共 202 份有效问卷的初测及怀化和柳州的 3 所幼儿园 3～6 岁幼儿共 405 份有效问卷的正式施测，经 EFA 与 CFA 得到 5 个人格因素——探索性、尽责性、外向性、和善性及情绪稳定性，问卷各维度的克龙巴赫 α 系数和分半信度均在 0.8 以上。

杨丽珠等的第三轮第二阶段的研究扩大了各施测环节的样本容量与施测内容，采用自下而上的方式收集题目，最终编制了中国幼儿人格教师评定量表，并进行了追踪研究，考察了幼儿人格的发展特点[②]。质化研究部分仍使用基于教师评定的自由描述和基于形容词表的词汇学方法。首先，发放开放式问卷，请幼儿教师在任教班级随机选取自己熟悉的幼儿，根据幼儿日常学习和生活中经常出现的人格特征进行描述，并列出具体的行为。其次，使用词汇表，请幼儿教师评选出适合描述幼儿人格特质的词汇，并举例说明相应行为的表现方式，然后挑选出描述幼儿人格的形容词。为保证形容词评定结果的一致性，本部分评定由两名心理学专业的硕士研究生共同完成，计算两者一致性的 Kappa 系数为 0.908（$p<0.01$）。最终，共找到 1609 个人格特质形容词，其中无重复的词为 577 个，经过幼儿教师和专家的再次评定，删除频数低的形容词，最后保留 482 个形容词，最终归于 34 个码号、15 个亚类属与 5 个类属的等级结构，构成幼儿人格的智能特征、认真自控、外倾性、亲社会性和情绪稳定性这 5 个维度及二阶 15 个特质的人格结构基础。

正式研究包括两部分样本。第一个样本是预测验样本，使用幼儿人格教师评定问卷（第一版），由 72 名幼儿教师评定了大连市 4 所幼儿园的 532 名 3～6 岁幼儿，男、女比例相当，之后进行题目的区分度分析。第二个样本是正式施测样本，包括 EFA 样本和 CFA 样本，来自大连市 5 所幼儿园的 93 名幼儿教师使用经预测修订后的问卷第 2 版对其所在班级的共 1301 名幼儿进行评定，随机抽取其中 2 所幼儿园的幼儿作为 EFA 样本，另外 3 所幼儿园的幼儿作为 CFA 样本。经区分度分析和 EFA，得到了与理论构想一致的幼儿人格结构。进一步的 CFA 表明，最终模型的拟合指数较好，表明该问卷具有理想的结构效度。研究最终确立中国幼儿的人格测量结构由智能特征、认真自控、外倾性、亲社会性和情绪稳定性 5 个维度、15 个特质构成。5 个维度划分与五因素人格结构吻合。具体拟合指数如下：

[①] 张庭辉、张进辅：《幼儿人格问卷的初步编制》，《内蒙古师范大学学报（教育科学版）》2010 年第 10 期，第 61-64 页。

[②] 杨丽珠、张金荣、刘红云等：《3～6 岁儿童人格发展的群组序列追踪研究》，《心理科学》2015 年第 3 期，第 586-593 页。

χ^2/df=3.15,IFI=0.88,TLI=0.88,CFI=0.88,RMSEA=0.05,SRMR=0.06。

最终形成了包含 60 个题目的问卷,五因素各自的分半信度为 0.830～0.941,内部一致性信度为 0.846～0.957(ps<0.01),再测信度为 0.536～0.705(ps<0.01),教师与教师间的评分者信度为 0.583～0.733(ps<0.01),教师与家长间的评分者信度为 0.592～0.649(ps<0.01),表明问卷整体的信度较好。

从人格的 5 个维度中各挑选出 1 个人格特质,与相应的情境实验结果的相关值分别为 0.71～0.84,p<0.01,表明问卷得分与实际行为之间具有较好的聚合效度[①]。在形成有效的人格测量工具后,通过在湖南省 14 个地市的 54 所幼儿园对 3731 名幼儿进行大规模施测的横向研究表明,幼儿人格的发展特点为人格各维度在 4 岁的发展变化最明显[②]。之后,通过群组序列的加速追踪设计,考察幼儿人格的发展轨迹及其性别差异。追踪研究样本是从正式施测样本中随机抽取 3～3.5 岁(不含 3.5 岁)、3.5～4 岁(不含 4 岁)、4～4.5(不含 4.5 岁)岁 3 个年龄群组,共 608 名幼儿,进行 1.5 年的人格发展追踪,从第 1 次测量时间开始,每隔半年测一次,共测 4 次。结果表明,幼儿人格各维度及特质在 3～6 岁均有显著发展趋势,且都表现出先快后慢的过程,3～4 岁(不含 4 岁)发展最快,4～5 岁(不含 5 岁)其次,5～6 岁(不含 6 岁)趋于稳定。追踪研究证实了人格的稳定性与可变性是共存的[③]。

本部分在前期研究的基础之上在全国取样,验证幼儿人格发展结构、中国幼儿人格教师评定量表的有效性。研究结果表明,基于全国取样的中国幼儿人格发展结构与前期研究结果一致,验证了中国幼儿人格发展结构 5 个因素、15 个特质的有效性;中国幼儿人格教师评定量表与前期研究结果一致,验证了中国幼儿人格教师评定量表的可靠性、有效性。这为建立中国幼儿人格教师评定量表常模奠定了基础。

二、中国幼儿人格教师评定量表常模的建立

(一)研究方法

1. 被试

由于中国地域广阔,各方面发展水平各异,为获得中国幼儿人格教师评定量表的常模,本研究采用分层随机抽样,在第一层抽样中考虑被试所在地区的发展

---

① 杨丽珠:《儿童青少年人格发展与教育》,中国人民大学出版社 2014 年版,第 27-29 页。
② 赵南:《湖南省 3～6 岁幼儿人格发展现状与特点》,《中国特殊教育》2013 年第 8 期,第 90-96 页。
③ 杨丽珠、张金荣、刘红云等:《3～6 岁儿童人格发展的群组序列追踪研究》,《心理科学》2015 年第 3 期,第 586-593 页。

水平，确定抽样地区，在第二层抽样中考虑被试的性别、年级、所在幼儿园类型等人口学变量。在衡量地区发展水平时，可参考"中国发展指数"。2006年以来，中国人民大学中国调查评价中心每年发布"中国发展指数"，其由4个单项指数构成：①健康指数；②教育指数；③生活水平指数；④社会环境指数。该指数反映的我国地区综合发展水平是较为全面和客观的。①

对中国发展指数的聚类分析结果显示，与2012年相同，2013年，中国发展指数仍然将全国31个省份（不含港澳台）划分为四大区域，社会经济地理分四大板块的格局未变。第一类为特大都市区，包括上海和北京2个直辖市；第二类为沿海发达地区，包括辽宁、天津、山东、江苏、浙江、广东6个省（直辖市）；第三类为中度发展地区，包括黑龙江、吉林、内蒙古、山西、陕西、河北、河南、安徽、湖北、湖南、江西、重庆、四川、福建、广西、海南、宁夏和新疆18个省（自治区、直辖市）；第四类为西部偏远地区，包括甘肃、青海、西藏、云南和贵州5个省（自治区）。在四类地区中，第一类和第二类地区的分类结果历年来均较为稳定，第三类地区省份的个数在以上分类体系中均占大多数。第四类地区省份的数量从2006年中国发展指数创始以来就持续减少，减少的省份均已被划入第三类地区。至2013年，第四类地区仅剩5个省份。

幼儿样本选取拟在以上四类省份中按照"中国发展指数"，在每类别中按照人口比例选取有代表性的省份，在每个省份按照经济发展水平选取2个有代表性的市，包括一个较大的市，如省会或副省级城市，以及一个地级市，在每个市里选取有代表性的幼儿园3所进行测量，3所幼儿园分别是当地有代表性的三类幼儿园，即城市公办幼儿园、城市民办幼儿园和乡镇公办幼儿园。四类地区样本选取量应与各地区人口比例大致相当，按照此原则，一类地区选择北京市的朝阳区和延庆区，二类地区选择广东省深圳市、浙江省湖州市及辽宁省大连市，三类地区选择广西壮族自治区南宁市和桂林市、黑龙江省哈尔滨市和牡丹江市、湖南省长沙市和湘潭市及安徽省阜阳市，四类地区选择贵州省贵阳市和遵义市。取样地区样本人口与总人口比例的对比如表2-1所示。除社会经济发展水平外，四类地区还基本覆盖了中国的各个地域，在地域文化角度上，该样本也具有一定的代表性。在每个地市分别选取三类幼儿园各1所，共42所幼儿园，其中每所幼儿园选取180人（大、中、小班各60人），拟测量被试7560人，男、女各半。实际收回有效问卷7161份，有效率为94.72%（表2-1）。其中，小班为2396人，平均年龄为3.87 ± 0.50岁；中班为2424人，平均年龄为4.86 ± 0.54岁；大班为2341人，平均年龄为5.80 ± 0.57岁；女生3423人，男生3738人，各年级男女比例无差异[$\chi^2_{(2)}=4.33$,

---

① 袁卫、彭非：《中国发展指数的编制研究》，《中国人民大学学报》2007年第2期，第1-12页。

$p>0.05$]。由于教师漏填等原因产生的随机缺失值为 490 个,占全部数据的 0.11%,使用基于极大似然估计的 EM 算法予以补全[①]。

表 2-1　取样地区样本人口与总人口比例对比

取样地区	样本人数（人）	占样本总数百分比（%）	所在地区人口（万人）	所在地区人口占四个地区总人口的比例（%）
一类地区	1 012	14.13	4 529.80	3.33
二类地区	1 567	21.88	39 053.29	28.72
三类地区	3 743	52.27	80 806.34	59.42
四类地区	839	11.72	11 600.60	8.53
总和	7 161	100.00	135 990.03	100.00

注：所在地区人口数据来自第六次人口普查结果。http://www.stats.gov.cn/ztjc/zdtjgz/zgrkpc/dlcrkpc/

由表 2-1 可知,在中国的四类地区中,二类地区和三类地区人口比例较高,一类和四类地区人口比例较低。本研究在取样时相应地提高了一类地区和四类地区在全样本中的比例,相应地降低了二类地区和三类地区样本比例,以保证样本的代表性和统计的稳健性（表 2-2）。

表 2-2　幼儿人格常模样本构成　　　　　　　　　　单位：人

项目	小班	中班	大班	合计
女	1184	1152	1087	3423
男	1212	1272	1254	3738
合计	2396	2424	2341	7161

2. 研究工具

本研究使用的中国幼儿人格教师评定量表共 60 个题目,采用利克特 5 级计分。二阶因素分析后确定量表的 5 个维度分别为智能特征、认真自控、外倾性、亲社会性和情绪稳定性。5 个维度与五因素人格结构相对应。量表的信度和效度等心理测量学指标均已得到前期研究的验证[②]。调整反向计分后,各维度得分越高,越倾向于表现各维度的积极品质。本研究中各维度的克龙巴赫 α 系数分别是 0.940、0.925、0.902、0.928 和 0.846。同时,为考察教师对幼儿评价结果的一致性程度,本研究抽取一部分样本,包括哈尔滨市的 3 所幼儿园（1 所城市公办幼儿园、1 所城市民办幼儿园和 1 所乡镇公办幼儿园）,共 264 名幼儿,由幼儿所在班

---

① 陈宇帅、温忠麟、顾红磊:《因子混合模型：潜在类别分析与因子分析的整合》,《心理科学进展》2015 年第 3 期,第 529-538 页；Denœux, T. Maximum likelihood estimation from fuzzy data using the EM algorithm. Fuzzy Sets and Systems, 2011, 183 (1), 72-91.

② 李淼、杨丽珠、杜文轩:《幼儿教师期望的问卷编制及发展特点》,《中国健康心理学杂志》2015 年第 10 期,第 1543-1548 页。

级的主班老师和副班老师同时填写本班所有幼儿的人格评定量表，考察两位评分者的一致性。结果表明，两位评分者在幼儿人格各维度的相关系数分别为 0.832（$p<0.01$）、0.769（$p<0.01$）、0.772（$p<0.01$）、0.807（$p<0.01$）和 0.676（$p<0.01$）。本研究中评价者对幼儿的评价的一致性说明评价结果较为客观、可信。

3. 统计分析

使用 SPSS22.0 软件进行缺失值处理、极端值查找、描述统计、统计分组、原始分数向本组百分位数和正态化标准分数转换、T 分数转换等数据处理。

（二）研究结果

1. 依据中国幼儿人格发展特点划分常模参照团体

基于以往对幼儿人格 5 个维度的发展特点的纵向研究，幼儿人格发展有显著的年级效应和性别差异，幼儿人格随年级的升高有显著发展，女生人格发展水平显著高于男生，因此本研究依据幼儿人格发展特点，将幼儿以年级（小班、中班和大班）×性别（女生和男生）分为 6 个团体，进行常模参照分数的确定。

2. 中国幼儿人格教师评定量表全国常模

在心理测量中，常模参照测验分数通常使用转化后的导出分数，用以对个体或团体分数在常模参照分数中的位置进行评估。原始分数转化为导出分数的第一步是将其转换为标准分即 Z 分数，然后再将其转换为 T 分数（$T=a+bZ$）等导出分数，其中 a 代表 T 分数计分方式的平均数，b 代表 T 分数计分方式的标准差。将原始分数转换为 Z 分数，有两种方式：第一种为 $Z=(X-M)/SD$，即线性转换。其中，Z 是标准分数，服从 $N\sim(0,1)$，X 是变量原始得分，M 是变量均值，SD 是变量标准差。在 T 分数的转换中，$a=50$，$b=10$。但即使原始分数所在总体的分布服从正态分布，样本选取的常模参照群体的测量分数也不一定服从正态分布，而且原始分数也不适宜用于直接的分数解释与比较评价。因此，较适宜的方法是将原始分数转化为相应的百分等级，然后依据百分等级对应的正态曲线下的面积计算出对应的 Z 分数，这是一种非线性转换方式。然后，按照 $T=10Z+50$ 导出 T 分数[1]。在实际操作中，选择 Blom 比例估计公式 $R=(r-3/8)/(w+1/4)$ 估计各原始分数的百分等级。其中，R 是百分等级，w 是观测值权重的总和，r 是顺序，同时估计出百分等级所对应的 Z 分数[2]。相比原始分数，转化为正态化标准分数后，

---

[1] 戴海琦：《心理测量学》，高等教育出版社 2015 年版，第 91-93 页；张厚粲、徐建平：《现代心理与教育统计学（修订版）》，北京师范大学出版社 2015 年版，第 95-100 页。

[2] 卢纹岱：《SPSS for Windows 统计分析》，电子工业出版社 2002 年版，第 66-68 页。

人格各维度的导出分数的偏度和峰度较人格五因素原始分数均有了较大改善,更接近正态分布。

依据幼儿人格的发展特点,本研究制定了中国幼儿人格教师评定量表的原始分数与 T 分数转换常模。本研究呈现包括全体被试的常模参照分数并无意义。因为在幼儿人格发展特点上,性别差异和年级差异均显著,个体或团体测验得分与均值的差异可能是性别差异或年级差异导致的。因此,本研究须分别制定幼儿人格 5 维度的性别×年级的 6 个团体内常模,分别为女小班团体常模、男小班团体常模、女中班团体常模、男中班团体常模、女大班团体常模、男大班团体常模,其原始分数与导出 T 分数的对照如表 2-3 所示。

表 2-3　幼儿智能特征性别×年级常模团体原始分与量表分转换　　单位:分

原始分	各团体量表分					
	女小班	男小班	女中班	男中班	女大班	男大班
17	12	13	11	13	9	11
18	13	14	11	17	10	12
19	14	14	12	17	10	12
20	15	15	13	18	11	13
21	15	16	14	18	12	14
⋮	⋮	⋮	⋮	⋮	⋮	⋮
81	66	70	64	65	64	66
82	68	72	66	67	66	67
83	69	75	67	68	68	70
84	71	78	68	71	70	71
85	75	81	72	76	75	75

在一份原始分数与常模团体量表分的转换对应表中,原始分列出了人格量表单个维度从最大值到最小值的取值范围,每个题目是 1～5 级评分,所以人格维度总分最大值是最小值的 5 倍。量表常模参照团体是以性别×年级分别建立的,因此相同的原始分转化为 T 分数后,不同群体的 T 分数可能并不相等,即相同的原始分数在各自常模参照团体中的相对位置可能并不相同,体现了人格维度在此时期的变异性。建立人格常模后,人格各维度的原始分数有了确切的意义,例如,以智能特征得分为例,由原始分数转化为 T 分数后,一个小班女生的原始分数为 21 分,对应的小班女生团体导出分数 T 分数为 15 分,由 $T=10Z+50$ 可知,$Z=-3.5$,这就意味着原始分数 21 分是低于平均数 3.5 个标准差的一个分数,依据正态分布,99.94%的该团体观测分数高于这一得分,因此这是一个相当低的分数。又如,一个中班男生智能特征的原始分数是 84 分,对应该团体导出的 T 分数是 71 分,即高于平均数 2.1 个标准差,依据正态分布,只有 3.58%的该团体观测分数高于这

个得分,因此这是一个比较高的发展水平。由此可见,原始分数与常模团体量表分的转换表已包含原始分数与Z分数及百分等级对应的信息。

(三)讨论与结论

1. 关于中国幼儿人格教师评定量表评价者的说明

与成人人格研究不同,幼儿人格研究中使用问卷法进行测量时,大多采用他人评定的方式进行,这是因为幼儿还无法对自己的人格进行有效的报告。本研究没有采用传统的父母评定方式,是考虑到其较高的社会期望容易导致评价不准确。社会期望使得父母对子女具有不诚实的正性自我人格评价倾向。目前,中国很多家庭是一个子女,家长大多对孩子宠爱有加,尽管对自己的孩子比较熟悉,但在评定时易高估自己的孩子,社会期望较高[1]。另外,家长接触的幼儿毕竟有限,很难把自己的孩子放到整个同龄幼儿群体中进行比较后做出真实的评价。与父母相比,教师是一个中立者,社会期望效应相对较弱。教师是与幼儿相处时间较长、比较了解幼儿的人,他们能把被评定的幼儿放到整个年龄群体中进行横向考察,确定个体人格特质到底处于什么样的发展水平。而且,教师能观察到幼儿的同伴交往情况,就更能全面地评价幼儿的人格特点,这是父母评定无法达到的。而且,幼儿在家里和学校环境下的行为表现可能不同,因此暴露给父母和教师的信息有一定差异。鉴于父母与教师评定可能存在的差异,为检验教师评定问卷的有效性,我们在第三轮的量表编制过程中考察了父母与教师评定幼儿人格的一致性,结果证明两者的相关性较高,说明本研究编制的题目具有较好的评分者信度,具备跨评分者的稳定性。

2. 中国幼儿人格教师评定量表的信度与效度

本研究在前期已积累多年的研究成果,包括中国幼儿人格发展的理论基础,中国幼儿人格教师评定量表的建构及信度和效度的多轮检验,中国幼儿人格教师评定量表的内部一致性信度,教师与教师间和教师与家长间的评分者信度、分半信度、再测信度、内容效度、结构效度和效标效度指标均较为理想,是测量幼儿人格的较为理想的工具[2],为开展中国幼儿人格教师评定量表全国常模的制定奠定了基础。

---

[1] Lönnqvist, J. E., et al. Parent-teacher agreement on 7-Year-old children's personality. European Journal of Personality, 2011, 25(5), 306-316.
[2] 李淼、杨丽珠、杜文轩:《幼儿教师期望的问卷编制及发展特点》,《中国健康心理学杂志》2015年第10期,第1543-1548页。

3. 中国幼儿人格教师评定量表全国常模的制定

在中国人人格测评工具的常模制定方面,以往研究的常模参照团体包括中国14～80岁的有自评能力的被试①,卡特尔16种人格因素问卷的中国军人常模②,卡特尔16种人格因素问卷的大、中专学生常模③及女篮运动员常模④。在此之前,国内尚无对幼儿人格的评价工具制定常模参照分数的研究。本研究基于中国各地区社会经济发展水平不平衡的现状,依据"中国发展指数"确定了所欲抽样的四类地区,并综合考虑以上地区的人口数量比例,使得四类地区人口比例与常模参照团体的四类地区人口比例基本相符,以保持统计结果的稳健性。另外,本研究在进行分层随机抽样时,还考虑到地域文化差异与中国幼儿园的主要类型,除人口比例较少的一类地区和四类地区外,二类和三类地区均覆盖了中国的南方与北方省份,包括城市公办、城市民办和乡镇公办三类最主要的幼儿园办园类型。最终获得的常模参照团体样本来自全国四大类地区,共42所幼儿园(其中城市公办、城市民办和乡镇公办各占1/3),幼儿教师运用中国幼儿人格教师评定量表,共评定7161名幼儿,获得分数,建立常模。中国幼儿人格教师评定量表全国常模的制定进一步推进了在中国文化背景下的幼儿人格的发展研究。基于中国幼儿人格教师评定量表优良的心理测量学特性、常模参照团体的大样本和分数正态分布的稳健性,今后依据中国幼儿人格教师评定量表常模参照分数,可以对幼儿人格进行快速、简单、有效的评定,不但可以为研究人员和教育管理部门提供专业、有效的研究工具和测评结果,还可以将其应用到实际中,为幼儿教育工作者和幼儿家长提供简单、易行的人格评定工具。

另外,由于幼儿处于人格发展的可变阶段,幼儿人格发展具有显著的性别与年级效应,我们的常模参照团体也依据幼儿的人格发展特点,按照性别与年级水平,制定了6个团体的中国幼儿人格教师评定量表的常模参照分数,包括女生小班、女生中班、女生大班、男生小班、男生中班和男生大班。

中国幼儿人格教师评定量表具有良好的信度与效度。基于幼儿人格的发展特点,中国幼儿人格教师评定量表对全国具有代表性的样本取样进行测量,制定了分年级、性别群体的常模参照分数标准,可作为评价幼儿人格发展水平的测量工具。

---

① 崔红、王登峰:《中国人人格形容词评定量表(QZPAS)的信度、效度与常模》,《心理科学》2004年第1期,第185-188页。
② 杨国愉、张大均、冯正直等:《卡特尔16种人格因素问卷中国军人常模的建立》,《第四军医大学学报》2007年第8期,第750-753页。
③ 李波、韩向明、马惠霞等:《卡氏十六种人格因素山西大中专学生常模的修订》,《山西医科大学学报》2005年第5期,第584-586页。
④ 侯本华、盛绍增:《女子篮球运动员16PF常模标定及人格特点分析》,《中国体育科技》2001年第6期,第25-27页。

第二节　中国 6～12 岁小学生人格结构、教师评定量表编制与常模制定

一、中国 6～12 岁小学生人格结构、教师评定量表的编制

（一）引言

1. 西方小学生人格发展研究现状

在夏威夷纵向研究中，为考察童年时期人格对成年后健康等方面的影响，自 20 世纪 60 年代起，研究者在夏威夷的小学取样，由小学教师对学生进行人格评价，这一工作由五因素人格结构理论的提出者之一迪格曼（Digman）设计并指导。这是第一项大型的以研究人格等级顺序稳定性为目的的纵向研究，时间跨度超过 40 年。来自夏威夷瓦胡（Oahu）岛与考艾（Kauai）岛的普通小学和部分实验小学的 2221 名小学生构成了一个群组，由教师对其进行人格评价[1]。从童年期的人格教师评价到成年中期的人格自评，时间间隔大约为 40 年。结果表明，首先，童年期的人格特质可预测成年中期相应的人格特质，且成人的人格特质排除了其他特质，只由对应的儿童期人格特质预测，这说明五因素人格结构的发展的连续性还是强于非连续性的。另外，人格维度之间的等级顺序的稳定性也是不同的，通过相关系数与回归分析发现，外倾性和开放性的稳定性最高，责任心的稳定性次之，宜人性的稳定性较低，情绪的稳定性最低[2]。这一系列研究还从理论和实证研究两方面探讨了儿童责任心对个体成年后的健康与寿命的影响，结果发现该影响是通过成年期的责任心、成年期的社会关系、成年期的行为与不利情境、酒精滥用和受教育程度等一系列中介因素实现的[3]。

在另一项大型追踪研究项目中，研究者对明尼阿波利斯（Minneapolis）两所小学的 205 名参加了 "20 年适应计划" 的三至六年级儿童（男 91 人，女 114 人，

---

[1] Hampson, S. E., Goldberg L. R. A first large cohort study of personality trait stability over the 40 years between elementary school and midlife. Journal of Personality and Social Psychology，2006，91（4），763-779.

[2] Edmonds, G. W., et al. Personality stability from childhood to midlife：Relating teachers' assessments in elementary school to observer-and self-ratings 40 years later. Journal of Research in Personality，2013，47（5），505-513.

[3] Friedman, H. S., et al. A new life-span approach to conscientiousness and health：Combining the pieces of the causal puzzle. Developmental Psychology，2014，50（5），1377-1389；Hampson, S. E., et al. Childhood conscientiousness relates to objectively measured adult physical health four decades later. Health Psychology，2013，32（8），925-928；Kern, M. L., et al. Integrating prospective longitudinal data：Modeling personality and health in the Terman Life Cycle and Hawaii Longitudinal Studies. Developmental Psychology，2014，50（5），1390-1406.

8~12岁）进行了追踪测验，测量时间分别是第一次测验后的第 7 年、第 10 年和第 20 年。该研究对童年期的人格特质、童年期和青少年期的逆境，以及成年期的适应进行了测量。在童年期，儿童的人格特质由不同主体进行评价，其中外倾性通过父母访谈评定，神经质由父母用问卷评定，责任心中的学业责任心由父母访谈评定，学校表现的认真性由教师用问卷评定，宜人性通过父母访谈和对儿童本人的访谈评定，而经验开放性中的活动热情方面则通过父母访谈评定，成就动机通过对儿童本人的访谈进行评定。童年期和青少年期的逆境通过生活事件问卷进行测量。成年期的适应通过一些重要的发展任务体现，如工作、浪漫关系以及为人父母[①]。

结果表明，通过测量儿童的开朗与社交优势及其社交退缩与被动而得到的外倾性，可预测儿童与他人的良好关系。神经质通过儿童的焦虑、紧张、烦躁、自卑及悲伤等倾向而测得，与遵守规则行为和社会适应呈负相关，这一特质还可以预测从青年早期到成年早期的学业成就下降，以及负向预测成人早期的工作适应。此外，青年早期和成年早期的不适应个体表现出更高水平的神经质。青年早期的不适应但大器晚成者同样在童年期表现出更高的神经质水平。总之，神经质是发展的风险因素。责任心主要通过儿童的认真、缜密以及对学业的责任感等几方面进行测量。高责任心的儿童乐于接受学校各种日程，表现出良好的自我控制。责任心可以正向预测社会适应。即使控制了不利因素，责任心特质也能稳健地预测从儿童期到青年期学业成就的提高，以及成年早期的工作适应。

这一发现在以往的结果之上又增添了新的证据，即童年期的自我控制、对学业的责任心对成年期的积极发展至关重要。通过评价儿童的体贴性、柔韧性、善良与宽容以及对应的自私、自我中心、粗鲁和愤世嫉俗测量到的宜人性，可正向预测童年期的遵守规则行为、社会适应，并且与其他特质相比，能够预测更广泛的成年期的发展结果，预测力更强。控制逆境暴露等不利因素后，儿童期的宜人性正向预测了青年早期和成年早期的学业成就、同伴关系、社会适应，童年早期的遵守规则行为以及成年早期的工作适应。很明显，宜人性对学业、工作等任务指向的活动以及关系的建立和维持都很重要。社会适应人群的宜人性水平在青年早期和成年早期均高于非适应人群。所以，宜人性可能是帮助人们适应严峻情境所需的重要资源之一[②]。经验开放性通过描述儿童的想象力、创造性、热情参与活动以及内部心理过程等，反映了探索、察觉、理解、利用、抽象和欣赏复杂

---

① Shiner, R. L., Masten, A. S. Childhood personality as a harbinger of competence and resilience in adulthood. Development and Psychopathology, 2012, 24 (2), 507-528.
② Boyce, C. J., Wood, A. M. Personality prior to disability determines adaptation: Agreeable individuals recover lost life satisfaction faster and more completely. Psychological Science, 2011, 22 (11), 1397-1402.

信息的能力与倾向性的个体差异，即认知探索过程[1]。这一特质至少在儿童期与学业成就相关，积极接受新信息和情境的倾向是适应生活压力的重要资源[2]。

鉴于儿童、青少年时期人格改变的纵向研究较少，范登·奥凯尔（Van den Akker）等使用弗兰德教养方式研究（Flemish study on parenting）、人格与发展（personality and development）研究的部分数据，分析了涉及五轮、多主体报告的纵向数据，以了解 6~20 岁儿童、青少年的大五人格发展趋势[3]。其中，被试在 6~17 岁的人格特征由母亲报告，追踪测量点为第 1~4 次；9~20 岁的人格特征由被试自评，追踪测量点为第 2~5 次；在第 2~4 次的追踪测量点，还让儿童评价了母亲的过度反应和温暖教养方式。

研究采用群组序列设计，包括 4 个群组，分别为 6 岁组、7 岁组、8 岁组和 9 岁组。样本共 596 人，男、女各半。儿童的母亲使用儿童层级人格调查表（HiPIC）评价了自己的子女在 7 岁、10 岁、13 岁和 15 岁的人格特质，这一人格工具共包括 144 道题，包括外倾性、宜人性、责任心、情绪稳定性、开放性五大维度，题目均以利克特 5 级计分，在该研究中各维度的克龙巴赫 α 系数为 0.88~0.96。另外，母亲在第 2~4 次测量中还填写了荷兰语版养育量表的过度反应分量表，这一分量表包括 9 道题，每题以利克特 7 级计分，以及母亲温暖教养量表，包括 11 道题，测量父母对儿童的感情深度以及介入儿童生活的程度，题目采用利克特 5 级计分，克龙巴赫 α 系数为 0.84~0.86。对于母亲和儿童数据的处理，采用 Mplus 7 运行群组序列的潜变量增长模型，使用全息极大似然估计处理缺失值，建立了 6~20 岁的人格发展模型。线性增长模型、二次方增长模型、增长模型的性别差异等依次被估计。

结果表明，母亲报告的外倾性、宜人性、责任心和情绪稳定性的二次方曲线增长趋势改善了拟合指数 CFI，而开放性则没有。但是，外倾性的二次方斜率不显著，所以对于外倾性和开放性选择了线性增长模型。责任心和情绪稳定性的三次方曲线改善了二次方曲线的 CFI，但宜人性没有。对于儿童自评的人格维度，二次方曲线改善了所有维度线性趋势的拟合，但外倾性的二次方斜率不显著，因此选择线性模型。最后，责任心的三次方曲线改善了拟合，而其他维度则没有。

在性别差异方面，母亲报告的外倾性、宜人性的性别发展趋势有差异。6 岁儿

---

[1] DeYoung, C. G. Openness/intellect: A dimension of personality reflecting cognitive exploration. APA Handbook of Personality and Social Psychology: Personality Processes and Individual Differences, 2014, (4), 369-399.

[2] Williams, P. G., et al. Openness to experience and stress regulation. Journal of Research in Personality, 2009, 43 (5), 777-784.

[3] Van den Akker, A. L., et al. Mean-level personality development across childhood and adolescence: A temporary defiance of the maturity principle and bidirectional associations with parenting. Journal of Personality and Social Psychology, 2014, 107 (4), 736-750.

童的外倾性无性别差异，男孩和女孩的外倾性发展水平都随年龄的增长而下降，其中男孩的下降幅度更大。儿童自评的结果是 9 岁时女孩比男孩更外倾，但男孩、女孩的外倾性水平同样呈下降趋势。母亲评价和儿童自评都显示，最初女孩的宜人性水平比男孩高，母亲评价显示，6～11 岁儿童的宜人性水平逐渐升高，然后降低；儿童自评显示，9～14 岁儿童的宜人性水平逐渐下降，然后上升。在宜人性方面，男女的发展趋势一致。此外，儿童自评结果显示，女孩最初的责任心水平更高。责任心的发展在向青少年变迁阶段有一个短暂的下降。母亲的评价结果显示，6～9 岁男孩的责任心水平升高，然后下降，直到 17 岁又有些许升高。女孩的责任心水平则在 6～10 岁升高，然后降低，直到 15 岁又升高。儿童自评的责任心则没有发展趋势的性别差异：两者都在 9～15 岁下降，然后增长，直到 20 岁。母亲也报告说变迁至青少年时孩子的情绪稳定性水平有短暂的下降，男孩、女孩在 6 岁时的情绪稳定性水平相同，但男孩 11 岁时的情绪稳定性水平下降得更快，然后会升高，17 岁时与女孩的水平一样，女孩的情绪稳定性水平则在 17 岁后有所下降。儿童自评结果显示，女孩和男孩的情绪稳定性在 9 岁时一样，下降趋势一致保持到 17 岁，但女孩下降得更快。与女孩相反，男孩的情绪稳定性水平先升高，然后下降。母亲评价和儿童自评的开放性发展结果一致，母亲评价的开放性水平一直下降，男孩的开放性水平比女孩下降得更多。儿童自评结果显示，9～15 岁开放性水平在下降，然后升高，直到 20 岁，在变迁至青少年时同样会有短暂的下降。在儿童人格与母亲的教养行为之间的关系方面，人格的改变确实与母亲的教养行为有关联，母亲的行为塑造了儿童的人格，并贯穿整个发展过程，而且儿童的人格改变也引发了母亲教养行为的改变。该研究结论中的儿童、青少年人格发展特点清晰地显示出非线性的发展趋势、变迁阶段人格的短暂且剧烈的变化、人格发展趋势的性别差异，以及母亲评价与儿童自评人格信息之间的差异。

另外，范登·奥凯尔（Van den Akker）等使用弗兰德教养方式和人格与发展研究的另一部分纵向数据，考察了童年期的大五人格维度如何预测青少年时期的病理性人格特质，并探讨了从童年期到青少年期正常人格与异常人格发展的连续性[①]。这一研究首先确定了青少年病理性人格维度评价表简版（DAPP-SF-A）的层级结构，然后检验了大五人格维度从童年中期到青少年晚期的 4 次追踪结果与青少年病理性人格的关联。426 名儿童的母亲使用 HiPIC 评价了自己的子女 7 岁、10 岁、13 岁和 15 岁的人格特质，在该研究中各维度的克龙巴赫 α 系数为 0.88～0.93。病理性人格则由青少年在第 5 次追踪时（18 岁）自评，自评问卷包括 136

---

① Van den Akker, A. L., et al. Dimensions of personality pathology in adolescence: Longitudinal associations with Big Five personality dimensions across childhood and adolescence. Journal of Personality Disorders, 2016, 30 (2), 211-231.

道题，内容包括歪曲认知、同一性问题、社交回避、多疑、不安全依恋等18个维度，题目也均以利克特5级计分，各维度的克龙巴赫α系数为0.71～0.87。研究首先验证了青少年病理性人格维度评价表简版存在层级结构。由于青少年和成人的病理性人格可能起源于童年期正常人格维度[1]，即早期一些个体差异可能会在环境的作用下发展为极端的病理性人格特质，如儿童的脆弱性人格倾向可能会在消极养育环境下发展为不安全依恋，最终发展为病理性人格。这一研究也考察了母亲报告的儿童、青少年人格对成年早期自评的病理性人格的预测。

结果表明，7～15岁儿童的低宜人性水平都可以预测高反社会行为；低外倾性可以预测高压抑倾向；高责任心可以预测高强迫倾向；高情绪稳定性可以预测低水平的敌对和愤怒；童年晚期的低外倾性和高开放性可以预测情绪失调等。该研究由不同主体填写信息，排除了采用共同方法产生的偏差。另外，纵向研究设计的时间跨度达到10年，这样可以考察正常和病理性人格的连续性。但该研究采用的是非临床被试样本，其病理性人格与正常人格的差异只是程度上的差异而不是类别间的差异，即正常人格和病理性人格的结构是相同的。该研究从一个角度展现了早期正常人格特质与病理性人格维度之间的连续性发展路径。

关于儿童人格的父母评价与教师评价哪一个更适宜的问题，伦奎斯特（Lönnqvist）等的研究考察了7岁儿童的人格与认知能力之间的关系，其中对于人格采用父母评价和教师评价两种方式。结果表明，父母评价的开放性和教师评价的开放性与儿童的认知能力都有相关，父母评价和教师评价的一致性越高，开放性与儿童的认知能力的相关值也越高[2]。一项关于五因素人格与儿童学业成就之间关系的元分析表明，父母和教师评价儿童人格的角度是不一样的，在课堂上，更爱与老师交流和表现更突出的儿童被老师认为是更聪明的[3]，因而会获得更高的得分。在学校学习阶段，教师与儿童的相处时间更长，有更多机会影响儿童，因此与父母评价相比，教师评价的儿童人格和儿童学业成就之间的相关关系更大。从预测学业成就这一角度来说，教师对儿童人格的评价更为有效[4]。

---

[1] Shiner, R. L. The development of personality disorders: Perspectives from normal personality development in childhood and adolescence. Development and Psychopathology, 2009, 21 (3), 715-734; Tackett, J. L., et al. A unifying perspective on personality pathology across the life span: Developmental considerations for the fifth edition of the Diagnostic and Statistical Manual of Mental Disorders. Development and Psychopathology, 2009, 21 (3), 687-713.

[2] Lönnqvist, J. K., et al. Teacher and parent ratings of seven-year-old children's personality and psychometrically assessed cognitive ability. European Journal of Personality, 2012, 26 (5), 504-514.

[3] Coplan, R. J., et al. Is silence golden? Elementary school teachers' strategies and beliefs regarding hypothetical shy/quiet and exuberant/talkative children. Journal of Educational Psychology, 2011, 103 (4), 939-951.

[4] Poropat, A. E. A meta-analysis of adult-rated child personality and academic performance in primary education. British Journal of Educational Psychology, 2014, 84 (2), 239-252.

2. 我国小学生人格发展评定工具的研究现状

张雨青在国内较早地开展了跨幼儿和小学阶段的我国儿童人格结构的研究。该研究基于父母评价，对北京和福州的 777 名 3 岁、6 岁、9 岁和 12 岁年龄组的儿童施测，共编制了 4 个年龄组的人格问卷[①]。EFA 表明，3～12 岁儿童主要的人格维度是宜人性、认真性、外倾性、智力、自主性和情绪稳定性。其中，有 5 个维度与五因素人格因素一致。该研究结果证明，儿童人格发展过程中也支持五因素人格结构，且具有中国文化特色[②]，但各年龄组的取样人数较少，取样范围较小，未能形成标准化的人格测量工具。

（二）中国 6～12 岁小学生人格结构、教师评定量表编制历程

1. 第一轮研究

为编制适宜的中国小学生人格发展评定工具，杨丽珠团队 10 多年历经了三轮研究。第一轮，基于中国社会特点和文化背景，刘文和杨丽珠首先探索了中国小学生的人格结构，编制了小学生人格教师评定问卷[③]。在质化研究阶段，一方面在大连和武汉两市发放开放式问卷 480 份，编制出 168 个题目的问卷，通过 20 名专家对题目的内容效度和表面效度做出评价，删除不适宜的题目 44 个，保留题目 124 个；另一方面，在大连、重庆、西安、福州、兰州、济南、南京、长春、呼和浩特、武汉普通小学发放开放式问卷 2160 份，让 728 名小学教师写出其熟悉的 4 名小学生（包括两男、两女）的人格特征和典型行为，收到有效问卷 1565 份，共收集到 12 640 个形容词。20 名经过培训的心理学专业硕士研究生和本科生对其收集的资料进行编码，将以上两种题目收集方式结合，确定小学生人格的基本维度共 5 个，含 30 种特质，共 100 个题目。5 个维度包括自我意识、智能特征、意志特征、情绪情感和亲社会性，题目采用利克特 5 级计分。正式施测样本取自大连、重庆等城市的 10 所小学，共 80 名小学教师评价了 1834 名小学生。小学生所在班级的班主任和一名科任教师均是接触学生半年以上的现任教师，其分别对儿童人格进行评定。问卷的内部一致性信度是 0.942，分半信度是 0.824，两位教师评价学生一致性程度的评分者信度是 0.991，表明测量结果的信度较高。经题目区分度分析，删去区分度较低的题目和用 EFA 删去因子负荷较低的题目，提取的 5 个因素方差累积解释率为 40.055%。依据理论和实际题目所测内容，5 个因素被重新命名为开放性、自我意识、亲社会性、宜人性和情绪性。从各因素命名和实际测量内

---

① 张雨青：《基于父母知觉的儿童人格结构及其发展的研究》，《心理学报》1999 年第 2 期，第 177-189 页。
② 张雨青：《基于父母知觉的儿童人格结构及其发展的研究》，《心理学报》1999 年第 2 期，第 177-189 页。
③ 刘文、杨丽珠：《小学儿童个性结构研究》，《心理科学》2001 年第 6 期，第 741-742 页。

容来看，很接近人格五因素结构的内容。小学阶段，儿童在校时间较长，游戏、生活、课堂学习、考试和竞赛活动很多，教师观察儿童行为表现和情绪反应的机会也较多，所以教师完全有能力对小学生的人格特征进行观察和评价[①]。

2. 第二轮研究

为验证小学生人格的结构，杨丽珠和张野开展了进一步的研究[②]。该研究包括三部分样本：第一部分使用自然语言描述的开放式问卷调查了大连、重庆和西安等9个城市的小学班主任566人，请班主任选出本班4名较为熟悉的小学生，对其人格特点和具体行为表现进行描述。对得到的词汇与行为表现进行编码和归类，编制成初始人格问卷，共有题目120个，题目均采用利克特5级计分方式。然后，请人格心理学领域的专家和有经验的小学教师共15名对问卷的内容效度和表面效度进行评价与判断，删除不适宜的题目14个，然后随机编排题目顺序，形成小学生人格教师评定问卷第一版。用第一版问卷对样本二施测，并进行项目分析。样本二的被试来自大连的两所普通小学，有效被试共452人。通过项目分析删除5个题总相关不显著和平方复相关系数低于0.3的题目。筛选出的题目形成问卷第二版，采用第二版问卷，对样本三的一部分被试施测后进行EFA（n=628），对另一部分被试施测后进行CFA（n=1316），最终交叉验证合理的人格结构。EFA的KMO值为0.965，Bartlett球形检验结果显著，斜交旋转抽取特征根大于1的因子有15个，方差累积解释率为65.00%。经过删除因子负荷较小的题目和只包含一个题目的因子，剩余14个因子经二阶因素分析共抽取4个特征根大于1的因子，将其命名为智能特征、认真自控、情绪性和亲社会性。CFA结果支持了四因素结构，χ^2/df=4.56，NFI、NNFI、CFI、IFI的值均在0.8以上，RMSEA=0.052。问卷的内部一致性信度为0.72~0.93，重测信度（n=162）为0.69~0.84，教师间评定的相关一致性信度为0.57~0.77，教师和家长间评定的相关一致性信度为0.62~0.84。该研究结果表明，小学生人格结构由认真自控、智能特征、情绪性和亲社会性4个维度构成，与五因素人格结构类似，问卷具有较理想的信度和效度[③]。

3. 第三轮研究

为进一步确定小学生的人格结构，张金荣采用自下而上的研究方法，最终编制了中国小学生人格教师评定量表，并进行了追踪研究[④]。研究仍然分为质化研究

[①] 杨丽珠：《儿童个性发展与培养的实验研究》，吉林人民出版社2001年版，第74-75页。
[②] 杨丽珠、张野：《小学生人格测评结构的验证性因素分析》，《心理科学》2006年第4期，第933-936页。
[③] 杨丽珠、张野：《小学生人格测评结构的验证性因素分析》，《心理科学》2006年第4期，第933-936页。
[④] 杨丽珠、马振、张金荣等：《6~12岁儿童人格发展的群组序列追踪研究》，《心理科学》2016年第5期，第1123-1129页。

和量化研究两部分。质化研究部分有两条途径：第一，使用开放式问卷，请教师自由描述小学生的人格特征；第二，将王登峰整理的 1520 个形容词编制成形容词表，用于小学教师筛选适合的词汇来描述小学生的人格特质。其中，开放式问卷施测于大连的 3 所小学，由 89 位小学教师评价了 252 名小学生，收集到 563 个人格描述词。形容词表施测于大连的 90 名小学教师，收回 54 份问卷，经小学教师和专家先后评定后，收集到适合描述小学生人格的词共计 492 个。将两者合并，根据其内涵，归纳为 5 个类属和 15 个亚类属，构建了描述性的小学生人格结构。

在量化研究阶段，将之前归纳的描述性人格结构作为问卷的理论结构，被归纳为 98 个题目，经发展心理学领域的专家及小学教师对其内容效度和表面效度进行评定，形成小学生人格教师评定问卷第一版。问卷题目以利克特 5 级计分进行反应作答。使用问卷第一版对预测样本施测。预测样本由来自大连 2 所小学的 59 位小学教师评价的 618 名小学生组成，其中男生 311 人，女生 307 人。正式施测样本包括 EFA 和 CFA 两部分样本，来自大连 5 所小学的 125 名教师评定小学生，收回有效问卷共 1711 份。随机抽取其中 2 所小学的学生（n=734）进行 EFA，对另 3 所小学的学生（n=977）进行 CFA。在预测验后，删除校正后题总相关和平方复相关系数小于 0.3 的题目，最终编制成小学生人格教师评定量表第二版，包括 96 个题目。EFA 中的 KMO 为 0.963，Bartlett 球形检验结果显著，使用主成分分析法，经 Oblimin（斜交）旋转，抽取特征根大于 1 的因子 17 个，方差累积解释率达 58.73%。经 Varimax（最大方差正交）旋转后的二阶因素分析的 KMO 为 0.824，Bartlett 球形检验结果显著，经 Varimax 旋转抽取特征根大于 1 的因子 5 个，方差累积解释率为 49.06%。结果表明，小学生人格结构由亲社会性、认真自控、外倾性、情绪稳定性和智能特征 5 个因子构成，与幼儿的人格结构一致，表明儿童人格结构具有一定的稳定性。CFA 中，经调整和删除不符合理论构想的题目与维度，对 5 个因子包含的 15 个特质进行二阶因素分析，结构构成和拟合指数较为理想，最终确定 62 个题目版本的问卷。具体拟合指数如下：χ^2/df=3.09，IFI=0.89，TLI=0.88，CFI=0.89，RMSEA=0.04，SRMR=0.05。

中国小学生人格教师评定量表 5 个因子的信度如下：内部一致性信度（克龙巴赫 α 系数）为 0.80～0.95，分半信度为 0.73～0.93。随机抽取 184 名小学生，一个月后的重测信度为 0.56～0.76；随机抽取 339 名小学生，教师间的评分者一致性信度为 0.78～0.82；随机抽取 160 名小学生的家长评价和教师评价问卷得分，评分者一致性信度为 0.52～0.68。各信度系数表明，问卷整体信度较好。

从小学生人格 5 个维度中各挑选出一个最具有代表性，又具备操作性的人格特质进行情境实验设计，考察问卷评价结果能否预测儿童在实际生活中的行为表现。从智能特征、亲社会性、外倾性、情绪稳定性和认真自控中各自抽取 1 个特质进行实验任务的设计，结果问卷各对应维度与各情境实验得分之间的相关系数分别为 0.540、0.573、0.512、0.506 和 0.523（$ps<0.01$），说明问卷与实验结果之间有较高的聚合效度。

之后，通过群组序列的加速追踪设计，考察小学生人格的发展轨迹及其性别差异。追踪研究样本为从正式施测样本中随机抽取的 1370 名 6~10.5 岁共 9 个群组的小学生被试，进行一年半的追踪，从第一次测量时间开始，之后每隔半年追踪测量一次，共进行 4 次测量。结果表明，人格各维度的年龄发展趋势都呈先上升然后缓慢下降的二次曲线，女生的发展好于男生[①]。

本研究拟在前期研究的基础之上，在全国取样，验证小学生的人格发展结构和中国小学生人格教师评定量表的有效性。研究结果表明，基于全国取样的中国小学生人格发展结构与前期研究结果一致，验证了中国小学生人格发展结构的 5 个因素、15 个特质的有效性；中国小学生人格教师评定量表与前期研究结果一致，验证了中国小学生人格教师评定量表的可靠性和有效性。这为建立中国小学生人格教师评定量表常模奠定了基础。

二、中国小学生人格教师评定量表常模的建立

（一）研究方法

1.被试

为了获得中国小学生人格教师评定量表的常模，本研究采用分层随机抽样，在抽样第一层考虑被试取样所在地区的发展水平，确定抽样地区，在第二层考虑被试性别、年级、所在小学类型等人口学变量。在衡量地区发展水平时，仍参考"中国发展指数"（2013 年）。小学生样本拟在四类地区中选取，在每个类别中按照人口比例选取有代表性的省份，在每个省份按照经济发展水平选取 2 个有代表性的市，包括一个较大的市，如省会城市或副省级城市，以及一个地级市，在每个市里选取有代表性的 2 所小学进行测量，2 所小学分别是当地有代表性的两类小学，即 1 所较好小学和 1 所普通小学。四类地区样本选取量应与各地区人口比例大致相当。按照此原则，一类地区选择上海市的静安区和嘉定区，二类地区选择江苏省南京市、辽宁省沈阳市和大连市，三类地区选择黑龙江省哈尔滨市、齐齐哈尔市和佳木斯市，吉林省长春市和松原市，陕西省西安市和延安市，以及广西壮族自治区防城港市，四类地区选择贵州省贵阳市、遵义市和黔南布依族苗族自

[①] 杨丽珠、张金荣、刘红云等：《3~6 岁儿童人格发展的群组序列追踪研究》，《心理科学》2015 年第 3 期，第 586-593 页。

治州都匀市。除社会经济发展水平外,四类地区还基本覆盖了中国的各个地域,在地域文化角度上,该样本也具有一定的代表性。在每个地市原则上选取两类小学各1所,共30所小学,其中每所小学选取360人(每个年级各约60人),拟测量被试10 800人,男、女各半。实际回收有效问卷9254份,有效率为85.69%,被试具体信息如表2-4所示。其中,一年级1385人,平均年龄为7.52 ± 0.69岁;二年级1227人,平均年龄为8.31 ± 0.69岁;三年级1634人,平均年龄为9.50 ± 0.81岁;四年级1557人,平均年龄为10.48 ± 0.79岁;五年级1781人,平均年龄为11.48 ± 0.76岁;六年级1670人,平均年龄为12.45 ± 0.78岁。女生4499人,男生4755人,各年级男女比例无差异[$\chi^2_{(5)}=6.19$, $p>0.05$)]。取样地区样本人口与总人口比例对比如表2-4所示。由于教师漏填等原因产生的随机缺失值共3360个,占全部数据的0.59%,使用基于极大似然估计的EM算法予以补全[①]。

表2-4 小学生人格常模样本构成　　　　　　　　　单位:人

项目	一年级	二年级	三年级	四年级	五年级	六年级	合计
女	649	598	800	795	849	808	4499
男	736	629	834	762	932	862	4755
合计	1385	1227	1634	1557	1781	1670	9254

由表2-5可知,在中国的四类地区中,二类地区和三类地区人口比例较高,一类地区和四类地区人口比例较低。本研究的取样相应地提高了一类地区和四类地区在全样本中的比例,以保证样本的代表性和统计的稳健性。

表2-5 取样地区样本人口与总人口比例对比

取样地区	样本人数(人)	占样本总数百分比(%)	所在地区人口(万人)	所在地区人口占四个地区总人口的比例(%)
一类地区	948	10.24	4 529.80	3.33
二类地区	2 951	31.89	39 053.29	28.72
三类地区	4 518	48.82	80 806.34	59.42
四类地区	837	9.05	11 600.60	8.53
合计	9 254	100.00	135 990.03	100.00

2.研究工具

杨丽珠等编制的中国小学生人格教师评定量表共有62个题目,采用利克特5

[①] 陈宇帅、温忠麟、顾红磊:《因子混合模型:潜在类别分析与因子分析的整合》,《心理科学进展》2015年第3期,第529-538页;Denœux, T. Maximum likelihood estimation from fuzzy data using the EM algorithm. Fuzzy Sets and Systems, 2011, 183(1), 72-91.

级计分①。二阶因素分析后确定量表的 5 个维度，分别为智能特征、认真自控、外倾性、亲社会性和情绪稳定性。5 个维度与五因素人格结构相对应。量表的信度和效度等心理测量学指标均已得到前期研究的验证。调整反向计分后，个体在各维度得分越高，表明个体越倾向于具有各维度的积极品质。2015 年，由美国科学院谢宇院士领导并担任主要负责人、北京大学中国社会科学调查中心实施的中国家庭追踪调查（CFPS）项目正式采用了本研究工具的家长评价版本，作为入户调查家庭成员中儿童人格发展的测量工具。中国小学生人格教师评定量表就是家长评价版本的效标。本研究中各维度的克龙巴赫 α 系数分别是 0.926、0.913、0.859、0.904 和 0.801。同时，为了考察教师对小学生评价结果的一致性程度，本研究抽取一部分样本，选取哈尔滨市的某小学共 264 名小学生，由小学生所在班级的班主任老师和 1 名科任老师同时填写本班所有小学生的人格评定量表，考察两位评分者的一致性。结果表明，两位评分者的评定结果与小学生人格各维度的相关系数分别为 0.808（$p<0.01$）、0.822（$p<0.01$）、0.789（$p<0.01$）、0.780（$p<0.01$）和 0.664（$p<0.01$）。本研究中评价者对小学生的评价一致性说明评价结果较为客观、可信。

3. 统计分析

使用 SPSS 22.0 进行缺失值处理、极端值查找、描述统计、统计分组、原始分数向本组百分位数和正态化标准分数转换、T 分数转换等数据处理。

（二）研究结果

1. 依据中国小学生人格发展特点划分常模参照团体

基于以往对小学生人格 5 个维度的发展特点的纵向研究，小学生人格发展有显著的年级效应和性别差异，随年级的升高，小学生人格有显著改变，呈抛物线发展趋势，女生人格发展水平显著高于男生。因此，本研究依据小学生人格发展特点，将小学生以年级×性别分为 12 个团体，进行常模参照分数的确定。

2. 中国小学生人格教师评定量表全国常模的制定

按照小学生年级×性别进行常模参照团体划分，将原始分数转化为相应的百分等级，然后依据百分等级对应的正态曲线下的面积计算出对应的 Z 分数，然后按照 $T=10Z+50$ 导出 T 分数②。相比原始分数，转化为正态化标准分数后，人格各维

---

① 杨丽珠、马振、张金荣等：《6～12 岁儿童人格发展的群组序列追踪研究》，《心理科学》2015 年第 3 期，第 1123-1129 页。
② 戴海琦：《心理测量学》，高等教育出版社 2010 年版，第 111 页；张厚粲、徐建平：《现代心理与教育统计学（修订版）》，北京师范大学出版社 2004 年版，第 172 页。

度的导出分数的偏度和峰度较人格五因素原始分数均有了较大改善,更接近正态分布。

依据小学生人格的发展特点,本研究制定了中国小学生人格教师评定量表的原始分数与 T 分数转换常模。本研究呈现包括全体被试的常模参照分数并无意义。因为在小学生人格发展特点上,性别差异和年级差异均显著,个体或团体测验得分与均值的差异可能是性别差异或年级差异导致的。因此,本研究须分别制定小学生人格五维度的性别×年级的 12 部分团体内常模,分别为小学一年级女生团体常模、小学一年级男生团体常模、小学二年级女生团体常模、小学二年级男生团体常模、小学三年级女生团体常模、小学三年级男生团体常模、小学四年级女生团体常模、小学四年级男生团体常模、小学五年级女生团体常模、小学五年级男生团体常模、小学六年级女生团体常模、小学六年级男生团体常模。以小学一年级至三年级男女生智能特征维度的原始分数与导出 T 分数的对照表为例,对原始分数的意义进行解释,如表 2-6 所示。

表 2-6 小学生智能特征性别×年级常模原始分与量表分转换(部分) 单位:分

原始分	各团体量表分					
	一年级女生	一年级男生	二年级女生	二年级男生	三年级女生	三年级男生
14	22	20	21	21	17	18
15	23	24	21	23	18	21
16	23	24	22	25	18	22
17	25	25	24	26	21	23
⋮	⋮	⋮	⋮	⋮	⋮	⋮
66	65	67	65	66	64	63
67	66	68	67	67	66	64
68	67	69	69	68	66	66
69	68	70	71	71	68	68

(三)讨论与结论

1. 关于中国小学生人格教师评定量表评价者的说明

与成人人格研究不同,小学生人格研究中使用问卷法进行测量时,大多采用他人评定的方式进行。这是因为低年级小学生还无法对自己的人格进行有效的报告,为了使高年级小学生的人格测量在结构和得分上与低年级等价,我们也采用了与低年级小学生相同的评价方式。本研究没有采用传统的父母评定方式,是考虑到其较高的社会期望易导致评价的不准确。社会期望使得父母对子女具有不诚实的正性自我人格评价倾向。目前,中国的一些家庭是一个子女,家长对孩子大多宠爱有加,尽管对自己的孩子比较熟悉,但在评定时易高估自己的孩子,社会期望较高[1]。另外,家长接触到的小学生毕竟有限,很难把自己的孩子放到整个同龄小学生群体中进行比较后做出真实评价。与父母相比,教师是中立者,社会期望效应相对较弱。教师是除了父母之外与小学生相处时间最长、最了解小学生的人。他们能把评定的小学生放到整个年龄群体中进行横向考察,确定个体的人格特质到底处于什么样的发展水平。而且,教师能观察到小学生与同伴交往的情况,就能更全面地评价小学生的人格特点,这是父母评定无法达到的。另外,小学生在家里和学校环境下的行为表现不同,暴露给父母和教师的信息不同。小学生人格评价基于教师感知到的小学生在教室中的表现。教师评价是测量小学生人格特质的理想方法,除了由于小学生太小而不能自评,更重要的原因则在于教师在各种课堂上及其他场景(如课间休息)对小学生的熟悉,使得他们能够对小学生进行规范、恰当的评价[2]。鉴于父母与教师评定存在一定的差异,为检验教师评定问卷的有效性,本研究在量表编制过程中考察了父母与教师评定小学生人格的一致性,结果证明两者的相关较高,说明本研究工具中的题目具有较好的评分者信度,具备跨评分者的稳定性。

2. 中国小学生人格教师评定量表的信度与效度

本研究在前期已积累多年的研究成果,包括中国小学生人格发展的理论基础,中国小学生人格教师评定量表的建构及信度和效度的多轮检验,量表的内部一致性信度、教师与教师间和教师与家长间的评分者信度、分半信度、再测信度、内容效度、结构效度和效标效度指标均较为理想,表明中国小学生人格教师评定量表是测量小学生人格的较理想的有效工具[3],为开展中国小学生人格教师评定量表全国常模的研究奠定了基础。

3. 中国小学生人格教师评定量表全国常模的确定

先前国内尚无对小学生人格评价工具制定常模参照分数的研究工作。本研究基于中国各地区社会经济发展水平不平衡的现状,依据"中国发展指数"确定了所欲抽样的四类地区,并综合考虑上述地区的人口数量比例,使得四类地区人口比例与常模参照团体的四类地区人口比例基本相符,并保持统计结果的稳健性。另外,本研究在进行分层随机抽样时还考虑到地域文化差异与中国小学的主要类

---

[1] Lönnqvist, J. K., et al. Parent-teacher agreement on 7-Year-old children's personality. European Journal of Personality, 2011, 25 (5), 306-316;张登浩、滕飞、潘雪:《他评:一种有效的人格评价手段》,《心理科学进展》2014年第1期,第38-47页。

[2] Hampson, S. E., Goldberg, L. R. A first large cohort study of personality trait stability over the 40 years between elementary school and midlife. Journal of Personality and Social Psychology, 2006, 91 (4), 763-779.

[3] 张金荣:《3~12岁儿童人格的结构评定及其发展特点的追踪研究》,辽宁师范大学博士学位论文,2011年。

型，除人口比例较低的一类地区和四类地区外，二类地区和三类地区均覆盖了中国的南方与北方省份，包括城市公办和乡镇公办两类中国最主要的小学。最终获得的常模参照团体样本来自全国四类地区，共30所小学（其中城市公办和乡镇公办小学各占1/2）、9254名小学生作为被试样本。中国小学生人格教师评定量表全国常模的制定进一步推进了中国文化背景下的小学生人格发展研究。基于中国小学生人格教师评定量表优良的心理测量学特性、常模参照团体的大样本和分数正态分布的稳健性，今后依据中国小学生人格教师评定量表常模参照分数，可以对小学生人格进行快速、简单、有效的评定，能为研究人员和教育管理部门提供专业、有效的研究工具和测评结果，还可以应用于实际，为小学生教育工作者和小学生家长提供简单易行的人格评定工具。

另外，基于小学生处于人格发展的可塑阶段，小学生人格发展具有显著的性别与年级效应，我们也依据小学生的人格发展特点，按照性别与年级水平的结合，将常模参照团体分为12个亚团体，包括一至六年级小学女生和一至六年级小学男生的中国小学生人格教师评定量表的常模参照分数。

中国小学生人格教师评定量表具有良好的信度与效度。基于小学生人格的发展特点，中国小学生人格教师评定量表经全国代表性取样测量，制定了分年级、性别群体的常模参照分数标准，可以作为评价小学生人格发展水平的测量工具。

第三节 中国12～15岁初中生人格结构、自评量表编制与常模制定

一、中国12～15岁初中生人格结构、自评量表的编制

（一）引言

向青少年时期过渡是儿童人格中重要的发展阶段。当儿童成长到初中阶段，开始面对不断提升自立性这一发展任务时，他们需要适应青春期开始后伴随的身体变化和激素水平变化，也要抵抗问题行为的增加，诸如行为不良和阶段性暴力在青少年阶段的不断增加，适应问题随之凸显[①]。无论从人格发展特点还是人格类型角度考虑，该阶段都极具研究价值。

---

① Van den Akker, A. L., et al. Transitioning to adolescence: How changes in child personality and overreactive parenting predict adolescent adjustment problems. Development and Psychopathology, 2010, 22 (1), 151-163.

在青少年人格发展研究方面，德博莱（De Bolle）等[1]使用了德弗赖特（De Fruyt）等[2]研究中的部分数据，检验了来自 24 个文化情境的 4850 名青少年的人格在性别和文化方面的差异。研究使用的 NEO-PI-3 包括 240 个题目，采用利克特 5 级计分，涵盖了五因素人格内容。被试年龄为 12~17 岁，测量的方式是青少年自评，获得数据为横向数据。结果表明，人格的性别差异有跨文化的相似性，随着年龄的增长，青少年的性别差异与成人的模式越发一致，女生显示出的人格特质性别模式早于男生。

另外，索托（Soto）等的研究选取了 16 000 名 3~20 岁共 16 个年龄组的被试，加上性别共划分了 32 个亚组，每组 500 人，使用加利福尼亚州儿童 Q 分类测验（CCQ），由父母对自己的子女进行人格评价[3]。测验中的 12 个题目用语针对被试做了适当修改，如"child"或"kid"改为"person"等。结果发现了儿童、青少年和成人早期的 6 个人格维度——外倾性、宜人性、责任心、神经质、经验开放性和活动性，即小六人格结构。研究还发现，各年龄亚组的人格结构构成并不相同，即在儿童、青少年和成人早期这一变迁阶段，人格特质结构也在变动。索托在后续研究中发现小六人格的 6 个维度的均值在儿童、青少年到成年早期都有线性下降的趋势[4]。

西方语境下的人格研究并不强调人格量表一定要具备常模参照团体，其对五因素人格的测量工具的选择十分灵活，到目前为止也只有少数研究报告了一些版本的五因素人格量表的常模，如麦克雷（McCrae）等采用 NEO-PI-3 对美国 1135 名 14~91 岁（分为 11 个年龄组）的被试进行测量，并报告了人格的年龄和性别的发展特点及 T 分数常模[5]。之前，麦克雷还报告了 36 种文化下 NEO-PI-R 的均值常模[6]。在更早的一项研究中，研究者检验了使用美国样本证明其效度的 NEO-PI-R 在非西方文化精神病人群体中的适用性，采用 NEO-PI-R 的中文版本对包括来自中国 13 所精神病医院的 2000 名门诊病人及住院病人施测，最终建立了 6 部

---

[1] De Bolle, M., et al. The emergence of sex differences in personality traits in early adolescence: A cross-sectional, cross-cultural study. Journal of Personality and Social Psychology, 2015, 108 (1), 171-185.

[2] De Fruyt, F., et al. Assessing the universal structure of personality in early adolescence: The NEO-PI-R and NEO-PI-3 in 24 cultures. Assessment, 2009, 16 (3), 301-311.

[3] Soto, C. J., John, O. P. Traits in transition: The structure of parent-reported personality traits from early childhood to early adulthood. Journal of Personality, 2014, 82 (3), 182-199.

[4] Soto, C. J. The little six personality dimensions from early childhood to early adulthood: Mean-level age and gender differences in parents' reports. Journal of Personality, 2016, 84 (4), 409-422.

[5] McCrae, R. R., et al. Age trends and age norms for the NEO Personality Inventory-3 in adolescents and adults. Assessment, 2005, 12 (4), 363-373.

[6] McCrae, R. R. NEO-PI-R data from 36 cultures: Further intercultural comparisons. In R. R. McCrae & J. Allik (Eds.), The Five-Factor Model of Personality Across Cultures (pp.105-125). New York: Kluwer Academic/Plenum Publishers, 2002.

分精神疾病诊断群体（包括药物滥用、精神分裂、抑郁、神经症、躁狂型双相情感障碍和抑郁型双相情感障碍）在5个维度、30个层面上的T分数人格常模①。

由于初中生具备了自我评价的能力，适用于初中生群体的人格测量工具也较幼儿和小学生更为丰富。其中，以中国文化为背景，测量青少年人格较有代表性的人格测验包括青少年人格五因素问卷②和中国青少年人格量表③。两者都适用于从初中生到高中生的青少年人格测量。但存在的问题是，虽然青少年人格五因素问卷的因素构成与五因素结构一致，但是研究的样本容量偏小，问卷结构的稳健性不足。中国青少年人格量表的被试总数达到2827人，取样范围较广，代表性较强，量表所测内容包括7个因子，分别被命名为外向性、才干、善良、人际关系、处世态度、情绪性和行事风格。这7个维度与王登峰等测量的大学生和成人人格结构都一致，且王登峰等认为研究中国人的人格结构时（包括成人与青少年），事先假定的五因素人格结构并不符合中国人的情况，研究结果要谨慎应用④，这可能是人们对人格归类不同导致的。

（二）中国初中生人格自评工具的研究历程

1. 质化研究

鉴于以上研究有尚未解决的问题，为确定中国青少年的重要阶段——初中生的人格结构，杜文轩等编制了初中生人格自评量表⑤。量表编制工作仍分为质化研究阶段和量化研究阶段。质化研究阶段采用自下而上的方法，首先使用开放式问卷，在大连1所初中施测，开放式问卷包括初中生自我描述问卷、同伴自由描述问卷、家长及教师的自由描述问卷。同时，对于王登峰创建的1520个人格特质形容词，经3名汉语言文学专业硕士研究生归类选出适合的词汇，制作成初中生人格特质列表，用于初中生和教师挑选适合描述初中生人格特征的词汇。最终，依据现有人格模型，如五因素人格取向，王登峰的中国人的人格结构研究，以及杨丽珠和张金荣确定的幼儿和小学生人格结构研究，将通过自由描述和形容词表两

---

① Yang, J., et al. Cross-cultural personality assessment in psychiatric populations: The NEO-PI-R in the People's Republic of China. Psychological Assessment, 1999, 11 (3), 359-368.
② 周晖、钮丽丽、邹泓：《中学生人格五因素问卷的编制》，《心理发展与教育》2000年第1期，第16卷，第48-54页；梁钰苓、邹泓、孙鹏、张文娟：《青少年人格五因素对其学校人际关系质量的影响》，《中国特殊教育》2013年第1期，第68-72页。
③ 王登峰、崔红、胡军生等：《中国青少年人格量表（QZPS—Q）的编制》，《心理发展与教育》2006年第3期，第22卷，第110-115页。
④ 王登峰、崔红、胡军生等：《中国青少年人格量表（QZPS-Q）的编制》，《心理发展与教育》2006年第3期，第22卷，第110-115页。
⑤ 杜文轩、杨丽珠、马世超：《初中生人格量表的常模制定——基于大连市6449名初中生的研究》，《辽宁师范大学学报（社会科学版）》2014年第3期，第365-370页。

种途径获得的形容词归纳为 5 个主要人格因素，即智能特征、认真自控、外倾性、亲社会性和情绪稳定性。

2. 量化研究

在量化研究阶段，将量表施测于 3 部分样本。样本 1 为预测样本，施测于大连 1 所初中 3 个年级共 12 个班级的 592 名有效被试；样本 2 为 EFA 所用样本，施测于大连 1 所初中 3 个年级 15 个班级的 583 名有效被试；样本 3 为 CFA、效标效度检验和重测信度所用样本，施测于大连 1 所初中 3 个年级 14 个班级的 579 名有效被试。在预测量表题目编制过程中，请发展心理学专业的 4 名教授及博导、4 名博士、5 名硕士、20 名教龄为 3 年以上的初中教师对题目的内容效度和表面效度进行评定，请 2 名应用语言学专业的硕士对题目表述和语法进行评价，剔除或修改表达模糊的题目，又请 30 名初中生进行阅读，剔除不易理解的题目。最后，随机排列题目，请被试根据题目描述的行为在自己日常生活中发生的频率和符合程度进行自评，采用利克特 5 级计分，形成了包括 103 个题目的初中生人格自评量表第一版。经样本 1 的预测后，删除校正后题总相关低于 0.3 的题目，形成了包含 92 个题目的初中生人格自评量表第二版。

经样本 2 施测后的 EFA 结果表明，量表的 KMO 为 0.93，Bartlett 球形检验的结果显著，经 Equamax（等量最大法）旋转后得到特征根大于 1 的因素 16 个，方差累积解释率达到 59.93%。对 16 个一阶因素进行高阶因素分析，KMO 为 0.91，Bartlett 球形检验的结果显著，经 Varimax 旋转后得到特征根大于 1 的因子有 5 个，方差累积解释率达到 66.81%。5 个二阶因子分别被命名为智能特征、认真自控、外倾性、亲社会性和情绪稳定性，形成了初中生人格自评量表第三版，包括 65 个题目。将"初中生人格自评量表第三版"施测于 CFA 样本，最终得到包含 59 个题目、17 个一阶特质和 5 个二阶因子的初中生人格结构。CFA 具体拟合指数如下：χ^2/df=1.726，IFI=0.90，TLI=0.89，CFI=0.90，RMSEA=0.04，SRMR=0.04。5 个因素的克龙巴赫 α 系数为 0.70～0.87，分半信度为 0.71～0.89，重测信度（25 天后，n=448）为 0.55～0.69。量表的效标关联效度采用 NEO-FFI 与各对应维度进行相关分析，结果发现相关系数为 0.45～0.73。总之，初中生人格自评量表具有较高的信度和效度[①]。

横向数据统计结果显示，初中生的亲社会性和智能特征的年级效应不显著，认真自控、外倾性和亲社会性的得分则随年级的升高有显著的下降趋势，男生的外倾性、认真自控和亲社会性 3 个人格维度得分显著低于女生，但在情绪稳定性

---

① 杜文轩、杨丽珠、马世超：《初中生人格量表的常模制定——基于大连市 6449 名初中生的研究》，《辽宁师范大学学报（社会科学版）》2014 年第 3 期，第 365-370 页。

和智能特征上显著高于女生，年级和性别的交互作用不显著①。

此后，采用初中生人格自评量表，经随机分层抽样，在大连的 7 个行政区分别选取 2 所初中，在共 14 所初中进行施测，制定大连市初中生人格发展常模。在各初中初一至初三每个年级抽取 4 个班，最终常模团体样本容量为 6449 名初中生。施测结果表明，各维度的克龙巴赫 α 系数为 0.77~0.87，分半信度为 0.76~0.88，具有较高的信度。在制定大连初中生人格常模时，将人格各维度原始分数转化为相应的百分等级，然后依据百分等级对应的正态曲线下的面积计算出对应的 Z 分数，然后按照 $T=10Z+50$ 导出 T 分数②。研究最终提供标准差与平均数常模、百分等级常模和 T 分数常模三种常模参照分数形式，可供与大连发展程度相似地区的初中生人格测量作为常模参照③。李玲玉对初中生人格进行了群组系列追踪研究，结果表明初中生人格包括 5 个维度、17 个特质，该初中生人格自评量表与杨丽珠等的一致④。

基于以上研究，我们依据中国初中生人格发展特点，在全国取样，验证初中生人格发展结构和初中生人格自评量表的有效性。研究结果表明，基于全国取样的中国初中生人格发展结构与前期研究结果一致，验证了中国初中生人格发展结构 5 个维度、17 个特质的有效性；中国初中生人格自评量表与前期研究结果一致，验证了中国初中生人格教师评定量表的可靠性、有效性，这为建立中国初中生人格教师评定量表常模奠定了基础。

二、中国初中生人格自评量表常模的建立

（一）研究方法

1. 被试

为了获得中国初中生人格自评量表的常模，采用分层随机抽样法，在抽样第一层考虑被试所在地区的发展水平，确定抽样地区，在第二层抽样中考虑被试的性别、年级、所在初中类型等人口学变量。在衡量地区发展水平时，仍参考"中国发展指数"。

初中生样本拟在四类地区选取，在每个类别中按照人口比例选取有代表性的

---

① 杜文轩、杨丽珠、马世超：《初中生人格量表的常模制定——基于大连市 6449 名初中生的研究》，《辽宁师范大学学报（社会科学版）》2014 年第 3 期，第 365-370 页。
② 戴海琦：《心理测量学》，高等教育出版社 2010 年版，第 111 页；张厚粲、徐建平：《现代心理与教育统计学（修订版）》，北京师范大学出版社 2004 年版，第 172 页。
③ 杜文轩、杨丽珠、马世超：《初中生人格量表的常模制定——基于大连市 6449 名初中生的研究》，《辽宁师范大学学报（社会科学版）》2014 年第 3 期，第 365-370 页。
④ 李玲玉：《初中生人格发展的群组序列追踪研究》，辽宁师范大学硕士学位论文，2017 年。

省份，在每个省份按照经济发展水平选取 2 个有代表性的市，包括 1 个较大的市，如省会城市或副省级城市，以及 1 个地级市，在每个市里选取有代表性的 2 所初中进行测量，2 所初中分别是当地有代表性的两类初中，即 1 所较好初中和 1 所普通初中。四类地区样本选取量应与各地区人口比例大致相当。按照此原则，一类地区选择上海市的静安区和嘉定区，二类地区选择山东省青岛市、辽宁省沈阳市及大连市，三类地区选择黑龙江省哈尔滨市、齐齐哈尔市和佳木斯市，吉林省长春市和松原市，四类地区选择贵州省贵阳市、遵义市和黔南布依族苗族自治州都匀市。取样地区样本人口与总人口比例的对比如表 2-7 所示。除社会经济发展水平外，四类地区基本覆盖了中国的各个地域，在地域文化角度上，该样本也具有一定的代表性。在每个地市原则上选取两类初中各 1 所，共 26 所初中。每所初中发放问卷 200 份，男、女各半。

表 2-7 取样地区样本人口与总人口比例对比

取样地区	样本人数（人）	占样本总数百分比（%）	所在地区人口（万人）	所在地区人口占四个地区总人口的比例（%）
一类地区	706	14.25	4529.80	3.33
二类地区	1908	38.50	39 053.29	28.72
三类地区	1750	35.32	80 806.34	59.42
四类地区	591	11.93	11 600.60	8.53
合计	4955	100.00	135 990.03	100.00

由表 2-7 可知，在中国的四类地区中，二类地区和三类地区人口所占比例较高，一类地区和四类地区人口所占比例较低。本研究取样相应地提高了一类地区和四类地区在全样本中的比例，以保证样本的代表性和统计的稳健性。

实际收回有效问卷 4955 份，有效率为 95.29%，被试具体信息如表 2-8 所示。其中，初一年级 1863 人，平均年龄为 13.27±0.73 岁；初二年级 1563 人，平均年龄为 14.21±0.67 岁；初三年级 1529 人，平均年龄为 15.21±0.67 岁；女生 2542 人，男生 2413 人，各年级男、女比例基本一致。由于学生漏填等原因产生的随机缺失值有 2149 个，占全部数据的 0.71%，使用基于极大似然估计的 EM 算法予以补全[①]。

[①] 陈宇帅、温忠麟、顾红磊：《因子混合模型：潜在类别分析与因子分析的整合》，《心理科学进展》2015 年第 3 期，第 529-538 页；Denœux, T. Maximum likelihood estimation from fuzzy data using the EM algorithm. Fuzzy Sets and Systems, 2011, 183（1），72-91.

表 2-8 初中生人格常模样本构成 单位：人

项目	初一	初二	初三	合计
女	932	842	768	2542
男	931	721	761	2413
合计	1863	1563	1529	4955

2. 工具

杜文轩等编制的中国初中生人格自评量表共 59 个题目，采用利克特 5 级计分。二阶因素分析后确定量表的 5 个维度分别为智能特征、认真自控、外倾性、亲社会性和情绪稳定性。5 个维度与五因素人格结构相对应。量表的信度和效度等心理测量学指标均已得到前期研究的验证[①]。调整反向计分后，个体在各维度得分越高，越倾向于各维度的积极品质。本研究中各维度的克龙巴赫 α 系数分别是 0.807、0.875、0.823、0.826 和 0.785。

3. 统计分析

使用 SPSS 22.0 进行缺失值处理、极端值查找、描述统计、统计分组、原始分数向本组百分位数和正态化标准分数转换、T 分数转换等数据处理。

（二）研究结果

1. 依据中国初中生人格发展特点划分常模参照团体

基于以往对初中生人格 5 个维度的发展特点的研究，初中生人格发展有显著的年级效应和性别差异，即初中生人格水平随年级的升高有显著下降，女生人格发展水平显著高于男生。因此，本研究依据初中生人格发展特点，将初中生以年级×性别分为 6 个团体，进行常模参照分数的确定。

2. 中国初中生人格自评量表全国常模的建立

在心理测量中，常模参照测验分数通常使用转化后的导出分数，用以对个体或团体分数在常模参照分数中的位置进行评估。原始分数转化为导出分数的第一步是将其转换为标准分即 Z 分数，然后再将其转换为 T 分数（$T=a+bZ$）等导出分数。将原始分数转换为 Z 分数，有两种方式，一种为 $Z=(X-M)/SD$，即线性转换。但即使原始分数所在总体的分布服从正态分布，样本选取的常模参照群体的测量分数也不一定服从正态分布，而且原始分数也不适宜用于直接的分数进行解

[①] 杜文轩、杨丽珠、马世超：《初中生人格量表的常模制定——基于大连市 6449 名初中生的研究》，《辽宁师范大学学报（社会科学版）》2014 年第 3 期，第 365-370 页。

释与比较。因此，另一种适宜的方法是将原始分数转化为相应的百分等级，然后依据百分等级对应的正态曲线下的面积计算出对应的 Z 分数，这是一种非线性转换方式。然后，按照 $T=10Z+50$ 导出为 T 分数[①]。在实际操作中，选择 Blom 比例估计公式 $R=(r-3/8)/(w+1/4)$，估计各原始分数的百分等级，其中 R 是百分等级，w 是观测值权重的总和，r 是顺序，同时估计出百分等级对应的 Z 分数[②]。相比原始分数，转化为正态化标准分数后，人格各维度的导出分数的偏度和峰度较人格五因素原始分数均有了较大改善，更接近正态分布。

依据初中生人格的发展特点，本研究制定了中国初中生人格自评量表的原始分数与 T 分数转换常模。因为在初中生人格发展特点上，性别差异和年级差异均显著，个体或团体测验得分与均值的差异可能是性别差异或年级差异导致的。因此，本研究须制定初中生人格 5 个维度的性别×年级的 6 部分团体内常模，分别为初一女生团体常模、初一男生团体常模、初二女生团体常模、初二男生团体常模、初三女生团体常模、初三男生团体常模。以初中一年级至三年级男女智能特质维度的原始分数与导出 T 分数的对照表为例，对原始分数的意义进行解释，如表 2-9 所示。

表 2-9 初中生智能特征性别×年级常模团体原始分与量表分转换（部分）　单位：分

原始分	各团体量表分					
	一年级女生	一年级男生	二年级女生	二年级男生	三年级女生	三年级男生
11	8	13	18	19	10	16
12	10	14	18	19	11	17
13	11	15	18	19	13	18
14	13	17	18	19	18	18
15	14	18	21	19	18	19
⋮	⋮	⋮	⋮	⋮	⋮	⋮
51	67	65	68	66	69	67
52	69	67	71	68	70	68
53	71	68	72	70	71	70
54	73	70	73	72	73	71
55	76	74	76	77	76	74

在一个原始分数与常模团体量表分的转换对应表中，原始分列出了人格量表单个维度从最大值到最小值的取值范围，由于每个题目均采用 1～5 级计分，所以人格维度总分的最大值是最小值的 5 倍。另外，由于量表常模参照团体是以性别×

[①] 戴海琦：《心理测量学》，高等教育出版社 2010 年版，第 111 页；张厚粲、徐建平：《现代心理与教育统计学（修订版）》，北京师范大学出版社 2004 年版。

[②] 卢纹岱：《SPSS for Windows 统计分析》，电子工业出版社 2002 年版，第 66-68 页。

年级分别建立的，相同的原始分转化为 T 分数后，在不同群体中 T 分数可能并不相等，即相同的原始分数在各自常模参照团体中的相对位置可能并不相同，体现了人格维度在此时期的变异性。建立人格常模后，人格各维度的原始分数有了确切的意义，如以智能特征得分为例，由原始分数转化为 T 分数后，一个初一女生的原始分数为 12 分，对应的初一女生团体导出分数 T 分数为 10 分，由 $T=10Z+50$ 可知，$Z=-4$，这就意味着原始分数 12 分低于平均数 4 个标准差，依据正态分布，99.94%的本团体观测分数高于这个得分，因此这是一个相当低的分数。又如，一个初三男生智能特征的原始分数是 53 分，对应本团体导出的 T 分数是 70 分，即高于平均数 2 个标准差，依据正态分布，只有 4.56%的本团体观测分数高于这个得分，因此这是一个比较高的发展水平。因此，原始分数与常模团体量表分的转换表已包含原始分数与 Z 分数及百分等级对应的信息。

（三）讨论与结论

1. 关于中国初中生人格自评量表评价方法的说明

与儿童人格研究不同，初中生人格研究已经可以使用自评量表进行测量。由于语言能力和自我意识的发展，初中生已经可以对自己的人格进行有效的报告。尽管可能存在社会称许效应，但在施测过程中研究者已经使用指导语说明施测结果仅用于科研，并非高利害情境下的施测，最大限度地保护了初中生本人如实作答的动机。此外，在研究工具编制的过程中，我们也考察了初中生自评与父母评价及教师评价的结果的一致性，结果表明不同方法测量结果间的聚合效度较高，本研究工具具备跨评分者的一致性。

2. 中国初中生人格自评量表的信度与效度

中国初中生人格自评量表的编制工作已开展多年，包括中国初中生人格发展的理论基础，中国初中生人格自评量表的建构及信度和效度的多轮检验。结果表明，初中生人格自评量表的内部一致性信度、教师与教师间和教师与家长间的评分者信度、分半信度、再测信度、内容效度、结构效度和效标效度指标均较为理想，是测量初中生人格的较为理想的有效工具[1]。

3. 中国初中生人格自评量表的全国常模的确定

关于中国人人格测评工具的常模制定方面，在以往的研究中，国内尚无在五因素框架下测量初中生人格的评价工具及常模。本研究基于中国各地区社会经济

---

[1] 杜文轩、杨丽珠、马世超：《初中生人格量表的常模制定——基于大连市6449名初中生的研究》，《辽宁师范大学学报（社会科学版）》2014年第3期，第365-370页。

发展水平不平衡的现状，依据"中国发展指数"确定了拟抽样的四类地区，并综合考虑四类地区的人口数量比例，使得四类地区人口比例与常模参照团体的四类地区人口比例基本相符，保证了统计结果的稳健性。另外，在进行分层随机抽样时，考虑到地域文化差异与中国初中的主要类型，除人口比例较低的一类地区和四类地区外，二类地区和三类地区均覆盖了中国的南方与北方省份，包括城市公办和乡镇公办两类最主要的初中类型。最终获得的常模参照团体样本来自全国四大类地区，共26所初中（其中，城市公办和乡镇公办各半），共测量了4955名初中生。中国初中生人格自评量表全国常模的制定进一步推进了中国文化背景下的青少年人格发展研究。基于中国初中生人格自评量表优良的心理测量学特性、常模参照团体的大样本和分数正态分布的稳健性，今后依据中国初中生人格自评量表常模参照分数，可以对青少年人格进行快速、简单、有效的评定，为研究人员和教育管理部门提供专业有效的研究工具和测评结果，还可以应用于实际，为青少年教育工作者和家长提供简单、易行的人格评定工具。

另外，基于初中生处于人格发展的可塑阶段，初中生人格发展具有显著的性别与年级效应，我们按照性别与年级水平的结合，分别制定了中国初中生人格自评量表的初一女生、初一男生、初二女生、初二男生、初三女生和初三男生6组常模参照分数。

中国初中生人格自评量表具有良好的信度与效度。基于初中生人格的发展特点，经全国代表性取样测量，根据年级和性别制定的6组常模参照分数标准可作为评价初中生人格发展水平的测量工具。

第三章

中国儿童、青少年人格纵向发展特点及分数等值与跨阶段纵向发展特点

我们采用群组序列追踪设计，应用潜变量增长曲线模型和多层线性模型对幼儿和小学生的人格发展特点进行了追踪研究，探讨3～6岁、6～12岁儿童人格纵向发展的年龄和性别特点；采用Tucker等值方法，并以幼儿为尺度对人格各维度分数进行等值，探讨3～15岁儿童、青少年人格跨阶段纵向发展特点、发展趋势及年龄阶段发展理论。

第一节 儿童人格群组序列追踪发展特点

一、3～6岁幼儿人格群组序列追踪发展特点

（一）引言

1. 儿童人格结构的发展

人格具有个体的独特性，基于人类一般进化中的变异，以个性差异、适应特征和生活事件的整合形式表现出来，在文化和情境中体现出差异性和复杂性[1]。

---

[1] DeYoung, C. G. Personality neuroscience and the biology of traits. Social and Personality Psychology Compass, 2010, 4 (12), 1165-1180.

西方曾经在很长时间里只研究成年人与青少年人格的稳定与发展[1]，直到1990年，少数研究才开始关注从婴儿到儿童早期人格发展的个体差异及其与成人人格和适应功能的关联。

关于人格发展，一直有两种对立的观点，"本质主义"观点认为人格基于"气质"，不受环境的影响，不会随时间而变化[2]；相反，强调环境影响的研究者认为，生活变化和角色转变在人格发展中具有重要作用，尤其是在身体、认知和社会性快速变化的时期[3]。诸多追踪研究没有绝对支持哪一方，但有一点是明确的，即人格（包括气质）结构从童年早期到成人并非完全相同[4]。因此，应该有能够保证连续地产生各种特质的心理和生物机制[5]。

童年早期气质特质和童年后期及成人人格特质看起来在相同的基本维度上变化。两组特质都显示出跨时间的稳定性受个体基因和经验的影响。气质和人格特质显示出相似的结构，人格包含更广泛的行为倾向。基因与环境的影响交互作用于气质和人格，从而使婴儿、幼儿到青年再到成年的人格成分越来越不一样。婴儿具有较少的人格特质，只包括典型的积极和消极情绪及早期自我调节。随着大脑的发育，儿童在运动、认知、语言、情感和社会交往领域获得了新技能。儿童拓展的行为能力使他们展现出新特质，例如，任务坚持、同情、攻击和想象。同时，儿童所在的典型环境也在拓宽，他们遇到新情境（学校、同伴群体、邻居）、获得新经验，从而表现出新的人格特质。

西方研究者得出的大五人格结构较好地描述了人格结构的变化及稳定过程[6]。它的特点如下：第一，外倾性在婴儿期明显形成于积极情绪，然后扩展为积极能量和行为，社会化后是坚毅；第二，神经质是另外一个以情绪为基础的特质，出现于婴儿期和童年早期，形成于对挑战性环境的恐惧、激惹、悲伤和消极情绪。到学前期，它开始包括焦虑、不安全感和对失败信号的敏感，其亚成分包括恐惧和退缩、激惹及悲伤；第三，责任心出现在生命早期，此时自我调节也出现个体

---

[1] Deal, J. E., et al. Temperament factors as longitudinal predictors of young adult personality. Merrill-Palmer Quarterly, 2005, 51 (3), 315-334; Halverson, C. F. Personality in children. Merrill-Palmer Quarterly, 2005, 51 (3), 253-257.

[2] Shiner, R. L., DeYoung, C. G. The structure of temperament and personality traits: A developmental. The Oxford Handbook of Developmental Psychology, 2013, (2), 113-141.

[3] Specht, J., et al. Stability and change of personality across the life course: The impact of age and major life events on mean-level and rank-order stability of the Big Five. Journal of Personality and Social Psychology, 2011, 101 (4), 862-882.

[4] Costa, P. T., McCrae, R. R. Age changes in personality and their origins: Comment on Roberts, Walton, and Viechtbauer (2006). Psychological Bulletin, 2006, 132 (1), 26-28.

[5] Roberts, B. W., DelVecchio, W. F. The rank-order consistency of personality traits from childhood to old age: A quantitative review of longitudinal studies. Psychological Bulletin, 2000, 126 (1), 3-25.

[6] Josefsson, K., et al. Maturity and change in personality: Developmental trends of temperament and character in adulthood. Development and Psychopathology, 2013, 25 (3), 713-727.

差异，特别是婴儿注意和坚持性及在学步期自控、计划行为上的差异。到学前期，它进一步扩展为包括秩序、可依靠和成就动机；第四，宜人性反映同情、考虑他人、抑制敌意和攻击冲动的倾向，研究表明，同情、亲社会行为和攻击唤起在学步期已有个体差异；第五，开放性反映的是个体的感知敏感性，可能比其他特质出现得晚，在学前期，它体现为儿童想象力、好奇心和智力投入上的差异。

塔克特（Tackett）等运用ICID，采用母亲评定的方式，施测于3751个来自5个国家（加拿大、中国、希腊、俄罗斯、美国）的儿童及青少年，结果表明，3～5岁幼儿已出现稳定的大五人格结构[1]。

2. 儿童人格特质水平的发展

人格特质水平的变化主要体现在人格的发展方向、速率和变化的时间上。

兰布（Lamb）等主持了一个由成人（父母和教师）评定瑞典儿童的追踪研究，运用CCQ从2岁追踪到15岁，5个人格维度的发展水平在2.3～6.7岁均出现显著增长趋势，其中公正严谨性、神经质、经验开放性呈现倒"U"形的二次增长趋势[2]。米舍尔（Measelle）等运用木偶访谈法研究发现，5～7岁儿童的公正严谨性水平不断提高[3]。普尔曼（Pullmann）等的一项群组序列追踪研究表明，12～18岁青少年的开放性发展水平不断提升，而神经质和宜人性发展水平不断下降[4]。

人格特质的发展方向和速率存在一般性规律，但是仍具有个体差异。目前，对个体差异的探讨主要集中在性别差异和不同文化背景下的群体差异上[5]。有研究者运用元分析的方法分析了3个月至13岁儿童在3个气质因素（神经质、尽责性、外向性）上的性别差异。其中，女孩的努力控制得分高于男孩，比如，抑制控制、感知敏感性；男孩的伶俐性得分高于女孩，比如，活动性、高强度的兴奋[6]。布拉尼耶（Branje）等运用群组序列的追踪设计考察了大五人格从青少年到成年中期的发展，并运用潜变量增长曲线模型估计了大五人格的平均水平的变化，发现男孩

---

[1] Tackett, J. L., et al. The hierarchical structure of childhood personality in five countries: Continuity from early childhood to early adolescence. Journal of Personality, 2012, 80（4），847-879.

[2] Lamb, M. E., et al. Emergence and construct validation of the Big Five factors in early childhood: A longitudinal analysis of their ontogeny in Sweden. Child Development, 2002, 73（5），1517-1524.

[3] Measelle, J. R., et al. Can children provide coherent, stable, and valid self-reports on the big five dimensions? A longitudinal study from ages 5 to 7. Journal of Personality and Social Psychology, 2005, 89（1），90-106.

[4] Pullmann, H., et al. Stability and change in adolescents' personality: A longitudinal study. European Journal of Personality, 2006, 20（6），447-459.

[5] Bryson, D. Personality and culture, the Social Science Research Council, and liberal social engineering: The Advisory Committee on Personality and Culture, 1930-1934. Journal of the History of the Behavioral Sciences, 2009, 45（4），355-386.

[6] Else-Quest, N. M., et al. Gender differences in temperament: A meta-analysis. Psychological Bulletin, 2006, 132（1），33-72.

的外倾性和开放性水平随年龄的增长而降低，而女孩的外倾性、宜人性、公正严谨性、开放性水平都不断升高[1]。马扎（Maja）等运用 ICID，采用父母评定的方式研究了来自斯洛文尼亚和俄罗斯的 2～15 岁儿童的性别差异。在两个国家，父母都同时认为女儿更具有成就定向、服从、体贴和有组织性，而儿子更具活力、反抗性和易分心。在高阶特质水平上，女孩比男孩被感知为更具有公正严谨性和宜人性。青少年女孩更多地自我报告具有体贴和正性情绪特质[2]。

在儿童人格发展的文化差异方面，研究者比较了斯洛文尼亚和俄罗斯儿童的人格发展特点，发现斯洛文尼亚儿童有更高水平的外倾性、公正严谨性和开放性，这些差异可以在学步儿童身上观察到，并且随着年龄的增长而发展，表明他们可能经历了不同的社会化过程[3]。

3. 以往研究的不足及本研究的设想

综上所述，西方研究者对儿童人格发展的探索已有诸多成果，但国内尚没有有效的本土化测评工具，对我国儿童人格发展特点的探讨也只停留在横向研究阶段。

本研究在借鉴以往研究的基础上，编制有效的幼儿人格教师评定量表，避免父母评定的期望效应，并利用复本的父母评定问卷及情境实验观察校验问卷的效度，保证问卷客观、有效。

同时，进一步运用自编测评问卷，采用群组序列的追踪设计探讨幼儿人格的发展特点。群组序列的追踪设计是将横向研究设计与追踪研究设计结合起来，通过对不同年龄群体有限的追踪数据进行连接，从而对个体某一特征在较长时间内的发展趋势进行分析。与单组追踪设计相比，群组序列设计的最大优点是只需要进行相对较短时间的追踪测量，就可以了解被试某一特征较长时间的发展变化趋势。为了能把不同群组的数据连接起来，必须确保群组间没有群组效应，要校验此问题，必须采用潜变量增长曲线模型进行分析，这一模型在幼儿心理发展研究中已有广泛应用[4]。在没有群组效应的情况下，可以进一步运用多层线性模型探讨幼儿人格的发展特点。

---

[1] Branje, S. J. T, et al. Big Five personality development in adolescence and adulthood. European Journal of Personality, 2007, 21 (1), 45-62.

[2] 转引自 Knyazev, G. G., et al. Child personality in Slovenia and Russia: Structure and mean level of traits in parent and self-ratings. Journal of Cross-Cultural Psychology, 2008, 39 (3), 317-334.

[3] Knyazev, G. G., et al. Child personality in Slovenia and Russia: Structure and mean level of traits in parent and self-ratings. Journal of Cross-Cultural Psychology, 2008, 39 (3), 317-334.

[4] Smetana, J. G., et al. Developmental changes and individual differences in young children's moral judgments. Child Development, 2012, 83 (2), 683-696; Costa, P., et al. A latent growth model suggests that empathy of medical students does not decline over time. Advances in Health Sciences Education, 2013, 18 (3), 509-522.

总之，本研究期望运用自行编制的有效的测评问卷，采用群组序列追踪设计揭示我国幼儿人格发展的年龄与性别特点，推进我国儿童人格研究的本土化。

（二）研究方法

1. 被试

采用整群抽样法选取 3～3.5 岁（不含 3.5 岁）、3.5～4 岁（不含 4 岁）、4～4.5 岁（不含 4.5 岁）3 个年龄群组的 608 名幼儿作为被试，其中 3～3.5 岁组 217 名（男孩 111 名，女孩 106 名），平均年龄为 3.21±0.17 岁；3.5～4 岁组 184 名（男孩 95 名，女孩 89 名），平均年龄为 3.81±0.14 岁；4～4.5 岁组 207 名（男孩 121 名，女孩 86 名），平均年龄为 4.30±0.15 岁。

被试均来自大连市 4 所幼儿园，研究中由于幼儿长期不来园或转园等原因，部分被试没有参加全部的 4 次测量（4 次测量人数分别为 608 人、587 人、603 人、568 人），出现了一定量的数据缺失，缺失值占整体数据的 2.83%，比例相对较低。

所有参与评定的教师均为女性，是幼儿的主班教师，教龄在 2 年以上。4 次测量分别有 34 名、28 名、33 名、34 名教师参加，其中有 24 名教师参加了全部 4 次测量，减小了教师特征对测量结果的影响。

2. 工具

我们在刘文以及杨丽珠等研究的基础上，进一步编制中国幼儿人格教师评定量表[①]。编制过程中质化研究与量化研究相结合。首先，设计了用于教师自由描述的开放式问卷，同时将王登峰以及崔红提出的 1520 个成人人格特质形容词制成词表，用于教师评定其中哪些适合用来描述幼儿人格；结合理论检索，编制了幼儿人格描绘词表，构建了幼儿人格的理论建构[②]；以此为基础，编制初始问卷。

编制问卷维度的操作定义及其包含的特质如下：①智能特征反映个体自我意识、智力及才能特点，包括聪慧性、探索创新、自主进取、文艺兴趣 4 个特质；②认真自控反映个体的行事风格和态度，包括坚持自制、认真尽责、攻击反抗 3 个特质；③外倾性反映个体在人际交往中的主动性、活跃性和自然性，包括善交际、精力充沛、乐观开朗 3 个特质；④亲社会性反映个体做出的符合社会期望而

---

① 刘文、杨丽珠：《3～6 岁幼儿个性结构研究》，《心理科学》1999 年第 5 期，第 459-460 页；杨丽珠、张野、刘文：《基于教师描述的幼儿个性结构的验证性因素分析》，《心理科学》2004 年第 3 期，第 575-579 页；杨丽珠、张野：《小学生人格测评结构的验证性因素分析》，《心理科学》2006 年第 4 期，第 933-936 页。

② 杨丽珠、张金荣、刘红云等：《3～6 岁儿童人格发展的群组序列追踪研究》，《心理科学》2015 年底 3 期，第 586-593 页。③ 刘红云、张雷：《追踪数据分析方法及其应用》，教育科学出版社 2005 年版，第 125-146 页。

对他人、群体或社会有益的情感和行为，包括同情利他、合群守礼、诚实知耻3个特质；⑤情绪稳定性反映个体情绪的稳定性、持续性及情绪表达特点，包括暴躁易怒、敏感焦虑2个特质。

项目编出后，我们请长期从事发展心理学研究的4名专家、3名博士、7名硕士，以及35名幼儿园教师（从教6年以上）对问卷项目的可读性和适宜性进行评定，对表达晦涩、意义模糊的项目进行调整或者对不合适的项目进行替换，保证问卷的内容效度。最后，对103个项目随机编排，采用"非常不符合""比较不符合""一般符合""比较符合""非常符合"的5等级评分标准，形成第一版问卷。

经项目分析和探索性因素分析，得出了与理论建构一致的幼儿人格结构。进一步的验证性因素分析表明（表3-1），最终模型的拟合指数较好，证明该问卷具有理想的结构效度。

表3-1 一阶15因子、二阶五因素模型拟合指数

项目	χ^2	df	χ^2/df	IFI	TLI	CFI	RMSEA	SRMR
最终模型	5300.406	1685	3.146	0.88	0.88	0.88	0.05	0.06

最终形成的60个题目的问卷，分半信度为0.932，内部一致性信度为0.979，再测信度为0.672（$p<0.01$），教师与教师间及教师与家长间的评分者信度分别为0.716、0.754（$p<0.01$）。各信度系数表明，问卷整体上的信度较好。

问卷法具有本质上的不足，有必要验证问卷测量结果与幼儿在真实环境下的行为表现是否一致。因此，我们从5个维度中各挑选出1个人格特质进行情境实验设计，从智能特征、认真自控、外倾性、亲社会性、情绪稳定性中分别抽取了探索性、自制力、善交际、分享、情绪稳定性进行情境实验，实验结果与问卷测量结果的相关系数分别为0.708、0.804、0.711、0.707、0.705，显著水平均为$p<0.01$，表明问卷具有较好的构念效度。

3. 程序

以3～3.5岁（不含3.5岁）、3.5～4岁（不含4岁）、4～4.5岁（不含4.5岁）三个年龄群组的幼儿为被试，采用群组序列设计，进行1.5年的追踪测量。第1次测量时间为2009年5月（每个群组测量时间都是后半个学期，保证教师对幼儿的人格特点已经相当了解，并且此时对教师来说时间相对充裕，填答效果好），之后每隔半年（6个月）测1次，到2010年11月共测4次。具体设计如表3-2所示。

表 3-2 幼儿人格发展追踪研究的群组序列设计

群组	年龄（观测时间）					
	3~3.5 岁	3.5~4 岁	4~4.5 岁	4.5~5 岁	5~5.5 岁	5.5~6 岁
3~3.5 岁	√ 2009 年 5 月	√ 2009 年 11 月	√ 2010 年 5 月	√ 2010 年 11 月		
3.5~4 岁		√ 2009 年 5 月	√ 2009 年 11 月	√ 2010 年 5 月	√ 2010 年 11 月	
4~4.5 岁			√ 2009 年 5 月	√ 2009 年 11 月	√ 2010 年 5 月	√ 2010 年 11 月

从上面的设计可以看出，总的测量包含 3~6 岁幼儿人格的信息。在群组序列设计中，年龄组的选取应使测量时间和检验年龄"近似交错"，不同年龄组的数据为整体发展模型的不同部分提供信息，建构完整的发展曲线模型需要同时利用多个群组的信息。在建构完整的曲线模型时，假设一条曲线可以用来描述相互交错的年龄组的发展特点，那么这条线从理论上应该与真实的追踪研究设计，即单组长时间的追踪研究得到的曲线近似[③]。

4. 统计分析

采用 SPSS15.0 进行数据录入，采用 HLM6.08 与 Mplus4.2 进行统计分析。

首先，采用潜变量增长曲线模型探索幼儿人格发展是线性的还是呈二次增长趋势。然后，运用多组比较的潜变量增长曲线模型，考察各群组是否有共同的发展轨迹，能否连接不同群组的发展曲线，构成 3~6 岁完整的发展曲线。潜变量增长曲线模型多组比较的基本原理是同时对多个组定义的曲线模型进行分析，通过对限定模型（在多组中限定某些参数相等）和非限定模型（不限定这些参数相等）的拟合指数的比较，对不同组是否存在差异做出检验。研究中通过限定 3 个群组增长函数（即不同组具有同样的线性或二次增长趋势）、因子均值（即模型中不同组的截距和斜率相等）、因子方差（不同组中个体之间在此因子上的变异相同）相等来进行多组比较。研究将分别考察线性和二次增长曲线模型与数据的拟合。二次增长模型设定（线性模型与其类似，只是把二次增长斜率因子去掉）如图 3-1 所示。

其次，采用多层线性模型的统计方法对幼儿人格年龄发展的年龄趋势及性别差异进行分析。事实上，潜变量增长曲线模型同样能得到人格各维度随年龄增长的发展趋势及其性别差异，但模型里的年龄是大概年龄，如将 3~3.5 岁都赋值为 3，而多层线性模型能运用实际年龄进行估计，比潜变量增长曲线模型得到的结果更精确。

---

③ 刘红云、张雷：《追踪数据分析方法及其应用》，教育科学出版社 2005 年版，第 125-146 页。

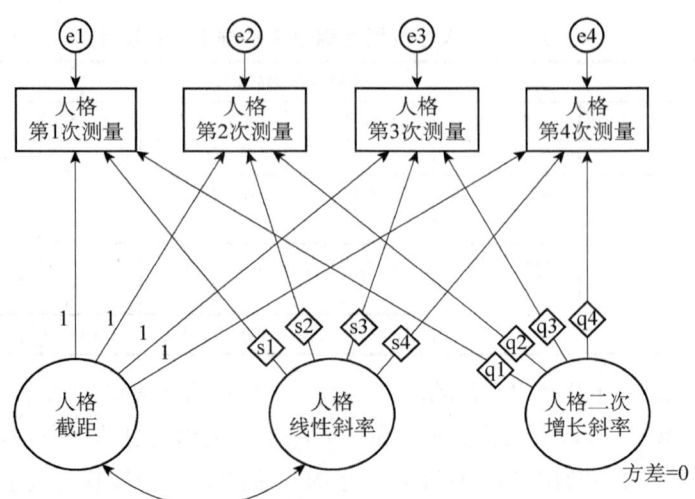

图 3-1 幼儿群组序列设计的潜变量增长曲线模型

注：图中呈现了含有 4 个时间点的幼儿人格发展的增长情形。抽取其中一个潜变量为截距，对于任意一个给定个体，截距都是一个与时间无关的常数，所以将截距对应的因素载荷都限定为 1。截距因素的均值（固定部分）与方差（随机部分）分别用来描述个体在 $T=0$ 时整体的平均值、这一平均值的个体变异；另一个潜变量为线性斜率，即观察值随时间的线性变化，为确保模型可识别，需固定斜率因素测量的因素载荷。分别将因子载荷限定为 s1、s2、s3、s4（第 1 群组为 0、1、2、3；第 2 群组为 1、2、3、4；第 3 群组为 2、3、4、5）；将二次增长因子载荷分别限定为 q1、q2、q3、q4（第 1 群组为 0、1、4、9；第 2 群组为 1、4、9、16；第 3 群组为 4、9、16、25）。这样截距表示的是第一次测量的平均水平，线性斜率及二次增长斜率表示 4 次测量之间的增长水平；e1~e4 为残差的方差；为保证全部模型收敛，将二次增长斜率的方差设定为 0

在追踪研究的模型结构中，两个数据层分别为第一层的各个时间的观测结果和第二层的被观察的个体，也就是说，对每个被试的多次观察形成了第一层数据，而个体代表的是第二层数据。因此，本研究就关心的两个问题建立对应的两水平统计模型。第一水平模型描述幼儿人格随时间（年龄）变化的发展趋势；第二水平模型描述这种发展趋势的性别差异。

多层线性模型中将幼儿 4 次测量的人格维度数据作为第一层数据，将参与测查的幼儿个体作为第二层数据。二次增长的全模型可以用方程形式表示如下：水平 1，因变量 $=\pi_0+\pi_1$（年龄）$+\pi_2$（年龄平方）$+e$，其中 π_0 代表随机截距，π_1 代表年龄的随机斜率，π_2 代表年龄平方的随机斜率，e 代表随机误差；水平 2，$\pi_0=\beta_{00}+\beta_{01}$（性别）$+\gamma_0$，$\pi_1=\beta_{10}+\beta_{11}$（性别）$+\gamma_1$，$\pi_2=\beta_{20}+\beta_{21}$（性别）$+\gamma_2$，其中，$\beta_{00}$ 是平均截距或截距的的固定效应，β_{01}（性别）是性别的主效应，代表时间取 0 时的性别均值差异，γ_0 是未能解释的截距的随机变异，β_{10} 是年龄平均斜率或斜率的固定效应，β_{11}（性别）是性别与时间的跨层交互作用，γ_1 是未能解释的时间斜率的随机变异，β_{20} 年龄平方的平均斜率或斜率的固定效应，β_{21}（性别）是性别与时间平方的跨层交互作用，γ_2 是未能解释的时间平方斜率的随机变异。

（三）研究结果

1. 幼儿人格维度发展的年龄趋势

潜变量增长曲线模型拟合结果表明，幼儿 5 个人格维度的限定二次增长模型拟合指数较好，不存在群组效应，可以用一条共同的二次增长发展曲线来描述，具体结果如表 3-3 所示。

表 3-3　幼儿人格 5 个维度的限定二次增长模型拟合指数

维度	χ^2	df	CFI	TLI	RMSEA	SRMR
智能特征	31.246	17	0.976	0.958	0.067	0.046
认真自控	34.475	17	0.972	0.950	0.074	0.060
外倾性	32.297	17	0.955	0.921	0.069	0.049
亲社会性	34.221	17	0.961	0.930	0.073	0.047
情绪稳定性	31.561	17	0.926	0.869	0.067	0.047

潜变量增长曲线模型分析已表明，幼儿人格维度均呈现二次增长趋势，因此在进一步采用多层线性模型分析幼儿人格发展的年龄特点时，直接考察二次增长模型，如表 3-4 所示。

表 3-4　幼儿人格 5 个维度的二次增长模型系数

维度	固定部分			随机部分		
	截距（β_{00}）	线性斜率（β_{10}）	二次增长曲线斜率（β_{20}）	截距（γ_0）	线性斜率（γ_1）	二次增长曲线斜率（γ_2）
智能特征	40.93***	18.49***	−3.08***	81.67	194.58	15.11
认真自控	32.66***	10.12***	−1.75***	33.57*	69.45	6.93
外倾性	22.49***	10.13***	−1.94***	42.75	72.35	4.59
亲社会性	35.53***	13.90***	−2.74***	62.95***	165.34	17.47*
情绪稳定性	19.91***	7.69***	−1.19***	16.40	16.78	1.10

注：*$p<0.05$，**$p<0.01$，***$p<0.001$，下同

模型估计结果表明，幼儿人格 5 个维度的发展水平在 3～6 岁均出现显著上升趋势，但随着年龄的增长，其发展速度会放缓，增长率具有显著的二次下降趋势；随机部分的结果表明，除认真自控在截距、亲社会性在截距和二次增长曲线斜率上存在个体差异外，智能特征、外倾性、情绪稳定性的发展在截距、线性斜率和二次增长曲线斜率上均不存在个体差异。

如图 3-2 所示，幼儿人格各维度呈持续发展的态势，但发展速度在各年龄段有所不同，其中 3～4 岁发展最快，4～5 岁持续发展，但发展速度放缓，5～6 岁发展最慢，基本趋于稳定。

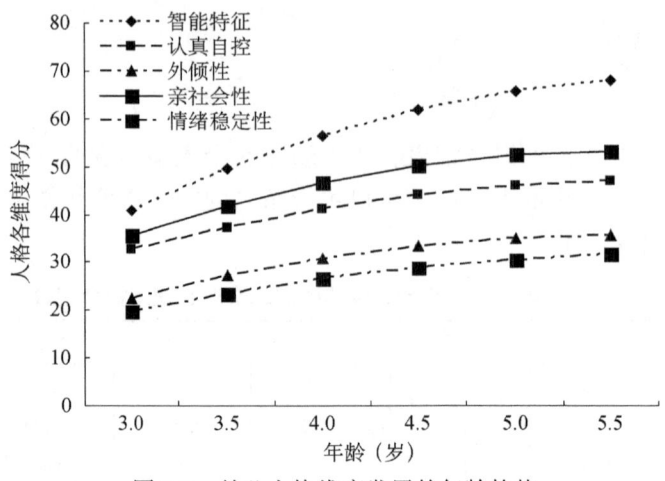

图 3-2 幼儿人格维度发展的年龄趋势

2. 幼儿人格维度发展的性别差异

本研究进一步考察了幼儿人格发展的性别差异。由于智能特征、外倾性、情绪稳定性的随机部分的截距、线性斜率及二次增长率均不显著,就不必再加入第二水平的预测变量对其差异进行解释。因此,只需在认真自控的截距、亲社会性的截距及其二次增长率上加入性别预测变量。对于模型中不显著的随机变异,通常做法是在第一水平不考虑其随机效应,即限制其随机效应参数为 0,不参与进一步的模型估计。

结果发现(表 3-5),男女幼儿在 3 岁时,认真自控和亲社会性得分存在显著差异,女孩的得分均高于男孩,但在线性和二次增长趋势上都不存在差异,说明女孩的认真自控和亲社会性发展水平均高于男孩。变异部分的方差仍然显著,说明男女幼儿在两个人格维度上有个体差异,但这种差异不是性别变量能够解释的,可能是由其他因素引起的。

表 3-5 认真自控与亲社会性的性别差异

维度	固定部分					随机部分	
	截距 (β_{00})	性别截距 (β_{01})	线性斜率 (β_{10})	二次增长曲线斜率 (β_{20})	性别曲线斜率 (β_{21})	截距 (γ_0)	二次增长曲线斜率 (γ_2)
认真自控	34.33***	-3.02***	9.77***	-1.54***	—	23.58***	—
亲社会性	36.36***	-2.03**	14.05***	-2.86***	0.20	37.05***	1.47***

（四）讨论与结论

1. 幼儿人格维度发展的年龄特点

统计结果表明，幼儿人格的5个维度在3~6岁均有显著发展，且发展趋势都表现出先快速发展而后逐步稳定的过程，具体表现为3~4岁发展最快，其次是4~5岁，5~6岁趋于稳定。同时，研究发现认真自控与亲社会性具有较高的正相关，智能特征与外倾性有较高的正相关。这一结果与格里斯特（Grist）等的研究结论一致，验证了人格的系统性、整体性，因此本研究会将联系紧密的维度结合起来讨论[①]。

（1）智能特征与外倾性

智能特征与大五人格中的经验开放性类似。经验开放性用于描述人格倾向，如探索、寻求、对内部和外部感知刺激的注意及信息提取，本研究中，智能特征具体可描述为幼儿的聪慧性、文艺兴趣和探索创新。但智能特征除了上述内涵外，还包括幼儿在环境适应中体现出的自主性、自信和自尊。从家庭进入幼儿园，在相对丰富的外在环境下，必然会激发幼儿探索求知的欲望，自主性增强，同时自我意识也随之发展，如自尊、自信。但在3~4岁时，幼儿的自主性、自尊等与自我控制、自我评价相关的人格特质尽管增长速度最快，但尚处于他控、他评阶段。从4岁左右开始，随着认知的成熟，幼儿开始尝试自我控制与自我评价，尽管其发展速度放缓，却产生了质的变化，而后在5~6岁逐渐稳定。

阿贝拉（Abela）等的研究发现，具有较高依赖性的儿童具有较强的消极情绪，换句话说，自主性高的幼儿更加活泼开朗，更有探索外在环境及进行人际交往的自信和能力。幼儿外倾性的发展高峰在3~4.5岁，说明幼儿从最开始依恋教师，缺乏自主性，逐渐开始与同伴交往，克服害羞、拘束，学习交往技巧，随着交往经验的增多和社会认知能力的不断提高，以及语言表达能力的发展，幼儿能以灵活的策略处理同伴冲突，交往能力快速发展起来，表现出更多的积极情绪，变得活泼好动，这种特征会一直持续到6岁[②]。

（2）认真自控与亲社会性

认真自控与大五人格中的公正严谨性类似，主要包括幼儿的自我调节、抑制不适宜反应、集中与转移注意的能力。

研究发现，幼儿认真自控的发展趋势与幼儿生理成熟及环境的影响有关。3岁时，幼儿的大脑皮质兴奋过程仍占优势，抑制机能尚不成熟，做事情有很大的冲

[①] Grist, C. L., et al. The M5-PS-35: A Five-Factor Personality Questionnaire for preschool children. Journal of Personality Assessment, 2012, 94 (3), 287-295.

[②] Abela, J. R. Z., et al. Personality predispositions to depression in children of affectively-ill parents: The buffering role of self-esteem. Journal of Clinical Child & Adolescent Psychology, 2012, 41 (4), 391-401.

动性，并缺乏坚持性。随着年龄的增长，大脑皮质的抑制机能逐步完善，兴奋与抑制过程逐渐平衡，使得幼儿的认真自控能力迅速发展。霍伊尔（Hoyle）的研究表明，儿童的气质特质"努力自控"在2岁出现，4岁暂时稳定，也证明了生理成熟在儿童认真自控中的作用[①]。另外，3～4岁初入幼儿园，幼儿的自我控制是服从教师权威的"被动自我控制"，到了3.5岁，幼儿逐渐从他控到约束性顺从。约束性顺从是幼儿全心全意、心甘情愿地遵从成人的要求而约束和调节自己的行为，说明幼儿开始把外部需要内化为自己的需要，是幼儿从外部控制发展到内部控制的过渡阶段。随着认知的发展，幼儿对规则与秩序的不断内化，到4.5岁后幼儿逐渐向自我控制转化，这种自控意识与行为在5～6岁趋于稳定。

幼儿的自控意识和行为表现在人际关系中就是亲社会行为的发展。3～4岁，幼儿会表现出符合社会期望并有益于他人的情感和行为，但此时处于复制式心理理论发展的重要阶段，其社会规则知识的获得依赖于成人，倾向于依据教师传授的道德原则去行事，并不理解其行为背后的道德含义。4～5岁，随着其情绪认知和心理理论的进一步发展，幼儿学会了在帮助他人、与他人分享和合作时兼顾自己与他人的利益，其亲社会性由绝对的自我中心发展到他人中心，最后过渡到关系中心。也就是说，随着年龄的增长，幼儿他控的亲社会情感和行为逐渐变少，而变得更具主动性和社交性，同时也变得更合群，更懂得人际交往的社会规范，羞耻感等内在的道德情感也逐步发展起来。

（3）幼儿情绪稳定性发展的年龄特点

情绪稳定性与大五人格结构中的神经质类似。幼儿在初入园时极易表现出消极情绪，包括痛苦、惧怕、焦虑、悲伤、易怒和挫折，出现"分离焦虑""陌生焦虑"等现象，因此在3～3.5岁幼儿情绪极不稳定。

姚端维等的研究发现，3岁是幼儿获得情绪理解能力的一个关键期，到4岁已基本上获得了该能力，而且此时幼儿在同伴冲突情境下的情绪调节策略已由情绪释放策略（如面对冲突情境时，单纯哭泣或等待帮助）发展到建构性策略（如尝试自己想办法解决问题）[②]。随着年龄的进一步增长，幼儿学会了回避策略，避免直面情绪冲突。也就是说，随着幼儿情绪认知和情绪调节能力的发展，其情绪越来越趋于稳定。另外，随着陌生、分离焦虑的缓解，幼儿也更易于表现出积极情绪。

2. 幼儿人格发展的性别特点

结果表明，3岁时男女幼儿在认真自控和亲社会性上存在显著差异，女孩得分

[①] Hoyle, R. H. Personality and self-regulation: Trait and information-processing perspectives. Journal of Personality, 2006, 74 (6), 1507-1525.

[②] 姚端维、陈英和、赵延芹：《3～5岁儿童情绪能力的年龄特征、发展趋势和性别差异的研究》，《心理发展与教育》2004年第2期，第12-16页。

均高于男孩,但发展速度并不存在差异。

以往的研究证明,幼儿期女孩的自控和亲社会行为水平高于男孩。究其原因,与生理因素和社会文化因素有关。男女本身在大脑机能、激素等生理因素上的差异,使男孩的冲动性更强,更具攻击性,3 岁时女孩的自控水平显著高于男孩的原因也在于此。同时,受社会期望的影响,女孩被认为应更具同情心,关心和照顾他人,有较强的人际敏感性,而男孩应更具支配性和竞争性。受这种期望的影响,教师和家长在教育过程中将性别角色意识渗透给幼儿,提出不同的发展要求,外在地塑造了幼儿的性别行为。随着自我意识的发展和社会认知水平的提高,幼儿逐渐内化了性别角色标准,表现出与性别相适应的行为。因此,让教师对幼儿的认真自控和亲社会性维度进行评价时,无论从传统观念还是对幼儿的具体观察经验上,都得出了女孩在两个维度上的发展水平显著高于男孩。

总之,幼儿人格发展与其本身的生理成熟有关,也与生活环境从家庭到幼儿园的转变有关。这与卡斯皮(Caspi)等提出的"人格在变迁情境下改变的可能性非常大"的观点一致[1],该观点已获得一系列研究的支持[2]。幼儿从主要与家庭成员非结构化互动,转变为强调与同伴、教师的结构化互动,环境转变和社会化任务的出现,促进了幼儿人格的进一步发展。

从家庭进入幼儿园的环境变迁促进了幼儿人格的进一步发展,为适应外在环境的要求,其人格在 3～4 岁迅速发展,而在 4 岁左右随着其认知的发展和对环境的适应,从"被动"发展转变为"主动"发展,在 5～6 岁逐渐趋于稳定,这表明 5 岁左右幼儿的人格初步形成。

二、6～12 岁小学生人格群组序列追踪发展特点

(一)引言

1. 儿童人格结构

人格是在生物基础上受社会生活条件制约而形成的,是独特而稳定的,具有调控性、倾向性、动力性的各种心理特征的综合系统[3],是不同情境中个体在思维、

---

[1] Caspi, A., Moffitt, T. E. When do individual differences matter? A paradoxical theory of personality coherence. Psychological Inquiry, 1993, 4 (4), 247-271.
[2] Löckenhoff, C. E., et al. Self-reported extremely adverse life events and longitudinal changes in five-factor model personality traits in an urban sample. Journal of Traumatic Stress, 2009, 22 (1), 53-59; Lüdtke, O., et al. A random walk down university avenue: Life paths, life events, and personality trait change at the transition to university life. Journal of Personality and Social Psychology, 2011, 101 (3), 620-637; Ormel, J., et al. Interpreting neuroticism scores across the adult life course: Immutable or experience-dependent set points of negative affect? Clinical Psychology Review, 2012, 32 (1), 71-79.
[3] 杨丽珠:《幼儿个性发展与教育》,世界图书出版公司 1993 年版,第 141 页。

情感和行为方面自主、稳定的典型方式①。

关于儿童人格结构的研究，一些研究得出了与成人类似的大五结构。有研究者让父母对 6～13 岁的儿童进行人格描述，结果指出儿童人格结构中除个别维度名称和包含的特质略有差异外，基本符合大五人格结构②。霍尔沃森（Halverson）等在多国采用父母自由描述法，探索 3～12 岁儿童的人格结构，结果发现中国、美国和希腊的儿童人格结构符合大五模型③。塔克特（Tackett）等运用 ICID 对 3751 名来自 5 个国家（加拿大、中国、希腊、俄罗斯、美国）的 4 个年龄段（3～5 岁，6～8 岁，9～11 岁，12～14 岁）的儿童、青少年进行测量，结果表明 3～12 岁的儿童已出现稳定的大五人格结构④。索托（Soto）和约翰（John）用 16 000 名 3～20 岁个体的人格的父母评价数据探索儿童、青少年的人格结构，发现 6～13 岁个体的人格结构符合"小六"模型，即外倾性、宜人性、尽责性、神经质、经验开放性、活动性。可见，儿童人格结构基本上符合大五人格模型⑤。

国内对儿童人格结构也做了许多研究。张雨青采用父母自由描述法，以 3 岁、6 岁、9 岁和 12 岁的儿童为研究对象，编制了儿童人格问卷，最后得出儿童的人格结构有 6 个维度，即智力、认真性、宜人性、外倾性、情绪稳定性和自主性⑥。杨丽珠团队历经三轮共 15 年的研究，探索了儿童、青少年人格的内涵及结构。在第一轮中，采用了自由描述法和探索性因素分析的方法，得出了小学生人格结构的五维度模型。随着统计方法的不断更新，在第二轮和第三轮中不断加入了新的方法，如第二轮中的验证性因素分析和第三轮中的词汇法，最终确定了小学生人格由 5 个维度、15 种特质构成⑦。

2. 儿童人格特质的发展

人格的发展研究指出，人格不是一成不变的。人格研究者对生命全程中人格的稳定性和可变性进行了大量研究。罗伯茨（Roberts）和德尔韦基奥（Del Vecchio）

---

① Letzring, T. D., Adamcik, L. A. Personality traits and affective states: Relationships with and without affect induction. Personality & Individual Differences, 2015, 75, 114-120.
② Mervielde, I., De Fruyt, F. Construction of the Hierarchical Personality Inventory for Children(HiPIC). In I. Mervielde, I. Deary, F. De Fruyt, & F. Ostendorf （Eds.）, Personality Psychology in Europe. Proceedings of the Eight European Conference on Personality Psychology （pp. 107-127）. Tilburg: Tilburg University Press, 1999.
③ Halverson, C. F., et al. Personality structure as derived from parental ratings of free descriptions of children: The Inventory of Child Individual Differences. Journal of Personality, 2003, 71（6）, 995-1026.
④ Tackett, J. L., et al. The hierarchical structure of childhood personality in five countries: Continuity from early childhood to early adolescence. Journal of Personality, 2012, 80（4）, 847-879.
⑤ Soto, C. J., John, O. P. Traits in transition: The structure of parent-reported personality traits from early childhood to early adulthood. Journal of Personality, 2014, 82（3）, 182-199.
⑥ 张雨青：《基于父母知觉的儿童人格结构及其发展的研究》，《心理学报》1999 年第 2 期，第 177-189 页。
⑦ 杨丽珠：《中国儿童青少年人格发展与培养研究三十年》，《心理发展与教育》2015 年第 1 期，第 9-14 页。

第三章　中国儿童、青少年人格纵向发展特点及分数等值与跨阶段纵向发展特点

研究发现，人格特质发展的稳定系数随着年龄的增长逐渐增加，6～12岁为0.31，18～21岁为0.54，30岁为0.64，50～70岁达到0.74[①]。弗格森（Ferguson）的元分析结果也发现，在成人期个体人格有较高的稳定性，在儿童期个体人格具有更高水平的可变性[②]。

范登·奥凯尔（Van den Akker）等采用序列潜变量增长曲线模型研究了8～20岁个体的人格发展变化[③]。研究过程中，采用母亲评价和儿童自评两种方式对儿童人格进行测量，测量的时间间隔为3年，共5个时间点，结果发现6～13岁儿童的发展不符合成熟原则，具体表现如下：6～9岁，母亲评价的儿童外倾性、经验开放性和情绪稳定性水平呈下降趋势，亲社会性和尽责性水平呈上升趋势；9～13岁，母亲评价的儿童的外倾性、经验的开放性和尽责性水平呈下降趋势，儿童自评的宜人性水平呈下降趋势，而母亲评价的儿童宜人性水平直到11岁开始下降，母亲和男孩评定的情绪稳定性水平呈上升趋势，而女孩自评的情绪稳定性水平呈下降趋势。

除年龄发展特点外，人格的性别发展特点也得到广泛关注。范登·奥凯尔（Van den Akker）等的研究也指出，无论是自评还是父母评价，从6岁开始女孩比男孩表现出更高水平的仁慈和尽责；父母的评价结果表明，男孩在6岁与女孩表现出相同水平的外倾性和创造性，但男孩在整个儿童期的外倾性和创造性水平的下降显著快于女孩，儿童自评的结果也得出了相同的结论[④]。索托（Soto）等对10～65岁的个体进行了大样本的人格发展研究，结果发现在小学高年级阶段，女孩比男孩表现出更高水平的尽责性、宜人性和开放性[⑤]。采用自我评价和同伴评价方式进行的研究发现，在12岁和13岁，女孩比男孩有更高水平的外倾性和开放性；女孩有更高水平的宜人性和神经质[⑥]。儿童期出现的人格差异，可能是由社会化过程中对性别之间的要求差异造成的，社会要求女孩要表现出更好的行为、更多地考

[①] Roberts, B. W., Del Vecchio, W. F. The rank-order consistency of personality traits from childhood to old age: A quantitative review of longitudinal studies. Psychological Bulletin, 2000, 126 (1), 3-25.

[②] Ferguson, C. J. A meta-analysis of normal and disordered personality across the life span. Journal of Personality and Social Psychology, 2010, 98 (4), 659-667.

[③] Van den Akker, A. L., et al. Mean-level personality development across childhood and adolescence: A temporary defiance of the maturity principle and bidirectional associations with parenting. Journal of Personality and Social Psychology, 2014, 107 (4), 736-750.

[④] Van den Akker, A. L., et al. Mean-level personality development across childhood and adolescence: A temporary defiance of the maturity principle and bidirectional associations with parenting. Journal of Personality and Social Psychology, 2014, 107 (4), 736-750.

[⑤] Soto, C. J., et al. Age differences in personality traits from 10 to 65: Big Five domains and facets in a large cross-sectional sample. Journal of Personality and Social Psychology, 2011, 100 (2), 330-348.

[⑥] Klimstra, T. A., et al. Maturation of personality in adolescence. Journal of Personality and Social Psychology, 2009, 96 (4), 898-912.

虑他人①。德博莱（De Bolle）等对来自24种文化背景的青少年进行了大五人格测量，结果发现，在整个青少年期，女孩的尽责性和开放性水平始终高于男孩②。

研究发现，在向青少年转变的过程中，人格发展出现了一个向不成熟发展的临时倾向。对于男孩和女孩来说，外倾性、宜人性、尽责性和开放性的水平在青少年早期出现下降，而女孩的神经质水平有所上升。从青少年中期开始，人格发展遵循成熟原则，即个体会增加那些能使他们更好地完成工作任务的特质，表现为宜人性、尽责性和开放性的水平开始上升，而神经质的水平开始下降③。

以儿童期个体为被试的研究指出，儿童的人格发展不符合成熟原则。儿童在尽责性和想象力水平上出现下降趋势④，外倾性水平也出现下降趋势⑤。范登·奥凯尔（Van den Akker）等采用序列潜变量增长曲线模型研究了6~20岁个体的人格发展，结果表明，6~9岁儿童的外倾性、开放性和情绪稳定性水平呈下降趋势，宜人性和尽责性水平呈上升趋势，9~13岁儿童的外倾性、开放性、尽责性和宜人性水平均呈下降趋势⑥。但也有一些研究发现，儿童的人格发展符合成熟原则，即经验的开放性水平出现上升趋势，宜人性和情绪稳定性水平也出现上升趋势⑦。

3. 问题的提出

以往研究关于童年期儿童人格发展的结果之间存在不一致现象，一种原因可能是研究选取的年龄范围和间隔的差异造成的⑧，儿童、青少年的人格发展是较快的，选择较短的时间间隔来测量人格改变是必要的。此外，大部分研究中的人格发展变化出现在儿童晚期向青少年过渡的时期，但是这些变化是否只发生在这一时期，还需要进一步探讨。另一种原因可能是由评价者不同造成的。对年幼个体

---

① Bussey, K., Bandura, A. Social cognitive theory of gender development and differentiation. Psychological Review, 1999, 106（4），676-713.

② De Bolle, M., et al. The emergence of sex differences in personality traits in early adolescence: A cross-sectional, cross-cultural study. Journal of Personality and Social Psychology, 2015, 108（1），171-185.

③ Soto, C. J., et al. Age differences in personality traits from 10 to 65: Big Five domains and facets in a large cross-sectional sample. Journal of Personality and Social Psychology, 2011, 100（2），330-348.

④ De Fruyt, F., et al. Five types of personality continuity in childhood and adolescence. Journal of Personality and Social Psychology, 2006, 91（3），538-552.

⑤ Branje, S. J. T., et al. Big Five personality development in adolescence and adulthood. European Journal of Personality, 2007, 21（1），45-62.

⑥ Van den Akker, A. L., et al. Mean-level personality development across childhood and adolescence: A temporary defiance of the maturity principle and bidirectional associations with parenting. Journal of Personality and Social Psychology, 2014, 107（4），736-750.

⑦ Costa, P. T., et al. Incipient adult personality: The NEO-PI-3 in middle-school-aged children. British Journal of Developmental Psychology, 2008, 26（1），71-89.

⑧ Soto, C. J., et al. Age differences in personality traits from 10 to 65: Big Five domains and facets in a large cross-sectional sample. Journal of Personality and Social Psychology, 2011, 100（2），330-348.

的人格调查通常使用他评的方式，一般是教师和家长评价[①]；而对于青少年群体，通常使用自我评价。

所以，本研究采用群组序列追踪设计[②]，选择较短的时间间隔来测量6~12岁儿童的人格发展特征，问卷的评定均采用重要他人评定（教师），以期能有效揭示6~12岁儿童人格发展的年龄和性别特征。为了能把不同群组的数据连接起来，必须确保群组间没有群组效应。要解决此问题，必须采用潜变量增长曲线模型进行分析，而探讨儿童人格的发展特点需要运用多层线性模型。

（二）研究方法

1. 被试

采用整群抽样法抽取1318名小学生作为追踪研究的样本，其中6~6.5岁（男26名，女33名）、6.5~7岁（男62名，女73名）、7~7.5岁（男63名，女71名）、7.5~8岁（男71名，女72名）、8~8.5岁（男87名，女74名）、8.5~9岁（男92名，女106名）、9~9.5岁（男87名，女70名）、9.5~10岁（男97名，女73名）、10~10.5岁（男82名，女79名）。

2. 工具

杨丽珠团队历经15年对我国小学儿童的人格测评工具进行了3轮的系统研究[③]，探索出小学生人格分为5个维度，具体如下：智能特征指与智力相关，是为了成功解决问题而具有适应性的人格特征；亲社会性是指个体做出的对他人、群体或社会有益的情感和行为；外倾性是指个体在人际交往中的主动性、活跃性和自然性；情绪稳定性是指个体情绪的稳定性、持续性及情绪表达特点；认真自控主要是指个体在学习中表现出的踏实、严谨、持之以恒，以及对自身行为的控制能力。同时，其编制了小学生人格教师评定量表，问卷的分半信度为0.91，内部一致性信度为0.97，再测信度为0.73，教师的评分者信度为0.82，问卷结构的拟合指标良好（χ^2/df=3.09，RMSEA=0.04，SRMR=0.05），表明问卷有较好的信度和效度。

[①] De Pauw, S. W., Mervielde, I. Temperament, personality and developmental psychopathology: A review based on the conceptual dimensions underlying childhood traits. Child Psychiatry & Human Development, 2010, 41 (3), 313-329.

[②] 杨丽珠、马振、张金荣等：《6~12岁儿童人格发展的群组序列追踪研究》，《心理科学》2015年第3期，第1123-1129页。

[③] 杨丽珠：《中国儿童青少年人格发展与培养研究三十年》，《心理发展与教育》2015年第1期，第9-14页。

3. 施测程序

对抽取的 9 个年龄组的小学生被试采用群组序列设计进行为期 1.5 年的追踪测量，如表 3-6 所示。

表 3-6 小学生人格追踪的群组序列设计

群组	年龄/岁（观测时间）										
	6~6.5	6.5~7	7~7.5	7.5~8	8~8.5	8.5~9	9~9.5	9.5~10	10~10.5	10.5~11	11~11.5	11.5~12
6~6.5 岁	√ 2009年5月	√ 2009年11月	√ 2010年5月	√ 2010年11月								
6.5~7 岁		√ 2009年5月	√ 2009年11月	√ 2010年5月	√ 2010年11月							
7~7.5 岁			√ 2009年5月	√ 2009年11月	√ 2010年5月	√ 2010年11月						
7.5~8 岁				√ 2009年5月	√ 2009年11月	√ 2010年5月	√ 2010年11月					
8~8.5 岁					√ 2009年5月	√ 2009年11月	√ 2010年5月	√ 2010年11月				
8.5~9 岁						√ 2009年5月	√ 2009年11月	√ 2010年5月	√ 2010年11月			
9~9.5 岁							√ 2009年5月	√ 2009年11月	√ 2010年5月	√ 2010年11月		
9.5~10 岁								√ 2009年5月	√ 2009年11月	√ 2010年5月	√ 2010年11月	
10~10.5 岁									√ 2009年5月	√ 2009年11月	√ 2010年5月	√ 2010年11月

研究共进行了 4 次测量，每次测量时间间隔均为 6 个月，且测量时间定在每学期的临近期末，以保证教师已基本熟悉每个儿童，施测时并不是现场填答，而是给教师最少 1 周的时间，以减轻教师的负担并降低教师的疲劳。由于少量被试到高年级转学、转班等原因，造成了一些数据缺失，缺失数据量占总数据量的 0.82%，比例相对较小。

4. 统计分析

运用 SPSS 软件进行描述统计分析，采用潜变量增长曲线模型和多层线性模型进行年龄趋势和性别差异分析。

第一步，运用潜变量增长曲线模型探索小学生人格各维度在完整的年龄段内（即6~12岁）具有怎样的发展轨迹。我们将分别考察线性和二次增长曲线模型与数据的拟合，模型设定见如图3-3所示。考虑到小学的群组序列中有9个群组，而且有缺失值，需要估计的参数过多，很可能造成不收敛，因此我们将BIC值作为模型判定的标准。BIC是一种重要的模型选择标准[1]，在不同学科领域的追踪实证研究中得到了证明[2]。

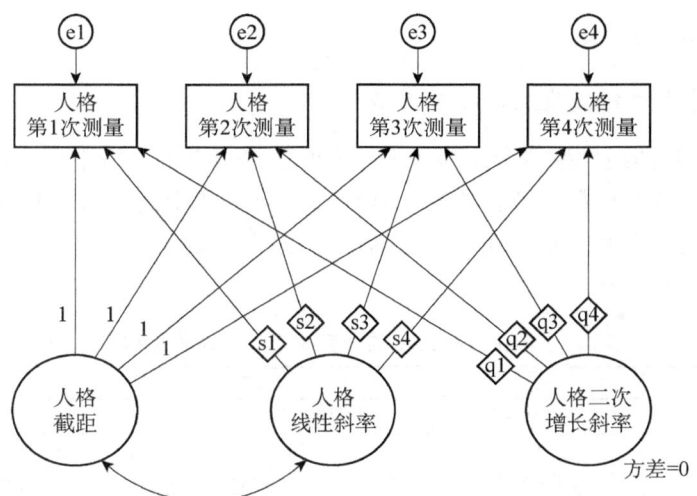

图3-3 小学生群组序列的潜变量增长曲线模型

注：图中呈现了4个测量点人格发展的自然增长情况，抽取其中1个潜变量为截距，将其因素载荷限定为1，指当时间 $T=0$ 时因变量的取值。截距因素的均值（固定部分）与方差（随机部分）分别指个体在 $T=0$ 时整体的均值与这一均值的个体变异；第二个潜变量为线性斜率，即观察值随时间的线性变化，分别将因子载荷限定为s1、s2、s3、s4（第1群组为0、1、2、3；第2群组为1、2、3、4；第3群组为2、3、4、5；第4群组为3、4、5、6；第5群组为4、5、6、7；第6群组为5、6、7、8；第7群组为6、7、8、9；第8群组为7、8、9、10；第9群组为8、9、10、11）；将二次增长因子载荷分别固定为q1、q2、q3、q4（第1群组为0、1、4、9；第2群组为1、4、9、16；第3群组为4、9、16、25；第4群组为9、16、25、36；第5群组为16、25、36、49；第6群组为25、36、49、64；第7群组为36、49、64、81；第8群组为49、64、81、100；第9群组为64、81、100、121）。e1~e4为残差的方差；为保证全部模型收敛，二次增长斜率方差设定为0

第二步，运用潜变量增长曲线模型的多组比较分析考察各群组发展是否有差异，能否连接成完整年龄段的发展曲线。

---

[1] Preacher, K. J., et al. A general multilevel SEM framework for assessing multilevel mediation. Psychological Methods, 2010, 15 (3), 209-233; Vrieze, S. I. Model selection and psychological theory: A discussion of the differences between the Akaike information criterion (AIC) and the Bayesian information criterion (BIC). Psychological Methods, 2012, 17 (2), 228-243.

[2] Orth, U., et al. Self-esteem development from young adulthood to old age: A cohort-sequential longitudinal study. Journal of Personality and Social Psychology, 2010, 98 (4), 645-658; Quinn, J. M., et al. Developmental relations between vocabulary knowledge and reading comprehension: A latent change score modeling study. Child Development, 2015, 86 (1), 159-175.

第三步，在各群组发展趋势无差异的情况下，运用多层线性模型对小学生人格各维度的总体年龄趋势和性别差异进行分析。在多层线性模型分析中，将小学生 4 次测量的人格维度数据作为第一层数据，参与测查的小学生个体作为第二层数据。二次增长的全模型可以用方程形式表示如下：水平 1，因变量=$\pi_0+\pi_1$（年龄）+π_2（年龄平方）+e；水平 2，$\pi_0=\beta_{00}+\beta_{01}$（性别）+$\gamma_0$，$\pi_1=\beta_{10}+\beta_{11}$（性别）+$\gamma_1$，$\pi_2=\beta_{20}+\beta_{21}$（性别）+$\gamma_2$。

（三）研究结果

1. 小学生人格维度发展的年龄趋势

潜变量增长曲线模型拟合结果表明，在小学生的 5 个人格维度中，认真自控维度的线性增长模型与数据拟合较好，其他 4 个维度的限定二次增长模型拟合指数较好，5 个人格维度都不存在群组效应，可以用一条共同的二次增长发展曲线来描述，如表 3-7 所示。

表 3-7　小学生人格维度的潜变量增长曲线模型拟合指数

维度	BIC		
	非限定线性模型	非限定二次增长模型	限定二次增长模型
智能特征	38 496.355	38 439.783	38 430.654
认真自控	42 972.396	43 048.556	42 966.344
外倾性	35 542.494	35 467.021	35 459.644
亲社会性	38 979.185	38 964.280	38 953.242
情绪稳定性	33 151.526	33 111.089	33 051.566

采用多层线性模型分析年龄特点，小学生人格的 5 个维度在 6～12 岁呈显著上升趋势，除认真自控维度的水平呈线性增长外，其余 4 个维度呈现出随着年龄的增长发展速度放缓，增长率呈显著的二次下降趋势，智能特征、外倾性、亲社会性和情绪稳定性的二次增长曲线斜率分别为-1.03、-0.82、-0.66、-0.61，$p<0.001$；随机部分结果表明，除认真自控在截距和线性斜率上存在个体差异外（$p<0.001$），智能特征、外倾性、亲社会性和情绪稳定性的发展在截距、线性斜率和二次增长曲线斜率上均不存在个体差异，如表 3-8 所示。

表 3-8　小学生人格五维度的增长模型系数

维度	固定部分			随机部分		
	截距（β_{00}）	线性斜率（β_{10}）	二次增长曲线斜率（β_{20}）	截距（γ_0）	线性斜率（γ_1）	二次增长曲线斜率（γ_2）
智能特征	34.58***	8.11***	-1.03***	57.77	29.84	0.59
认真自控	51.16***	1.91***		55.83***	0.36***	
外倾性	27.26***	6.73***	-0.82***	56.10	41.79	0.95

续表

维度	固定部分			随机部分		
	截距（β_{00}）	线性斜率（β_{10}）	二次增长曲线斜率（β_{20}）	截距（γ_0）	线性斜率（γ_1）	二次增长曲线斜率（γ_2）
亲社会性	35.94***	6.03***	−0.66***	205.58	98.83	1.81
情绪稳定性	19.99***	4.74***	−0.61***	69.36	43.05	0.96

综上所述，小学儿童人格各维度呈持续发展的趋势，除认真自控外，各维度的发展速度在不同年龄段有所不同，如图 3-4 所示。智能特征和外倾性发展相似，即在 6~7 岁发展最快，7~9.5 岁发展相对较快，9.5~10.5 岁发展速度放缓，且到 10.5 岁后出现下降趋势；亲社会性在 6~7 岁发展最快，7~9.5 岁发展相对较快，9.5 岁后发展速度放缓，到 11 岁后出现下降趋势；情绪稳定性在 6~8.5 岁发展较快，8.5~10.5 岁发展平稳，10.5 岁后出现下降趋势。

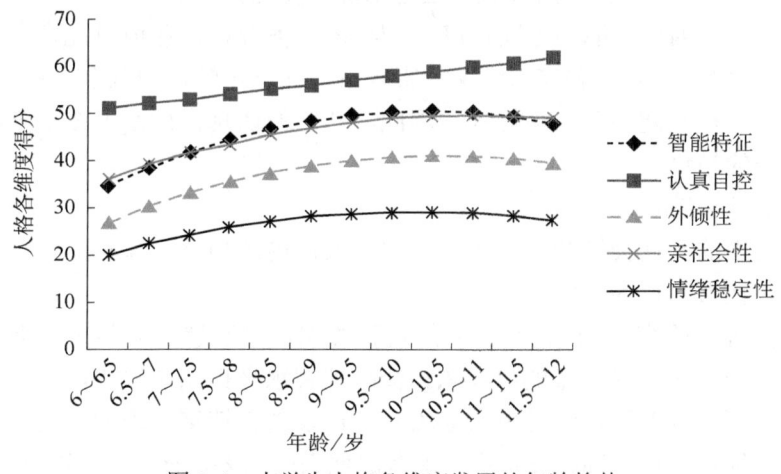

图 3-4 小学生人格各维度发展的年龄趋势

2. 小学生人格维度发展的性别差异

之前提到，除认真自控在随机部分的截距和线性斜率存在显著差异，人格其他 4 个维度的发展在截距、线性斜率和二次增长曲线斜率上均不存在显著差异，不必加入第二水平的预测变量（性别）。因此，只需在截距和线性斜率中加入预测变量性别，进一步考察小学生认真自控发展是否存在性别差异，结果如表 3-9 所示。研究还计算了男女生在各年龄点的估计值，表明小学的初始阶段女生的认真自控水平显著高于男生（$p<0.001$），并且在整个小学阶段其发展速度也显著快于男生（$p<0.05$）。

表 3-9 认真自控的性别差异

维度	固定部分				随机部分	
	截距（β_{00}）	性别截距（β_{01}）	线性斜率（β_{10}）	性别斜率（β_{11}）	截距（γ_0）	线性斜率（γ_1）
认真自控	52.46***	−2.86**	2.25***	−0.57*	50.83***	0.37***

（四）讨论与结论

1. 小学生人格发展的年龄特点

（1）认真自控

本研究中认真自控与大五人格中尽责性的内涵相近，表现为负责、坚毅、有计划性。加若（Gajos）等发现，5~11岁儿童自我控制的发展与神经心理机制和环境相关[①]。6~9岁儿童的前额灰质迅速增加[②]，从而使低年级儿童的自我调节能力、计划性和行为抑制能力不断提高[③]。从8~9岁开始，环境对儿童自控能力的影响越来越大[④]，在学校和家庭环境的影响下，儿童将学校和社会规则不断内化，计划性水平、抑制能力等稳步提高。因此，儿童的认真自控水平在小学阶段呈现出持续增长的趋势。

（2）亲社会性

本研究中的亲社会性与大五人格中的宜人性内涵相近，反映的是个体同情、合作、考虑他人的行为倾向[⑤]。

王昱文等的研究发现[⑥]，小学生的自我意识情绪理解能力与亲社会性呈显著正相关，且一至三年级儿童的自我意识情绪理解水平提高得较快，在三年级以后逐渐变缓，而自我意识情绪理解代表着对自己及他人情绪的理解。同时，低年级儿童的心理理论迅速提高，开始更多地考虑他人的需要、感受，表现出更多帮助、分享等亲社会行为。中年级时，儿童的独立、自主意识开始出现，对周围事物关注的程度降低，这可能会引起移情水平的降低，因此外显的亲社会行为相对减少。

---

① Gajos, J. M., Beaver, K. M. The development of self-control from kindergarten to fifth grade: The effects of neuropsychological functioning and adversity. Early Child Development & Care, 2015, 186（10）, 1571-1583.

② Gogtay, N., Thompson, P. M. Mapping gray matter development: Implications for typical development and vulnerability to psychopathology. Brain & Cognition, 2010, 72（1）, 6-15.

③ Eisenberg, N., et al. Conscientiousness: Origins in childhood? Developmental Psychology, 2014, 50（5）, 1331-1349.

④ Gajos, J. M., Beaver, K. M. The development of self-control from kindergarten to fifth grade: The effects of neuropsychological functioning and adversity. Early Child Development & Care, 2015, 86（10）, 1571-1583.

⑤ Haas, B. W., et al. Agreeableness and brain activity during emotion attribution decisions. Journal of Research in Personality, 2015, 57, 26-31.

⑥ 王昱文、王振宏、刘建君：《小学儿童自我意识情绪理解发展及其与亲社会行为、同伴接纳的关系》，《心理发展与教育》2011年第1期，第65-70页。

高年级儿童开始向青春期过渡,这一时期同伴关系对亲社会性的发展起着重要作用[1],对同伴群体外的他人表现出漠不关心的态度,以避免同伴的嘲讽。

(3) 外倾性

本研究中的外倾性与大五人格中的外倾性内涵相近,包含社会抑制、善交际、支配性和活跃水平。有研究指出,外倾性与奖励机制相关[2],如在小学低年级,教师的夸奖和鼓励就是最大的奖励,因此低年级儿童会积极地表达自己,而7岁左右儿童的流畅的口语表达能力提升了其在交往中的受欢迎程度[3],这些给儿童带来更多的积极情绪体验,使儿童变得更加乐于交往、活泼好动[4];进入中年级,儿童的自主意识进一步增强,但还未形成稳定的自我认同感,不能有效地处理同伴之间的冲突,消极情绪开始增多;进入高年级,由于学业压力的增大,儿童的精力和活动水平迅速下降[5],同时儿童也越来越少地表达自己,因此高年级儿童的外倾性水平会有所下降。

(4) 情绪稳定性

本研究中的情绪稳定性与大五人格中的神经质内涵相近,包含敏感焦虑、暴躁易怒。研究发现,前额皮质对消极情绪评估和调节起着重要作用[6],之前提到低年级儿童的前额皮质大量增加,这使低年级儿童评估和调节消极情绪的能力迅速提高,再加上教师和家长的影响,因此儿童的情绪稳定性水平迅速提高。到中年级,儿童开始形成独立的情绪调节策略,但还不稳定,并且学业负担的增加和对同伴接纳的渴望,使儿童在学习和交往中难免会体验到挫折,从而增加儿童的消极情绪体验,因此情绪稳定性发展速度放缓。到高年级,儿童在生理、社会性和心理上都表现出巨大变化[7],这一阶段儿童的自我意识迅速增强,变得更加内敛,不再视老师为权威,同时消极情绪大量出现。

(5) 智能特征

本研究中的智能特征与大五人格中的开放性内涵相近,反映的是对感知、想

---

[1] Wentzel, K. R. Prosocial behavior and peer relations in adolescence. Prosocial Development: A Multidimensional Approach, 2014, 178-200.
[2] Wilkowski, B. M., Ferguson, E. L. Just loving these people: Extraverts implicitly associate people with reward. Journal of Research in Personality, 2014, 53, 93-102.
[3] Ilmarinen, V. J., et al. Why are extraverts more popular? Oral fluency mediates the effect of extraversion on popularity in middle childhood. European Journal of Personality, 2015, 29 (2), 138-151.
[4] Letzring, T. D., Adamcik, L. A. Personality traits and affective states: Relationships with and without affect induction. Personality & Individual Differences, 2015, 75, 114-120.
[5] Soto, C. J., et al. Age differences in personality traits from 10 to 65: Big Five domains and facets in a large cross-sectional sample. Journal of Personality and Social Psychology, 2011, 100 (2), 330-348.
[6] Etkin, A., et al. Emotional processing in anterior cingulate and medial prefrontal cortex. Trends in Cognitive Sciences, 2011, 15 (2), 85-93.
[7] Soto, C. J., et al. Age differences in personality traits from 10 to 65: Big Five domains and facets in a large cross-sectional sample. Journal of Personality and Social Psychology, 2011, 100 (2), 330-348.

象、美感和情绪的认知投入和通过推理对抽象、语义信息的认知投入①。在低年级阶段，儿童的前额灰质迅速增加，而前额皮质与智力发展、创造性认知等自发性认知过程相关，这使低年级儿童的记忆力、理解力、想象力、独立性快速发展。中年级阶段，儿童的前额灰质的发展基本达到顶峰②，与智力相关的认知过程达到稳定水平，随着学业负担的加重，儿童的创造力和自主性受到限制，发展速度变缓。进入高年级，儿童进入青春期的过渡期，再加上升学压力进一步加大，其创造性、自主性和积极性受到更大抑制，因此智能特征发展水平出现下降趋势。

2. 小学生人格发展的性别特点

女孩的认真自控在 6 岁时的初始值高于男孩，而且在整个小学阶段内的发展速度也快于男孩，然而其他人格维度的性别差异均不显著，这与以往的研究结果一致③。这可能是因为雄性荷尔蒙分泌的差异，男孩比女孩有更大的冲动性和攻击性，抑制能力相对较弱，并且女孩发育比男孩早，使得女孩比男孩具有更高的控制能力④。另外一个重要的原因可能是传统社会文化中的性别角色期望，父母和教师在教育过程中会对男女儿童提出不同的发展要求，如希望男孩独立、进取，有更大的抱负，而希望女孩温柔和善、服从、合作等⑤。随着儿童对性别角色期望的内化，其逐渐形成稳定的自我控制水平。

总之，从发展的总体趋势来看，认真自控在整个小学阶段呈现出稳定提高的线性发展趋势。其余 4 个维度的发展大致可以分为三个阶段：6~8 岁的迅速发展期，8~10 岁的平稳发展期，10~12 岁的下降期。这一结果可以为学校中的儿童人格教育提供科学的理论指导，使人格教育课程在内容和时间安排上做到有的放矢，以更好地促进儿童健全人格的发展。

---

① DeYoung, C. G. Openness/intellect: A dimension of personality reflecting cognitive exploration. APA Handbook of Personality and Social Psychology: Personality Processes and Individual Differences，2014，(4)，369-399；Klimstra, T. A., et al. Maturation of personality in adolescence. Journal of Personality and Social Psychology，2009，96（4），898-912.
② Gogtay, N., Thompson, P. M. Mapping gray matter development: Implications for typical development and vulnerability to psychopathology. Brain & Cognition，2010，72（1），6-15.
③ De Bolle, M., et al. The emergence of sex differences in personality traits in early adolescence: A cross-sectional, cross-cultural study. Journal of Personality and Social Psychology，2015，108（1），171-185.
④ Branje, S. J. T. Big Five personality development in adolescence and adulthood. European Journal of Personality，2007，21（1），45-62.
⑤ Bussey, K., Bandura, A. Social cognitive theory of gender development and differentiation. Psychological Review，1999，106（4），676-713.

第二节 中国儿童、青少年人格分数
等值与跨阶段发展特点

一、引言

人格发展是指个体自出生至老年死亡的整个生命过程中人格特征的表现，随着年龄的增长和习得经验的增加而逐渐改变的过程。人格发展是人生全程发展至关重要的部分[1]。人格特质具有稳定性，但人格的稳定性和可变性是共存的[2]。与当前人格研究趋势一致，人格发展研究也基于五因素人格取向，其代表着与社会适应最密切相关的人格特质，如经验开放性或可培养性、外倾性、神经质-情绪稳定性[3]、宜人性和责任心[4]。五因素人格模型代表的人格结构不仅存在于成人，也存在于儿童、青少年[5]，之前的研究也显示青少年能提供可信且有效的五因素人格自评结果[6]。

人格发展有两种类型，分别是均值水平变化（mean-level change）和等级顺序变化（rank-order change），首先应区分这两种类型的人格发展[7]。人格均值水平的变化涉及人格的正常改变，反映人格特质的得分随时间而发生变化。大多数研究表

---

[1] 马世超、杨丽珠、邹伟：《人格改变的动力——从社会基因视角看天性与教养之争》，《辽宁师范大学学报（社会科学版）》2015年第5期，第636-642页。
[2] McAdams, D. P., Olson, B. D. Personality development: Continuity and change over the life course. Annual Review of Psychology, 2010, 61, 517-542; McGue, M., et al. Personality stability and change in early adulthood: A behavioral genetic analysis. Developmental Psychology, 1993, 29 (1), 96-109.
[3] Sturaro, C., et al. Person-environment transactions during emerging adulthood: The interplay between personality characteristics and social relationships. European Psychologist, 2008, 13 (2), 1-11.
[4] McCrae, R. R., John, O. P. An introduction to the five-factor model and its applications. Journal of Personality, 1992, 60 (2), 175-215.
[5] Tackett, J. L., et al. The hierarchical structure of childhood personality in five countries: Continuity from early childhood to early adolescence. Journal of Personality, 2012, 80 (4), 847-879; 张野、杨丽珠：《西方儿童个性结构研究进展》，《心理学探新》2003年第2期，第12-14-19页。
[6] Soto, C. J., et al. The developmental psychometrics of big five self-reports: Acquiescence, factor structure, coherence, and differentiation from ages 10 to 20. Journal of Personality and Social Psychology, 2008, 94 (4), 718-737.
[7] Mõttus, R., et al. Personality traits in old age: Measurement and rank-order stability and some mean-level change. Psychology and Aging, 2012, 27 (1), 243-249; Specht, J., et al. Stability and change of personality across the life course: The impact of age and major life events on mean-level and rank-order stability of the Big Five. Journal of Personality and Social Psychology, 2011, 101 (4), 862-882.

明，人格各维度得分的毕生发展趋势是：责任心水平提升，情绪稳定性增强[①]，宜人性水平提升[②]，外倾性水平降低[③]，开放性水平则呈曲线趋势[④]，成年早期呈增长的趋势，年长时则为降低趋势。人格等级顺序的变化或稳定性则反映了人格特质是否随时间推移保持稳定。等级顺序的稳定性的测量通常是测量某个特定的人格特质的重测信度[⑤]。

在探讨我国儿童、青少年人格发展特征时，面临最大的问题是我国儿童、青少年人格发展的跨阶段发展问题尚未解决。在儿童、青少年人格测验领域，从幼儿到初中生的时间跨度较大，纵向研究周期长，所以现有的纵向研究中少有整体探讨人格从幼儿到青少年发展的研究。此外，由于儿童、青少年的人格特质具有发展性和差异性，所以测量不同阶段（幼儿、小学生、初中生）人格的量表是不同的，不同研究工具的原始分数不具备可比性。目前，研究的关键在于缺乏以五因素人格理论为框架的标准化的中国儿童、青少年人格评定工具。儿童、青少年人格发展的跨阶段发展特征的研究，限于跨阶段时限和不同年龄阶段测量工具的可比较性，一直难以开展。因此，现在急需解决的问题是用测验等值方法将不同阶段的量表分数等值到同一尺度，并在此基础上进行发展特点研究。

测验是对心理特质进行测量的一种尺度，这种尺度应该具有一定的稳定性，不同测验版本之间应该具有一致性。尽管研究者在测验编制过程中尽量保证测验的同质性，但不同测验之间的信度和分数分布存在差别在所难免，这种差别使得测验分数之间不可以比较。这样就需要将具有不同信度和分数分布的测验分数转换到一个统一的尺度之上，采用统一的尺度对被试进行测量。这一过程即测验等

[①] Bleidorn, W., et al. Patterns and sources of adult personality development: Growth curve analyses of the NEO PI-R scales in a longitudinal twin study. Journal of Personality and Social Psychology, 2009, 97 (1), 142-155; Neyer, F. J., Lehnart, J. Relationships matter in personality development: Evidence from an 8-year longitudinal study across young adulthood. Journal of Personality, 2007, 75 (3), 535-568; Roberts, B., et al. Patterns of mean-level change in personality traits across the life course: A meta-analysis of longitudinal studies. Psychological Bulletin, 2006, 132 (1), 1-25; Soto, C. J., et al. Age differences in personality traits from 10 to 65: Big Five domains and facets in a large cross-sectional sample. Journal of Personality and Social Psychology, 2011, 100 (2), 330-348.

[②] Lüdtke, O., et al. A random walk down university avenue: Life paths, life events, and personality trait change at the transition to university life. Journal of Personality and Social Psychology, 2011, 101 (3), 620-637; Soto, C. J., et al. Age differences in personality traits from 10 to 65: Big Five domains and facets in a large cross-sectional sample. Journal of Personality and Social Psychology, 2011, 100 (2), 330-348.

[③] Branje, S. J. T. Big Five personality development in adolescence and adulthood. European Journal of Personality, 2007, 21 (1), 45-62.

[④] Lehmann, R., et al. Age and gender differences in motivational manifestations of the Big Five from age 16 to 60. Developmental Psychology, 2013, 49 (2), 365-383.

[⑤] Gordon, J. The extent of personality change: Rank order consistency, mean level change, individual level change, and ipsative stability. Griffith University Undergraduate Psychology Journal, 2009, (1), 1-7; Roberts, B. W., et al. The kids are alright: Growth and stability in personality development from adolescence to adulthood. Journal of Personality and Social Psychology, 2001, 81 (4), 670-683.

值（test equating）。测验等值须满足的条件包括：①测验所测心理结构或特质的同一性；②等信度；③测验等值转换关系的公平性；④可递推性；⑤测验等值转换关系的对称性；⑥测验等值转换关系对总体的唯一性或样本不变性。在测验等值处理中，如果待等值测验满足上述条件，则等值结果理想。常用的测验等值数据收集方法设计有单组设计、随机等组设计和锚测验-非等组设计等。测验分数等值关系计算的基本方法有线性等值、等百分位等值和项目反应理论等值等。

近年来，国内外学者在测验等值方法的应用方面都进行了相关研究。研究者使用经典测验理论、项目反应理论和锚测验-非等组等值设计对不同版本的 SAT 测验实现了分数等值[1]。怀斯（Wyse）等将不同年份的标准化英语考试和科学考试成绩进行了经典测验理论和项目反应理论下的等值[2]。另有研究者使用项目反应理论等值研究了爱沙尼亚国家智力测验的弗林效应[3]。戴顿（Deighton）等使用等百分位等值的方法将一个儿童心理健康问卷（Me and My School）等值于一个有诊断标准的金标准量表（Strengths and Difficulties Questionnaire，SDQ，长处与困难量表），从而获得了该儿童心理健康问卷的诊断标准[4]。费希尔（Fischer）等对病人健康问卷（Patient Health Questionnaire，PHQ-9）和 ICD-10 症状评定（ICD-10-Symptom Rating，ISR）两个量表中用于测量抑郁的分量表进行了项目反应理论等值[5]。由以上研究可以看出，基于经典测量理论和现代测量理论的等值方法在不同情境、不同测量目的和不同前提假设下得到了广泛应用。

在国内测验等值领域中，有很多研究介绍了新的等值概念、等值方法，如张敏强等介绍了测验等值的理论、基本方法以及其在教学和管理方面的应用[6]；丁树良等介绍了项目反应理论中的对数对比等值法[7]；罗莲介绍了核等值法[8]；王烨晖等介绍了垂直等值方法的新进展等[9]。各种等值方法在适宜性方面以模拟研究为

---

[1] Liu, J. H., et al. Test score equating using a Mini-Version anchor and a midi anchor: A case study using SAT data. Journal of Educational Measurement，2011，48（4），361-379.
[2] Wyse, A. E., et al. Considerations for equating alternate assessments: Two case studies of alternate assessments based on alternate achievement standards. Applied Measurement in Education，2013，26（1），50-72.
[3] Shiu, W., et al. An item-level examination of the Flynn effect on the National Intelligence Test in Estonia. Intelligence，2013，41（6），770-779.
[4] Deighton, J., et al. The development of a school-based measure of child mental health. Journal of Psychoeducational Assessment，2013，31（3），247-257.
[5] Fischer, H. F., et al. How to compare scores from different depression scales: Equating the Patient Health Questionnaire（PHQ）and the ICD-10-Symptom Rating（ISR）using item response theory. International Journal of Methods in Psychiatric Research，2011，20（4），203-214.
[6] 张敏强、黎光明、焦璨：《普教"升中"考试中测验等值的应用研究——以广东省佛山市"升中"考试为例》，《心理与行为研究》2009 年第 1 期，第 27-31 页。
[7] 丁树良、熊建华、毛萌萌：《项目反应理论框架下的新等值方法——对数对比等值法》，《心理学报》2003 年第 6 期，第 835-841 页。
[8] 罗莲：《一种新的等值方法：核等值法》，《心理学探新》2008 年第 2 期，第 69-74 页。
[9] 王烨晖、边玉芳、辛涛：《垂直等值的应用及最新发展述评》，《心理学探新》2011 年第 5 期，第 472-476 页。

主,用于模拟研究的代表性课题数据包括汉语水平考试①、高考语文②、大学英语四六级成绩③、地区中考成绩④及国际数学与科学教育成就趋势调查数据⑤等。国内尚未见以人格测验为等值对象的研究。

在人格发展领域,为了更好地"以个体为中心"探讨我国儿童、青少年人格发展特征,本研究拟在满足测验等值假设的前提条件下,引入测验等值方法,使人格各维度在幼儿、小学和初中各阶段的分数具有可比性,进而探讨我国儿童、青少年人格的跨阶段发展特点。

二、研究方法

(一)被试

在中国幼儿人格教师评定量表全国常模制定、中国小学生人格教师评定量表全国常模制定和中国初中生人格自评量表全国常模制定研究的被试样本中,有幼儿7161人、小学生9254人、初中生4955人。各部分取样的适宜性与代表性前文已述。样本容量满足测验等值的必要条件。

(二)工具

1. 中国幼儿人格教师评定量表

杨丽珠等编制的中国幼儿人格教师评定量表共60个题目,采用利克特5级计分。二阶因子分析后确定量表的5个维度分别为智能特征、认真自控、外倾性、亲社会性和情绪稳定性。5个维度与五因素人格结构相对应。量表的信度和效度等心理测量学指标均已得到前期研究的验证⑥。

2. 中国小学生人格教师评定量表

杨丽珠等编制的中国小学生人格教师评定量表共62个题目,采用利克特5级计分。二阶因子分析后确定量表的5个维度分别为智能特征、认真自控、外倾性、

---

① 谢小庆:《对15种测验等值方法的比较研究》,《心理学报》2000年第2期,第217-223页。
② 戴海崎、刘启辉:《锚题题型与等值估计方法对等值的影响》,《心理学报》2002年第4期,第367-370页。
③ 朱正才:《大学英语四、六级考试分数等值研究——一个基于铆题和两参数IRT模型的解决方案》,《心理学报》2005年第2期,第280-284页。
④ 黎光明、张敏强:《IRT测验等值模型的选择——以广东佛山市中考数学实测数据为例》,《中国考试》2012年第2期,第8-13页。
⑤ 焦丽亚、辛涛:《基于CTT的锚测验非等组设计中四种等值方法的比较研究》,《心理发展与教育》2006年第1期,第97-102页。
⑥ 杨丽珠、张金荣、刘红云等:《3~6岁儿童人格发展的群组序列追踪研究》,《心理科学》2015年第3期,第586-593页。

亲社会性和情绪稳定性。5个维度与五因素人格结构相对应。量表的信度和效度等心理测量学指标均已得到前期研究的验证[①]。

3. 中国初中生人格发展自评量表

杜文轩等编制的中国初中生人格自评量表共59个题目，采用利克特5级计分。二阶因子分析后确定量表的5个维度分别为智能特征、认真自控、外倾性、亲社会性和情绪稳定性。5个维度与五因素人格结构相对应。量表的信度和效度等心理测量学指标均已得到前期研究的验证[②]。

（三）数据统计与处理方法

按照锚测验-非等组设计的要求，本研究对人格的5个维度分别进行分数等值。在智能特征维度，幼儿量表共17题，小学生量表共14题，初中生量表共11题，三部分量表的锚题共3题。在认真自控维度，幼儿量表共12题，小学生量表共16题，初中生量表共15题，三部分量表的锚题共2题。在外倾性维度，幼儿量表共9题，小学生量表共11题，初中生量表共9题，三部分量表的锚题共3题。在亲社会性维度，幼儿量表共14题，小学生量表共13题，初中生量表共14题，三部分量表的锚题共3题。在情绪稳定性维度，幼儿量表共8题，小学生量表共8题，初中生量表共10题，三部分量表的锚题共2题。锚题数量占测验题目总数的20%左右。本研究涉及三部分量表得分，因此拟将其中一部分量表得分作为共同尺度，将其他两部分人格量表得分对应各维度与之建立等值关系，进而对各发展阶段人格维度得分在同一量尺上进行差异比较。

在统计方法方面，本研究使用科伦（Kolen）和布伦南（Brennan）编制的 CIPE 2.0 进行测验等值数据分析[③]。CIPE 程序可以执行均值、线性和等百分位数等值，数据收集使用锚测验-非等组设计。这一程序根据 Tucker 均值、内锚题 Levine 均值、Braun/Holland 均值和线性、非平滑频数估计等百分位数、平滑频数估计等百分位数以及8种不同三次方曲线平滑等值方法进行。CIPE 也可以用来计算 Tucker 线性、Levine 线性和非平滑等百分位数等值方法的等值标准误。本研究主要使用 CIPE 程序计算 Tucker 线性、Levine 线性和非平滑等百分位数等值方法的等值系数和等值标准误。

[①] 杨丽珠、马振、张金荣等：《6～12岁儿童人格发展的群组序列追踪研究》，《心理科学》2015年第3期，第1123-1129页。
[②] 杜文轩、杨丽珠、马世超：《初中生人格量表的常模制定——基于大连市6449名初中生的研究》，《辽宁师范大学学报（社会科学版）》2014年第3期，第365-370页。
[③] Kolen, M. J., Brennan, R. L. Test Equating: Methods and Practices. New York: Springer-Verlag, 2013, 559.

三、研究结果

（一）等值前提假设检验

1. 分布特征等同假设

为了比较人格各维度得分与锚测验得分之间的分布特征，可以使用偏度系数、峰度系数以及分数分布直方图等对各变量进行描述统计。

从以上各阶段人格维度的分数分布与其对应锚测验部分的分数分布直方图来看（图3-5～图3-19），测验分数与锚测验分数的分布特征基本一致，满足测验分数与锚测验分数分布等同的必要条件。

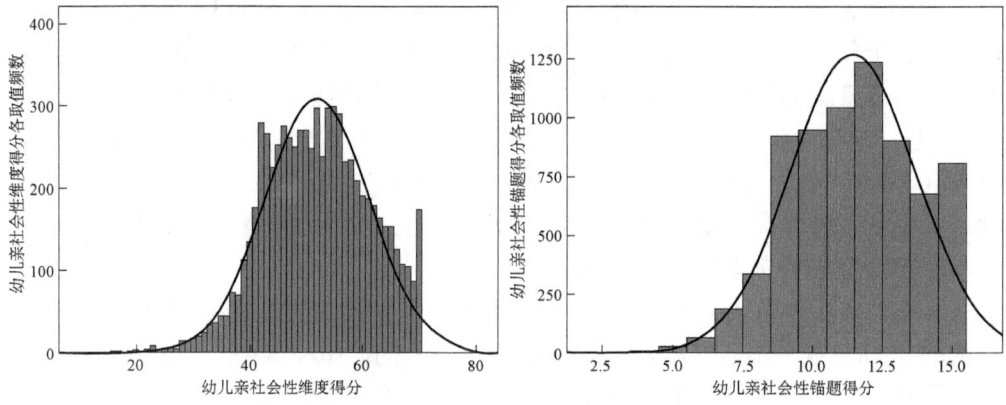

图3-5　幼儿亲社会性维度得分与锚题得分分布特征比较

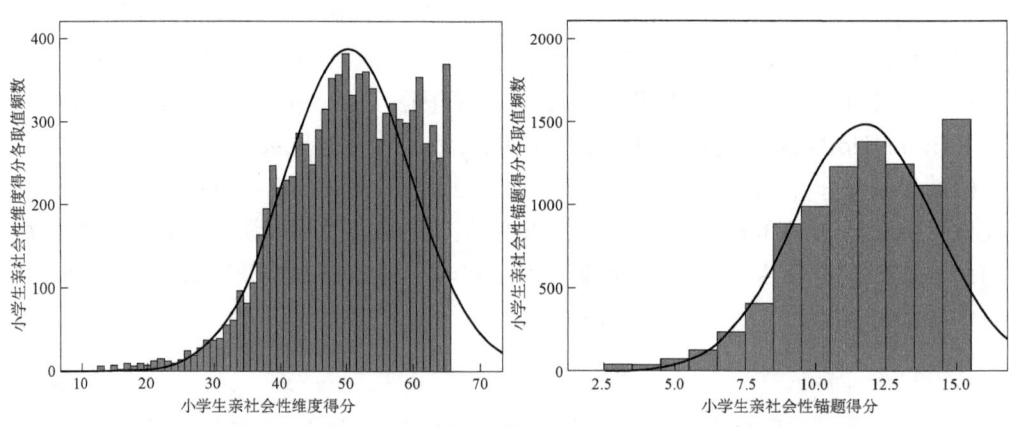

图3-6　小学生亲社会性维度得分与锚题得分分布特征比较

第三章 中国儿童、青少年人格纵向发展特点及分数等值与跨阶段纵向发展特点

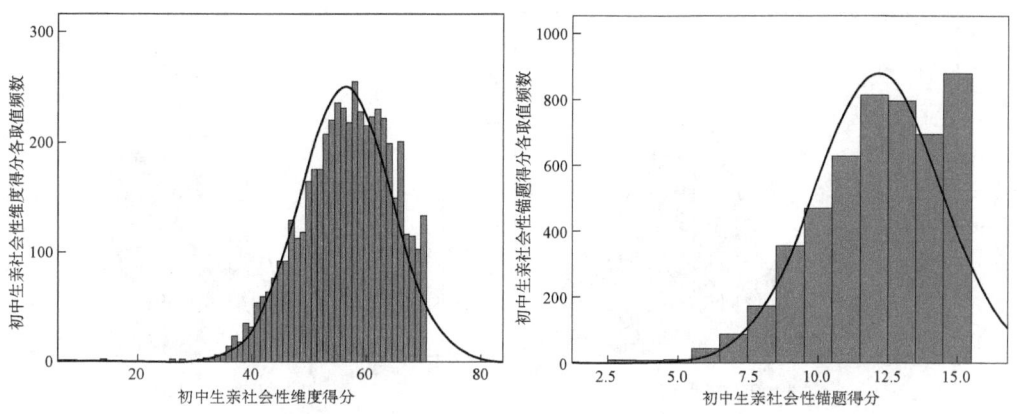

图 3-7 初中生亲社会性维度得分与锚题得分分布特征比较

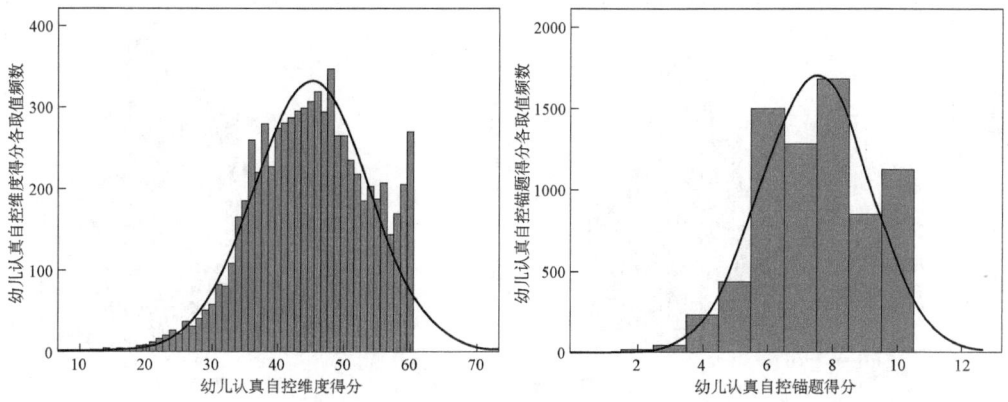

图 3-8 幼儿认真自控维度得分与锚题得分分布特征比较

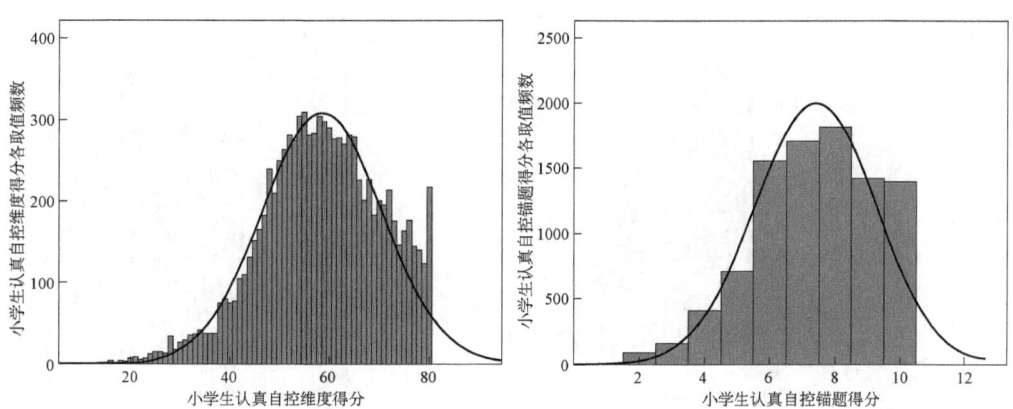

图 3-9 小学生认真自控维度得分与锚题得分分布特征比较

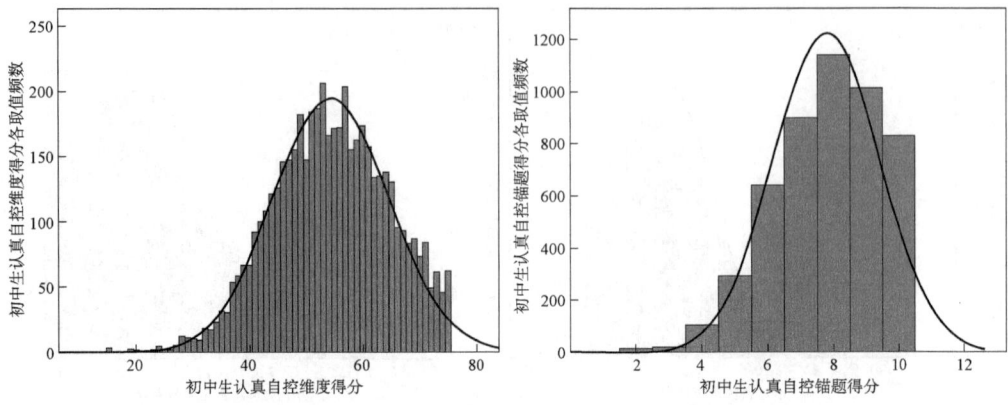

图 3-10　初中生认真自控维度得分与锚题得分分布特征比较

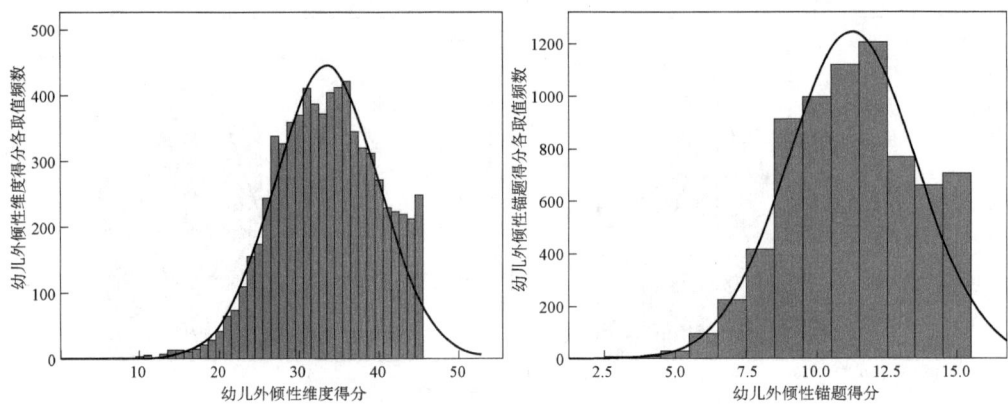

图 3-11　幼儿外倾性维度得分与锚题得分分布特征比较

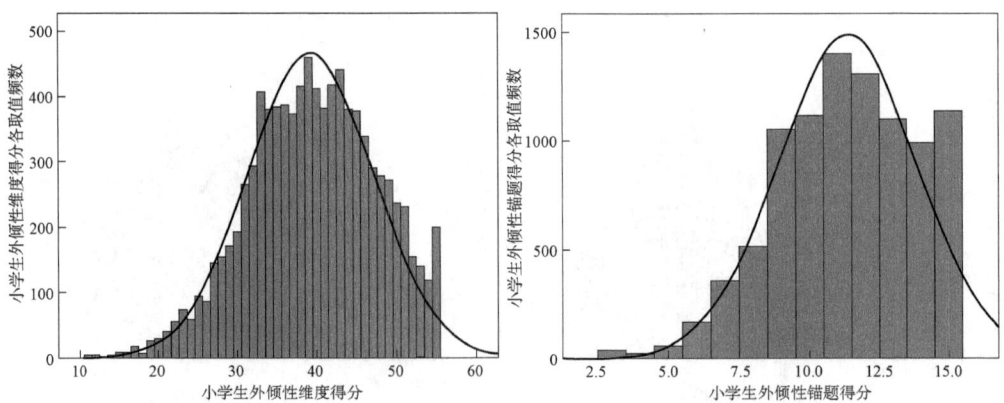

图 3-12　小学生外倾性维度得分与锚题得分分布特征比较

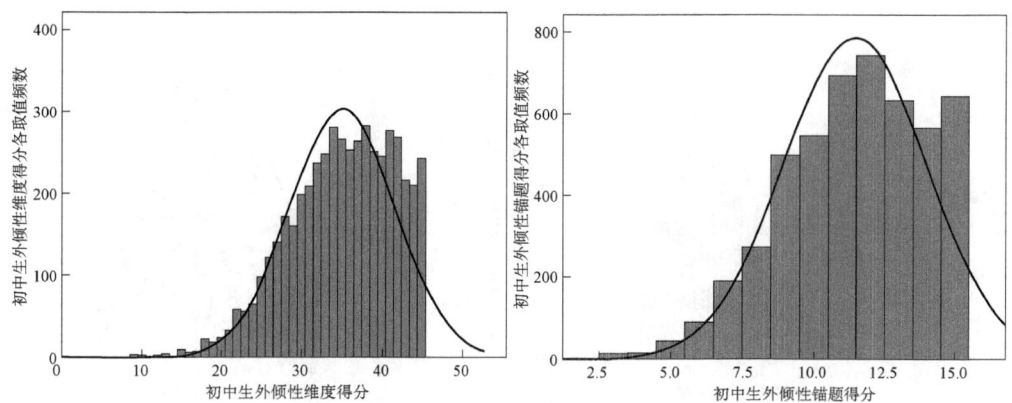

图 3-13　初中生外倾性维度得分与锚题得分分布特征比较

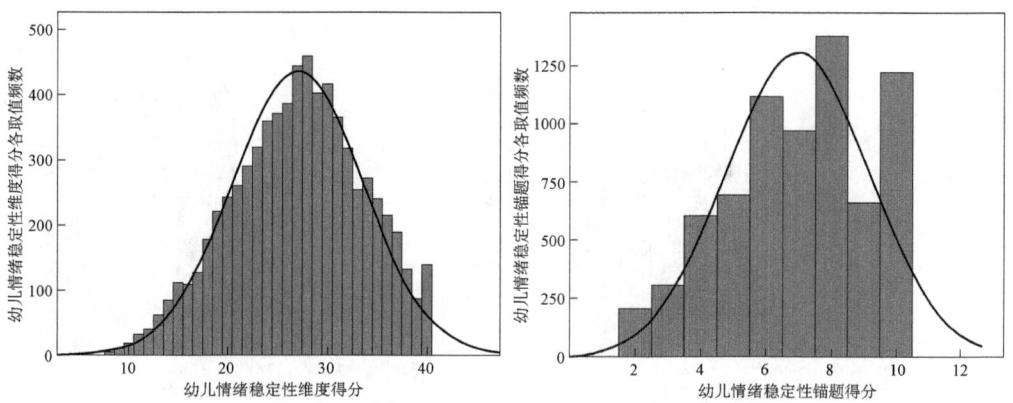

图 3-14　幼儿情绪稳定性维度得分与锚题得分分布特征比较

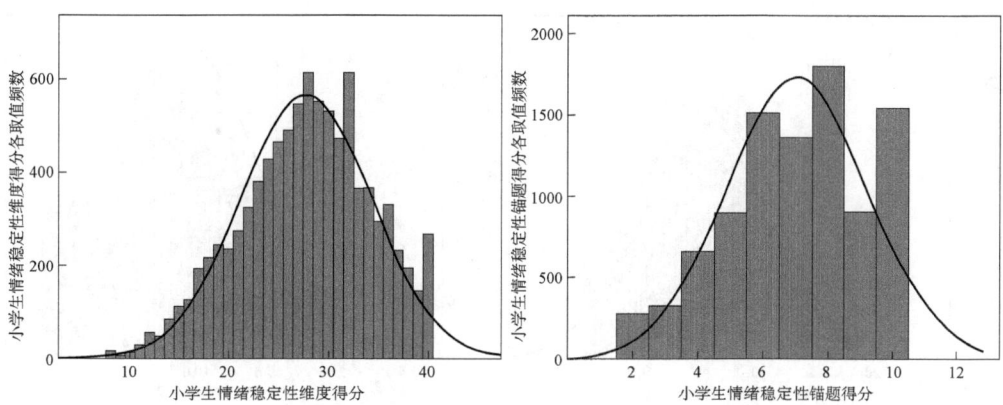

图 3-15　小学生情绪稳定性维度得分与锚题得分分布特征比较

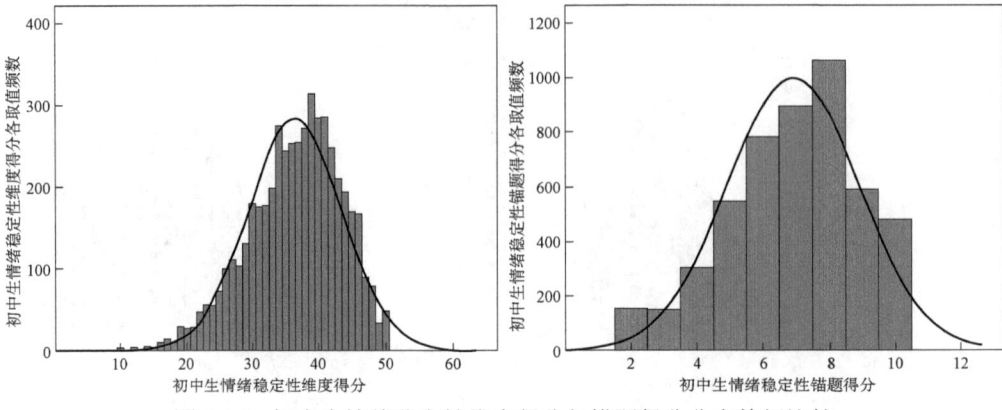

图 3-16　初中生情绪稳定性维度得分与锚题得分分布特征比较

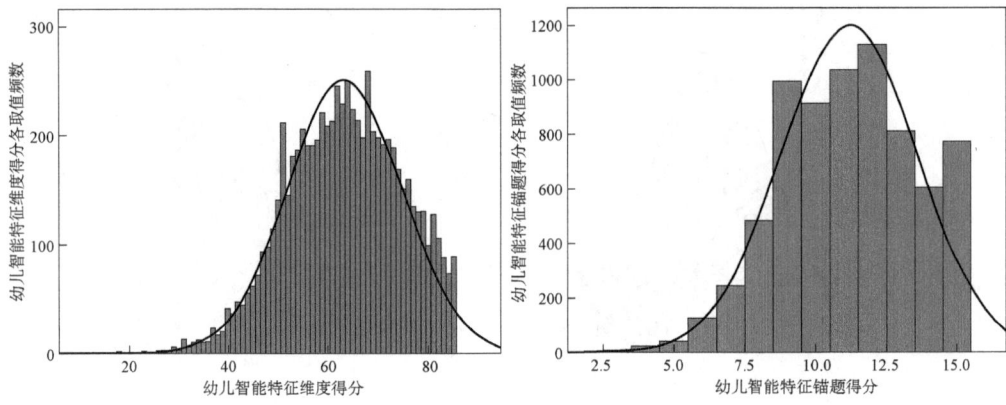

图 3-17　幼儿智能特征维度得分与锚题得分分布特征比较

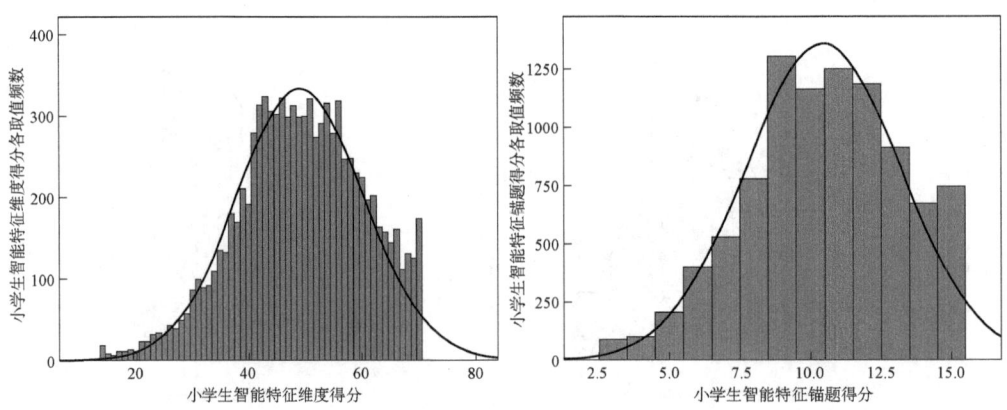

图 3-18　小学生智能特征维度得分与锚题得分分布特征比较

第三章 中国儿童、青少年人格纵向发展特点及分数等值与跨阶段纵向发展特点

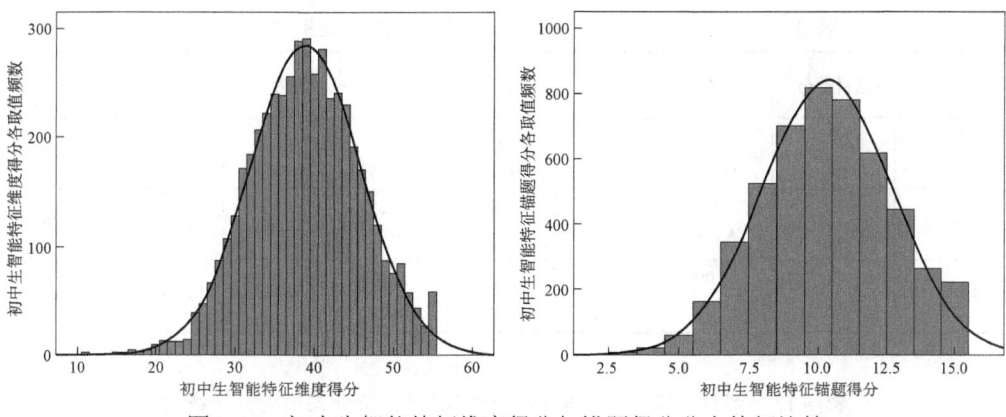

图 3-19 初中生智能特征维度得分与锚题得分分布特征比较

2. 协方差或相关等同及等信度假设

人格各维度的分布特征、人格各维度与锚测验之间的协方差和相关系数，以及各阶段待等值测验的克龙巴赫 α 系数如表 3-10～表 3-14 所示。

表 3-10　智能特征维度测验得分与锚题部分特征关系的描述统计

组别	题目部分	M	SD	偏度	峰度	协方差	r	克龙巴赫 α 系数
幼儿	Xo	63.25	11.37	−0.23	−0.36	24.47	0.90***	0.94
	Vo	11.18	2.39	−0.21	−0.47			
小学生	Yo	49.22	11.12	−0.28	−0.22	27.23	0.90***	0.93
	Vo	10.49	2.73	−0.28	−0.40			
初中生	Zo	38.92	6.95	−0.06	−0.12	12.99	0.79***	0.81
	Vo	10.32	2.36	−0.06	−0.38			

注：X 代表幼儿得分，Y 代表小学生得分，Z 代表初中生得分，V 代表锚题得分，下同。o 代表智能特征维度

表 3-11　认真自控维度测验得分与锚题部分特征关系的描述统计

组别	题目部分	M	SD	偏度	峰度	协方差	r	克龙巴赫 α 系数
幼儿	Xc	45.08	8.62	−0.25	−0.30	12.57	0.87***	0.93
	Vc	7.48	1.68	−0.21	−0.47			
小学生	Yc	58.56	11.99	−0.33	−0.12	18.42	0.83***	0.91
	Vc	7.39	1.84	−0.44	−0.30			
初中生	Zc	54.39	10.16	−0.16	−0.29	11.92	0.73***	0.88
	Vc	7.80	1.62	−0.52	−0.17			

注：c 代表认真自控维度

表 3-12　外倾性维度测验得分与锚题部分特征关系的描述统计

组别	题目部分	M	SD	偏度	峰度	协方差	r	克龙巴赫 α 系数
幼儿	Xe	33.51	6.40	−0.21	−0.31	13.59	0.93***	0.90
	Ve	11.25	2.29	−0.21	−0.38			
小学生	Ye	39.50	8.08	−0.25	−0.25	17.11	0.85***	0.86
	Ve	11.34	2.49	−0.40	−0.26			
初中生	Ze	35.09	6.51	−0.53	−0.15	14.06	0.86***	0.82
	Ve	11.45	2.51	−0.47	−0.28			

注：e 代表外倾性维度

表 3-13　亲社会性维度测验得分与锚题部分特征关系的描述统计

组别	题目部分	M	SD	偏度	峰度	协方差	r	克龙巴赫 α 系数
幼儿	Xa	52.02	9.25	−0.11	−0.33	18.62	0.90***	0.93
	Va	11.45	2.25	−0.22	−0.48			
小学生	Ya	50.30	9.54	−0.53	−0.02	20.61	0.87***	0.90
	Va	11.74	2.48	−0.60	−0.03			
初中生	Za	56.46	7.90	−0.47	−0.01	14.77	0.83***	0.83
	Va	12.12	2.25	−0.65	−0.08			

注：a 代表亲社会性维度

表 3-14　情绪稳定性维度测验得分与锚题部分特征关系的描述统计

组别	题目部分	M	SD	偏度	峰度	协方差	r	克龙巴赫 α 系数
幼儿	Xn	27.00	6.57	−0.20	−0.45	12.27	0.85***	0.85
	Vn	6.97	2.19	−0.34	−0.72			
小学生	Yn	27.72	6.52	−0.27	−0.38	4.56	0.78***	0.80
	Vn	7.03	2.14	−0.38	−0.58			
初中生	Zn	36.41	6.98	−0.51	−0.01	10.34	0.75***	0.79
	Vn	6.91	1.99	−0.46	−0.29			

注：n 代表情绪稳定性维度

从各阶段人格 5 个维度得分与锚题得分的偏度与峰度和分数分布直方图中可看出，人格各维度与锚测验得分之间的分布较为接近，测验维度得分与锚测验之间的相关系数均较高，待等值各维度测验之间的克龙巴赫 α 系数也均较高，基本满足测验等值的前提假设。

（二）等值结果评价

衡量等值结果适宜性的指标是等值标准误（standard errors of equating）。一般采用描述一种或多种等值方法每次等值结果的标准误的平均数来衡量等值误差的大小[①]。在本研究中,三种等值方法对三阶段人格 5 个维度的等值标准误的描述统计结果如表 3-15～表 3-17 所示。

表 3-15　以幼儿人格各维度得分为量尺各等值结果标准误描述统计

人格维度	等值过程	等值方法	最小值	最大值	M	SD
智能特征	小学生等值于幼儿	Tucker	0.08	0.29	0.15	0.06
		Levine	0.09	0.36	0.18	0.08
		等百分位	0.00	1.26	0.34	0.29
	初中生等值于幼儿	Tucker	0.12	0.44	0.23	0.10
		Levine	0.14	0.58	0.29	0.13
		等百分位	0.00	0.80	0.34	0.21
认真自控	小学生等值于幼儿	Tucker	0.07	0.26	0.14	0.06
		Levine	0.09	0.36	0.18	0.08
		等百分位	0.00	1.27	0.26	0.24
	初中生等值于幼儿	Tucker	0.10	0.35	0.18	0.08
		Levine	0.11	0.54	0.26	0.13
		等百分位	0.00	0.71	0.24	0.17
外倾性	小学生等值于幼儿	Tucker	0.05	0.16	0.09	0.04
		Levine	0.05	0.21	0.11	0.05
		等百分位	0.00	0.52	0.16	0.14
	初中生等值于幼儿	Tucker	0.05	0.24	0.12	0.06
		Levine	0.06	0.31	0.15	0.08
		等百分位	0.00	0.64	0.21	0.17
亲社会性	小学生等值于幼儿	Tucker	0.07	0.28	0.14	0.07
		Levine	0.08	0.36	0.18	0.09
		等百分位	0.00	1.31	0.31	0.29
	初中生等值于幼儿	Tucker	0.09	0.46	0.22	0.12
		Levine	0.10	0.62	0.29	0.17
		等百分位	0.00	1.05	0.27	0.23
情绪稳定性	小学生等值于幼儿	Tucker	0.06	0.17	0.09	0.03
		Levine	0.07	0.23	0.12	0.05
		等百分位	0.00	0.30	0.14	0.06
	初中生等值于幼儿	Tucker	0.07	0.27	0.14	0.06
		Levine	0.08	0.35	0.17	0.08
		等百分位	0.00	0.38	0.18	0.08

---

① Kolen, M. J., Brennan, R. L. Test Equating: Methods and Practices. New York: Springer-Verlag, 2013, 559.

表 3-16 以小学生人格各维度得分为量尺各等值结果标准误描述统计

人格维度	等值过程	等值方法	最小值	最大值	M	SD
智能特征	幼儿等值于小学生	Tucker	0.07	0.27	0.14	0.06
		Levine	0.08	0.30	0.15	0.07
		等百分位	0.00	0.73	0.22	0.16
	初中生等值于小学生	Tucker	0.10	0.38	0.19	0.08
		Levine	0.11	0.44	0.22	0.10
		等百分位	0.00	0.69	0.28	0.17
认真自控	幼儿等值于小学生	Tucker	0.09	0.34	0.18	0.08
		Levine	0.10	0.42	0.21	0.10
		等百分位	0.00	0.81	0.28	0.19
	初中生等值于小学生	Tucker	0.13	0.46	0.24	0.10
		Levine	0.14	0.63	0.31	0.15
		等百分位	0.00	0.94	0.34	0.24
外倾性	幼儿等值于小学生	Tucker	0.06	0.20	0.10	0.05
		Levine	0.06	0.24	0.12	0.06
		等百分位	0.00	0.36	0.16	0.09
	初中生等值于小学生	Tucker	0.07	0.30	0.15	0.07
		Levine	0.08	0.39	0.19	0.10
		等百分位	0.00	0.62	0.22	0.14
亲社会性	幼儿等值于小学生	Tucker	0.07	0.27	0.13	0.06
		Levine	0.07	0.32	0.16	0.08
		等百分位	0.00	0.69	0.20	0.15
	初中生等值于小学生	Tucker	0.08	0.45	0.22	0.12
		Levine	0.09	0.58	0.27	0.16
		等百分位	0.00	1.05	0.26	0.26
情绪稳定性	幼儿等值于小学生	Tucker	0.07	0.27	0.14	0.06
		Levine	0.08	0.30	0.15	0.07
		等百分位	0.00	0.73	0.22	0.16
	初中生等值于小学生	Tucker	0.10	0.38	0.19	0.08
		Levine	0.11	0.44	0.22	0.10
		等百分位	0.00	0.69	0.28	0.17

表 3-17 以初中生人格各维度得分为量尺各等值结果标准误描述统计

人格维度	等值过程	等值方法	最小值	最大值	M	SD
智能特征	幼儿等值于初中生	Tucker	0.07	0.26	0.13	0.05
		Levine	0.09	0.34	0.17	0.07
		等百分位	0.00	0.84	0.20	0.16
	小学生等值于初中生	Tucker	0.07	0.23	0.12	0.05
		Levine	0.09	0.32	0.17	0.07
		等百分位	0.00	1.61	0.28	0.33

续表

人格维度	等值过程	等值方法	最小值	最大值	M	SD
认真自控	幼儿等值于初中生	Tucker	0.12	0.44	0.23	0.10
		Levine	0.14	0.75	0.36	0.19
		等百分位	0.00	0.73	0.31	0.19
	小学生等值于初中生	Tucker	0.12	0.44	0.22	0.10
		Levine	0.15	0.80	0.38	0.21
		等百分位	0.00	1.79	0.40	0.38
外倾性	幼儿等值于初中生	Tucker	0.05	0.21	0.11	0.05
		Levine	0.06	0.25	0.12	0.06
		等百分位	0.00	0.52	0.17	0.13
	小学生等值于初中生	Tucker	0.06	0.22	0.11	0.05
		Levine	0.07	0.28	0.14	0.07
		等百分位	0.00	0.69	0.18	0.15
亲社会性	幼儿等值于初中生	Tucker	0.08	0.32	0.16	0.08
		Levine	0.09	0.45	0.22	0.11
		等百分位	0.12	0.39	0.20	0.09
	小学生等值于初中生	Tucker	0.12	0.44	0.23	0.10
		Levine	0.14	0.75	0.36	0.19
		等百分位	0.00	0.73	0.31	0.19
情绪稳定性	幼儿等值于初中生	Tucker	0.08	0.25	0.14	0.05
		Levine	0.10	0.39	0.20	0.09
		等百分位	0.00	0.44	0.19	0.11
	小学生等值于初中生	Tucker	0.08	0.25	0.14	0.05
		Levine	0.11	0.42	0.21	0.10
		等百分位	0.00	0.53	0.19	0.12

根据以上等值方法标准误的描述统计，在本研究中，Tucker 等值方法的标准误均值在三种方法中最小，标准差也较小，最大误差值也较小，说明该等值方法的结果较为稳健。Levine 法、等百分位等值法的标准误均值较大。这与以往等值研究和模拟研究的结论相符[1]，即 Tucker 等值方法产生的标准误较小。在本研究中，为了将三部分人格测验得分等值与统一尺度进行比较，不仅要解决采取哪种等值方法误差较小的问题，还要解决以哪个尺度作为统一比较误差较小的问题，因此本研究根据以往的研究方法[2]，将以上所有等值过程中计算出的标准误作为因变量，以等值过程中涉及的等值尺度（分别以幼儿、小学生和初中生人格得分为等值尺度，共 3 个水平）以及等值方法（Tucker、Levine 和等百分位等值，共 3 个水平）作为自变量进行 3×3 的两因素方差分析，以检验等值标准误在各种条

---

[1] 谢小庆：《对 15 种测验等值方法的比较研究》，《心理学报》2000 年第 2 期，第 217-223 页；Kolen, M. J., Brennan, R. L. Test Equating: Methods and Practices. New York: Springer-Verlag, 2013, 559.
[2] 张敏强、黎光明、焦璨：《普教"升中"考试中测验等值的应用研究——以广东省佛山市"升中"考试为例》，《心理与行为研究》2009 年第 1 期，第 27-31 页。

件下的均值差异（表 3-18）。

表 3-18　等值误差变异来源的方差分析结果

变异来源	SS	df	MS	F	效应量（η^2）
等值尺度	0.088	2	0.044	2.012	0.001
等值方法	5.286	2	2.643	121.249***	0.055
等值尺度与等值方法交互	0.263	4	0.066	3.017*	0.003
误差	90.790	4165	0.022		
总和	96.470	4173			

方差分析结果表明，各种等值尺度产生的误差大小无显著差异，而等值方法的主效应显著。事后检验发现，三种等值方法产生的标准误两两比较均有差异，其中 Tucker 线性等值产生的误差最小，Levine 线性等值产生的误差其次，等百分位等值产生的误差最大（$ps<0.05$）。等值尺度与等值方法的交互作用也显著（表 3-18），具体见图 3-20。简单效应检验发现，在幼儿、小学生和初中生各尺度下，Tucker 线性等值方法产生的标准误都最小，因此本研究使用 Tucker 线性等值的结果进行人格发展特点的探讨。在等值方法变量上，在 Tucker 等值方法水平下，三种尺度下的标准误无显著差异，仅从描述统计结果来看，幼儿尺度下的标准误均值最小，初中生尺度和小学生尺度下的标准误稍大。因此，本研究对人格各维度在不同等值尺度下的年级发展趋势进行研究，结果见图 3-21~图 3-25。

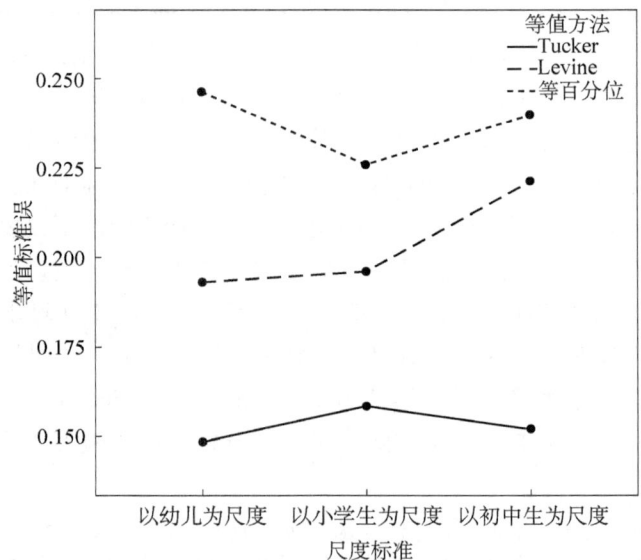

图 3-20　等值尺度和等值方法对等值标准误影响的交互作用

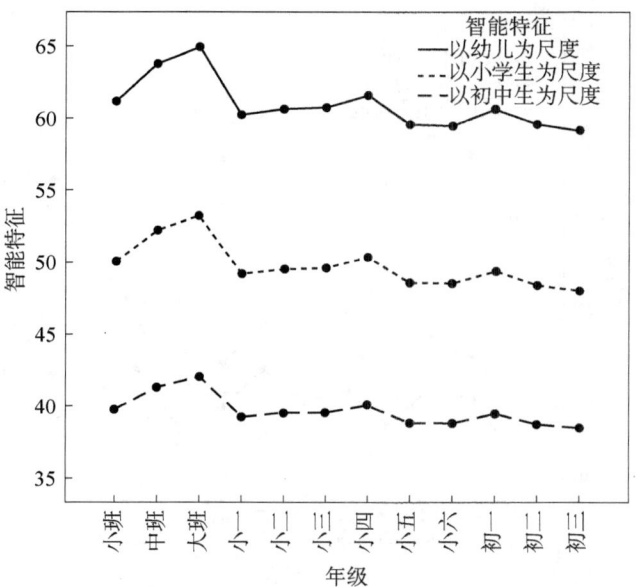

图 3-21　三种等值尺度下智能特征的年级发展趋势一致性比较

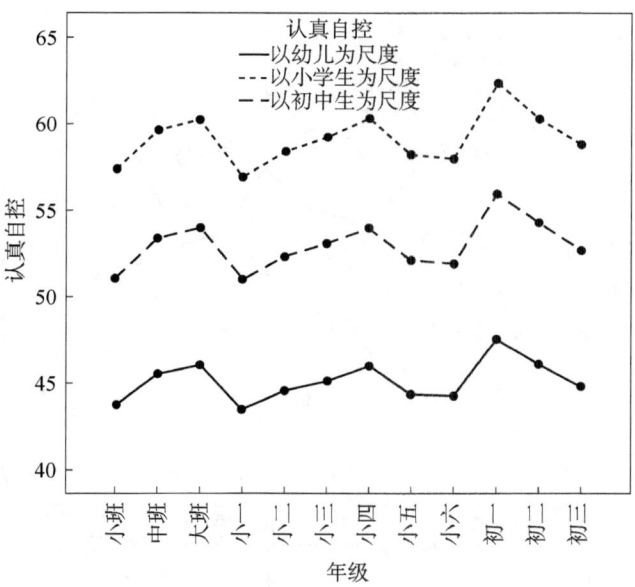

图 3-22　三种等值尺度下认真自控年级发展趋势一致性比较

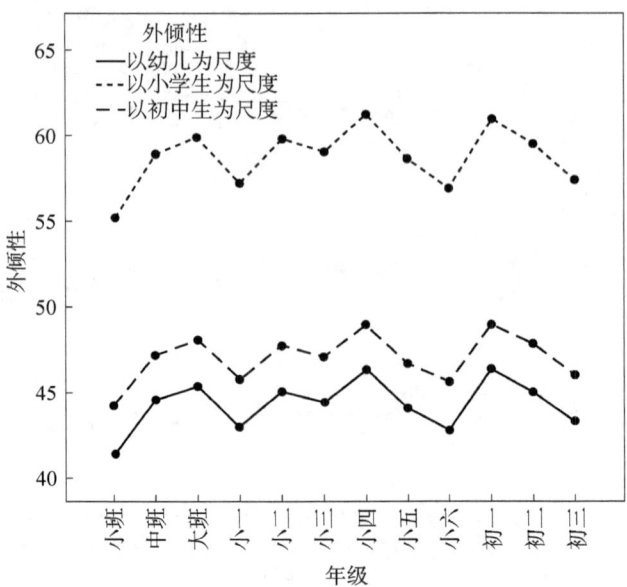

图 3-23　三种等值尺度下外倾性年级发展趋势一致性比较

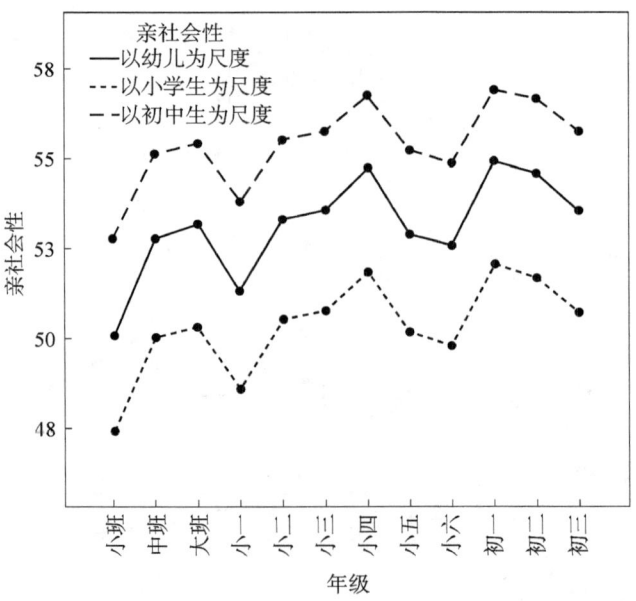

图 3-24　三种等值尺度下亲社会性年级发展趋势一致性比较

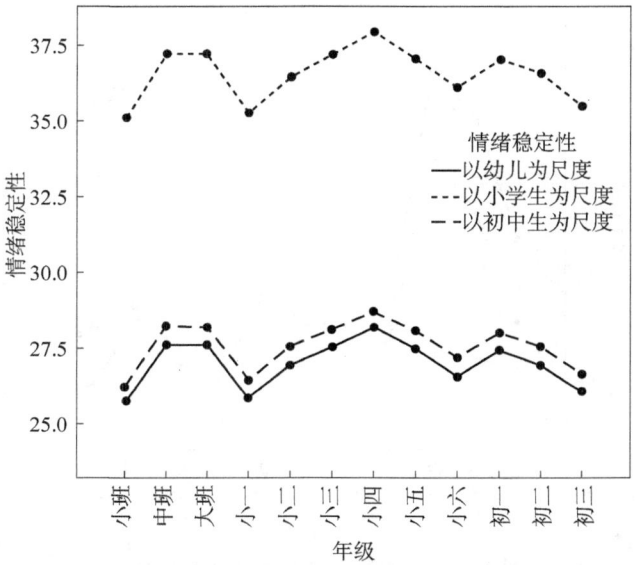

图 3-25 三种等值尺度下情绪稳定性年级发展趋势一致性比较

从人格各维度在不同尺度下年级发展趋势的一致性上看（图 3-21～图 3-25），各种尺度下的等值分数的发展趋势基本一致，只是各等值结果的截距项略有不同。另外，又如前文所述，在 3 种等值尺度中，幼儿尺度等值过程中产生的标准误较小，因此本研究最终采纳以幼儿人格各维度为等值尺度的等值分数进行幼儿、小学生和初中生人格发展趋势的探讨。

依据小学生和初中生人格等值于幼儿尺度下的 Tucker 线性等值系数对人格各维度得分进行等值后（表 3-19），人格各维度的性别与年级发展趋势如图 3-26～图 3-30 所示。

表 3-19 小学生和初中生人格等值于幼儿尺度下的 Tucker 线性等值系数

等值过程	斜率	截距
小学生智能特征等值于幼儿	1.141	4.158
小学生认真自控等值于幼儿	0.770	−0.423
小学生外倾性等值于幼儿	0.845	0.366
小学生亲社会性等值于幼儿	1.048	0.378
小学生情绪稳定性等值于幼儿	0.989	−0.267
初中生智能特征等值于幼儿	1.625	−3.421
初中生认真自控等值于幼儿	0.830	1.210
初中生外倾性等值于幼儿	1.054	2.999
初中生亲社会性等值于幼儿	1.174	−11.872
初中生情绪稳定性等值于幼儿	0.885	−5.356

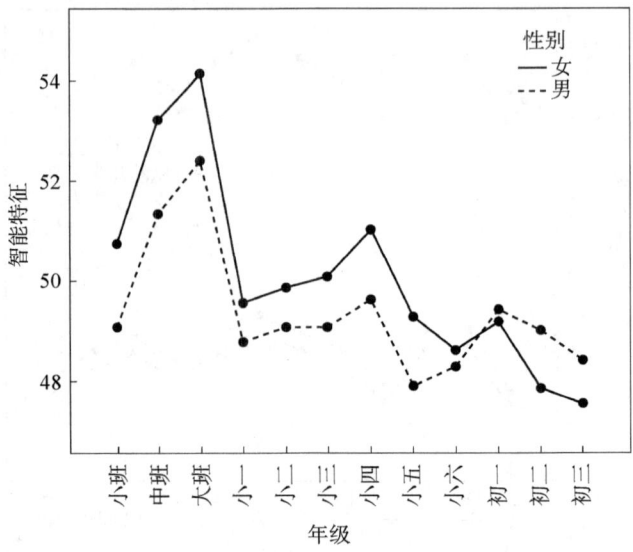

图 3-26　智能特征的性别年级发展趋势

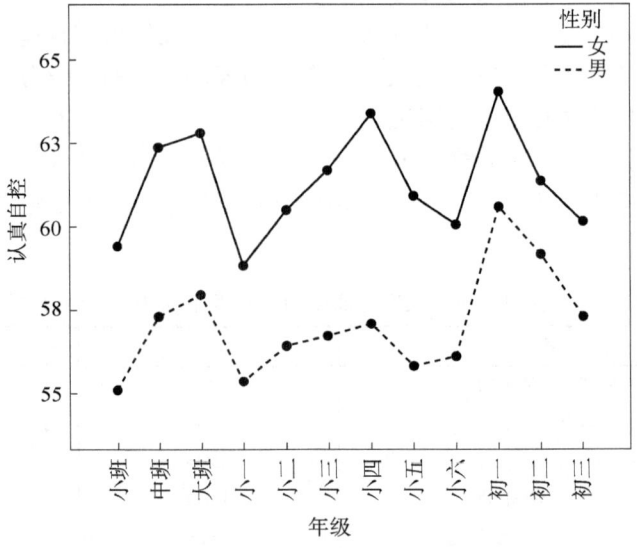

图 3-27　认真自控的性别年级发展趋势

第三章 中国儿童、青少年人格纵向发展特点及分数等值与跨阶段纵向发展特点

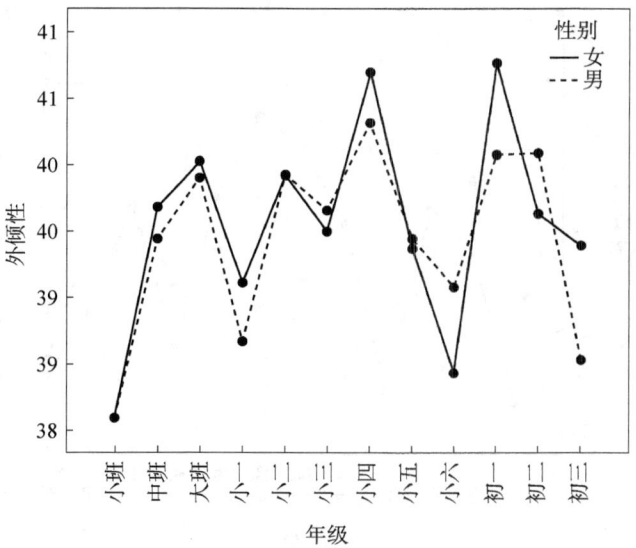

图 3-28 外倾性的性别年级发展趋势

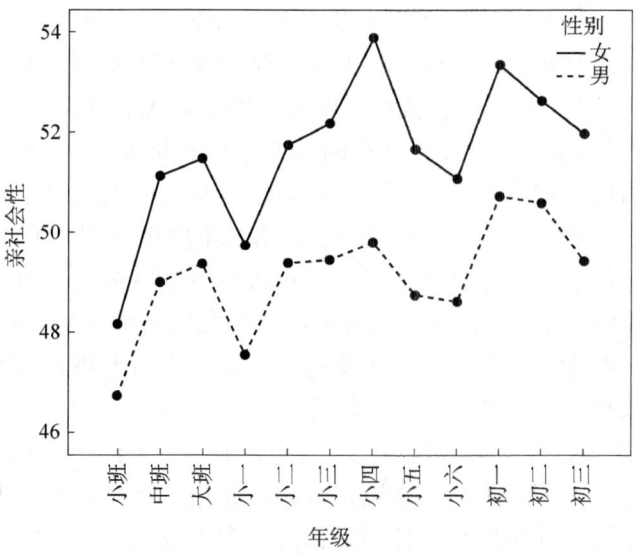

图 3-29 亲社会性的性别年级发展趋势

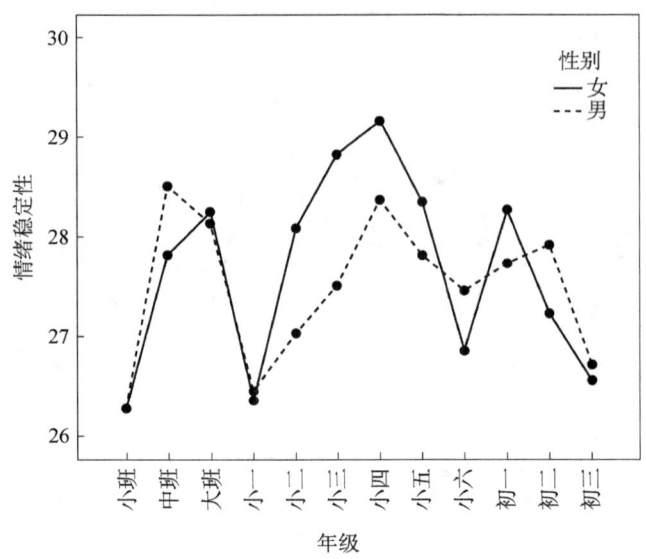

图 3-30 情绪稳定性的性别年级发展趋势

从各年级的发展趋势可以看出，第一，人格各维度的年级发展趋势是曲折的、非线性的；第二，性别效应显著（方差分析结果表明，性别在人格各维度的主效应显著，$ps<0.05$），女生的人格各维度发展水平高于男生；第三，从各变迁节点看，如从幼儿大班变迁到小学一年级，以及从小学六年级到初一，人格会发生极大改变（方差分析结果表明，年级在人格各维度上的主效应显著，事后检验结果显著，$ps<0.05$）。在以往的研究中，无论是纵向研究还是横向研究，都已表明幼儿、小学和初中各阶段内的发展趋势，如幼儿阶段各维度都有向上发展趋势，尤其是从小班到中班的发展趋势极为迅猛。小学阶段人格各维度则呈倒"U"形曲线趋势，即小学前半阶段，如从一年级到四年级，儿童人格各维度得分有向上发展趋势，而后半阶段，如四到六年级，儿童人格各维度水平发展趋缓乃至下降。在初中阶段，人格各维度得分都无一例外地出现下降趋势。本研究对人格各维度得分等值后进行比较，发现人格发展趋势还有以下特点。

1）在变迁阶段，人格得分发生巨大转折，但转折方向不一致，如从幼儿园大班升学进入小学一年级，人格各维度得分出现断崖式下降，甚至下降到本节的基线水平幼儿园小班，而下降至极低点后又开始向上发展。从小学六年级升学进入初一，人格各维度得分都出现了大幅提升（简单效应的 $ps<0.05$）。

2）对于智能特征维度，虽然在幼儿园和小学阶段有向上发展的趋势，但总的发展趋势（包括初中阶段）是下降的，即经验开放性的得分会越来越低。

3）对于认真自控维度和亲社会性维度，以往的研究表明在各发展阶段内，如幼儿园阶段和小学阶段都有向上发展趋势，初中阶段呈下降趋势，但初中阶段的下降趋势也是相对下降，其总体水平并未下降到幼儿园和小学阶段的水平。

4）外倾性维度和情绪稳定性维度的得分变化趋势波动较大，需要进一步用阶段变量考察其总体阶段发展趋势。

以发展阶段（幼儿、小学生和初中生）和性别为自变量，以智能特征得分为因变量的方差分析结果表明（图3-31），发展阶段的主效应显著，$F(2, 21\,364)=167.686$，$p<0.001$，$\eta^2=0.015$。事后检验表明，智能特征的发展趋势是初中生<小学生<幼儿；性别的主效应显著，$F(1, 21\,364)=19.382$，$p<0.001$，$\eta^2=0.001$，其中女生得分显著高于男生。发展阶段和性别的交互作用显著，$F(2, 21\,364)=20.763$，$p<0.001$，$\eta^2=0.002$。简单效应检验表明，女生智能特征的发展趋势是初中生<小学生<幼儿，男生智能特征的发展趋势是初中生=小学生<幼儿。在另一个方向上，在幼儿园和小学阶段，女生在智能特征维度的得分都显著高于男生，而在初中阶段，男生智能特征维度的得分显著高于女生。

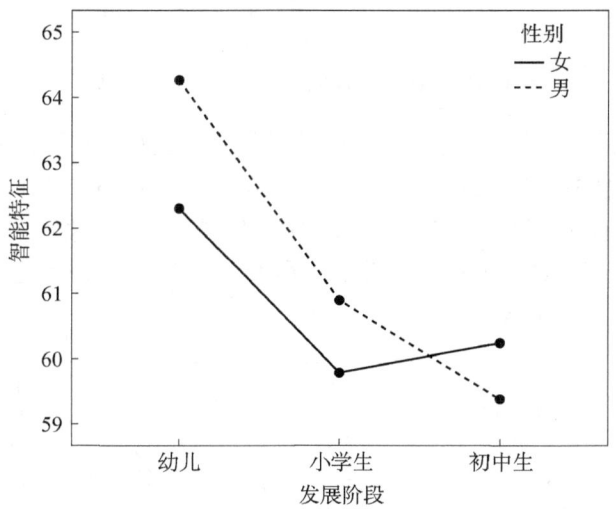

图3-31　智能特征的性别和阶段发展趋势

以发展阶段和性别为自变量，以认真自控得分为因变量的方差分析结果表明（图3-32），发展阶段的主效应显著，$F(2, 21\,364)=52.200$，$p<0.001$，$\eta^2=0.005$。事后检验表明，认真自控的发展趋势是小学生<幼儿<初中生；性别的主效应显著，$F(1, 21\,364)=661.985$，$p<0.001$，$\eta^2=0.030$，其中女生得分显著高于男生。发展阶段和性别的交互作用显著，$F(2, 21\,364)=13.329$，$p<0.001$，$\eta^2=0.0001$。简单效应检验表明，女生认真自控的发展趋势是小学生<幼儿=初中生，男生认真自控的发展趋势是小学生<幼儿<初中生，即女生认真自控的发展趋势并没有男生的变化那么大。在另一个方向上，在三个阶段，女生的认真自控水平都显著高于男生，

没有出现反超现象。

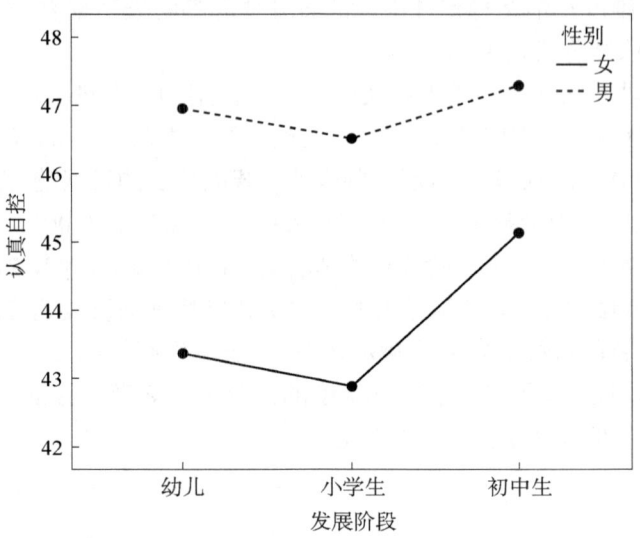

图 3-32　认真自控的性别和阶段发展趋势

以发展阶段和性别为自变量,以外倾性得分为因变量的方差分析结果表明(图 3-33),发展阶段的主效应显著,$F(2, 21\ 364)=8.008$,$p<0.001$,$\eta^2=0.001$。事后检验表明,外倾性的发展趋势是幼儿=小学生<初中生;性别的主效应不显著,$F(1, 21\ 364)=2.145$,$p>0.05$;发展阶段和性别的交互作用也不显著,$F(2, 21\ 364)=1.017$,$p>0.05$。

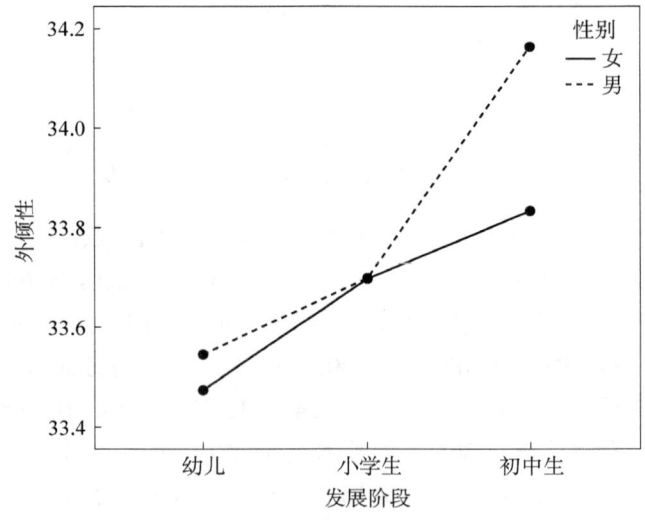

图 3-33　外倾性的性别和阶段发展趋势

以发展阶段和性别为自变量，以亲社会性得分为因变量的方差分析结果表明（图 3-34），发展阶段的主效应显著，$F(2, 21364)=86.579$，$p<0.001$，$\eta^2=0.008$。事后检验表明，亲社会性的发展趋势是幼儿<小学生<初中生；性别的主效应显著，$F(1, 21364)=343.940$，$p<0.001$，$\eta^2=0.016$，其中女生得分显著高于男生。发展阶段和性别的交互作用显著，$F(2, 21364)=6.259$，$p<0.01$，$\eta^2=0.001$，从发展趋势来看，女生亲社会性发展速度是先快后慢，从幼儿园到小学快，从小学到初中慢；男生则是先慢后快，从幼儿园到小学慢，从小学到初中快。

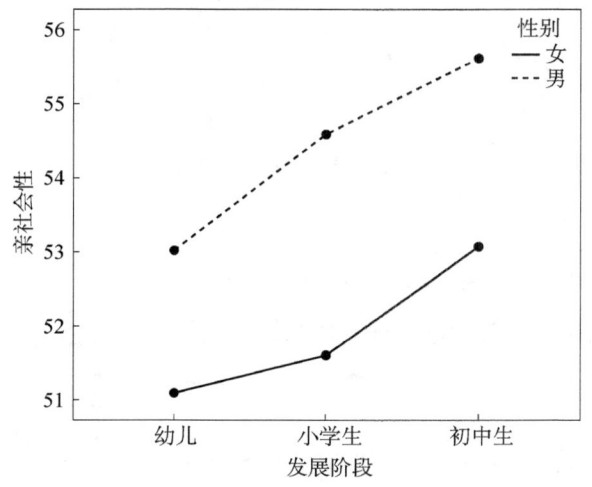

图 3-34　亲社会性的性别和阶段发展趋势

以发展阶段和性别为自变量，以情绪稳定性得分为因变量的方差分析结果表明（图 3-35），发展阶段的主效应显著，$F(2, 21364)=3.738$，$p<0.05$，$\eta^2=0.0004$。事后检验表明，情绪稳定性的发展趋势是初中生=幼儿，幼儿=小学生，初中生<小学生；性别的主效应不显著，$F(1, 21364)=0.742$，$p>0.05$。发展阶段和性别的交互作用显著，$F(2, 21364)=7.071$，$p<0.01$，$\eta^2=0.001$。简单效应检验结果表明，女生的情绪稳定性发展趋势是初中生=幼儿<小学生，男生则是三阶段无显著差异。在另一个方向上，只有在小学阶段女生的情绪稳定性得分显著高于男生，在其他阶段无差异。

如图 3-36 所示，如果不考虑人格的性别差异，那么从幼儿园到初中阶段，人格各维度的总体发展趋势为：亲社会性和外倾性得分有升高的趋势，智能特征得分有下降的趋势，认真自控和情绪稳定性得分则呈非线性趋势，其中认真自控得分先下降再上升，情绪稳定性得分则是先上升再下降。

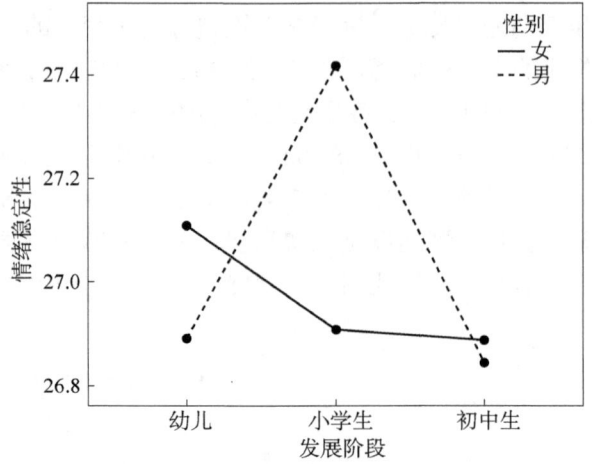

图 3-35　情绪稳定性的阶段发展趋势

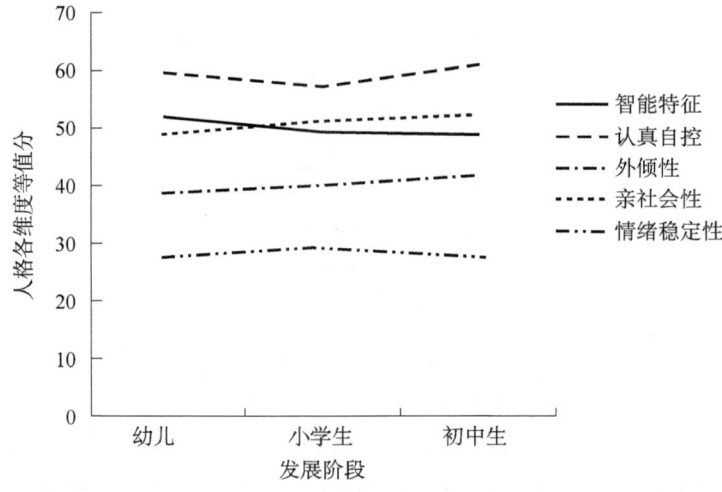

图 3-36　不考虑性别差异时人格 5 个维度的阶段发展趋势

四、讨论与结论

（一）在各变迁节点的人格发展特点

在各变迁节点，如从幼儿园大班变迁到小学一年级，以及从小学六年级到初一，人格会发生极大改变。卡斯皮（Caspi）和莫菲特（Moffitt）提出，在变迁情境下，人格改变的可能性非常大[①]。变迁理论强调社会角色、标准变迁阶段和主要

---

① Caspi, A., Moffitt, T. E. When do individual differences matter? A paradoxical theory of personality coherence. Psychological Inquiry, 1993, 4 (4), 247-271.

生活事件可以引发人格特质的改变，一系列研究支持了该理论①。变迁带来新的社会角色，促使人格特质发展。发展可以被解释为一个过程，在这个过程中，个体遵从一系列来自父母、朋友和广义社会规范标准的期望和要求②。

从学前变迁到正规学校教育是一个复杂多样的过程，是一个要求情感、社会化、行为和认知等方面同时适应的过程。与幼儿园相比，儿童进入小学，日常结构、行为准则、规范、期待和要求都有显著改变。令人不安的是，有实证研究表明，在入学第一年，有20%~30%的儿童表现出问题，如缺乏学习技巧和社交技巧，出现破坏行为、多动、焦虑及抑郁等③。因此，小学生入学准备问题被广泛研究，其成为能否成功变迁到学校生活的关键。入学准备被归纳为五大领域，包括身体健康、社会性与情感发展、学习方法、语言发展以及认知与一般常识掌握。有研究发现，在幼小衔接阶段，父母的作用不可忽视。父母的智力、人际交往能力、气质、亲和力等都会对儿童的一年级适应有影响④。父母对儿童的控制策略起作用的机制包括发展儿童的社会责任心，指导与同伴的积极互动，自我控制行为，内化成人价值观，独立完成学业等。问题性的父母控制策略包括威胁、过分强制要求、粗暴惩罚等⑤。

另外，建立积极与有效的同伴关系的能力是入学适应的重要预测指标⑥。从学前阶段变迁至学校阶段，同伴关系需要重新建立，班级与学校中同伴的数量比幼儿园多很多，为学生提供了更广泛的潜在朋友和同伴，但儿童需要时间重新建构自己的社会世界而不是被动地接受。因此，一些在学前阶段遭受社会排斥的个体

---

① Löckenhoff, C. E., et al. Self-reported extremely adverse life events and longitudinal changes in five-factor model personality traits in an urban sample. Journal of Traumatic Stress, 2009, 22 (1), 53-59; Lüdtke, O., et al. A random walk down university avenue: Life paths, life events, and personality trait change at the transition to university life. Journal of Personality and Social Psychology, 2011, 101 (3), 620-637; Ormel, J., et al. Interpreting neuroticism scores across the adult life course: Immutable or experience-dependent set points of negative affect? Clinical Psychology Review, 2012, 32 (1), 71-79; Specht, J., et al. Stability and change of personality across the life course: The impact of age and major life events on mean-level and rank-order stability of the Big Five. Journal of Personality and Social Psychology, 2011, 101 (4), 862-882.
② Lehmann, R., et al. Age and gender differences in motivational manifestations of the Big Five from age 16 to 60. Developmental Psychology, 2013, 49 (2), 365-383.
③ Carter, A. S., et al. Prevalence of DSM-IV disorder in a representative, healthy birth cohort at school entry: Sociodemographic risks and social adaptation. Journal of the American Academy of Child & Adolescent Psychiatry, 2010, 49 (7), 686-698.
④ Shoshani, A., Aviv, I. The pillars of strength for first-grade adjustment—Parental and children's character strengths and the transition to elementary school. The Journal of Positive Psychology, 2012, 7 (4), 315-326.
⑤ Walker, A. K., MacPhee, D. How home gets to school: Parental control strategies predict children's school readiness. Early Childhood Research Quarterly, 2011, 26 (3), 355-364.
⑥ Ziv, Y. Social information processing patterns, social skills, and school readiness in preschool children. Journal of Experimental Child Psychology, 2013, 114 (2), 306-320.

可能在小学阶段仍被排斥，进而影响个体的自我控制[1]，需要归属感是其中的机制之一。这是一种天生的内部需求，为了更好地生活，建立持久的社会关系，这种需求驱使人们参与有意义和支持性的关系。如果人们没能建立这种关系，就失去了社会网络的支持，个体的自我控制能力就被破坏了。自我控制被定义为长远目标抑制即时要求和生物本能冲动的能力。这种能力可以削弱特定情绪如悲伤和愤怒。社会排斥损害自我控制，至少有短期效应。被排斥的个体有更多的攻击性行为，更少的亲社会行为方式，如合作和提供帮助，表现出歪曲的时间知觉，强调当前而不是将来等[2]。因此，在幼小衔接阶段，也就是新的同伴关系、师生关系尚未完全建立起来之时，儿童人格各维度的发展出现短暂的倒退。随着时间的推移，在各种人格发展的动力的驱动下，儿童的人格又继续向上发展[3]。

向初中生变迁是青少年发展的又一个复杂阶段，包括两个同时发生的主要变迁，都要求依据现实进行修正和调整。第一个是从小学到更复杂的初中，包括学习环境、师生关系质量、学业要求和社会挑战的剧烈改变。第二个是从儿童期向青年期变迁，以生活改变为显著特征，包括开始正式的生活运作，更强的家庭独立性，增加的责任与义务，早期的浪漫关系和青春期特征等。有证据表明，不断增加的生活改变会预测学生适应性水平的下降，如自尊水平下降，学业适应性和成就更低，自我效能感的下降，增加的焦虑症状和更多的旷课行为等。但很少有研究注意到中学阶段有利于积极适应的保护性因素。研究发现，如果个体发展出诸如毅力或自我控制、公正、感恩、宽恕、审慎、诚实、希望和长远眼光，那么在初中新学年的年末会有更好的学业成就，这些因素就是从小学到初中的社会适应、情感适应和行为适应的保护性因素[4]。

从小学进入初中的全新环境，学校结构、教育方法和社会生活需要都发生了变化，新生必须应对新科目和新要求，面对更严厉的初中班主任，更强调实际表现和社会比较等。之前的同学也不一定都在同一所学校了，中学的规模也许比原来的小学更大、等级划分更强。经历这些压力的初中生需要适应新教法和新的评价方式，与同学和老师建立和谐关系。虽然这一过程伴随着焦虑，包括对自身的学业要求的焦虑，对作业、考试的焦虑，对老师的过分严格或不被注意的焦虑，对同伴关系如失去小学的好朋友、结识新朋友的困难以及害怕被高年级同学欺负

---

[1] Stenseng, F., et al. Social exclusion predicts impaired self-regulation: A 2-year longitudinal panel study including the transition from preschool to school. Journal of Personality, 2015, 83（2），212-220.

[2] Baumeister, R. F., et al. Social exclusion impairs self-regulation. Journal of Personality and Social Psychology, 2005, 88（4），589-604.

[3] 杨重明：《3～9岁儿童社会技能的发展》，《心理发展与教育》1994年第4期，第22-26页。

[4] Shoshani, A., Slone, M. Middle school transition from the strengths perspective: Young adolescents' character strengths, subjective well-being, and school adjustment. Journal of Happiness Studies, 2013, 14（4），1163-1181.

等的焦虑，但也伴随着适应①。

自我概念的发展对促进适应起了很大作用。有研究发现，积极的自尊与自我存在感和重要依恋对象存在感相关，其他研究则发现对于一些面对挑战的儿童，压力事件使他们更坚强地应对困难与挑战，而不是加剧他们的脆弱。看起来战胜困难提高了他们的自我概念水平而不是挑战他们的应对方式。适应型的儿童有这样的信心或信念：这一切终将过去。家庭对儿童社会适应的保护性因素主要包括母亲的积极情绪表达、家庭结构、父母亲密关系、家庭凝聚力、支持性亲子互动、激励环境、社会支持以及稳定而足够的收入②。因此，在小学向初中的变迁阶段，初中生的人格维度得分都有所升高，这是一个机遇与挑战并存的阶段。

（二）幼儿、小学生和初中生的阶段性人格各维度发展特点

人格的毕生发展过程，包括各种特质，从来都不是单调递增或递减的过程，而是呈现出曲线发展趋势。变化都涉及均值水平的变化和等级顺序的变化两种模式。在以往的纵向研究中，从儿童到青少年变迁阶段的均值水平变化趋势是：智能特征的均值水平呈下降趋势③，认真自控或责任心的均值水平呈先下降再上升的"V"字趋势，外倾性和亲社会性的均值水平呈上升趋势，而情绪稳定性发展的趋势有很大的性别差异④。本研究的横向数据也得到了类似但不完全一致的结果。

第一，智能特征均值水平的变化呈下降趋势。这可能是因为从幼儿园到小学再到初中，各阶段环境对儿童的期望和要求是不一样的，幼儿园阶段以游戏和活动为主，幼儿发展出诸如聪慧性、探索创新、自主进取和文艺才能等与学习和认知等相关的一系列人格特质。到了小学和初中，虽然大部分智能特征的特质结构还在，但由于学习环境的变化，学习任务加重，课程难度加大，学习范围增大，学习内容日趋专业化，考试和升学的压力日益增大，使得大部分儿童无暇顾及学业外的其他领域的知识，因此幼儿智能特征人格结构中存在的文艺才能在小学和初中生的智能特征人格结构中逐渐消失。学生的学习日益被纳入应试教育的轨道，直至终止学业。因此，智能特征的改变很可能是环境要求的结果。此外，随着儿

---

① Duchesne, S., et al. Worries about middle school transition and subsequent adjustment: The moderating role of classroom goal structure. The Journal of Early Adolescence, 2012, 32 (5), 681-710.
② Zolkoski, S. M., Bullock, L. M. Resilience in children and youth: A review. Children and Youth Services Review, 2012, 34 (12), 2295-2303.
③ De Fruyt, F., et al. Five types of personality continuity in childhood and adolescence. Journal of Personality and Social Psychology, 2006, 91 (3), 538-552.
④ Soto, C. J., et al. Age differences in personality traits from 10 to 65: Big Five domains and facets in a large cross-sectional sample. Journal of Personality and Social Psychology, 2011, 100 (2), 330-348.

童、青少年自我意识的发展，智能特征的行为表现发生改变，如该维度问卷的典型题目"喜欢提问题"，幼儿打破砂锅问到底的表现尤为突出，而到了小学和初中，这一现象就不再常见。大一些的儿童更倾向首先自己思考尝试解决问题，然后再求助于老师等。又如，该维度另外一个典型题目"头脑反应灵敏"，典型幼儿的行为表现是及时对教师的问题做出反应，而随着年龄的增长，儿童、青少年则会倾向于先略做思考，再做出反应。所以，智能特征维度得分的下降并不意味着倒退，而仅仅是行为模式的转变。

第二，认真自控的均值水平发展呈"V"形非线性趋势，从幼儿园到小学水平下降，从小学到初中水平上升。之前有研究支持这一发展趋势[1]。这是因为对于小学阶段而言，认真自控维度有很大一部分题目是关于学业表现方面的自我控制内容，包括学业动机、课堂表现、知识掌握、知识竞争等方面。在这些方面，由于小学生没有升学压力，其学业动机也多采取避免失败的保守的动机定向[2]。因此，小学生的认真自控水平低于更强调日常习惯养成的幼儿。社会投资理论解释了初中生认真自控能力提升的原因。初中学业任务的增加和升学考试压力的增加，使得初中生对自身的生涯角色更加投入，表现出更高水平的认真自控[3]。

第三，亲社会性和外倾性水平都有随年级的升高而升高的发展趋势。近年来，有研究者将人格因素，如宜人性和外倾性作为社会资本，作为一种资源注入自己的社会网络中，从这种角度看待人格的理论，称为社会资本理论，是社会网络范式的一个方面。在五因素人格框架下，高外倾性水平的人显得合群、自信、精力旺盛，外向的人愿意与大群体共处，内向的人喜欢独处或在小群体感觉更放松；高宜人性的个体倾向于更有同情心，更注意他人的需求，善良，富有合作性，他们很容易被他人喜欢。典型的有责任心的个体被看作可靠的，能承担责任，工作努力，有决心，有目标，成就定向。毫无疑问，高责任心的个体学业成就高。神经质因素涉及个体的情绪稳定性，情绪稳定的个体更冷静，脾气平和，对待逆境更冷静。经验开放性反映了个体对知识的好奇心，有学习动机，足智多谋，以及渴望新奇经历。不同于其他资本，社会资本不是个体的专有财产，相反，它植根于关系间，它对个体的价值随关系的变化而变化。社会资本理论的主要前提是在人际网络流动的资源会改变个体想达到的目的，没有这些资源，就不会达到目的。这些资源的一个驱力就是一个大网络，这个网络允许人们与有各种资源的人建立

---

[1] Soto, C. J., et al. Age differences in personality traits from 10 to 65: Big Five domains and facets in a large cross-sectional sample. Journal of Personality and Social Psychology, 2011, 100（2），330-348.

[2] Eisenberg, N., et al. Conscientiousness: Origins in childhood? Developmental Psychology, 2014, 50（5），1331-1349.

[3] Jackson, J. J., Allemand, M. Moving personality development research forward: Applications using structural equation models. European Journal of Personality, 2014, 28（3），300-310.

人际关系。越来越多的研究支持两种人格特质，即外倾性和宜人性对个体在关系网络中的地位和社会网络感知的解释。例如，外倾性是个体愿意进行社交和花费时间与他人相处的偏好，表现出追求社会关系互动的动机，宜人性则是个体对他人需求的敏感性，并与他人建立联系。宜人性还反映了个体被他人喜欢的能力，有礼貌，易于沟通，很少与他人产生冲突。在教育情境下，宜人性还与教师教学的服从性和学业表现相关。宜人性水平高的学生会获得很好的课堂信息，这对同伴和潜在的朋友来说很有吸引力。另外，当宜人性水平高的个体发起同伴关系时，会被愉快地接受。至于责任心、开放性和情绪稳定性，在社会资本理论框架下则没显示出对人际联系的贡献[1]。社会关系代表了直接的人与环境互动的主要平台，设置了检验人们互相依赖和人格随时间发展的情境。特别是在生活变迁阶段，社会网络与个体和情境要求的改变联系起来[2]。无论在哪个阶段，人际关系都是儿童、青少年最重要的资源，包括师生关系、同伴关系和友谊质量等。儿童同教师关系的质量决定了其在学校的社会交往能力和学业表现。积极的师生关系促使儿童发展和使用社会技能以应对挑战。这种关系也给儿童提供了学校的社会心理支持系统，表现为学业和社会情境的安全网络，促进儿童在总体上对学校有更积极的认知。没有这些社会资源，儿童更可能逃避学校，表现出孤独、低学业成就和低社会适应性[3]。因此，为了避免社会排斥带来的焦虑感和孤独感，在儿童、青少年发展阶段，亲社会性和外倾性的水平一直都呈升高趋势。

第四，情绪稳定性的发展趋势有很大的性别差异。其中，男生在幼儿园、小学和初中阶段的情绪稳定性发展趋势一直很稳定，没有出现较大波动，差异不显著，而女生则呈现倒"U"形发展趋势，从幼儿园到小学，情绪稳定性水平升高，而到了初中，情绪稳定性水平下降。从幼儿园到小学中年级，伴随着适应，儿童对社会威胁的知觉降低，情绪稳定性水平有升高的趋势。在初中阶段，女生比男生更可能面对各种重要的社会和心理困难，包括对消极性别期望和刻板印象的知觉，以及消极自我知觉，并且由于生理发育和激素分泌水平的变化，女生的情绪稳定性水平下降趋势显著。

在等级顺序的变化上，由于追踪研究存在跨方法评价的问题，有时不能直接比较各观测时间点的均值水平的发展趋势，却可以进行等级顺序稳定性的测量。例如，在儿童期使用教师评价，到了成年期，除了自评外，对于成年人格还可以

---

[1] Seevers, M. T., et al. Social networks in the classroom: Personality factors as antecedents of student social capital. American Journal of Business Education (Online), 2015, 8 (3), 193-206.
[2] Wagner, J., et al. Who belongs to me? Social relationship and personality characteristics in the transition to young adulthood. European Journal of Personality, 2014, 28 (6), 586-603.
[3] 杨丽珠、张华：《小学教师期望对学生人格的影响：学生知觉的中介作用》，《心理与行为研究》2012 年第 3 期，第 161-166 页。

使用其他信息收集方法，如父母评价等。在夏威夷人格与健康纵向研究中，研究人员评价了教师评价和自评结果之间的相关，以评价人格的稳定性系数。结果发现，从小学到成年期，人格的等级顺序稳定性很低，稳定性最高的是外倾性，其次是责任心、开放性和宜人性，情绪稳定性的稳定性水平为0[①]。

本研究的数据收集采用横向研究形式，但仍然可以体现出以上人格发展的均值水平差异和等级顺序稳定性两种发展趋势。我们可以通过考察发展阶段与性别的交互作用这一角度，来分析儿童、青少年人格各维度等级顺序的稳定性。第一，在外倾性维度上，发展阶段与性别的交互作用不显著，即无论男生还是女生，随着年级的升高，外倾性得分都有升高趋势，且都是女生水平高于男生，没有出现在某阶段男生超过女生的情况。第二，在其他维度上，发展阶段和性别的交互作用均显著，但在认真自控和亲社会性维度上，男生和女生的发展趋势相对一致，等级顺序的稳定性仅次于外倾性。第三，智能特征的发展趋势在性别上存在显著差异，表现为在幼儿园和小学阶段，男生的智能特征发展水平低于女生，而在初中阶段男生反超女生，体现出了等级顺序的逆转。第四，在情绪稳定性维度上，女生和男生的发展趋势很不一致，男生较稳定，而女生则呈倒"U"形发展趋势，在等级顺序上也出现多次反转情况。当然，最能体现等级顺序变化的应该是考察时间和个体在人格得分上的交互作用或者相关系数。本研究的横向数据分析的人格等级顺序的发展特点与现有研究基本一致。儿童、青少年时期人格等级顺序水平的变化非常活跃，是人格发展的可塑期。

综上所述，本次研究的结论如下。

1）本研究中 Tucker 等值方法产生的标准误最小，尤其是以幼儿为尺度时产生的标准误最小，因此采用 Tucker 等值方法，以幼儿为尺度对人格各维度分数进行等值，并进行发展特点的探讨。

2）儿童、青少年人格在变迁阶段发生改变的可能性增大，以幼儿变迁至小学生和小学生变迁至初中生为典型。变迁阶段是儿童、青少年人格发展的敏感期。

3）幼儿阶段到小学生阶段直至初中生阶段的人格各维度得分的均值水平和等级顺序均有显著改变。儿童、青少年人格发展既有连续性，又有阶段性。

[①] Pulkkinen, L., et al. Paths from socioemotional behavior in middle childhood to personality in middle adulthood. Developmental Psychology, 2012, 48（5）, 1283-1291; Edmonds, G. W., et al. Personality stability from childhood to midlife: Relating teachers' assessments in elementary school to observer-and self-ratings 40 years later. Journal of Research in Personality, 2013, 47（5）, 505-513; Hampson, S. E., Goldberg, L. R. A first large cohort study of personality trait stability over the 40 years between elementary school and midlife. Journal of Personality and Social Psychology, 2006, 91（4）, 763-779.

第四章

中国儿童、青少年人格分数等值后人格类型及跨阶段纵向发展特点

本章采取以个体为中心的研究方式,在人格测验得分 Tucker 线性等值的基础上,采用潜在类别分析技术和无序多分变量 Logistic 回归分析,探讨 3~15 岁儿童、青少年人格发展跨阶段人格类型和跨阶段人格类型纵向发展特点。

第一节 中国儿童、青少年人格分数等值后人格类型划分

一、引言

对个体差异的研究可以以两种方式进行:以变量为中心或以个体为中心。以变量为中心方法聚焦被试得分的维度差异,把变量作为分析单元,如五因素人格维度。以个体为中心方法研究"类型"涉及被试内的人格模式。尽管在具体水平上有无数种人格,但在总体水平上却只有少数常见的"典型模式"。以个体为中心的研究中出现的剖面被认为包含了额外的信息。以个体为中心方法和以变量为中心方法之间的不同并不意味着两种观点是矛盾的,它们是互为补充的。当前,以个体为中心方法的研究数量有了恢复性的增长,不是因为以变量为中心方法衰落了,而是由于最近达成的共识,即变量分析应被包含在个体中心分析中[1]。在人格

---

[1] Van Leeuwen, K. G., et al. Child personality and parental behavior as moderators of problem behavior: Variable-and person-centered approaches. Developmental Psychology, 2004, 40 (6), 1028-1046.

类型研究过程中，多种实证方法得以使用，如 Q-因子法、聚类分析[1]、潜在类别分析等。

罗宾斯（Robins）在五因素人格模型框架下解释了三类 Q 因子[2]，最典型的因子 1 是自信的、善于口头表达的以及精力充沛的；最不典型的是无安全感、焦虑及不成熟。因子 1 可解释为在广泛的领域高度适应。因子 2 以人际敏感、害羞、依赖为特征，但也具有温暖、合作、体贴的特点；不典型的特征是口头表达流利和有竞争性。因子 3 表现为明显的反社会类型，如冲动、自我中心、支配欲强、对抗以及外向。罗宾斯等将这 3 种原型与自我控制和自我适应型理论联系起来。在儿童人格模型维度中，自我适应型涉及反应灵敏倾向而非僵化地改变情境要求，特别是压力情境。自我控制涉及控制与表达情绪和动机冲动的倾向。自我控制与自我适应类型相结合，产生了 4 种儿童人格类型，即适应型过度控制型、适应型低控型、非适应型过度控制型和非适应型低控型。在 4 种人格类型中，所有适应型人格类型的儿童被划入一组，组成适应型，而过度控制型、低控型、非适应型儿童在自我适应型维度的得分都低。极高和极低水平的自我控制都是低适应型的。这一类型的研究结果显示，自我适应与自我控制呈现倒"U"形关系[3]。非适应型高自我控制型被命名为过度控制型，非适应型低自我控制型被命名为低控型。过度控制型儿童较适应型和低控型儿童在外倾性方面的得分低；低控型在宜人性方面的得分比另两组低。适应型儿童更有责任心，低控型儿童的责任心比过度控制型儿童的责任心差；适应型儿童比其他两种类型的儿童有更高的情绪稳定性和经验开放性。

以自我适应型和自我控制概念为基础，一些以五因素人格结构为基础的研究开始尝试验证 3 种人格类型的存在：适应型、过度控制型和低控型。这 3 种人格类型的特征如下：①适应型儿童在五因素人格的宜人性、外倾性、开放性和责任心上表现为社会适应的，而在神经质上得分低或情绪稳定。②过度控制型儿童有低情绪稳定性和低外倾性，同时有高宜人性和中高等责任心。③低控型儿童的宜人性和责任心方面的得分低于均值，有相对中等的外倾性，有中等或较低的情绪稳定性。这些类型标签是基于自我控制维度进行命名的，如控制或表达动机及情绪冲动的倾向，还有自我适应型，如灵活反应的概率大于对情境处理的不灵活。

---

[1] De Fruyt, F., et al. The consistency of personality type classification across samples and five-factor measures. European Journal of Personality, 2002, 16 (S1), s57-72.

[2] Robins, R. W., et al. Resilient, overcontrolled, and undercontrolled boys: Three replicable personality types. Journal of Personality and Social Psychology, 1996, 70 (1), 157-171.

[3] Asendorpf, J. B., Van Aken, M. A. G. Resilient, overcontrolled, and undercontroleed personality prototypes in childhood: Replicability, predictive power, and the trait-type issue. Journal of Personality and Social Psychology, 1999, 77 (4), 815-832.

在有关儿童、青少年人格类型的研究方面，张野和杨丽珠首先探讨了我国3～6岁儿童的人格类型[①]。基于中国3～6岁儿童人格教师评定问卷的4个维度，即智能特征、认真自控、情绪性和亲社会性，将其施测于随机抽取的大连5所幼儿园的927名被试，经聚类分析，将儿童划分为4种类型，即认可型、矛盾型、拒绝型以及中间型。其中，认可型儿童的人格各维度发展水平均最高，是一种积极的人格类型；矛盾型儿童的认真自控水平较高，但智能特征和亲社会性水平较低，情绪稳定性水平最低，该类型儿童表现出较多的内在问题；拒绝型儿童在4个人格维度的水平均最低，是一种消极的人格类型；中间型儿童在4个维度均处于中等水平。该研究结果实际上支持了人格三类型学说，自我控制水平和其他人格维度水平最高的认可型即适应型，自我控制水平较高但不灵活且有较多内在问题的矛盾型即过度控制型；拒绝型即低控型；中间型则属于不确定型。之后，张野、杨丽珠又探讨了7～12岁小学生的人格类型。基于"中国小学生人格教师评定问卷中的4个维度，即智能特征、认真自控、情绪性和亲社会性，施测于随机抽取的大连5所小学二年级、四年级、六年级的1316名被试，经聚类分析，将小学生划分为4种类型，人数比例从高到低分别是认可型、矛盾型、中间型和拒绝型。4种人格类型无论从命名还是内涵来看，均与幼儿人格类型有一致性[②]。依据四种人格类型在人格各维度的特点，该研究结果实际上也支持人格三类型学说，其中认可型即适应型，矛盾型即过度控制型，拒绝型即低控型，中间型则属于不确定型或非期待型。

此后，杨丽珠等又继续进行了初中生人格类型的研究[③]。研究使用初中生人格自我评定量表对大连市3602名初中生被试施测，使用潜在类别分析对初中生人格类型进行划分，依据自我控制和自我适应理论，初中生三种人格类型的划分得到了重复验证。

另外，一项最新的以中国青少年为被试的研究调查了来自中国西南部12所中学的1644名中学生的五因素人格及其与亲社会性和攻击性之间的关系。结果发现，中国青少年的人格被划分为4种类型，即适应型、普通型、退缩型和低控型。其中，普通型比例最高。方差分析结果表明，不同人格类型对亲社会性和攻击性有显著影响。事后检验表明，适应型青少年有最高的亲社会性，其次是低控型、普通型和退缩型。退缩型和低控型青少年有最高的攻击性，其次是普通型青少年，攻击性最低的是适应型青少年。该研究虽使用了五因素人格量表中文版，但人格

[①] 张野、杨丽珠：《我国3～6岁儿童个性类型及发展特点的研究》，《心理科学》2005年第4期，第893-896页。
[②] 张野、杨丽珠：《小学生人格类型及发展特点研究》，《心理科学》2007年第1期，第205-208页。
[③] 杨丽珠、马世超：《初中生人格类型划分及人格类型发展特点研究》，《心理科学》2014年第6期，第1377-1384页。

类型划分剖面似乎并不清晰，如按照自我适应和自我控制的理论，人格类型的划分应主要参考自我控制水平的特征，但该研究中普通型青少年的责任心水平还低于低控型青少年的责任心水平，且没有划分出高自我控制但不灵活的过度控制型人格类型，研究结果的可重复性值得商榷。在划分人格类型时依据的潜在剖面分析拟合指数 Entropy（信息熵）偏低，可能会产生更多的错误分类结果。但该研究支持了低控型青少年易存在外化行为问题，适应型青少年有高亲社会性和低攻击性的观点[1]。

以往对人格类型的研究都是基于分阶段的儿童、青少年人格类型划分，如幼儿人格类型、小学生人格类型和初中生人格类型，在人格类型的划分上得到的结果并不完全是同一意义的或等值的。因此，在人格测验得分等值的基础上，需要探讨中国儿童、青少年总体的人格类型划分问题。依据幼儿、小学生和初中生人格各维度等值分数划分的人格类型可能会支持以自我控制和自我适应理论划分的适应型、过度控制型和低控型三种人格类型的结论。

二、研究方法

（一）研究目的与假设

1. 研究目的

以幼儿、小学生和初中生人格测验等值分为依据，进行儿童、青少年人格类型的划分，并探讨人格类型发展的特点。

2. 研究假设

中国儿童、青少年人格类型可划分为适应型、过度控制型和低控型。

（二）被试

研究对象是从制定中国幼儿人格教师评定量表全国常模、中国小学生人格教师评定量表全国常模和中国初中生人格自评量表全国常模的研究中选取的被试样本。由于中国地域广阔，各方面发展水平各异，为获得中国幼儿人格教师评定量表的常模，进行分层随机抽样，在抽样第一层考虑被试取样所在地区的发展水平，确定抽样地区，在第二层抽样中考虑被试的性别、年级、所在幼儿园类型等人口学变量。在衡量地区发展水平时，参考的是"中国发展指数"（2013 年）[2]。

---

[1] Xie, X. C., et al. The relationship between personality types and prosocial behavior and aggression in Chinese adolescents. Personality and Individual Differences, 2016, 95, 56-61.

[2] 袁卫、彭非：《中国发展指数的编制研究》，《中国人民大学学报》2007 年第 2 期，第 1-12 页。

按此抽样原则对幼儿、小学生和初中生被试进行选取。其中,在 42 所幼儿园中,每所幼儿园选取 180 人(大、中、小班各约 60 人),拟测量被试 7560 人,男、女各半。实际收回有效问卷 7161 份,有效率为 94.72%。其中,小班 2396 人,平均年龄为 3.87±0.50 岁,中班 2424 人,平均年龄为 4.86±0.54 岁,大班 2341 人,平均年龄为 5.80±0.57 岁,女生 3423 人,男生 3738 人,各年级男女比例无差异[$\chi^2_{(2)}=4.33, p>0.05$]。数据中由于教师漏填等原因产生的随机缺失值有 490 个,占全部数据的 0.11%,使用基于极大似然估计的 EM 算法予以补全[①]。在 30 所小学中,每所小学选取 360 人(每个年级各约 60 人),拟测量被试 10 800 人,男、女各半。实际收回有效问卷 9254 份,有效率为 85.69%。其中,一年级 1385 人,平均年龄为 7.52±0.69 岁,二年级 1227 人,平均年龄为 8.31±0.69 岁,三年级 1634 人,平均年龄为 9.50±0.81 岁,四年级 1557 人,平均年龄为 10.48±0.79 岁,五年级 1781 人,平均年龄为 11.48±0.76 岁,六年级 1670 人,平均年龄为 12.45±0.78 岁,女生 4499 人,男生 4755 人,各年级男女比例无差异[$\chi^2_{(5)}=6.19, p>0.05$]。数据中由于教师漏填等原因产生的随机缺失值有 3360 个,占全部数据的 0.59%,使用基于极大似然估计的 EM 算法予以补全[②]。在 26 所初中里,每所初中发放问卷 200 份,拟收回有效问卷 180 份,男、女各半。实际收回有效问卷 4955 份,有效率为 95.29%。其中,初一年级 1863 人,平均年龄为 13.27±0.73 岁,初二年级 1563 人,平均年龄为 14.21±0.67 岁,初三年级 1529 人,平均年龄为 15.21±0.67 岁,女生 2542 人,男生 2413 人,各年级男女比例基本一致。数据中由于学生漏填等原因产生的随机缺失值有 2149 个,占全部数据的 0.71%,使用基于极大似然估计的 EM 算法予以补全[③]。

(三)工具

1. 中国幼儿人格教师评定量表

杨丽珠等编制的中国幼儿人格教师评定量表共 60 个题目,采用利克特 5 级计分。二阶因素分析后确定量表的 5 个维度分别如下:①智能特征;②认真自控;③外倾性;④亲社会性;⑤情绪稳定性。5 个维度与五因素人格结构相对应。量表

---

① 陈宇帅、温忠麟、顾红磊:《因子混合模型:潜在类别分析与因子分析的整合》,《心理科学进展》2015 年第 3 期,第 529-538 页。
② 陈宇帅、温忠麟、顾红磊:《因子混合模型:潜在类别分析与因子分析的整合》,《心理科学进展》2015 年第 3 期,第 529-538 页。
③ 陈宇帅、温忠麟、顾红磊:《因子混合模型:潜在类别分析与因子分析的整合》,《心理科学进展》2015 年第 3 期,第 529-538 页。

的信度和效度等心理测量学指标均已得到前期研究的验证①。调整反向计分后,各维度得分越高,越倾向于具有各维度的积极品质。本研究中各维度的克龙巴赫 α 系数分别是 0.940、0.925、0.902、0.928 和 0.846。同时,为考察教师对幼儿评价结果的一致性程度,本研究抽取一部分样本,包括哈尔滨市的 3 所幼儿园,分别为 1 所城市公办幼儿园、1 所城市民办幼儿园和 1 所乡镇公办幼儿园,共 264 名幼儿,由幼儿所在班级的主班老师和副班老师同时填写本班所有幼儿的人格评定量表,考察两位评分者的一致性。结果表明,两位评分者在幼儿人格各维度的相关系数分别为 0.832($p<0.001$)、0.769($p<0.001$)、0.772($p<0.001$)、0.807($p<0.001$)和 0.676($p<0.001$)。本研究中评价者对幼儿评价的一致性说明评价结果较为客观、可信。

2. 中国小学生人格教师评定量表

张金荣编制的中国小学生人格教师评定量表共 62 个题目,采用利克特 5 级计分。二阶因素分析后确定量表的 5 个维度分别如下:①智能特征;②认真自控;③外倾性;④亲社会性;⑤情绪稳定性。5 个维度与五因素人格结构相对应。量表的信度和效度等心理测量学指标均已得到前期研究的验证②。调整反向计分后,各维度得分越高,越倾向于具有各维度的积极品质。2015 年,由美国科学院谢宇院士领导并担任主要负责人、北京大学中国社会科学调查中心实施的 CFPS 项目正式采用了本研究工具的家长评价版本,作为入户调查家庭成员中儿童人格发展的测量工具。中国小学生人格教师评定量表就是家长评价版本的效标。本研究中各维度的克龙巴赫 α 系数分别是 0.926、0.913、0.859、0.904 和 0.801。同时,为了考察教师对小学生评价结果的一致性程度,抽取一部分样本,选取哈尔滨市苏宁小学的 264 名小学生,由小学生所在班级的班主任老师和一名科任老师同时填写本班所有小学生的人格评定量表,考察两位评分者的一致性。结果表明,两位评分者在小学生人格各维度的相关系数分别为 0.808($p<0.001$)、0.822($p<0.001$)、0.789($p<0.001$)、0.780($p<0.001$)和 0.664($p<0.001$)。本研究中评价者对小学生评价的一致性说明评价结果较为客观、可信。

3. 中国初中生人格自评量表

杜文轩等编制的中国初中生人格自评量表共 59 个题目,采用利克特 5 级计分。二阶因素分析后确定量表的 5 个维度分别如下:①智能特征;②认真自控;③外

---

① 杨丽珠、张金荣、刘红云等:《3~6 岁儿童人格发展的群组序列追踪研究》,《心理科学》2015 年第 3 期,第 586-593 页。
② 张金荣:《3~12 岁儿童人格的结构评定及其发展特点的追踪研究》,辽宁师范大学博士学位论文,2011 年。

倾性;④亲社会性;⑤情绪稳定性。5 个维度与五因素人格结构相对应。量表的信度和效度等心理测量学指标均已得到前期研究的验证[①]。调整反向计分后,个体在各维度得分越高,越倾向于具有各维度的积极品质。本研究中各维度的克龙巴赫 α 系数分别是 0.807、0.875、0.823、0.826 和 0.785。

（四）数据统计与处理方法

幼儿、小学生、初中生三个年龄被试群体人格量表分数不在同一量尺上,所以要采用等值方法对三个量表各维度的分数进行等值。在经过线性回归假设、分布特征等同假设、协方差或相关等同及等信度假设验证的前提下,对幼儿、小学生和初中生人格分数进行 Tucker、Levine 和等百分位三种等值方法的等值标准误大小比较,结果 Tucker 线性等值的标准误均值在三种方法中较小,标准差也较小,最大误差值也较小,说明该等值方法的结果较为稳健。同时,将所有等值过程中计算出的标准误作为因变量[②],以等值过程中涉及的等值尺度（分别以幼儿、小学生和初中生人格得分为等值尺度,共 3 个水平）以及等值方法（Tucker 线性等值、Levine 线性等值和等百分位等值,共 3 个水平）作为自变量进行 3×3 的两因素方差分析,结果发现幼儿尺度下标准误均值最小。因此,本研究使用将小学和初中人格分数等值于幼儿尺度的结果,用作潜在类别分析所依据使用的变量。

本研究使用 Mplus,通过对中国儿童、青少年人格五维度等值分数的潜在类别分析,对中国儿童、青少年人格进行类型划分。当潜在类别分析的指标是连续变量时,亦称为潜在剖面分析[③]。相比聚类分析,在结构方程模型框架下的潜在类别分析有更多的拟合指数对分类进行评价,对不同的分类结果进行比较,从而选择最适配的分类结果,并计算相应的后验概率,将被试分配到各类别中。首先,个体被适宜、准确地分配到各类中的程度,可以使用拟合指数 AIC、BIC、aBIC 以及伪决定系数 Entropy 进行衡量[④]。适宜的潜在类别模型的拟合指数需要较低的 AIC、BIC、aBIC 以及较高的 Entropy。AIC、BIC 和 aBIC 的值没有绝对大小,只有用于模型间拟合比较时才有意义。Entropy 取值为 0~1,越高表明个体被准确分配到各组中的程度越高,潜在类别的划分较清晰,各组被试内越同质,该潜在

[①] 杜文轩、杨丽珠、马世超:《"初中生人格量表"的常模制定——基于大连市 6449 名初中生的研究》,《辽宁师范大学学报（社会科学版）》2014 年第 3 期,第 365-370 页。

[②] 张敏强、黎光明、焦璨:《普教"升中"考试中测验等值的应用研究——以广东省佛山市"升中"考试为例》,《心理与行为研究》2009 年第 1 期,第 27-31 页。

[③] 张洁婷、焦璨、张敏强:《潜在类别分析技术在心理学研究中的应用》,《心理科学进展》2010 年第 12 期,第 1991-1998 页。

[④] Vermunt, J. K., Magidson, J. Latent GOLD 4.0 user's guide. Belmont: Statistical Innovations, 2005, 206-207; Nylund, K. L., et al. Deciding on the number of classes in latent class analysis and growth mixture modeling: A Monte Carlo simulation study. Structural Equation Modeling, 2007, 14（4）, 535-569.

类别模型较为有用①。Entropy 与平均分类概率高度相关,平均分类概率是通过计算每名被试的最高分类概率的均值获得的。有研究显示,Entropy 值低于 0.6 时,通常有 20%或更多的错误归类,Entropy 在 0.8 左右或更高,则与至少 90%的正确归类相关。虽然 Entropy 与正确归类的关系不是单调的,但可以作为判断正确归类程度的指标。另外,LMR(Lo-Mendell-Rubin)检验和 BLRT(Bootstrap Likelihood Ratio Test,Bootstrap 似然比检验)也用于检验分类数②。LMR 检验通过运行 k 个分类和 $k-1$ 个分类模型的两次对数似然比差异计算 p。如果 p 显著,则说明 k 个分类的模型比 $k-1$ 个分类的模型有了显著改善。BLRT 则通过 Bootstrap 抽样获得 k 个分类的模型与 $k-1$ 个分类的模型的对数似然比差异是否显著,判断模型拟合是否改善。如果 p 显著,则同样说明 k 个分类的模型比 $k-1$ 个分类的模型有了显著改善③。

三、研究结果

从表 4-1 可知,拟合指数 AIC、BIC 和 aBIC 随分类类别的增加单调减小,LMR 和 BLRT 的显著性检验也表明增加分类个数可能会改善模型。

表 4-1　中国儿童、青少年人格维度的潜在类别分析拟合指数

拟合指数	1 类(基线模型)	2 类	3 类	4 类	5 类
AIC	759 744.857	726 180.451	714 807.132	709 754.079	707 734.076
BIC	759 824.555	726 307.967	714 982.466	709 977.232	708 005.047
aBIC	759 792.775	726 257.120	714 912.551	709 888.249	707 896.996
Entropy		0.823	0.811	0.823	0.782
p(LMR)		0.000	0.000	0.000	0.000
p(BLRT)		0.000	0.000	0.000	0.000

依据 Petras 和 Masyn 研究中的建议,将各模型的 BIC 指数描绘成图(图 4-1),寻找出可能的拐点。图中显示拐点出现在二类别处和三类别处,因此 BIC 指数支持两类别模型和三类别模型④。

---

① Samuelsen, K. Commentary on factorial versus typological models: Complementary evidence in the model selection process. Measurement: Interdisciplinary Research and Perspectives, 2012, 10(4), 222-224.
② Lubke, G., Muthén, B. O. Performance of factor mixture models as a function of model size, covariate effects, and class-specific parameters. Structural Equation Modeling, 2007, 14(1), 26-47.
③ Asparouhov, T., Muthén, B. Using Mplus TECH11 and TECH14 to test the number of latent classes. Mplus Web Notes: No.14. http://www.statmodel.com/examples/webnotes/webnote14.pdf. May 22, 2012.
④ 陈宇帅、温忠麟、顾红磊:《因子混合模型:潜在类别分析与因子分析的整合》,《心理科学进展》2015 年第 3 期,第 529-538 页。

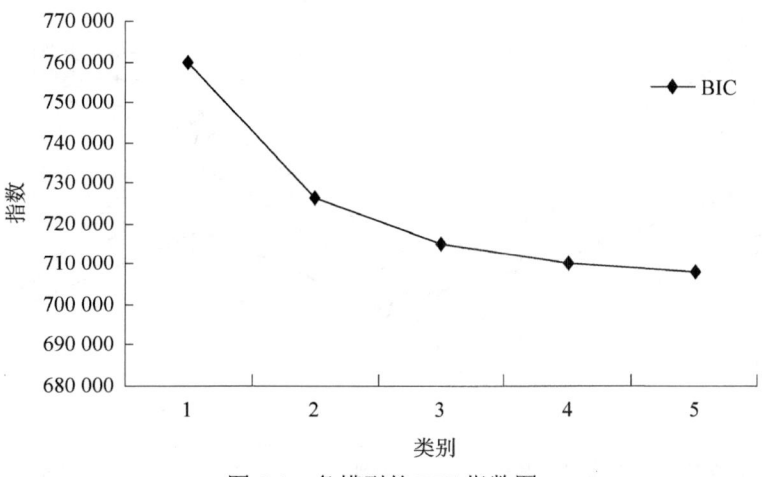

图 4-1 各模型的 BIC 指数图

Entropy 值在二分类、三分类和四分类时都可以接受，表明人格类型的划分正确率会比较高（图 4-2）。但是依据现有人格理论，二分类的结果可将被试划分为适应型和非适应型，过于粗糙，进行四分类时，中间两类人格类型的特征是重叠的，应被视作一类，而三分类的人格类型较为简洁、清晰，也符合潜在类别分析模型适宜性的标准（图 4-3）。根据拟合指数与理论建构，中国儿童、青少年人格类型划分为三类是较为合理的，人格类型的三分类假设得到了重复验证。

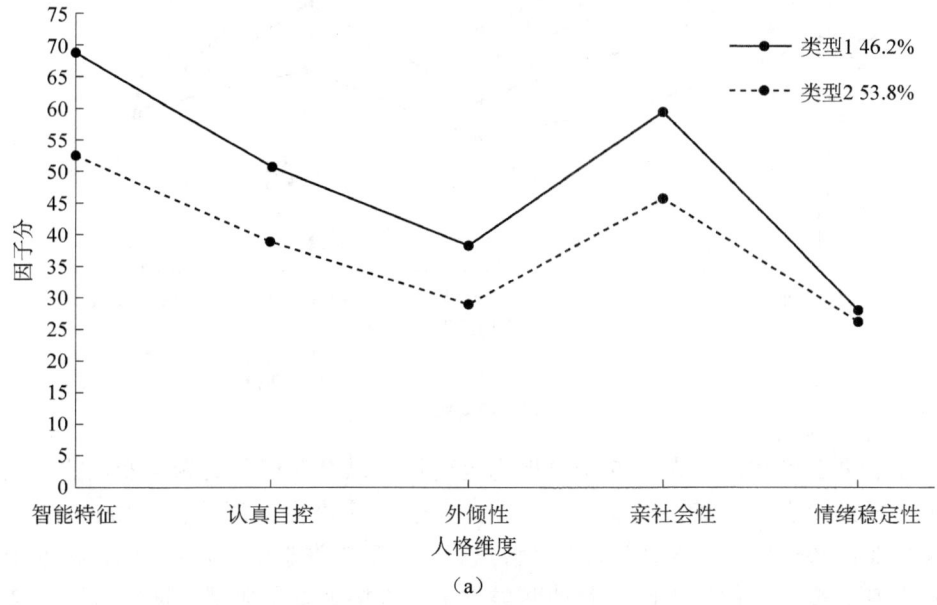

(a)

图 4-2 人格类型不同分类剖面图

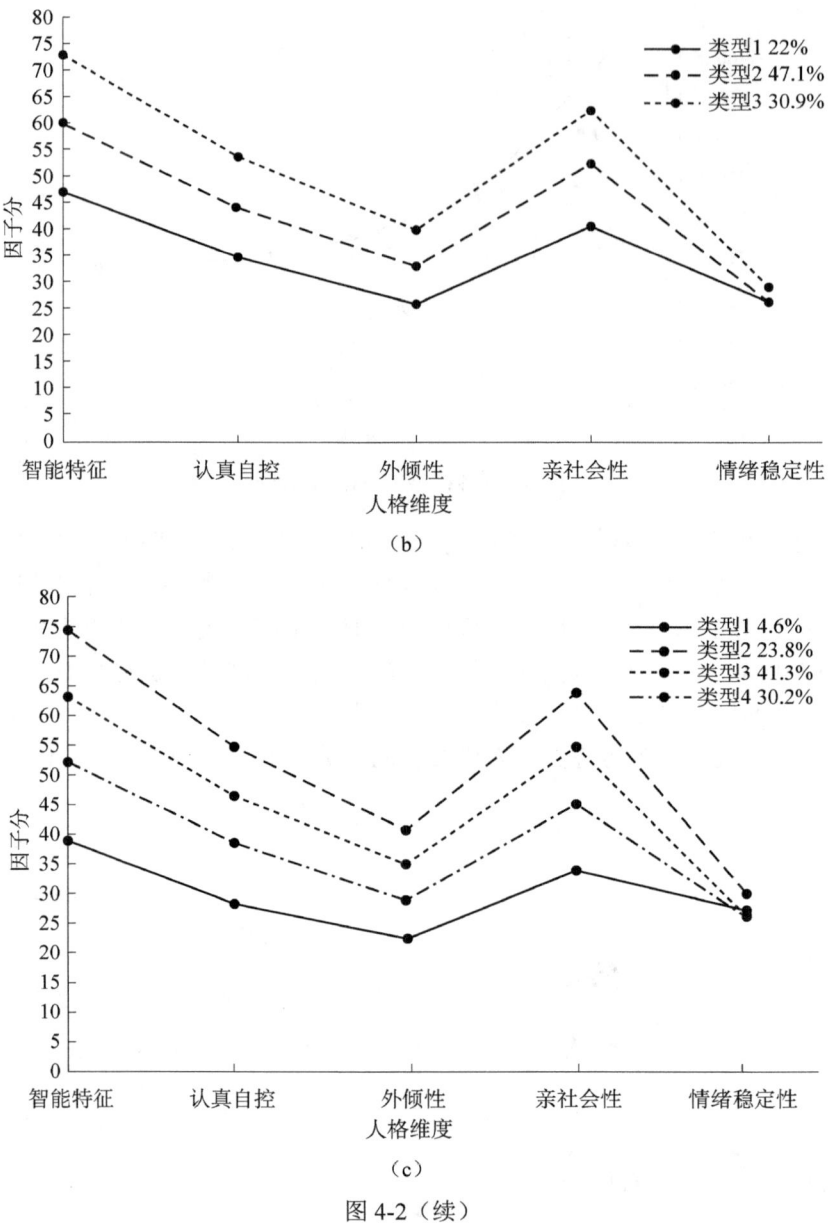

图 4-2（续）

由表 4-2 可知，以人格 5 个维度为因变量，以潜在三分类为自变量的单因素方差分析结果表明，潜在类别的主效应在人格 5 个维度上都显著。Tamhane's T2 事后检验结果表明，3 类学生的人格特点如下：第 3 类学生（31%）的人格 5 个维度得分都最高，且都显著高于其他两类学生，人格类型是典型的适应型。第 2 类学生（47%）的人格各维度得分均低于第 3 类学生，但智能特征、认真自控、外倾

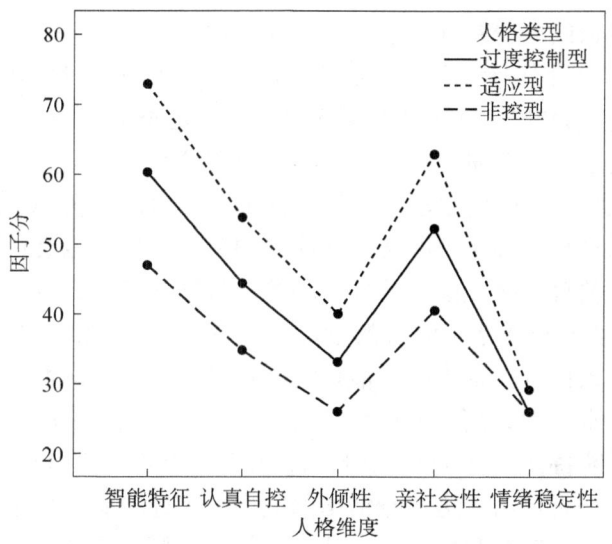

图 4-3 儿童、青少年人格的三分类潜在类别分析剖面图

性和亲社会性 4 个人格维度的得分显著高于第 1 类学生，在情绪稳定性上与第 1 类学生无差异。依据现有研究和理论，过度控制型儿童、青少年有较低的情绪稳定性，同时有中等程度的宜人性、开放性、外倾性和中高等责任心，因此该类型的人格可命名为过度控制型[1]。第 1 类（22%）学生在大部分人格维度的得分均最低，是理论上的不适应型或低控型人格[2]。

表 4-2 3 种人格类型在 5 个维度得分上的描述统计（$M \pm SD$）、方差分析及事后检验

人格类型	N	智能特征	认真自控	外倾性	亲社会性	情绪稳定性
1	4 699	46.83±8.18	34.78±6.11	26.04±4.83	40.62±6.23	26.10±5.17
2	10 071	60.16±7.32	44.29±5.49	33.17±4.47	52.30±5.31	25.95±6.13
3	6 600	72.96±7.18	53.92±4.90	39.98±3.82	62.96±4.44	29.36±7.03
F（2，21 367）		16 937.479***	17 087.645***	14 153.839***	24 497.771***	665.196***
事后检验		1<2<3	1<2<3	1<2<3	1<2<3	2=1<3
效应量（η^2）		0.613	0.615	0.570	0.698	0.059

注：<代表显著小于，=代表无差异，>代表显著大于。下同

四、讨论与结论

本研究基于五因素的儿童、青少年人格模型，使用潜在类别分析划分出适应

---

[1] Vermunt，J. K.，Magidson，J. Latent GOLD 4.0 user's guide. Belmont：Statistical Innovations，2005，206-207.
[2] Zentner，M.，Shiner，R. L. Handbook of Temperament. New York：Guilford Publications，2012，41-42.

型、过度控制型和低控型三种人格类型，在一定程度上验证了人格三类型模型。之所以使用自我控制作为划分人格类型的标准，是由于自我控制是理解自我与人格的本质和功能的关键[1]，也是人格以及适应的核心概念[2]。自我控制是适应最重要的保护性因素之一。有研究表明，低情绪自我控制可预测外化问题行为和低亲社会行为。适应型的个体对自己克服困难的能力很自信，会利用自己身边的机会与资源，认为困难是一种学习经历，适应型的人在生活中也会付诸积极行动，如寻求指导、追求教育机会、参与课外活动等。教导儿童、青少年帮助他人是提高其责任心、同情心和自尊水平的有效方式[3]。三种人格类型的特征如下：①适应型儿童、青少年在人格五因素中的智能特征、认真自控、外倾性、亲社会性及情绪稳定性上的发展水平均最高，表现为社会适应的。②过度控制型儿童、青少年有中高等水平的智能特征、外倾性、认真自控和亲社会性。但由于自我控制不灵活，其在生活情境中缺乏灵活表达自身情绪的能力，因此又有低情绪稳定性的特征。③低控型儿童、青少年的智能特征、认真自控、外倾性和亲社会性水低于以上两种人格类型及较低的情绪稳定性。这些类型标签的命名与以往基于自我控制和适应性划分的人格类型基本一致[4]。

低控型儿童、青少年做事冲动、任性，易激动兴奋和从事冒险行为，而且会忽视他人的感受和权益，受到诱惑时缺乏长远考量，因此低控型儿童、青少年的行为与很多外在问题相关，如攻击性与违规行为等[5]。低控型儿童、青少年的一些行为也与其他很多社会化问题相关，如犯罪行为、酒精与药物滥用、性冲动行为与意外怀孕、吸烟、冲动购物、情感问题、学业不良、缺乏恒心及拖延行为等[6]。与低控型儿童、青少年相比，过度控制型的儿童、青少年过于控制自己，在行为模式上表现得较为遵守规则，也能帮助他人，学习成绩尚可，但由于可能受到来

---

[1] Baumeister, R. F., et al. Social exclusion impairs self-regulation. Journal of Personality and Social Psychology, 2005, 88 (4), 589-604.

[2] Duckworth, A. L. The significance of self-control. Proceedings of the National Academy of Sciences, 2011, 108 (7), 2639-2640; Moffitt, T. E., et al. A gradient of childhood self-control predicts health, wealth, and public safety. Proceedings of the National Academy of Sciences of the United States of America, 2011, 108 (7), 2693-2698; Hofmann, W., et al. Executive functions and self-regulation. Trends in Cognitive Sciences, 2012, 16 (3), 174-180.

[3] Zolkoski, S. M., Bullock, L. M. Resilience in children and youth: A review. Children and Youth Services Review, 2012, 34 (12), 2295-2303.

[4] Van den Akker A L., et al. Personality types in childhood: Relations to latent trajectory classes of problem behavior and overreactive parenting across the transition into adolescence. Journal of Personality and Social Psychology, 2013, 104 (4), 750-764.

[5] Haan, A. D., et al. Developmental personality types from childhood to adolescence: Associations with parenting and adjustment. Child Development, 2013, 84 (6), 2015-2030.

[6] Baumeister, R. F., et al. Social exclusion impairs self-regulation. Journal of Personality and Social Psychology, 2005, 88 (4), 589-604.

自家长或教师的过度控制，其自我压力大，自我控制不灵活，表现出不善交际、情绪稳定性差等特征。因此，其在适应性方面的特征表现为与很多内在问题相关，如焦虑、抑郁、退缩行为、完美主义、强迫和神经性贪食症等。过度控制型的儿童、青少年通常表现得很守纪律，具备稳定的行为模式，一般兴趣较少，不对他人显露太多自己的情感[1]。过度控制型和低控型的儿童、青少年的安全感均低于适应型儿童、青少年，都有人际交往功能障碍[2]。高自我控制则与几乎所有有助于成功和健康生活的行为方式相关，被认为是社会适应的典型特征[3]。自我控制作为一种心理资本，会促使人们从事符合其长远目标的行为，如做一个有道德的人，并抑制其短视和自私动机[4]。因此，自我控制是人类心理最为强大和有利的适应机制[5]。在划分的三种人格类型中，过度控制型比例最高，这也与前期的研究发现相符合[6]。这说明我们的学校教育在总体上对学生的要求和控制水平较高。环境事件和情境只单独影响单一人格特质是不可能的，父母、教师和其他社会机构的交互作用均会影响儿童，而不是一次只影响单个特质[7]。因此，集中研究青少年的人格类型，就能诊断出他们中某些群体可能遇到的健康发展的风险，如适应问题等[8]。本研究发现，在三种人格类型中，适应型儿童、青少年在人格五维度中的得分均处于高水平，而低控型和过度控制型儿童、青少年在人格各维度的得分均显著低于适应型儿童、青少年，可被视为人格发展的风险类型。但要做出精确诊断，则需要采用更为细致的筛查手段。按照 Robins 的理论，低控型和过度控制型人格都属于非适应型人格，但二者的最大区别在于过度控制型人格的个体自我控制水平比非适应型人格的个体高，但由于其控制的灵活性较弱，导致其情绪敏感，不稳

---

[1] Boone, L., et al. Too strict or too loose? Perfectionism and impulsivity: The relation with eating disorder symptoms using a person-centered approach. Eating Behaviors, 2014, 15 (1), 17-23.

[2] Mueller, A. R., Roeder, M. Perception of security and protective strategies: Differences between personality prototypes. European Scientific Journal, 2014, 10 (20), 22-30.

[3] De Ridder, D. T. D, et al. Taking stock of self-control: A meta-analysis of how trait self-control relates to a wide range of behaviors. Personality and Social Psychology Review, 2012, 16 (1), 76-99.

[4] Gino, F., et al. Unable to resist temptation: How self-control depletion promotes unethical behavior. Organizational Behavior and Human Decision Processes, 2011, 115 (2), 191-203.

[5] Tangney, J. P., et al. High self-control predicts good adjustment, less pathology, better grades, and interpersonal success. Journal of Personality, 2004, 72 (2), 271-324.

[6] Meeus, W., et al. Personality types in adolescence: Change and stability and links with adjustment and relationships: A five-wave longitudinal study. Developmental Psychology, 2011, 47 (4), 1181-1195.

[7] Robins, R. W., Jessica, L. T. Setting an agenda for a person-centered approach to personality development. Monographs of the Society for Research in Child Development, 2003, 68 (1), 110-122.

[8] Van den Akker, A. L., et al. Personality types in childhood: Relations to latent trajectory classes of problem behavior and overreactive parenting across the transition into adolescence. Journal of Personality and Social Psychology, 2013, 104 (4), 750-764.

定[①]。总之，三种人格类型的划分确实可以得到复验。

在对我国儿童、青少年人格各维度的分数进行等值后，我们获得了可以在各自维度上进行比较的人格分数。依据等值后的人格维度得分，从"以变量为中心"的研究过渡到"以个体为中心"的人格分类研究，依据自我控制和自我适应的理论，我们将我国儿童、青少年人格类型划分为适应型、过度控制型和低控型三种。在这一过程中，人格类型的划分依据的核心变量仍然是认真自控维度。认真自控是描述自我控制、对他人负责、努力工作、秩序井然、遵从规则的一个尺度。它对于个体健康的作用看起来无可辩驳，它可以预测大部分的导致生理健康与死亡的保护与风险行为、社会经济地位、受教育程度、工作绩效、领导力及婚姻稳定性等。认真自控比其他人格维度更能预测抑郁，甚至超过了情绪稳定性维度。看起来，如果有人关心生活或要提高长寿、健康、成功和快乐生活的概率，就应该关心自控。总之，自控就是人格结构中决定健康、积极老化和人类资本的决定性核心因素[②]。其他维度，如外倾性和亲社会性，固然也很重要，如对个体人际关系的确立和维持作用等，但就人格划分的结果和适应性的结果预测来说，认真自控的地位不可取代。

综上所述，本研究得到以下结论：基于自我控制和自我适应理论与潜在类别分析的结果，我国儿童、青少年人格可合理地被划分为适应型、过度控制型和低控型三种。三类人格的典型特征如下。

1）适应型人格类型在智能特征、认真自控、外倾性、亲社会性及情绪稳定性维度的发展水平都最高，表现为良好的社会适应。

2）过度控制型人格类型占大多数，智能特征、认真自控、外倾性和亲社会性有中等或较高的水平。但这种类型的人自我控制不灵活，在生活情境中缺乏能够灵活表达自己情绪的能力，因此有低情绪稳定性的特征。

3）低控型人格类型的智能特征、认真自控、外倾性和亲社会性水低于以上两种类型的人，并有较低的情绪稳定性。

[①] Caspi, A., Shiner, R. L. Personality development. In W. Damon & R. M. Lerner (Eds.), Handbook of Child Psychology: Social, Emotional and Personal Development (6 ed., Vol.3) (pp.300-365). Hoboken: John Wiley & Sons, 2006.

[②] Roberts, B. W., et al. What is conscientiousness and how can it be assessed? Developmental Psychology, 2014, 50 (5), 1315-1330.

第二节 中国儿童、青少年人格类型跨阶段纵向发展特点

一、引言

人格发展是指个体自出生至老年死亡的整个生命过程中人格特征的表现,随着年龄的增长和习得经验的增加而逐渐改变的过程。人格发展是人生全程发展至关重要的部分[1]。人格特质具有稳定性,但人格的稳定性和可变性是共存的[2]。

与当前人格研究的趋势一致,人格发展研究也基于五因素人格取向,其代表着与社会适应密切相关的人格特质,如经验开放性或可培养性、外倾性、神经质-情绪稳定性[3]、宜人性和责任心这一模型已被跨研究领域认为是一个稳健的人格模型[4],总体上促进了专业研究者之间的交流。五因素人格模型代表的人格结构不仅存在于成人中,也存在于儿童、青少年中[5],之前的研究也显示青少年能提供可信且有效的五因素人格自评结果[6]。

人格发展通常有两种表现,分别是均值水平变化和等级顺序变化,首先应区分这两种类型的人格发展[7]。人格均值水平的变化涉及人格的正常改变,反映人格特质的得分随时间而发生变化。大多数研究表明,人格各维度的毕生发展趋势是:

---

[1] 马世超、杨丽珠、邹伟:《人格改变的动力——从社会基因视角看天性与教养之争》,《辽宁师范大学学报(社会科学版)》2015 年第 5 期,第 636-642 页。

[2] McGue, M., et al. Personality stability and change in early adulthood: A behavioral genetic analysis. Developmental Psychology, 1993, 29 (1), 96-109; McAdams, D. P., Olson, B. D. Personality development: Continuity and change over the life course. Annual Review of Psychology, 2010, 61, 517-542.

[3] Sturaro, C., et al. Person-environment transactions during emerging adulthood: The interplay between personality characteristics and social relationships. European Psychologist, 2008, 13 (1), 1-11.

[4] McCrae, R. R. NEO-PI-R data from 36 cultures: Further intercultural comparisons. In R. R. McCrae & J. Allik (Eds.), The Five-Factor Model of Personality Across Cultures (pp. 105-125). New York: Kluwer Academic/Plenum Publishers, 2002.

[5] Tackett, J. L., et al. The hierarchical structure of childhood personality in five countries: Continuity from early childhood to early adolescence. Journal of Personality, 2012, 80 (4), 847-879; 张野、杨丽珠:《西方儿童个性结构研究进展》,《心理学探新》2003 年第 2 期,第 12-14、19 页。

[6] Soto, C. J., et al. The developmental psychometrics of big five self-reports: Acquiescence, factor structure, coherence, and differentiation from ages 10 to 20. Journal of Personality and Social Psychology, 2008, 94 (4), 718-737.

[7] Mõttus, R., et al. Personality traits in old age: Measurement and rank-order stability and some mean-level change. Psychology and Aging, 2012, 27 (1), 243-249; Specht, J., et al. Stability and change of personality across the life course: The impact of age and major life events on mean-level and rank-order stability of the Big Five. Journal of Personality and Social Psychology, 2011, 101 (4), 862-882.

责任心增强，情绪稳定性增强[1]，宜人性水平升高[2]，外倾性水平降低[3]，开放性则呈曲线趋势[4]，而人格等级顺序的变化或稳定性则反映出人格特质是否随时间推移保持其稳定性。等级顺序的稳定性的测量通常是测量某个特定的人格特质的重测信度[5]。相比人生其他阶段，儿童、青少年期（包括童年期、青少年期）面临更密集的发展任务，该阶段的个体会以新的方式不断与父母、同伴、学校和社会互动，尤其是青少年还会经历生理、心理的巨大改变，这些必然会对其人格发展产生更大影响[6]。西方研究者基于"五因素人格取向"[7]探索了儿童、青少年人格结构与发展特点，发现各特质的发展轨迹如下：外倾性水平逐渐下降；宜人性和尽责性的发展轨迹相似，在童年期均上升，青少年早期开始下降，到青少年中晚期又逐渐上升；神经质的发展可能存在年龄与性别的交互效应，童年早中期，男孩和女孩的神经质水平略上升，童年晚期到青少年中期，男孩的神经质水平略下降，女孩的神经质水平仍上升，青少年晚期，男孩和女孩的神经质水平下降；开放性水平在童年早中期略上升，童年晚期到青少年中期下降，青少年晚期又上升[8]。

基于人格的稳定性和可变性，中国学者对儿童、青少年阶段的人格结构、发展特点等进行了深入研究。在儿童、青少年人格测验领域，目前研究的关键在于仍然缺乏以五因素人格理论为框架的标准化中国儿童、青少年人格评定工具。为了验证中国儿童、青少年人格的五因素结构，为研究中国儿童、青少年人格提供

---

[1] Bleidorn, W., et al. Patterns and sources of adult personality development: Growth curve analyses of the NEO PI-R Scales in a longitudinal twin study. Journal of Personality and Social Psychology, 2009, 97 (1), 142-155; Neyer, F. J., Lehnart, J. Relationships matter in personality development: Evidence from an 8-year longitudinal study across young adulthood. Journal of Personality, 2007, 75 (3), 535-568; Roberts, B. W., et al. Patterns of mean-level change in personality traits across the life course: A meta-analysis of longitudinal studies. Psychological Bulletin, 2006, 132 (1), 1-25; Soto, C. J., et al. Age differences in personality traits from 10 to 65: Big Five domains and facets in a large cross-sectional sample. Journal of Personality and Social Psychology, 2011, 100 (2), 330-348.

[2] Lüdtke, O., et al. A random walk down university avenue: Life paths, life events, and personality trait change at the transition to university life. Journal of Personality and Social Psychology, 2011, 101 (3), 620-637.

[3] Branje, S. J. T., et al. Big Five personality development in adolescence and adulthood. European Journal of Personality, 2007, 21 (1), 45-62.

[4] Lehmann, R., et al. Age and gender differences in motivational manifestations of the Big Five from age 16 to 60. Developmental Psychology, 2013, 49 (2), 365-383.

[5] Gordon, J. The extent of personality change: Rank order consistency, mean level change, individual level change, and ipsative stability. Griffith University Undergraduate Psychology Journal, 2009, (1), 1-7; Roberts, B. W., et al. The kids are alright: Growth and stability in personality development from adolescence to adulthood. Journal of Personality and Social Psychology, 2001, 81 (4), 670-683.

[6] 邹容、周宗奎、田媛等：《稳定性与可变性：西方儿童青少年"大五"人格的发展》，《心理科学》2016年第4期，第914-920页。

[7] 陈基越、徐建平、黎红艳等：《五因素取向人格测验的发展与比较》，《心理科学进展》2015年第3期，第460-478页。

[8] 邹容、周宗奎、田媛等：《稳定性与可变性：西方儿童青少年"大五"人格的发展》，《心理科学》2016年第4期，第914-920页。

有效的测量工具，同时也为教师和家长提供儿童、青少年人格评价的简便、易行的工具，需要利用制定标准化人格评定工具时有代表性的常模参照团体大样本人格量表得分，满足测验等值的前提，经测验等值过程，使人格各维度在幼儿、小学和初中各阶段的分数具有可比性，进而可以探讨我国儿童、青少年人格的跨阶段发展特点。基于全国儿童、青少年3个发展阶段（幼儿、小学生、初中生）的全国常模，以标准误最小原则为准，以幼儿为等值尺度，采用Tucker线性等值方法将人格各维度得分进行等值，发现儿童、青少年人格各维度的发展趋势有如下特点：①变迁阶段的儿童、青少年人格改变的可能性增大，以幼儿变迁至小学生和小学生变迁至初中生为典型。其中，在幼儿阶段变迁至小学生阶段时，人格各维度得分均出现下降趋势。从小学生阶段变迁至初中生阶段时，人格各维度得分均出现上升趋势。②在均值水平方面，幼儿、小学生和初中生的跨阶段发展趋势如下：智能特征得分依次下降，亲社会性和外倾性得分依次上升，认真自控得分先下降后上升，而情绪稳定性得分的发展趋势有显著的性别差异，其中女生得分先上升后下降，男生得分则保持跨阶段的稳定性。③在等级顺序稳定性方面，外倾性的稳定性最高，其他维度均出现了发展阶段与性别的交互作用。人格等级顺序水平的变化还非常活跃，表明儿童、青少年时期是人格发展的可塑期。

人格发展指标除平均水平的改变与等级顺序的稳定性这两种以变量定向的指标外，还有以人为中心的人格类型[1]。以个体为中心方法研究"类型"，涉及被试内的人格模式。以往国外研究更多集中于探讨各种不同人格结构框架及测量工具下的人格类型划分，如三类型[2]、四类型[3]。其中，罗宾斯（Robins）等将这三种原型与自我控制和自我适应型理论联系起来[4]，以自我适应型和自我控制的概念为基础，对适应型、低控型和过度控制型三种人格类型进行了解释：①适应型，其在五因素人格的宜人性、外倾性、开放性和责任心上表现为社会适应的，而在神经质上得分低或情绪稳定。②过度控制型的人有低情绪稳定性和低外倾性，同时有高宜人性和中高等责任心。③低控型儿童、青少年的宜人性和责任心得分低

---

[1] Meeus, W., et al. Personality types in adolescence: Change and stability and links with adjustment and relationships: A five-wave longitudinal study. Developmental Psychology, 2011, 47 (4), 1181-1195.

[2] Robins, R. W., et al. Resilient, overcontrolled, and undercontrolled boys: Three replicable personality types. Journal of Personality and Social Psychology, 1996, 70 (1), 157-171; Hart, D., et al. The relation of childhood personality types to adolescent behavior and development: A longitudinal study of Icelandic children. Developmental Psychology, 1997, 33 (2), 195-205; Asendorpf, J. B., et al. Carving personality description at its joints: Confirmation of three replicable personality prototypes for both children and adults. European Journal of Personality, 2001, 15 (3), 169-198.

[3] De Clercq, B., et al. Childhood personality types: Vulnerability and adaptation over time. Journal of Child Psychology and Psychiatry, 2012, 53 (6), 716-722.

[4] Robins, R. W., et al. Resilient, overcontrolled, and undercontrolled boys: Three replicable personality types. Journal of Personality and Social Psychology, 1996, 70 (1), 157-171.

于均值，有相对中等的外倾性，有中等或较低的情绪稳定性。这些类型标签的命名是基于自我控制维度，如控制或表达动机及情绪冲动的倾向，还有自我适应型，如灵活反应的概率高于对情境要求的僵化。在关于儿童、青少年阶段人格类型的发展特点，国外的相关研究相对较少，只有较少的纵向研究从三种类型人格的持续性和稳定性进行考察[1]。例如，阿森多夫（Asendorpf）等对4～6岁儿童的3年追踪的人格类型的Q因素相关分析发现[2]，其具有较高稳定性（相关系数为0.78～0.88）。这种相关仅代表类型本身的稳定性，不能表明个体所属类型成员身份的稳定性。随后，该研究采用聚类分析中的科恩（Cohen）系数作为衡量儿童人格类型发展稳定性的指标，发现稳定性较低[3]。弗赖特（Fruyt）等采用相同的方式对5～13岁儿童、青少年进行了3年两次的人格类型稳定性的考察，也发现人格类型稳定性较低[4]。

在国内有关儿童、青少年人格类型的研究方面，张野和杨丽珠探讨了我国3～6岁儿童的人格类型[5]，在此基础上又探讨了7～12岁小学儿童的人格类型。基于中国小学生人格教师评定问卷中的4个维度，即智能特征、认真自控、情绪性和亲社会性，施测于随机抽取的大连5所小学二年级、四年级、六年级的1316名被试，经聚类分析，将幼儿划分为4种类型，人数比例从高到低分别是认可型、矛盾型、中间型和拒绝型。4种人格类型无论从命名还是内涵上与幼儿人格类型均有一致性。卡方检验结果表明，二年级小学生中认可型、矛盾型和中间型分布较多，且显著多于拒绝型学生。中间型人格类型的人数随年级的升高比例有所下降，而另三种人格类型人数均有所增加。六年级小学生的人格类型以认可型和矛盾型为主，人数显著多于中间型和拒绝型。四年级小学生的人格矛盾型的人数显著增多。在性别差异方面，女生在矛盾型和认可型上的人数比例显著高于男生，男生在拒绝型和中间型的人数多于女生[6]。此后，杨丽珠和马世超又继续进行了初中生人格类型的研究。研究使用初中生人格自我评定量表对大连市3602名初中生被试施测，使用潜在类别分析对初中生人格类型进行划分，使用无序多分变量的Logistic回归考察初中生人格类型的年级与性别特点。研究结果表明，依据人格类型划分

---

[1] Van Leeuwen, K. Child personality and parental behavior as moderators of problem behavior: Variable-and person-centered approaches. Developmental Psychology, 2004, 40 (6), 1028-1046.
[2] Asendorpf, J. B., Van Aken, M. A. G. Resilient, overcontrolled, and undercontroleed personality prototypes in childhood: Replicability, predictive power, and the trait-type issue. Journal of Personality and Social Psychology, 1999, 77 (4), 815-832.
[3] De Fruyt, F., et al. Five types of personality continuity in childhood and adolescence. Journal of Personality and Social Psychology, 2006, 91 (3), 538-552.
[4] De Fruyt, F., et al. Five types of personality continuity in childhood and adolescence. Journal of Personality and Social Psychology, 2006, 91 (3), 538-552.
[5] 张野、杨丽珠：《我国3～6岁儿童个性类型及发展特点的研究》，《心理科学》2005年第4期，第893-896页。
[6] 张野、杨丽珠：《小学生人格类型及发展特点研究》，《心理科学》2007年第1期，第205-208页。

的自我控制与自我适应的理论框架和潜在类别分析的拟合指数，初中生人格可合理地划分为低控型、过度控制型和适应型三种类型，其中适应型人数占大多数。方差分析结果表明，适应型儿童、青少年在初中生人格五维度的得分均显著高于另两类；过度控制型儿童、青少年有低情绪稳定性和低外倾性，同时有中等程度的亲社会性、智能特征和认真自控水平，低控型人格类型在大部分人格维度的得分均较低。随着年级的升高，初中生适应型人数比例有显著下降趋势，过度控制型和低控型人数比例有所上升。在性别差异方面，女生人格类型的适应型人数比例显著高于男生，过度控制型和低控型比例则显著低于男生[①]。

以往对人格类型的研究都是基于分阶段的儿童、青少年人格类型划分，如幼儿人格类型、小学生人格类型和初中生人格类型，所选取的被试也仅限于小范围地区取样，尚无全国范围内的儿童、青少年人格类型的划分，在人格类型的划分上得到的结果并不完全是同一意义的或等值的。因此，基于人格测验得分等值及中国儿童、青少年总体的人格三种类型（适应型、低控型、过度控制型），本研究"以个体为中心"探讨我国儿童、青少年的人格发展特征。

二、研究方法

（一）研究目的与假设

1. 研究目的

以幼儿、小学生和初中生人格测验等值分为依据，并在儿童、青少年人格三种类型（适应型、低控型、过度控制型）的基础上探讨人格类型发展特点。

2. 研究假设

依据自我控制和自我适应理论，人格类型有显著的年级发展特点和性别差异。

（二）被试

本研究被试与第一节相同。

（三）工具

1) 中国幼儿人格教师评定量表（同本章第一节）。
2) 中国小学生人格教师评定量表（同本章第一节）。
3) 中国初中生人格自评量表（同第一节）。

---

① 杨丽珠、马世超：《初中生人格类型划分及人格类型发展特点研究》，《心理科学》2014年第6期，第1377-1384页。

（四）数据统计与处理方法

以中国儿童、青少年人格各维度等值得分划分人格类型后，三种人格类型构成一个三水平称名变量。为了考察儿童、青少年人格类型与性别及发展阶段（幼儿、小学生和初中生）是否有关联，对人格类型与年级阶段和性别分别进行列联表的 χ^2 检验。然后，以人格类型为因变量，以性别和年级为自变量，进行无序多分类的 Logistics 回归分析。

三、研究结果

人格类型与发展阶段列联表的 $\chi^2_{(4)}$ =64.40（$p<0.001$），表明发展阶段与人格类型有关联。从表 4-3 可知，从列联表单元格频数百分比可以看出，随着年级的升高，第 3 类适应型人格的人数比例上升，第 2 类过度控制型人格的人数比例相差不大，而第 1 类低控型人格的人数比例下降。人格类型与性别的列联表 $\chi^2_{(2)}$ =251.46（$p<0.001$），表明性别与人格类型有关联。其中，在低控型人格类型中，女生比例低于男生；在过度控制型人格类型中，男女比例相当；在适应型人格类型中，女生比例高于男生。为了验证各阶段儿童、青少年人格类型的发展特点，应建立以性别和年级阶段为自变量，以各阶段儿童、青少年人格类型为因变量的无序多分变量 Logistic 回归模型。

表 4-3　各类型人格在各发展阶段和性别人数及比例

项目	幼儿	小学生	初中生	女	男
第 1 类（n=4 699）低控型	1 582（22.1%）	2 200（23.8%）	917（18.5%）	1 893（18.1%）	2 806（25.7%）
第 2 类（n=10 071）过度控制型	3 474（48.5%）	4 189（45.3%）	2 408（48.6%）	4 914（47.0%）	5 157（47.3%）
第 3 类（n=6 600）适应型	2 105（29.4%）	2 865（31.0%）	1 630（32.9%）	3 657（34.9%）	2 943（27.0%）
总计（N=21 370）	7 161（100.0%）	9 254（100.0%）	4 955（100.0%）	10 464（100.0%）	10 906（100.0%）

注：括号外为人数，单位为"人"；括号内为占所属年龄段人数的比例

无序多分变量 Logistic 回归分析结果表明，首先，模型拟合的 $\chi^2_{(6)}$ =313.789（$p<0.001$），表明与只有截距项的零模型相比，发展阶段与性别的引入改善了回归模型，二者中至少有一个与人格类型有关联。其次，发展阶段和性别的对数似然比检验结果显示，年级阶段[$\chi^2_{(4)}$=61.148, $p<0.01$]和性别[$\chi^2_{(2)}$=248.181, $p<0.001$]对模型的改善均显著。

无序多分变量的 Logistic 模型的因变量为 J 个水平（$J>2$），因此需要确定因

变量的一个水平作为参考类别,其他因变量水平分别与之比较,建立(J-1)个二分变量的 Logit 模型[①]。本研究中,适应型是人格发展水平最好的人格类型,相对于适应型,低控型和过度控制型是有适应和健康风险的人格类型,所以本研究以适应型作为参考类别,进行人格类型发展特点的探讨。

由表 4-4 可知,第 1 类低控型与第 3 类适应型人格相比,发展阶段效应显著,其中幼儿与初中生的差异显著,b=0.272,SE=0.053,Wald $\chi^2_{(1)}$=25.938(p<0.001),Exp(B)=1.312,即与初中生相比,低控型幼儿出现的概率升高,低控型幼儿与适应型幼儿的概率之比是初中生该概率之比的 1.312 倍。小学生与初中生之间的差异显著,b=0.298,SE=0.050,Wald $\chi^2_{(1)}$=35.077(p<0.001),Exp(B)=1.348,即与初中生相比,小学生低控型人格出现的概率升高,小学生低控型与适应型的概率之比是初中生该概率之比的 1.348 倍。因此,低控型人格类型的发展特点是初中生低控型人格出现的概率较幼儿和小学生低。性别效应显著,b=-0.606,SE=0.039,Wald $\chi^2_{(1)}$=244.712(p<0.001),Exp(B)=0.545,即与男生相比,女生低控型人格出现的概率降低,适应型人格出现的概率升高,女生低控型与适应型的概率之比是男生该概率之比的 0.545,反过来,女生适应型与低控型的概率之比则是男生该概率之比的 1.835 倍,即 0.545 的倒数。因此,人格类型的性别特点为女生低控型出现的概率比男生低,适应型出现的概率比男生高。

表 4-4 以第 3 类适应型为基线类别的无序多分变量 Logistic 模型

因变量类别参照	自变量	b	SE	Wald χ^2	df	Exp(B)
第 1 类低控型- 第 3 类适应型 (参考类别)	幼儿	0.272	0.053	25.938***	1	1.312
	小学生	0.298	0.050	35.077***	1	1.348
	初中生(基线)	0			0	
	女生	-0.606	0.039	244.712***	1	0.545
	男生(基线)	0			0	
第 2 类过度控制型- 第 3 类适应型 (参考类别)	幼儿	0.103	0.042	5.885*	1	1.108
	小学生	-0.016	0.040	0.157	1	0.984
	初中生(基线)	0			0	
	女生	-0.264	0.032	68.915***	1	0.768
	男生(基线)	0			0	

第 2 类过度控制型与第 3 类适应型人格相比,发展阶段效应显著,其中,幼儿与初中生相比差异显著,b=0.103,SE=0.042,Wald $\chi^2_{(1)}$=5.885(p<0.05),Exp(B)=1.108,即与初中生相比,幼儿过度控制型人格出现的概率升高,幼儿过度控制型与适应型概率之比是初中生该概率之比的 1.108 倍。与初中生相比,小学

[①] 宇传华:《SPSS 与统计分析》,电子工业出版社 2007 年版,第 404-408 页;张文彤:《SPSS 统计分析高级教程》,高等教育出版社 2004 年版,第 195-196 页。

生过度控制型人格与适应型人格出现的概率没有差异。因此，过度控制型人格类型的发展特点是幼儿过度控制型人格出现的概率比初中生高，小学生过度控制型人格出现的概率与初中生无差异。性别效应也显著，$b=-0.264$，$SE=0.032$，Wald $\chi^2_{(1)}=68.915$（$p<0.001$），Exp（B）=0.768，即与男生相比，女生过度控制型人格出现的概率降低，适应型人格出现的概率升高，女生过度控制型人格与适应型人格的概率之比是男生该概率之比的 0.768，反过来，女生适应型人格与过度控制型人格的概率之比则是男生该概率之比的 1.302 倍，即 0.768 的倒数。因此，人格类型的性别特点是女生过度控制型人格出现的概率比男生低，适应型人格出现的概率比男生高。

由表 4-5 可知，在低控型人格和适应型人格的比例上，幼儿和小学生的差异不显著。初中生与小学生低控型人格与适应型人格的比例同上文，不再赘述，性别效应也同上文。在过度控制型人格与适应型人格的比例上，年级阶段效应显著，幼儿与小学生相比差异显著，$b=0.119$，$SE=0.037$，Wald $\chi^2_{(1)}=10.418$（$p<0.01$），Exp（B）=1.126。与小学生相比，幼儿过度控制型人格出现的概率升高，幼儿过度控制型人格与适应型人格的概率之比是小学生该概率之比的 1.126 倍。此处，性别效应也同上文，不再赘述。

表 4-5　以第三类适应型为参考类别比较幼儿和小学生的无序多分变量 Logistic 模型

因变量类别参照	自变量	b	SE	Wald χ^2	df	Exp（B）
第 1 类低控型- 第 3 类适应型 （参考类别）	幼儿	−0.027	0.044	0.369	1	0.974
	初中生	−0.298	0.050	35.077***	1	0.742
	小学生（基线）	0			0	
	女生	−0.606	0.039	244.712***	1	0.545
	男生（基线）	0			0	
第 2 类过度控制型- 第 3 类适应型 （参考类别）	幼儿	0.119	0.037	10.418**	1	1.126
	初中生	0.016	0.040	0.157	1	1.016
	小学生（基线）	0			0	
	女生	−0.264	0.032	68.915***	1	0.768
	男生（基线）	0			0	

性别与发展阶段的交互作用对人格分类的影响不显著，说明在性别各水平上各阶段人格类型比例变化的差异不显著。因此，交互作用没有被纳入模型中，只考察性别和发展阶段与人格类型的关系。

依据以上发展阶段与性别的 Logistic 回归系数的显著性及似然比，人格类型的性别和阶段发展特点可归纳为表 4-6。由此可以看出，各阶段儿童、青少年人格类型的发展阶段发展趋势如下：随着年级的升高，具有适应型人格的人的比例呈上升趋势，其中从小学到初中是具有适应型人格的人增加的拐点，具有过度控制型人格的人的比例下降,从幼儿到小学是具有过度控制型人格的人的比例下降的拐点。具有低控型人格的人的比例下降,从小学到初中是具有低控型人格的人的比例下降的拐点(图4-4);性别差异表现在女生的适应型比例显著高于男生,过度控制型和低控型的比例则低于男生(图4-5)。

表4-6 列联表与无序多分变量Logistic模型差异比较汇总

项目	发展特点	性别差异
第1类(n=4 699)低控型	幼儿=小学生>初中生	女<男
第2类(n=10 071)过度控制型	幼儿>小学生=初中生	女<男
第3类(n=6 600)适应型(参考类别)	幼儿=小学生<初中生	女>男

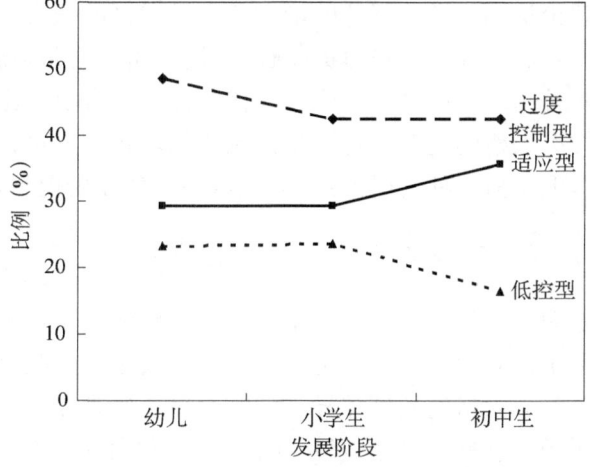

图4-4 人格类型随年级的升高的比例变化

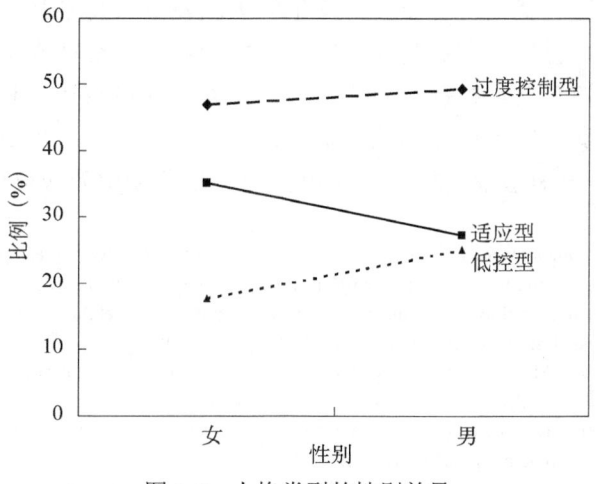

图4-5 人格类型的性别差异

四、讨论与结论

（一）中国儿童、青少年人格类型的发展特点

儿童、青少年人格类型的发展特点的研究结果表明，具有适应型人格的人数比例随年级的升高而提高，而具有过度控制型和低控型人格的人数比例则随年级的升高而降低，这与随年级的升高，儿童、青少年多个人格维度得分提高尤其是自我控制水平提高不无关系。虽然随着年级的升高，儿童、青少年面临着学习和考试压力等生活事件，尤其是情绪稳定性的降低就与生活事件，如消极生活事件相关，但一些保护性因素[1]，如认真自控水平的提高，使得更多学生发展出适应型人格。社会投资理论认为，学业任务的增加和升学考试的压力使得学生增加了对自身生涯角色的投入，表现出更强的责任心[2]，而高责任心是适应型的典型特征。因此，随着年级的升高，中国具有适应型人格的儿童、青少年比例升高，而具有过度控制型和低控型人格的儿童、青少年比例降低。相比人格特质的发展特点，人格类型的发展体现出另一种发展模式，即人格整体外在表现和功能的发展特点。

（二）中国儿童、青少年人格类型的性别特点

在性别差异方面，在低控型人格类型中，女生比例低于男生。在过度控制型和适应型人格类型中，女生比例高于男生。这显示女生的自我控制水平更高，更能适应当前环境。对于人格的性别差异，通常可以从生理差异、进化差异和社会文化影响三个方面予以解释[3]。从生理差异看，由于雄性激素分泌的差异，男生比女生具有更高的情绪唤醒水平和活动水平，有更强的冲动性和攻击性，更爱冒险，抑制能力相对较低。就脑发育而言，女生的大脑发育（特别是大脑左半球）比男生早，使得女生比男生具有更高的情绪控制能力和社会交往水平。进化心理学则认为，由于女性将来要承担抚育后代等任务，女性的自我控制和亲社会性水平通常高于男性，如女性较男性更顺从、负责任、自我约束等，也更具备利他、同情和善良等特质[4]。从社会文化影响的角度而言，角色期望效应可以对此做出解释。

---

[1] Lüdtke, O., et al. A random walk down university avenue: Life paths, life events, and personality trait change at the transition to university life. Journal of Personality and Social Psychology, 2011, 101（3）, 620-637; Vaidya, J. G., et al. On the temporal stability of personality: Evidence for differential stability and the role of life experiences. Journal of Personality and Social Psychology, 2002, 83（6）, 1469-1484.

[2] Jackson, J. J., Allemand, M. Moving personality development research forward: Applications using structural equation models. European Journal of Personality, 2014, 28（3）, 300-310.

[3] Carothers, B. J., Reis, H. T. Men and women are from earth: Examining the latent structure of gender. Journal of Personality and Social Psychology, 2013, 104（2）, 385-407.

[4] Weisberg, Y. J., et al. Gender differences in personality across the ten aspects of the Big Five. Frontiers in Psychology, 2011, 178（2）, 1-11.

角色期望会通过惩罚不适宜行为或奖励适宜行为而实现行为改变。角色期望把社会控制施加于行为之上，如果人表现出违抗，就会被惩罚。人们会通过增加社会关注和接纳来奖励符合期望的人[①]。中国的社会文化要求女生"顺从，听话，安静"。这些性别角色期望影响着父母、教师对男女生的期望，导致女生的认真自控水平高于男生。而自我控制水平正是三种人格类型划分的核心内容之一，自我控制水平高是适应型和过度控制型人格的典型表现，而自我控制水平低则是低控型人格的典型特征。在现行教育体制下，学校教育注重应试能力，也出于更易管理的目的，教师更喜欢能够顺应教师期望的"听话"的女生，并强化了其认真自控水平。初中男生精力旺盛、思维灵活，管理较为困难，或适应较慢，可能被教师认为有较多问题，被更多地归为低控型或不适应型。

就人格类型的性别差异与发展阶段差异来说，由于女生人格各维度的均值水平都高于男生，所以不出意外，女生人格类型中适应型的比例也较男生高。这也再次验证了女生对现行教育体制更适应。随着年级的升高，具有适应型人格的人的比例也在升高，具有过度控制与低控型人格的人的比例相应地降低。与以变量为中心的人格维度框架下探讨人格发展趋势不同，以被试为中心的人格类型更倾向于以概括性的外显特征来描述人格特点。我们看到，尽管人格维度的发展趋势不一，但从总体上而言，几种人格类型仍显示出儿童、青少年在社会化过程中适应性水平的升高。探讨人格类型可以适当简化人格模型，从另一个角度理解人格存在的模式，从人格整体外在表现和人格的适应功能探讨人格的发展特点。

总之，随着年级的升高，具有适应型人格的人的比例升高，另两类的比例降低。对于低控型和过度控制型人格类型而言，女生比例低于男生；对于适应型人格类型而言，女生比例高于男生。

[①] Roberts, B. W., et al. Patterns of mean-level change in personality traits across the life course: A meta-analysis of longitudinal studies. Psychological Bulletin, 2006, 132（1）, 1-25.

第五章

人格发展与生理的关系

生理是人格发展的生物基础,在以往研究幼儿、小学生、初中生自我控制脑电生理特征,儿童情绪易感性脑电生理特征,癫痫儿童与正常儿童自我控制比较,以及幼儿、小学生、初中生自我控制培养后脑电生理特征的基础上,本章主要进行初中生自我控制与停止信号任务的相关研究及初中生自我控制的 ERP 研究,试图揭示不同自我控制水平的初中生的脑机制发展特征;进行初中生情绪稳定性与情绪 Stroop 任务的相关研究及初中生情绪稳定性的 ERP 研究,试图揭示情绪稳定性不同的初中生脑电成分的差异;进行初中生外倾性与任务转换的相关研究及初中生外倾性的 ERP 研究,试图揭示不同人格特点与其高级神经系统有关;从社会基因视角看天性与教养之争,从而揭示生理与人格发展的关系。

第一节 初中生人格特质:自我控制的 ERP 研究

一、问题的提出

1. 自我控制的概念界定

自我控制是一个包括情绪、动机、认知、行为等方面交互作用的复杂概念[1]。自我控制的复杂性更多地体现在对其研究的角度上,不同的研究者根据自己对自我控制的理解,从不同的角度或方面去探索自我控制的本质,从各个方面不断地丰富着自我控制的研究领域。有些研究者从遵守社会道德规范的角度来定义自我控制,认为自我控制是个体自主调节行为,使其与个人价值和社会期望相匹配的

---

[1] Liebermann, D., et al. Cognitive and emotional aspects of self-regulation in preschoolers. Cognitive Development, 2007, 22 (4), 511-529.

能力[①]；有些研究者从目标定向角度来定义自我控制，认为自我控制是个体适时地调整自己的行动、情绪以及其他各种活动，以符合完成某种活动目标的需要[②]；还有些研究者从气质角度定义自我控制，认为自我控制是指儿童对优势反应的抑制和对劣势反应的唤起的能力。

杨丽珠通过自己的实证研究结果结合理论分析[③]，给自我控制下了一个综合性的定义：自我控制是个体对自身心理与行为的主动掌握，个体自觉地选择目标，在无外界监督的情况下，抑制冲动、抵制诱惑、延迟满足，控制自己的行为，从而保证目标实现的综合系统，表现为意识对自我进行协调、组织、监督、校正、调节，使自己作为一个能动的主体，与客观现实相互作用，从而成功地适应社会。杨丽珠的定义明确、操作性强，本研究将以该定义作为研究的前提。

2. 自我控制的研究方法

现阶段的研究主要运用问卷法、情境实验法、实验室实验和认知神经研究方法等。

（1）问卷法

问卷法具有操作简便、标准化程度较高等特点，这使其成为国内外研究自我控制的重要方法。布朗（Brown）根据其建构的自我控制7步模型（接收信息、评价信息并与标准做比较[④]、发生变化、寻找选择方案、形成计划、执行计划、评价计划的有效性），编制了包含上述7个因素的自我调节问卷（SRQ）。凯里（Carey）等对该问卷进行了探索性因素分析[⑤]，并编制了SRQ简易版问卷（SSRQ）。近年来，尼尔（Neal）和凯里对SSRQ进一步进行分析发现，该问卷可以简化为冲动控制和目标制定两个因素[⑥]，从而形成了目标制定分量表（SSRQ-GS）和冲动控制分量表（SSRQ-IC）。格罗萨斯-毛蒂切克（Grossarth-Maticek）等编制了自我控制问卷（SRI）[⑦]，随后马凯斯（Marqués）等[⑧]用探索性因素分析的方法对SRI的结构进

---

① 张灵聪：《自我控制的一种机制——平衡需求》，《漳州师范学院学报（哲学社会科学版）》2001年16期，第100-103页。
② 肖晓滢：《儿童自我控制发展研究简述》，《心理发展与教育》1991年第7期，第40-42页。
③ 杨丽珠、董光恒：《3~5岁幼儿自我控制能力结构研究》，《心理发展与教育》2005年第4期，第7-12页。
④ Brown, A. A. The self-regulation of a gravel river bed subject to upstream sediment supply. University of Aberdeen, 1997, 281-292.
⑤ Carey, W. B., Mcdevitt, S. C. Revision of the Infant Temperament Questionnaire. Journal of the American Academy of Child Psychiatry, 1978, 6 (15), 735-739.
⑥ Neal D. J., Carey, K. B. Developing discrepancy within self-regulation theory: Use of personalized normative feedback and personal strivings with heavy-drinking college students. Addictive Behaviors, 2004, 29 (2), 281-297.
⑦ Grossarth-Maticek, R., Eysenck, H. J. Self-regulation and mortality from cancer, coronary heart disease, and other causes: A prospective study. Personality & Individual Differences, 1995, 19 (6), 781-795.
⑧ Marqués, M. J., et al. The self-regulation inventory (SRI): Psychometric properties of a health related coping measure. Personality and Individual Differences, 2005, 39 (6), 1043-1054.

行了研究，结果表明自我控制由情感和需要表达、快乐寻求、积极行为、控制性、果断性 5 个因素构成，并编制了包含 72 个项目的自我控制问卷。

（2）情境实验法

自我延迟满足范式（self-imposed delay of gratification paradigm）一直是国内外研究者研究自我控制采用的经典实验任务，分为两个阶段：第一是延迟选择阶段，"延迟者"基于一个富有价值的长远目标而放弃当前的满足。此种选择取向与个体期望的等待时间，对奖赏物的主观价值（延迟奖赏相对于即时奖赏的价值），延迟满足者的年龄及其个体的选择行为和态度，以及人格特征有很大的相关性。第二是延迟维持阶段，"延迟者"要维持做出的延迟满足抉择，直至达成目标，该过程的完成与环境、个人认知及外在活动有关[1]。米舍尔（Mischel）等[2]改进的自我延迟满足任务建立在有选择机会的基础上，个体自我施加的自我控制行为也称为选择性延迟满足（choice delay of gratification）。延迟满足一直是发展心理学研究者研究最多的范式，如杨丽珠等[3]就在改变此任务的基础上对幼儿自我延迟满足的发展特点及跨文化比较进行了研究。延迟范式还有一些其他形式，如选择范式（choice paradigm）、等待范式（waiting paradigm）、工作范式（working paradigm）、礼物延迟范式（gift delay paradigm）等。

（3）实验室实验

侧翼干扰（Flanker）范式在注意网络测验中被广泛使用，其通过在屏幕上呈现一个与正确反应不相容的干扰刺激来引发冲突。在该任务中，被试要对中央呈现的靶子字母进行反应，同时忽略靶刺激两旁呈现的侧抑制干扰刺激。

Go/No-Go 范式也是抑制性控制研究中的常用模式，实验刺激中，一部分（Go 刺激）要求被试做出按键反应，另一部分（No-Go 刺激）要求被试不做按键反应，通过设置 Go 刺激和 No-Go 刺激的不同比例，测查被试的动作抑制能力（高比例 Go 刺激，低比例 No-Go 刺激）和动作启动能力（低比例 Go 刺激，高比例 No-Go 刺激）。

斯特鲁普（Stroop）范式的经典操作如下：当命名用红墨水写成的有意义刺激"绿"和无意义刺激"X"的颜色时，会发现被试对前者的颜色命名时间比后者长。这种同一色词的颜色信息（红色）和词义信息（绿）相互发生干扰的现象就是著名的 Stroop 效应。对于幼儿，不方便用词作为刺激条件，故有研究者将其修改成日夜 Stroop 范式，当研究者向儿童呈现"月亮"的图片时，要求儿童

---

[1] 朱玲玲、吴素红：《自我控制研究述评》，《绍兴文理学院学报（自然科学）》2011 年第 31 期，第 106-111 页。

[2] Mischel, W., et al. Cognitive and attentional mechanisms in delay of gratification. Journal of Personality and Social Psychology, 1972, 21 (2), 204-218.

[3] 杨丽珠、王江洋、刘文、Monica Cuskelly Airong Zhang：《3～5 岁幼儿自我延迟满足的发展特点及其中澳跨文化比较》，《心理学报》2005 年第 37 期，第 224-232 页。

对"白天"做出反应,反之,当呈现"太阳"的图片时,要求儿童对"夜晚"做出反应。

停止信号(stop-signal)任务模拟真实的生活情境,要求被试在实验中快速而准确地执行或停止一个行动,这种任务测量的是利用既定规则控制行为的能力,同时还测量对已形成的"按键反应倾向"进行抑制的能力。基本的实验程序如下:实验者先在计算机屏幕上给被试呈现出一个固定的注视点,然后要求被试根据方块出现的位置做相应的按键动作。例如,如果方块出现在注视点的右边,被试就按右边的按钮;如果方块出现在注视点的左边,则按左边的按钮。在一次实验进程的25%时呈现声音刺激,这时要求被试在看见方块出现时不做任何反应,即要求被试抑制先前的反应。听觉信号呈现的时间间隔为50ms、200ms、350ms、500ms。整个实验中,被试出现的错误抑制反应的总数目为自我控制的一个测量指标。

(4)认知神经研究方法

事件相关电位(ERP)是目前研究者公认的不受刺激物理属性影响,可以反映被试的注意、记忆、思维等一系列心理过程的客观神经电生理指标,它有效地反映了认知过程中大脑的神经电生理变化,是窥探心理活动的"窗口",其时间依赖性非常好,能达到毫秒级的水平。通过ERP可以探测个体在完成任务过程中不同时段的大脑活动情况,以此结合行为数据,形成了一种从脑电生理上深入探讨执行功能的有效方法。因其便于操作及无危害性,所以相对于其他神经科学方法,比较适合青少年被试参与的实验研究。

3. 自我控制的脑机制研究

自我控制的相关研究在认知神经研究领域属于认知控制(cognitive control)的研究范畴。认知控制是指大脑对决策实施与调整的能力,决定了个体的反应速度以及如何进行反应等,也包括对行为的即时控制,主要强调个体如何处理冲突、调节冲动,使自身达到或建立起一种良好的稳定状态[1]。认知控制一般涉及前额皮层、前扣带回皮层等一些高级认知皮层区域[2]。ERP的一些相关成分也是认知控制研究的重要指标,目前认为N2、P3、ERN(error related negativity,错误相关负波)等脑电成分可以有效地反映认知控制能力,但是一些认为认知机制和过程不同的研究者之间还存在争议。

---

[1] 李翠、周振和:《认知控制的事件相关电位研究进展》,《新乡医学院学报》2010年第27期,第89-92页。
[2] Aron, A. R. The neural basis of inhibition in cognitive control. Neuroscientist, 2007, 13(3), 214-228.

(1) 自我控制与 N2

阿济济安（Azizian）等的研究表明，N2 反映了大脑对认知的控制能力[①]，在关于成人的研究中，在听觉刺激模式下，N2 波在前额正中电位约 100ms 后出现，在视觉刺激模式下，N2 波在颞枕部电位约 180ms 后出现。福尔斯坦（Folstein）最早认为，N2 与 P3 是一组复合波，但近年来一些研究者认为 N2 波是具有独立心理学意义的 ERP 成分[②]。N2 波可分为 3 个亚成分：第 1 个亚成分（N2a）位于前额正中部位，代表的心理意义为被试开始注意诱发刺激，对新奇刺激的感知；第 2 个亚成分（N2b）同时位于前额正中部位、上部颞叶和扣带回皮层，代表的心理意义为个体对认知控制的知觉模式，包括反应抑制、反应冲突以及错误探查；第 3 个亚成分（N2c）位于额叶和中央顶叶、枕叶部位，反映被试对视觉刺激的注意特征。

许多研究表明，在 Go/No-Go 范式下，No-Go-N2 波幅反映了认知控制的可靠性，鉴别难度较大的 No-Go 任务会比鉴别容易的 No-Go 任务引出更大的 N2 波幅。随着 No-Go 刺激概率的降低，N2 成分的波幅明显增大，但靶刺激（Go）诱发的 N2 成分的波幅明显减小。额颞叶部位 N2 成分的波幅和靶与非靶刺激的偏离程度有关，与任务难度的关联不密切。一般而言，在冲突控制的任务中，N2 成分的波幅和潜伏期与个体执行任务的状态相关。当任务对个体要求不高的时候，也就是说个体可以较为方便地识别冲突信息、启动正确的处理通路，这时候 N2 的潜伏期较短，而波幅也较小；当个体处理任务有困难的时候，则记录到出现较晚而波幅较大的 N2，这一现象似乎暗示着需要激发更多的大脑活动[③]。

(2) 自我控制与 P3

1975 年，斯夸尔斯（Spuires）等提出 P300 可分为 P3a 和 P3b 两个亚成分。[④] P3b 是经典的 P3 成分，一般在 Oddball 实验范式下出现。该实验范式的要点是：对同一感觉通路的一系列刺激由两种刺激组成，一种刺激出现的概率很大，称为标准刺激，另一种刺激出现的概率很小，称为偏差刺激，两种刺激出现的顺序是随机的，当让被试对偏差刺激进行操作时，如按键等，会在偏差刺激出现后 300ms 观察到一个正波，即为 P3b，其波幅在 Pz 点附近最高，如果在实验中再加入一种小概率的新异刺激，如一个奇异响声，该新异刺激会诱发出一个正成分，即为 P3a，

[①] Azizian, A., et al. Beware misleading cues: Perceptual similarity modulates the N2/P3 complex. Psychophysiology, 2006, 43 (3), 253-260.

[②] Folstein, J. R., Petten, C. V. Influence of cognitive control and mismatch on the N2 component of the ERP: A review. Psychophysiology, 2008, 45 (1), 152-170.

[③] Patel, S. H., Azzam, P. N. Characterization of N200 and P300: Selected studies of the event-related potential. International Journal of Medical Sciences, 2005, 2 (4), 147-154.

[④] 转引自何春阳、吴宗耀：《P300 亚成分的研究及进展》，《中华物理医学与康复杂志》1999 年底 2 期，第 114-116 页。

其最大波幅在额叶。目前，研究者认为P3a是朝向反应出现的标志。①

N2与P3成分在认知控制范式下的认知功能一直是研究者致力于研究的课题。杰克逊（Jackson）等经过研究认为，N2成分与抑制行为反应的决定有关②，P3成分则反映了刺激对于被试的特异性，是个体对刺激的评估或注意，可以有效区分抑制的不同条件（Go条件或No-Go条件）。但是，还有一些研究者对N2和P3的功能提出了质疑，认为N2也是冲突监控的指标，甚至一些研究者通过自行改编实验范式研究得出N2只是冲突监控的指标，而P3才是反映抑制的指标，脑电成分的争议其实也正反映了对脑区功能的争议，因为一些研究也表明了N2的脑内源在前扣带回，而P3的脑内源在前额叶，对于哪种ERP成分的解释是合理的，目前还没有定论。

（3）自我控制与ERN

ERN是目前研究者在冲突范式中研究较多的脑电成分，发生错误反应后，可在个体额叶中部观察到一个明显的负相电位偏移，格林（Gehring）等认为该负波与错误反应有关③，故称之为ERN或Ne。ERN产生于错误反应开始之后，最大峰值出现在额叶中部，并随后会在顶叶上出现一个正相电位，即P3。研究表明，ERN的潜伏期比较恒定，在EMG（electromyogram，肌电）启动之后的100～150ms或外部反应出现以后的100ms内达到峰值，其产生源定位于前扣带回皮层。ERN最早在错误反应后出现，因此许多研究者将ERN作为反映错误探测和反应冲突的指标。但是，也有证据表明ERN不仅出现在错误反应后，例如，苏汉（Suchan）等认为④，ERN并不简单地反映错误加工的过程，它可能反映的是整个反应监控的过程。目前，也有人认为错误行为产生的冲突诱发了ERN，而正确行为产生的冲突诱发了N2成分。

4. 以往研究存在的问题

（1）未能对自我控制的发展机制进行综合研究

自我控制本身涉及人格、行为、神经系统多个层面，并且其发展受到大脑发育、遗传与社会环境等诸多因素的影响，是一个复杂的综合系统。以往研究多是独立地探讨自我控制的某个方面的特征或单独探讨某一方面因素的影响作用，但我们认为自我控制的发展是在神经系统成熟的基础上，结合遗传因素与社会环境

---

① 魏景汉、罗跃嘉：《事件相关电位原理与技术》，科学出版社2010年版，第93-99页。
② Jackson, S. R., et al. The selection and suppression of action: ERP correlates of executive control in humans. Neuroreport, 1999, 10 (4), 861-865.
③ Gehring, W. J., et al. A neural system for error detection and compensation. Psychological Science, 1993, 4 (6), 385-390.
④ Suchan, B., et al. Evaluation-related frontocentral negativity evoked by correct responses and errors. Behavioural Brain Research, 2007, 183 (2), 206-212.

因素交互作用的结果，如果不系统地考察自我控制的发展与影响机制，就不会真正看清自我控制的本质，对于自我控制发展的性别与年龄特点的解释也只能停留在分析各个研究结果的理论综合上，这样就可能忽略了各个因素之间的交互过程，而因素之间的交互作用是发展心理学研究中最重要的问题。

（2）问卷调查与实验室实验的结合研究需要加强

自我控制最重要的特性应该是人格特征，是社会性的，目前的研究结果只能表明 N2、P3 等脑电指标代表被试完成当前实验室行为实验时的认知指标，以往的研究也只是想探查在个体抑制或冲突解决时诱发了哪些脑电成分，是一种什么样的认知过程。我们认为人在完成任务时表现出的行为应该是个体人格特质的体现，具体来说，一个个体具有什么样的人格特征或能力，就更倾向于产生什么样的行为特点，那么在大脑内也应该有相应的反应。如果 N2、P3 等指标可以用来反映认知控制，那么不同自我控制水平的个体在完成任务时也应该在 N2 或 P3 上有所体现，不同自我控制的个体在脑电成分方面的差异，归根到底应该体现在相应脑区发展的差异上。如果能从人格层面证明这些神经机制上的差异，不但能丰富相应的神经机制模型，也能为评定个体自我控制水平提供一条有效的途径。

二、研究方法

（一）初中生自我控制与停止信号任务的相关研究

1. 研究目的

自我控制是人格建构中的核心概念，对个体的社会性发展有着重要的作用。本研究在综述以往有关儿童、青少年自我控制的理论和实证研究的基础上，采用停止信号范式探索初中生自我控制的结构，为促进初中生自我控制发展提供有效的理论基础，同时利用停止信号范式的特点测量初中生利用既定规则控制行为的能力，考察初中生对已形成的"按键反应倾向"进行抑制的能力，以更好地了解初中生自我控制的发展规律。

2. 研究假设

1）在停止信号任务下，自我控制正确率的年级差异显著。

2）在非停止信号任务下，三个年级的自我控制正确率的差异不显著。

3）初中生人格问卷自我控制维度的得分与停止信号反应时呈负相关，与自我控制正确率呈正相关。

3. 具体研究方法

（1）被试

随机抽取某校初中 3 个年级的学生 90 人，每个年级各 30 人，年龄为 12～15 岁，平均年龄为 13.62±0.87 岁。所有被试身心健康，均为右利手，无神经系统疾病，视力或矫正视力正常。

（2）实验设计

实验进行了 3（年级：初一、初二、初三）×2（信号类别：停止信号、非停止信号）的两因素混合设计。其中，年级为组间设计，信号类别为组内设计。因变量指标有停止信号和非停止信号的反应时和正确率。

（3）工具

屏幕上呈现的图片刺激是两个图形：一个是白色等边三角形，另一个是白色矩形（高 3cm，宽 2cm）。在无停止信号任务中（占所有试次的 70%），呈现图形并要求被试既快又准确地判断。在停止信号任务中（占所有试次的 30%），图片刺激呈现后间隔一定的时间向被试呈现一个白色圆形刺激，要求被试看到白色圆形时抑制对图片刺激的反应。作为停止信号的白色圆形持续时间为 100ms。图片刺激均呈现在黑色背景中。

使用 E-Prime2.0 软件编写程序，实验程序呈现在计算机上，以 1024×768 的分辨率呈现刺激材料。被试用标准键盘进行按键反应。实验安排在一间安静的办公室，采取个别施测的方法。

本研究采用杨丽珠、杜文轩编制的初中生人格问卷。该问卷共有 59 个题目，分为亲社会性、智能特征、自我控制、外倾性和情绪稳定性等 5 个部分，共测量了初中生的合群性、同情利他、攻击反抗、诚实守信、聪慧性、探索创新、自主性、条理性、计划性、坚持性、责任心、精力充沛、乐观开朗、善交际性、暴躁易怒、敏感焦虑和忧郁 17 个特质。问卷采用利克特 5 级评分，1 表示"从不这样"，5 表示"总是这样"。问卷具有良好的信度（内部一致性信度、分半信度、重测信度）和效度（内容效度、结构效度、效标关联效度）。各维度的内部一致性信度为 0.77～0.87，分半信度为 0.71～0.89，重测信度为 0.55～0.69。问卷各维度之间的相关在中等程度水平（0.36～0.70）。

（4）程序

实验开始给出书面和口头指导语，要求被试既快又准确地做出反应，并尽最大努力抑制在停止信号试次中的反应。被试的任务是对屏幕上呈现的图形做判断，要求被试不要等待信号的出现。具体程序如下：每个试次先在屏幕中央呈现一个注视点 500ms，然后呈现 2000ms 的图形刺激。被试在 1500ms 内进行反应。如果是白色三角形，那么就用左手食指按"F"键；如果是白色矩形，那么就用右手食指按"J"键。被试按键反应后，图片呈现结束。如果屏幕上方出现白色的圆形，则不做任何反应。SSD 的变化最早设置为 250ms，之后随着被试对停止信号试次的成功抑制与否进行变化。当被试在某一 SSD 上抑制成功时，下一个 SSD 增加 50ms；抑制失败时，下一个 SSD 减少 50ms①。注视点和图片的视角约为 0.8°。如果被试在图片呈现后 1500ms 后没有做反应，图片消失，超过 1500ms 的反应时记为没有做反应。试次与试次之间的间隔为 2500ms。

程序共分为 1 个练习组块和 3 个正式实验组块。练习实验中，包含 20 个试次，停止信号出现 6 次，每一个图形后面出现 3 次。完成练习后给出速度和正确率的反馈。如果被试的正确率在 75%以下，则重新练习。练习达到要求后进入正式实验。正式实验中，每个区组包含 80 个试次，每个区组结束后有 3min 休息时间。休息好后，按任意一个反应键开始下一个区组。

具体程序如图 5-1 所示。实验任务完成后，让被试填写初中生人格问卷。

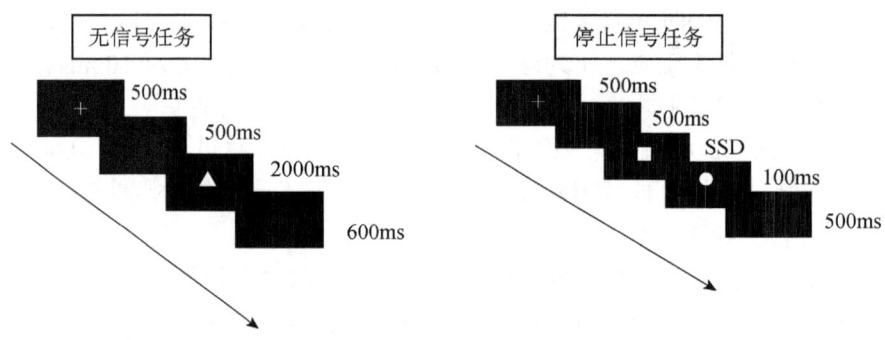

图 5-1 实验流程图举例

（二）初中生自我控制的 ERP 研究

1. 研究目的

在初中生自我控制与停止信号任务的相关研究的基础上，通过设置停止信号延迟，即任务刺激与 SSD，进一步探讨初中生执行控制的加工机制。同时，将初中生人格问卷与 ERP 实验结合，考察自我控制水平高、低的初中生在停止信号任务中的自我控制能力的差异及脑电成分，揭示不同自我控制的初中生脑机制发展的特征。另外，探寻经典脑电成分 N2 和 P3 是否可以预测初中生的自我控制水平，进一步证明该成分具有社会性特征意义。

---

① Verbruggen, F., Logan, G. D. Response inhibition in the stop-signal paradigm. Trends in Cognitive Sciences, 2008, 12 (11), 418-424.

2. 研究假设

1）在行为数据上，高自控组的停止信号任务的正确率显著高于低自控组的停止信号任务的正确率。

2）当 SSD 为 200ms 时，高自控组的停止信号任务的抑制率显著高于低自控组停止信号任务的抑制率。

3）高自控组的 N2 平均波幅显著低于低自控组。

4）高自控组的 P3 平均波幅显著高于低自控组。

3. 具体研究方法

（1）被试

随机抽取的 3 个年级初中生共 480 人填写初中生人格问卷，根据该问卷自我控制维度的题目计算得分，按从高到低进行排序，得分在前 27% 的被试为高自控组（56.36±11.62），得分在后 27% 的被试为低自控组（26.31±10.99）。再分别从高自控组和低自控组各选取 20 名被试作为典型高自控组（58.07±10.89）和典型低自控组（23.92±9.57），共 40 人参加实验。年龄范围为 12~16 岁，平均年龄为 14.27±0.89 岁。所有被试无精神病史或大脑创伤，听觉正常，近期内无神经性疾病与药物的使用，以前未参与过类似的脑电实验。被试的监护人和参与实验的被试本人都签署了实验知情同意书，同意参加实验。在实验后，给予每名被试一定的报酬。

（2）实验设计

本研究采用 2（自我控制得分：高自控、低自控）×2（停止信号任务：停止信号条件、非停止信号条件）×3（SSD：200ms、250ms、300ms）的三因素混合设计，其中自控得分为组间设计，停止信号和 SSD 为组内设计。因变量指标有停止信号和非停止信号任务的反应时、正确率。

（3）工具

与第一节中的初中生自我控制与停止信号任务相关研究不同的是，本实验设置了 3 种不同的 SSD 条件，即 200ms、250ms 和 300ms，每种 SSD 条件随机出现。其余实验材料与第一节中的初中生自我控制与停止信号任务相关研究材料相同。

（4）程序

带领被试进入脑电实验室，待被试熟悉实验室环境后，安排被试坐在舒适的扶手椅上，佩戴好电极帽。调整被试的座位，使被试距电脑屏幕约 75cm，眼睛基本平视屏幕中央。电极帽带好后，当各电极的头皮阻抗调至 5KΩ 以下后，启动正式实验程序。程序包括 1 个练习区组和 6 个正式实验区组。练习实验中，包含 20 个试次，停止信号出现 6 次，每一个图形后面出现 3 次。完成练习后，给出速度和正确率的反馈。如果被试的正确率在 75% 以下，则重新练习。练习达到要求后进入正式实验。正式实验中，每个区组包含 120 个试次，其中停止信号 72 个试次，每种 SSD 条件下各有 24 个试次，一半在正方形出现后，另一半在三角形出现后。每个区组结束后，有 3min 休息时间。休息好后，按任意一个反应键开始下一个区组。

(5) ERP 记录与分析

实验仪器为德国 Brain Products 公司的 ERP 记录与分析系统，按国际 10-20 系统扩展的 64 导电极帽记录 EEG。参考电极置于双侧乳突连线，以双侧乳突平均值为参考。接地点在前额 FPz 和 Fz 中点。同时，在双眼外侧约 1.5cm 处安置电极记录水平眼电，左眼上下眼眶安置电极记录垂直眼电。每个电极处的头皮和电极之间的阻抗小于 5KΩ。滤波带通为 0.05～80Hz，采样频率为 500Hz/导。完成连续记录 EEG 后，采用 BP 离线分析软件 Analyzer 处理数据，自动校正水平眼电和垂直眼电，并充分排除其他伪迹，波幅大于±100μV 被视为伪迹自动剔除。对正确反应诱发的脑电进行叠加和平均，每种条件下的叠加次数约为 45 次。

EEG 分析时程为启动刺激前 200～1000ms，测量的基线是刺激前 200ms 的平均电位。分别叠加高自控组和低自控组在 3 种 SSD 时间水平下诱发的 ERP 波形。根据 ERP 总平均图确定各个成分的波峰、潜伏期，以波峰、潜伏期前后各 200ms 的平均波幅作为各成分的平均波幅。对各 ERP 成分的平均波幅和潜伏期进行重复测量方差分析。

三、研究结果

（一）初中生自我控制与停止信号任务相关研究的数据分析结果

1. 停止信号任务行为结果

采用 SPSS17.0 统计软件对停止信号条件和非停止信号条件下的反应时和正确率进行统计分析。3 个年级的被试在停止信号任务中的成绩如表 5-1 所示。

表 5-1　3 个年级的停止信号任务成绩　　　　　　　单位：ms

年级	停止信号条件反应时		非停止信号条件反应时		抑制率	
	M	SD	M	SD	M	SD
初一	508	96	669	85	39.8	18.1
初二	458	101	654	90	49.1	15.2
初三	397	87	639	79	49.9	14.4

对停止信号条件下的反应时进行单因素方差分析，结果表明，年级因素效应显著，$F(2, 89)=27.08$，$p<0.05$。采用 LSD 事后检验，分析结果表明：三年级

被试的停止信号条件反应时显著短于一年级被试，$F(1, 89)=32.12$，$p<0.001$，说明三年级被试的抑制能力显著优于一年级被试，其余方面的差异则不显著。

对非停止信号条件下的反应时进行单因素方差分析，结果表明，3个年级间的反应时差异不显著，$F(2, 89)=9.88$，$p>0.05$，说明3个年级的被试在执行速度上无显著差异。

对抑制率的分析结果表明：年级因素效应显著，$F(2, 89)=6.88$，$p<0.001$；采用LSD事后检验，分析结果表明：二年级和三年级被试的抑制能力显著优于一年级被试，$F(1, 89)=7.12$，$p<0.001$；$F(1, 89)=7.89$，$p<0.001$，二年级被试和三年级被试的抑制能力差异则不显著。

2. 自我控制维度得分与停止信号任务成绩的相关分析

针对初中生人格问卷中的自我控制维度得分与停止信号任务反应时和抑制率，采用皮尔逊积差相关获得变量之间的相关情况，结果如表5-2所示。

表5-2　自我控制得分与停止信号任务的反应时、抑制率相关分析表

项目	一年级自我控制得分	二年级自我控制得分	三年级自我控制得分
停止信号任务的反应时	−0.43**	−0.49**	−0.58**
抑制率	0.11	0.23*	0.49**

从表5-2可以看出，3个年级停止信号任务的反应时与自我控制得分呈显著负相关，也就是说，自我控制得分高的被试的停止信号任务反应时短。二年级和三年级的抑制率与自我控制得分呈显著正相关，说明自我控制得分高，被试的抑制率也高。但是，在一年级被试中没有发现二者之间的相关。此外，从整体上对自我控制得分与停止信号任务的反应时和抑制率进行相关分析，得出自我控制得分与停止信号任务的反应时呈显著负相关，$r_{(90)}=0.485$，$p<0.001$；与抑制率呈显著正相关，$r_{(90)}=0.322$，$p<0.001$。

（二）初中生自我控制ERP研究的数据分析结果

1. 行为数据

对停止信号任务完全做反应或完全不做反应的被试的数据，对非停止信号任务反应错误率大于5%的被试的数据都将被剔除。[①]本研究中有3名被试的数据被剔除，其中1人对停止信号完全不做反应，另外2人在非停止信号任务中反应的错误率大于5%。最后进入统计分析的总人数为37人，高自控组有19人，低自控

---

① Verbruggen, F., Logan, G. D. Response inhibition in the stop-signal paradigm. Trends in Cognitive Sciences, 2008, 12 (11), 418-424.

组有18人。对行为数据进行2（自我控制得分：高自控、低自控）×3（SSD：200ms、250ms、300ms）的两因素重复测量方差分析。

对停止信号任务的反应时进行重复测量的方差分析，结果如图5-2所示。SSD时间间隔主效应显著，$F(2, 35)=38.27$，$p<0.05$。SSD为300ms时，停止信号任务反应时最长；SSD为200ms时，停止信号任务反应时最短。组别主效应显著，$F(1, 36)=14.67$，$p<0.05$，低自控组的停止信号任务反应时显著长于高自控组。SSD与组别的交互作用显著。进一步的简单效应检验发现，当SSD为200ms和250ms时，高自控组和低自控组的停止信号任务反应时差异显著，当SSD为300ms时，这一差异不显著。

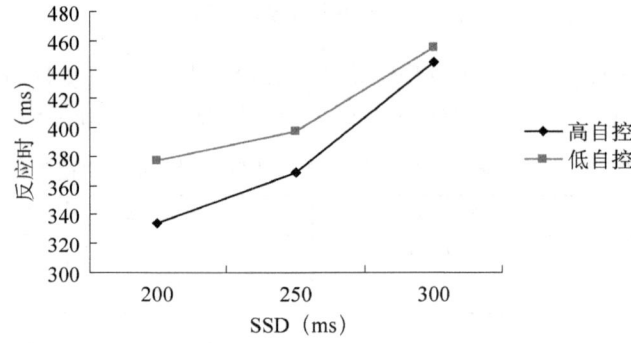

图5-2 不同SSD条件下高自控组与低自控组停止信号任务的反应时

对抑制率进行重复测量的方差分析结果如图5-3所示，SSD时间间隔主效应显著，$F(2, 35)=35.88$，$p<0.05$，SSD为200ms时抑制率最高，SSD为300ms时抑制率最低，说明随着停止信号延迟的增加，被试对信号的抑制率有所下降。组别主效应显著，$F(1, 36)=11.26$，$p<0.05$，高自控组的抑制率显著高于低自控组。组别和SSD的交互作用不显著。

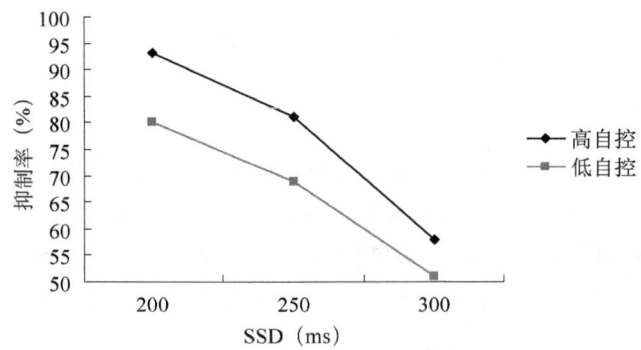

图5-3 不同SSD条件下高自控组与低自控组的抑制率

2. 脑电数据

对行为数据剔除后剩余的 37 名被试的 EEG 数据进行离线分析,其中 3 名被试的脑电伪迹过多,剔除这 3 名被试的所有数据,所以实际进入脑电分析的被试是 34 人,其中高自控组 18 人,低自控组 16 人。本研究沿中线选取额区(Fz)、中央区(Cz)、顶区(Pz)和枕区(Oz)记录 ERP 并进行叠加处理。停止信号呈现后,对于大脑皮层不同区域诱发的 ERP 波形,高、低自控组既有相似也有不同,如图 5-4 所示。从图 5-4 中 Oz 点 ERP 的时间进程并结合以往的研究确定脑电成分分析选择时间窗口为 P2(170~270ms)、N2(200~320ms)、P3(240~400ms)[1]。

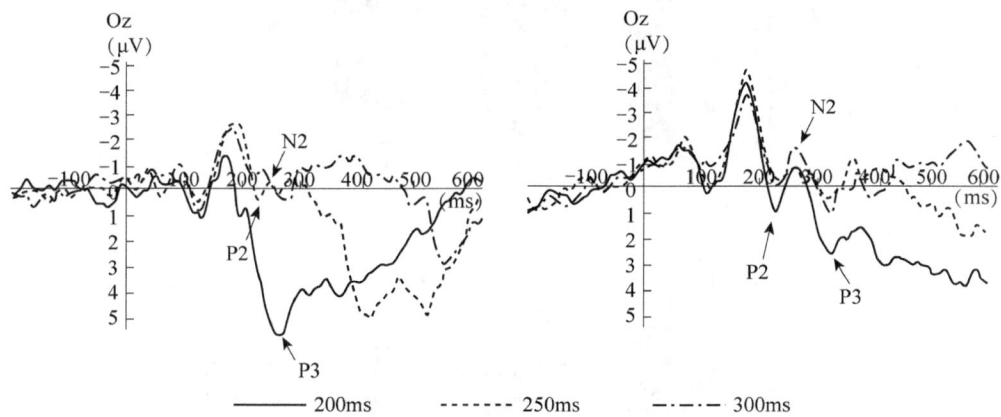

图 5-4 高自控组(左图)和低自控组(右图)Oz 点的 ERP 总平均图

(1) P2

停止信号呈现后,高自控组和低自控组被试进行反应抑制时,主要在顶区和枕区诱发出 P2 成分。本研究沿中线选取额区(Fz)、中央区(Cz)、顶区(Pz)和枕区(Oz)4 个点记录 ERP,并进行叠加处理。

以 P2 波幅为因变量的重复测量多因素方差分析结果显示,组别主效应显著,$F(1, 32)=76.44$,$p<0.05$;SSD 时间间隔主效应显著,$F(2, 31)=6.07$,$p<0.01$;电极点位置主效应显著;$F(3, 30)=3.78$,$p<0.01$;组别与 SSD 时间间隔的交互作用不显著。以 P2 潜伏期为因变量的多因素方差分析结果显示,组别主效应显著,$F(1, 32)=36.78$,$p<0.01$;SSD 时间间隔主效应显著,$F(2, 31)=87.32$,$p<0.01$;电极点位置主效应显著,$F(3, 30)=5.97$,$p<0.05$;组别与 SSD 时间间隔的交互作用显著,$F(2, 31)=17.02$,$p<0.01$,其他交互作用不显著。多重比较

---

[1] Posner,M. I.,et al. Development of the time course for processing conflict:An event-related potentials study with 4 year olds and adults. BMC Neuroscience,2004,5(1),1-13;陆颖之、周成林:《网球运动员反应抑制能力及其最佳时区的 ERP 特点》,《中国运动医学杂志》2013 年第 32 期,第 974-979 页。

结果显示，当 SSD 为 200ms 时，高自控组和低自控组的潜伏期差异最大。独立样本 *t* 检验结果显示，高自控组和低自控组的电极点 Oz 的 P2 潜伏期差异显著，*t*=3.74，*p*<0.01。以上结果显示，随着时间间隔的延长，P2 波幅在不断变小，潜伏期逐渐延长。与低自控组相比，高自控组诱发的 P2 成分波幅较大，潜伏期较短，且在 SSD 为 200ms 时的表现最为明显（图 5-5）。

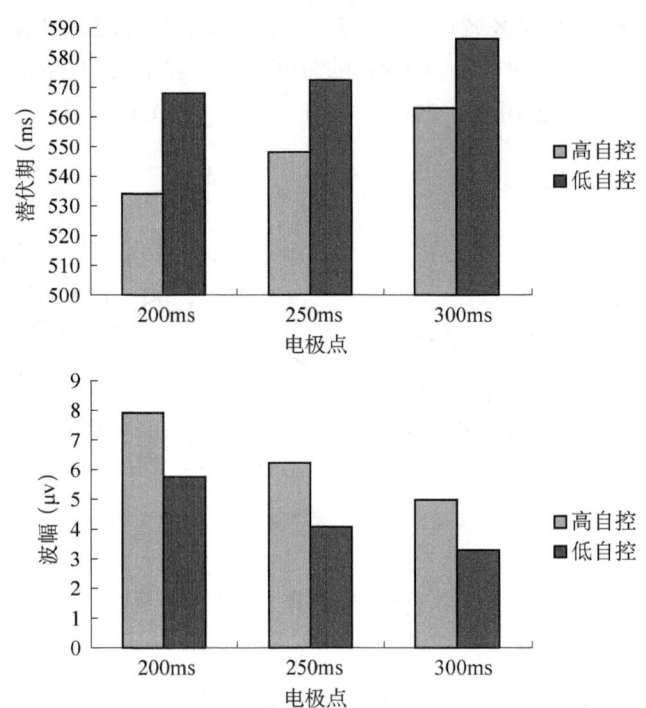

图 5-5 高自控组和低自控组在不同电极点诱发的 P2 潜伏期（上图）和波幅（下图）

（2）N2

在停止信号呈现后被试成功抑制时，高自控组和低自控组被试的大脑各区域都诱发出 N2 成分。根据相关文献，本研究选取额区（Fz）、中央区（Cz）、顶区（Pz）3 个记录点的 ERP 进行叠加处理。

以 N2 波幅为因变量的多因素方差分析结果显示，组别主效应显著，$F(1, 32)=35.84$，$p<0.01$；SSD 时间间隔主效应显著，$F(2, 31)=10.54$，$p<0.01$；电极点位置主效应显著，$F(2, 31)=56.11$，$p<0.01$；组别与电极点位置的交互作用显著，$F(2, 31)=8.53$，$p<0.01$，其他交互作用不显著。

以 N2 潜伏期为因变量的重复测量的多因素方差分析结果显示，组别主效应不显著，$F(1, 32)=21.65$，$p>0.05$；SSD 时间间隔主效应显著，$F(2, 31)=85.63$，

$p<0.05$；电极点位置主效应显著，$F(2, 31)=5.61$，$p<0.01$；组别与电极点位置的交互作用显著，$F(2, 31)=2.16$，$p<0.05$；SSD 时间间隔与电极点位置的交互作用显著，$F(6, 27)=7.61$，$p<0.01$；SSD 时间间隔与组别的交互作用不显著。

进一步多重比较发现，低自控组诱发的波幅更大，并在 SSD 为 250ms 和 300ms 时，分别在 Pz 和 Cz 点表现出显著性差异。以上结果表明，低自控组在 SSD 为 250ms 和 300ms 后出现停止信号的敏感度高于高自控组，大脑激活水平高于高自控组。也就是说，被试在停止信号实验中做快速反应比缓慢反应诱发的 N2 波幅更大。

（3）P3

在停止信号呈现后被试成功抑制时，高自控组和低自控组均在头皮中后部诱发出明显的 P3 成分。本研究选取额区（Fz）、中央区（Cz）、顶区（Pz）3 个记录点的 ERP 进行叠加处理。

以 P3 波幅为因变量的多因素方差分析结果显示，组别主效应显著，$F(1, 32)=24.35$，$p<0.05$；SSD 时间间隔主效应显著，$F(2, 31)=4.32$，$p<0.05$；电极点位置主效应显著，$F(2, 31)=88.17$，$p<0.01$；交互作用均不显著。以 P3 潜伏期为因变量的重复测量的多因素方差分析结果显示，组别主效应显著，$F(1, 32)=42.87$，$p<0.05$；SSD 时间间隔主效应显著，$F(2, 31)=90.53$，$p<0.05$；电极点位置主效应显著，$F(2, 31)=98.16$，$p<0.05$；组别与电极点位置的交互作用显著，$F(2, 31)=22.64$，$p<0.05$；SSD 时间间隔与电极点位置的交互作用不显著；SSD 时间间隔与组别的交互作用不显著。

以上结果表明，在停止信号出现的感知阶段，随着 SSD 时间间隔的延长，P3 波幅更大，潜伏期更短。与低自控组相比，高自控组的 P3 波幅更大，潜伏期更短。当 SSD 为 300ms 时，分别在 Fz 和 Pz 点表现出显著性差异。这说明高自控组对停止信号的加工速度较快，因为他们需要消耗更多的注意资源用于抑制信号，以保证成功抑制当前的行为。

四、讨论和结论

（一）自我控制与停止信号任务

停止信号任务最早用来研究与执行功能密切相关的抑制控制，是一种用于研究注意缺陷多动障碍反应抑制能力的经典实验范式，它模拟真实生活情境，要求被试在实验中快速而准确地执行或停止一个行动。在自我控制的 ERP 研究中，初中生人格问卷自我控制维度得分与停止信号反应时、抑制率显著相关，说明停止信号任务成绩能够较好地反映自我控制这一人格维度的行为特点。采用停止信号任务对3个年级被试的自我控制特点进行研究发现，初一、初二、初三年级学生在自我控制维度得分上有显著差异。事后比较也发现，初一与初二年级学生在自我控制得分上有显著差异，初一年级学生在这一个维度上的得分明显高于初二年级学生。杜文轩等[1]对自我控制维度下的特质进行分析，发现坚持性特质存在显著的年级差异。从初一到初二年级，学生的条理性、计划性、坚持性的得分都出现显著下降，坚持性的得分在初二到初三年级又有了显著上升。这可能是由于初一年级学生刚从小学升入初中，还不适应初中的学习和生活方式，所以平时表现得比较中规中矩，从问卷数据来看，就是自我控制水平较高。随着对初中生活的逐渐适应、身体的成长和同伴关系的巩固，初中生的活动水平逐渐提升，表现出一定的叛逆性，从而导致测评上的自我控制水平分数低于初一。初三年级学生由于心理逐渐成熟，自我控制水平也有了一定的提高。

在自我控制的ERP研究中，对抑制率进行统计分析时发现，无论是高自控组还是低自控组，随着停止信号延迟的增加，其信号反应概率也升高。这一结果符合停止信号范式的典型结果之一，即对停止信号反应的正确率随着停止信号延迟的增加而降低[2]。这一结果说明，停止信号范式适用于初中生群体。但是，高自控组被试在停止信号任务中的反应时显著低于低自控组的被试，在无停止信号任务中的反应时显著高于低自控组被试，这一研究结果与Logan等的研究一致。Logan等[3]认为，抑制控制差是对无停止信号任务的反应太快或者对停止信号反应太慢引起的。换言之，抑制控制差，个体在无信号任务中的反应时短，而在停止信号任务中的反应时长。

（二）自我控制的ERP特点

1. 自我控制与P2

P2主要位于头前部与中央头皮区域，与注意的分配及对刺激的加工分析有关[4]。有研究表明，P2成分的出现反映了早期信息加工过程[5]，它的潜伏期代表了知觉

---

[1] 杜文轩、杨丽珠、马世超：《初中生人格量表的常模制定——基于大连市6449名初中生的研究》，《辽宁师范大学学报（社会科学版）》2014年第37期，第365-370页。

[2] Logan, G. D., William, B. C. On the ability to inhibit thought and action: A theory of an act of control. Psychological Review, 1984, 91 (3), 295-327.

[3] Logan, G. D. Automaticity and reading: Perspectives from the instance theory of automatization. Reading & Writing Quarterly, 1997, 13 (2), 123-146.

[4] Nieuwenhuis, S., et al. Sensitivity of electrophysiological activity from medial frontal cortex to utilitarian and performance feedback. Cerebral Cortex, 2004, 14 (7), 741-747.

[5] Huang, Y. X., Luo, Y. J. Attention shortage resistance of negative stimuli in an implicit emotional task. Neuroscience Letters, 2007, 412 (2), 134-138.

分析与加工所需要的时间，潜伏期越长，意味着信息的加工效率越低[1]。有研究发现，有时间压力时的 P2 潜伏期比无时间压力时的 P2 潜伏期更长，由于受到时间压力的干扰，被试需要花更多的时间才能完成对算术题目的注意加工，因此在时间压力下被试对视觉信息的加工效率更低[2]。从本研究的 ERP 结果可以看出，在停止信号呈现后的 170~270ms，两组被试均诱发了 P2 成分。尤其是在 SSD 为 300ms 时，P2 的波幅更小，潜伏期更长。研究结果说明，当 SSD 不断延长时，被试很难抑制当前进行中的任务，加大了反应抑制的难度，所以表现出加工时间长的特点。当 SSD 为 200ms 时，高、低自控组的波幅和潜伏期差异显著，表现为高自控组的 P2 波幅显著大于低自控组，潜伏期短于低自控组。

2. 自我控制与 N2

ERP 结果显示，停止信号出现后 200~310ms 诱发了认知控制的 N2 成分。当 SSD 不断延长、抑制难度不断增大后，高自控组与低自控组的 N2 峰值也在不断增大，潜伏期逐渐缩短。这与 Arnsten 等[3]的研究结果一致。被试在停止信号实验中做快速反应比缓慢反应时引出的 N2 的波幅更大。研究发现，在停止信号条件下，在潜伏期上没有表现出高自控与低自控的组间差异，这一现象在不少有关自我控制的脑电研究中都曾出现，如苏丹[4]曾经对自我控制水平不同的 26 名大学生进行了 Go/No-Go 脑电研究，发现高自控组、低自控组的 N2 平均波幅差异不显著。张颖群[5]对初中生自我控制的个体差异进行研究时，也发现 N2 的平均波幅和潜伏期在高自控组、低自控组之间无显著差异。但是，两组之间的峰值表现出显著差异。低分组诱发的 N2 波峰较大，停止信号出现后伴随的 N2 成分反映了抑制处理过程的激活，而 SSD 接近一般选择反应时（300ms）时，抑制冲突更激烈，监控反应冲突需消耗的个体注意资源更多。这在自控维度得分低的初中生身上表现得更明显。这说明在停止信号任务中，低自控得分的个体成功抑制反应需要占用更多的心理资源。

---

[1] Yuan, J. J., et al. Pleasant mood intensifies brain processing of cognitive control: ERP correlates. Biological Psychology, 2011, 87 (1), 17-24.
[2] 徐继红：《大学生数量估计的认知方式差异及 ERP 研究》，山东师范大学硕士学位论文，2007 年。
[3] Arnsten, A. F. T., Pliszka, S. R. Catecholamine influences on prefrontal cortical function: Relevance to treatment of attention deficit/hyperactivity disorder and related disorders. Pharmacology Biochemistry & Behavior, 2011, 99 (2), 211-216.
[4] 苏丹：《青少年自我调节学习发展特点及脑机制研究.》，首都师范大学博士学位论文，2011 年。
[5] 张颖群：《初中生自我控制结构、发展特点及脑电特征的研究》，辽宁师范大学硕士学位论文，2013 年。

3. 自我控制与 P3

有研究表明，P3 成分反映了个体在确定刺激的相关性时的选择性感知过程[①]。双任务实验证明，P3 波幅在一定程度上与投入的心理资源量呈正相关，P3 潜伏期随任务难度的增加而增加，反映了对刺激进行加工需要的时间。这也与本研究的结果相符，研究发现随着 SSD 的延长，反应冲突更为激烈，需要投入更多的心理资源，诱发的波幅也就更大。可见，为了更好地完成停止信号任务，成功抑制当前行为，需要对停止信号投入更多的注意资源，以保证对出现偏差的反应倾向进行及时纠正[②]。此外，以往与抑制相关的研究发现，P3 波幅较小、潜伏期较长的个体，其抑制能力相对较弱[③]。本研究的行为结果显示，高自控组的抑制正确率高于低自控组，ERP 结果也表明，高自控组的 P3 潜伏期短于低自控组，P3 波幅大于低自控组，说明自控水平高的初中生对于抑制信号任务的信息加工速度快，占用的注意资源多。贺金波等对网络成瘾者的反应抑制的实验研究表明[④]，相对于常人，自我控制较差的网络成瘾个体的 P3 波幅较小，这也与本研究结果相符。这可能是因为自我控制得分高的初中生在日常生活中表现出认真、有条理，以及对自身行为的控制能力强的人格特质，高自控个体为了更好地完成任务会投入更多的注意资源，而越快速地对停止信号进行处理，越有利于在有限的时间内做出正确决策。可见，自控水平高的初中生在停止信号任务中识别停止信号和加工时所用的时间更短，消耗的心理资源更多。

综上所述，本研究得出以下结论。

1）在自我控制维度上得分高的被试的反应抑制能力要好于得分低的被试，说明自控得分低的被试对于抑制信号的信息加工速度快，占用的注意资源多。

2）高自控组诱发的 P2 成分波幅较大，潜伏期较短，且在 SSD 为 200ms 时表现得最为明显。

3）停止信号出现后 200～310ms 诱发了认知控制的 N2 成分，低自控组的波幅显著大于高自控组，说明在停止信号任务中，低自控组需要消耗更多的认知资源。

4）高自控组的 P3 潜伏期短于低自控组，P3 波幅大于低自控组。

[①] Donchin, E., Coles, M. G. H. Is the P300 component a manifestation of context updating? Behavioral & Brain Sciences, 1988, 11（3），357-425.

[②] Eva, B., et al. Protein kinase D2 regulates migration and invasion of U87MG glioblastoma cells in vitro. Experimental Cell Research, 2013, 319（13），2037-2048.

[③] Barratt, E. S. Perceptual-motor performance related to impulsiveness and anxiety. Perceptual & Motor Skills, 1967, 25（2），485-492；Posner, M. I., et al. Development of the time course for processing conflict: An event-related potentials study with 4 year olds and adults. BMC Neuroscience, 2004, 5（1），1-13.

[④] 贺金波、郭永玉、向远明：《青少年网络游戏成瘾的发生机制》，《中国临床心理学杂志》2008 年第 1 期，第 46-48 页。

第二节 初中生人格特质：情绪稳定性的 ERP 研究

一、问题的提出

1. 情绪稳定性的概念界定

情绪稳定性（emotional stability）至今没有统一的定义。雷伯（Reber）将其定义为"情绪稳定性用来表征一个人的情绪成熟状况，情绪稳定的人能够在不同的情境中做出适当的情绪反应"[1]，即情绪稳定性是人格的一个纬度，表征了情绪发展的成熟性和个体或环境相互作用的协调性等特征。朱智贤在《心理学大词典》中指出，情绪不稳定的人对事件的发生容易出现情绪反应，一经引起情绪波动，对情绪的控制较差。这种情绪的稳定性与个人的意志强度有关。[2]台湾心理学家张春兴在《张氏心理学辞典》中认为，情绪稳定性属于人格特质之一，是指个体在情绪情景下不表现出过分激动的反应。[3]情绪稳定性由个人认知成熟度和个性成熟度组成。情绪稳定性的标志是在各种复杂、紧急、恐惧或危险情况下仍能泰然处之，发挥个人能力，甚至表现出超水平发挥的能力。情绪不稳定性表现为常为某些事情担心，易急躁，心情常常忧郁、易悲伤等。情绪是否稳定是衡量心理品质优劣的一个重要方面，也是心理是否健康的一个重要标志。

杜文轩等在对青少年人格结构的发展研究中，将情绪稳定性作为青少年的人格特质之一，认为情绪稳定性是指初中生积极或消极的情绪反应，具体包括情绪的稳定性、情绪的持续性和情绪表达三个方面。[4]该研究中的情绪稳定性维度包括敏感焦虑、忧郁、暴躁易怒 3 个特质。敏感焦虑是指当个体面对应激事件时表现出的猜疑、紧张、过分注意的心理倾向。忧郁是反映正常心境向情绪低落方面波动的人格特质。暴躁易怒反映的是愤怒感体验和情绪冲动性的人格特质。初中生处于情绪情感不稳定的时期，情绪的起伏波动很大，时而兴高采烈，时而焦虑抑郁。人们对初中生情绪情感问题的关注，使得这个维度更加具有现实意义。

---

[1] Reber, A. S. Dictionary psychology. BMJ Clinical Research, 1985, 1 (5125), 836-837.
[2] 朱智贤：《心理学大词典》，北京师范大学出版社 1989 年版，第 504 页。
[3] 张春兴：《张氏心理学辞典》，上海辞书出版社 1991 年版，第 22 页。
[4] 杜文轩、杨丽珠、马世甡：《初中生人格量表的常模制定——基于大连市 6449 名初中生的研究》，《辽宁师范大学学报（社会科学版）》2014 年第 3 期，第 365-370 页。

2.情绪稳定性理论

(1)情绪稳定性的人格理论

艾森克(Eysenck)将前人的假设演绎,结合因素分析的方法,将人格分为内外向、神经质和精神质3个维度。①其中,神经质和情绪稳定性有关[神经质有时称自我力量(ego-strength)、情绪性、情绪稳定性②]。他认为神经质或情绪性与焦虑及唤醒水平属于同一人格要素,都和交感神经的个体差异有关,高神经质的人情绪唤醒度较高。艾森克编制了EPQ,用来测量上述3个维度。在EPQ测验中,N代表神经质,N分高表示焦虑、遇事易激动或抑制,有强烈的情绪反应;N分低表示善于控制情绪、不易忧伤和焦虑。因此,EPQ测验的N分被很多学者作为评价情绪稳定性的指标。卡特尔从4500多个描述人类个性特点的词汇中提取了42种表面特质,通过因素分析发现了16种根源特质,其中的C因素是情绪稳定性因素。低分表示易急躁不安、易激动、易烦恼;高分表示情绪稳定而成熟、沉着。"大五"是当代人格心理学的新特质理论,经过几代人的发展和完善,其理论和研究模式已经由初具规模走向成熟。在其五个主要因素中,N因素的内容和艾森克提出的N因素内容类似,表示神经质、消极情绪、神经过敏,也是常用的判断情绪稳定性的指标。简·斯特里劳(Jan Strelau)认为,情绪稳定性主要由反应性决定。③反应性和神经类型及唤醒水平基本为同一维度,低反应性相当于低唤醒水平和神经类型强型。这类个体有较高的能量储备,在一定范围内提高环境应激水平可以提高作业能力,情绪稳定性较好;高反应性相当于高唤醒水平和神经类型弱型,这类个体倾向于易激动、不稳定。

(2)情绪稳定性的认知理论

卢卡斯(Lucas)等认为,我们总是直接、自动并且是不由自主地评价遇到的任何事物④。情绪就是对趋向知觉为有益的、离开知觉为有害的东西的一种体验倾向。拉扎勒斯(Lazarus)又进一步把阿恩霍尔德(Arllold)的评价扩展为评价、再评价的过程⑤,认为个体通过大脑对情境刺激进行认知评价,从而产生不同的情绪反应网。依据心理模型理论,场独立者将比场依存者在推理过程中建立更多的

---

① Eysenck, H. J. Personality: Biological foundations. In P. A. Vernon (Ed.), The Neuropsychology of Individual Differences (pp.151-207). New York: Academic Press, 1994.
② 转引自王有权:《航海心理学》,大连海事大学出版2000年版,第111页。
③ 简·斯特里劳:《气质心理学》,阎军译,辽宁人民出版社1987年版,第231页。
④ Lucas, R.E., Donnellan, M.B. Age differences in personality: Evidence from a nationally representative Australian sample. Developmental Psychology, 2009, 45 (5), 1353-1363.
⑤ Lazarus, R. S. Cognitive-motivational-relational theory of emotion. In Y. L. Hanin (Ed.), Emotions in Sport (pp.39-63). Champaign: Human Kinetics, 2000; Arnold, M. B. Emotion and Personality. Vol.1. Psychological Aspects (pp. 125-129). New York: Columbia University Press, 1960.

心理模型①，评价过程更加完善，所以场独立者的思维将更倾向于理性思维，情感更倾向于稳定。沙赫特（Schachter）等提出情绪归因论②，认为情绪既来自生理反应的反馈，也来自对这些反应情境的认知评价，即情绪的产生与归因有关。罗特（Rotter）等认为，人们对于行为积极的和消极的强化来源所抱的期望是不同的③。某些人把他们自己看成是有能力控制强化的事件是否产生，这些人被称为"内控者"，还有一些人认为强化的事件不是由自己控制的，而是由运气、机遇以及其他人等这些外在因素控制的，这些人被称为"外控者"。前者在遇到困难和潜在压力时，常常持积极、乐观、主动的态度，努力克服不利情况，创造有利的结局；后者则相反，常常被一系列消极情绪左右，容易产生情绪波动。从情绪控制能力方面分析，前者的情绪控制能力强，后者的情绪控制能力弱。

（3）生物心理学的观点

研究发现，气质和情绪存在一定的关系。托马斯（Thomas）等采用纵切面研究方法对气质进行了长达 20 年的追踪研究④，发现存在三种气质类型的儿童，即"容易的儿童""兴奋缓慢儿童""由慢到快型儿童"。其中"容易的儿童"的情绪较为稳定，而"由慢到快型儿童"经常会有过于激烈的情绪反应，情绪不稳定。20 世纪 80 年代后期，卡根（Kagan）等将儿童的气质划分为抑制型和非抑制型两种类型⑤。抑制型儿童的主要特征是拘束克制、谨慎小心和温和谦让，行为抑制，经常有高度的情绪性和低度的社交性，情绪较为稳定；非抑制型儿童表现为无拘无束、自由自在、精力旺盛、自发冲动，情绪不稳定。简·斯特里劳的气质调节理论认为⑥，气质是指有机体主要由生物因素决定的相对稳定的动力特点，它由反应的外部特质表现出来。反应的外部特质包括行为的能量水平和时间特点，体现了个体差异，由反应性与活动性两个基本纬度表示。反应性概念是说人们对于刺激（情境）的反应强度不同，当反应性处于极端位置时，可以区分出低反应性个体和高反应性个体。低反应性相当于低唤醒水平和神经类型强型，这类个体有较高的能量储备，在一定范围内提高环境应激水平，可以提高作业能力，情绪稳定性较好；高反应性相当于高唤醒水平和神经类型弱型，

---

① 王有智：《认知风格、内外向性、情绪稳定性与图形推理效果的关系》，《心理科学》2003 年第 26 期，第 1077-1081 页。
② Schachter, S., Singer, J. E. Cognitive, social, and physiological determinants of emotional state. Psychological Review, 1962, 69 (5), 379-399.
③ Rotter, M., et al. Dynamical matrix diagonalization for the calculation of dispersive excitations. Journal of Physics: Condensed Matter, 2012, 2 (1), 1316-1323.
④ Thomas, A., Chess, S. Temperament and Development. New York: Bruner/Mazel, 1977, 3-5.
⑤ Kagan, J., et al. Behavioral inhibition to the unfamiliar. Child Development, 1984, 55 (6), 2212-2225.
⑥ 转引自孙远刚、刘嵩晗、杨丽珠：《12～15 岁初中生健全人格培养研究》，大连海事大学出版社 2017 年版，第 99 页。

此类个体倾向于易激动、情绪不稳定。活动性与行为能量水平有关,它具有对环境刺激值进行调节的作用。

3. 情绪稳定性的脑机制研究

在脑机制研究方面,巴图塞克(Bartussek)等的 ERP 研究发现,情绪稳定的个体有着正常的 P3 头皮分布,其顶叶的 P3 波幅最大[1];神经质得分极高的个体的 P3 头皮分布单一,其所有电极的 P3 波幅基本相同。德帕斯卡利斯(De Pascalis)等的后期研究还显示,神经质维度与一般焦虑因素呈正相关,而与 P3 峰值不存在显著相关[2]。

晚正电位(late positive potential,LPP)属于 P3 家族,是参与情绪加工的重要 ERP 成分,与刺激的唤醒度、注意及动机的参与有关,该成分已被许多研究观测到。在影响 LPP 的因素中,注意资源的投入和刺激的唤醒度是两个非常重要的部分,注意资源的投入也与被试的参与动机有关。研究者认为,这种持续的正电位反映了图片识别任务中个体投入的注意资源量和动机参与程度,注意资源的投入量和动机参与程度受到刺激的情绪效价及唤醒度的影响,与中性刺激相比,积极和消极刺激更具有新异性,更能吸引个体的注意,个体参与任务的动机也更强,因此诱发的 LPP 波幅更大[3]。丁妮等的研究结果显示,虽然两组被试对不同效价的刺激 ERP 反应存在差异,但都表现出一个总的趋势,即积极、消极刺激比中性刺激诱发的 LPP 波幅更正[4],这与 Schupp 等的研究结果是一致的[5],这说明在情绪加工过程中,虽然两组被试的神经质维度得分处于总体分布的两端,但其情绪反应和认知加工仍在正常范围内,只是表现出程度上的差异。

德帕斯卡利斯(De Pascalis)的早期研究发现,在 N800 成分上,神经质、电极和刺激之间有显著的交互作用[6]。在给予神经质的个体失败、错误反馈和成功、正确反馈时,他们对前者的反应产生了较大的 N800 波幅,在 Fz 点的这种差异更加明显;情绪稳定的个体对这两种反馈性的反应没有表现出明显的差异。

---

[1] Bartussek, D., et al. Extraversion, neuroticism, and event-related brain potentials in response to emotional stimuli. Personality & Individual Differences, 1996, 20(3), 301-312.

[2] De Pascalis, V., et al. Personality, event-related potential (ERP) and heart rate (HR) in emotional word processing. Personality & Individual Differences, 2004, 36(4), 873-891.

[3] Lang, P. J., et al. Emotional arousal and activation of the visual cortex: An fMRI analysis. Psychophysiology, 2003, 35, 199-210.

[4] 丁妮、丁锦红、郭德俊:《个体神经质水平对情绪加工的影响——事件相关电位研究》,《心理学报》2007 年第 4 期,第 629-637 页。

[5] Schupp, H. T., et al. The facilitated processing of threatening faces: An ERP analysis. Emotion, 2004, 4(2), 189-200.

[6] De Pascalis, V., et al. Personality, event-related potential (ERP) and heart rate (HR): An investigation of Gray's theory. Personality and Individual Differences, 1996, 20(6), 733-746.

康利（Canli）等利用脑成像技术研究发现，大脑对消极情绪图片（与积极图片相比）的反应中，左额叶和左颞叶的皮层激活与被试的神经质水平呈显著相关，推测大脑对情绪刺激的反应差异可能是基于加工偏差（processing biases）产生的，加工偏差代表的是内外向或神经质的神经信号[1]。莱施（Lesch）等认为，高神经质个体的大脑可能更偏向于负性刺激（相对于积极的），主要体现在左侧前额叶和左侧颞叶皮层区域[2]。研究者进一步推测加工偏差可能与基因有关，有研究发现基因是促成内外向和神经质的因素之一。丁妮等的研究结果也支持额叶及其附近皮层区域是神经质水平影响个体负性情绪加工的重要部位[3]。

综上所述，以往关于神经质与情绪关系的研究大多支持神经质水平主要影响负性情绪加工，与积极情绪的关系不明显。额叶和颞叶可能是参与神经质个体负性情绪加工的重要部位，但在神经质影响个体情绪加工的时间进程方面，结果还存在较大的分歧，有待进一步探讨。导致分歧的原因可能在于人格因素的控制、实验范式、刺激材料的选择以及被试的挑选标准等因素。

4. 初中生情绪稳定性研究存在的问题

（1）情绪稳定性的脑机制研究相对薄弱

目前，对于情绪稳定性（或神经质）的脑电研究较少，特别是国内以儿童、青少年为被试进行的实验研究更是十分匮乏。一方面，这是由脑电实验本身对被试素质的要求的特殊性决定的，成人被试更适合进行脑电实验；另一方面，对于该特质的研究，大多数研究者采用的是社会式测量方法。发展认知神经科学三大理论之一的成熟理论认为，大脑皮层区域与认知功能之间存在一一对应关系，大脑皮层区域的发育成熟决定了认知功能的成熟，脑细胞的发育是镶嵌式的发育，从人格的毕生发展趋势来看，有研究发现青少年阶段的情绪稳定性水平是在逐渐下降的，这一趋势到青少年后期才得以扭转[4]。随着年龄的增长，初中生的大脑功能逐步完善，自我管理与自我控制能力逐步提高，这提示研究者要从发展的观点看待大脑与认知功能的关系，特别是在"成熟时间表"内进行研究更能看清脑与认知发展的本质。

---

[1] Canli, T., et al. An fMRI study of personality influences on brain reactivity to emotional stimuli. Neuroscience, 2001, 115 (1), 33-42.
[2] Lesch, K. P., et al. Association of anxiety-related traits with a polymorphism in the serotonin transporter gene regulatory region. Science, 1996, 274 (5292), 1527-1531.
[3] 丁妮、丁锦红、郭德俊：《个体神经质水平对情绪加工的影响——事件相关电位研究》，《心理学报》2007 年第 4 期，第 629-637 页。
[4] Soto, C. J, et al. Age differences in personality traits from 10 to 65: Big Five domains and facets in a large cross-sectional sample. Journal of Personality and Social Psychology, 2011, 100 (2), 330-348.

(2) 对于情绪稳定性的情绪加工机制的探讨不够深入

以往关于情绪稳定性与情绪关系的研究比较一致的观点是：高焦虑个体难以忽略负性信息，负性词会获得更多的注意资源，负性情绪信息会显著影响任务的加工。不难看出，大多数研究者是支持神经质水平主要影响负性情绪加工，与积极情绪的关系不明显这一观点的。认知论虽然对情绪稳定性的加工机制做了阐述，但大多数是从情绪的归因方面来加以说明的。对于情绪稳定性在负性情绪加工中注意偏向的加工机制时间进程的研究并不够深入，因此本研究在前人研究的基础上，使用经典的情绪Stroop范式，利用高时间分辨率的ERP技术，考察不同情绪稳定性的个体在情绪加工中的不同。从认知加工的视角去考虑情绪稳定性这一人格特质，有助于解释不同情绪稳定性个体在任务完成过程中表现出来的个体差异。

二、研究方法

（一）初中生情绪稳定性与情绪Stroop任务相关研究

1.研究目的

情绪稳定性与情绪加工，尤其是负性情绪的加工有着密切的联系。情绪Stroop任务是常用的情绪研究范式，情绪Stroop效应表明刺激中的情绪信息对非情绪信息有影响。因此，本研究将采用情绪Stroop任务，致力于探讨情绪稳定性这一人格特质在情绪加工中的加工机制。本研究通过计算初中生人格问卷中情绪稳定性维度得分与情绪Stroop任务得分的相关，证明初中生人格问卷在情绪稳定性维度上具有较高的实证效度。

2.研究假设

1）消极词汇颜色命名的平均反应时与初中生人格问卷中情绪稳定性维度得分呈正相关，与积极词汇颜色命名反应时的相关不显著。

2）在对消极词汇的颜色命名上，女生的反应时显著长于男生。

3.具体研究方法

（1）被试

随机抽取某校初中3个年级的初中生共90人，其中男、女各半，每个年级30人。年龄为13~15岁，平均年龄为13.98±0.77岁。所有被试身心健康，均为右利手，无神经系统疾病，视力或矫正视力正常。

（2）实验设计

本研究采用3（情绪效价：积极、消极、中性）×2（性别：男生、女生）的两因素混合设计，其中情绪效价采用被试内设计。因变量指标是对三种情绪效价词汇颜色命名的正确反应的反应时。

（3）材料与仪器

根据以往研究的经验，结合本任务的特点，本研究从汉语情感词系统（CAWS）[①]中选取双字动词、名词、形容词各 270 个，分成 3 类，即积极词、消极词和中性词。本研究采用国际、国内常用的情绪评定法，由 120 名初中生对情绪词和非情绪词进行效价评价（积极性、消极性）。评定采取 5 级评分，其中 1 表示"消极"，2 表示"比较消极"，3 表示"中性"，4 表示"比较积极"，5 表示"积极"。同时，进行词汇熟悉度评价，方法同上。然后，对评价结果进行单样本双侧 t 检验，效价为 3，积极词汇中保留效价显著高于 3 的词汇，消极词汇中保留效价显著低于 3 的词汇，中性词为效价与 3 没有显著差异的词汇。最后，做词汇熟悉度和词性的平衡，所有词汇熟悉度均控制在效价大于 3，词性选取名词、形容词。最终，选取出符合标准的积极词汇 60 个、消极词汇 60 个、中性词汇 60 个作为实验材料。在积极、消极及中性 3 组词汇之间做效价差异显著性检验，确保实验材料在情绪色彩上互不混淆。参加材料筛选的学生不参加正式实验。

使用 E-Prime2.0 软件编写程序，实验程序呈现在计算机上，以 1024×768 分辨率呈现材料。被试用标准键盘进行按键反应。

（4）程序

实验安排在一间安静的办公室进行，采取个别施测。让被试坐在椅子上，眼睛距离屏幕约 75cm，要求被试在实验过程中始终注视屏幕中央。实验前，告知被试在实验过程中放松心情，被试双手分别放在相应的反应键上。要求被试尽可能又准又快地做出按键反应。

整个实验分为练习阶段和正式实验阶段。练习阶段由 20 个试次组成。屏幕上随机呈现红色和绿色不同颜色的色块，让被试进行颜色判断练习，目的是熟悉颜色，避免由于不熟悉颜色造成的实验误差。同时，让被试对各种颜色对应的键盘进行按键反应，目的是熟悉键盘位置，避免由于不熟悉键盘造成的实验误差，按键反应准确率达 100%之后进入正式实验。正式实验先呈现指导语，要求被试在明白指导语并做好实验的准备后按"空格"键开始正式实验。具体的流程如图 5-6 所示。屏幕中央出现 500ms 的注视点，紧接着呈现 500ms 的空屏，然后是持续 2000ms 的色词，被试对色词进行颜色判断，如果呈现的色词是红色的，则用左手食指按"F"键；如果呈现的色词是绿色的，则用右手食指按"J"键，按键反应后有 300ms 的空屏，一个试次结束再进入下一个试次，被试完成 90 次反应后休息片刻，由被

[①] 王一牛、周立明、罗跃嘉：《汉语情感词系统的初步编制及评定》，《中国心理卫生杂志》2008 年第 8 期，第 608-612 页。

试自己控制休息时间,如果感觉休息好了,按键继续实验。正式实验由 4 个区组组成。做完任务后,每名被试均填写初中生人格问卷。

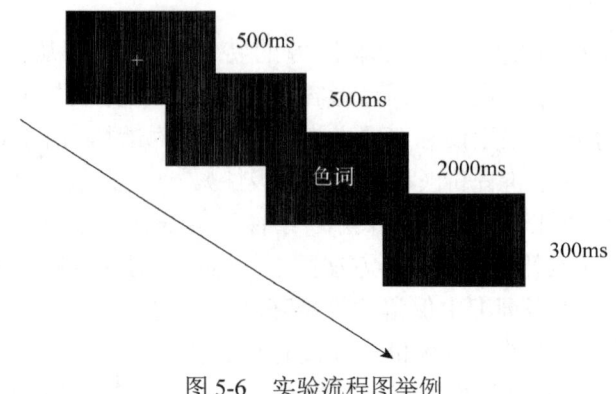

图 5-6 实验流程图举例

(二)初中生情绪稳定性 ERP 研究

1. 研究目的

低强度的负性情绪对记忆、思维、决策等认知过程的影响较小,个体容易通过合理归因等方法进行调节,从而恢复情绪平衡,保持心理健康。相反,强烈、持久的负性情绪会严重影响记忆,促使情绪障碍的产生,或导致个体做出不明智的决策。在对初中生情绪稳定性与情绪 Stroop 任务进行研究的基础上,为了了解不同情绪稳定性被试是否对情绪性刺激进行了优先加工以及加工的机制与特征等,本研究应用高时间分辨率的 ERP 技术,使用初中生人格问卷将初中生划分成情绪稳定性高分组和低分组,考察两组被试的脑电成分,分析情绪稳定性不同的初中生的脑电成分差异,进一步探讨情绪稳定性激活负性情绪的时间加工进程。

2. 研究假设

1)情绪稳定性高分组对负性词的判断反应时显著长于低分组。

2)与情绪稳定性低分组相比,敏感性高分组对消极词的颜色命名时能诱发波幅更大的 P3。

3. 具体研究方法

(1)被试

随机抽取某校初中 3 个年级的学生共 500 人,其中初一年级 198 人,初二年级 167 人,初三年级 135 人。年龄为 12~15 岁,平均年龄为 13.76±0.79 岁。发放初中生人格问卷,根据该问卷情绪稳定性维度的得分,将分数按从高到低进行排序，得分在前 27%的被试为高分组（43.26±10.32），得分在后 27%的被试为低分组（23.31±9.83）。然后，分别从高分组和低分组选取 20 名被试作为典型高分组（45.02±9.98）和典型低分组（21.29±8.03），共 40 人。所有被试无精神病史或大脑创伤，听觉正常，近期内无神经性疾病与药物的使用，以前未参与过类似的脑电实验。被试的监护人和参与实验的被试本人都签署了实验知情同意书，同意参加实验。在实验后，给予每个被试一定的报酬。

（2）实验设计

本研究采用 3（情绪效价：积极、消极、中性）×2（情绪稳定性：高分组、低分组）的两因素混合设计，其中情绪效价为被试内设计，情绪稳定性为组间设计。因变量指标是对三种情绪效价词汇正确评定的反应时。

（3）工具实验材料

选用研究初中生情绪稳定性与情绪 Stroop 任务的相关研究中的情绪词。

（4）程序

带领初中生进入脑电实验室，待被试熟悉实验室环境后，安排被试坐在舒适的扶手椅上，佩戴好电极帽。调整被试的座位，使被试距电脑屏幕约 1m，眼睛基本平视屏幕中央。尽量避免眨眼，面部及身体在整个实验过程中尽量保持不动，电极帽戴好后，各电极的头皮阻抗调至 5kΩ 以下后，启动正式实验程序，其余实验程序同初中生情绪稳定性与情绪 Stroop 任务相关研究。

4. ERP 记录与分析

实验采用 NeuroScan 公司生产的 64 导脑电记录分析系统，根据国际标准 10-20 脑电记录系统的原则安放电极，记录 64 点的 EEG，记录电极为 Ag/AgCl 电极。以双侧乳突为参考电极，接地电极在 FPz 和 FZ 的中点，在双眼外侧记录水平眼电，左眉上和左眼睑下安置表面电极记录垂直眼电，用直流电（DC）采集脑电，记录带宽为 0.05～100Hz，采样频率为 1000Hz/导，头皮和电极之间的阻抗小于 5kΩ，在采集脑电的同时记录被试的反应时，将数据存入光盘，离线分析 EEG 数据。用 Scan4.3 软件融合行为数据，校正眼电，以刺激前 200ms 至刺激后 1000ms 对脑电进行分段和基线校正，波幅超出±100μV 的成分视为伪迹被剔除。根据反应阶段的结果，仅对反应正确的 EEG 数据进行分类叠加（叠加次数不少于 45 次），得到相应的 ERP。

EEG 分析时程为刺激前 200ms 至刺激后 1500ms，测量的基线是刺激前 200ms 的平均电位。根据以往的研究[①]，积极、中性、消极三种条件下的刺激诱发的 ERP

---

① Yuan, J., et al. The valence strength of negative stimuli modulates visual novelty processing: Electrophysiological evidence from an event-related potential study. Neuroscience, 2008, 157, 524-531；鞠恩霞：《青少年负性情绪加工的发展及性别差异：ERP 研究》，西南大学硕士学位论文，2011 年，第 26 页。

大约从 150ms 开始分离，该差异一直延续到约 700ms 结束，由于偏差刺激本身诱发的 ERP 包含行为控制过程，同时也包含其他过程，比如，知觉分析、刺激辨别、反应准备及执行等阶段，所以本研究选取了以下 9 个电极点用于统计分析：Fz、F3、F4、C3、Cz、C4、P3、Pz、P4。确定 N1（80～200ms）、P2（130～200ms）、N2（200～300ms）和 P3（300～400ms）4 个脑电时间窗口进行测量。对情绪效价、情绪稳定性（高分组、低分组）和电极点进行三因素重复测量方差分析。采用 SPSS17.0 统计软件进行统计分析。

三、研究结果

（一）初中生情绪稳定性与情绪 Stroop 任务相关研究的数据分析结果

采用 SPSS17.0 统计软件对不同情绪效价词汇颜色命名的反应时进行统计分析，具体统计数据如表 5-3 所示。

表 5-3　不同性别情绪稳定性得分及情绪 Stroop 任务成绩　　单位：ms

性别	敏感性得分	情绪效价		
		积极	中性	消极
男	26±4.01	549.78±67.97	580.84±57.17	596.36±55.95
女	27±5.54	579.44±76.68	605.82±61.67	642.33±71.27

1. 正确率

在正确率上，被试在练习实验中要达到 100%正确才可以进入正式实验，因此正式实验中男生组和女生组被试均有较高的正确率，并且两组的正确率没有显著差异，$F(1, 88)=1.75$，$p>0.05$；三种效价的正确率也无显著差异，$F(1, 88)=2.32$，$p>0.05$。

2. 正确反应时

采用 3（情绪效价：积极、消极、中性）×2（性别：男生、女生）的两因素重复测量方差分析，结果显示，情绪效价主效应显著，$F(1, 88)=38.26$，$p<0.001$，且消极词汇颜色命名的正确反应时最长，积极词汇颜色命名的正确反应时最短；性别主效应显著，$F(1, 88)=10.89$，$p<0.001$，且女生的词汇颜色命名正确反应时显著长于男生；情绪效价与性别的交互作用显著，$F(1, 88)=3.32$，$p<0.05$。进一步简单效应分析显示，当情绪效价为消极时，女生的反应时显著长于男生，$F(1, 88)=4.68$，$p<0.05$。图 5-7 列出了男生和女生在三种情绪效价颜色命名上的正确反应时。

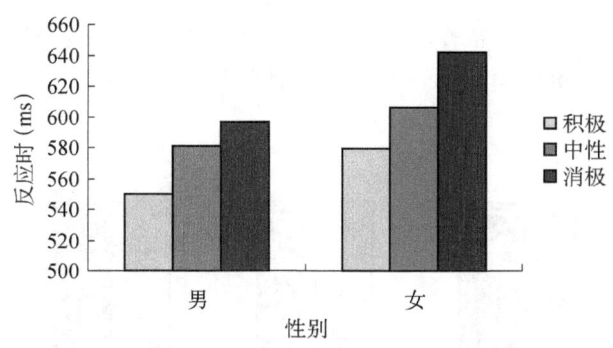

图 5-7 不同性别三种情绪效价颜色命名的正确反应时

3. 相关分析

对情绪稳定性维度得分与评定三种情绪效价正确反应时进行相关分析，结果发现，情绪稳定性维度与三种情绪效价评定的正确反应时呈显著正相关，情绪稳定性与积极词汇评定反应时的相关系数 $r=0.231$，$p<0.05$；情绪稳定性与消极词汇评定反应时的相关系数 $r=0.284$，$p<0.001$；情绪稳定性与中性词汇评定反应时的相关系数 $r=0.337$，$p<0.001$。也就是说，初中生人格问卷能够反映出被试情绪的敏感性特征。

（二）初中生情绪稳定性 ERP 研究的数据分析结果

1. 行为数据

首先，对数据进行筛选，如果被试完成任务的正确率低于 90%，那么该数据将会被删除。经过筛选后，40 人的数据全部进入统计分析。具体统计数据如表 5-4 所示。

表 5-4 高、低分组情绪稳定性得分及情绪 Stroop 任务成绩   单位：ms

类别	情绪效价		
	积极	中性	消极
高分组	511.10±43.23	573.75±53.48	726.05±42.79
低分组	562.05±40.89	573.50±56.08	619.05±39.70

对数据进行 3（情绪效价：积极、消极、中性）×2（情绪稳定性：高分组、低分组）的两因素重复测量方差分析。结果表明，情绪效价主效应显著，$F(1, 38)=9.28$，$p<0.001$，且消极词汇颜色命名的反应时最长，积极词汇颜色命名的反应时最短。情绪稳定性得分主效应显著，$F(1, 38)=12.91$，$p<0.001$，且高分组的正确反应时显著短于低分组。情绪效价与情绪稳定性得分的交互作用显著，$F(1, 38)=4.17$，$p<0.05$。进一步简单效应分析显示，情绪稳定性高分组对情绪词的颜

色命名任务的反应时差异显著，对消极词汇命名的反应时显著长于积极词汇命名的反应时，$F(1, 38)=4.68$，$p<0.05$，具体结果如图 5-8 所示。

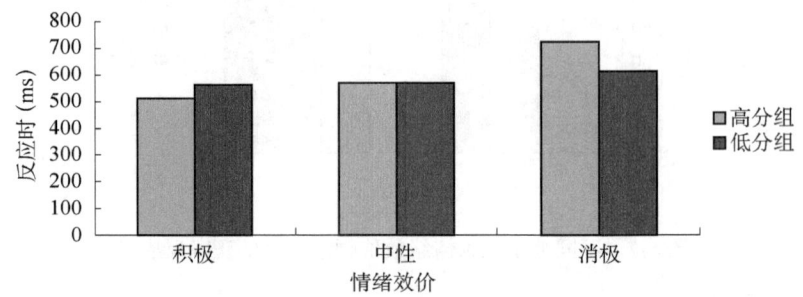

图 5-8　情绪稳定性高分组、低分组 3 种情绪效价的颜色命名的正确反应时

2. 脑电数据

对所有被试的 EEG 数据进行离线分析，其中 3 名被试的脑电伪迹过多，剔除这 3 名被试的所有数据，实际进入脑电分析的被试有 37 人，其中情绪稳定性高分组 18 人、低分组 19 人。对这 37 名被试的脑电波形图进行总平均分析，得知所有被试的脑电变化表现出一些共同特征。实验任务成功地诱发出了 P2、N2 和 P3 等成分。因此，本研究重点对这 3 个成分进行分析。运用 SPSS17.0 统计软件对上述各成分的波幅与潜伏期进行重复测量方差分析。被试间因素为情绪稳定性组别（高分组、低分组），被试内因素为情绪效价（积极、中性、消极）、电极点（前部：F3、Fz、F4；中部：C3、Cz、C4；顶部：P3、Pz、P4）。对电极点（前部：F3、Fz、F4；中部：C3、Cz、C4；顶部：P3、Pz、P4）、情绪效价（积极、中性、消极）、情绪敏感性（高分组、低分组）进行重复测量方差分析。

（1）N1

为了考察情绪稳定性高分组和低分组在三种情绪效价词汇颜色命名任务中的 N1 平均波幅和潜伏期是否存在差异，以 N1 平均波幅和潜伏期为因变量进行重复测量方差分析，结果如表 5-5 所示。

表 5-5　N1 平均波幅与潜伏期方差分析表

项目	N1 平均波幅		N1 潜伏期	
	F	p	F	p
情绪稳定性组别（A）	13.52*	0.02	10.46*	0.02
情绪效价（B）	23.67*	0.04	26.65	0.08
电极点（C）	8.01*	0.03	19.37	0.16
A×B	9.65*	0.02	26.43*	0.04
A×C	3.82	0.12	39.40	0.36
B×C	5.38	0.28	7.56	0.09
A×B×C	16.88	0.33	18.34	0.19

对 N1 波幅进行重复测量方差分析，结果表明，情绪稳定性的组别主效应显著，$F(1, 35)=13.52$，$p<0.05$，情绪稳定性高分组在对情绪词进行命名时诱发的 N1 波幅更大。情绪效价主效应显著，$F(2, 70)=23.67$，$p<0.05$。对效价主效应的事后分析发现，负性词汇诱发的 N1 波幅最大，中性词汇诱发的 N1 波幅最小。电极点的主效应显著，$F(8, 280)=8.01$，$p<0.05$。对电极点主效应的事后分析发现，顶部的电极有更大的 P2 波幅，表现在 C3 和 Cz 点上。情绪稳定性组别和情绪效价的交互作用显著，$F(2, 70)=9.65$，$p<0.05$。进一步简单效应分析结果显示，在高分组被试中，消极条件与积极条件下的差异显著，$F(1, 36)=16.01$，$p<0.05$，消极条件和中性条件下的差异显著，$F(1, 36)=4.86$，$p<0.05$，表现为消极条件下有更大的波幅；中性条件和积极条件之间的差异不显著，$F(1, 36)=0.91$，$p>0.05$。对低分组被试的配对比较发现，三种条件两两之间均没有显著差异。

对潜伏期的分析表明，情绪稳定性的组别主效应显著，$F(1, 35)=10.46$，$p<0.001$，情绪稳定性高分组的潜伏期短于低分组。情绪稳定性组别和效价的交互作用显著，$F(8, 280)=26.43$，$p<0.05$。进一步简单效应分析结果显示，两个组均表现出了在消极条件比在积极条件下有更短的潜伏期，低分组为 $F(1, 36)=7.38$，$p<0.05$；高分组为 $F(1, 36)=6.71$，$p<0.001$，高分组在消极条件下比在中性条件下有更短的潜伏期，$F(1, 36)=5.37$，$p<0.05$。

情绪稳定性高分组和低分组在消极词汇颜色命名条件下在前部（F3、Fz、F4）、中部（C3、Cz、C4）、顶部（P3、Pz、P4）三个脑区诱发的 N1 平均波幅和潜伏期如图 5-9 所示。高分组在早期的注意加工上对负性情绪刺激更敏感，诱发的 N1 波幅较情绪稳定性低分组更大。

（2）P2

以 P2 平均波幅和潜伏期为因变量进行重复测量方差分析，结果如表 5-6 所示。对 P2 平均波幅进行的重复测量方差分析表明，情绪稳定性的组别主效应显著，$F(1, 35)=11.34$，$p<0.05$，表现在情绪稳定性低分组在对情绪词进行命名时诱发的 P2 波幅更大。电极点主效应显著，$F(8, 280)=34.01$，$p<0.05$。对电极点进一步进行事后检验发现，前部、中部在对情绪词进行命名时诱发的 P2 波幅更大，表现在 Fz、Cz、C4 上的波幅较大。情绪稳定性组别与情绪效价的交互作用显著，$F(2, 70)=24.67$，$p<0.05$。进一步简单效应分析结果显示，在高分组被试中，消极条件与积极条件下的差异显著，$F(1, 36)=7.12$，$p<0.05$，消极条件和中性条件下的差异显著，$F(1, 36)=5.66$，$p<0.05$，表现为消极条件下有更小的波幅；中性条件和积极条件之间的差异不显著，$F(1, 36)=0.51$，$p>0.05$。对低分组被试的配对比较发现，三种条件下两两之间均没有显著差异。电极点和情绪稳定性组别的交互作用显著，$F(8, 280)=6.65$，$p<0.001$。进一步简单效应分析结果显

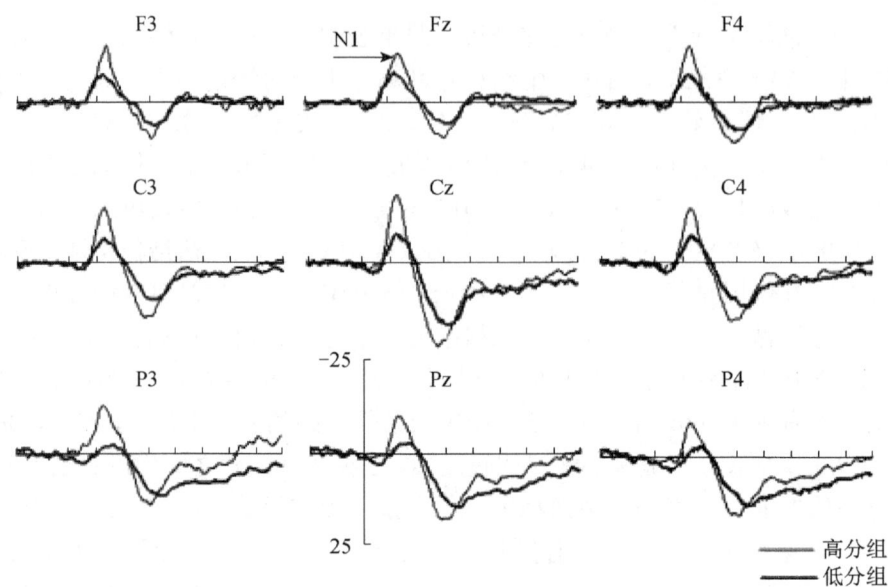

图 5-9 情绪稳定性高、低分组在负性情绪词条件下的 ERP 波形（单位：μV）

示，中部的电极有更大的 P2 波幅，表现在 C3、Cz 和 C4 点上。对电极点和组别的简单效应分析发现，低分组有显著的电极点主效应，$F(8, 280)=19.09$，$p<0.001$，中后部的电极点有更大的 P2 波幅，高分组被试没有这种电极点主效应。

表 5-6 P2 平均波幅与潜伏期的方差分析表

项目	P2 平均波幅			P2 潜伏期		
	df	F	p	df	F	p
情绪稳定性组别（A）	1	11.34*	0.02	1	11.06***	0.00
情绪效价（B）	2	6.49	0.11	2	5.56	0.26
电极点（C）	8	34.01*	0.03	8	3.81	0.42
A×B	2	24.67*	0.02	2	9.69*	0.03
A×C	8	6.65***	0.00	8	10.09	0.41
B×C	16	7.96	0.38	16	7.56	0.08
A×B×C	16	18.43	0.23	16	16.73	0.49

对 P2 的潜伏期进行重复测量方差分析，结果表明，情绪稳定性的组别主效应显著，$F(1, 35)=11.06$，$p<0.001$，表现在情绪稳定性低分组在对情绪词进行命名时诱发的 P2 潜伏期更短。情绪稳定性组别与情绪效价的交互作用显著，$F(2, 70)=9.69$，$p<0.05$。进一步简单效应分析结果显示，两个组均表现出了消极条件比积极条件下有更短的潜伏期，低分组为 $F(1, 36)=6.88$，$p<0.05$，高分组为 $F(1, 36)=4.90$，$p<0.001$，高分组在消极条件比在中性条件下有更短的潜伏期，

$F(1, 36)=7.77$, $p<0.05$。

（3）N2

以 N2 平均波幅和潜伏期为因变量进行重复测量方差分析，结果如表 5-7 所示。对 N2 平均波幅进行重复测量方差分析，表明情绪稳定性的组别主效应显著，$F(1, 35)=16.91$, $p<0.001$。电极点主效应显著，$F(8, 280)=30.04$, $p<0.001$。进一步事后检验结果显示，中部 N2 比前部 N2 有更大的波幅，并且前中部的电极点差异更大，表现在 C3、Cz 以及 C4 等中部的电极点，结果如图 5-10 所示。情绪稳定性组别与情绪效价的交互作用显著，$F(2, 70)=16.54$, $p<0.05$。进一步的简单效应分析结果显示，在两组中，消极条件比积极条件和中性条件下诱发的波幅更大。情绪敏感性高分组表现为：消极条件比积极条件下诱发的波幅更大，$F(1, 36)=9.22$, $p<0.001$；消极条件比中性条件下诱发的波幅更大，$F(1, 36)=17.32$, $p<0.001$。情绪敏感性低分组表现为：消极条件比积极条件下诱发的波幅更大，$F(1, 36)=19.59$, $p<0.001$；消极条件比中性条件下诱发的波幅更大，$F(1, 36)=17.97$, $p<0.001$。此外，高分组和低分组在积极条件和中性条件下均没有表现出差异。

表 5-7 N2 平均波幅与潜伏期的方差分析表

项目	N2 平均波幅			N2 潜伏期		
	df	F	p	df	F	p
情绪稳定性组别（A）	1	16.91***	0.00	1	4.70*	0.03
情绪效价（B）	2	9.92	0.16	2	7.64	0.09
电极点（C）	8	30.04***	0.00	8	4.99*	0.03
A×B	2	16.54*	0.02	2	10.71*	0.02
A×C	8	10.25	0.26	8	3.45*	0.03
B×C	16	7.73	0.33	16	2.13	0.49
A×B×C	16	2.16	0.48	16	1.99	0.57

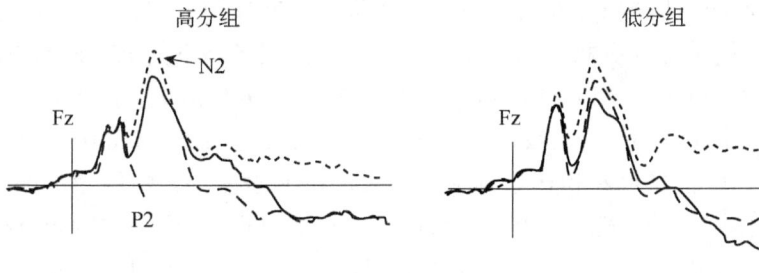

图 5-10 情绪稳定性高、低分组在不同情绪效价下的 ERP 波形（单位：μV）

对 N2 潜伏期进行重复测量方差分析，表明情绪稳定性的组别主效应显著，

$F(1, 35)=4.70$, $p<0.05$, 表现在情绪稳定性高分组在对情绪词进行命名时诱发的 N2 潜伏期更长。电极点主效应显著, $F(8, 280)=4.99$, $p<0.05$。情绪稳定性组别与情绪效价的交互作用显著, $F(2, 70)=10.71$, $p<0.05$。进一步简单效应分析结果显示, N2 潜伏期高分组和低分组消极词汇颜色命名的潜伏期均显著长于积极词汇颜色命名, $F(1, 36)=5.28$, $p<0.05$; $F(1, 36)=7.31$, $p<0.05$。电极点和情绪稳定性组别的交互作用显著, $F(8, 280)=3.45$, $p<0.05$。进一步简单效应分析结果显示, 只有高分组有显著的电极点主效应, $F(8, 280)=24.67$, $p<0.001$, 并且最大的在中部电极点上。

（4）P3

以 P3 平均波幅和潜伏期为因变量进行重复测量的方差分析, 结果如表 5-8 所示。

表 5-8 P3 平均波幅与潜伏期的方差分析表

项目	P3 平均波幅			P3 潜伏期		
	df	F	p	df	F	p
情绪稳定性组别（A）	1	12.08***	0.00	1	23.38**	0.002
情绪效价（B）	2	7.74	0.14	2	22.77	0.180
电极点（C）	8	20.81*	0.02	8	12.49**	0.005
A×B	2	26.63*	0.02	2	10.96	0.240
A×C	8	5.34**	0.006	8	9.81	0.220
B×C	16	18.39	0.17	16	27.65	0.350
A×B×C	16	11.14	0.46	16	18.82	0.390

对 P3 平均波幅进行重复测量方差分析, 表明组别主效应显著, $F(1, 35)=12.08$, $p<0.001$。电极点主效应显著, $F(8, 280)=20.81$, $p<0.05$。头皮中部的电极点有更大的波幅。情绪稳定性组别与情绪效价的交互作用显著, $F(2, 70)=26.63$, $p<0.05$。进一步简单效应分析结果显示, 高分组在消极条件下的 P3 波幅比中性和积极条件下更大, $F(1, 36)=13.58$, $p<0.01$; $F(1, 36)=6.98$, $p<0.05$, 低分组没有这种差异, $F(1, 36)=4.82$, $p>0.05$; $F(1, 36)=3.25$, $p>0.05$。此外, 高分组和低分组在中性条件和积极条件下没有表现出显著差异。情绪稳定性组别和电极点的交互作用显著, $F(8, 280)=5.34$, $p<0.01$。进一步简单效应分析结果显示, 高分组和低分组均有显著的电极点主效应, $F(8, 280)=4.61$, $p<0.01$; $F(8, 280)=5.54$, $p<0.05$, 最大波幅均出现在中部电极点。

对 P3 的潜伏期进行重复测量方差分析, 表明情绪稳定性的组别主效应显著, $F(1, 35)=23.38$, $p<0.01$, 具体表现在高分组的潜伏期比低分组稍有延

迟。电极点的主效应显著，$F(8, 280)=12.49$，$p<0.01$，后部电极点比前部电极点的潜伏期更长。

情绪稳定性高分组和低分组在消极词汇颜色命名条件下在前部（F3、Fz、F4）、中部（C3、Cz、C4）、顶部（P3、Pz、P4）三个脑区诱发的 P3 平均波幅和潜伏期如图 5-11 所示，在晚期的认知加工中，高分组对于负性情绪刺激消耗的注意资源更多，诱发的 P3 波幅较情绪稳定性低分组更大。

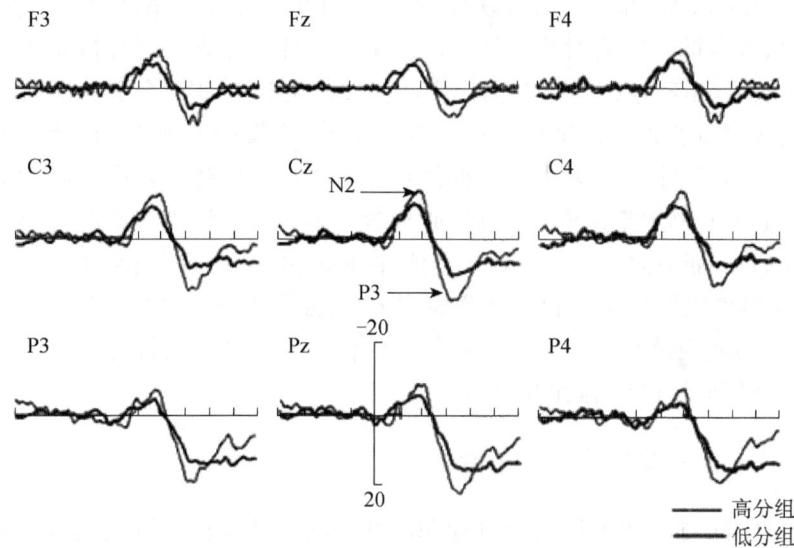

图 5-11　情绪稳定性高、低分组在负性情绪词条件下的 P3 波形（单位：μV）

四、讨论与结论

（一）情绪稳定性与情绪 Stroop 任务

情绪 Stroop 任务是常用的情绪研究范式。情绪 Stroop 效应主要是指刺激中的情绪信息对非情绪信息加工效率的影响。对情绪词与非情绪词颜色命名的反应时间之差代表了情绪信息产生的注意偏向。本研究通过被试在初中生人格问卷中的情绪稳定性维度的得分与情绪 Stroop 任务得分的相关，证明初中生人格问卷在情绪稳定性维度上具有较高的实证效度。

研究发现，被试在初中生人格问卷中的情绪稳定性维度得分与消极词汇颜色命名的反应时呈显著正相关，也就是说，情绪稳定性越高，越容易受到负性事件的影响。以往研究表明，焦虑症病人对威胁词颜色命名表现出了延迟，表明高焦虑个体难以忽略负性信息，负性词消耗了更多的注意资源，而注意资源的相对缺乏导致了颜色命名任务的延迟①。在情绪 Stroop 实验范式中，负性情绪信息对任务加工的显著干扰通常发生在有情绪障碍被试组，而在正常被试组则比较鲜见②。

此外，研究发现，情绪易感性存在性别差异，具体表现在女生的词汇颜色命名正确反应时显著长于男生。尤其是当情绪效价为负性时，女生的反应时显著长于男生。而且，与中性词的颜色命名相比，没有发现男生在中性条件与消极条件下存在显著差异。本研究与以往的研究结果一致，即情绪稳定性存在性别差异，主要表现为在积极情绪稳定性相似的同时，女性更容易受到负性事件的影响③。这说明女性从青春期开始就对负性情绪产生了敏感性，体现为对负性刺激的敏感性增强④。不管是在东方还是西方文化中，女性都被认为是一个更"情绪化"的性别⑤。人们很早就意识到情绪加工存在性别差异。大量研究证实，情绪加工存在显著的性别差异。这主要表现为女性群体具有情绪识别优势，具有更好的情绪记忆能力与更强的负性情绪易感性。进化心理学认为，女性识别情绪的优势是由进化机制导致的，而不是通过后天学习或早期的儿童经验获得的⑥。巴布丘克（Babchuk）等提出的原始抚育者假说表明⑦，女性作为一个原始抚育者的角色，会表现出进化的适应性来提高繁衍后代的可能性。我们认为女性这种进化适应性从青春期开始受到了成熟因素的影响。

（二）情绪稳定性的 ERP 特点

由于实验的对象初中生处于青春期，其大脑的结构重组以及高级认知能力不断发展，此时的个体对各种刺激都表现出了更强烈的反应，尤其是情绪稳定性得分高时，表现为被试在进行按键反应以后，更大的 N1 波幅仍然存在，情绪效应难以消除。本研究与以往的研究假说一致，有研究者指出⑧，当面对情感性刺激时，青少年会有一种更强的情绪反应，与机体反应相关的脑区会有一个更强的激活。

---

① Williams, L. M., et al. Neural biases to convert and overt signals of fear: Dissociation by trait anxiety and depression. Journal of Cognitive Neuroscience, 2007, 19（10），1595-1608.
② 杨丽珠、蒋重清、刘颖：《阈下情绪启动效应和 Stroop 效应之对比实验研究》，《心理科学》2005 年第 4 期，第 784-787 页。
③ 袁加锦、汪宇、鞠恩霞等：《情绪加工的性别差异及神经机制》，《心理科学进展》2010 年第 18 期，第 1899-1908 页。
④ 鞠恩霞：《青少年负性情绪加工的发展及性别差异：ERP 研究》，西南大学硕士学位论文，2011 年。
⑤ Snell, W. E, et al. The Masculine and Feminine Self-Disclosure Scale: The politics of masculine and feminine self-presentation. Sex Roles, 1986, 15（5-6），249-267.
⑥ Babchuk, W. A., et al. Sex differences in the recognition of infant facial expressions of emotion: The primary caretaker hypothesis. Ethology & Sociobiology, 1985, 6（2），89-101.
⑦ Babchuk, W. A., et al. Sex differences in the recognition of infant facial expressions of emotion: The primary caretaker hypothesis. Ethology & Sociobiology, 1985, 6（2），89-101.
⑧ Yurgeluntodd, D. Emotional and cognitive changes during adolescence. Current Opinion in Neurobiology, 2007, 17（2），251-257.

研究发现，从150ms以后的P2开始，在三种不同情绪效价下，波形开始出现分离，表现出P2、N2、P3等ERP成分的条件性分离。

1. 情绪稳定性与N1

本研究发现，较之低易感组，高易感组实验在顶叶处诱发的N1波幅较大。根据文献分析，这里诱发的N1属于视觉空间注意的早期ERP成分，而波幅主要反映了参加脑活动的激活的神经元数量，波幅的大小与神经元激活的数量成正比，并反映了信息加工时心理负荷的强度。[1] 由此可见，该差异可能反映了高易感个体在早期注意过程中注意资源高度集中、心理负荷较强的特点。这与对情绪稳定性维度的解释，即当个体面对负性事件时表现出的紧张、过分注意的心理倾向等特点相吻合。

2. 情绪稳定性与P2

前中部脑区P2不同效价的波形在头皮不同部位出现了分离，高分组表现为消极刺激条件下的波幅显著小于中性和积极条件，而中性和积极条件之间没有显著差异。根据前人的研究，P2成分的出现是一种自动化的无意识发生过程，是一个意识阈下成分[2]，反映了人脑对刺激物物理属性刺激特征的知觉分析过程[3]，不需要经过意识，而是自动加工完成的。负性刺激的情绪强度大，因此自动的无意识会投入更多的认知资源对这一刺激进行知觉分析，所以易化了对这一刺激的反应，从而只需要较小的认知努力进行识别。知觉分析越易完成，波幅越小。情绪稳定性高分组表现出明显的情绪效应，即在负性刺激上的波幅较小，表明高分组被试对不同负性刺激的知觉分析较易完成，并能较快地觉察刺激特征。

维约米耶（Vuilleumier）等指出，负性情绪刺激与人类生存直接相关[4]，因此对这类刺激的识别几乎不依赖于注意和意识。即使是未被看见的刺激，威胁性情绪刺激同样能通过中脑上丘—枕核—杏仁核这一皮层下通路得到快速加工。在意识清醒之前，机体就能对危险情境做出快速反应[5]。情绪稳定性高分组在出现消极刺激时表现出早期差异，可见高分组对负性刺激强度的敏感性较强。

---

[1] 段青、宋为群、罗跃嘉：《不同范围区域性提示下视觉空间注意的早期ERP研究》，《第四军医大学学报》2005年第26期，第276-279页。

[2] Yuan, J. J. Neural correlates underlying humans' differential sensitivity to emotionally negative stimuli of varying valences: An ERP study. Progress in Natural Science, 2007, 17 (B07), 115-121.

[3] Thorpe, S., et al. Speed of processing in the human visual system. Nature, 1996, 381 (6582), 520-522.

[4] Vuilleumier, P., et al. Effects of attention and emotion on face processing in the human brain: An event-related fMRI study. Neuron, 2001, 30 (3), 829-841.

[5] LeDoux J. The Emotional Brain: The Mysterious Underpinnings of Emotional Life. New York: New York University Press, 1996, 92.

3. 情绪稳定性与 N2

对 N2 潜伏期的分析结果表明，它在消极条件下的潜伏期显著长于积极条件，说明由于负性情绪刺激的情绪性，被试对其的抑制控制能力受到了情绪信息的干扰，从而出现了潜伏期延长的现象。N2 成分是一个涉及评价相关（evaluative negativity）的心理成分[1]，包括付出努力的注意或采取行动的监测[2]，因此更长的潜伏期说明被试投入了更多的注意和努力来脱离这种负性情绪刺激的影响。本研究也发现，青少年可能会更容易受情绪性刺激的影响，并且投入更多的注意对其进行深度加工，这或许与额叶层的未成熟有关[3]。高分组与低分组一样，均对负性刺激敏感。最大波幅出现在前中部的电极点。研究表明，N2 是一个与注意定向相关的成分，对新出现的负性情绪内容敏感，说明对情绪内容的注意定向，不管是高分组还是低分组均表现出情绪效应。N2 的敏感性具有适应意义，有利于机体更快地识别以及做出相应的应对[4]。

此外，研究发现，只有前中部的 N2 在不同的条件之间表现出了差异，而后部的电极点则没有这种差异。内尔松（Nelson）等的儿童实验也得到了相似的 N2 成分[5]，他们在研究中指出，与高兴的面孔相比，生气的面孔诱发出了更大的前部 N2 波幅。拉姆（Lamm）等在 Go/No-Go 任务中也发现，青少年个体出现了情绪诱发后的前部 N2 和 P3 成分波幅的增大，表明前中部头皮部位的注意加工过程受到了情绪内容的影响。[6]

4. 情绪稳定性与 P3

P3 是在刺激呈现后 300ms 左右出现的正波，是人脑对刺激产生的内源性 ERP 成分，它受认知心理活动的影响，与刺激的分析和评估有关。P3 与大脑的认知功能有着内在的联系，注意是其中一个重要环节。一般认为，P3 的波幅与注意状态有关。在非注意条件下或偏差刺激与被试的任务无关时，不能引起 P3，或只能引起波幅很小的 P3，如果被试忽略靶刺激或没有听到靶刺激，P3 就不会出现。双任务的实验证明，在一定程度上，P3 的波幅与投入的心理资源量呈正相关。正因为

---

[1] Chen, J., et al. The ecology and biodemography of Caenorhabditis elegans. Experimental Gerontology, 2006, 41 (10), 1059-1065.

[2] Tucker, D. M., et al. Corticolimbic mechanisms in emotional decisions. Emotion, 2003, 3 (2), 127-149.

[3] Segalowitz, S. J., et al. Electrophysiological changes during adolescence: A review. Brain & Cognition, 2010, 72 (1), 86-100.

[4] Campanella, S., et al. Discrimination of emotional facial expressions in a visual oddball task: An ERP study. Biological Psychology, 2002, 59 (3), 171-186.

[5] Nelson, C. A, Nugent, K. M. Recognition memory and resource allocation as revealed by children's event-related potential responses to happy and angry faces. Developmental Psychology, 1990, 26 (2), 171-179.

[6] Lamm, C., et al. Neural correlates of cognitive control in childhood and adolescence: Disentangling the contributions of age and executive function. Neuropsychologia, 2006, 44 (11), 2139-2148.

如此，许多研究者认为 P3 反映了意识知觉的某些方面。因此，P3 是一个主要与心理因素相关的内源性成分。如果是新异刺激或高强度的突发刺激，即使被试未有意识地注意，也可能会诱发 P3。相关的研究也指出，负性情绪图片诱发了比中性刺激波幅更大的 P3[1]。同 N2 一样，高分组的前中部的 P3 也表现出对负性刺激显著的情绪效应，出现显著注意卷入增强现象[2]，也就是说，中等负性条件下引起的波形和中性条件下引起的波形在整个时间进程中几乎是重叠的，并且同时与负性条件出现分离。

综上所述，本研究得出以下结论。

1）负性情绪刺激的效价强度效应在情绪敏感性高分组表现得更为明显。

2）与低分组相比，高分组在情绪加工早期的 P2 阶段就已经体现出了对负性情绪刺激的敏感性。

3）在情绪加工晚期的 N2、P3 阶段，无论是高分组还是低分组，对负性情绪刺激都有较大反应，表现为 N2 的潜伏期更长，负性情绪痕迹难以消除，说明青少年具有不成熟的情绪调节能力。

第三节　初中生人格特质：外倾性的 ERP 研究

一、问题的提出

1. 外倾性的内涵

内外倾向维度首先是由荣格（Jung）提出的，他是从精神动力学出发，按力比多的表现方式来划分的。如果个体的力比多活动倾向于外部环境，就是外倾性的人；如果个体的力比多活动倾向于自身，就是内倾性的人。艾森克（Eysenck）以实验室和临床依据为基础，认为内外向维度因素与中枢神经系统的兴奋、抑制的强度密切相关，精神质维度与遗传因素有关[3]。

杜文轩等对外倾性的定义如下：外倾性代表了个体对外界关注的水平以及向外界投入的精力。[4]外倾性维度得分高的人喜欢与人接触，充满活力，经常感受到

---

[1] Amrhein, C., et al. Modulation of event-related brain potentials during affective picture processing: A complement to startle reflex and skin conductance response? International Journal of Psychophysiology, 2004, 54 (3), 231-240.
[2] Carretie, L., et al. Valence-related vigilance biases in anxiety studied through event-related potentials. Journal of Affective Disorders, 2004, 78 (2), 119-130.
[3] Eysenck, H. J. The biological basis of personality. Nature, 1963, 1031-1034.
[4] 杜文轩、杨丽珠：《初中生人格量表的常模制定及人格发展特点——基于大连市 6449 名初中生的研究》，《心理学与创新能力提升——第十六届全国心理学学术会议论文集》，2013 年，第 649-650 页。

积极的情绪。本研究中的外倾性维度包括精力充沛、乐观开朗、善交际性3个特质。精力充沛指与活力感和精神状态有关的人格特质。乐观是一种积极向上的心理倾向和生活态度。善交际是指有主动与人交往的意愿和能力。

2. 外倾性的理论模型

（1）Brebner-Cooper 模型

从最早荣格的内外倾向性划分，到后来的"大五"人格理论，外倾性在人格研究历史上一直是公认的最具稳定性的特质之一。关于它的形成机制，艾森克等提出了唤醒假说，但他们的理论均属于对外显行为观察分析而提出假设的层次。布雷布纳（Brebner）和库珀（Cooper）从认知信息加工角度提出了一种整合性模型，即脑中枢对刺激的分析和反应组织是不同的加工过程，这两个独立的过程又存在两种状态：兴奋和抑制[1]。内向、外向的兴奋和抑制状态是相反的。内向者是刺激兴奋性（S-excitation）、反应抑制性（R-inhibition）的，外向者是反应兴奋性（R-excitation）、刺激抑制性（S-inhibition）的。

施米特克（Schmidtke）等的研究发现，内外向的心理加工机制不同可能涉及刺激分析、反应组织和外在运动反应三个过程[2]。认知信息加工研究中常采用反应时（reaction time，RT）和运动时（movement time，MT）两个指标。反应时指标反映的是前两个过程，其时间记录是从刺激呈现开始到释放基位按钮（home button）。运动时指标反映的是第三个过程，其时间记录是从基位按钮释放到靶按钮的指定反应。但一些研究发现，在反应时指标上，内、外向者之间不存在显著差异，而在运动时上，则是外向者短于内向者。拉姆赛尔（Rammsayer）对此的解释是，外向者比内向者有充足的反应准备，而内向者比外向者对刺激信息的分析更深入[3]。

（2）Gray 模型

20世纪40年代，艾森克提出了人格的二维（外向性和神经质）理论。1981年，格雷（Gray）发展了艾森克的理论，认为人格的生理基础在于大脑内两个系统：行为兴奋系统（BAS）和行为抑制系统（BIS），前者兴奋对奖赏的敏感性会增强，从而驱使人采取行动；后者兴奋对惩罚的敏感性会增强，从而使人产生退

---

[1] Brebner, J. Psychological and neurophysiological factors in stimulus-response compatibility. In R. W. Proctor & T. G. Reeve (Eds.), Stimulus-response Compatibility: An Integrated Perspective (pp. 241-260). Amsterdam: North-Holland.

[2] Schmidtke, J. I., Heller, W. Personality, affect and EEG: Predicting patterns of regional brain activity related to extraversion and neuroticism. Personality & Individual Differences, 2004, 36 (3), 717-732.

[3] Rammsayer, T. H. Extraversion and dopamine: Individual differences in response to changes in dopaminergic activity as a possible biological basis of extraversion. European Psychologist, 1998, 3 (1), 37-50.

缩行为。这两个系统对应的两个人格维度分别是冲动性和焦虑感。冲动性和焦虑感与内、外向之间有着内在的联系。他还提出了一个新的人格模型（图 5-12），把他的理论和艾森克的理论统一起来①。格雷认为外向者属于高冲动-低焦虑类型，内向者属于低冲动-高焦虑类型，高神经质者属于高冲动-高焦虑类型，低神经质者属于低冲动-低焦虑类型②。

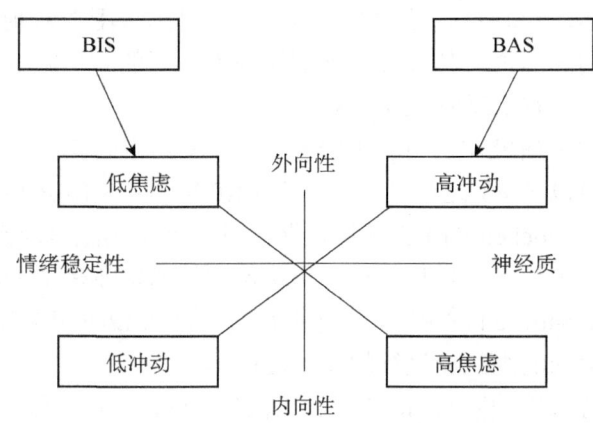

图 5-12　格雷提出的人格理论模型

资料来源：Gray，J. A. The neuropsychology of emotion and personality. In S. M. Stahl，S. D. Iversen & E. C. Goodman（Eds.），Cognitive Neurochemistry（pp.171-190）. Oxford：Oxford University Press，1987.

德帕斯卡利斯（De Pascalis）等采用 Go/No-Go 范式验证了这个模型③。他们用情绪性词语组成四种刺激类型：正标准/正靶刺激、正标准/负靶刺激、负标准/正靶刺激、负标准/负靶刺激。记录了 4 项指标：P3 的波幅和潜伏期、心律变化、反应时、情绪强度。结果如下：①靶刺激诱发目标词产生负向情绪时，顶、枕部位的 P3 波幅较大，心跳减慢；②对于负性情绪词语，高焦虑被试额、颞部位的 P3 波幅大，且心跳加快，情绪强度增大，说明高焦虑者对负性情绪敏感；③高冲动被试对负性情绪靶词进行加工时，顶、枕部位的 P3 波幅较小，所有部位的 P3 潜伏期较长。该研究虽未达到对格雷模型的充分验证，还是证明了焦虑和冲动、正性和负性情绪能引起 P3 波形的变化，说明 P3 不仅与认知加工有关，而且与情绪管理有关。

---

① Gray，J. R. A critique of Eysenck's theory of personality. In Eysenck，H. J.（Ed.），A Model for Personality（pp.246-276）. New York：Springer，1981.
② Gray，J. A. The neuropsychology of emotion and personality. In S. M. Stahl，S. D. Iversen & E. C. Goodman（Eds.），Cognitive Neurochemistry（pp.171-190）. Oxford：Oxford University Press，1987.
③ De Pascalis，V.，et al. Personality，event-related potential（ERP）and heart rate（HR）in emotional word processing. Personality & Individual Differences，2004，36（4），873-891.

3. 外倾性的脑机制研究

ERP 是研究大脑信息加工的一个非常灵敏的工具，同时还具有需要的设备相对简单和环境适应性强等优点。关于内外倾的 ERP 研究主要集中在 LRP、P3 和 CNV 的成分分析上。

（1）LRP

LRP 是早于运动手几百毫秒的准备电位，其时间范围在从刺激呈现开始到反应执行之间的时间间隔内，其波幅是支配运动手脑区的电位减去对侧脑区的电位（左手反应=C4–C3，右手反应=C3–C4）。

LRP 最初是用来研究左、右利手脑区优势不对称的。但一些研究者发现，以 LRP 为基点，还可以在 RT 之间细分出两个 ERP 区段：S-LRP 和 LRP-R，前者是刺激锁定（stimulus-locked）LRP 的潜伏期，时间是从刺激呈现到 LRP 出现，反映了选择合适手的中枢加工过程，可以用来反映被试对刺激的分析过程；后者是反应锁定（response-locked）LRP 的潜伏期，时间是从 LRP 开始到反应执行完成，反映了脑中枢对运动的组织和执行的加工过程[①]。

已有许多研究发现，内外向的心理加工机制不同，其可能涉及刺激分析、反应组织和外在运动反应三个过程。RT 仅仅是两个过程的综合指标，因此它不能区分出内外向在反应时间上的差异。那么，这种差异是否真的存在呢？拉姆赛尔（Rammsayer）和斯塔尔（Stahl）发现，可以用 LRP 指标来回答这个问题[②]。拉姆赛尔和斯塔尔运用 Go/No-Go 范式诱发 LRP，并同时记录 RT、MT 来验证这个假设。Go/No-Go 实验范式指的是两种刺激的概率相等，令被试反应的刺激为 Go 刺激（靶刺激），不需反应的刺激为 No-Go 刺激（非靶刺激）。法尔肯施泰因（Falkenstein）等以英文字母为刺激材料，采用视听双通道较早地研究了 Go/No-Go 范式的 ERP 晚正成分。拉姆赛尔和斯塔尔的实验中采用的靶刺激为 800Hz 和 1200Hz 的高、低纯音，强度为 50dB，非靶刺激为白噪音，要求对高、低音做左、右手对应反应。结果发现，RT 上内、外向没有差异，MT 上外向短于内向。LRP-R 上外向者显著短于内向者，S-LRP 上内向者虽然短于外向者，但统计学上的意义不显著。RT 和 MT 指标与传统的认知加工研究结果一致，而 LRP 指标在一定程度上支持了人格的 ERP 测量。

（2）P3

P3 是一种认知事件相关电位，是被试在注意并辨认"靶刺激事件"时在头皮

---

① Rugg, M. D., Coles, M. G. H. Electrophysiology of Mind: Event-related Brain Potentials and Cognition. Oxford: Oxford University Press, 1995, 168.

② Rammsayer, T., Stahl, J. Extraversion-related differences in response organization: Evidence from lateralized readiness potentials. Biological Psychology, 2004, 66 (1), 35-49.

记录到的，是潜伏期约为 300ms 的一个晚期正相波，在 Pz 点附近波幅最大。P3 与大脑的认知功能有着内在的联系，注意是其中一个重要环节。一般认为，P3 波幅与注意状态有关。在非注意条件下或偏差刺激与被试的任务无关时，不能引起 P3，或只能引起波幅很小的 P3；如果被试忽略靶刺激或没有听到靶刺激，P3 就不会出现。P3 是一个主要与心理因素相关的内源性成分。

从理论上分析，内向者对简单视听刺激的敏感性高于外向者，对刺激的分析也比外向者更周密，所以用视听刺激诱导 P3 的假设是：内向者的 P3 波幅小于外向者；内向者的 P3 潜伏期短于外向者。杜塞（Doucet）等运用听觉刺激和选择反应任务诱导 P3，结果部分地支持了这个结论：在 N1 波幅上，内向者稳定高于外向者，但只有在刺激和反应冲突的情况下，外向者的 P3 潜伏期才长于内向者[1]。有研究的实验结果与杜塞等的研究一致。

艾森克认为，外向性的生理基础是上行网状激活系统，它调节着皮质唤醒和抑制，内向者的皮质唤醒水平高于外向者。布罗克（Brocke）等的研究结果支持了这个假设：内向者的 P3 波幅大于外向者[2]。但卡安（Cahn）等的研究结果却相反[3]。普里查德（Pritchard）发现内外向与 P3 无关，但男性的神经质与 P3 潜伏期呈负相关。接下来，布罗克等通过变化刺激复杂性难度来提高外向者的皮质唤醒水平，结果外向者的 P3 波幅比内向者大[4]。但施滕贝格（Stenberg）等报告早期 ERP 外向者的整个 P3 波幅均大于内向者[5]，他将这种关系归结于外向性的刺激特质冲动性。

法尔肯施泰因（Falkenstein）等运用 Go/No-Go 范式研究了人格特征与 P3 的关系[6]。非靶刺激的频率是 1000Hz，靶刺激的频率为 1500Hz，声音强度均为 80dB，要求被试报告靶刺激呈现的次数。结果发现：①Fz 处 P3 波幅与奖励依赖明显相关；②P3 潜伏期与坚韧性呈正相关，与新奇寻求呈负相关；③N100 和 P200 与人格维度不相关。该研究提示我们，P3 也可用来作为评价人格维度的一个指标。

---

[1] Doucet, C., Stelmack, R. M. An event-related potential analysis of extraversion and individual differences in cognitive processing speed and response execution. Journal of Personality and Social Psychology, 2000, 78 (5), 956-964.
[2] Brocke, B., et al. Biopsychological foundations of extraversion: Differential effort reactivity and the differential P300 effect. Personality & Individual Differences, 1996, 21 (5), 727-738.
[3] Cahn, B. R., et al. Occipital gamma activation during Vipassana meditation. Cognitive Processing, 2010, 11 (1), 39-56.
[4] Beauducel, A., et al. Energetical bases of extraversion: Effort, arousal, EEG, and performance. International Journal of Psychophysiology, 2006, 62 (2), 212-223.
[5] Stenberg, G., et al. Familiarity or conceptual priming: Event-related potentials in name recognition. Journal of Cognitive Neuroscience, 2009, 21 (3), 447-460.
[6] Falkenstein, M., et al. Inhibition-related ERP components: Variation with modality, age, and time-on-task. Journal of Psychophysiology, 2002, 16 (3), 167-175.

(3) CNV

关联性负变（CNV）是一种重要的 ERP 成分，然而关于其与人格关系的研究很少见。若在测量反应时时先给出一个预备信号（如一个短音或一个闪光）使被试做按键准备，过一定时间（如 1.5s）给出命令信号（另一个短纯音或一个闪光），令被试听（或看）到命令信号后尽量快地按键，则可在预备信号和命令信号之间观察到脑电发生负向偏转，此负向偏转被称为 CNV。CNV 的头皮分布以 Cz 点波幅为最大。

贝克尔（Becker）等曾对 CNV 与人格的关系进行过一项研究，延长两个刺激之间的时间间隔，使用了两种刺激任务，用两个独立的实验来分别研究内、外向被试在刺激分析和反应组织上的差异。研究一通过操纵具有不同认知复杂性的任务来诱导刺激分析过程[①]。刺激材料为包含 3 个或 4 个点的三角形或四边形轮廓图画，有 3 种维度变化，即形状（三角形、四边形）、点数（3 个、4 个）、边的颜色协调性（是、否），这样得到 8 种组合。所有被试均被要求对 4 种视觉辨别任务做出一个简单的运动反应，只是视觉辨别任务难度逐渐加大。研究二用不同运动复杂性的任务来反映中枢的反应组织过程。所有的任务均是要求被试辨认黑背景上的白色图形，使刺激分析反应很低，但运动反应的复杂性逐渐增加。3 种任务分别是简单反应、四次按压、方向变化。遗憾的是，贝克尔等的实验可能由于设计过于复杂，加上被试没有经过筛选，没有得到预期的实验结果。

内外向人格是历史上公认的最具稳定性的特质，与遗传有着密切的关系，而 CNV 的遗传特性也已被很多研究者证明，故如果采取可行的实验方法，用 CNV 来研究内外向人格特质是可行的。

4. 初中生外倾性研究方面存在的问题

(1) 初中生外倾性人格特质的认知加工理论有待完善

由于人格心理学中认知理论的兴起，人格特征与认知操作关系的研究得到日益拓展，除智力操作以外，研究者对人格特征与反应时间、语义启动、记忆任务及问题解决等的关系进行了较为细致的探讨。尽管许多研究发现内外向的心理加工机制不同，可能涉及刺激分析、反应组织和外在运动反应三个过程，但是内外向个体在三个不同的加工阶段是如何产生差异的，目前对其加工机制仍不明晰。关于认知灵活性的研究是发展心理学近年来的一个热点之一，它是一种转换心理表征的能力，是人类智力的一个重要特征[②]。认知灵活性是指顺应改变的情境而转

[①] Becker, G., et al. Stimulus analysis and response organization in the CNV-paradigm: ERP studies about extraversion, cognitive information processing, and motor preparation. Personality and Individual Differences, 2004, 36 (4), 893-911.

[②] 李红、王永芝：《幼儿认知灵活性的发展及其与言语能力的关系》，《心理科学》2006 年第 29 期, 第 1306-1311 页。

换到另一种思想或行为，以符合新情境需要的能力，也就是在面临改变的情境时做出适当反应的能力。认知灵活性作为认知的高级属性，是一种基于注意的适应性过程。通过认知灵活性这一加工活动，可以较为全面地考察认知加工的注意分配、反应抑制等方面的特点。因此，本次研究以初中生为研究对象，通过分析内外倾初中生在认知灵活上的加工机制，完善外倾性人格特质的认知加工理论。

（2）缺乏初中生 LRP 的相关研究

近年来，随着认知神经科学研究的突飞猛进，ERP 作为一种新型的研究手段逐渐受到心理学界的关注。ERP 具有毫秒级的时间分辨率，因此成为天然的反应时的测量工具，为认知科学做出了巨大的贡献。与此同时，ERP 中多种成分的原理和作用逐渐被发现和解读，而这些成分则被作为相应的指标用于研究不同心理问题的不同层面。LRP 就是这样一种脑电成分，自 1988 年被发现以来，它一直被研究者尝试应用于分离知觉过程和运动准备及执行过程的研究。近年来，国外学者以 LRP 为指标，在对内外倾个体的研究中都取得了一定的成果，但对于初中生个体的差异，还没有任何以 LRP 为指标研究的尝试。本次研究尝试以 ERP 为手段，以 LRP 作为指标，分离外倾和非外倾初中生的反应过程，从而对初中生的知觉速度、运动准备和执行速度分别进行比较研究。

二、研究方法

（一）初中生外倾性与任务转换的相关研究

1. 研究目的

本次研究采用任务转换范式与初中生人格问卷的外倾性得分进行相关分析，验证外倾性人格维度的效度。同时，从转换速度和转换准确性两方面来考察外倾性初中生的认知灵活性，全面了解外倾性的认知加工机制。

2. 研究假设

1）外倾性得分与转换任务的反应时呈负相关。
2）外倾性得分与重复任务的反应时无显著相关。
3）转换任务的反应时显著长于重复任务的反应时。

3. 具体研究方法

（1）被试

随机抽取某中学初中部 3 个年级的初中生 60 人，其中男生 30 人，女生 30 人，每个年级各 20 人，平均年龄为 14.02±1.58 岁。所有被试视力或矫正视力正常,均为右利手,无色觉障碍。

(2) 工具

在屏幕上呈现阿拉伯数字,范围为1~9,除去5(高32像素,宽16像素)。在A任务中,要求被试判断该数字是奇数还是偶数,任务类型线索是正方形边框(128像素);在B任务中,要求被试判断该数字是大于5还是小于5,任务类型线索是等边三角形边框(178像素)。视觉距离大约为60cm。

使用E-Prime2.0软件编写程序,实验程序呈现在分辨率为1024×768的计算机上。被试用标准键盘进行按键反应。实验安排在一间安静的办公室进行,采取个别施测的方法。

(3) 程序

实验开始,呈现指导语,并由主试在旁边解释,被试完全清楚后,按"开始练习"按钮开始练习部分,练习结束会弹出对话框,点击"确定"进入正式实验,具体实验程序如图5-13所示。首先,在黑色屏幕中央呈现白色注视点"+"500ms,然后注视点消失,在注视点位置出现白色任务类型线索300ms,接着在线索不消失的情况下,图形中间出现白色靶刺激数字。数字出现开始计时,被试需要尽快根据指导语的要求进行按键反应,如果呈现的数字大于5或者是奇数,则用左手食指按"F"键;如果呈现的数字小于5或者是偶数,则用右手食指按"J"键。指导语提示在尽量正确回答的情况下尽快按键。被试按键,结束计时并呈现下一个任务类型线索。该任务结束,即完成两个任务后,程序重新出现注视点,进行下一组任务。程序记录反应时和正确率。如果被试在靶刺激呈现后2000ms内没有按键进行反应,则会自动跳转到下一个任务,该任务以错误回答记录。程序记录被试的反应时和准确率。每80次任务结束后会出现对话框,这时被试可以自由休息,点击"继续"按钮则继续进行下面的任务。

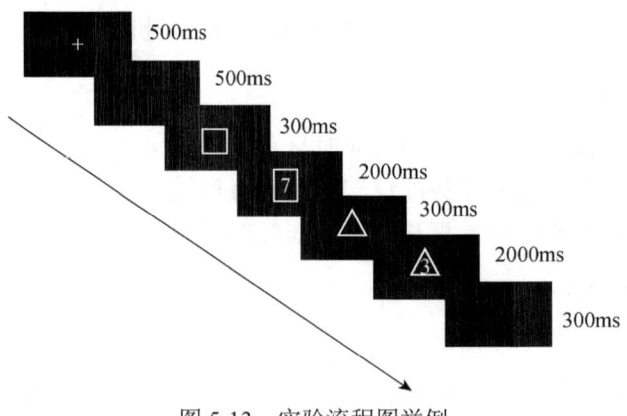

图5-13 实验流程图举例

要求被试连续进行两个任务（任务1、任务2），分别是奇偶判断（奇数/偶数）或数的大小判断（大于5、小于5）。根据任务的不同组合，共有4种任务序列，即奇偶判断-奇偶判断、大小判断-大小判断、奇偶判断-大小判断、大小判断-奇偶判断，前两个为任务重复序列，后两个为任务转换序列。每组中既有任务重复序列，又有任务转换序列，且各有20个。20个任务重复序列（大小判断-大小判断、奇偶判断-奇偶判断各10个序列）与20个任务转换序列（大小判断-奇偶判断、奇偶判断-大小判断各10个序列）随机混合成一组。每个区组包含3组，各组以伪随机顺序进行。每组开始时，指导语不明确告知被试任务序列的类型，当一个刺激呈现时，被试根据刺激的背景形状进行判断，方形背景为奇偶数的判断任务，等边三角形的背景为数的大小判断任务。

（二）初中生外倾性的 ERP 研究

1. 研究目的

为了进一步探讨外倾性人格特质在认知加工的不同阶段表现出来的差异，本次研究试图运用 ERP 技术从大脑的神经生理活动的角度研究某些心理活动的特征。本次研究采用的转换任务的优点在于，可以分别通过观察线索锁定的时间窗口的加工以及刺激锁定的时间窗口的加工，分析转换任务准备阶段加工及转换任务加工阶段加工，从而分析人的不同个性特点与高级神经系统活动的关系。

2. 研究假设

1）在转换任务的反应时上，外倾性高分组和低分组没有显著差异，在正确率上，外倾性高分组低于低分组。

2）在 LRP-R 波幅上，外倾性高分组显著高于低分组，在 S-LRP 波幅上，两组的差异不显著。

3. 具体研究方法

（1）被试

随机抽取某校初中3个年级的学生497人，其中初一年级190人，初二年级190人，初三年级117人。年龄范围为13～16岁，平均年龄为13.58±0.88岁。要求被试填写初中生人格问卷，根据该问卷外倾性维度的题目计算得分，将分数按从高到低进行排序，得分在前27%的被试为高分组（69.89±10.17），得分在后27%的被试为低分组（26.31±9.83）。再分别从高分组和低分组各选取20名被试作为典型高分组（70.08±10.36）和典型低分组（25.92±8.28），共40人参加实验。所有被试视力或矫正视力正常，均为右利手，无色觉障碍，身体健康，无神经系统疾病，没有脑部损伤史。被试完成实验后，可以获得少量报酬。

（2）实验设计

本次研究采用 2（外倾性：高分组、低分组）×2（任务类型：转换、重复）的两因素混合实验设计，其中外倾性为被试间设计，任务类型为被试内设计，因变量是任务转换的反应时和正确率。

（3）工具材料同初中生外倾性与任务转换的相关研究

实验仪器为 ERP 记录与分析系统，用国际 10-20 系统扩展的 64 导电极帽记录 EEG。以双侧乳突均值为参考，接地点在前额 FPz 和 Fz 的中点。在双眼外侧约 1.5cm 处安置电极记录水平眼电，左眼上下眼眶安置电极记录垂直眼电。滤波带通为 0.05~80Hz，采样频率为 500Hz/导。自动校正眼电，波幅大于 ±100μV 被视为伪迹自动剔除。

（4）程序

带领被试进入脑电实验室，待被试熟悉实验室环境后，安排被试坐在舒适的扶手椅上，为其佩戴好电极帽。调整被试的座位，使被试距电脑屏幕约 1m 处，眼睛基本平视屏幕中央。电极帽戴好后，当各电极的头皮阻抗调至 5kΩ 以下后，启动实验程序。

屏幕中间先呈现一个注视点"+"250ms，在 500ms 空屏后呈现线索（三角形和正方形），提示被试对即将出现的靶刺激做何种反应，线索刺激呈现时间为 500ms，接着呈现 600ms 的空屏，然后数字靶刺激出现，被试需要根据线索提示尽快做反应。如果出现正方形，则对数字做奇数偶数判断；如果出现三角形，则对数字做大小判断。如果呈现的数字大于 5 或者是奇数，则用左手食指按"F"键；如果呈现的数字小于 5 或者是偶数，则用右手食指按"J"键。数字靶刺激呈现的最长时间为 2000ms，如果被试在此期间做出反应，则进入下一个试次，如果没有做出反应，则记录为错误，然后进行下一个试次。实验分成两个阶段：练习阶段和实验阶段。练习阶段包括 20 个试次，重复序列 10 个，转换序列 10 个，正确率达到 90% 以上进入正式实验。实验阶段包括 4 个区组，每个区组包括 2 组，每组由 20 个重复序列、20 个转换序列组成。

（5）ERP 记录与分析

实验采用 NeuroScan 公司生产的 64 导脑电记录分析系统，根据国际标准 10-20 脑电记录系统的原则安放电极，记录 64 点的 EEG，记录电极为 Ag/AgCl 电极。以双侧乳突为参考电极，接地电极在 FPz 和 Fz 的中点，在两侧眼外侧记录水平眼电，左眉上和左眼睑下安置表面电极记录垂直眼电，用直流电采集脑电，记录带宽为 0.05~100Hz，采样频率为 1000Hz/导，头皮和电极之间的阻抗小于 5kΩ，采集脑电的同时记录被试的反应时，将数据存入光盘，离线分析 EEG 数据。用

Scan4.3 软件融合行为数据，校正眼电，以刺激前 200ms 至刺激后 1000ms 对脑电进行分段和基线校正，波幅超出±100μV 的成分视为伪迹被剔除。根据反应阶段的结果，仅对反应正确的 EEG 进行分类叠加（叠加次数不少于 45 次），得到相应的 ERP。

EEG 分析时程为刺激前 200ms～1000ms，测量的基线是刺激前 200ms 的平均电位。根据电极位置与头皮分布之间的关系，并结合波形、地形图等，对所有电极点进行观察与计算，选出 5 个代表性电极（FPz、Fz、Cz、Pz 和 Oz）进行统计分析。通过观察，并参照前人的相关研究确定任务序列的分析时段为 N1（70～200ms）、N2（250～350ms）、P3（400～500ms）[1]和 LRP。

三、研究结果

（一）外倾性与任务转换的相关研究的数据分析结果

采用 SPSS17.0 统计软件对两个任务的正确率和反应时进行统计分析。实验规定：当一个序列的两个任务反应都正确时，该序列被记为正确序列。各种条件下被试的平均正确反应率见表 5-9。单因素重复测量方差分析发现，任务重复的正确率（85%）显著高于任务转换的正确率（80%），$F(1, 59)=14, 53, p<0.05$。

表 5-9　任务重复和任务转换的平均正确反应率（$M±SD$）　　单位：%

项目	奇偶判断重复	大小判断重复	奇偶-大小转换	大小-奇偶转换
正确率	86.00±1.74	84.00±1.92	79.00±2.11	80.00±2.01
平均正确率	85.00±1.75		80.00±1.94	

任务重复和任务转换的反应时见表 5-10。对任务转换和任务重复的平均反应时进行配对样本 t 检验，结果显示，$t(1, 59)=20.19, p<0.05$，其中任务转换的平均反应时（826.85±41.98）显著大于任务重复的平均反应时（688.33±34.96）。

表 5-10　任务重复和任务转换的平均反应时（$M±SD$）　　单位：ms

项目	任务重复		任务转换	
	奇偶判断重复	大小判断重复	奇偶-大小转换	大小-奇偶转换
反应时	679.07±36.56	697.60±31.18	837.50±37.69	816.20±43.93
平均反应时	688.33±34.96		826.85±41.98	

分别将外倾性维度的得分与任务重复的反应时和任务转换的反应时进行相关

---

[1] Willis, M. L., et al. Switching associations between facial identity and emotional expression: A behavioural and ERP study. NeuroImage, 2010, 50, 329-339；孙天义、许远理、郭春彦：《任务转换的多脑区作用机制：来自 ERP 的证据》，《中国科学：生命科学》2011 年第 11 期，第 1121-1133 页。

分析，结果显示：外倾性与重复任务的反应时无相关，$r=0.21$，$p>0.05$；外倾性与转换任务的反应时呈显著负相关，$r=-0.49$，$p<0.01$。

（二）初中生外倾性的 ERP 研究的数据分析结果

采用 SPSS17.0 统计软件对两个任务的正确率和反应时进行统计分析。

1. 行为数据

实验规定，当一个序列的两个任务反应都正确时，该序列被记为正确序列。以外倾性高、低分组为自变量，以任务重复和任务转换的平均正确率为因变量进行相关样本 t 检验，结果如表 5-11 所示。在任务重复条件下，高分组个体的平均正确率显著低于低分组；在任务转换条件下，高、低外倾性个体的差异不显著。

表 5-11　外倾性高、低分组任务重复和任务转换的平均正确率　　单位：%

外倾性分组	任务重复			任务转换		
	$M\pm SD$	t	p	$M\pm SD$	t	p
高分组	85±2.18	2.24	0.03*	79±2.33	3.01	0.06
低分组	87±1.96			80±2.01		

以外倾性高、低分组为自变量，以任务重复和任务转换的反应时为因变量进行相关样本 t 检验，结果如表 5-12 所示。在任务转换条件下，高外倾个体的反应时更短，说明高外倾个体的认知更为灵活；在任务重复条件下，两组的差异不显著。

表 5-12　外倾性高、低分组任务重复和任务转换的平均反应时　　单位：ms

外倾性分组	任务重复			任务转换		
	$M\pm SD$	t	p	$M\pm SD$	t	p
高分组	634±35.86	8.68	0.07	789±32.33	3.36	0.02*
低分组	642±32.71			832±37.13		

以外倾性高、低分组为自变量，以转换代价（转换任务组块与重复任务组块的平均成绩之差，以下简称转换代价）的反应时为因变量进行相关样本 t 检验，结果显示，$t=2.68$，$p<0.05$，其中，高分组转换代价的平均反应时和标准差为 226±82.61，低分组转换代价的平均反应时和标准差为 273±83.02，说明低分组的转换代价的反应时显著长于高分组。

2. 脑电数据

对所有被试的 EEG 数据进行离线分析，其中 4 名被试的脑电伪迹过多，剔除这 4 名被试的所有数据，实际进入脑电分析的被试有 36 人，其中高外倾组 17 人，低外倾组 19 人。通过对这 36 名被试的脑电波形图进行总平均分析得知，所有被试的脑电变化表现出一些共同特征，实验任务成功地诱发出了 N2 和 P3 等成分。根据以往的研究，LRP 与内外倾人格特质有密切的联系。因此，本次研究重点对 N2、P3 和 LRP 这 3 个成分进行分析。运用 SPSS17.0 统计软件对上述各成分的波幅与潜伏期进行统计分析。

（1）线索锁定时间窗口的 ERP 分析

在线索锁定的时间分析窗口，高分组和低分组在转换序列的线索阶段均诱发出 N1（70～200ms）、N2（250～350ms）和 P3（400～500ms）。对实验结果进行 2（外倾性：高分组、低分组）×5（电极电：FPz、Fz、Cz、Pz 和 Oz）的重复测量方差分析，结果如下。

1）N1。在 N1 波幅上，组别主效应显著，$F(1, 35)=12.64$，$p<0.01$，低分组的 N1 平均波幅显著高于高分组。电极点主效应显著，$F(4, 31)=35.22$，$p<0.05$，其中 Pz 点的波幅最大。组别与电极点的交互作用显著。进一步的简单效应分析表明，低分组在额区的 N1 波幅差异显著，$F(1, 35)=13.92$，$p<0.01$，以及在中央区差异显著，$F(1, 35)=8.64$，$p<0.01$。在 N1 潜伏期上，组别主效应显著，$F(1, 35)=5.94$，$p<0.01$，低分组的 N1 潜伏期短于高分组。电极点主效应显著，$F(4, 31)=32.17$，$p<0.05$，其中 Pz 点的波幅最大。组别与电极点的交互作用显著。进一步的简单效应分析表明，低分组在额区的 N1 波幅差异显著，$F(1, 35)=24.69$，$p<0.05$，在中央区的 N1 波幅差异显著，$F(1, 35)=18.48$，$p<0.05$。

2）N2。在 N2 峰值上，组别主效应显著，$F(1, 35)=11.32$，$p<0.01$，低分组的 N2 波幅大于高分组。电极点主效应显著，$F(4, 31)=28.65$，$p<0.05$，进一步的多重检验表明，前额部电极点的 N2 波幅更小。组别与电极点的交互作用显著，进一步的简单效应分析表明，与高分组相比，低分组在额区和中央区都出现了更为负向的波。在 N2 潜伏期上，组别主效应显著，高分组的 N2 潜伏期短于低分组。电极点主效应显著，进一步的多重检验表明，前额部电极点的 N2 潜伏期更长。组别与电极点的交互作用不显著。

3）P3。在 P3 峰值上，组别主效应显著，$F(1, 35)=25.17$，$p<0.05$，低分组的 P3 波幅大于高分组。电极点主效应显著，$F(4, 31)=18.18$，$p<0.01$，进一步的多重检验表明，Pz 点的波幅最大。组别与电极点的交互作用不显著。在 P3 潜伏期上，组别主效应显著，$F(1, 35)=16.42$，$p<0.05$，低分组的 P3 潜伏期长于高分组。电极点主效应显著，$F(4, 31)=18.18$，$p<0.01$，进一步的多重检验表明，Pz 点的潜伏期最短。组别与电极点的交互作用不显著。

（2）刺激锁定时间窗口的 ERP 分析

由于 LRP 是一个 C3、C4 位置脑电的差异波，LRP 的经典记录位点是 C3′和

C4′（标准国际 10-20 系统 C3、C4 电极点前方 1cm），很多研究也采用 C3、C4 电极点，本次实验即采集这两个位置的脑电。LRP 的常用方法为相减——平均序列的方法，即先分别计算左右手反应得到 C4 与 C3（左手）或 C3 与 C4（右手）的差值，然后求出平均的 LRP{（C4-C3）[左]+（C3-C4）[右]}/2。其中，"（C4-C3）[左]"的含义为右侧头皮，即左手做出反应获得的 C4 和 C3 的差异波，"（C3-C4）[右]"的含义为左侧头皮，即右手做出反应获得的 C3 和 C4 的差异波[①]。本次研究重点分析任务转换条件下的 LRP。

S-LRP 为刺激锁定的 LRP，LRP-R 为反应锁定的 LRP。经计算得到的外倾性高、低组的 S-LRP 和 LRP-R 的平均波幅见表 5-13。

表 5-13　外倾性高、低分组的 S-LRP 和 LRP-R 平均波幅　　　单位：μV

外倾性分组	S-LRP			LRP-R		
	$M \pm SD$	t	p	$M \pm SD$	t	p
高分组	-4.69 ± 2.18	1.24	0.175	-1.34 ± 1.11	2.01	0.032*
低分组	-5.02 ± 2.68			-0.99 ± 0.85		

对外倾性高分组和低分组的 S-LRP 平均波幅进行独立样本 t 检验，$t=1.24$，$p>0.05$，说明高分组和低分组的 S-LRP 平均波幅没有显著差异。

对外倾性高分组和低分组的 LRP-R 平均波幅进行独立样本 t 检验，$t=2.01$，$p<0.05$，可以看到，高分组和低分组的 LRP-R 平均波幅差异显著。

经计算得到外倾性高、低组的 S-LRP 和 LRP-R 潜伏期，结果见表 5-14。

表 5-14　外倾性高、低组的 S-LRP 和 LRP-R 潜伏期　　　单位：ms

外倾性分组	S-LRP			LRP-R		
	$M \pm SD$	t	p	$M \pm SD$	t	p
高分组	94.95 ± 7.18	0.46	0.32	-191.34 ± 32.34	6.50	0.001***
低分组	95.94 ± 5.68			-285.13 ± 38.53		

对外倾性高分组和低分组的 S-LRP 潜伏期做独立样本 t 检验，$t=0.46$，$p>0.05$，说明高、低分组 S-LRP 的潜伏期没有显著差异。对外倾性高分组和低分组的 LRP-R 潜伏期做独立样本 t 检验，$t=6.50$，$p<0.001$，可以看到，高、低分组 LRP-R 潜伏期的差异十分显著。

S-LRP 为刺激锁定的 LRP，因此坐标原点代表刺激呈现的时间点。由图 5-14 可见，两组波形从坐标原点开始向右延伸，在 100ms 左右的位置开始有明显的起伏。这两个波形的起始位置（与横轴交汇点）基本重合。从整体上看，两个波形的走向及大致轮廓十分相似，均在 300～400ms 范围内达到波的最高点。

---

① 赵仑：《ERPs 实验教程（修订版）》，东南大学出版社 2010 年版，第 52 页。

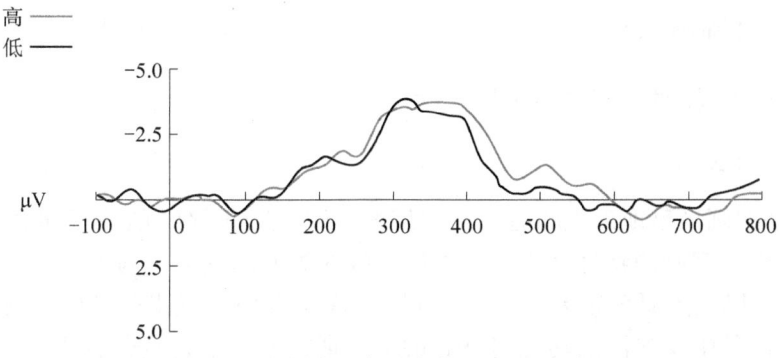

图 5-14 外倾性高、低分组的 S-LRP 总波形图

LRP-R 是反应锁定的 LRP，因此坐标原点代表的是被试反应完成的时刻。要观察的时间段是在反应完成时刻之前，因此和 S-LRP 不同，在 R-LRP 的坐标轴中，我们主要观察的是横轴的左半部分。从图 5-15 可以观察到，两个波形在-300ms之后 LRP-R 的潜伏期有了比较直观的差异，在坐标原点附近，S-LRP 波幅达到了最大值，外倾性高分组 LRP-R 波形相对于低分组更陡峭，波幅相对更大。

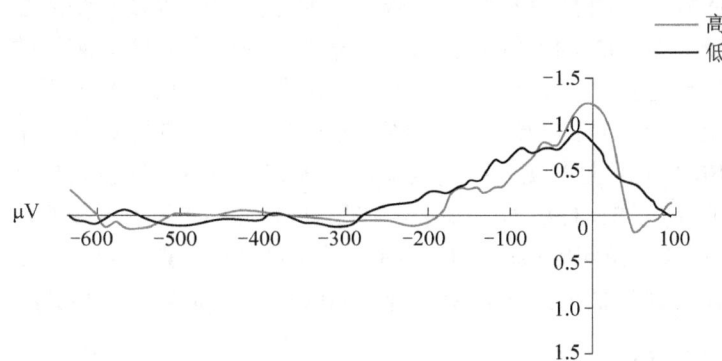

图 5-15 外倾性高、低分组的 R-LRP 总波形图

四、讨论与结论

（一）外倾性高分组与低分组在认知灵活性上的差异

本次研究采用任务转换范式，以转换代价为指标来考察外倾性高、低分组的认知灵活性差异。转换代价又称定势选择代价，涉及在监控当前目标的同时，保持或选择任务表征的能力，即在工作记忆中必须保持两种以上任务定势处于激活状态，并决定将要执行何种任务定势。本次研究发现，外倾性低分组的反应时转换代价显著大于外倾性高分组，表明低分组被试的定势选择速度慢于高分组，但关于错误率的结果表明，重复条件下低分组的成绩要好于高分组，说明在准确性

上内向者在抑制无关任务中准确做出定势选择的能力优于外向者。

(二) 线索锁定期的 ERP 分析

1. 外倾性与 N1

N1 是在刺激呈现后 100ms 左右出现的负波，是人脑对刺激产生的外源性 ERP 成分，它受物理刺激特性（强度、类型、频率等）的影响，与被试对刺激的注意有关。这与以往的研究结果一致，即外倾型特征的 ERP 的潜伏期较之内倾型特征普遍延长，其中反映注意功能的 N1 的潜伏期的差异达到显著水平。早在 100～200ms 时段就出现了额-枕区差异，这进一步提示我们，额叶在任务准备和切换中有重要调控作用，而顶叶可能与信息暂存以及刺激反应映射相关。本次研究验证了用视听刺激诱导 N1 和 P3 的假设：内向者的 N1 潜伏期短于外向者，N1 波幅大于外向者，内向者的 P3 潜伏期短于外向者。

2. 外倾性与 N2

在转换序列中，N2 成分反映了刺激导致的注意增强以及对刺激与目标任务冲突的觉察。低分组 N2 的波幅显著高于高分组，说明内向者对刺激的注意能力更强。当线索编码完成时，调动相应的外源性准备调节（预期）过程。完成转换任务时，由于上一反应持续激活与当前线索不一致，在早期注意加工中就表现出明显的冲突，ERP 波形上表现为在线索锁定期内高分组 N2 的波幅显著大于外倾低分组。这表明完成转换任务时，高分组在早期注意上投入了更多的加工。低分组 N2 的潜伏期更长，说明完成转换任务时，低分组调动早期注意加工更慢。反映在行为结果中，表现为低分组在转换代价方面的反应时显著长于高分组。

3. 外倾性与 P3

潜伏期受外倾性人格维度的影响明显，典型外向者的 P3 潜伏期短于非典型外向者。以往已有实验证实，内向者被试在单调的信号检测作业中有更好的成绩，而且持续性注意似乎与高唤醒水平有关。所以，内向者的 P3 波幅应该比外向者更大[1]。这与艾森克的理论是一致的，艾森克认为外向性的生理基础是上行网状激活系统，它调节着皮质唤醒和抑制，内向者皮质唤醒水平高于外向者[2]。索托（Soto）等的研究结果也支持了这一理论，内向者的 P3 波幅高于外向者[3]。本研究

---

[1] Stelmack, R. M., et al. Personality, reaction time, and event-related potentials. Journal of Personality and Social Psychology, 1993, 65 (2), 399-409.

[2] Eysenck, H. J. Genetic and environmental contributions to individual differences: The three major dimensions of personality. Journal of Personality, 1990, 58 (1), 245-261.

[3] Soto, C. J., et al. Age differences in personality traits from 10 to 65: Big Five domains and facets in a large cross-sectional sample. Journal of Personality and Social Psychology, 2011, 100 (2), 330-348.

结果证实了该理论的假设，外倾性低分组被试在脑中部的电极比前额部引发了更大的 P3 波幅，Pz 点附近的波幅最大。此外，不少研究者对 P3 波幅与其他人格维度的关系做了研究。罗纳德（Ronald）等采用 Oddball 变异范式对"大五"人格维度与 P3 的关系进行了研究，结果发现，P3 波幅与外向性、开放性、随和性和尽责性呈正相关，而与神经质呈负相关[1]。还有一些研究的结论与上述结论不一致，例如，有研究者在面孔识别任务中发现，外向性格比内向性格诱发的 P3 波幅更大。普里查德（Pritchard）等发现，外倾性与 P3 无相关性，但男性的神经质与 P3 潜伏期呈负相关[2]。我们分析出现这种差异的原因可能有很多，如人格测评工具不同、研究范式不同、刺激材料各异、实验中的噪声干扰，甚至 ERP 记录及其分析方法等也对其有一定影响。

（三）刺激锁定期的 ERP 分析

在完成有明确线索的转换任务时，线索呈现后和刺激呈现后的效应不同，这是因为线索呈现后和刺激呈现后完成的加工任务是不同的。在线索呈现后表现为对线索进行识别与编码的加工过程。当线索识别后，由于要对当前线索进行编码，即对当前的任务规则进行编码，需要调用更多的资源对反应抑制进行控制加工。当刺激呈现后，就可以集中早期注意（内源性调节过程）对相关刺激进行识别，将线索编码与刺激的反应规则进行匹配，然后进行反应决策加工。其具体表现在单侧化准备电位的 S-LRP 和 LRP-RS 上，外倾性不同的个体存在差异。

1. S-LRP 潜伏期和波幅的分析

外倾性高分组和低分组在 S-LRP 潜伏期上不存在显著差异，根据 S-LRP 的定义可知，从刺激呈现到被试知觉到刺激内容的这段时间中，高分组和低分组并没有显著差异，即使行为数据表明在转换任务条件下高分组和低分组在总反应时上存在显著差异，但两组被试从刺激出现到知觉到刺激内容所用的时间几乎完全相同。S-LRP 潜伏期不仅意味着知觉速度，也在一定程度上反映了大脑神经活动的速度[3]。因此，本研究发现，在转换任务条件下，高分组和低分组的 S-LRP 潜伏期差异不显著。这一结果与以往研究一致，即两者之间的认知加工速度差异

---

[1] Ronald, J., et al. The P3 auditory event-related brain potential indexes major personality traits. Society of Biological Psychiatry, 2001, 49（11），922-929.

[2] Pritchard, M. E., et al. What predicts adjustment among college students? A longitudinal panel study. Journal of American College Health, 2007, 56（1），15-21.

[3] Soto, C. J., et al. The developmental psychometrics of big five self-reports: Acquiescence, factor structure, coherence, and differentiation from ages 10 to 20. Journal of Personality and Social Psychology, 2008, 94（4），718-737.

并不明显[①]。

对外倾性高分组和低分组的 S-LRP 波幅进行数据分析，结果表明两组之间并无显著差异。S-LRP 的波幅代表了神经活动的强度和付出认知资源的多寡。因此，本次研究中 S-LRP 的波幅代表了被试接收刺激、感知刺激并知觉刺激过程中付出的认知资源情况和神经活动程度。外倾性高分组和低分组在 S-LRP 波幅上并没有显著差异，说明在对视觉刺激进行知觉的这个过程中付出的认知资源和神经系统的活动程度并不受被试人格特质的影响。无论是有外倾特质的被试还是有内倾特质的被试，面对实验中的视觉刺激，其投入的认知资源的量是较稳定且相差无几的，只要付出某种程度的努力即可应付这种任务。从人类进化的角度来看，这种认知资源量上的付出应该是无意识的、本能的、恒量的且最利于人类发展的。尽管主观投入和认真程度不同，但是这种资源的量不会随着主观意识的增强而有更大程度的增加。

2. LRP-R 潜伏期和波幅的分析

与 S-LRP 的结果不同，外倾性高分组和低分组在 LRP-R 潜伏期上存在显著差异。LRP-R 潜伏期代表了被试转换决策的选择完毕到正确完成按键反应的这一段时间。两组被试在 LRP-R 潜伏期上的显著差异，则表明了高分组和低分组在对任务进行转换决策后去执行此决策所用的时间具有显著差异，也就是说，高分组在更短的时间内开始执行此决策，即正确而迅速地按键。在运动准备和执行速度方面，高分组的表现显著优于低分组。

研究结果显示，高分组和低分组在 LRP-R 波幅上差异显著，LRP-R 波幅代表了被试转换决策的选择完毕到正确完成按键反应的这个过程的认知资源消耗情况和神经活动程度。LRP-R 波幅存在显著差异体现了两组被试在对待按键反应之前的投入程度。与大脑对视觉刺激无意识的处理有所不同，被试在按键之前对认知资源调用的决策受一定主观因素的影响，如对待实验的态度是积极主动还是消极怠惰，对按键决策时求快或求准确等不同要求，对完成实验所需投入程度的高估或低估等，都会影响按键反应前认知资源付出的多寡和神经活动的强弱。外倾性代表了个体对外界关注的水平以及向外界投入的精力[②]，因此高分组对所要进行的任务的关注度更高，投入的精力更多，表现在 LRP-R 波幅显著大于低分组。而且，LRP 具有一个关键特征，即刺激起始瞬间的 LRP 波幅越大，则反应就越快，

[①] 姚娜：《体育与非体育专业大学生单侧化准备电位的研究——在选择反应任务中知觉过程和运动准备及执行过程的差异》，首都体育学院硕士学位论文，2012 年。

[②] 杜文轩：《初中生人格结构及其发展特点的研究》，辽宁师范大学硕士学位论文，2011 年。

对于某个 LRP 波幅水平而言，一旦超过这个水平，反应就一定会被触发[1]。因此，高分组表现出来的波幅大，在一定程度上显示了高分组在对待反应速度类测试的投入程度与好胜心，这种心态使其投入了更多的认知资源，并使自身的神经活动程度增强，从而让自己的注意力更集中、更紧张地进行按键反应。对于外倾性得分低的被试，这种反应速度的测试并没有激发其求胜心，因此这部分被试不会刻意调动更多的认知资源投入在如何快速而准确按键的反应上。

1）在接收外界视觉刺激并感知这种刺激的能力上，外倾性高分组和低分组被试并无不同。

2）低分组被试运动决策的行动更慢，消耗在运动反应本身的时间更长，因此造成了反应时的延长。

3）低分组被试对于认知任务进行加工时注意保持的能力较差，其认知灵活性次于外倾性高分组。

第四节 人格改变的动力——从社会基因视角看天性与教养之争

一、引言

人格改变是指个体自出生至老年死亡的整个生命过程中人格特征的表现，随着年龄的增长和习得经验的增加而逐渐改变的过程。人格改变是人生全程发展至关重要的部分。人格特质具有稳定性，但人格的稳定性和可变性是共存的[2]。

人格改变有两种类型，分别是均值水平改变和等级顺序改变[3]。均值水平的改变涉及正常改变，反映了人们的特质得分随时间而改变。以五因素人格为例，大多数研究显示的毕生人格各维度得分发展趋势是：情绪稳定性得分增加，责任心

---

[1] Viken, R. J., et al. A developmental genetic analysis of adult personality: Extraversion and neuroticism from 18 to 59 years of age. Journal of Personality and Social Psychology, 1994, 66 (4), 722-730.

[2] McAdams, D., Olson, B. D. Personality development: Continuity and change over the life course. Annual Review of Psychology, 2010, 61 (61), 517-542; McGue, M., et al. Personality stability and change in early adulthood: A behavioral genetic analysis. Developmental Psychology, 1993, 29 (1), 96-109.

[3] Mõttus, R., et al. Personality traits in old age: Measurement and rank-order stability and some mean-level change. Psychology and Aging, 2012, 27 (1), 243-249; Specht, J., et al. Stability and change of personality across the life course: The impact of age and major life events on mean-level and rank-order stability of the Big Five. Journal of Personality and Social Psychology, 2011, 101 (4), 862-882.

得分增加[1]，宜人性得分增加[2]，外倾性得分降低[3]，开放性得分则呈曲线趋势[4]，即成年早期增加，年长时则降低。

等级顺序的改变则反映了人格特质是否随时间保持稳定。等级顺序稳定性的测量通常是对特定特质的重测信度进行测量[5]。以往研究表明，等级顺序的稳定性随年龄的增长而增强，随着重测间隔的增加，等级顺序稳定性也会降低[6]。在估计等级顺序稳定性方面的研究结论也存在分歧[7]。另外，人格维度之间的等级顺序稳定性也是不同的，如外倾性和责任心有更高的稳定性，开放性和宜人性其次，情绪的稳定性最低[8]。那么，人格究竟是怎样发展变化的，其发展的动因是什么？本章前三节通过实验证明了儿童、青少年人格的发展与脑电生理有密切关系，本节我们从另一角度梳理文献，阐述社会基因在儿童、青少年人格发展中的作用。

二、三种人格稳定性/可变性观点

人格研究者在有关人格稳定性或可变性动力上的争论体现为天性与教养之争。其中，行为主义的学习理论、习性学、进化论与行为遗传学都是发展心理学中解释天性与教养作用机制的经典理论[9]。近年来，在经典理论的基础之上，人格研究进一步丰富和发展了三种人格稳定性/可变性观点：情境观点、生物基础观点和折中观点。

---

[1] Bleidorn, W., et al. Patterns and sources of adult personality development: Growth curve analyses of the NEO PI-R Scales in a longitudinal twin study. Journal of Personality And Social Psychology, 2009, 97 (1), 142-155; Soto, C. J., et al. Age differences in personality traits from 10 to 65: Big Five domains and facets in a large cross-sectional sample. Journal of Personality and Social Psychology, 2011, 100 (2), 330-348.

[2] Lüdtke, O., et al. A random walk down university avenue: Life paths, life events, and personality trait change at the transition to university life. Journal of Personality and Social Psychology, 2011, 101 (3), 620-637.

[3] Branje, S. J. T., et al. Big Five personality development in adolescence and adulthood. European Journal of Personality, 2007, 21 (1), 45-62.

[4] Lehmann, R., et al. Age and gender differences in motivational manifestations of the Big Five from age 16 to 60. Developmental Psychology, 2013, 49 (2), 365-383.

[5] Gordon, J. The extent of personality change: Rank order consistency, mean level change, individual level change, and ipsative stability. Griffith University Undergraduate Psychology Journal, 2009, (1), 1-8; Roberts, B. W., et al. The kids are alright: Growth and stability in personality development from adolescence to adulthood. Journal of Personality and Social Psychology, 2001, 81 (4), 670-683.

[6] Lucas, R. E., Donnellan, M. B. Personality development across the life span: Longitudinal analyses with a national sample from Germany. Journal of Personality and Social Psychology, 2011, 101 (4), 847-861.

[7] Josefsson, K., et al. Maturity and change in personality: Developmental trends of temperament and character in adulthood. Development & Psychopathology, 2013, 25 (3), 713-727.

[8] Edmonds, G. W., et al. Personality stability from childhood to midlife: Relating teachers' assessments in elementary school to observer- and self-ratings 40 years later. Journal of Research in Personality, 2013, 47 (5), 505-513.

[9] 〔美〕戴维·谢弗：《社会性与人格发展》，陈会昌等译，人民邮电出版社2012年版，第87-90页。

（一）情境观点

情境观点认为人格特质倾向于随时间变化而改变[1]，稳定性系数总是很低。基因和神经系统的发育确实在人格形成中起了一定作用，但没有主导全部发展过程。纵向研究发现，控制了基因的效应后，环境对人格稳定性和发展有显著影响[2]。一系列相互有关联的代表性理论阐述了引发人格成熟的相关情境因素，这些理论以社会投资定律（social investment principle）、发展的互动模型（transactional model of development）和动态变迁模型（dynamic model of transition）为代表。

1. 社会投资定律

社会投资定律由罗伯茨（Roberts）等于2005年提出，用来解释人格的正常改变的原因。该理论指出，投资或投身于社会机构，如工作、婚姻、家庭和社区，构建年龄等级社会角色，是人格发展的驱动机制之一。这些角色与社会时钟的期望同步，与相应的社会期望符合；社会角色期望要求人的特征是更具社会优势的、宜人的、负责任的和情绪稳定的；发展过程是个体遵从一系列来自父母、朋友和广义社会规范标准的期望和要求[3]；人们会通过增加社会关注和接纳来奖励符合期望的人[4]。

2. 发展的互动模型

人与情境互动的观点很早就有人提出，并被发展和完善为互动模型，用以解释边缘型人格障碍的成因[5]，后来该理论被用来解释正常的人格发展[6]。这一模型的核心思想是个体与环境之间的互动对发展起主导作用，发展应该被理解为人和情境、社会及他人的关系。人类的本质特征是社会性，归属于群体是其基本需求，人们直接或间接地与他人相关联。因此，人格（人们怎样存在）与社会关系（人们与谁一起）互相交织、密不可分。人格以人际差异为特征，人们如何对他人

---

[1] Caspi, A., et al. Personality development: Stability and change. Annual Review of Psychology, 1984, 56 (1), 453-484.
[2] Kandler, C., et al. Sources of cumulative continuity in personality: A longitudinal multiple-rater twin study. Journal of Personality and Social Psychology, 2010, 98 (6), 995-1008; Bleidorn, W., et al. Nature and nurture of the interplay between personality traits and major life goals. Journal of Personality and Social Psychology, 2010, 99 (2), 366-379.
[3] Lehmann, R., et al. Age and gender differences in motivational manifestations of the Big Five from age 16 to 60. Developmental Psychology, 2013, 49 (2), 365-383.
[4] Roberts, B. W., et al. Evaluating five factor theory and social investment perspectives on personality trait development. Journal of Research in Personality, 2005, 39 (1), 166-184.
[5] Fruzzetti, A. E., et al. Family interaction and the development of borderline personality disorder: A transactional model. Development & Psychopathology, 2005, 17 (4), 1007-1030.
[6] Roberts, B. W., Jackson, J. J. Sociogenomic personality psychology. Journal of Personality, 2008, 76 (6), 1523-1544.

做出回应，如何考虑和感受他人以及自己与他人的关系，都对人格有潜在影响[1]。

3. 动态变迁模型

动态变迁模型最初由卡斯皮（Caspi）等提出，该理论认为人格在变迁情境下改变的可能性非常大[2]，强调社会角色和主要生活事件可以引发人格特质的改变，近年来一系列研究支持了该理论[3]。变迁带来新的社会角色，促使人格特质发展。变迁涉及的主要生活事件包括初次就业、结婚、家庭成员生老病死、成功、失业等，反映了个体受到的外部影响，其发生不是完全随机的[4]。主要生活事件只能引起大多数人的相似程度的人格发展[5]，所以应该考察更广泛的个体经历的独特积极或消极生活事件，它们会改变人格发展轨迹。动态变迁模型虽然和社会投资定律同样注重社会角色期望的作用，但该理论更强调生活变迁阶段和生活事件对人格发展的影响。

综上所述，情境观点深刻描述了后天情境——社会期望、社会互动以及变迁——对人格改变的影响。其中，社会投资定律和互动模型解释了人格的正常发展轨迹，即人格均值水平的变化。动态变迁模型则可以解释个体人格等级顺序变化的差异。但是仅靠以上情境观点无法充分解释人格改变的机制。原因主要包括两点：首先，从研究方法来看，支持该观点的研究结论都是依据变量间的相关研究和理论建构实现的，缺乏直接的因果关系证据；其次，即使证明情境与人格改变的因果关系是存在的，那么其中的机制是什么？例如，为什么处于变迁阶段的人格就易于改变？从这一角度讲，情境观点显然不如生物基础观点对人格改变的动力的解释更有力。

---

[1] Back, M. D., et al. PERSOC: A unified framework for understanding the dynamic interplay of personality and social relationships. European Journal of Personality, 2011, 25 (2), 90-107.

[2] Avshalom, C., Moffitt, T. E. When do individual differences matter? A paradoxical theory of personality coherence. Psychological Inquiry, 1993, 4 (4), 247-271.

[3] Löckenhoff, C. E., et al. Self-reported extremely adverse life events and longitudinal changes in five-factor model personality traits in an urban sample. Journal of Traumatic Stress, 2009, 22 (1), 53-59; Lüdtke, O., et al. A random walk down university avenue: Life paths, life events, and personality trait change at the transition to university life. Journal of Personality and Social Psychology, 2011, 101 (3), 620-637; Specht, J., et al. Stability and change of personality across the life course: The impact of age and major life events on mean-level and rank-order stability of the Big Five. Journal of Personality and Social Psychology, 2011, 101 (4), 862-882.

[4] Kandler, C., et al. Genetic links between temperamental traits of the regulative theory of temperament and the Big Five: A multitrait-multimethod twin study. Journal of Individual Differences, 2012, 33 (4), 197-204; Specht, J., et al. Stability and change of personality across the life course: The impact of age and major life events on mean-level and rank-order stability of the Big Five. Journal of Personality and Social Psychology, 2011, 101 (4), 862-882.

[5] Klimstra, T. A., et al. Maturation of personality in adolescence. Journal of Personality and Social Psychology, 2009, 96 (4), 898-912.

(二)生物基础观点

将生物学观点整合进人格心理学后,后天环境影响人格的观点被极大改变。人格的生物基础观点可以追溯到艾森克时代[1],并在当代生物学和人格心理学研究中得到了大量研究结论的支持。第一,进化论认为大脑和其他器官发育要服从进化的驱力。第二,行为遗传学为基因变异和人格及心理健康之间的相关提供了证据[2]。第三,人格特质跨时间高度稳定,而这种稳定和不变最有可能是基因的产物,而不是环境的产物[3]。这一观点认为虽然一些适度的人格改变会在一生中发生,但稳定性系数应该一直很高,特别是成年期。

在生物人格模型中,DNA是生理系统的基础,基因多态性碱基顺序终生不变,对表型的影响也不变,并按孟德尔律世代相传。生物基础的人格理论把人格划分为气质(生物性)和性格(习得性)成分。基因曾被认为是相对被动的设计图纸,能调控有机体的发育。但最近的研究表明,事实上,基因始终对与社会行为相关联的各种刺激保持着高度敏感。社会信息通过作用于基因,诱导脑结构及行为的改变[4]。

(三)折中观点

情境观点和生物人格模型是天性与教养之争在当下人格发展理论中的代表,而试图整合两者的第三类观点——折中观点也被广泛接受。折中观点也认为人格特质在毕生有显著的改变[5]。其中,马格努森(Magnusson)构建的整体交互理论和以布朗芬布伦纳(Bronfenbrenner)为代表的生物生态学理论都是折中理论的典型代表[6],二者都认为人格发展是由多因素所决定的;个体遗传素质、环境和

---

[1] Eysenck, H. J. The biological basis of personality. Nature, 1967, 1031-1034.
[2] Zhang, T. Y., Meaney, M. J. Epigenetics and the environmental regulation of the genome and its function. Current Psychiatry Reviews, 2010, 61 (1), 439-466.
[3] Costa, P. T., McCrae, R. R. Age changes in personality and their origins: Comment on Roberts, Walton, and Viechtbauer. Psychological Bulletin, 2006, 132 (1), 26-28.
[4] Robinson, G. E., et al. Genes and social behavior. Science, 2008, 322 (5903), 896-900.
[5] Roberts, B. W., Mroczek D. Personality trait change in adulthood. Current Directions in Psychological Science, 2008, 17 (1), 31-35.
[6] Magnusson, D. The holistic-interactionistic paradigm: Some directions for empirical developmental research. European Psychologist, 2001, 6 (3), 153-162; Magnusson, D., Törestad B. A holistic view of personality: A model revisited. Annual Review of Psychology, 2003, 44, 427-452; Reynolds, K. J., et al. Interactionism in personality and social psychology: An integrated approach to understanding the mind and behaviour. European Journal of Personality, 2010, 24 (5), 458-482; Bronfenbrenner, U., Ceci, S. J. Nature-nuture reconceptualized in developmental perspective: A bioecological model. Psychological Review, 1994, 101 (4), 568-586; Bronfenbrenner, U., Evans, G. W. Developmental science in the 21st century: Emerging questions, theoretical models, research designs and empirical findings. Social Development, 2000, 9 (1), 115-125; Tudge, J. R. H., et al. Uses and misuses of Bronfenbrenner's bioecological theory of human development. Journal of Family Theory & Review, 2009, 1 (4), 198-210.

时间因素及其交互作用是人格发展的机制。整体交互作用强调动态的整体过程和交互作用，整体效应大于部分之和。生物生态学则侧重认为嵌套环境与时间维度和个体的交互作用决定了人的发展。而且，环境的影响在人的毕生发展过程中是累积的，导致基因对人格的影响减小，人格毕生的改变趋势是环境影响造成的。基因组成决定了我们的先天发展倾向，人格的发展或改变将由环境塑造[1]，即人格=基因+情境+基因×情境。在社会基因视角之前，这是先天与后天决定个体发展的机制的最理想的解释。社会基因的视角在某种程度上加深甚至颠覆了人们对先天与后天两个人格发展的动力因素的交互作用机制的认识。

三、天性与教养：硬币的两面——社会基因的视角

（一）社会基因的含义

社会环境影响基因表达，进而影响社会成员的行为模式及人格。罗伯茨（Roberts）等在提出社会投资定律和互动模型这两种情境观点解释人格的正常改变后[2]，为加深对情境理论影响人格的机制的理解，结合进化论与生物学观点，又在一系列论著中提出社会基因这一观点，它的关键是注重生物和环境的联系，而其逻辑起点是所谓的"一个理论假设"和"两个科学发现"。就概念本身而言，它并无特别之处，均来自社会生物学、行为遗传学和进化遗传学等学科的结论，但结合起来便为生物学和人格心理学的意义提供了一个不同视角[3]。

（二）社会基因视角的内容——一个理论假设与两个科学发现

社会基因视角的"一个理论假设"来自进化论和社会生物学，即任何对生存和繁衍有影响的遗传行为（包括人格）都受到基因和进化驱力的影响[4]。基于该假设，社会基因视角会关注跨物种社会性动物的社会行为模式以及在社会性群体中成员合作完成生存和繁衍的过程。

社会基因视角基于的第一个"科学发现"是物种间基因的高度稳定。因为完全不同的动物的类似行为中包括相同的基因，所以跨物种了解社会行为成为对人格进行研究的途径之一，人格心理学家可以了解其他物种类似的人格形成过程与

---

[1] Kandler, C., et al. Life events as environmental states and genetic traits and the role of personality: A longitudinal twin study. Behavior Genetics, 2012, 42 (1), 57-72.
[2] Roberts, B. W., Jackson, J. J. Sociogenomic personality psychology. Journal of Personality, 2008, 76 (6), 1523-1544.
[3] Robinson, G. E. Beyond nature and nurture. Science, 2004, 304 (5669), 397-399; Robinson, G. E., et al. Sociogenomics: Social life in molecular terms. Nature Reviews Genetics, 2005, 6 (4), 257-270.
[4] Penke, L., et al. The evolutionary genetics of personality. European Journal of Personality, 2007, 21 (5), 549-587.

结构。很多动物表现出与人类相似的人格特质，体现出人格在进化上的连续性[①]。通过物种间的比较研究，可以帮助我们理解人格起源和适应过程中的意义[②]。因此，人类的人格特质可能和许多其他与人有相似基因的物种相类比，跨物种整合研究可以促使人类更加深刻地认识人格及其模式改变[③]。

社会基因视角基于的第二个"科学发现"则是基因本质上是动态的，与环境存在互动。无论是人还是动物的基因，本质上都依赖于环境的激活和维持。DNA由数万个基因组成，负责对不同蛋白质进行编码，从而构成生命整体[④]。事实上，基因表达可以被开启和关闭，还可以依据基因和环境因素而改变。何时、何地及怎样产生某种蛋白质依赖于细胞环境。在每一步中，细胞环境都可以被个体所处的外界环境影响，最终影响蛋白质的产生。因此，基因表达与DNA所处的环境相关[⑤]。

（三）社会基因视角下的天性与教养

基因表达差异来自至少两个不同的、可能共同起作用的过程。首先，基因活性的变异可以通过DNA序列（基因多态性）变异被遗传，这就是通常所说的"天性"。其次，基因表达可能会受到环境变异的影响，这就是通常所说的"教养"。这些过程协同作用，导致并非公认的天性对教养，甚至不是天性和教养。生物学的研究发现，天性和教养的二分法不但有所偏差，且过于简单化[⑥]。二者的基础都是基因组，都可以通过相似方式影响基因表达和大脑。从效应上来说，天性和教养不应被认为是两个不同过程，而是一个硬币的两面。近年来，越来越多的跨学科研究支持了该观点，下面举一些例子。

在很多动物社会中，统治等级构成了全部的社会互动，统治者决定了谁繁衍后代及其频率。典型的例子如高度社会化的慈鲷鱼。慈鲷鱼社会有完备的统治等级，通过决斗和观察，确定哪条雄性慈鲷鱼最具统治力，其他雄性鲷鱼则会失去生育机会。但原统治者离开群体后，其中一条雄性慈鲷鱼便会迅速显露其统治行

[①] Gosling, S. D. From mice to men: What can we learn about personality from animal research? Psychological Bulletin, 2001, 127 (1), 45-86; Schuett, W., et al. Environmental transmission of a personality trait: Foster parent exploration behaviour predicts offspring exploration behaviour in zebra finches. Biology Letters, 2013, 9 (4), https://doi.org/10.1098/rsbl.2013.0120; Schuett, W., et al. Sexual selection and animal personality. Biological Reviews of the Cambridge Philosophical Society, 2010, 85 (2), 217-246.
[②] 苏彦捷：《动物个体差异研究对人类心理学的贡献》，《心理科学进展》2007年第15期，第260-266页。
[③] Gosling, S. D. From mice to men: What can we learn about personality from animal research? Psychological Bulletin, 2001, 127 (1), 45-86.
[④] Penke, L., et al. The evolutionary genetics of personality. European Journal of Personality, 2007, 21 (5), 549-587.
[⑤] Robinson, G. E. Beyond nature and nurture. Science, 2004, 304 (5669), 397-399.
[⑥] Balaban, E. Cognitive developmental biology: History, process and fortune's wheel. Cognition, 2006, 101 (2), 298-332; Robinson, G. E. Beyond nature and nurture. Science, 2004, 304 (5669), 397-399.

为。在社会群体中，从被统治者到统治者的转变是典型的行为模式或人格的改变[1]。在慈鲷鱼辨识到其社会地位变化时，会引起脑中即刻早期反应基因 Egr-1（the early growth responsive gene-1）的响应，调控细胞核内的相关靶基因的转录表达，使细胞产生适应性变化[2]，慈鲷鱼的身体颜色和行为发生显著改变，既有统治者的基因则不会被诱导，这表明环境信息可以改变由大脑基因表达快速变动引起的行为模式的适应性改变，这是由基因介导的效应。

另一个例子来自社会性动物——蜜蜂。在蜜蜂群体中，最初作为哺育者的工蜂最终演变为食物采集者[3]。当食物采集量减少或者食物采集蜂数量减少时，工蜂的行为会发生转变，采集基因（foraging gene，简称 for 基因，是工蜂采集行为转变的遗传因素）在脑中的表达增多，采集蜂采集基因的转录水平高于哺育工蜂，而且采集等位基因的不同易引起采集行为的差异。同时，外界环境和蜂群对采集工蜂的需求也会刺激采集基因的表达。外界大流蜜时，巢内的哺育工蜂会提前参加采集活动；当巢内卵虫多、哺育蜂不足时，采集蜂也会转向巢内进行哺育活动[4]。在此过程中，环境改变引发了基因表达，导致脑中出现更多 mRNA，最终促进蛋白质的产生，并引起行为模式的改变[5]。

另外，不依赖于 DNA 序列变异（基因多态性）的基因表达的改变则涉及后天修饰效应[6]。后天修饰效应通过多重机制发生，其中之一是甲基化。这一基因-环境影响人格的机制研究来自表观遗传学。表观遗传学研究的问题是在基因组 DNA 序列不发生变化的条件下，基因表达发生的改变也是可以遗传的，从而导致可遗传的表型变化。

表观遗传学的研究领域主要包括 DNA 甲基化作用、组蛋白修饰作用、染色质重塑、遗传印记和随机染色体（X）失活等。与表观遗传学相关的疾病主要有肿瘤、心血管病、精神病和自身免疫系统性病等。在一些研究中，甲基化揭示了小鼠压

---

[1] Spain, S. M., Harms, P. D. A sociogenomic perspective on neuroscience in organizational behavior. Frontiers in Human Neuroscience, 2014, 8 (1), 84.
[2] 韩雷、佘菲菲：《核转录因子 Egr-1 及其在肿瘤性疾病中的研究进展》,《医学综述》2007 年第 13 期, 第 991-993 页。
[3] Gene, E. R. Genomics and integrative analyses of division of labor in honeybee colonies. American Naturalist, 2002, 160 (6), S160-S172.
[4] Dolezal, A. G., Toth, A. L. Honey bee sociogenomics: A genome-scale perspective on bee social behavior and health. Apidologie, 2014, 45 (3), 375-395; Robinson, G. E., et al. Genes and social behavior. Science., 2008, 322 (5903), 896-900.
[5] Benshahar, Y., et al. Influence of gene action across different time scales on behavior. Science, 2002, 296 (5568), 741-744.
[6] Jirtle, R. L., Skinner, M. K. Environmental epigenomics and disease susceptibility. Embo Reports, 2011, 12 (7), 620-622.

力反应的遗传行为机制①。能更好地处理压力的仔鼠被母鼠更多地舔舐和整饰照料，普遍有较少的应激反应，且对自己的后代有较多的关注。因为这些差异是基于代际传递的，它们之前被基于传统遗传学来进行解释。但事实是频繁的母幼接触引发了仔鼠后天的 DNA 甲基化的改变。糖皮质激素受体基因启动子区甲基化允许海马的 Egr-1 基因的蛋白质产物调节糖皮质激素受体的表达。此外，雌激素受体基因的 α1b 启动子区的甲基化导致了下丘脑中雌激素受体的调节，并导致糖皮质激素受体基因表达产生差异。有更多激活的糖皮质激素受体的仔鼠能更好地忍受压力。因此，对压力反应的差异不是由基因序列的变异导致的，而是甲基化后天修饰的 DNA 表达修正导致的②。这证明基因的效应依赖于环境条件。

目前，有证据表明，人类基因组存在后天修饰效应，如儿童期遭遇虐待，改变了个体下丘脑-脑垂体-肾上腺轴的应激反应，增加了心境障碍及酒精或药物滥用的风险。一项研究在人体标本的海马内检验了一种神经元——特异糖皮质激素受体启动子的表观差异，发现与没有童年期受虐经历的控制组相比，有童年期受虐经历组的糖皮质激素受体 mRNA 水平降低，NR3C1 启动子的胞嘧啶甲基化增加③。应激还可能会影响脑源性神经营养因子（BDNF）。急性与慢性的应激改变了 BDNF 的表达，与健康的控制组相比，边缘型人格障碍组的 BDNF 平均甲基化水平更高④。

一项基于 155 名女性被试的淋巴细胞系 DNA 的五羟色胺转运体启动子甲基化的研究也表明，童年期性虐待会导致女性五羟色胺转运体启动子区的甲基化，并增加其成年后形成反社会型人格的风险，过度甲基化可能是其机制之一。五羟色胺转运体启动子区的甲基化是女性童年期性虐待导致成年期反社会型人格的中介机制⑤。DNA 甲基化是基因表达的主要调节方式。在应激状态下（如创伤后应激障碍），一些 DNA（如 NR2E1 和 GRM7）启动子的过度甲基化与其在海马中的表达水平降低相关，并成为可能导致自杀的原因之一⑥。

---

① Francis, D. D., et al. The role of corticotropin-releasing factor–norepinephrine systems in mediating the effects of early experience on the development of behavioral and endocrine responses to stress. Biological Psychiatry, 1999, 46（9），1153-1166；李婷、朱熊兆：《早期经历影响个体成年后行为的表观遗传学机制》，《心理科学进展》2009 年第 6 期，第 1274-1280 页。
② Weaver, I. C., et al. Epigenetic programming by maternal behavior. Nature Neuroscience, 2004, 7（8），847-854.
③ Mcgowan, P. O., et al. Epigenetic regulation of the glucocorticoid receptor in human brain associates with childhood abuse. Nature Neuroscience, 2009, 12（3），342-348.
④ Furrer, S. Genetic & epigenetic differences between borderline personality disorder patients & healthy controls. University of Geneva, 2012, 1-35.
⑤ Beach, S. R., et al. Methylation at 5HTT mediates the impact of child sex abuse on women's antisocial behavior: An examination of the Iowa adoptee sample. Psychosomatic Medicine, 2011, 73（1），83-87.
⑥ Labontă, B., et al. Genome-wide methylation changes in the brains of suicide completers. American Journal of Psychiatry, 2013, 170（5），511-520.

另一项基于 109 名 15 岁青少年的纵向研究表明，通过检验口腔上皮细胞中的 DNA，研究发现早期生活中有高水平应激的青少年的 DNA 甲基化程度不同。其中，在婴儿期和学前期有母源应激（maternal stressors）的青少年的 DNA 甲基化程度最高①。

孕妇早期生活应激与新生儿红细胞糖皮质激素受体 NR3C1 的甲基化增加相关。外周血液淋巴球中增加的 NR3C1 的甲基化则与儿童期受虐者的边缘型人格障碍相关。这表明，早期持续的生理影响会改变大脑的发展，并引起成年期的心理病理障碍②。又如，我们很早就知道，应激会导致部分人产生抑郁症状，但另一些人则不会产生。研究发现，五羟色胺转运体调节了应激生活事件对抑郁的影响。相对于有长等位基因纯合子的个体，有 1 个短等位基因或 2 个五羟色胺转运体短等位基因启动子复本的个体表现出更严重的抑郁症状和自杀倾向。个体对环境压力的反应被其基因修饰调节。此类研究也为建构先天与后天交互作用于个体行为的理论模型提供了论据③。但最近以 133 名年轻成年人为被试的研究发现，不利环境诱发的五羟色胺转运体表达是以表观修饰为中介的。母亲产前应激或儿童期虐待导致大脑及其外周神经系统的活性五羟色胺转运体的 mRNA 被甲基化，表达减少，进而导致抑郁症状的出现④。

即使是同卵双生子，他们的某些人格特质和行为模式，如应激反应和冒险行为等也不完全一致。有研究表明，双生子个体后天的 DNA 表观修饰的差异是其个体差异产生的机制之一⑤。更新的研究表明，与其健康的孪生同胞相比，首发重性抑郁障碍患者尤其是女性的 CpG 双核苷酸的甲基化程度更高⑥。CpG 岛的甲基化抑制了其基因表达，而未被甲基化的相应组织中的 mRNA 转录则会相应增加。甲基化被认定是受到环境压力源影响的普遍生物过程⑦。

其他前瞻性研究⑧及回溯性研究⑨也都表明，对于特定的人格异常，如心境障

---

① Essex, M. J., et al. Epigenetic vestiges of early developmental adversity: Childhood stress exposure and DNA methylation in adolescence. Child Development, 2013, 84 (1), 58-75.
② Perroud, N., et al. Childhood maltreatment and methylation of the glucocorticoid receptor gene NR3C1 in bipolar disorder. British Journal of Psychiatry the Journal of Mental Science, 2014, 204 (1), 30-35.
③ Caspi, A., et al. Influence of life stress on depression: Moderation by a polymorphism in the 5-HTT gene. Science, 2003, 301 (5631), 386-389.
④ Wankerl, M., et al. Effects of genetic and early environmental risk factors for depression on serotonin transporter expression and methylation profiles. Translational Psychiary, 2014, 4 (6), e402.
⑤ Kaminsky, Z., et al. Epigenetics of personality traits: An illustrative study of identical twins discordant for risk-taking behavior. Twin Research & Human Genetics, 2008, 11 (1), 1-11.
⑥ Byrne, E. M., et al. Monozygotic twins affected with major depressive disorder have greater variance in methylation than their unaffected co-twin.Translational Psychiatry, 2013, 3 (6), e269.
⑦ Van IJzendoorn, M. H., et al. Methylation matters: Interaction between methylation density and serotonin transporter genotype predicts unresolved loss or trauma. Biological Psychiatry, 2010, 68 (5), 405-407.
⑧ Philibert, R. A., et al. MAOA methylation is associated with nicotine and alcohol dependence in women. American Journal of Medical Genetics Part B Neuropsychiatric Genetics, 2008, 147 (B5), 565-570.
⑨ Lake, H, Pridmore, S. Epigenetics, Mental health and transgenerational epigenetic effects. Malaysian Journal of Psychiatry, 2014, 2-3.

碍、自杀倾向、精神分裂、创伤后应激障碍、酒精与毒品成瘾等，DNA 表观修饰都是其机制之一。

最后，环境引发的事件不仅仅发生于童年期和成年早期的大脑发育阶段，环境与基因的交互作用毕生都会发生。环境能够并确实影响了心理结构，甚至是DNA 的基础。环境能够塑造基因表达，功能性神经解剖结构也因环境输入的信息而改变，引发显著的人格改变。对应激经历的长期研究表明，大脑结构的改变是因为适应负荷的累积，通常是适应压力反应的功能失调，并且对身体有反作用。特别是前额叶皮质在长期的压力下会被重新改造，中央前额叶皮质和海马萎缩，眶额叶皮质和基底外杏仁核扩张。持续的焦虑和压力状态可能会导致大脑结构神经解剖上的改变[1]，应激状态可通过改变基因表达影响神经解剖结构，神经解剖结构则会塑造人对未来环境压力反应的习惯，这种习惯性能力的改变会体现在人格特质中。从社会基因人格心理学的角度，我们看到 DNA 并不总能掌控因果的方向[2]。环境影响跨物种的基因表达，在环境的影响下，人类的生理和人格都会改变。

四、研究展望

（一）关于社会基因视角

人格改变是依赖环境的过程，其中基因介入了人格发展的全程[3]。曾经被认为有恒定影响的基因效应往往需要依赖于环境的引发。结合前文所述的情境观点，很少有解释变迁经历和情境要求如何塑造个体人格的理论。事实上，人格特质可持续地改变通常是通过行为改变来实现的。社会环境经历以自下而上的方式影响人格特质。变迁任务和角色要求创建了一个发展自我调节的奖励结构，而行为的持续改变可能会引起特质发生自下而上的改变，即当持续的环境影响改变神经解剖结构或基因表达时，持续的行为改变作为中介会导致与这些特定行为关联的人格特质发生可持续的改变[4]。提出社会基因理论视角的意义与创新之处在于，其整

---

[1] Mcewen, B. S., Gianaros, P. J. Stress- and allostasis-induced brain plasticity. Annual Review of Medicine, 2011, 62 (1), 431-445; Zoladz, P. R., et al. Differential expression of molecular markers of synaptic plasticity in the hippocampus, prefrontal cortex, and amygdala in response to spatial learning, predator exposure, and stress-induced amnesia. Hippocampus, 2012, 22 (3), 577-589.
[2] Roberts, B. W., Jackson, J. J. Sociogenomic personality psychology. Journal of Personality, 2008, 76 (6), 1523-1544.
[3] Wood, D., Roberts, B. W. The effect of age and role information on expectations for big five personality traits. Personality & Social Psychology Bulletin, 2006, 32 (11), 1482-1496; Soto, C. J, et al. Age differences in personality traits from 10 to 65: Big Five domains and facets in a large cross-sectional sample. Journal of Personality and Social Psychology, 2011, 100 (2), 330-348.
[4] Bleidorn, W. Hitting the road to adulthood: Short-term personality development during a major life transition. Personality & Social Psychology Bulletin, 2012, 38 (12), 1594-1608.

合了人格改变的情境观点和生物基础观点,并更深入地阐释了天性与教养影响人格的机制,即"橘生淮南则为橘,橘生淮北则为枳"的交互作用模式促使人格改变可能并非有唯一的解释,人格改变的动力来自进化与成熟过程中,自下而上地随环境要求的改变而导致基因表达的改变,基因表达的改变中介了该过程。但是,以当前的研究现状来说,基因表达的改变作为环境要求导致人格改变的中介机制,论据还比较薄弱,尚不能完全或大部分解释人格改变的变异来源。因此,先天与后天的交互作用模式在今后很长一段时间内仍对解释人格改变的机制有一定说服力。

（二）社会基因视角下的未来研究方向

首先,在社会基因视角下,一部分论据基于动物与人的人格连续性,以社会性动物作为被试探讨动物人格发展的环境与生理机制。一方面,此范式有其合理性,因为从进化或生理基础上而言,动物与人还是具有一定的可比性的;另一方面,从研究道德与伦理而言,也不提倡对人类被试进行有创的基因检测。因此,将动物研究的结论概化到人类群体应该更加谨慎。随着基因检测技术的发展(如无创 DNA 检测),直接以人为被试的研究势必会更清晰地揭示人类行为模式的成因,完善或修正先天与后天因素如何导致人格改变的机制理论。

其次,发展心理学领域现有的人格发展理论和研究,尤其是对幼儿及儿童人格发展的动力理论的建构,要么仍停留在弗洛伊德或埃里克森时代的人格发展阶段理论上,要么仅能套用现有的毕生发展理论,如生物生态学理论。要么只有儿童人格影响因素的局部研究,如儿童气质[1]、师生关系[2]、友谊质量或同伴关系[3]、家庭教养[4]等对儿童人格发展的影响,但是都未能对幼儿和儿童阶段人格发展的机制做出根本的解释。在社会基因视角下,儿童人格发展的机制研究得以加深,如我们可以具体探讨这些环境因素究竟是如何影响儿童人格发展的,是否因环境变异导致了儿童的神经生理结构的改变、激素分泌水平的改变抑或 DNA 甲基化程

---

[1] Shiner, R. L, DeYoung, C. G. The structure of temperament and personality traits: A developmental perspective. Working Papers, 2013, 113-141.

[2] Caroline, K., et al. Bridging the gaps between students' perceptions of group project work and their teachers' expectations. Journal of Educational Research, 2009, 102 (5): 333-348; Rudasill, K. M., Rimm-Kaufman, S. E. Teacher-child relationship quality: The roles of child temperament and teacher–child interactions. Early Childhood Research Quarterly, 2009, 24 (2), 107-120.

[3] Bester, G. Personality development of the adolescent: Peer group versus parents. South African Journal of Education, 2007, 27 (2), 177-190.

[4] Prinzie, P., et al. The relations between parents' Big Five personality factors and parenting: A meta-analytic review. Journal of Personality and Social Psychology, 2009, 97 (2), 351-362; Fatema, S., et al. Relationship between parental rejection and personality. Bangabandhu Sheikh Mujib Medical University Journal, 2010, 2 (2), 61-65.

度的改变，从而导致其习惯、行为模式或人格特质的改变，都值得研究。又如，同样是童年期存在受虐经历或压力事件，有些儿童后来并未出现人格的改变，而有些儿童则会出现，这种差异是否与某些未知基因的表达存在关联，或者存在其他的缓冲机制，都值得深入探讨。

最后，我们看到，社会基因视角下人格的改变类型都是涉及基因或生理结构随环境突变而改变的结果，是人格等级顺序稳定性的改变。等级顺序稳定性的改变并非人格改变的正常轨迹。那么，在涉及正常改变的人格均值水平改变过程中，是否也存在基因表达自下而上的改变，进而在社会基因视角下进行解释，也是一个值得研究的领域。

综上所述，在毕生发展过程中，人格各维度的均值水平和等级顺序均随年龄的增长有显著改变。在社会基因视角下，人格改变的动力来自进化与成熟过程，是个体自下而上地随环境要求而导致的基因表达的改变。环境作用于基因进而导致人格改变的机制至少包括如下四种模式。

1）环境改变引起即刻早期反应基因（Egr-1）的表达合成，调控细胞核内的相关靶基因的转录表达，使动物行为产生适应性改变。

2）环境改变诱导基因表达改变，导致大脑中 mRNA 和蛋白质的表达增加，并引起行为模式的改变。

3）环境差异导致 DNA 甲基化水平的差异，进而导致人格差异。

4）长期应激环境导致基因表达和神经解剖结构的改变，进而导致人格的改变。

第六章

人格发展与气质的关系

我们利用贝叶斯网络建模技术，探讨了气质、家庭、学校（教师、同伴）对小学生人格各维度的直接和间接的概率影响关系及影响程度，发现气质对人格的影响大于家庭和学校对人格的影响。气质通过调节个体与环境的相互作用来塑造人格。本章在以往关于气质与自尊、自信心、自我控制、好奇心、同伴交往关系的研究的基础上，着重探讨幼儿气质对自我控制与利他行为关系的调节作用，以及气质、教师期望和同伴接纳对幼儿自我控制的影响，试图探讨气质与人格的关系。

第一节 幼儿气质对自我控制与利他行为关系的调节作用

一、导引

自我控制和利他行为对个体成功地适应社会、协调与他人的关系都具有非常重要的作用，二者是儿童社会化的重要方面[1]，是人格的核心特质。自我控制是自我意识的重要组成部分，是人类个体从幼稚、依赖走向成熟、独立的标志。自我控制能力的培养和发展对个体形成良好的人格极为重要，会直接影响个体在学习、生活、社会交往和人格品质等方面的发展，也是儿童自我发展和自我实现的基本前提与根本保证。在不断发展的现代社会，适应社会，独立学习，主动获取

---

[1] Kochanska, G. Emotional development in children with different attachment histories: The first three years. Child Development, 2001, 72（2），474-490; Elias, C.L, Berk, L.E. Self-regulation in young children: Is there a role for sociodramatic play? Early Childhood Research Quarterly, 2002, 17（2），216-238.

新知识，具有创造性，同时又具备一定的自我监控、调节能力，已成为对人才基本素质的要求。科普（Kopp）[①]、萨维奇（Savage）[②]、刘金花[③]、叶奕乾等[④]及陈伟民等[⑤]均对自我控制的概念进行过界定。笔者将自我控制界定为：自我控制是个人对自身的心理与行为的主动掌握，是个体自觉地选择目标，在没有外界监督的情况下，抑制冲动，抵制诱惑，延迟满足，调节、控制自己的行为，从而保证目标实现的一种综合能力[⑥]。利他行为是指从他人利益出发而不企图由此获得任何报偿的行为。关于利他行为的概念，目前主要从两个角度进行定义：一是从利他的动机方面定义；二是从利他的行为方面定义。根据动机的定义，如果一个人的行为动机或意图是向另一个人施加积极影响，那么他的友好行为就被认为是"利他的"。换句话说，真正的利他主义者，其行为主要是出于对别人的关心，而不是期望以助人、分享或安慰得到任何积极后果。但也有人认为，推断助人者真正的行为动机很困难、很麻烦，这有可能导致诸如"真正的利他行为是否存在"的无休止的论争。这使得目前大多数心理学家认为，最好从行为角度给动机下定义。根据利他的行为定义，利他就是给别人带来好处的行为，而无论行为者的动机如何。换句话说，可以笼统地把利他主义与亲社会行为看作同义的概念。自20世纪二三十年代以来，有关儿童利他行为的研究一直成为发展心理学和社会心理学领域研究的热点课题。现有的研究成果一致表明，幼儿利他行为的养成是其成年后建立良好人际关系的重要基础，也是其社会性发展和良好个性形成的重要内容。因此，如何激发和培养利他行为已经成为不容忽视的问题。关于自我控制和利他行为的关系，有学者的研究结果显示，被试是否决定去完成这项任务即被试的选择性自我控制（decisional self-control）受被试和奖励接受者之间关系的显著影响；儿童为自己赢得奖励时自我控制时间是最长的，而为他人尤其是和自己关系疏远的人赢得奖励时自我控制的时间最短。日本学者的研究发现，自我控制和自我主张都与亲社会行为存在显著正相关。拉克林（Rachlin）认为利他就是自我控制的一种形式[⑦]。安斯利（Ainslie）[⑧]和哈斯拉姆（Haslam）[⑨]则认为利他行为是替代经验的初级奖励。可见，关于利他行为与自我控制之间的关系还没有统一的结论。

---

① Kopp, C. B. Antecedents of self-regulation: A developmental perspective. Developmental Psychology, 1982, 18 (2), 199-214.
② Savage, T. V. Discipline for Self-control. Englewood Cliffs: Prentice Hall, 1991, 232-238.
③ 刘金花：《儿童发展心理学》，华东师范大学出版社1997年版，第377-378页。
④ 叶奕乾、何存道、梁宁建：《普通心理学》，华东师范大学出版社2004年版，第289-290页。
⑤ 陈伟民、桑标：《儿童自我控制研究述评》，《心理科学进展》2002年第1期，第65-70页。
⑥ 杨丽珠、吴文菊：《幼儿社会性发展与教育》，辽宁师范大学出版社2000年版，第240-242页。
⑦ Rachlin, H. Altruism is a form of self-control. Behavioral & Brain Sciences, 2002, 25 (2), 284-291.
⑧ Ainslie, G. The effect of hyperbolic discounting on personal choices. Annual Convention of the American Psychological Association, 2002, 1-21.
⑨ Ainslie, G., Haslam, N. Altruism is a primary impulse, not a discipline. Behavioral & Brain Sciences, 2002, 25 (2), 251.

气质是个体最早表现出来的行为差异,受生物组织的制约,是个体中最稳定的方面。关于气质的概念,刘文指出:①气质具有生物遗传性,但从孕前、孕期开始,环境就对胎儿气质的各方面产生了影响,因而在一定程度上是可以变化的;②气质是儿童个体在情绪和行为方式诸特质方面表现出来的差异;③气质的这些特质发展的稳定性在某种程度上既是暂时的,又是持久的,因而具有一定的预示性;④气质是儿童反应性和自我调节过程中个体差异的外在表现。在自我控制和利他行为的影响因素中,气质是一个非常重要的方面[1]。以往研究揭示,气质与自我控制的相关主要表现为气质与自我控制中的自我延迟满足的相关[2]。延迟满足是自我控制的核心成分[3]。延迟满足能力高与注意力集中、讲道理、聪明、机智应变、能力强、合作性有关[4],延迟满足能力低的儿童表现为攻击、好动、不能应对压力、易于感情用事、爱怄气等。莫布利(Mobley)等研究了44名3~4岁来自中产阶级家庭的头生子,将气质的特质归纳为三个主要方面:任务倾向(坚持、分散、活动水平)、社会灵活性(适应、趋避、积极情绪)、反应性[5]。自我延迟满足能力发展得好的儿童,其气质特点是活动性水平较低、积极情绪占主导、任务坚持性好和冲动性低[6]。低活动性水平者有较高的自控和坚持性,而且与同伴社会化存在高相关。反应性与行为调节和社会化有关。高反应性儿童与他人较少合作,坚持性差,怪异行为多。此外,不少研究发现,气质中的抑制性、冲动性、注意时间的长短等与儿童的自我控制表现水平存在较高的相关。相对来说,黏液质的人最善于克制自己,自我控制能力强,而胆汁质的人则多冲动、好斗、易激动。因此,不同的气质类型是影响儿童自我控制的一个重要因素。此外,气质可以通过对环境的调节(即父母教养方式)来影响个体行为,进而影响自我控制能力。儿童气质、父母教养方式与自我控制是相互作用的。通常人们对待大哭大叫和安静型的儿童的行为是不同的,欧文斯(Olwens)提出一种假设,即当儿童脾气暴躁、顽劣不化时,他们的母亲往往会让步,而母亲的这种让步会加剧儿童的侵略性,助长他们的坏脾气,形成恶性循环,相应地,儿童的自控能力水平较低[7]。特别重要的是,儿童进入幼儿园和学校以后,他们的气质特点会引发教师的不同反

---

[1] 刘文:《3~9岁儿童气质发展及其与个性相关因素关系的研究》,辽宁师范大学博士学位论文,2002年。
[2] 刘雯、杨丽珠:《学前儿童的气质和利他行为》,《学前教育研究》1993年第1期,第57-60页。
[3] Tobin, H., Logue, A. W. Self-control across species (Columbia livia, Homo sapiens, and Rattus norvegicus). Journal of Comparative Psychology, 1994, 108 (2), 126-133.
[4] Funder, D. C., et al. Delay of gratification: Some longitudinal personality correlates. Journal of Personality and Social Psychology, 1983, 44 (6): 1198-1213.
[5] Mobley, C. E., Pullis, M. E. Temperament and behavioral adjustment in preschool children. Early Childhood Research Quarterly, 1991, 6 (4), 577-586.
[6] 杨丽珠、刘文:《幼儿气质与其自我延迟满足能力的关系》,《心理科学》2008年第4期,第784-788页。
[7] Olwens, D. Aggression and peer acceptance in adolescent boys: Two short-term longitudinal studies of ratings. Child Development, 1977, 48 (4), 1301-1313.

应，进而会影响其自我控制能力的发展。李丹[①]指出，儿童的个性心理特征与亲社会行为的关系非常密切，性格开朗、外向与亲社会行为较强有关，焦虑、神经过敏与亲社会行为较弱有关。有研究表明，社交能力与利他行为有关，爱社交的学前儿童表现出更多的利他行为，其原因可能在于或许有更重要的事让不爱社交的儿童感兴趣，也可能是由于他们平时很少与外人接触，缺乏经验，或没有注意到陌生人的需要，对于其原因尚需进一步探讨。刘文等指出，儿童气质中的社会抑制性对儿童利他行为有影响。在陌生情境中，爱社交组儿童的利他行为多于害羞组儿童的利他行为[②]。关于自我控制与利他行为的相关，研究者用一个修改的延迟满足范式做了两项研究，考察了利他行为对自我控制的影响。结果发现，儿童利他的时候，其自我控制的时间较短，利己的时候，其自我控制的时间较长。日本学者伊藤顺子的研究发现，亲社会的自我评定和教师评定呈显著正相关[③]。另外，她还考察了自我控制和自我主张与亲社会行为的关系，自我控制是对自己的要求和欲望的主动调控，自我主张是在他人面前敢于明确坚持自己的立场和意愿。结果表明，自我控制和自我主张都与亲社会行为存在显著正相关。她按自我控制和自我主张得分的高低组合成4种类型，即两高型、两低型、自我主张型、自我控制型，分别考察了它们与亲社会行为的关系。结果表明，两高型儿童在具体行为中最常采用同情策略，而很少采用回避策略和享乐主义策略，并且在自然场面中表现出的亲社会行为最多。自我主张型被试更多地采用享乐主义策略；两低型和自我控制型被试更多地采用回避策略。拉克林（Rachlin）认为利他就是自我控制的一种形式[④]。安斯利（Ainslie）[⑤]和哈斯拉姆（Haslam）[⑥]认为利他行为并不是以自我控制为基础的，而是代替经验（vicarious experience）的初级奖励（primary rewarding）。加里（Gary）等认为，享乐之道和囚徒困境范式能够推导出认知控制，即背外侧额叶背景表征的积极维持能为面临简短的延迟或者更强的反映倾向提供综合的支持，至于"利他是否是自控的一种形式"还需要进一步验证[⑦]。由以上研究可以看出，对于利他行为与自我控制之间的关系，还没有一个统一的结论，关于二者关系的实证研究国外也很少，国内更是少之又少，因此探讨两者之间的关

[①] 李丹：《影响儿童亲社会行为的因素的研究》，《心理科学》2000年第3期，第285-288、381页。

[②] 刘文、杨丽珠：《社会抑制性与父母教养方式对幼儿利他行为的影响》，《心理发展与教育》2004年第1期，第6-11页。

[③] 转引自胡金生、杨丽珠：《当前日本亲社会行为研究的动向》，《心理学探新》2004年底4期，第14-16页。

[④] Rachlin, H. Altruism is a form of self-control. Behavioral & Brain Sciences, 2002, 25 (2), 284-291.

[⑤] Ainslie, G. The effect of hyperbolic discounting on personal choices. Annual Convention of the American Psychological Association, 2002, 1-21.

[⑥] Haslam, N. Altruism is a primary impulse, not a discipline. Behavioral & Brain Sciences, 2002, 25 (2), 251.

[⑦] Gary, J. R., Braver, T. S. Integration of emotion and cognitive control: A neurocomputational hypothesis of dynamic goal regulation. Current Directions in Psychological Science, 2002, 13 (2), 289-316.

系是本次研究的一个重点。

以往对气质、利他和自控三者之间的关系的研究较少。先前研究指出气质和自控、利他均存在相关,因此我们重点考察三者之间的关系及气质是否是自我控制和利他关系的调节变量。4岁是儿童自我控制发展的关键期[1],3~5岁是气质发展变化的关键年龄[2],因此本次研究以3~5岁幼儿为被试,探讨幼儿气质、自我控制及利他之间的关系,并以气质为调节变量,考察气质与自我控制之间的交互效应,从而探讨气质是如何影响幼儿自我控制与利他之间的关系的,以期在教育中针对不同气质类型的儿童,培养其自我控制和利他行为,为促进儿童的社会化发展提供科学依据。

二、研究方法

(一)被试

按照分层抽样原则,在某幼儿园选取3、4、5岁幼儿各30名,男女人数相当。

(二)研究材料和工具

1. 3~9岁儿童气质教师评定问卷

该问卷主要包括活动性、情绪性、反应性、专注性和社会抑制性5个维度[3]。问卷由教师填写,分半信度为0.77,再测信度为0.95,评分者信度为0.93。

2. 3~5岁幼儿自我控制教师评定问卷

该问卷由坚持性、自觉性、自制力和延迟满足4个特质组成[4]。问卷的评分者信度为0.76,内部一致性系数为0.89,再测信度为0.72。

3. 利他的研究材料和工具

利他的研究材料和工具包括玩具若干,棉花糖、雪饼、汉堡,两幅图片,小粘贴若干,装有桂圆的盒子,桌子一张。

(三)程序

1. 正式实验

通过安慰、捐献、助人、分享4个实验任务考察被试的利他行为,记录

---

[1] 谢军:《3~9岁儿童自我控制能力的发展》,《心理发展与教育》1994年第4期,第30-32页。
[2] 宋辉、杨丽珠:《儿童自我控制发展研究综述》,《辽宁师范大学学报(社会科学版)》1999年第6期,第35-38页。
[3] 刘文、杨丽珠:《基于教师评定的3~9岁儿童气质结构》,《心理学报》2005年第1期,第67-72页。
[4] 杨丽珠、董光恒:《3~5岁幼儿自我控制能力结构研究》,《心理发展与教育》2005年第4期,第7-12页。

其得分。

2. 发放问卷

由带班老师（与被试相处半年以上）填写 3～5 岁幼儿自我控制教师评定问卷、3～9 岁儿童气质教师评定问卷。

（四）数据统计与处理方法

采用 SPSS13.0 软件分别对幼儿的气质和自我控制、气质和利他及自我控制和利他进行相关和多元逐步回归分析；根据气质的 5 种类型，采用多组回归分析考察气质的调节效应。

三、研究结果

（一）气质和利他的相关分析

如表 6-1 所示，情绪性、社会抑制性与利他总分之间呈显著负相关，活动性和反应性与利他总分之间的相关并不显著。专注性与利他总分及各任务之间呈显著正相关。

表 6-1　3～5 岁幼儿气质各维度与利他各任务的相关分析（N=90）

项目	安慰	捐献	助人	分享	利他总分
情绪性	−0.30**	−0.23*	−0.18	0.27*	−0.35**
活动性	−0.05	−0.22	−0.08	−0.06	−0.14
反应性	−0.14	−0.18	−0.16	−0.03	−0.18
社会抑制性	0.23*	−0.19	−0.20	−0.23*	−0.30**
专注性	0.32**	0.17	0.29*	0.37**	0.41**

（二）气质和自我控制的相关分析

如表 6-2 所示，情绪性与自觉性、冲动抑制性、延迟满足和自控总分呈显著负相关；活动性与坚持性、冲动抑制性、延迟满足和自控总分呈显著负相关；反应性与坚持性、冲动抑制性和自控总分呈显著负相关；社会抑制性与自控总分及各维度相关值为正，但相关并不显著；专注性与自控总分及各维度呈显著正相关。

表 6-2　3～5 岁幼儿气质各维度与自控总分及分测验的相关分析（N=90）

项目	自觉性	坚持性	冲动抑制性	延迟满足	自控总分
情绪性	−0.30**	−0.12	−0.38**	−0.24**	−0.38**

续表

项目	自觉性	坚持性	冲动抑制性	延迟满足	自控总分
活动性	−0.16	−0.30**	−0.26**	−0.25**	−0.23**
反应性	−0.09	−0.33**	−0.26**	−0.16	−0.24**
社会抑制性	0.21	0.04	0.20	0.16	0.21
专注性	0.23*	0.36**	0.35**	0.35**	0.35**

（三）自我控制总分及各维度与利他的相关分析

如表 6-3 所示，利他总分及利他的各项任务与自控总分及其各维度均呈显著正相关，这说明利他的 4 项任务及利他总分与自我控制之间的关系非常密切。

表 6-3　3～5 岁幼儿自我控制和利他各项任务的相关（N=90）

项目	安慰	捐献	助人	分享	利他总分
自觉性	0.36**	0.36**	0.36**	0.51**	0.57**
坚持性	0.25*	0.26*	0.29**	0.23*	0.36**
冲动抑制性	0.41**	0.39**	0.37**	0.36**	0.54**
延迟满足	0.24	0.22	0.27**	0.17	0.32**
自控总分	0.44**	0.44**	0.44**	0.47**	0.64**

（四）自我控制各维度对利他的回归分析

为了考察自我控制对利他的影响，将幼儿利他总分作为因变量，将自我控制各个维度作为自变量进行多元逐步回归分析，结果见表 6-4。

表 6-4　3～5 岁幼儿自我控制和利他发展的多元逐步回归分析（N=90）

变量	B	SE	β	R^2	ΔR^2	t	F
Z1 自觉性	0.16	0.04	0.39	0.33	0.32	3.83***	42.92***
Z2 自制力	0.19	0.06	0.32	0.40	0.06	3.10**	28.35***

回归方程为：幼儿利他=0.521+0.159×自觉性+0.187×冲动抑制性。可见，自我控制中的自觉性、冲动抑制性维度对利他有一定的预测作用。从前面的结果来看，气质、自我控制和利他之间存在着显著相关，尤其是自我控制和利他之间呈显著正相关。回归分析结果也表明，二者关系密切，但从文献中发现，关于自我控制和利他之间的关系还存在争议，二者间的关系可能由于第三变量的影响而有所不同，气质和自我控制、利他之间的关系非常密切，因此我们又检验了气质对二者的关系是否具有调节效应。

（五）气质的调节作用检验

本部分我们根据气质的五种类型，即活跃型、专注型、均衡型、抑制型和敏感型，来考察气质的调节效应。由于气质类型属于类别变量，自我控制属于连续变量，我们采用多组回归来考察气质的调节作用[①]。对这 5 组被试进行以自我控制为自变量、以利他总分为因变量的多组回归分析，以检验气质的调节作用，结果见表 6-5。

表 6-5　不同气质类型幼儿自我控制和利他之间的多组回归分析

分组	未标准化的回归系数（B）	决定系数（R^2）
活跃型	0.08	0.35
专注型	0.08	0.25
均衡型	0.10	0.28
抑制型	0.04	0.13
敏感型	0.13	0.67

由表 6-5 可见，自我控制与利他的回归方程解释率及其显著性水平随着被试分组的不同有所改变，其顺序为敏感型的解释率最高，其他依次是活跃型、均衡型、专注型，抑制型的解释率最低。可见，虽然不同的气质并没有影响自我控制和利他之间关系的方向，却影响了二者关系的强度，因此可以说气质对自我控制与利他的关系存在调节作用。

回归方程为：活跃型幼儿的利他=1.694+0.081×活跃型幼儿的自我控制；专注型幼儿的利他=1.258+0.084×专注型幼儿的自我控制；抑制型幼儿的利他=0.784+0.042×抑制型幼儿的自我控制；均衡型幼儿的利他=4.492+0.095×均衡型幼儿的自我控制；敏感型幼儿的利他=-2.049+0.134×敏感型幼儿的自我控制。由此可见，不同气质类型的幼儿的自我控制与利他的关系不同。气质是自我控制和利他之间的调节变量。

四、讨论与结论

（一）4 项利他任务能够有效测量利他行为的发展

利他行为是指从他人利益出发而不企图由此获得任何报偿的行为，如与那些不如自己幸运的人分享财物、快乐，安慰或援助痛苦的人，与他人合作，或者帮助他人达到某一目标等。以往关于利他行为的研究方法主要有实验观察法、访谈

[①] 杨丽珠、董光恒：《3～5 岁幼儿自我控制能力结构研究》，《心理发展与教育》2005 年第 4 期，第 7-12 页。

法等。例如，胡金生等根据对幼儿的观察记录，探讨了幼儿的助人行为[1]；顾鹏飞等采用阅读故事法来研究利他行为，即让被试依次按照指导语阅读每个故事，说出哪一故事中主人公的做法更好，然后写下其选择的理由[2]。刘文等采用了3项任务情境来研究利他行为[3]，李闻戈采用个人访谈法研究了利他行为[4]。查普曼（Chapman）等设计了4个小实验，即处于困境中的小猫、处于困境中的成人、亲社会故事归因、处于困境中的婴儿来研究利他行为[5]。本次实验采用大多数心理学家研究的利他的4个方面，即安慰、助人、捐献和分享来研究利他行为。①安慰，表现为对他人的痛苦表示关心，试图减轻他人的消极情绪并给予安慰；②助人，指在他人需要帮助时协助或替他人完成一件事；③捐献，把自己正在拥有或也想得到的物品或钱物给予他人；④分享，允许他人使用属于自己的物品和允许他人与自己互玩或交换物品。本次研究结果显示，各任务间呈中等相关，且相关显著，4项利他任务的分数与总分相关显著。这说明用这4项任务来考察3~5岁幼儿的利他行为是适当的，采用实验法能够更直接地考察儿童的真实想法。

（二）利他行为的发展的年龄差异显著，性别差异不显著

已有研究表明，儿童大约在3岁开始就表现出了利他行为，所以本次研究选取3岁、4岁和5岁幼儿来研究他们的利他行为。关于幼儿利他行为的发展趋势，与以往研究结果不一致。有的研究认为，儿童的利他行为随着年龄的增长而不断增加，如国外的扎恩-韦克斯勒（Zahn-Waxler）等[6]、国内的李丹等[7]的研究。有的研究认为利他行为随着年龄的增长而呈下降趋势，如艾森伯格（Eisenberg）等指出，安慰其他儿童的行为随年龄的增长而呈下降趋势[8]。斯托布（Staub）以幼儿园和小学一年级、二年级、四年级和六年级学生为被试，通过实验发现儿童的利他行为随年龄的增长而减少，二年级学生的利他行为最多，而六年级学生的利

---

[1] 胡金生、杨丽珠：《当前日本亲社会行为研究的动向》，《心理学探新》2004年第4期，第14-16页。
[2] 顾鹏飞、李伯黍：《5~13岁儿童利他观念发展研究》，《心理科学》1990年第3期，第30-34、67页。
[3] 刘文、杨丽珠：《社会抑制性与父母教养方式对幼儿利他行为的影响》《心理发展与教育》2004年第1期，第6-11页。
[4] 李闻戈：《儿童利他行为发展的实验研究》，《福建师范大学学报（哲学社会科学版）》1994年第3期，第49、131-136页。
[5] Chapman, M., et al. Empathy and responsibility in the motivation of children's helping. Developmental Psychology, 1987, 23 (1), 140-145.
[6] Zahn-Waxler, C., Radke-Yarrow, M. The development of altruism: Alternative research strategies. Development of Prosocial Behavior, 1982, 65 (1), 109-137.
[7] 李丹、李伯黍：《儿童利他行为发展的实验研究》，《心理科学》1989年第5期，第8-13、64-65页。
[8] Eisenberg, N., et al. The relations of regulation and emotionality to children's externalizing and internalizing problem behavior. Child Development, 2001, 72 (4), 1112-1134.

他行为最少，儿童最早有可能表现出类似成人利他行为的举动大约是在 1 周岁[1]。满晶等以幼儿园幼儿为被试的研究表明，幼儿园小班的幼儿就存在以利他为目的的互助行为，从小班到学前班，幼儿的互助行为在发生频率上有下降趋势[2]。本研究的结果表明，幼儿利他行为随着年龄的增长而不断发展，事后检验表明 3 岁、4 岁和 5 岁幼儿的利他行为发展差异均显著，这与扎恩-韦克斯勒（Zahn-Waxler）等[3]、李丹等[4]的研究结果一致。关于利他行为的性别差异，沃森（Watson）等的研究发现，女性比男性更多地表现出利他行为，但对于需要较大体力的利他行为，女性不如男性[5]。本次研究结果表明，利他行为的发展并不存在显著的性别差异，分析其原因可能主要是目前在家庭教育、学校的学习等方面对男孩和女孩的要求越来越趋向一致，也可能是由于本次研究只考察了实验室内的利他行为，并不能代表幼儿在家庭或社会中的利他行为。

（三）气质与利他行为相关显著

李丹的研究发现，儿童的个性心理特征与亲社会行为的关系非常密切，性格开朗外向与亲社会行为较强有关，而焦虑、神经过敏与亲社会行为较弱有关[6]。国外研究者发现，社交能力与利他行为有关，爱社交的学前儿童表现出更多的利他行为，其原因可能在于或许有更重要的事让不爱社交的儿童感兴趣，也可能是由于他们平时很少与外人接触，缺乏经验，或没有注意到陌生人的需要，这些原因尚需进一步讨论。刘文等指出，儿童气质中的社会抑制性对儿童利他行为有影响。在陌生情境中，爱社交组儿童的利他行为多于害羞组儿童的利他行为[7]。父母采用权威型教养方式的儿童的利他行为多于父母采用溺爱型和专制型教养方式的儿童。儿童气质、父母教养方式与利他行为发生交互作用，说明儿童的利他行为既受先天因素的影响，又受后天环境的影响。本次研究发现，气质中的社会抑制性与利他之间存在显著负相关，说明越抑制的儿童，其利他行为越少。这与刘文等的研究一致，即社交能力与利他行为有关，爱社交的学前儿童表现出更多的利他

---

[1] Staub, E. A child in distress: The influence of age and number of witnesses on children's attempts to help. Journal of Personality and Social Psychology, 1970, 14（2），130-140.
[2] 满晶、马欣川：《幼儿互助行为发展的实验研究》，《心理发展与教育》1994 年第 3 期，第 7-10 页。
[3] Zahn-Waxler, C., Radke-Yarrow, M. The development of altruism: Alternative research strategies. Development of Prosocial Behavior, 1982, 65（1），109-137.
[4] 李丹、李伯黍：《儿童利他行为发展的实验研究》，《心理科学》1989 年第 5 期，第 8-13、64-65 页。
[5] Watson, C., Hoffman, L. R. Managers as negotiators: A test of power versus gender as predictors of feelings, behavior, and outcomes. Leadership Quarterly, 1996, 7（1），63-85.
[6] 李丹：《影响儿童亲社会行为的因素的研究》，《心理科学》2000 年第 3 期，第 285-288、381 页。
[7] 刘文、杨丽珠：《基于教师评定的 3～9 岁儿童气质结构》，《心理学报》2005 年第 1 期，第 67-72 页。

行为①。但本次研究发现,气质中的情绪性与利他呈显著负相关,专注性与利他呈显著正相关。这与以往的研究不同,情绪性之所以与利他行为呈负相关,可能是由于利他行为的发生与个体当时的情绪状态有关,如果情绪比较积极、稳定,利他行为的发生频率可能要高一些,所谓"人逢喜事精神爽",高兴时可能会表现出更多的利他行为。专注性与利他行为呈正相关,可能是由于专注性的人做事比较认真。

(四)气质与自控行为相关

以往的研究表明,气质与自我控制的关系主要表现在气质与自我控制中的自我延迟满足相关。延迟满足能力高与注意力集中、讲道理、聪明、机智应变、能力强、合作性有关②,延迟满足能力低的儿童趋于攻击、好动、不能应对压力、易于感情用事、爱怄气等。早期研究发现,儿童的气质对其自我延迟满足能力有显著影响。本次研究表明,幼儿的情绪性稳定,活动性水平中等,其反应性越低,专注性水平越高,自控能力越好。幼儿的情绪性稳定,反应性低,专注性高,外界的刺激不易引起其好奇,所以其自我控制能力比较好,但活动性水平中等,这与以往的研究不同。

(五)自我控制和利他行为相关显著

关于自我控制和利他行为的关系,弗雷德里克(Frederick)等在《自我控制与利他行为:另一种延迟满足》一文中考察了利他结果对自我控制的影响,结果发现,当儿童为自己时坚持任务的时间最长,而为一个匿名的、不认识的孩子时坚持任务的时间最短③。格雷(Gray)等发现,利他是否是一种自我控制还需进一步验证④。本研究发现,自我控制和利他之间存在显著正相关,回归分析结果也表明自我控制对利他的影响显著。这与日本学者伊藤顺子的研究结果一致⑤。有学者认为利他就是自我控制的一种形式,还有研究者认为利他的过程其实包括自我控制,即一个人在表现出利他行为的时候常常也需要自我控制,所以自我控制水平高的人的利他行为会更多一些。

---

① 刘文、杨丽珠:《基于教师评定的3~9岁儿童气质结构》,《心理学报》2005年第1期,第67-72页。

② Funder, D. C., et al. Delay of gratification: Some longitudinal personality correlates. Journal of Personality and Social Psychology, 1983, 44 (6), 1198-1213.

③ 转引自 Rachlin, H. Altruism is a form of self-control. Behavioral & Brain Sciences, 2002, 25 (2), 284-291.

④ Gray, J. R, Braver, T. S. Integration of emotion and cognitive control: A neurocomputational hypothesis of dynamic goal regulation. Current Directions in Psychological Science volume, 2002, 13 (2), 289-316.

⑤ 转引自胡金生、杨丽珠:《当前日本亲社会行为研究的动向》,《心理学探新》2004年第4期,第14-16页。

（六）气质对自我控制和利他关系的调节作用

以往关于自我控制与利他关系的研究结论并不一致，因此本次研究考察了气质的调节作用。调节变量会影响预测变量与因变量之间关系的方向（正或负）以及强度，调节变量可以是定性的（如性别、种族、学校类型），也可以是定量的（如年龄、受教育年限等）。当预测变量与因变量的关系强度时强时弱，或者在方向上有所改变时，常常要考虑到调节效应。对于自我控制的发生和发展，气质理论认为，儿童早期的情绪、活动性水平和注意方向的个体差异是儿童反应和自我调节的生理机制。有关研究表明，气质与自我控制中的延迟满足相关显著，气质会影响自我控制中的延迟满足，而不是自我控制影响气质，因此我们考察了气质对自我控制和利他关系的调节效应。结果表明，不同气质类型的儿童的自我控制和利他行为的关系不同，其中敏感型的儿童自我控制和利他关系最强，其次是活跃型、均衡型、专注型，抑制型的儿童自我控制和利他关系最弱。气质使自我控制和利他的关系强度发生了改变，因此气质具有调节作用。

敏感型儿童有较高的敏感性、专注性和较低的活动性、情绪性，对外界各种刺激的感受性强、敏锐、反应快，接受新事物快；注意力持久、不易分散；活动强度和时间适中；情绪表现比较稳定，积极情绪占主导。这说明这类儿童的自我控制水平比较高，但社会抑制水平比较低，他们对环境和人适应快、灵活，社会抑制性与利他之间呈现出负相关，所以他们的自我控制和利他性都比较好。活跃型儿童在活动性水平上得分最高，在反应性、社会抑制性和专注性水平上得分较低，其特点是精力充沛、情绪性强，即这类儿童的精力旺盛、好动，活动量大而且时间长；情绪易激动，不稳定，耐受性差；对外界的刺激包括认知活动的反应一般；对环境和人的适应性、灵活性表现一般；坚持性差，注意力易分散；活动性高，情绪性强，专注性低，这种儿童的自我控制水平比敏感型儿童稍低一些。但是社会抑制性维度得分比较低，说明他们的利他行为比较好，所以这类儿童自控和利他水平的关系与敏感型的儿童相比就相对差一些。均衡型的儿童在5个维度上的得分都居于中间水平，其情绪基本稳定；活动强度、时间适中；对各种刺激的反应一般；对环境和人的适应性、灵活性一般；注意力持久的程度中等。这些儿童的自我控制水平为中等，利他水平也为中等。专注型儿童在专注性维度上的得分很高，活动性和情绪性得分低，反应性和社会抑制性水平中等，这类儿童的注意力持久，坚持性强，活动量小；情绪稳定，不易激动，耐受性强；对外界刺激的反应包括认知活动反应一般；对环境和人的适应性、灵活性一般。所以这类儿童的自我控制水平较高，但利他行为水平一般，自我控制和利他的关系没有均衡型儿童好。抑制型儿童在社会抑制性维度上的得分最高，有较高的专注性和较低的活动性、情绪性和反应性。这类儿童对环境和人的适应性、灵活性较差，退缩、害羞；不喜欢运动量大的活动；情绪稳定、不易激动；对外界刺激的反应包括认知活动的反应水平低；坚持性强、注意力不易分散。这类儿童的自我控制水平比较高，利他水平却不高，自我控制和利他之间的关系最差，其自我控制对利他的解释率也是最低的。

综上所述，本次研究的结论如下。

1）气质的情绪性、活动性、反应性与自我控制呈显著负相关，专注性与自我控制呈正相关，社会抑制性与自我控制的相关不显著。

2）气质的情绪性、社会抑制性与利他呈显著负相关，专注性与利他呈显著正相关。自我控制与利他之间存在显著正相关。

3）气质对自我控制与利他之间的关系具有调节作用，能调节两者关系的强度；不同气质类型的儿童自我控制和利他之间的关系不同，其中敏感型的解释率最高，随后依次是活跃型、均衡型、专注型，抑制型的解释率最低。

第二节 幼儿气质、教师期望和同伴接纳对自我控制的影响

一、导引

自我控制是个体对自身心理与行为的主动掌握，个体自觉地选择目标，在无外界监督的情况下，抑制冲动、抵制诱惑、延迟满足，控制自己的行为，从而保证目标实现的综合系统。自我控制是人格结构的核心，其作为一个复杂的综合系统，被不同领域的研究者广泛地研究[1]，而且自我控制对于个体诸多生活领域都产生了至关重要的影响[2]。

幼儿阶段是自我控制发生和发展的重要时期，幼儿自我控制水平对个体未来的发展具有重要的作用，如其可以有效地预测儿童日后的学习表现、社会适应等[3]，

---

[1] Duckworth, A. L., et al. Is it really self-control? Examining the predictive power of the delay of gratification task. Personality & Social Psychology Bulletin, 2013, 39（7），843-855.

[2] Moffitt, T. E., et al. A gradient of childhood self-control predicts health, wealth, and public safety. Proceedings of the National Academy of Sciences of the United States of America, 2011, 108（7），2693-2698；Tangney, J. P., et al. High self-control predicts good adjustment, less pathology, better grades, and interpersonal success. Journal of Personality, 2004, 72（2），271-324.

[3] 杨丽珠、王江洋：《儿童 4 岁时自我延迟满足能力对其 9 岁时学校社会交往能力预期的追踪》，《心理学报》2007年第 4 期，第 668-678 页。

甚至可以预测40年后个体的冲动控制能力等①。但我国幼儿自我控制现状不容乐观，百余名儿童专家通过临床研究认为，注意力差、易分心、难以完成任务、在幼儿园坐不住、来回走动是幼儿最大的问题行为②。一些国际合作研究表明，我国幼儿的自我控制水平相对较低③。目前，中国家庭和幼儿园中仍然存在成人对儿童高控制、儿童对成人高依赖的现象。因此，对我国幼儿的自我控制进行探索，具有极其重要的理论价值和现实意义。

有关自我控制影响因素的探讨历来是国内外研究者关注的重要课题，气质作为遗传的心理因素，是个体在环境中对刺激做出反应的一般风格④。一些研究认为，幼儿早期在情绪、活动性水平和注意方面的个体差异对儿童自我控制等人格因素的形成和发展具有重要作用，是人格发展的早期框架⑤。罗特巴特（Rothbart）等的研究也表明，气质通过注意的灵活性对自我控制行为的发展产生促进作用⑥。但是关于气质对于个体心理发展的作用，一直就有"独立影响模式"和"交互影响模式"两种观点。目前，一些研究者认为早期的气质独立影响模式并不符合幼儿心理发展的实际⑦，而是大力提倡交互影响模式。该模式认为气质与环境共同交互影响个体心理的发展。实际上，在现代心理学研究中，即使对于遗传的生理因素（如基因），也应该在与社会环境因素交互作用的视角下进行研究⑧。

目前，有关自我控制发展的社会环境研究主要集中在对家庭因素的探讨上⑨。但是研究者忽视了幼儿长期接触的幼儿园社会环境因素，因为儿童进入幼儿园以后，其身处的环境相对于家庭来说已经变得相对多样化，这时幼儿与老师、同伴一起生活和游戏的时间大大增加，师生关系与同伴交往成了幼儿生活的重要组成部分，

---

① Casey, B. J., et al. Behavioral and neural correlates of delay of gratification 40 years later. Proceedings of the National Academy of Sciences, 2012, 108 (36), 14998-15003.
② 金星明：《读学龄前儿童十大问题行为》，《大众医学》2004年第6期，第61-65页。
③ 杨丽珠、王江洋、刘文等：《3～5岁幼儿自我延迟满足的发展特点及其中澳跨文化比较》，《心理学报》2005年第2期，第224-232页。
④ Molfese, V. J, et al. Infant temperament, maternal personality, and parenting stress as contributors to infant developmental outcomes. Merrill-Palmer quarterly (Wayne State University. Press), 2010, 56 (1), 49-79.
⑤ Dan, M., Olson, B. D. Personality development: Continuity and change over the life course. Annual Review of Psychology, 2010, 61 (61), 517-542.
⑥ Rothbart, M. K., Rueda, M. R. The Development of effortful control. In U. Mayr, E. Awh, & S. W. Keele (Eds.), Developing Individuality in the Human Brain: A Tribute to Michael I. Posner (pp. 167-188). Washington, DC: American Psychological Association, 2005.
⑦ Sanson, A., et al. Connections between temperament and social development: A review. Social Development, 2004, 13 (1), 142-170.
⑧ Rueda, M. R., et al. Training, maturation, and genetic influences on the development of executive attention. Proceedings of the National Academy of Sciences of the United States of America, 2005, 102 (41), 14931-14936.
⑨ Türkel, Y. D., Tezer, E. Parenting styles and learned resourcefulness of Turkish adolescents. Adolescence, 2008, 43 (169), 143-152; Fatema, S., et al. Relationship between parental rejection and personality. Bangabandhu Sheikh Mujib Medical University Journal, 2010, 2 (2), 61-65.

这也就使幼儿园这一社会性环境变得十分重要。另外,作为师生关系中较重要的"教师期望"很早就是心理学领域的研究内容,它是教师对学生的学业表现、行为规范和社会关系的期望[1]。同时,研究者也多次对幼儿同伴关系与人格相关因素的关系进行了研究[2],表明同伴与师生互动对个体的人格发展有重要影响,但是有关这些因素对幼儿自我控制的影响的研究尚显不足。根据以上分析,我们提出本研究的假设1:气质、教师期望、同伴接纳都会对自我控制产生影响。同时提出假设2:气质、教师期望、同伴接纳在独立作用于自我控制的同时,也交互作用于自我控制。

探讨各因素影响幼儿自我控制发展的特殊模式具有十分重要的意义。在本研究探讨的诸多影响因素中,同伴接纳在幼儿阶段具有特殊性,即很多研究者认为气质会影响幼儿同伴关系(将同伴接纳作为因变量),而同伴关系也可以作为环境变量影响幼儿人格特质的发展(将同伴接纳作为自变量),那么同伴接纳就可以被假设为中介变量,而作为环境变量的同伴接纳也同时会与气质产生交互作用影响自我控制,即同伴接纳很可能是一个有调节的中介变量,所以提出假设3:同伴接纳在影响幼儿自我控制发展的诸因素中是有调节的中介变量。

综上所述,人类心理发生和发展于日益复杂的各种因素交互作用过程中[3],目前综合探讨多因素对幼儿自我控制影响的研究尚显不足,本次研究从教师与幼儿关系和幼儿之间关系的角度,选择了教师期望和同伴接纳两个因素,结合气质进行综合研究,建立结构方程模型,力图从气质和环境交互作用的角度揭示幼儿自我控制发展的影响机制,这对于丰富幼儿自我控制发展机制理论有重要的理论意义,并且也可以根据自我控制的影响模式制订有效的教育方案,具有十分重要的实践意义。

二、研究方法

(一)被试

笔者在大连市3所幼儿园以班级为单位整群选取幼儿840人,因为本次研究是同时对同一批幼儿测量同伴接纳、气质、教师期望和自我控制,所以筛选被试时,严格剔除4个因素间无法匹配的被试,最终保留有效被试684人($M_{月龄}$=51.30,

---

[1] Lane, K. L., et al. Teacher expectations of students' classroom behavior across the grade span: Which social skills are necessary for success? Exceptional Children, 2006, 72 (2), 153-167.

[2] Ellis, W. E., Zarbatany, L. Peer group status as a moderator of group influence on children's deviant, aggressive, and prosocial behavior. Child Development, 2007, 78 (4), 1240-1254.

[3] Tudge, J. R. H., et al. Uses and misuses of Bronfenbrenner's bioecological theory of human development. Journal of Family Theory & Review, 2009, 1 (4), 198-210.

SD=10.13）。其中男孩 330 人，女孩 354 人，3 岁组幼儿 214 人（$M_{月龄}$=41.02，SD=5.34），4 岁组幼儿 236 人（$M_{月龄}$=51.04，SD=6.78），5 岁组幼儿 234 人（$M_{月龄}$=60.97，SD=6.13）。

（二）工具

1. 幼儿自我控制教师评定问卷

幼儿自我控制教师评定问卷由杨丽珠等编制[1]，本次测量的问卷是该问卷的修订版，修订后的问卷结构不变，仅修正了一些具体的项目。修订后的评定问卷共 32 题，由自觉性（8 题）、坚持性（9 题）、冲动抑制性（6 题）、自我延迟满足（9 题）4 个维度构成，采用 5 点计分，1 分代表"从不这样"，5 分代表"总是这样"，各维度的得分越高，代表相应的自我控制水平越高。问卷的分半信度为 0.85～0.91，内部一致性信度为 0.87～0.96，评分者一致性信度为 0.78～0.83，重测信度（时间间隔 1 个月）为 0.67～0.83，表明问卷有很好的信度指标。问卷结构的拟合指数良好，χ^2/df=3.99；SRMR=0.05；RMSEA=0.06。

2. 儿童气质教师评定问卷

本次研究采用刘文等编制的 3～9 岁儿童气质教师评定问卷[2]，问卷共 31 道题目，包括情绪性（6 题）、活动性（6 题）、反应性（6 题）、社会抑制性（6 题）、专注性（7 题）5 个维度，采用 5 点计分，1 分代表"从不"，5 分代表"总是"。内部一致性信度为 0.55～0.96，并且问卷结构的拟合指数良好，χ^2/df=4.02，RMSEA=0.06。其中，情绪性得分越高，代表儿童的情绪越激烈，稳定性和耐受性越差；活动性得分越高，代表儿童活动的强度越大、时间越长和速度越快；反应性得分越高，代表个体对外界刺激的感受、敏锐程度越高，对刺激做出反应的速度越快；社会抑制性得分越高，代表儿童对未经历事情做出反应的倾向性越差；专注性得分越高，代表儿童对事物的注意力和持久力水平越高。

3. 幼儿教师期望评定问卷

本次研究采用李淼等编制的幼儿教师期望教师评定问卷[3]，该问卷共 15 道题，包括知识技能（5 题）、日常习惯（5 题）、人际互动（5 题）3 个维度，采用 5 点计分，1 分代表"非常不符合"，5 分代表"非常符合"。内部一致性信度为 0.844～

---

[1] 杨丽珠、董光恒：《3～5 岁幼儿自我控制能力结构研究》，《心理发展与教育》2005 年第 4 期，第 7-12 页。
[2] 刘文、杨丽珠：《基于教师评定的 3～9 岁儿童气质结构》，《心理学报》2005 年第 1 期，第 67-72 页。
[3] 李淼、杨丽珠、杜文轩：《幼儿教师期望的问卷编制及发展特点》，《中国健康心理学杂志》2015 年第 10 期，第 1543-1548 页。

0.912，并有良好的内容效度。知识技能是指教师对幼儿智能操作方面的期望；日常习惯是指教师对幼儿日常动作、行为、习惯等方面的期望；人际互动是指教师对幼儿人际互动、交往等方面的期望。问卷中各维度的得分越高，代表相应的教师期望水平越高。

4. 同伴提名法

同伴接纳水平采用同伴提名法进行测量，具体由主试提问儿童："你认识班级上所有小朋友么？请告诉我哪三个小朋友是你最喜欢的，再告诉我哪三个小朋友是你最不喜欢的？"主试做准确记录。根据 Coie 等的分类方法[①]，每名被试所得到的"最喜欢"和"最不喜欢"的提名数，以班级为单位进行标准化转换，接着根据标准化后的"最喜欢"（LM_z）和"最不喜欢"（LL_z）得分来计算社会偏好性（$SP=LM_z-LL_z$），以此得分来代表同伴接纳得分，得分越高，代表同伴接纳的水平越高。

（三）程序

首先，用问卷法对同一批幼儿进行测查，具体研究由两部分组成：一方面，本班的 2 名教师接受量表评定的培训，培训后完成 3 份教师评定问卷。气质、自我控制、幼儿教师期望评定问卷作答时间为两周，其中气质和自我控制的评定由该班级的 2 名教师分别进行，以避免出现问卷间主观印象的相关；另一方面，为避免幼儿在测试时对主试有陌生感和紧张感，安排女性主试在施测前半个月进入幼儿园，与幼儿增加熟悉度，并通过同伴提名法对幼儿进行测量，考察其同伴接纳水平。

（四）数据分析

应用 SPSS19.0 和 AMOS21.0 统计软件，采用多元回归分析和结构方程模型建模等统计方法进行分析。对于随机缺失数据，采用 SPSS19.0 软件缺失值处理中的 EM 估算法分别对每个变量的数据进行了缺失值处理。

三、研究结果

（一）幼儿气质、教师期望和同伴接纳对自我控制的影响

首先，检验假设 1 和假设 2，验证气质、同伴接纳和教师期望对自我控制的

---

① Coie, J. D., et al. Continuities and changes in children's social status: A five-year longitudinal study. Merrill-Palmer Quarterly, 1983, 29 (3), 261-282.

影响，统计分析方法为分层回归分析。第一层（Enter 法，进入法），引入同伴接纳、教师期望和气质诸因素的主效应项，第二层（Enter 法），引入同伴接纳、气质、教师期望各因素的交互效应项，结果见表 6-6。

表 6-6 自我控制对气质、同伴接纳和教师期望的分层回归表

	变量		自我控制			
			模型 1		模型 2	
			β	t	β	t
第一层	主因素	同伴接纳	0.12	3.48**	0.13	3.55***
		教师期望 1：知识技能	0.02	0.61	0.02	0.42
		教师期望 2：日常行为	0.14	3.94***	0.14	3.70***
		教师期望 3：人际互动	0.09	2.72*	0.09	2.54*
		气质 1：情绪性	−0.12	−2.77**	−0.11	−2.45*
		气质 2：活动性	−0.25	−5.26***	−0.26	−5.28***
		气质 3：反应性	0.14	3.51***	0.13	3.23**
		气质 4：社会抑制性	−0.01	−0.34	−0.01	−0.18
		气质 5：专注性	0.16	3.47**	0.15	3.28**
第二层	交互效应项	同伴接纳×气质 1			−0.11*	
		气质 4×教师期望 3			0.09*	
	ΔF		42.00***		1.55*	
	R^2		0.35		0.39	
	ΔR^2		0.35		0.04	

注：所有的变量均转换为标准分数，乘积项为主因素标准分数乘积；只列出统计显著的交互项结果

由表 6-6 可知，同伴接纳、教师对幼儿日常行为的期望、教师对幼儿人际互动的期望、情绪性、活动性、反应性、专注性会显著影响自我控制（$ps<0.05$），研究假设 1 得到验证。同伴接纳与"气质 1：情绪性"、"气质 4：社会抑制性"与"教师期望 3：人际互动"的交互效应项对自我控制的影响显著（$ps<0.05$），研究假设 2 得到验证。

（二）有调节的中介变量检验

根据研究假设 3，结合表 6-6 的结果，建立气质、同伴接纳以及教师期望对自我控制的影响模型，其中同伴接纳为有调节的中介变量。模型通过考察回归系数、模型拟合指数、修正指数等进行修正，最终确立影响模型，模型拟合指数（χ^2/df=3.55，SRMR=0.05，CFI=0.96，RMSEA=0.06）良好，模型见图 6-1。

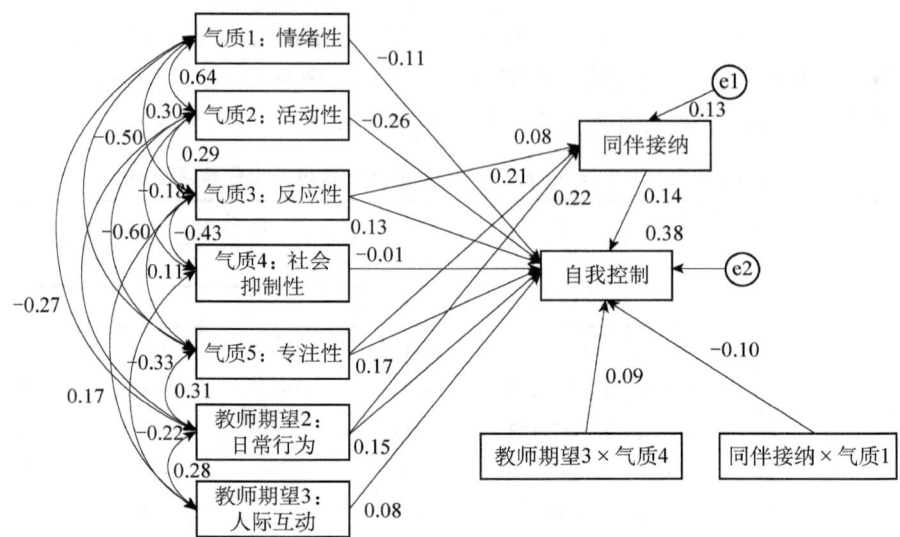

图 6-1 气质、同伴接纳、教师期望对自我控制的影响模型

由图 6-1 的模型可知，气质、教师期望和同伴接纳共同作用于自我控制，气质的情绪性、活动性、专注性、反应性、教师对幼儿日常行为的期望、对幼儿人际互动的期望、同伴接纳主效应都对自我控制有显著影响，其中气质的社会抑制性与教师对幼儿人际互动的期望交互作用于自我控制。为进一步检验具体交互模式，我们用 West 等提出的简单斜率检验法[①]，将气质社会抑制性按平均分上、下各 1 个标准差分为高、低两组，根据回归方程分别分析不同教师人际互动期望对自我控制的预测作用。进一步简单斜率分析表明，气质的社会抑制性水平高时（气质的社会抑制性水平高于平均数 1 个标准差），教师的人际互动期望正向影响自我控制（$b=0.13$，$SE=0.07$，$t=1.95$，$p<0.05$）。气质的社会抑制性水平低时（气质的社会抑制性水平低于平均数 1 个标准差），教师的人际互动期望对自我控制的影响不显著（$b=-0.08$，$SE=0.09$，$t=-0.95$，$p>0.05$）。

同伴接纳是有调节的中介变量，即同伴接纳既是气质的反应性、专注性和教师对幼儿日常习惯的期望的中介变量（中介效应分别占总效应的 7.32%、14.50% 和 16.24%），同时也受到气质的情绪性的调节。至此，研究假设 3 得到验证。进一步简单斜率分析表明，当气质的情绪性水平高时（气质的情绪性水平高于平均数 1 个标准差），同伴接纳对自我控制的影响不显著（$b=-0.02$，$SE=0.06$，$t=-0.28$，$p>0.05$），当气质的情绪性水平低时（气质的情绪性水平低于平均数 1 个标准差），同伴接纳对自我控制的影响显著（$b=0.16$，$SE=0.07$，$t=-2.24$，$p<0.05$），即当幼儿

---

① West, S. G., et al. Experimental personality designs: Analyzing categorical by continuous variable interactions. Journal of Personality, 1996, 64 (1), 1-48.

气质的情绪性水平高时,同伴接纳对自我控制没有影响,当幼儿气质的情绪性水平低时,同伴接纳会显著正向影响自我控制。

四、讨论与结论

(一)幼儿气质、教师期望及同伴接纳对自我控制的作用

本次研究发现,气质的专注性和反应性水平越高,幼儿的自我控制水平越高,即幼儿对事物的注意力和持久力与个体对外界刺激的敏感度会影响自我控制水平,有关注意网络与自我控制的脑成像研究也同样表明,注意可以通过改变信息加工过程对自我控制产生影响[1]。气质的活动性、情绪性和社会抑制性对自我控制具有负向预测作用,即幼儿活动的强度和速度、幼儿情绪表达的强烈程度和个体在遇到新环境的抑制程度等特征水平越高,自我控制水平越低,这符合幼儿自身的实际情况,幼儿的活动强度大,情绪表达强烈,可以直接导致其多动、抑制性差,从而导致其自我控制水平较低。

儿童与教师关系的质量[2]可以预测儿童在学校的社会关系和学业表现,这种关系也给儿童提供了学校支持系统,表现为学业和社会情境的安全网络会在总体上促进儿童对学校产生更积极的认知。没有这些社会资源,儿童有可能会逃避学校,表现出孤独、低学业成就和低社会适应性。幼儿的心理较为单纯,决定了教师期望的作用更直接、更有力。该模型表明,教师对幼儿日常习惯的期望越高,即对幼儿在日常生活中的一些行为习惯等越重视,越会促使幼儿有较高的自我控制水平。

作为儿童发展的特殊环境,同伴群体通过多种机制对儿童发展产生影响。研究表明,父母如果将子女的同伴群体视为威胁并阻止儿童参与同伴群体的活动,会对儿童社会化和人格发展产生消极影响,因为儿童必须学会做出负责任的选择,以可接受的方式行事,同伴群体为他们提供了一种环境,以供其练习社会责任行为[3]。本次研究发现,幼儿同伴接纳水平越高,其自我控制的水平越高。幼儿同伴之间平等交流和互动,可以使幼儿在同伴互动中掌握社会规范,同伴间互相约束、互相模仿及频繁的人际交往与心灵沟通会促使幼儿发展出良好的自我控制水平。

---

[1] Posner, M. I., et al. The anterior cingulate gyrus and the mechanism of self-regulation. Cognitive Affective & Behavioral Neuroscience, 2007, 7 (4), 391-395.
[2] Rudasill, K., M., Rimm-Kaufman, S. E. Teacher-child relationship quality: The roles of child temperament and teacher-child interactions. Early Childhood Research Quarterly, 2009, 24 (2), 107-120.
[3] Bester, G. Personality development of the adolescent: Peer group versus parents. South African Journal of Education, 2007, 27 (2), 177-190.

（二）气质与幼儿园社会性环境因素对自我控制的综合影响

以上单独分析了各因素对自我控制的影响，但是现代心理学理论，如人类发展生态学理论、整体交互作用论等已经充分证明了个体心理发展不是单独受哪种因素的影响，而是各种因素共同影响的结果，发展过程的整体性意味着人是作为一个不能精简的"整体"不断发展的，这一特征贯穿于人-环境系统的全部层次。发展交互模型（transactional model of development）和生态交互模型（ecological-transactional model）也强调人与环境双向交互作用的本质，认为既不是个体也不是环境独自影响个体发展结果，而是二者的交互作用影响了个体发展结果。因此，发展应该被理解为儿童和环境的关系及这些因素相互作用的模式[1]。

幼儿自我控制的发展也不例外，其是受到遗传与环境的交互作用的影响。其中，同伴接纳作为一个社会性因素相对比较特殊，哈里斯（Harris）的群体社会化理论就认为同伴群体对个体的发展起着决定性的作用[2]。特别是由于目前我国独生子女较多，大部分幼儿只有进入幼儿园后才会真正有同伴交往，进而产生同伴接纳，所以同伴接纳作为一个环境变量的同时，还是一个被影响的因素。以上对于同伴接纳的分析也离不开气质和教师期望因素的影响，所以本次研究假设同伴接纳是幼儿自我控制影响模型中的一个"有调节的中介变量"，依此建立了"有调节的中介变量模型"。该模型结果表明，除了以上讨论过的因素主效应外，还发现气质与环境因素确实交互作用于自我控制的发展，气质的反应性、专注性和教师对幼儿日常习惯的期望通过同伴接纳对自我控制产生影响，并且这种影响还受到气质的情绪性的调节。

本次研究发现，气质的反应性和专注性高的幼儿会有较高的同伴接纳水平，即一个反应迅速、做事专注的幼儿会受到同伴的认可，并且较高的同伴接纳水平有利于其发展良好的自我控制。教师对幼儿日常习惯的期望越高，即对幼儿在日常生活中的一些行为习惯等格外重视，也会使幼儿有较高的同伴接纳水平，从而促使幼儿有较高的自我控制水平。研究同时发现，同伴接纳对自我控制的影响也受到气质的情绪性的调节，当幼儿的情绪性水平高，即情绪反应的激烈程度高时，则同伴接纳将不会对自我控制产生影响，只有气质的情绪性水平低的幼儿，同伴接纳才会对其自我控制产生影响。究其原因，可能是因为情绪性水平高的幼儿容

---

[1] Fruzzetti, A. E., et al. Family interaction and the development of borderline personality disorder: A transactional model. Development & Psychopathology, 2005, 17 (4), 1007-1030; Spano, R., et al. The impact of exposure to violence on a trajectory of (declining) parental monitoring a partial test of the ecological-transactional model of community violence. Criminal Justice & Behavior, 2008, 35 (11), 1411-1428.

[2] 转引自 Vandell, D. L. Parents, peer groups, and other socializing influences. Developmental Psychology, 2000, 36 (6), 699-710.

易暴躁，其他幼儿很难接近，这时其同伴接纳水平已经很低了，不会对自我控制的发展产生影响。

一些研究者认为，教师期望效应的作用是有限的，教师期望效应对哪类学生的作用更大，其是起正效应还是负效应等问题尚需进一步探讨[①]。对于幼儿的自我控制来说，人际互动的期望与气质的社会抑制性的交互作用显著，即使幼儿的社会抑制性水平很高，如果教师对幼儿人际互动方面给予足够高的期望，幼儿的自我控制水平也会较高。也就是说，教师对幼儿人际互动方面的重视，可以帮助本身具有较高社会抑制性水平的幼儿具备一定的交往技能，从而提高幼儿的自我控制水平。

综合以上结果可以发现，在诸多影响因素中，同伴接纳在幼儿自我控制发展中起到了非常大的作用，处于核心地位。研究表明，即使儿童自身气质特征水平较低，也能通过同伴接纳的作用提高自我控制水平，这就提醒教师在教育教学中要鼓励幼儿多与同伴交往，及时纠正幼儿在同伴交往中的负性行为，当幼儿有良好的同伴接纳水平时，同伴间的模仿、情感交流和心灵沟通等会促进幼儿提高其自我控制水平。同时，还要提醒教师及研究者，对于气质的情绪性水平高的幼儿，要特别注意，当幼儿的情绪性水平高时，可能表现出了一些对于同伴交往负性的影响，如攻击同伴、不愿意与同伴分享等行为，使得气质情绪性高的幼儿的同伴接纳水平降低，这就严重影响了其自我控制水平的提高，教师要给予气质的情绪性水平高的幼儿更高的期望和更多的教育，多沟通，多进行情感交流，改善幼儿的情绪性水平，并教会此类幼儿同伴交往技能，改善同伴接纳水平，从而提高自我控制水平。

综上所述，本次研究可得到以下结论。

1）气质、教师期望和同伴接纳各维度能不同程度地预测幼儿的自我控制。

2）气质、同伴接纳、教师期望交互作用于自我控制，其中同伴接纳是有调节的中介变量，其既是气质反应性、专注性和教师对幼儿日常习惯期望到自我控制的部分中介变量，同时又受到气质的情绪性水平的调节。

3）社会抑制性与教师对幼儿人际互动交互作用于幼儿的自我控制水平，当教师给予幼儿的人际互动足够高的期望时，即使幼儿的社会抑制性水平很高，其也会有一个良好的自我控制水平。

---

① Jussim, L., Harber, K. D. Teacher expectations and self-fulfilling prophecies: Knowns and unknowns, resolved and unresolved controversies. Personality & Social Psychology Review, 2005, 9 (2), 131-155.

第七章

人格发展与家庭的关系

家庭为个体人格的形成提供了最初的社会环境，为儿童、青少年人格的发展奠定了基础。以往我们分别研究了父母联合养育对幼儿、小学生、初中生人格发展的影响，父母教育观念、父母教养方式、父亲缺失对儿童人格的影响。在此基础上，本章试图综合研究父母教养方式、同伴接纳和教师期望对小学生人格的影响；分析家长教育价值观、父母教养方式、儿童气质与儿童人格的关系，构建一个有调节的中介模型，深入揭示儿童人格发展与家庭教育的复杂关系。

第一节 父母教养方式、同伴接纳和教师期望对小学生人格的影响

一、导引

人格对个体的学业成就感[1]、主观幸福感[2]、孤独感[3]以及攻击行为[4]等方面均

---

[1] Greiff, S., Neubert, J. C. On the relation of complex problem solving, personality, fluid intelligence, and academic achievement. Learning & Individual Differences, 2014, 36, 37-48; Mendolia, S., Walker, I. The effect of personality traits on subject choice and performance in high school: Evidence from an English cohort. Economics of Education Review, 2014, 43, 47-65.

[2] Soto, C. J. Is happiness good for your personality? Concurrent and prospective relations of the big five with subjective well-being. Journal of Personality, 2015, 83 (1), 45-55; Tanksale, D. Big Five personality traits: Are they really important for the subjective well-being of Indians? International Journal of Psychology, 2015, 50 (1), 64-69.

[3] Kong, X., et al. Neuroticism and extraversion mediate the association between loneliness and the dorsolateral prefrontal cortex. Experimental Brain Research, 2015, 233 (1), 157-164.

[4] Bruce, M., Laporte, D. Childhood trauma, antisocial personality typologies and recent violent acts among inpatient males with severe mental illness: Exploring an explanatory pathway. Schizophrenia Research, 2015, 162 (1-3), 285-290; Chaïb, L. S., Crocker, A. G. The role of personality in aggressive behaviour among individuals with intellectual disabilities. Journal of Intellectual Disability Research, 2014, 58 (11), 1015-1031.

会产生影响。小学阶段是儿童人格发展的重要时期[1]，因此研究小学儿童人格发展的影响机制，不仅可为儿童人格研究提供更具针对性的理论知识，也可为小学儿童人格健康发展提供更加确切的干预指标。

父母教养方式是父母教养观念、教养行为及父母对儿童情感表现的一种组合方式[2]，其对小学儿童人格的发展具有极为重要的影响[3]。持积极教养方式的父母在日常生活中会给予儿童较多的理解、支持，这种教养方式下的儿童则倾向于形成情绪稳定、责任感较强的人格品质[4]；相反，如果父母持消极教养方式，如过度保护、惩罚，会使儿童出现情绪波动大、冷漠、攻击性强的人格品质，更有甚者会导致儿童出现问题行为[5]、人格障碍等问题[6]。因此，本次研究提出假设1：父母教养方式是小学儿童人格发展的影响因素之一。

相关研究同时发现，持积极教养方式的父母倾向于教导儿童在与同伴交往中，与人和睦相处、富有同情心，从而使儿童在同伴交往中受到欢迎与接纳；消极父母教养方式则会使儿童在同伴交往中产生较强的攻击性、较高水平的冷漠感，以致儿童被拒绝的水平较高[7]。由此可见，父母教养方式会对小学儿童的同伴接纳水平产生重要影响[8]，而同伴接纳也是影响小学儿童人格发展的一个重要因素[9]。

同伴接纳是同伴关系的维度之一，指儿童在同伴群体中被同伴群体喜欢或接受的程度[10]。儿童进入小学，同伴交往频繁成为同伴关系的最重要特点，能否被同伴群体接纳会直接影响小学儿童人格的健康发展[11]。社会支持的压力缓冲理论认为，当个体获得社会给予的支持时，就会产生压力缓解体验，从而形成健康人

---

[1] 杨丽珠：《儿童青少年人格发展与教育》，中国人民大学出版社2014年版，第313-314页。
[2] 张文新，林崇德：《儿童社会观点采择的发展及其与同伴互动关系的研究》，《心理学报》1999年第4期，第418-427页。
[3] 杨丽珠：《中国儿童青少年人格发展与培养研究三十年》，《心理发展与教育》2015年第1期，第9-14页；Kitamura, T., et al. Intergenerational transmission of parenting style and personality: Direct influence or mediation? Journal of Child & Family Studies, 2009, 18 (5), 541-556.
[4] 王中会、张建新：《春蕾班学生人格特点及其与父母教养方式、自我概念的关系》，《中国临床心理学杂志》2007年第15期，第200-202页。
[5] Vieillard, S., et al. Happy, sad, scary and peaceful musical excerpts for research on emotions. Cognition & Emotion, 2008, 22 (4), 720-752.
[6] 王丽、傅金芝：《国内父母教养方式与儿童发展研究》，《心理科学进展》2005年第3期，第298-304页。
[7] 徐慧、张建新、张梅玲：《家庭教养方式对儿童社会化发展影响的研究综述》，《心理科学》2008年第4期，第940-942、959页。
[8] Mcdowell, D.J., Parke, R.D. Parental correlates of children's peer relations: An empirical test of a tripartite model. Developmental Psychology, 2009, 45 (1), 224-235.
[9] 杨丽珠、徐敏、马世超：《小学生同伴接纳对其人格发展的影响：友谊质量的多层级中介效应》，《心理科学》2012年第1期，第93-99页。
[10] Bukowski, W.M., et al. The company they keep: Friendship in childhood and adolescence. Journal of Developmental & Behavioral Pediatrics, 1998, 18 (3), 430.
[11] 桑标：《当代儿童发展心理学》，上海教育出版社2003年版，第300-302页；杨丽珠、张华：《小学教师期望对学生人格的影响：学生知觉的中介作用》，《心理与行为研究》2012年第3期，第161-166页。

格[1]。高水平的同伴接纳可以帮助小学儿童在面对压力时得到同伴的安慰与支持，缓解压力体验，这样容易使儿童变得开朗外向、积极乐观。因此，本次研究提出假设 2：同伴接纳在父母教养方式与小学儿童人格发展之间起中介作用。

为表述方便，本节标题中将"学生知觉的教师期望"简写为"教师期望"。所谓学生知觉的教师期望，即学生对教师的态度、行为的感知，强调学生与教师的双向关系[2]。温斯坦（Weinstein）[3]在对小学生知觉教师期望的研究中指出，小学生可以知觉教师期望行为并进行描述。在小学阶段，教师成为孩子心中的权威。学生知觉教师期望的高低会直接影响小学生的同伴接纳水平[4]。小学生感知到教师对自己的高期望后会更加努力学习，争取不辜负老师的期望，从而在同伴群体中的地位得到提升[5]。可见，学生知觉教师期望成为影响小学生同伴接纳的重要因素之一。

家庭与学校作为影响小学儿童发展的两大环境因素，彼此间会产生相互作用，会影响小学儿童的学业表现[6]、适应行为[7]、活动参与性[8]。当学生知觉到较高水平的教师期望时，会产生良好的情绪体验并告知家长，如果家长感知到学生良好的情绪体验，会询问及关心学生，而当家长得知孩子在校表现良好时，则更倾向采用积极的教养方式，尊重孩子的选择[9]，并注重培养孩子在才艺方面的特长，孩子的自信心得到增强，这些都是孩子在同伴群体中备受欢迎的重要因素；那些知觉到较低水平教师期望的孩子往往会产生消极的情感体验，并伴随着学习成绩的下降[10]。家长为了使孩子学业成绩有所提高，会占用孩子与同伴交往的时间，甚至强行限制孩子选择同伴的范围及类型，这种消极的教养方式使孩子在同伴交往中

---

[1] Cohen, S., Wills, T. A. Stress, social support, and the buffering hypothesis. Psychological Bulletin, 1985, 98 (2), 310-357.

[2] 杨丽珠、张华：《小学教师期望对学生人格的影响：学生知觉的中介作用》，《心理与行为研究》2012 年第 3 期，第 161-166 页。

[3] Weinstein, R. S. Perceptions of classroom processes and student motivation: Children's views of self-fulfilling prophecies. Research on Motivation in Education, 1989, 3, 187-221.

[4] 杨丽珠、张华：《小学教师期望对学生人格的影响：学生知觉的中介作用》，《心理与行为研究》2012 年第 3 期，第 161-166 页。

[5] 程利国、高翔：《影响小学生同伴接纳因素的研究》，《心理发展与教育》2003 年第 2 期，第 35-42 页。

[6] Sawka, K. D., et al. Strengthening emotional support services: An empirically based model for training teachers of students with behavior disorders. Journal of Emotional and Behavioral Disorders, 2002, 10 (4), 223-232.

[7] Elbers, E., de Haan, M. Parent–teacher conferences in Dutch culturally diverse schools: Participation and conflict in institutional context. Learning, Culture and Social Interaction, 2014, 3 (4), 252-262.

[8] Hughes, J., Kwok, O. Influence of student-teacher and parent-teacher relationships on lower achieving readers' engagement and achievement in the primary grades. Journal of Educational Psychology, 2007, 99 (1), 39-51.

[9] de Haan, A. D., et al. Longitudinal impact of parental and adolescent personality on parenting. Journal of Personality and Social Psychology, 2012, 102 (1), 189-199.

[10] 乔娜、张景焕、刘桂荣等：《家庭社会经济地位、父母参与对初中生学业成绩的影响：教师支持的调节作用》，《心理发展与教育》2013 年第 5 期，第 507-514 页。

更容易表现出敏感、退缩的特点①。因此，本次研究提出假设3：学生知觉教师期望调节了同伴接纳中介作用的前半部分路径。

综合而言，本次研究出了一个有调节的中介模型，见图7-1。

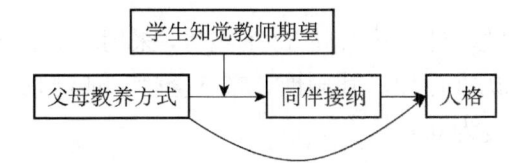

图7-1 父母教养方式、同伴接纳、学生知觉教师期望
与小学生人格关系的模型假设

二、研究方法

（一）被试

我们在大连市3所小学中随机选取2168名小学生作为被试，得到有效被试2150人，其中男生1104人，女生1046人；一至六年级的小学生人数分别为307人、326人、341人、342人、387人、447人。

（二）工具

1. 小学生父母教养方式问卷

小学生父母教养方式问卷共40个题目，采用利克特5级计分，5个维度分别为溺爱性、民主性、放任性、专制性、不一致性。问卷的一致性信度为0.81，再测信度为0.87[2]。

2. 同伴提名问卷

我们采用同伴提名法，让小学生在自己班级范围内，将最喜欢一起玩的、最不喜欢一起玩的同学的名字列举出3个。经累加得到小学生被同伴正负提名的次数，在班级内标准化，正负提名分数相减，计算出社会喜好分数[3]。

3. 学生知觉教师期望评定问卷

学生知觉教师期望评定问卷共23个题目，采用利克特5级计分，包含5个维

---

[1] 程利国、高翔：《影响小学生同伴接纳因素的研究》，《心理发展与教育》2003年第2期，第35-42页。
[2] 杨丽珠、杨春卿：《幼儿气质与母亲教养方式的选择》，《心理科学》1998年第1期，第43-46、56-96页。
[3] 杨丽珠、王江洋：《儿童4岁时自我延迟满足能力对其9岁时学校社会交往能力预期的追踪》，《心理学报》2007年第4期，第668-678页。

度，分别为师生互动、态度知觉、消极反馈、关心支持和机会知觉。问卷的一致性信度为 0.89，再测信度为 0.96[①]。

4. 中国小学生人格教师评定量表

中国小学生人格教师评定量表共 62 个题目，采用利克特 5 级计分，包含 5 个维度，即智能特征、认真自控、外倾性、亲社会性、情绪稳定性。问卷的一致性信度为 0.97，再测信度为 0.73[②]。

（三）共同方法偏差检验

采用哈曼单因素检验[③]，如果得到多个因子，且第一个因子解释的变异量没有超过 40%，则表明共同方法偏差问题并不严重[④]。结果发现，特征值大于 1 的公因子有 4 个，且第一个因子只解释了方差的 22.35%，因此并不存在严重的共同方法偏差问题。

（四）研究程序和数据处理

测试中，每个班级安排 2 名主试，主试均为经过统一培训的心理专业研究生。其中，一至二年级学生由主试宣读指导语后读题指导作答，三至六年级学生由主试宣读指导语后独立作答，测试时班主任不在场。

数据分析应用 SPSS 17.0、Mplus 7.0 统计软件进行。

三、研究结果

（一）各变量的平均数、标准差及相关系数

表 7-1 列出了各变量的平均数、标准差和变量间的相关系数。总体而言，各主要变量间的相关模式与假设模型中的变量关系基本一致。

[①] 杨丽珠、张华：《小学教师期望对学生人格的影响：学生知觉的中介作用》，《心理与行为研究》2012 年第 3 期，第 161-166 页。

[②] 杨丽珠：《中国儿童青少年人格发展与培养研究三十年》，《心理发展与教育》2015 年第 1 期，第 9-14 页。

[③] Aulakh, P. S., Gencturk, E. F. International principal–agent relationships: Control, governance and performance. Industrial Marketing Management, 2000, 29（6）, 521-538.

[④] Ashford, S. J., Tsui, A. S. Self-regulation for managerial effectiveness: The role of active feedback seeking. Academy of Management Journal, 1991, 34（2），251-280.

表 7-1 各变量平均数、标准差及相关系数

变量	M	SD	1	2	3	4	5	6	7	8	9	10	11	12	13	14	15	16
1.溺爱性	12.65	2.96	1															
2.民主性	20.63	4.34	0.24**	1														
3.放任性	19.64	3.78	0.47**	0.37**	1													
4.专制性	22.40	3.20	0.25**	0.10**	0.21**	1												
5.不一致性	13.91	3.16	0.44**	0.29**	0.54**	0.35**	1											
6.同伴接纳	9.30	2.56	−0.02	−0.07**	−0.06**	−0.10**	−0.06**	1										
7.师生互动	25.40	6.53	0.03	−0.01	−0.00	−0.00	−0.01	0.10**	1									
8.态度知觉	17.78	4.78	−0.02	−0.08**	−0.06**	−0.05*	−0.08**	0.24**	0.62**	1								
9.消极反馈	18.10	4.13	−0.02	−0.04	−0.05	−0.04	−0.06**	0.14**	0.34**	0.37**	1							
10.关心支持	9.32	2.55	−0.00	−0.02	−0.01	−0.02	−0.04	−0.00	0.42**	0.41**	0.14**	1						
11.机会知觉	7.86	3.18	0.00	−0.04	−0.03	0.00	−0.02	0.16**	0.41**	0.50**	0.20**	0.37**	1					
12.智能特征	46.87	10.94	−0.02	−0.08**	−0.05**	−0.05**	−0.04	0.19**	0.08**	0.14**	0.07**	0.05**	0.14**	1				
13.认真自控	55.55	12.25	−0.01	−0.11**	−0.05**	−0.06**	−0.02	0.26**	0.10**	0.19**	0.09**	0.02	0.12**	0.07**	1			
14.外倾性	37.98	7.76	−0.03	−0.09**	−0.07**	−0.01	−0.04	0.12**	0.10**	0.10**	0.10**	0.10**	0.12**	0.73**	0.52**	1		
15.亲社会性	47.28	9.74	0.0	−0.09**	−0.04	−0.01	−0.02	0.21**	0.12**	0.17**	0.10**	0.05	0.11**	0.68**	0.80**	0.69**	1	
16.情绪稳定性	28.19	5.92	−0.01	−0.06**	0.00	0.04	0.02	0.05	0.01	0.05	0.07**	0.04	0.05	0.12**	0.27**	0.15**	0.27**	1

注：1~5 为父母教养方式的 5 个维度，6 为同伴接纳，7~11 为学生知觉教师期望的 5 个维度，12~16 为人格的 5 个维度

（二）有调节的中介效应分析

检验有调节的中介效应需要对 3 个回归方程的参数进行估计[①]。方程 1 估计调节变量对自变量与因变量之间关系的调节效应；方程 2 估计调节变量对自变量与中介变量之间关系的调节效应；方程 3 估计调节变量对中介变量与因变量之间关系的调节效应以及自变量对因变量残余效应的调节效应。

本次研究对模型中所有路径系数进行检验，发现父母教养方式的民主性对人格外倾性和亲社会性产生了预测作用，因此本次研究将对人格外倾性和亲社会性的研究结果进行说明。

1. 以人格外倾性为因变量的有调节的中介效应检验

如表 7-2 所示，在方程 1 中，父母教养方式的民主性能正向预测人格外倾性（$\beta=0.09$，$t=4.01$，$p<0.001$），学生知觉教师期望的消极反馈能负向预测人格外倾性（$\beta=-0.10$，$t=-4.66$，$p<0.001$），父母教养方式的民主性与学生知觉教师期望的消极反馈的交互项对人格外倾性的预测作用不显著；在方程 2 中，父母教养方式的民主性与同伴接纳的主效应显著（$\beta=0.10$，$t=2.93$，$p<0.01$），父母教养方式的民主性与学生知觉教师期望的消极反馈的调节项对同伴接纳的预测作用显著（$\beta=-0.07$，$t=-2.10$，$p<0.01$）；在方程 3 中，同伴接纳能正向预测人格外倾性（$\beta=0.06$，$t=4.40$，$p<0.001$），学生知觉教师期望的消极反馈与同伴接纳的交互项对人格外倾性的预测作用不显著。

表 7-2　人格外倾性模型检验

项目	方程 1（效标：人格外倾性）			方程 2（效标：同伴接纳）			方程 3（效标：人格外倾性）		
	β	SE	t	β	SE	t	β	SE	t
民主性	0.09	0.02	4.01***	0.10	0.03	2.93**	0.08	0.02	3.81***
消极反馈	−0.10	0.02	−4.66***	−0.22	0.33	−6.64***	−0.08	0.02	−3.83***
民主性×消极反馈	0.00	0.02	0.10	−0.07	0.03	−2.10**	0.01	0.02	0.24
同伴接纳							0.06	0.04	4.40***
消极反馈×同伴接纳							−0.02	0.01	−1.50

2. 以人格亲社会性为因变量的有调节的中介效应检验

如表 7-3 所示，在方程 1 中，父母教养方式的民主性能正向预测人格亲社会

[①] Muller, D., et al. When moderation is mediated and mediation is moderated. Journal of Personality and Social Psychology, 2005, 89 (6), 852-863.

性（$\beta=0.08$，$t=3.90$，$p<0.001$），学生知觉教师期望的消极反馈能负向预测人格亲社会性（$\beta=-0.10$，$t=-4.78$，$p<0.001$），父母教养方式的民主性与学生知觉教师期望的消极反馈的交互项对人格亲社会性的预测作用不显著；在方程 2 中，父母教养方式的民主性与同伴接纳的主效应显著（$\beta=0.10$，$t=2.93$，$p<0.01$），父母教养方式的民主性与学生知觉教师期望的消极反馈的调节项对同伴接纳的预测作用显著（$\beta=-0.07$，$t=-2.10$，$p<0.01$）；在方程 3 中，同伴接纳能正向预测人格亲社会性（$\beta=0.13$，$t=9.21$，$p<0.001$），学生知觉教师期望的消极反馈与同伴接纳的交互项对人格亲社会性的预测作用不显著。

为揭示交互作用的实质，我们通过简单效应图来分析学生知觉教师期望的消极反馈的调节作用[①]。如图 7-2 所示，学生知觉教师期望的消极反馈能调节父母教养方式的民主性和同伴接纳的关系。

表 7-3　人格亲社会性模型检验

项目	方程 1（效标：人格亲社会性）			方程 2（效标：同伴接纳）			方程 3（效标：人格亲社会性）		
	β	SE	t	β	SE	t	β	SE	t
民主性	0.08	0.02	3.90***	0.10	0.03	2.93**	0.07	0.02	3.32***
消极反馈	−0.10	0.02	−4.78***	−0.22	0.33	−6.64***	−0.08	0.02	−3.62***
民主性×消极反馈	0.00	0.02	0.01	−0.07	0.03	−2.10**	0.01	0.02	0.47
同伴接纳							0.13	0.01	9.21***
消极反馈×同伴接纳							0.02	0.01	1.19

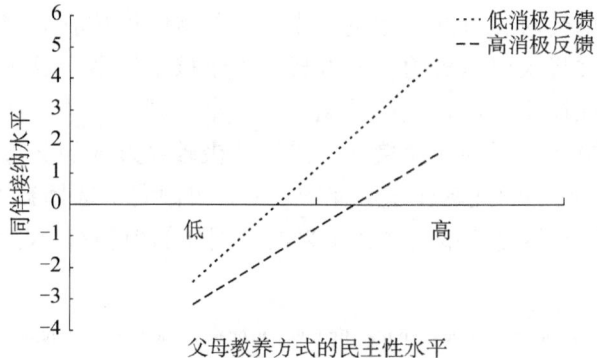

图 7-2　学生知觉教师期望的消极反馈在父母教养方式的民主性
对同伴接纳预测作用中的调节作用

[①] Dearing, E., Hamilton, L. C. Best practices in quantiative for developmentalists: V. Contemporary advances and classic advice for analyzing mediating and moderating variables. Monographs of the Society for Research in Child Development, 2006, 71（3），88-104.

四、讨论与结论

（一）父母教养方式与小学生人格发展的关系

研究结果表明，父母教养方式是小学生人格发展的重要影响因素之一，这一结果与现有实证研究结果一致①。

另外，本次研究也发现，消极教养方式对儿童人格无预测作用。分析其原因，主要在于儿童进入小学后，同伴渐渐地取代了父母的地位。哈里斯在"群体社会化发展理论"中指出，家庭环境对心理特征没有长期影响，对儿童个性形成产生长远影响的是同伴群体②。儿童进入小学后，同伴群体成为儿童宣泄不良情感、获得安慰与支持的主要场所。孙岩利用贝叶斯网络模型，综合探讨了气质、家庭、学校对小学生人格发展的影响，结果发现同伴接纳水平对小学生人格的影响比较大，而家庭因素对小学生人格的影响非常小③。因此，在家庭环境中，消极教养方式对儿童人格产生的负面影响在一定程度上被同伴群体的陪伴、鼓励所缓解。

（二）同伴接纳的中介效应

中介效应是父母教养方式影响小学生人格发展的内在和实质性原因。本次研究试图从中介作用的前半部分路径与后半部分路径来进行解释。

一方面，父母教养方式的民主性会影响同伴接纳水平。班杜拉的社会学习理论认为，儿童之所以能够学会某些态度或行为，往往是模仿父母的结果④。在教养过程中，小学儿童会对父母的行为进行模仿，并将所模仿到的策略运用到与同伴交往的过程中。父母采用积极的教养方式，给予孩子较多的温暖与支持，那么小学儿童在同伴交往过程中，则往往是民主的、富有同情心的，从而使小学儿童在同伴群体中获得更高水平的同伴接纳；采用消极教养方式的父母多采取专制、惩罚、责备的策略，则小学儿童在与同伴交往时，也倾向于选择暴力行为⑤、对其同伴专制，而这样的人际交往策略往往带来的是同伴的拒绝⑥。因此，不同的父母教

---

① Prinzie, P., et al. The relations between parents' Big Five personality factors and parenting: A meta-analytic review. Journal of Personality and Social Psychology, 2009, 97 (2), 351-362.

② Harris, J. R. Where is the child's environment? A group socialization theory of development. Psychological Review, 1995, 102 (3), 458-489.

③ 孙岩：《贝叶斯网络在心理学中应用的研究》，世界图书出版公司出版2014年版，第123-131页。

④ Bandura, A. Social Learning Theory. Englewood Cliffs: Prentice-Hall, 1976, 247.

⑤ 徐慧、张建新、张梅玲：《家庭教养方式对儿童社会化发展影响的研究综述》，《心理科学》2008年第4期，第940-942、959页。

⑥ Belsky, J. Early human experience: A family perspective. Developmental Psychology, 1981, 17 (1), 3-23.

养方式会影响小学儿童的同伴接纳水平，这与前人的研究结果一致[1]。

另一方面，同伴接纳水平会影响小学生人格外倾性与亲社会性的发展。社会联结理论认为，个体若能与周围的人保持良好的亲密关系，就会感觉周围的人友好亲切、值得信赖。这种良好的社会联结会促使个体健康发展[2]。杨丽珠等发现，同伴接纳水平高的儿童更可能与同伴分享、合作，也知道如何控制和调节自己的行为，长此以往，就会影响儿童的外倾性和亲社会性的发展[3]。

（三）学生知觉教师期望的调节作用

研究结果表明，学生知觉教师期望的消极反馈对父母教养方式的民主性与同伴接纳的关系起调节作用，该结果与埃尔贝斯（Elbers）等[4]和德哈恩（de Haan）等[5]的研究结果一致。

当学生通过教师的表扬、鼓励而知觉到较高的教师期望时，会产生良好的情感体验[6]，而家长直接感知或被告知孩子在校表现较为优秀时，则会更倾向于采用民主的教养方式，给予孩子更多的关心和自由。根据班杜拉的社会学习理论[7]，孩子在与同伴的交往中会模仿家长这种积极的相处方式，并将所模仿到的策略运用到同伴交往中，学生则往往表现出关心他人、积极与他人商量的交往特点，因此会得到更多的同伴接纳；反之亦然。由此可见，父母教养方式对同伴接纳水平的影响会受到学生知觉的教师期望是积极反馈还是消极反馈的调节。

综上所述，本次研究存在一定的缺陷：首先，本次研究属于横断研究，无法探讨在不同时间段中父母教养方式对被试人格发展的影响；其次，影响人格的因素比较多，影响机制也比较复杂，本次研究只选取了三个影响因素，略显单薄。

本次研究可以得到以下结论。

1）父母教养方式的民主性能正向预测小学生人格的外倾性、亲社会性的发展。

---

[1] McDowell, D. J., Parke, R. D. Parental correlates of children's peer relations: An empirical test of a tripartite model. Developmental Psychology, 2009, 45 (1), 224-235.

[2] Hirschi, T. Causes and Prevention of Juvenile Delinquency. Contemporary Masters in Criminology. New York: Springer, 1995, 322-341.

[3] 杨丽珠、张华：《小学教师期望对学生人格的影响：学生知觉的中介作用》，《心理与行为研究》2012年第3期，第161-166页。

[4] Elbers, E., de Haan, M. Parent–teacher conferences in Dutch culturally diverse schools: Participation and conflict in institutional context. Learning, Culture and Social Interaction, 2014, 3 (4), 252-262.

[5] de Haan, A. D., et al. Longitudinal impact of parental and adolescent personality on parenting. Journal of Personality and Social Psychology, 2012, 102 (1), 189-199.

[6] 乔娜、张景焕、刘桂荣等：《家庭社会经济地位、父母参与对初中生学业成绩的影响：教师支持的调节作用》，《心理发展与教育》2013年第5期，第507-514页。

[7] Bandura, A. Social Learning Theory. Englewood Cliffs: Prentice-Hall, 1976: 247.

2）同伴接纳分别在父母教养方式的民主性与小学生人格的外倾性、亲社会性之间起中介作用。

3）学生知觉教师期望的消极反馈调节了中介过程的前半部分路径。

第二节 父母教育价值观对幼儿人格的影响

一、导引

儿童的人格可以有效预测其日后的学业成就、人格特质、问题行为等①。健全的人格特征不仅是身体健康的前提条件，更是学习、工作、生活所不可或缺的条件。但目前儿童人格教育领域存在许多实际问题，如父母日益多元化的教育价值观、教养方式对儿童人格发展的影响，这对儿童人格的健康发展提出了巨大的挑战。深入探讨我国儿童人格发展的影响因素，不仅能提高社会对儿童人格发展问题的关注，也有利于从实践应用层面提出更加客观、有效的促进儿童人格健康发展的实施方案。

作为儿童人格发展最基础的家庭环境因素之一，父母教育价值观对儿童人格的发展具有十分重要的意义②。教育价值观是指父母在养育孩子的过程中认为最重要的方面，即在家庭生活中对儿童培养的重心，包括生活、学业以及人际交往等各个方面③。它会直接影响父母对儿童的态度，对儿童进行教育的期望、目标、途径、策略及行为，是家庭教育的核心因素，对儿童人格的发展起到了宏观的指导作用。国外诸多研究已经表明，如果父母的教育价值观注重培养儿童的自主独立性，那么儿童就容易形成自主独立，强调自我实现、自我成就的人格特质；反之，如果父母的教育价值观注重培养儿童与他人保持一致性，那么儿童就容易形成服从、依赖性、合作性的人格特质④。研究者认为，在对儿童的认知、情绪以及社交能力的影响方面，父母教育价值观具有直接或间接的作用⑤。一直以来，父母教育价值观都被认为是父母教养方面的认知因素，可能会在家庭中营造出一种符

---

① Van den Akker, A. L., et al. Personality types in childhood: Relations to latent trajectory classes of problem behavior and overreactive parenting across the transition into adolescence. Journal of Personality and Social Psychology, 2013, 104（4），750-764.

② 〔美〕戴维·谢弗：《社会性与人格发展（第5版）》，陈会昌等译，人民邮电出版社2012年版，第87-90页。

③ 杨红梅：《幼儿父母价值观的调查研究》，《早期教育（教科研版）》2013年第10期，第14-17页。

④ Chen, X. Y., French, D. C. Children's social competence in cultural context. Annual Review of Psychology, 2008, 59（1），591-616.

⑤ Cheah, C. S. L., Chirkov, V. Parents' personal and cultural beliefs regarding young children: A cross-cultural study of aboriginal and Euro-Canadian mothers. Journal of Cross-Cultural Psychology, 2008, 39（4），402-423.

合父母教育价值取向的氛围,潜移默化地影响儿童人格的发展,使儿童人格的发展接受教育价值观的宏观指导。国内学者邹萍等考察了中国城市儿童父母教育价值观的类型及其对幼儿人格的影响,认为积极型的教育价值观有利于幼儿人格的发展[1]。因此,探讨教育价值观在儿童人格发展中所起的作用具有重要意义。故本次研究提出假设1:父母教育价值观可能会显著影响儿童人格某些维度的发展。

以往关于儿童人格的研究主要集中在教育价值观、教养方式等家庭影响因素方面,而对这些因素如何影响儿童人格发展的具体作用机制的研究较少,本次研究将对父母教养方式在父母教育价值观与儿童人格之间关系的中介机制进行检验。父母教养方式是指家长在教育、抚养子女的日常活动中表现出的一种行为倾向,是对父母的各种教养行为特征的概括,是一种具有相对稳定性的行为风格[2]。一方面,父母教养方式在儿童人格发展中扮演着重要角色,积极的、支持性的父母教养与儿童语言和认知发展提高相关[3],也会促进儿童情绪调节能力的提升[4];而消极的教养方式则是儿童人格发展的危险因素[5]。

另一方面,教养方式不仅与儿童人格发展密切相关并对其产生影响,也受到教育价值观的影响。卢斯特尔(Luster)等曾经指出,父母的教育价值观通过日常照顾与抚养儿童的教养方式反映出来[6]。达林(Darling)等的教养方式背景模型也认为,父母对孩子培养的重心和目标,即教育价值观,决定了父母的教养方式,从而影响着儿童的发展[7]。如有研究发现,比较重视儿童学业成就的家长会在日常生活中更多地与儿童讨论学习的话题[8],或者可能会倾向于让孩子参加以教育为导向的课程。由此我们可以推断,教养方式可能在父母教育价值观与儿童人格发展之间起到了某种中介作用。然而,到目前为止,这一中介作用机制尚缺乏实证研究的支持。基于父母教养方式与教育价值观和儿童人格的密切关系,本次研究提出假设2:父母教养方式一方面会受教育价值观的影响,另一方面还可能直接

---

[1] 邹萍、杨丽珠:《父母教育观念类型对幼儿个性相关特质发展的影响》,《心理与行为研究》2005年第3期,第182-187页。
[2] 林磊:《幼儿家长教育方式的类型及其行为特点》,《心理发展与教育》1995年第4期,第43-47、54页。
[3] Tamis-Lemonda, C. S., et al. Fathers and mothers at play with their 2- and 3-year-olds: Contributions to language and cognitive development. Child Development, 2004, 75 (6), 1806-1820.
[4] Morris, A. S., et al. The influence of mother-child emotion regulation strategies on children's expression of anger and sadness. Developmental Psychology, 2011, 47 (1), 213-225.
[5] Robinson, G. E., et al. Sociogenomics: Social life in molecular terms. Nature Reviews Genetics, 2005, 6 (4), 257-270.
[6] Luster, T., et al. The relation between parental values and parenting behavior: A test of the Kohn Hypothesis. Journal of Marriage & Family, 1989, 51 (1), 139-147.
[7] Darling, N., Steinberg, L. Parenting style as context: An integrative model. Psychological Bulletin, 1993, 113 (3), 487-496.
[8] Rowe, M. L., Casillas, A. Parental goals and talk with toddlers. Infant & Child Development, 2011, 20 (5), 475-494.

影响儿童人格,即教养方式在父母教育价值观和儿童人格之间起中介作用。

长期以来,发展心理学家一直受父母对儿童具有主导作用模式的影响,这种模式假设家庭内的影响模式是单向的,只是父母对孩子产生影响。然而,今天大多数发展心理学家更赞同相互影响模式,把儿童的发展看作环境与个体交互作用的过程①。气质是一个人特有的心理活动的动力特征②,是人格发展的基础,它作为遗传的心理因素与环境共同交互地影响儿童人格的发展。这种交互性的影响可能表现在两个方面:其一,气质可能在教育价值观与父母教养方式之间起调节作用,影响父母对教养方式的选择。教育价值观是父母对儿童教育教养的理解以及在日常生活中对儿童培养的重心以及目标,当面对不同气质类型的儿童时,持不同教育价值观的父母可能会根据儿童的气质特点选择不同的教养方式。有研究者认为,有效的教养方式取决于父母能否将儿童气质特点融合于父母教养目标之中,从而确保儿童的良好发展③。其二,气质可能在教养方式与儿童人格之间起调节作用。面对容易型气质的儿童,比较能够唤起父母良好的积极的教养方式,或者可以保护其免于不良教养方式的影响,进而促进其人格的健康发展。里尔克斯(Leerkes)等④的研究发现,在对童年早期情绪失调的预测中,反应性高的婴儿与敏感的母亲相匹配时,会减少儿童的情绪失调。面对困难型气质的儿童唤起的父母的消极教养方式将不利于儿童人格的发展,此时需要采用积极的教养使其免于遭受不良的发展后果。穆赫塔迪尔(Muhtadie)等的研究发现,那种努力控制水平较低的儿童容易唤起父母专制型教养方式,而权威型教养方式对那些具有愤怒和沮丧特质的儿童则较为有效⑤。因此,基于气质在教育价值观与教养方式之间,以及在教养方式与儿童人格之间的密切关系,本次研究提出假设3:儿童气质在教养方式中介教育价值观与儿童人格的关系中起调节作用。

综上所述,本次研究拟考察包含教养方式的中介作用和儿童气质调节作用的有调节的中介假设模型(图7-3),该模型深化了父母教育价值观与儿童人格之间的直接关系,一方面可以回答父母教育价值观怎样影响儿童人格,另一方面可以回答这种影响何时更强或更弱。这不仅能够揭示在儿童发展中父母教育价值观、教养方式、儿童气质对其人格的影响及其内在作用机制,也能为儿童健康人格的培养提供可操作的具体途径和重要依据。

---

① 〔美〕戴维·谢弗:《社会性与人格发展(第5版)》,陈会昌等译,人民邮电出版社2012年版,第87-90页。
② 刘文、杨丽珠:《基于教师评定的3~9岁儿童气质结构》,《心理学报》2005年第1期,第67-72页。
③ Meng, C. Parenting goals and parenting styles among Taiwanese parents: The moderating role of child temperament. New School Psychology Bulletin, 2012, 9 (2), 52-67.
④ Leerkes, E. M., et al. Differential effects of maternal sensitivity to infant distress and nondistress on social-emotional functioning. Child Development, 2009, 80 (3), 762-775.
⑤ Muhtadie, L., et al. Predicting internalizing problems in Chinese children: The unique and interactive effects of parenting and child temperament. Development & Psychopathology, 2013, 25 (3), 653-667.

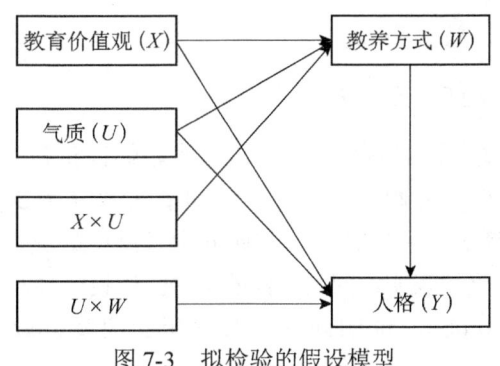

图7-3 拟检验的假设模型

二、研究方法

(一)工具

1. 幼儿家长教育价值观调查问卷

本部分采用杨丽珠编制的幼儿家长教育价值观调查问卷[①],共23道题目,包括独立性、坚韧性、好行为、知识性和关系性5个维度。问卷采用利克特5级计分。本次研究中各维度的克龙巴赫 α 系数为0.59~0.83,全问卷 α 系数为0.85;验证性因素分析表明,问卷结构的拟合指数良好(χ^2/df=1.93,CFI=0.94,TLI=0.93,RMSEA=0.04),证明问卷具有理想的信度、效度指标。

2. 幼儿父母教养方式调查问卷

幼儿父母教养方式调查问卷由杨丽珠和杨春卿[②]编制,共40道题目,包括溺爱性、民主性、放任性、专制性和不一致性5个维度。该问卷采用利克特5级计分。本研究中各维度的克龙巴赫 α 系数为0.44~0.79,全问卷 α 系数为0.85;验证性因素分析表明,问卷结构的拟合指数良好(χ^2/df=2.02,CFI=0.85,TLI=0.84,RMSEA=0.04),证明问卷具有理想的信度、效度指标。

3. 3~9岁儿童气质教师评定问卷

本部分采用刘文等编制的3~9岁儿童气质教师评定问卷[③],共31道题目,包括情绪性、活动性、反应性、社会抑制性、专注性5个维度。该问卷采用利克特5级计分。本研究中各维度的克龙巴赫 α 系数为0.55~0.96;验证性因素分析表明,问卷结构的拟合指数良好(χ^2/df=3.97,CFI=0.84,TLI=0.82,RMSEA=0.07),证明

---

① 杨丽珠:《儿童青少年人格发展与教育》,中国人民大学出版社2014年版,第232-233页。
② 杨丽珠、杨春卿:《幼儿气质与母亲教养方式的选择》,《心理科学》1998年第1期,第43-46、56-96页。
③ 刘文、杨丽珠:《基于教师评定的3~9岁儿童气质结构》,《心理学报》2005年第1期,第67-72页。

问卷具有理想的信度、效度指标。

4. 中国幼儿人格教师评定量表

本部分采用杨丽珠[1]编制的"中国幼儿人格教师评定量表",共60道题目,包括智能特征、认真自控、外倾性、亲社会性和情绪稳定性5个维度。采用利克特5级计分,其中有9道题为反向计分。本研究中各维度的克龙巴赫 α 系数为0.83~0.94;验证性因素分析结果表明,问卷结构的拟合指数良好(χ^2/df=2.99,CFI=0.85,TLI=0.84,RMSEA=0.06),证明问卷具有理想的信度、效度指标。

(二) 程序与数据处理

在征得幼儿园领导和幼儿父母的知情同意后,由经过严格培训的心理学专业研究生担任主试,向参加实验的儿童的父母发放教育价值观问卷、父母教养方式问卷,并告知其研究意义及填写方法;向各个班的带班教师发放儿童人格教师评定问卷和儿童气质教师评定问卷,并告知其研究意义及填写方法;最后,所有问卷由主试统一回收。采用SPSS18.0进行相关分析,考察研究涉及的主要研究变量之间的关系;采用AMOS17.0对父母教育价值观与儿童人格之间的有调节的中介模型进行验证。

三、研究结果

(一) 共同方法偏差的检验

共同方法偏差是由同样的数据来源或评分者、相同的测量环境,以及项目本身特征造成的预测变量与结果变量之间的人为性共变[2]。本次研究采用Harman单因素检验法检验共同方法偏差,设定一个公共因素,若这个因素解释了全部或大部分变异,则认为存在共同方法偏差[3]。利用验证性因素分析方法对本次研究涉及的4个变量抽取出一个公共因素。结果表明,数据与模型无法有效拟合(χ^2/df=9.89,NFI=0.67,CFI=0.69,TLI=0.64,RMSEA=0.13),说明提取的公共因素只解释了小部分变异。这表明本次研究虽然只采用了问卷调查方式,但并不存在共同方法偏差。

(二) 相关分析

表7-4显示了家长教育价值观、父母教养方式、幼儿人格和气质4个变量与

---

[1] 杨丽珠:《中国儿童青少年人格发展与培养研究三十年》,《心理发展与教育》2015年第1期,第9-14页。
[2] 周浩、龙立荣:《共同方法偏差的统计检验与控制方法》,《心理科学进展》2004年第6期,第942-950页。
[3] 周浩、龙立荣:《共同方法偏差的统计检验与控制方法》,《心理科学进展》2004年第6期,第942-950页。

各个维度的平均数、标准差以及变量之间的相关关系。结果显示,家长教育价值观中的好行为维度与幼儿人格的情绪稳定性维度显著相关;家长教育价值观的关系性维度与幼儿人格的智能特征、认真自控和亲社会性维度显著相关。此外,在父母教养方式中,除了专制性维度,其他维度均与幼儿人格的 5 个维度存在不同程度的相关。幼儿气质的 5 个维度均与人格的 5 个维度存在不同程度的相关。

(三)教育价值观对儿童人格的影响

本研究应用逐步回归分析考察了家长教育价值观对幼儿人格各维度的影响,结果显示,家长教育价值观对幼儿人格的智能特征维度和情绪稳定性维度有显著的影响。具体来说,家长教育价值观的关系性维度能显著地影响幼儿人格的智能特征维度(β=0.088,t=2.073,p<0.05);家长教育价值观的好行为维度能显著影响幼儿人格的情绪稳定性维度(β=0.086,t=2.021,p<0.05)。因此,假设 1 得到验证。

(四)有调节的中介模型检验

1. 以智能特征为因变量的有调节的中介模型检验

采用极大似然估计方法对图 7-3 的假设模型进行检验。模型的各项拟合指数如下:χ^2/df=0.570,NFI=0.983,CFI=1.000,TLI=1.074,RMSEA=0,其中 3 项相对拟合指数均大于 0.90,RMSEA 小于 0.05,拟合指标都在良好的范围之内,因此数据与模型拟合较好。

我们采用温忠麟等提出的有调节的中介模型的判断标准[1],进一步考察模型中的各项路径系数(图 7-4),发现教育价值观的关系性维度对教养方式的不一致性维度的影响路径系数显著(β=-0.253,t=-6.139,p<0.001),不一致性维度对智能特征维度的影响路径系数显著(β=-0.111,t=-2.599,p<0.01),表明教养方式不一致性维度在教育价值观关系性维度与智能特征维度之间起中介作用。教养方式的不一致性维度与气质的情绪性维度的交互项对智能特征的影响路径系数显著(β=0.183,t=4.235,p<0.001),表明气质的情绪性维度对教养方式的不一致性维度与智能特征之间的关系具有调节作用。假设 2 和 3 得到验证,由此形成了一个有调节的中介模型。当气质的情绪性维度分别取值 1、0、-1 时,中介效应值分别为 0.018、0.028、0.074,分别占总效应的 20.4%、31.8%、84.1%。

---

[1] 温忠麟、叶宝娟:《有调节的中介模型检验方法:竞争还是替补?》,《心理学报》2014 年第 5 期,第 714-726 页。

表 7-4 教育价值观、教养方式、人格和气质各维度的平均数、标准差以及变量之间的相关系数

变量	1	2	3	4	5	6	7	8	9	10	11	12	13	14	15	16	17	18	19	20
1.独立性	1																			
2.坚韧性	0.284**	1																		
3.好行为	0.355**	0.508**	1																	
4.知识性	0.347**	0.375**	0.316**	1																
5.关系性	0.379**	0.602**	0.510**	0.415**	1															
6.溺爱性	0.153**	0.229**	0.207**	0.141**	0.238**	1														
7.民主性	0.145**	0.592**	0.359**	0.295**	0.461**	0.285**	1													
8.放任性	-0.209**	-0.336**	-0.247**	-0.308**	-0.323**	0.485**	0.420**	1												
9.专制性	-0.002	-0.185**	0.014	-0.037	-0.134**	0.324**	0.224**	0.250**	1											
10.不一致性	-0.156**	-0.224**	-0.160**	-0.142**	-0.253**	0.545**	0.335**	0.538**	0.404**	1										
11.情绪动性	0.021	-0.049	-0.081	-0.023	-0.039	0.102**	0.065	0.045	-0.013	0.044	1									
12.活动性	0.049	0.062	-0.073	-0.050	-0.096*	0.042	0.099*	0.015	0.006	-0.003	0.636**	1								
13.反应性	0.036	0.087*	0.001	0.028	0.084*	-0.050	-0.034	-0.091*	-0.090*	-0.109*	0.200**	0.191**	1							
14.社会抑制	-0.033	-0.142**	-0.067	-0.112**	-0.112**	0.168**	0.086*	0.140**	0.068	0.155**	0.103*	-0.077	0.429**	1						
15.专注性	0.040	0.073	0.039	0.017	0.099*	0.042	-0.085*	-0.024	-0.080	-0.077	-0.55**	0.666**	0.152**	-0.084**	1					
16.智能特征性	-0.025	0.058	-0.010	0.052	0.088*	-0.075	-0.059	-0.103*	-0.074	-0.123**	-0.037	-0.080	0.471**	-0406**	0.321**	1				
17.认真自控性	-0.022	0.035	0.023	0.004	0.092*	-0.065	-0.097*	-0.060	-0.042	-0.078	-0.351**	-0.454**	0.255**	-0.176**	0.573**	0.676**	1			
18.外倾性	0.046	0.039	0.034	0.052	0.066	0.072	0.018	0.098*	0.023	0.086*	0.101*	0.240**	-0.438**	0.431**	0.006	0.714**	0.316**	1		
19.亲社会性	0.030	0.062	0.050	0.066	0.138**	-0.063	-0.090*	-0.120**	-0.023	-0.097*	-0.177**	0.145**	0.349**	0.281**	0.312**	0.700**	0.661**	0.708**	1	
20.情绪稳定性	0.018	0.01	0.086*	0.008	-0.021	-0.123**	-0.002	-0.031	0.023	-0.009	-0.219**	-0.062	-0.105*	0.010	-0.163**	-0.030	-0.155**	-0.182**	1	1
M	13.70	30.37	17.57	10.96	19.86	14.03	19.35	20.50	22.17	14.57	16.75	17.11	18.85	16.06	21.42	59.75	42.83	31.03	47.73	25.75
SD	2.98	3.18	1.97	2.24	2.75	3.42	4.28	4.06	3.44	3.40	4.00	4.46	3.92	3.59	4.19	11.05	7.73	6.37	8.28	5.57

注：1～5 代表教育价值观的 5 个维度；6～10 代表教养方式的 5 个维度；11～15 代表气质的 5 个维度；16～20 代表人格的 5 个维度

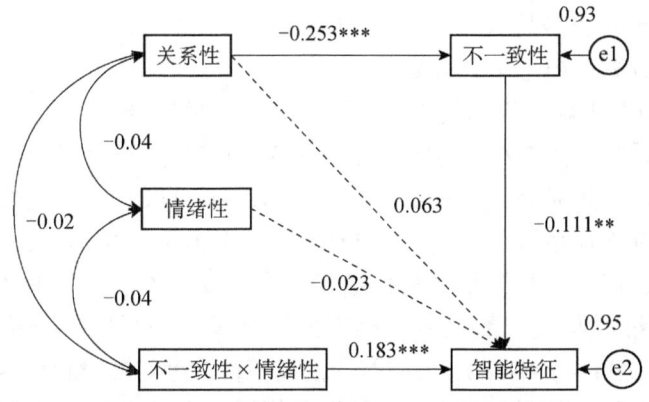

图 7-4　教育价值观、教养方式、气质对智能特征的影响模型

为了揭示交互效应的实质,根据回归方程,分别取不一致性和情绪性正负一个标准差的值绘制简单效应分析图(图 7-5)[①]。简单斜率检验表明,当儿童的情绪性水平较高时,教养方式不一致性对儿童人格的智能特征维度没有显著影响($\beta=0.201$,$t=1.984$,$p=0.05$);然而,当儿童的情绪性水平较低时,教养方式不一致性能显著地负向影响儿童人格的智能特征维度($\beta=-0.341$,$t=-3.097$,$p<0.01$),这表明气质的情绪性维度对教养方式不一致性维度与幼儿人格的智能特征维度的关系具有调节效应。

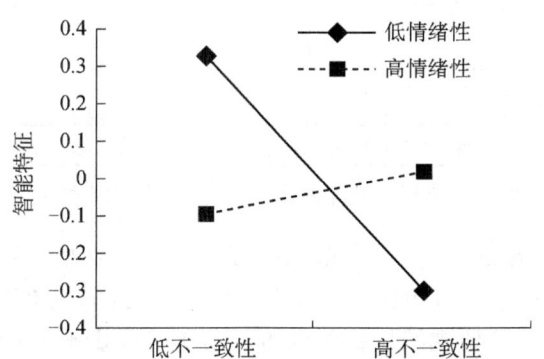

图 7-5　情绪性对不一致性与智能特征关系的调节

2. 以情绪稳定性为因变量的有调节的中介模型检验

首先,采用极大似然估计方法对图 7-3 的假设模型进行检验。模型的各项拟合指数如下:$\chi^2/df=1.340$,NFI=0.941,CFI=0.981,TLI=0.905,RMSEA=0.025,

---

① Dearing, E., Hamilton, L. C. Best practices in quantitative methods for developmentalists: V. Contemporary advances and classic advice for analyzing mediating and moderating variables. Monographs of the Society for Research in Child Development,2006,71(3),88-104.

其中 3 项相对拟合指数均大于 0.90，RMSEA 小于 0.05，拟合指标都在良好的范围之内，因此数据与模型拟合较好。

其次，采用温忠麟等提出的有调节的中介模型的判断标准[1]，进一步考察模型中的各项路径系数（图 7-6），发现教育价值观的好行为维度对教养方式的溺爱性维度的影响路径系数显著（$\beta=-0.212$，$t=-5.110$，$p<0.001$），溺爱性维度对情绪稳定性维度的影响路径系数显著（$\beta=-0.110$，$t=-2.549$，$p<0.05$），表明教养方式溺爱性维度在教育价值观好行为维度与情绪稳定性维度的关系中起中介作用。教育价值观的好行为维度与气质的反应性维度的交互项对溺爱性的影响路径系数显著（$\beta=-0.085$，$t=-2.083$，$p<0.05$），表明气质的反应性维度对教育价值观的好行为维度与教养方式的溺爱性维度之间的关系起调节作用。假设 2 和 3 得到验证，由此形成了一个有调节的中介模型。当气质的反应性维度分别取值 1、0、-1 时，中介效应值分别为 0.032、0.023、0.014，分别占总效应的 37.6%、26.7%、16.3%。

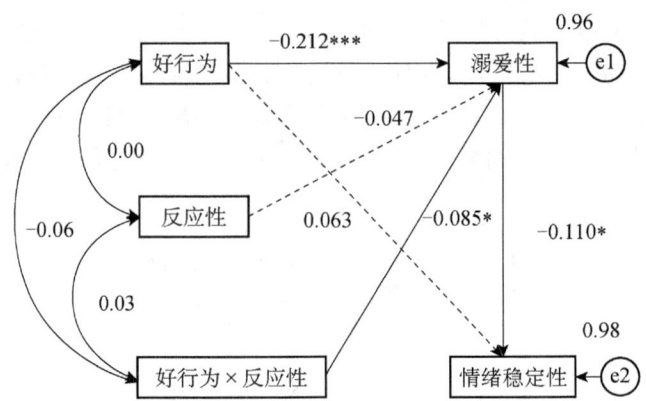

图 7-6　教育价值观、教养方式、气质对情绪稳定性的影响模型

为了揭示交互效应的实质，根据回归方程，分别取好行为和反应性正负一个标准差的值绘制简单效应分析图（图 7-7）[2]。简单斜率检验表明，当儿童的反应性水平较高时，教育价值观的好行为维度显著地负向影响父母教养方式的溺爱性（$\beta=-0.349$，$t=-3.615$，$p<0.001$）；然而，当儿童的反应性水平较低时，教育价值观的好行为维度不能显著地影响父母教养方式的溺爱性（$\beta=-0.061$，$t=-0.485$，$p>0.05$）。

---

[1] 温忠麟、叶宝娟：《有调节的中介模型检验方法：竞争还是替补？》，《心理学报》2014 年第 5 期，第 714-726 页。

[2] Dearing, E., Hamilton, L. C. Best practice in quantitative methods for developmentalists: V. Contemporary advances and classic advice for analyzing mediating and moderating variables. Monographs of the Society for Research in Child Development, 2006, 71 (3), 88-104.

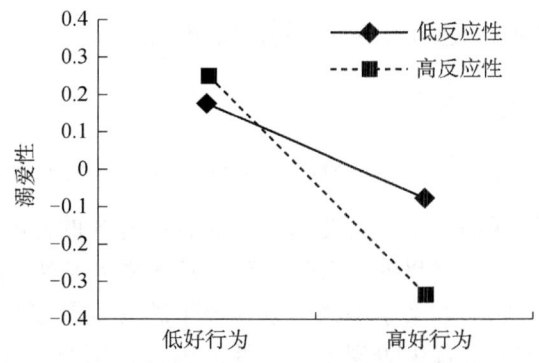

图 7-7 反应性对好行为与溺爱性关系的调节

以上研究结果支持了本次研究提出的有调节的中介模型,父母教养方式在家长教育价值观与儿童人格之间起中介作用,儿童的气质水平调节了这一中介效应。

四、讨论与结论

(一)父母教育价值观对儿童人格的影响

研究结果显示,教育价值观的关系性维度对儿童人格的智能特征具有显著影响。关系性是指亲代在养育子代的过程中,尊重孩子的个体性,注重培养孩子的人际交往能力,这里主要指亲子关系,即良好的亲子关系可以促进儿童智能特征的发展。有研究表明,亲子关系良好的儿童拥有更高的学业成就水平以及社会交往能力[1]。良好的亲子关系容易使孩子形成安全型的情感依恋,使儿童在亲子交往中感受到较多的关爱与温暖,在一种充满爱的家庭氛围中成长。此外,拥有良好亲子关系的父母注意为孩子创设较好的家庭环境,对他们有着较高的期望并进行合理、适度的监控,不仅在生活中为孩子提供经验和创造活动的机会,同时在学习上也给予其热情的支持和指导,有助于促进儿童智能特征的发展。

教育价值观的好行为维度对儿童人格的情绪稳定性具有显著的促进作用。好行为是指亲代在养育子代的过程中,注重培养孩子尊老爱幼的传统美德以及社会公德。邹萍等的研究表明,父母如果不注重对儿童好行为的培养,会对儿童情绪产生不良影响,容易导致其情绪不稳定、情绪调节能力差、适应性较低[2]。此外,父母对儿童的好行为期望能够为儿童所感知,通常他们都想取悦自己钟爱的父母,受此影响,他们会做父母期望自己做的事,学习父母期望他们学习的内容,接受父

---

[1] Nermeen, E., et al. Parent involvement and children's academic and social development in elementary school. Child Development, 2010, 81 (3), 988-1005.
[2] 邹萍、杨丽珠:《父母教育观念类型对幼儿个性相关特质发展的影响》,《心理与行为研究》2005 年第 3 期,第 182-187 页。

母对自己的指导与约束，进而形成良好的情绪调节能力。

（二）教养方式的中介作用

1. 父母教育价值观与儿童智能特征：父母教养方式的中介作用

在家长教育价值观的关系性对儿童人格的智能特征的影响中，父母教养方式的不一致性起中介作用。父母的教育价值观中注重对儿童关系性的培养，容易形成良好的亲子关系，融洽的亲子关系可以使孩子感受到温馨的家庭氛围，同时父母更容易在教养孩子的过程中表现出一致性，也就意味着父母在教养孩子过程中的分歧较少，表现出高质量的、协调一致的教养，而这样的教养行为与儿童的语言和认知能力的提高相关[1]，是儿童智能特征发展的保护性因素。在关系性教育价值观的影响下，采取一致性教养行为的父母会经常与儿童交流，在亲子活动中设法激发儿童的好奇心以及探索的欲望，从而促进其智力的发展。一项纵向研究发现，父母采用支持性的教养行为，他们的孩子容易对新颖事物感兴趣并且持久性注意能力发展较好，研究还发现这两项能力的发展显著预测了儿童之后的学业成就[2]。此外，较低水平的教养不一致性与儿童抑制能力的良好发展相关[3]，而抑制能力的良好发展则意味着儿童对某件事具有专注性，如学习，因而可以促进其智能特征的发展。

2. 父母教育价值观与儿童情绪稳定性：父母教养方式的中介作用

在教育价值观的好行为维度对儿童人格的情绪稳定性维度的影响中，父母教养方式的溺爱性维度起中介作用。父母的教育价值观中注重对孩子好行为的培养，会在生活中对孩子的行为进行适当约束与限制，可以使其摆脱一切以孩子为中心的思想，从而不会采用溺爱性的教养方式。这样的父母在日常教养孩子的过程中，把孩子作为独立的主体，关爱与约束并重，对孩子的期望、要求及奖励、惩罚比较恰当，有利于孩子的自我情绪控制与调节，发展出较为稳定的情绪。在日常生活中，如果父母对孩子不合适的情绪宣泄不予制止和教育，则容易使孩子以自我为中心，难以对自己的情绪进行有效的控制，不利于情绪调节的发展[4]。另外，采

---

[1] Tamis-LeMonda, C. S., et al. Fathers and mothers at play with their 2-and 3-year-olds: Contributions to language and cognitive development. Child Development, 2004, 75 (6), 1800-1820.

[2] Martin, A., et al. Longitudinal associations among interest, persistence, supportive parenting, and achievement in early childhood. Early Childhood Research Quarterly, 2013, 28 (4), 658-667.

[3] Roskam, I., et al. The development of children's inhibition: Does parenting matter? Journal of Experimental Child Psychology, 2014, 122 (1), 166-182.

[4] Jabeen, F., et al. Parenting styles as predictors of emotion regulation among adolescents. Pakistan Journal of Psychological Research, 2013, 28 (1), 85-105.

用溺爱性教养方式的父母对孩子有过分保护的倾向，容易使孩子养成过分依赖的习惯，使其在生活中缺乏主动性，适应能力较差，娇气、任性、自私，不利于孩子情绪稳定性的发展，同时也容易导致孩子不会使用适应性的情绪调节策略，致使情绪调节困难，从而导致情绪不稳定[1]。

综上所述，父母的教育价值观与儿童的人格发展相关是因为它塑造着父母的教养方式[2]，父母对儿童发展认识的不同导致了不同的教育策略和行为，本研究也证明了这一点。这提醒我们，改变父母的不良教养方式不仅要从行为入手，也应该从改变父母的教育价值观入手，转变其关于孩子教育教养的不良价值观念，提高父母对儿童人格发展的正确认识，只有如此才能真正促进儿童人格的健康发展。

（三）气质的调节作用

1. 父母教育价值观与儿童智能特征：儿童气质的调节作用

本研究从个体与环境之间相互作用的角度出发，考察了父母教育价值观对儿童人格的影响及其内在作用机制。结果表明，儿童的情绪性水平对教育价值观与儿童人格之间的间接效应存在调节作用，即父母教养方式的不一致性与儿童智能特征之间的关系受儿童气质水平的调节，与情绪性水平较高的儿童相比，情绪性水平较低的儿童受间接效应的影响更显著。

研究结果表明，在情绪性水平较低的儿童中，随着教养方式不一致性水平的降低，即一致性水平的升高，儿童的智能特征得分会显著升高。气质的情绪性包括对人、事情的积极情绪和负情绪表达及其表现的适度性[3]，情绪性水平较低的儿童的情绪稳定性、耐受性较高，在生活中是情绪比较温和、稳定的儿童。凯利（Kelley）等曾经指出，当孩子表现出易于抚慰、容易适应、易社交的气质特征时，父母会以温和、反应迅速的养育方式对待孩子[4]，即当儿童气质的情绪性水平较低时，父母会选择符合儿童气质的教养方式来养育孩子，这种符合儿童气质的教养方式继而会影响儿童智能特征的发展。以往的研究结果表明，当父母使用一致性较高的教养方式时，儿童的智能特征发展较好[5]。与情绪性水平较高的儿童相比，情绪

---

[1] Fletcher, K., et al. Emotion regulation strategies in bipolar II disorder and borderline personality disorder: Differences and relationships with perceived parental style. Journal of Affective Disorders, 2014, 157, 52-59.

[2] Senese, V. P., et al. A cross-cultural comparison of mothers' beliefs about their parenting very young children. Infant Behavior and Development, 2012, 35 (3), 479-488.

[3] Chao, R. K. The parenting of immigrant Chinese and European American mothers: Relations between parenting styles, socialization goals, and parental practices. Journal of Applied Developmental Psychology, 2000, 21 (2), 233-248.

[4] Kelley, M. L., et al. Determinants of disciplinary practices in low-income black mothers. Child Development, 1992, 63 (3), 573-582.

[5] Sultan, S., et al. Analyzing academic performance and mental health of elementary school students through parenting practices. Journal of Educational Research, 2013, 16 (1), 71-78.

性水平较低的儿童受间接效应的影响更显著。这种调节模式也支持了托马斯和切斯的拟合度模型,即父母要创设符合儿童气质的抚养环境,促进儿童人格的发展[①]。

2. 父母教育价值观与儿童情绪稳定性:儿童气质的调节作用

在父母教育价值观对儿童情绪稳定性的影响中,儿童气质的反应性在教育价值观的好行为与教养方式的溺爱性之间起显著的调节作用。反应性水平越高,代表个体对外界刺激的感受、敏锐程度越高,对刺激做出反应的速度越快。本研究发现,当儿童的反应性水平较高时,教育价值观好行为显著影响了教养方式的溺爱性。这可能是因为反应性水平较高的儿童拥有更敏感的系统,更容易感知到父母对好行为的期望和要求,从而做出敏感而积极、快速的反馈[②]。得到孩子积极反馈的父母则会倾向于对孩子的行为进行一定的约束,不容易采用溺爱型的教养方式,而良好的教养方式则会使孩子的情绪稳定性得到很好的发展,从而形成父母与孩子交互作用的良性循环。对于气质反应性水平较低的儿童来说,他们对父母提出的要求感受性不强,所以对于一个总是对父母所提要求不予以积极反应的孩子而言,父母培养、塑造孩子持有的教育价值观自然也不能很好地贯彻到其教养方式中,因此教育价值观与教养方式之间不存在显著而较强的相关。

综上所述,儿童气质对儿童人格发展的影响并非线性的,而是通过与环境的交互作用实现的。首先,儿童气质调节了父母教养方式的使用,温和的儿童会唤起父母良好的、一致性的教养方式,进而促进儿童智能特征的发展,使得亲子互动成为一种良性循环的过程。这也符合托马斯(Thomas)和切斯(Chess)提出的良好匹配模型,即气质与环境相匹配进而能对儿童发展产生有利的结果。其次,气质调节了父母的教育价值观。容易型的气质特点会与良好的教养方式或者教育价值观相匹配,而困难型气质则会匹配消极的教育价值观或者教养方式。但是,困难型气质的儿童人格并非不能获得健康发展。有研究表明,当困难型气质的儿童体验到高质量的教养时,他们同样能得到较好的发展[③]。这也提醒我们,如果通过早期干预改善父母的教育价值观或者教养方式,困难型气质儿童的人格也能得到良好的发展。

在考察家庭对儿童人格的影响时,儿童的生物基础气质和他们所处的家庭环境不可避免地交织在一起。因此,在讨论家庭因素对儿童人格发展的贡献时,对

---

① 转引自桑标:《儿童发展心理学》,高等教育出版社2009年版,第377-378页。
② Stright, A. D., et al. Infant temperament moderates relations between maternal parenting in early childhood and children's adjustment in first grade. Child Development, 2008, 79(1), 186-200.
③ Stright, A. D., et al. Infant temperament moderates relations between maternal parenting in early childhood and children's adjustment in first grade. Child Development, 2008, 79(1), 186-200.

两者都要考虑①，个体自身的特征可能会让这种影响减弱或增强，说明有些儿童对环境较为敏感，另一些儿童则不那么容易受到环境的影响②。研究结果提醒我们，儿童气质特点没有好坏之分，没有哪种气质特点意味着儿童必然受到负面影响或者能确保儿童健康发展，关键是儿童生活的环境与其自身气质特点能否良好地匹配。如果生活在与自身气质相匹配的环境中，那么气质就能发挥积极作用；如果生活在与自己气质不匹配的环境中，则气质就可能对儿童产生不良影响③。因此，不同气质特点的儿童，能否唤起父母适合儿童气质的教育价值观或者教养方式，让儿童处于与自身气质相匹配的环境中，是儿童的人格能否获得健康发展的关键。

本次研究综合考察了儿童气质、教养方式和父母教育价值观对儿童人格的影响，得出的结论如下：①教育价值观的关系性维度正向影响了儿童人格的智能特征维度；教育价值观的好行为维度正向影响了儿童人格的情绪稳定性维度。②教养方式的不一致性维度在关系性与智能特征的关系中起中介作用；教养方式的溺爱性维度在好行为与情绪稳定性的关系中起中介作用。③气质的情绪性维度和反应性维度分别调节了教养方式的不一致性和溺爱性的中介作用。

---

① Grusec, J. E., Hastings, P. D. Handbook of Socialization: Theory and Research. New York: Guilford Press, 2015, 320-321.
② Ellis, B. J., Thomas B. W. Biological sensitivity to context. Current Directions in Psychological Science, 2008, 17（3）, 183-187.
③ 张晓:《师幼关系量表的信效度检验》,《中国临床心理学杂志》2010 年第 5 期, 第 582-583 页。

第八章

人格发展与学校的关系

学校是影响儿童人格发展的重要社会环境，其中，教师期望、学生知觉到的教师期望、同伴接纳和友谊质量对儿童、青少年人格发展有重要影响。我们在以往进行的教师期望与学生知觉到的教师期望，以及同伴接纳与友谊质量对学生影响研究的基础上，深入考察教师期望与初中生知觉到的教师期望对初中生人格的影响；考察个体和班级两个水平上的同伴接纳、友谊质量对学生人格的影响，建立友谊质量在同伴接纳对人格影响上的多层中介模型。

第一节 教师期望对初中生人格的影响

一、引言

教师期望是指教师在对学生的过去和现状了解的基础上，对学生未来的学业成就、人格特征和行为表现等所做的预测性认知[①]。研究者普遍认为，教师期望以教师对学生的认识为基础，从而对学生的未来某些方面有所预测[②]。教师对学生的期望会引起教师的特定行为，进而影响学生，这被称作教师期望效应[③]。教师期望效应因教师对不同学生产生的差别期望而被观察到。学生的种族、性别、成绩、

[①] 杨丽珠、沈悦、马世超：《幼儿气质，教师期望和同伴接纳对自我控制的影响》，《心理科学》2012年第6期，第1410-1415页。

[②] Brewer, M. B., et al. Personality and social psychology review. Personality & Social Psychology Review, 1997, 1 (1), 2; 郑海燕、张敏强：《初中生教师期望知觉评定量表的编制》，《心理发展与教育》2008年第3期，第113-118页；范丽恒：《初中教师期望效应：教师期望、教师差别行为及其与学生发展之关系研究》，北京师范大学学位论文，2006年。

[③] Rosenthal, R., Jacobson, L. Pygmalion in the Classroom: Teacher Expectation and Pupils' Intellectual Development. New York: Holt, Rinehart and Winston, 1968, 49.

家庭和已表现出的能力等特点的不同都会使教师产生不同的期望[1]。同时，教师自身的特点（如年龄、性别、工作经验、教育背景等）也是影响教师期望的重要因素[2]。教师期望效应在被提出时，即以学业成绩作为标准考察，后续的研究者往往将教师期望的影响局限于学生各科目的学业成绩、课程选择、未来学术成就等与学业相关的范围内[3]。然而，教师对于学生的差别认知是多方面的，对学生的影响也是多方面的。学生在学校这一长时间所处的重要社会环境中的活动不止于知识的学习与智力的发展，还有认知能力、人格、情绪、生理等多方面的活动与发展。其中，人格是学生发展的重要内容，是个体在生物基础上受社会生活条件制约形成的独特而稳定的具有调控能力、倾向性和动力性的各种心理特征的综合系统[4]。本次研究首先要探索的就是教师期望对人格的影响。

教师期望对学生的影响机制是复杂的。古德（Good）和布罗菲（Brophy）提出了"四步模型"：首先，教师根据学生特点形成对学生的期望；其次，教师被这些期望引导，对不同期望的学生传递不同的行为；再次，差别行为随后为学生所知觉，进而对学生的自我认知、自我期望产生影响；最后，教师的差别行为持续进行，并与学生的自我认知相互作用，最终使学生的行为与教师期望趋于一致[5]。该模型对学生的主体性有所强调，这一点为研究者普遍认同并发展。布朗（Braun）的循环模型认为，学生对教师期望的知觉会影响学生的自我评价，进而引发学生的行为差异[6]；达利（Darley）等认为，学生知觉到教师的差别行为后会对其进行解释，并依此修正自己的自我期望，使自己的行为与教师期望一致[7]；库珀（Cooper）

---

[1] Gershenson, et al. Who believes in me? The effect of student–teacher demographic match on teacher expectations. Economics of Education Review, 2016, 52, 209-224; Zhang, Y. P. Importance of home environment for children's schooling: From the teacher's perspective. The impact and transformation of education policy in China. Emerald Group Publishing Limited, 2011, 15: 237-265.

[2] Jiang, Y. H. Bases for Teacher Expectations: From the Teacher's Perspective. In Jiang, Y. H. (Ed.), A Study on Professional Development of Teachers of English as a Foreign Language in Institutions of Higher Education in Western China. Heidelberg: Springer Berlin, 2017, 155-183.

[3] Riegle-Crumb, C., Humphries, M. Exploring bias in math teachers' perceptions of students' ability by gender and race/ethnicity. Gender & Society, 2012, 26（2），290-322; Antecol, et al. The effect of teacher gender on student achievement in primary school. Journal of Labor Economics, 2014, 33（1），63-89; Lavy, V., Sand, E. On the origins of gender human capital gaps: Short and long term consequences of teachers' stereotypical biases. National Bureau of Economic Research, 2015, 1-45.

[4] 杨丽珠：《幼儿个性发展与教育》，世界图书出版公司1993年版，第141页。

[5] Good, T. L., Brophy, J. E. Behavioral expression of teacher attitudes. Journal of Educational Psychology, 1972, 63（6），617-624.

[6] Braun, C. Teacher expectation: Sociopsychological dynamics. Review of Educational Research, 1976, 46（2），185-213.

[7] Darley, J. M., Fazio, R. H. Expectancy confirmation processes arising in the social interaction sequence. American Psychologist, 1980, 35（10），867-881.

认为，教师期望会被学生知觉，进而影响学生的自我效能感①。可见，学生对教师期望的知觉是教师期望效应的一个重要方面。随着研究的深入，学生知觉的教师期望概念被提出，它是指学生在学习和生活中知觉到的教师对其期望的高低，是广义上的教师期望之一②。学生知觉的教师期望具有主观能动性，是探究教师期望对学生的影响机制的一个重要变量。

事实上，学生对于教师期望的知觉从幼儿期即可产生。研究表明，5 岁幼儿对于教师期望就有相对正确的知觉，并且可以影响其自我控制的发展③；小学生对教师期望的知觉也会对教师期望对人格的影响产生部分中介作用④。伴随着青春期的到来，初中生的人格变化较大⑤，而对于这种变化的原因还需要进一步探讨。初中生对教师期望的知觉能力也有明显发展。例如，有调查显示，中学生最喜欢相信其有成就能力的教师⑥。另有研究表明，教师期望通过学生知觉影响初中生的学业成绩、同伴接纳及其对学校的满意程度⑦。因此，有必要在探讨教师期望对初中生人格的影响的同时，深入探究学生知觉的教师期望在其中起到的作用。

综上所述，本次研究假设教师期望对初中生人格具有影响，并且在此基础上，学生知觉在其中起到了中介作用。

二、研究方法

（一）被试

随机选取大连市某初中初一至初三年级（每个年级 4 个班）的共 434 名学生及 12 名班主任教师进行实验。其中，初一男生 63 人，女生 67 人；初二男生 63 人，女生 82 人；初三男生 69 人，女生 90 人。各年级、性别的分布比例没有显著差异 [$\chi^2_{(2)}$=0.94, p=0.63]。教师均任本班班主任 5 个月以上，本班学生与教师之间彼此熟悉。

---

① Cooper, H. M. Models of teacher expectation communication. Teacher Expectancies, 1985, 135-158.
② 张华、杨丽珠：《小学教师期望对小学生人格的影响研究：学生知觉的中介作用》，《心理与行为研究》2012 年第 3 期，第 161-166 页。
③ 沈悦、杨丽珠、满晶等：《幼儿教师期望对自我控制的影响："幼儿知觉到的教师期望"的中介作用》，《中国特殊教育》2016 年第 2 期，第 80-85、96 页。
④ 杨丽珠、张华：《小学教师期望对学生人格的影响：学生知觉的中介作用》，《心理与行为研究》2012 年第 3 期，第 161-166 页。
⑤ 杜文轩、杨丽珠：《初中生人格发展特点及其对教育的启示》，《辽宁教育行政学院学报》2014 年第 2 期，第 38-43 页。
⑥ Curwin, R. Believing in students: The power to make a difference. Reclaiming Children and Youth, 2013, 22（2），38-39.
⑦ 范丽恒、金盛华：《教师期望对初中生心理特点的影响》，《心理发展与教育》2008 年第 3 期，第 48-52 页。

（二）工具

1. 自编初中生知觉的教师期望问卷

该问卷共有 25 道题，采用利克特 5 级计分，由师生互动、态度知觉、消极反馈、关心支持和机会知觉 5 个维度构成，其中消极反馈维度为反向计分。内部一致性信度为 0.893，分半信度为 0.833，相隔 1 个月的重测信度为 0.956；各维度分量表得分与总分、各维度分量表之间的得分相关显著（$r=0.146\sim0.871$，$p<0.01$），说明该问卷的结构效度较好。

2. 教师期望教师评定表

本部分采用范丽恒等研制的"教师期望教师评定表"[①]，其采用利克特 5 级计分，分为纪律、学业和品行三个方面。该问卷由班主任教师填写其对本班学生的评价与预测。

3. 初中生人格自评问卷

本部分采用杨丽珠和杜文轩编制的"初中生人格自评问卷"，测量被试的人格特征。该问卷中，由亲社会性、智能特征、认真自控、外倾性和情绪稳定性 5 个维度及下属的 17 个特质构成了初中生人格层次结构模型。总问卷内部一致性信度为 0.932，分半信度为 0.899，各维度的内部一致性信度为 0.700～0.873，分半信度为 0.713～0.889，重测信度为 0.551～0.686，说明问卷具有较好的信度。问卷各维度分量表得分与总分、各维度分量表之间的得分呈显著中等相关（$r=0.357\sim0.699$，$p<0.01$），说明问卷的结构效度较好。

（三）程序

对学生的测试在本班教室进行，利用课间 20min 休息时间，将初中生知觉的教师期望问卷和初中生人格自评问卷分两次进行测试。学生测试期间，所有教师都不在场，避免教师对研究结果产生影响。在教师评定前，主试将教师集中起来，讲解操作流程，由于教师需要评定的学生较多，为减少疲劳效应，教师评定量表在下发后的两周内完成。

（四）数据分析

本次研究采用 SPSS16.0 软件分析数据。为避免共同方法偏差，在施测程序上

[①] 范丽恒、李婕、金盛华：《学生知觉的教师行为在教师期望效应中的作用》，《中国临床心理学杂志》2008 年第 4 期，第 364-367 页。

将学生问卷分两次进行施测，教师问卷的填写在两次学生测试之间进行。数据回收后，采用哈曼（Harman）的单因素检验法对共同方法偏差进行统计检验[①]。采用主成分分析法对因素载荷进行考察，发现解释率最高的成分仅解释了28.46%的变异，低于临界值40%，表明不存在解释大部分变异的成分。当设定公因子数为1时，并不存在理想的结构拟合（χ^2/df=5.53，NFI=0.54，RMSEA=0.32，CFI=0.648），说明不存在共同方法偏差问题。

三、研究结果

（一）教师期望与初中生人格的相关及回归分析结果

教师期望各维度及总分与初中生人格各维度的相关分析结果见表8-1。结果表明，在人格的各个维度中，除了情绪稳定性，其余均与教师期望各维度和总分呈现显著正相关。在教师期望中，学业与人格各个维度之间都存在显著相关。纪律和品行与情绪稳定性的相关不显著，与其他因素都存在显著相关。这表明教师对学生纪律和品行的积极期望，对于学生的智能特征、认真自控、外倾性和亲社会性的发展有正向预测作用。

表8-1 教师期望与初中生人格各维度的相关分析

项目	智能特征	认真自控	外倾性	亲社会性	情绪稳定性
学业	0.242**	0.202**	0.123**	0.115**	0.062*
纪律	0.181**	0.213**	0.108**	0.159**	0.031
品行	0.166**	0.216**	0.070**	0.152**	0.042
总分	0.220**	0.241**	0.112**	0.164**	0.050

我们进行教师期望对初中生人格各维度的多元逐步回归分析，以进一步探索教师期望的预测作用，回归分析结果见表8-2。由此可见，教师对学生的学业期望，在很大程度上能预测人格的智能特征、外倾性和情绪稳定性方面。品行对学生认真自控具有显著的预测作用。在亲社会性方面，纪律期望对其的预测作用最显著。

表8-2 教师期望对初中生人格各维度的回归分析

因变量	进入回归方程的自变量	SE	β	t
智能特征	学业	0.026	0.233	8.875**

[①] Malhotra, N. K., et al. Common method variance in IS research: A comparison of alternative approaches and a reanalysis of past research. Management Science，2006，52（12），1865-1883.

续表

因变量	进入回归方程的自变量	SE	β	t
认真自控	品行	0.027	0.217	7.964**
外倾性	学业	0.025	0.129	4.560**
亲社会性	纪律	0.027	0.154	5.834**
情绪稳定性	学业	0.026	0.060	2.332**

（二）学生知觉的教师期望与初中生人格的相关及回归分析结果

学生知觉的教师期望各维度及总分与初中生人格各维度的相关分析结果见表8-3。总体上而言，学生知觉的教师期望与人格各维度均显著相关。关心支持与人格的认真自控维度、师生互动与人格的情绪稳定性维度、消极反馈与人格的情绪稳定性维度间不存在显著的相关性。

表8-3 学生知觉的教师期望与初中生人格各维度的相关分析

维度	智能特征	认真自控	外倾性	亲社会性	情绪稳定性
师生互动	0.054**	0.079**	0.074**	0.106**	0.010
态度知觉	0.133**	0.174**	0.102**	0.162**	0.058*
消极反馈	0.000**	0.100**	0.112**	0.114**	0.040
关心支持	0.061*	0.040	0.085**	0.065*	0.064*
机会知觉	0.140**	0.138**	0.131**	0.136**	0.000**
总分	0.132**	0.150**	0.143**	0.164**	0.078**

进行学生知觉的教师期望对初中生人格各维度的多元逐步回归分析，以进一步探索教师期望的预测作用，回归分析结果见表8-4。由此可见，除关心支持外，学生知觉的教师期望的其他维度都进入了回归方程。认真自控和情绪稳定性分别有一个对应的学生知觉到的教师期望维度进入回归方程。机会知觉除了对认真自控没有产生预测作用外，对人格的其他维度均产生了很强的预测作用。

表8-4 学生知觉的教师期望对初中生人格各维度的回归分析

因变量	进入回归方程的自变量	SE	β	t
智能特征	机会知觉	0.029	0.140	5.094**
	态度知觉	0.032	0.075	2.386**
认真自控	态度知觉	0.029	0.171	6.281**
外倾性	机会知觉	0.029	0.114	3.842**
	消极反馈	0.029	0.095	3.259**

续表

因变量	进入回归方程的自变量	SE	β	t
亲社会性	态度知觉	0.032	0.102	2.887**
	机会知觉	0.029	0.058	2.095*
	消极反馈	0.031	0.071	2.233*
情绪稳定性	机会知觉	0.031	0.093	3.212**

（三）教师期望对人格产生影响的过程中学生知觉的教师期望的中介效应

在本次研究中，我们通过教师期望、学生知觉的教师期望与人格的相关分析和回归分析，发现教师期望和学生知觉的教师期望对人格各维度各有显著的预测作用。可以推断，学生知觉的教师期望应该在教师期望对人格影响中发挥中介作用，即教师期望通过影响学生的知觉，进而影响学生的人格，模型见图 8-1，其中，x、y、w 分别代表预测变量，c 及 c' 代表预测路径的回归系数。

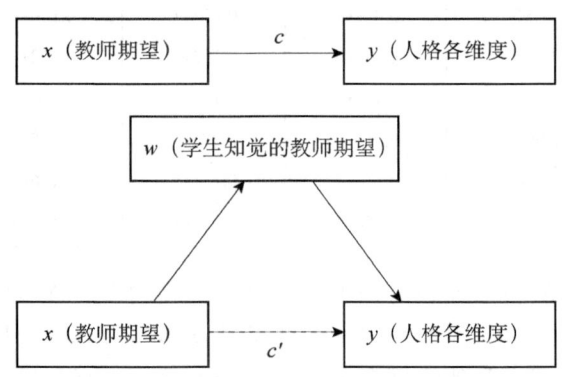

图 8-1　学生知觉的教师期望对人格各维度影响中的中介作用路径

因此，我们需要进一步对学生知觉的教师期望对人格各维度影响中的中介效应进行检验。我们采用温忠麟等提出的中介效应检验程序逐步检验学生知觉的教师期望的中介效应[①]。第一步，预测变量 x（教师期望）对因变量 y（初中生人格各维度）的回归分析；第二步，预测变量 x（教师期望）对中介变量 w（学生知觉的教师期望）的回归分析；第三步，预测变量 x（教师期望）、中介变量 w（学生知觉的教师期望）同时对因变量 y（初中生人格各维度）的回归分析。对智能特征、认真自控、外倾性和亲社会性的逐步检验结果见表 8-5～表 8-8。

---

① 温忠麟、张雷、侯杰泰等：《中介效应检验程序及其应用》，《心理学报》2004 年第 5 期，第 614-620 页。

表 8-5　学生知觉的教师期望对智能特征的中介效应检验

检验步骤	标准化回归方程	回归系数检验
第一步	$y=0.219x$	$SE=0.025$, $t=7.106**$
第二步	$w=0.305x$	$SE=0.025$, $t=10.435**$
第三步	$y=0.073w$	$SE=0.026$, $t=2.454*$
	$+0.189x$	$SE=0.026$, $t=6.822**$

表 8-6　学生知觉的教师期望对认真自控的中介效应检验

检验步骤	标准化回归方程	回归系数检验
第一步	$y=0.236x$	$SE=0.027$, $t=8.823**$
第二步	$w=0.154x$	$SE=0.028$, $t=5.417**$
第三步	$y=0.087w$	$SE=0.029$, $t=2.908**$
	$+0.208x$	$SE=0.029$, $t=7.473**$

表 8-7　学生知觉的教师期望对外倾性的中介效应检验

检验步骤	标准化回归方程	回归系数检验
第一步	$y=0.113x$	$SE=0.028$, $t=4.152**$
第二步	$w=0.136x$	$SE=0.028$, $t=5.023**$
第三步	$y=0.112w$	$SE=0.029$, $t=3.931**$
	$+0.083x$	$SE=0.029$, $t=2.736**$

表 8-8　学生知觉的教师期望对亲社会性的中介效应检验

检验步骤	标准化回归方程	回归系数检验
第一步	$y=0.159x$	$SE=0.028$, $t=5.812**$
第二步	$w=0.100x$	$SE=0.028$, $t=5.844**$
第三步	$y=0.121w$	$SE=0.029$, $t=4.246**$
	$+0.119x$	$SE=0.029$, $t=4.223**$

根据中介效应量公式 $P_M=ab/(c'+ab)$（P_M 为中介效应量，a、b、c' 代表各自预测路径的回归函数），计算出学生知觉的教师期望对人格的智能特征、认真自控、外倾性和亲社会性维度的中介效应占总效应的比例，分别为 10.539%、6.052%、15.506%、9.230%。

在学生知觉的教师期望对人格情绪稳定性影响的中介效应检验中，第一步检验教师期望对人格情绪稳定性的回归系数，$t=1.748$，$p>0.05$，即教师期望总分对情绪稳定性并无影响，因此也不存在中介效应，终止检验。

四、讨论与结论

（一）教师期望是如何影响初中生人格的

研究结果表明，教师期望与初中生人格的智能特征、认真自控、外倾性和亲社会性存在显著正相关，教师期望可以正向预测初中生人格的以上维度。可见，教师期望越高，对初中生人格的发展越有利；反之，则不利于初中生人格的发展。

在教师期望的3个维度中，学业与人格的各个维度均存在显著正相关。在回归分析中可以看出，学业是初中教师尤为看重的方面，影响了智能特征、外倾性和情绪稳定性3个维度。教师对学生品行的期望对学生形成认真自控的良好品质有着非常显著的作用。教师对初中生纪律的期望可以预测学生的亲社会性。亲社会性是个体适应社会生活的人格维度[1]，而良好的纪律正是对学校环境的适应，也是教师在教学管理上要达到的效果。品行期望是教师对学生的道德品质与行为举止得当的期望，教师对学生的品行产生期望，就会对学生的日常行为表现进行道德性教育与引导。学生也会因此对自己的行为进行道德性评估与要求，从而进一步提高人格的认真自控水平。纪律期望是教师对学生遵守规章制度的期望，学生接受了教师因纪律期望而产生的纪律要求，其行为更加符合社会规范，使自己的社会适应能力提高，并内化为人格的亲社会性。

我们从以上讨论中发现，教师期望对人格的影响有其独特的指向性，教师期望的各个方面会影响相应的人格维度。事实上，良好的品行与纪律正是初中生高认真自控与高亲社会性人格的外在表现之一。教师对学生特定方面的期望会引起学生对该方面的自我评价，进而影响了自己对该方面的认知，这也符合布朗（Braun）的循环模型[2]。而学业会对人格的很多方面都产生影响，这是因为初中生有升学压力，成绩和分数不仅在教师眼里处于非常重要的地位，也是初中生最看重的方面。教师也认为自己的期望会影响学生的成绩[3]，这导致教师的学业期望对人格的预测具有普遍性。教师平时对学生学业方面的期望会通过各种各样的行为表现出来，学生也会通过教师的学业期望评价自身的多个方面。因此，学业期望与人格各维度都存在显著相关，而不仅仅是会影响到初中生人格与学业关系紧密性的智能特征。同时，学业期望可以进一步预测初中生的智能特征、外倾性和情绪稳定性。

---

[1] 杜文轩、杨丽珠、马世超：《初中生人格量表的常模制定——基于大连市6449名初中生的研究》，《辽宁师范大学学报（社会科学版）》2014年第3期，第365-370页。

[2] Braun, C. Teacher expectation: Sociopsychological dynamics. Review of Educational Research, 1976, 46（2），185-213.

[3] Foundationmarch, M. L. The metlife survey of the American teacher 2009: Collaboration for student success. Metlife Inc, 2010, 113-115.

（二）学生知觉的教师期望是如何影响初中生人格的

总体上而言，学生知觉的教师期望与人格各维度均存在极其显著的相关。在人格的认真自控方面，它只与关心支持不存在显著相关。在人格的情绪稳定性方面，它只与师生互动和消极反馈不存在显著相关。通过进一步回归分析发现，在学生知觉的教师期望中，认真自控和情绪稳定性分别都有一个对应的学生知觉的教师期望维度进入回归方程。机会知觉除了对认真自控这种比较自我的因素没有产生预测作用外，对人格的其他维度都产生了很强的预测作用。由此可见，学生知觉的教师期望对初中生人格具有显著影响。

在学生知觉的教师期望的具体维度上，机会知觉与态度知觉最为重要，消极反馈其次。机会知觉属于最为直接的一个维度。教师经常给学生提供学习资料，经常对其进行提问、课后辅导，这都是给予其机会的表现。在此维度上，感知明显的学生会形成积极的自我期望，促进人格良好的发展。态度知觉体现的是学生内心感受到的教师对其的肯定与否定。初中生对教师态度的判断会影响其积极或消极的心理构建，进而影响其人格的发展。消极反馈是初中生对教师针对自己的消极行为的知觉，可以反向预测外倾性与亲社会性两方面。这说明一旦学生知觉到教师的消极反馈，其对外界的关注及对环境的适应就会下降。对教师消极反馈的知觉会使学生对教师产生不良情绪，影响自己与教师的关系，这会影响学生对自我认知的积极偏向，降低自我期望水平[①]，进而对人格产生负性影响。这一结果也证明了教师利用批评、责罚等方式对初中生进行教育对其人格发展是不利的。

（三）学生知觉的教师期望在教师期望对人格影响中的中介作用

结果表明，除了情绪稳定性，学生知觉的教师期望在教师期望对初中生人格其他维度的影响过程中均起到了中介作用，即教师期望除了直接影响初中生的人格，还可以通过学生知觉间接影响初中生的人格。这一结果可以被关于教师期望的一些经典理论模型解释。布罗菲（Brophy）等认为，教师期望会形成不同的差别对待行为，这种行为被学生知觉到，会形成对教师期望的自我理解，进而使学生做出与教师的期望相似的行为[②]。在布朗（Braun）的循环模型中，学生对教师

[①] 林崇德、王耘、姚计海：《师生关系与小学生自我概念的关系研究》，《心理发展与教育》2001年第4期，第17-22页；杨丽珠、徐敏：《教师期望对幼儿自我认知积极偏向的影响：师生关系的中介效应》，《心理与行为研究》2015年第5期，第621-626页。

[②] Brophy, J. E., Good T. L. Teachers' communication of differential expectations for children's classroom performance: Some behavioral data. Journal of Educational Psychology, 1970, 61 (5), 365-374.

期望的知觉受教师的外显行为影响，并会进一步影响学生的自我评价[1]。达利（Darley）等认为，教师期望对学生的影响要通过学生的自我期望，而学生自我期望的改变取决于学生知觉的教师期望[2]。库珀（Cooper）认为，学生知觉的教师期望会引起学生的自我效能感发生与教师期望相似的变化[3]。

学生知觉的教师期望对人格的智能特征、认真自控、外倾性和亲社会性的中介效应占总效应的比例分别为 10.539%、6.052%、15.506%、9.230%，说明学生知觉的教师期望起到了部分中介作用，即教师期望部分通过学生知觉来影响初中生的人格，而不是完全通过学生知觉来影响初中生的人格，并且这种中介效应量并不高。这表明教师期望可以直接影响初中生的人格，也说明了教师期望对初中生人格影响机制的复杂性：除学生知觉外，还有其他变量在其中起作用，如上文提到的自我评价、自我效能感等。这些变量在教师期望对初中生人格的影响中起到何种作用，以及它们彼此之间是否会有关系、会有何种关系，是否会有影响、会有何种影响，这是本次研究无法揭示的，还有待进一步研究。

初中生的情绪稳定性一般不受教师期望和学生知觉的影响。人格的情绪稳定性与生理特点联系紧密。作为气质的核心，情绪的产生与主体对情绪的意识几乎是同时的，情绪的激活不依赖于认知评估。教师期望不会影响情绪稳定性，这与以往对于幼儿及小学生的研究结果相似，尽管对幼儿、小学生、初中生而言，情绪稳定性的内涵并不完全等同[4]。因此，尽管教师的学业期望对情绪稳定性有微弱影响，但从总体上看，教师期望不会影响情绪稳定性。

综上所述，本次研究的结论如下：①教师期望的学业维度对初中生人格的智能特征、外倾性和情绪稳定性均有显著的预测作用，品行与纪律维度分别对初中生的认真自控和亲社会性有预测作用；②除关心支持外，学生知觉的教师期望的各维度对初中生人格各维度分别具有预测作用；③学生知觉的教师期望在教师期望对初中生智能特征、认真自控、外倾性及亲社会性的影响中起到了部分中介作用，情绪稳定性不受教师期望的影响。

---

[1] Braun, C. Teacher expectation: Sociopsychological dynamics. Review of Educational Research, 1976, 46 (2), 185-213.
[2] Darley, J. M., Fazio, R. H. Expectancy confirmation processes arising in the social interaction sequence. American Psychologist, 1980, 35 (10), 867-881.
[3] Cooper, H. M. Models of teacher expectation communication. In J. Dusek, V. C. Hall & W. J. Meyer (Eds). Teacher Expectancies (pp.135-158). Hillsdale: Lawrence Erlbaum1985.
[4] 杨丽珠、李淼、陈靖涵等：《教师期望对幼儿自我认知积极偏向的影响：师生关系的中介效应》，《心理发展与教育》2016年第6期，第641-648页；杨丽珠、张华：《小学教师期望对学生人格的影响：学生知觉的中介作用》，《心理与行为研究》2012年第3期，第161-166页。

第二节 教师期望对幼儿人格的影响

一、引言

儿童人格一直是国内外研究的热点,一方面是因为儿童期是人格的形成期[1];另一方面是因为儿童期的人格对个体当前乃至今后的学业表现[2]、职业成就[3]、社会适应[4]等均有显著的预测作用。2021年,我国学前教育实现了基本普及[5],幼儿园成为学前儿童成长的重要场所。而教师作为肩负教育使命的重要他人,对幼儿的发展起有力的支持作用[6]。教师的人格品质、行为方式、职业道德、教师期望等均对幼儿人格的发展起重要作用[7],故考察教师如何影响幼儿的人格发展,对于探索幼儿的健全人格培养途径有重要参考价值。

在众多影响儿童发展的因素中,教师期望很早就成为心理学和教育学领域的研究重点,其是教师在对学生现状全面了解的基础上,对学生未来学业成就、人格特征和行为表现等做出的预测性认知[8]。罗森塔尔(Rosenthal)关于教师期望效应的研究在20世纪70年代后引发了一系列教育和心理领域的相关研究[9]。研究表明,教师期望对于学生的学业发展等有着重要的影响[10]。但由于过去长期存在"重学业,轻人格"的现象,教师期望的早期研究大都关注其对学生学习成绩和智力的影响,较少关注其对学生的人格、社会性等方面的影响。近些年,关于教师期望的相关研究显示,教师不仅重视与智力相关的认知能力,对儿童的自我控制、

---

[1] 杨丽珠:《中国儿童青少年人格发展与培养研究三十年》,《心理发展与教育》2015年第1期,第9-14页。
[2] Wilson, S., et al. Identifying early childhood personality dimensions using the California Child Q-Set and prospective associations with behavioral and psychosocial development. Journal of Research in Personality, 2013, 47 (4), 339-350.
[3] Judge, T. A., et al. The Big Five personality traits, general mental ability, and career success across the life span. Personnel Psychology, 1999, 52 (3), 621-652.
[4] Kavčič, T., et al. The role of early childhood personality in the developmental course of social adjustment. International Journal of Behavioral Development, 2012, 36 (3), 215-225.
[5] 光明网.教育部:十年来全国幼儿园增长近八成学前教育实现了基本普及.(2022-04-27). https://m.gmw.cn/baijia/2022-04/27/35692555.html[2022-8-11].。
[6] Dallaire, D. H., et al. Teachers' experiences with and expectations of children with incarcerated parents. Journal of Applied Developmental Psychology, 2010, 31 (4), 281-290.
[7] 杨丽珠:《儿童青少年人格发展与教育》,中国人民大学出版社2014年版,第276-281页。
[8] 杨丽珠、张华:《小学教师期望对学生人格的影响:学生知觉的中介作用》,《心理与行为研究》2012年第3期,第161-166页。
[9] Rosenthal, R. The mediation of Pygmalion effects: A four factor "theory". Papua New Guinea Journal of Education, 1973, 9 (1), 1-12.
[10] Kuklinski, M. R., Weinstein, R. S. Classroom and developmental differences in a path model of teacher expectancy effects. Child Development, 2001, 72 (5), 1554-1578.

合作、自信、社会情感等也尤为重视[1]。杨丽珠等的研究发现，教师对幼儿日常行为和人际互动的期望可以有效预测自我控制的水平[2]。有研究者认为，相比低期望的儿童，教师会给予高期望的儿童更多的表扬和反馈，以及更富有挑战性的机会等[3]。但是，现有的研究仅仅探讨了教师期望对人格某些特质的影响，而没有整体地探讨教师期望对人格发展的影响。

多水平分析方法的出现丰富了心理学研究的角度，其能够区分研究的组内效应（个体层面）和组间效应（班级层面），即组内同质性与组间异质性[4]。一些研究者发现，教师期望的影响不仅仅局限于个体层面（教师对学生个体的期望），教师期望在班级层面（教师对班级整体的期望）也发挥着更加显著的作用[5]。班级层面的教师期望水平较低时，教师向学生提供的富有挑战性的任务更少，会对学生的自我概念和成就感产生消极的影响。与此相反，班级层面的教师期望水平较高时，教师更愿意为学生提供具有挑战性的任务，给学生更多的机会，对学生自我概念和成就感的形成与发展产生更多积极的影响[6]。鲁别-戴维斯（Rubie-Davies）的研究进一步发现，当班级层面的教师期望处于较低水平时，学生的自我感知水平下降，进而对学生的学业成绩产生消极影响[7]。基于教师期望在班级层面上对学生的影响可能会大于其对学生个体的影响[8]。鲁别-戴维斯的研究发现，教师整体上对待学生积极的态度将有利于营造积极的学习和社交环境，使班级中的每个学生受益[9]。也有研究表明，教师对班级整体的期望的区别越大时，教师期望对

---

[1] Lane, K. L., et al. Teacher expectations of students' classroom behavior: Do expectations vary as a function of school risk? Remedial and Special Education, 2010, 31 (3), 163-174.

[2] 杨丽珠、沈悦、马世超：《幼儿气质，教师期望和同伴接纳对自我控制的影响》，《心理科学》2012年第6期，第1410-1415页。

[3] Lane, K. L., et al. Teacher expectations of students' classroom behavior: Do expectations vary as a function of school risk? Remedial and Special Education, 2010, 31 (3), 163-174; Rubie-Davies, C. M., et al. A teacher expectation intervention: Modelling the practices of high expectation teachers. Contemporary Educational Psychology, 2015, 40, 72-85.

[4] 方杰、张敏强、邱皓政：《基于阶层线性理论的多层级中介效应》，《心理科学进展》2010年第8期，第1329-1338页。

[5] Rubie-Davies, C. M. Teacher expectations and student self-perceptions: Exploring relationships. Psychology in the Schools, 2006, 43 (5), 537-552.

[6] Spinath, B., Spinath, F. M. Longitudinal analysis of the link between learning motivation and competence beliefs among elementary school children. Learning and Instruction, 2005, 15 (2), 87-102.

[7] Rubie-Davies, C., et al. Expecting the best for students: Teacher expectations and academic outcomes. British Journal of Educational Psychology, 2006, 76 (3), 429-444.

[8] Brophy, J. E. Research on the self-fulfilling prophecy and teacher expectations. Journal of Educational Psychology, 1983, 75 (5), 631-661.

[9] Rubie-Davies, C. M. Teacher expectations and student self-perceptions: Exploring relationships. Psychology in the Schools, 2006, 43 (5), 537-555; Rubie-Davies, C. M. Teacher expectations and perceptions of student attributes: Is there a relationship? British Journal of Educational Psychology, 2010, 80 (1), 121-135.

学生的影响就越大①。对比幼儿园的不同班级也会发现，有的班级的幼儿安静、守纪律，有的班级的幼儿则活泼、好动②，这可能与教师期望的不同有关。由此可见，教师期望在班级层面上的作用可以影响幼儿的生活环境，也会潜移默化地影响幼儿的人格。

教师期望对儿童心理影响的过程十分复杂，罗森塔尔（Rosenthal）认为教师期望传递主要通过气氛、反馈、输入、输出四种行为影响学生的表现③。另一些研究也发现，教师期望效应可以通过两个路径实现：一是直接路径，即教师有差别地对待学生（如提供不同的学习机会），直接影响学生的行为；二是间接路径，以社会认知为中介，在期望传递过程中，学生对教师期望的知觉和评价起到中介作用④。这表明，教师期望的作用是通过教师与学生双方的互动过程，如师生关系而发挥作用的。研究者在论述教师期望和师幼关系二者的关系时，发现教师期望对幼儿态度、交往方式等方面的影响是造成不同师幼关系的原因之一⑤。社会互动质量的优劣能够使儿童感受到自身的价值被教师接受的程度，相比恶劣的关系，如果能够与成人建立良好的关系，儿童更加可能接受和内化成人的期望和目标，因此安全、亲密、信任的师生关系有利于积极教师期望的传递。而且，以往关于师幼关系和人格方面的研究也显示，具有亲密性师幼关系的儿童表现出较高的社会交往能力和自主能力⑥，而具有冲突性师幼关系的儿童则显示出更多的攻击性行为、退缩和违纪问题⑦。由此，我们假设在教师期望对幼儿人格的影响中，师幼关系在其中起中介作用。

综上所述，以往研究仅从个体或班级某个层面探讨了环境因素对个体心理发展的影响，较少综合两个层面探讨其对儿童心理的影响机制。故本次研究采用多

---

① McKown, C., Weinstein, R. S. Teacher expectations, classroom context, and the achievement gap. Journal of School Psychology, 2008, 46 (3), 235-261; Bohlmann, N. L., Weinstein, R. S. Classroom context, teacher expectations, and cognitive level: Predicting children's math ability judgments. Journal of Applied Developmental Psychology, 2013, 34 (6), 288-298.
② 莫源秋：《教师的期望与幼儿的发展》，《学前教育研究》2003 年第 11 期，第 13-14 页。
③ Rosenthal, R. The mediation of Pygmalion effects: A four factor "theory". Papua New Guinea Journal of Education, 1973, 9 (1), 1-12.
④ Darley, J. M., Fazio R. H. Expectancy confirmation processes arising in the social interaction sequence. American Psychologist, 1980, 35 (10), 867-881.
⑤ Rubie-Davies, C. M., et al. A teacher expectation intervention: Modelling the practices of high expectation teachers. Contemporary Educational Psychology, 2015, 40, 72-85.
⑥ Birch, S. H., Ladd, G. W. The teacher-child relationship and children's early school adjustment. Journal of School Psychology, 1997, 35 (1), 61-79; 张晓、陈会昌：《关系因素与个体因素在儿童早期社会能力中的作用》，《心理发展与教育》2008 年第 4 期，第 19-24 页。
⑦ Verschueren, K., Koomen, H. M. Teacher-child relationships from an attachment perspective. Attachment & Human Development, 2012, 14 (3), 205-211; Runions, K. C., Shaw, T. Teacher-child relationship, child withdrawal and aggression in the development of peer victimization. Journal of Applied Developmental Psychology, 2013, 34 (6), 319-327.

层线性模型,从班级和个体两个层次探讨教师期望、师生关系对幼儿人格的影响,并提出假设:在班级层面上,教师对班级整体的期望会以班级整体的师幼关系为中介变量正向预测幼儿人格的各个维度;在个体层面上,教师期望会以师幼关系为中介变量正向预测幼儿人格的各个维度。

二、研究方法

(一)被试

被试来自大连市4所幼儿园,3个年级,共30个教学班。从每个班随机抽取25名幼儿(其中,不足25名幼儿的班级,整体抽取),共选取幼儿738人。由于本次研究测试分为两个时间段(开学初和学期末),其中2个班级因为中途分班而没有完成整个测试,2个班级被试流失严重而整体删除。最终有效的班级数为26个(小班10个,中班8个,大班8个),有效调查对象为634人(85.91%),班级人数为22~25人,小班240人,中班198人,大班196人,男生316人,女生318人,平均月龄为51.46个月(SD=11.02个月)。

(二)工具

1. 幼儿教师期望问卷

该问卷为笔者等编制,包括认知期望、行为期望、交往期望3个维度,每个维度包括3个题目,采用利克特5级计分,分数越高,表示教师对幼儿的期望水平越高,问卷结构拟合良好(CFI=0.98,TLI=0.96,RMSEA=0.06),问卷内部一致性信度为0.91,分半信度为0.86[1]。

2. 师幼关系量表

该量表由Pianta和Steinberg编制,张晓对其进行了修订。修订后的量表共有26个项目,包括亲密性(10题)、依赖性(5题)和冲突性(11题)3个维度,采用利克特5点计分。量表结构拟合良好(χ^2/df=1.48,NNFI=0.94,CFI=0.94,RMSEA=0.03),内部一致性信度为0.67~0.83[2]。亲密性得分越高、冲突性和依赖性得分越低,表示师幼关系越好。本次研究中只关注师幼关系的总分(计算方法为亲密性得分与冲突性、依赖性题目反向计分后的得分相加),总量表的内部一致性信度为0.70。

---

[1] 李淼、杨丽珠、杜文轩:《幼儿教师期望的问卷编制及发展特点》,《中国健康心理学杂志》2015年第10期,第1543-1548页。

[2] 张晓:《师幼关系量表的信效度检验》,《中国临床心理学杂志》2010年第5期,第582-583页。

3. 幼儿人格教师评定问卷

该问卷为笔者编制[1]，共有 60 道题，由智能特征（17 题）、认真自控（12 题）、外倾性（9 题）、亲社会性（14 题）、情绪稳定性（8 题）5 个维度构成，采用利克特 5 点计分。问卷有较好的信度（分半信度为 0.93，内部一致性信度为 0.97，再测信度为 0.67），问卷结构拟合良好（χ^2/df=3.14，RMSEA=0.05，SRMR=0.06），在本次研究中，各维度的内部一致性信度分别为 0.93、0.93、0.90、0.93、0.81。

（三）数据收集和分析方法

学年初，由主班教师根据本班幼儿 3 个月内的行为表现，填写"幼儿教师期望问卷"。学年末，由主班教师填写"师幼关系量表"，请另一名带班教师填写"幼儿人格教师评定问卷"，要求教师根据本班幼儿 3 个月的行为表现进行评定，评定时间均为 1 周。

本次研究同时关注教师期望的班级效应和个体效应，故从多水平的分析方法入手对数据进行分析。在进行数据分析时，首先对教师期望和师幼关系以班级为单位进行组中心化，用以分解组内和组间效应，以教师期望和师幼关系的班级均值作为层 2（班级）变量，以中心化的教师期望和师幼关系作为层 1（个体）变量；然后，在控制了层 2 的组间效应后，考察层 1 变量间的中介效应，研究模型见图 8-2。中介效应分析采用多数学者推荐的系数乘积法[2]，采用的分析软件为 Mplus7.0，参考的语句来自普里彻（Preacher）等的文章[3]。

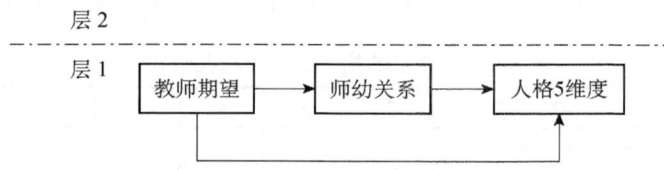

图 8-2　教师期望、师幼关系和人格的多水平模型

---

[1] 杨丽珠、张金荣、刘红云等：《3～6 岁儿童人格发展的群组序列追踪研究》，《心理科学》2015 年第 3 期，第 586-593 页。

[2] Zhao, X. S., et al. Reconsidering Baron and Kenny: Myths and truths about mediation analysis. Journal of Consumer Research, 2010, 37（2），197-206；方杰、温忠麟、张敏强等：《基于结构方程模型的多层中介效应分析》，《心理科学进展》2014 年第 3 期，第 530-539 页。

[3] Preacher, K. J., et al. A general multilevel SEM framework for assessing multilevel mediation. Psychological Methods, 2010, 15（3），209-233.

三、研究结果

（一）共同方法偏差检验

为避免共同方法偏差，研究从程序安排和统计处理两个方面进行了控制。在程序控制方面，采用了测量时间控制，"幼儿教师期望问卷"为开学初评定，"师幼关系量表"为学期末评定，同时为了避免一名教师评多个问卷，请班里另一名带班教师评价幼儿人格发展教师评定量表。在统计处理方面，进行了哈曼单因素同源误差检验[①]。我们将教师期望、师幼关系和人格问卷的所有项目一同进行探索性因素分析，查看因子旋转前的结果，如果第一个主成分能够解释方差的大部分变异（累计贡献率超过40%），则认为存在严重的共同方法偏差。本次研究结果表明，未旋转情况下，共提取了18个主成分，第一个主成分只解释了总方差变异的25.43%，共同方法偏差程度不高。

（二）变量的描述统计和相关分析

以往的研究显示，幼儿的年龄和性别会对教师期望、师幼关系、人格各维度产生影响，因此本次研究将幼儿性别和月龄纳入数据分析中。

我们从表8-9的结果可以看出，教师期望和师幼关系、人格的各维度之间呈显著正相关；师幼关系和人格的各维度均呈显著正相关。另外，月龄与人格各维度均呈显著正相关，性别与智能特征、认真自控、亲社会性显著相关，说明二者会对人格产生影响。因此，在后面的数据分析中，将月龄和性别作为控制变量。

表8-9 各变量的描述统计和相关分析

项目	M	SD	1	2	3	4	5	6	7	8
1.性别	0.50	0.50								
2.月龄	51.46	11.02	0.02							
3.教师期望	3.73	0.50	0.18**	0.48**						
4.师幼关系	3.72	0.35	0.08*	0.14**	0.46**					
5.智能特征	3.59	0.60	0.16**	0.21**	0.45**	0.23**				
6.认真自控	3.74	0.70	0.21**	0.23**	0.59**	0.27**	0.64**			
7.外倾性	3.51	0.68	0.02	0.22**	0.32**	0.18**	0.73**	0.33**		
8.亲社会	3.61	0.59	0.14**	0.19**	0.47**	0.25**	0.71**	0.70**	0.65**	
9.情绪稳定性	3.66	0.70	−0.03	0.35**	0.33**	0.20*	0.10*	0.13**	0.13**	0.04

注：性别中，0=男，1=女，性别均值表示男女生比例

[①] 周浩、龙立荣：《共同方法偏差的统计检验与控制方法》，《心理科学进展》2004年第6期，第942-950页。

(三）自变量、中介变量聚合到班级层面的适用性分析

班级平均教师期望和班级平均师幼关系是由个体变量汇聚而成的，属于情景变量，因此需要进行聚合指标适用性检验。本次研究中采用的聚合指标为ICC（1）、ICC（2）和Rwg。ICC（1）是组内个体在该变量上得分一致性的指标；ICC（2）是群体平均分的可靠性指标；Rwg是组内个体在所研究的特性上的一致性程度的指标。教师期望的ICC（1）=0.46，ICC（2）=0.98，Rwg均值=0.95；师幼关系的ICC（1）=0.37，ICC（2）=0.93，Rwg均值=0.98。ICC（1）值和ICC（2）值均大于判断标准0.12和0.60[①]，班级平均Rwg值也都在0.70以上，说明教师期望和师幼关系有显著的组间异质性和组内一致性[②]，可以将其班级均值作为层2（班级）变量。

(四）师幼关系在教师期望对人格各维度影响的多层中介效应检验

首先，在不含有任何预测变量的两水平模型（参见M0）中，分解因变量组间（班级水平）和组内（个体水平）变异，计算组内相关ICC（1），检验是否有必要进行多水平分析。结果显示人格智能特征、认真自控、外倾性、亲社会性、情绪稳定性维度的ICC（1）值分别为0.18、0.24、0.18、0.37、0.58，均大于0.06，说明有必要进行多水平分析。

其次，采用系数乘积法进行中介效应检验。计算层1、层2的自变量到中介变量的路径系数γ_{10}^{a1}、γ_{01}^{a2}，以及层1、层2的中介变量到因变量的路径系数γ_{20}^{b1}、γ_{02}^{b2}；然后，检验 a×b 是否显著，即组内中介效应$\gamma_{10}^{a1} \times \gamma_{20}^{b1}$和组间中介效应$\gamma_{01}^{a2} \times \gamma_{02}^{b2}$的显著性，当 a×b 显著时，中介路径存在，反之，则中介路径不存在；再深入探讨各个路径的主效应情况。其中，a、b代表直接效应，c代表中介效应。

其涉及的方程式如下：

第一步：建立因变量（人格）零模型，通过计算组内相关系数ICC（1）来确认是否有必要进行多层级分析。公式如下：

零模型（M0）

层1：人格 = $\beta_0 + r_{ij}$

层2：$\beta_0 = \gamma_{00} + u_{0j}$

β_0为层1截距，r_{ij}为第一层个体间差异带来的误差，μ_{0j}为由第二层级班级环境间差异带来的误差。

[①] 杨建锋、王重鸣：《类内相关系数的原理及其应用》，《心理科学》2008年第2期，第434-437页。
[②] 方杰、张敏强、邱皓政：《基于阶层线性理论的多层级中介效应》，《心理科学进展》2010年第8期，第1329-1338页。

第二步：自变量教师期望对因变量人格的直接效应 c 的检验。公式如下：模型 1（M1）

层 1：　人格 $= \beta_0 + \beta_1$（教师期望）$+ r_{ij}$

层 2：　$\beta_0 = \gamma_{00} + \gamma_{01}^{c2}$（M 教师期望）$+ \mu_{0j}$

　　　　$\beta_1 = \gamma_{10}^{c1}$

教师期望对人格的直接效应 c 的检验分为两部分：一部分是教师期望的组内部分对人格的直接效应 γ_{10}^{c1}；另一部分是教师期望的组间变异对因变量人格的直接效应 γ_{01}^{c2}。

第三步：自变量教师期望对中介变量师幼关系的直接效应 a 的检验执行下列方程式：

模型 2（M2）

层 1：　师幼关系 $= \beta_0 + \beta_1$（教师期望）$+ r_{ij}$

层 2：　$\beta_0 = \gamma_{00} + \gamma_{01}^{a2}$（M 教师期望）$+ \mu_{0j}$

　　　　$\beta_1 = \gamma_{10}^{a1}$

自变量教师期望对中介变量师幼关系的直接效应分为两部分：一部分是教师期望的组内变异对师幼关系的直接效应 γ_{10}^{a1}；另一部分是教师期望的组间变异对师幼关系的直接效应 γ_{01}^{a2}。

第四步：自变量教师期望和中介变量师幼关系同时对因变量人格作用的效应 c 和 b 的检验，执行下列方程式：

模型 3（M3）

层 1：　人格 $= \beta_0 + \beta_1$（教师期望）$+ \beta_2$（师幼关系）$+ r_{ij}$

层 2：　$\beta_0 = \gamma_{00} + \gamma_{01}^{c'2}$（M 教师期望）$+ \gamma_{02}^{b2}$（M 师幼关系）$+ \mu_{0j}$

　　　　$\beta_1 = \gamma_{10}^{c'1}$

　　　　$\beta_2 = \gamma_{20}^{b1}$

γ_{20}^{b1} 和 γ_{02}^{b2} 分别为师幼关系对人格的组内效应和组间效应，γ_{10}^{c1} 和 γ_{01}^{c2} 是在中介变量师幼关系存在的情况下，教师期望对人格的组内效应和组间效应。

在该方程式中，性别和月龄是控制变量，其主效应未在方程式中呈现，多层中介效应检验的结果见表 8-10。

表 8-10 表明，在个体层面，师幼关系在教师期望对人格的认真自控、外倾性、亲社会性、情绪稳定性维度上的中介作用显著，中介效应大小分别为 0.07、0.08、0.07 和 0.06。具体来看，教师期望对智能特征（$\gamma_{10}^{c1}=0.48, SE=0.08, t=6.18, p<0.001$）、认真自控（$\gamma_{10}^{c1}=0.65, t=6.79, p<0.001$）、外倾性（$\gamma_{10}^{c1}=0.30, t=4.64, p<0.001$）、

表 8-10　师幼关系在教师期望对人格各维度影响的多层中介效应检验

项目		固定效应									随机效应	
		γ_{00}	γ_{10}^{c1}	γ_{01}^{c2}	γ_{10}^{a1}	γ_{01}^{a2}	$\gamma_{10}^{c'1}$	$\gamma_{01}^{c'2}$	γ_{20}^{b1}	γ_{02}^{b2}	σ^2	τ_{00}
智能特征	M0	3.59***									0.29***	0.07**
	M1	2.73***	0.48***	0.01							0.24***	0.06**
	M2	2.98***			0.24***	0.20***					0.06***	0.03***
	M3	2.90**					0.44***	0.03	0.17	−0.06	0.21***	0.06***
$\gamma_{10}^{a1} \times \gamma_{20}^{b1}$=0.04　[−0.01, 0.09]						$\gamma_{01}^{a2} \times \gamma_{02}^{b2}$=−0.01　[−0.14, 0.12]						
认真自控	M0	3.74***									0.37***	0.12***
	M1	1.94***	0.65***	0.47***							0.24***	0.07***
	M2	2.98***			0.24***	0.20***					0.06***	0.03***
	M3	3.31**					0.58***	0.58***	0.28*	−0.46	0.23***	0.07***
$\gamma_{10}^{a1} \times \gamma_{20}^{b1}$=0.07*　[0.01, 0.12]						$\gamma_{01}^{a2} \times \gamma_{02}^{b2}$=−0.09　[−0.21, 0.03]						
外倾性	M0	3.51***									0.37***	0.07***
	M1	2.45***	0.30***	0.09							0.34***	0.07**
	M2	2.98***			0.24***	0.20***					0.06***	0.03***
	M3	3.01*					0.23***	0.15	0.32*	−0.19	0.33***	0.07***
$\gamma_{10}^{a1} \times \gamma_{20}^{b1}$=0.08**　[0.02, 0.13]						$\gamma_{01}^{a2} \times \gamma_{02}^{b2}$=−0.04　[−0.18, 0.10]						
亲社会性	M0	3.61***									0.28***	0.13***
	M1	2.59***	0.47***	0.19							0.15***	0.12***
	M2	2.98***			0.24***	0.20***					0.06***	0.03***
	M3	3.41*					0.40***	0.26	0.30***	−0.28	0.15***	0.11**
$\gamma_{10}^{a1} \times \gamma_{20}^{b1}$=0.07**　[0.02, 0.12]						$\gamma_{01}^{a2} \times \gamma_{02}^{b2}$=−0.06　[−0.24, 0.13]						
情绪稳定性	M0	3.66***									0.20***	0.28**
	M1	1.53*	0.07	0.40							0.20***	0.19***
	M2	2.98***			0.24***	0.20***					0.06***	0.03***
	M3	1.24					0.01	0.39	0.26***	0.10	0.19***	0.19***
$\gamma_{10}^{a1} \times \gamma_{20}^{b1}$=0.06***　[0.03, 0.06]						$\gamma_{01}^{a2} \times \gamma_{02}^{b2}$=0.02　[−0.12, 0.12]						

注：σ^2 表示层 1 的残差，τ_{00} 表示截距的残差；中括号内为 95%置信区间

亲社会性（γ_{10}^{c1}=0.47，t=7.35，p<0.001）具有正向促进作用（参见 M1）；教师期望对建立良好师幼关系具有正向促进作用（γ_{10}^{a1}=0.24，t=6.04，p<0.001）（参见 M2）；师幼关系对认真自控（γ_{20}^{b1}=0.28，t=2.37，p<0.0001）、外倾性（γ_{20}^{b1}=0.32，t=3.31，p<0.001）、亲社会性（γ_{20}^{b1}=0.30，t=3.67，p<0.001）、情绪稳定性（γ_{20}^{b1}=0.26，SE=0.06，t=4.49，p<0.001）具有正向促进作用（参见 M3）。

班级层面的中介作用均不显著，班级层面的中介假设虽未被证实，但班级平均教师期望对班级平均师幼关系有正向促进作用（γ_{01}^{a2}=0.20，SE=0.06，t=3.59，p<0.001），班级平均教师期望对认真自控有正向预测作用（γ_{01}^{c2}=0.47，t=4.77，

$p<0.001$）。

四、讨论与结论

　　研究表明，控制性别和年龄后，在个体水平上，教师期望对幼儿人格的智能特征、认真自控、外倾性及亲社会性仍有正向的预测作用，对情绪稳定性没有预测作用。这一结果与我们的预期和编制幼儿教师期望问卷时的访谈结果[1]基本相符。在前期的半结构化访谈中，教师提到喜欢班级内头脑灵活、能够自我约束、关心其他小朋友、积极参加集体活动的幼儿，这与包含"聪慧性"的智能特征，包含"抑制冲动、坚持自制"的认真自控，包含"合群守礼、同情利他"的亲社会性，以及包含"主动活跃"的外倾性的人格特征有关。因此，当教师对某个幼儿形成较高水平的期望时，可以积极影响幼儿人格的智能特征、认真自控、亲社会性和外倾性。在与教师交谈时，教师对幼儿情绪方面较少提及，使得教师期望对幼儿情绪稳定方面没有显著的预测作用。从另一个角度思考，即使教师对幼儿产生的期望存在偏差，也可能通过对幼儿的态度、教育行为上的影响来促使幼儿朝着教师期望的方向发展，即所谓的自我实现预言[2]；古德（Good）等提出教师对待高、低期望学生的态度和行为方式存在差别，并通过观察总结出17种教师对待不同期望学生的差别行为，包括回答问题时教师等待时间的长短差异、表扬和批评次数的差异、互动过程的差异等[3]。因此，在本次研究中，当教师对幼儿形成高的期望时，可能会在互动行为、机会分配、反馈评价等方面促进幼儿人格的发展。

　　虽然班级平均教师期望仅对认真自控维度有显著的预测作用，但我们也不能忽视这一重要结果。认真自控是人格的调控系统，自我控制能力高的儿童在学龄期的学校适应方面总体发展也好[4]，说明认真自控是学前期教师关注的重心，教师不仅要对幼儿具体行为提出自我约束的要求，同时也要在班级管理过程中向幼儿传递自控的期望。

　　统计分析发现，师幼关系在教师期望对人格的影响中起到了中介作用。师幼

---

[1] 李淼、杨丽珠、杜文轩：《幼儿教师期望的问卷编制及发展特点》，《中国健康心理学杂志》2015年第10期，第1543-1548页。

[2] Jussim, L. Teacher expectations: Self-fulfilling prophecies, perceptual biases, and accuracy. Journal of Personality and social Psychology, 1989, 57（3）, 469-480; Jussim, L., Harber, K. D. Teacher expectations and self-fulfilling prophecies: Knowns and unknowns, resolved and unresolved controversies. Personality and Social Psychology Review, 2005, 9（2）, 131-155.

[3] Good, T. L. Two decades of research on teacher expectations: Findings and future directions. Journal of Teacher Education, 1987, 38（4）, 32-47.

[4] 张野、杨丽珠：《小学生人格类型及发展特点研究》，《心理科学》2007年第1期，第205-208页；张萍、梁宗保、陈会昌等：《儿童4岁时的自我控制对其7岁及11岁社会适应的预测》，《心理科学》2014年第6期，第1359-1365页。

关系是师幼互动的结果，更容易被教师和幼儿感知，从而影响幼儿的发展。结果表明，控制了幼儿的性别和年龄后，在个体层面上，师幼关系是教师期望对认真自控、外倾性、亲社会性和情绪稳定性的中介变量，即教师对某幼儿的期望越高，师生关系越好，幼儿更加外向，情绪更加稳定，表现出更多的亲社会行为，做事更认真、尽责，有较高的自我控制能力。

首先，在本次研究中，无论是班级还是个体层面，均是教师期望越高，师幼关系越好，表明当教师对幼儿产生积极期望时，越容易创建融洽的师幼关系[1]。教师对于幼儿学业、行为和社会互动方面有积极的期望，那么就会在教育过程中付诸更多期望行为，如更愿意参与到幼儿活动中，并及时地给予指导，也更会积极地去调和同伴间的矛盾等，这些实际的参与和教育过程极大地提高了师生之间的互动水平。同时，幼儿有自我认知积极偏向的特点[2]，教师增强的互动模式，更容易让幼儿理解教师的善意，也就更愿意与教师进行交往，进而形成良好的师幼关系。另外，教师期望除了明显的外显行为外，有时产生的差别行为隐蔽和微妙，如教师和儿童之间眼神的交流，这类行为很难被研究者观察和测量到，但是的确能够被儿童接收到并做出相应的解释，与教师产生亲密的心理联系，有助于建立良好的师幼关系。

其次，教师期望能够通过师幼关系对人格的认真自控、外倾性、亲社会性和情绪稳定性产生影响，师幼关系是教师期望影响人格诸维度的中介变量。当师幼关系融洽时，幼儿能感受到自己在教师心目中的地位和价值，更愿意接受和内化成人的期望和要求，从而提高其社会适应性水平[3]，幼儿便会更愿意参与到人际活动中，通过学习和模仿提高幼儿人格各个特质的发展水平。具体而言，教师对于幼儿社会互动方面积极的期望，会提高教师与幼儿之间的互动频率和质量，进而提高师幼关系的水平。幼儿也于更加喜爱教师，一方面更愿意符合教师的期望要求；另一方面也更愿意做出相对好的行为，如提高自我控制能力、愿意帮助他人、活泼外向[4]和有良好的情绪控制能力等，以此获得教师的表扬，保证良好的师幼关

---

[1] Rubie-Davies, C. M. Teacher expectations and perceptions of student attributes: Is there a relationship?. British Journal of Educational Psychology, 2010, 80 (1), 121-135; Rubie-Davies, C. M., et al. A teacher expectation intervention: Modelling the practices of high expectation teachers. Contemporary Educational Psychology, 2015, 40, 72-85.

[2] 沈悦、杨丽珠、满晶等：《幼儿教师期望对自我控制的影响："幼儿知觉到的教师期望"的中介作用》，《中国特殊教育》2016年第2期，第80-85、96页。

[3] Pianta, R. C. Patterns of relationships between children and kindergarten teachers. Journal of School Psychology, 1994, 32 (1), 15-31; Pianta, R. C., et al. Mother-child relationships, teacher-child relationships, and school outcomes in preschool and kindergarten. Early Childhood Research Quarterly, 1997, 12 (3), 263-280; Pianta, R. C., et al. Mother-child relationships, teacher-child relationships, and school outcomes in preschool and kindergarten. Early Childhood Research Quarterly, 1997, 12 (3), 263-280; O'Connor, E. E., et al. Teacher-child relationship and behavior problem trajectories in elementary school. American Educational Research Journal, 2011, 48 (1), 120-162.

[4] Howes, C. et al. Children's relationships with peers: Differential associations with aspects of the teacher-child relationship. Child Development, 1994, 65 (1), 253-263; O'Connor, E. E., et al. Teacher-child relationship and behavior problem trajectories in elementary school. American Educational Research Journal, 2011, 48 (1), 120-162.

系维持下去。此外，师生关系质量高不仅有助于师幼间积极的互动行为，还有助于营造安全的情感氛围，当幼儿感到安全时，他们更喜欢幼儿园生活，更愿意与老师、同伴发生互动行为，建立情感关系，把教师期望的内容付诸实践，进而促进幼儿人格的发展。

最后，在本次研究中，师幼关系并没有在教师期望对智能特征的影响中发挥中介作用，说明教师期望对智能特征的影响并不需要通过师幼关系这一间接路径。教师期望对智力的预测性要远远大于师幼关系对智力的预测性，与以往研究者认为教师期望关注学生智力发展潜能是一致的[1]。另外，我们也应看到，相关分析表明，师幼关系和智能特征呈显著正相关，以往研究也显示师生关系与儿童的智力水平呈显著正相关[2]。但本次研究的结果表明，在幼儿阶段，良好师幼关系与幼儿的外倾性、亲社会性、情绪稳定性、认真自控人格特质的联系更紧密，说明与那些具有高创造力但不合作的幼儿相比，教师更欣赏和积极对待那些具有合作性和坚持性的幼儿，师幼关系更好。

我们认为，首先，本次研究仅采用了问卷法进行了测量，单一方法的测量虽然时效性和操作性强，但对于问题的深入探讨是有限的，未来的研究将采用多种方法综合的手段进行测量，如情境实验、访谈、日常观察等方法，甚至是脑电、眼动等现代化的手段；其次，本次研究仅选取了同伴关系和教师期望作为影响因素进行探讨，今后的研究中应选取更多有代表性的变量，如家庭教养方式、学生知觉到的教师期望、友谊质量等，全面地对幼儿人格影响机制进行探讨；最后，我们应在深入研究教师期望对幼儿影响的同时，继续探讨如何改变教师对幼儿的负性认知，设计培养方案，建立积极的教师期望来提高教师自身的素质，促进教育公平。

综上所述，本次研究结论如下：①个体层面和班级层面的教师期望对师幼关系均有显著预测作用。②在个体层面上，教师期望对人格智能特征、认真自控、外倾性和亲社会性有显著的预测作用；在班级层面上，班级平均教师期望对认真自控有显著的预测作用。③在个体层面上，师幼关系是教师期望影响人格的认真自控、外倾性、亲社会性和情绪稳定性的中介变量；在班级层面上，师幼关系无显著的中介作用。

---

[1] Rubie-Davies, C., et al. Expecting the best for students: Teacher expectations and academic outcomes. British Journal of Educational Psychology, 2006, 76 (3), 429-444; Bohlmann, N. L., Weinstein, R. S. Classroom context, teacher expectations, and cognitive level: Predicting children's math ability judgments. Journal of Applied Developmental Psychology, 2013, 34 (6), 288-298.

[2] Roorda, D. L., et al. The influence of affective teacher-student relationships on students' school engagement and achievement: A meta-analytic approach. Review of Educational Research, 2011, 81 (4), 493-529.

第三节 小学生友谊质量结构及其发展特点研究

一、引言

儿童、青少年的同伴关系是一个复杂的网络结构,具有多水平、多层次的特点。同伴接纳和友谊关系是同伴交往中两种非常重要的关系。同伴接纳是单向的结构,属于群体指向,个体被同伴群体接纳的水平代表了个体在群体中的社交地位。与此相比,友谊质量则是一种双向结构,是以个体为指向的,同时反映了个体与个体间的亲密的情感联系的程度或水平。我国学者邹泓等的研究发现,同伴接纳和友谊关系的特点不同,它们对个体社会性发展和适应的作用不同[1]。

以往研究者多关注对同伴接纳的研究,近年来,个体与个体之间的友谊关系受到研究者的广泛关注。儿童的友谊是两个个体在相互喜欢的基础上形成的双向、平等、亲密而持久的特殊同伴关系。友谊质量是指两个个体间友谊关系的亲密程度[2]。与同伴建立友谊关系是儿童、青少年主要的发展任务[3]。高友谊质量作为一种保护性因素,使儿童具有更好的社会适应[4]。相对来说,处于较高质量的友谊关系中青少年的社会技能发展水平较高[5]。低友谊质量作为一种危险性因素,与较高的外显行为(externalizing behaviour)相联系,并且能够预测儿童的被欺负行为,在幼儿园没有朋友的儿童在小学一年级可能会有更多的内隐问题(internalizing problems)[6]。

研究者对不同年龄段儿童友谊质量的结构进行了研究,幼儿友谊质量结构包括有效性、冲突、帮助、排他性、坦露消极情感5个方面[7]。于海琴等结合小学生生活,用探索性因素分析得出小学生友谊质量包括亲密、安全、陪伴分享、肯定

---

[1] 邹泓、周晖、周燕:《中学生友谊、友谊质量与同伴接纳的关系》,《北京师范大学学报(社会科学版)》1998年第1期,第43-50页。
[2] 杨丽珠、徐敏、马世超:《小学生同伴接纳对其人格发展的影响:友谊质量的多层级中介效应》,《心理科学》2012年第1期,第93-99页。
[3] Poulin, F., Chan, A. Friendship stability and change in childhood and adolescence. Developmental Review, 2010, 30(3), 257-272.
[4] Nangle, D. W., et al. Popularity, friendship quantity, and friendship quality: Interactive influences on children's loneliness and depression. Journal of Clinical Child and Adolescent Psychology, 2003, 32(4), 546-555.
[5] 万晶晶:《友谊关系如何影响青少年社会技能的发展》,《重庆三峡学院学报》2002年第5期,第88-90页。
[6] Crawford, A. M., Manassis, K. Anxiety, social skills, friendship quality, and peer victimization: An integrated model. Journal of Anxiety Disorders, 2011, 25(7), 924-931; Engle, J. M., et al. Presence and quality of kindergarten children's friendships: Concurrent and longitudinal associations with child adjustment in the early school years. Infant and Child Development, 2011, 20(4), 365-386.
[7] Ladd, G. W., et al. Friendship quality as a predictor of young children's early school adjustment. Child Development, 1996, 67(3), 1103-1118.

价值、冲突5个维度[1]。邹泓等对国外问卷进行修订，认为中学生的友谊质量包括帮助与支持、陪伴与娱乐、肯定价值、亲密袒露与交流、冲突与背叛[2]。帕克（Parker）等对儿童期有最好朋友的儿童的友谊质量进行了测量，认为友谊质量包括亲密交流、陪伴与娱乐、冲突解决、帮助和指导、冲突和背叛、安全与关心[3]。众多学者对不同年龄段友谊质量的结构进行了研究，发现其结构具有一个共同点，即友谊质量是由积极特征和消极特征组成的多维结构。国外对友谊质量结构进行了较为充分的研究，而国内主要是通过修订国外问卷或者只用探索性因素分析考察结构，仍需更系统地研究。

纵观以往的研究，从年龄发展的角度看，主要研究集中在考察"不同年龄儿童是如何理解友谊的"。比奇洛（Bigelow）的研究表明，7~8岁儿童认为朋友就是一些可以互相得到回报的个体，是可以提供便利、有好玩的玩具，并能分享儿童对游戏活动期望的人；10~11岁，儿童期望朋友之间能够互相维护，并对彼此忠诚；11~13岁，认为朋友间可以分享相似的兴趣，并应做出积极尝试去互相理解，愿意自我暴露[4]。可见，随着年龄的增长，儿童对友谊关系的理解是不断变化的。从性别发展的角度看，男孩与女孩的友谊总被认为是有差异的，女孩更注重成对的亲密朋友关系，这总是以自我暴露、同情、互相依赖及满足照顾他人的需要为特征，而男孩通常具有以娱乐、竞争、控制、冲突为特征的群体朋友关系，女孩的友谊表现为具有更高水平的支持性[5]，男孩的友谊具有更高水平的冲突性[6]，综合以往研究可以发现，研究者关注的研究对象主要为青少年。

儿童进入小学后与同伴的交往逐渐增多，其同伴交往的一个重要特点是开始建立友谊关系[7]，小学生友谊质量在同伴接纳与人格的关系中存在中介效应[8]。那么，小学生友谊质量的结构是怎样的？由哪些方面组成？除此之外，随着年级的

---

[1] 于海琴、周宗奎：《儿童的两种亲密人际关系：亲子依恋与友谊》，《心理科学》2004年第1期，第143-144页。

[2] 邹泓、周晖、周燕：《中学生友谊、友谊质量与同伴接纳的关系》，《北京师范大学学报（社会科学版）》1998年第1期，第43-50页。

[3] Parker, J. G., Asher, S. R. Friendship and friendship quality in middle childhood: Links with peer group acceptance and feelings of loneliness and social dissatisfaction. Developmental Psychology, 1993, 29 (4), 611-621.

[4] Bigelow, B. J. Children's friendship expectations: A cognitive-developmental study. Child Development, 1977, 246-253.

[5] Colarossi, L. G., Eccles, J. S. A prospective study of adolescents' peer support: Gender differences and the influence of parental relationships. Journal of Youth and Adolescence, 2000, 29 (6), 661-678; Jenkins, S. R, et al. Gender differences in early adolescents' relationship qualities, self-efficacy, and depression symptoms. The Journal of Early Adolescence, 2002, 22 (3), 277-309.

[6] Updegraff, K. A., et al. Who's the boss? Patterns of perceived control in adolescents' friendships. Journal of Youth and Adolescence, 2004, 33 (5), 403-420.

[7] 林崇德：《发展心理学》，人民教育出版社1995年版，第190-318页。

[8] 杨丽珠、徐敏、马世超：《小学生同伴接纳对其人格发展的影响：友谊质量的多层级中介效应》，《心理科学》2012年第1期，第93-99页。

升高，儿童友谊质量的发展趋势如何？这都值得系统考察。据此，本次研究首先运用探索性因素分析和验证性因素分析考察小学生友谊质量的结构；其次，在此基础上，运用已形成的"小学生友谊质量问卷"，从发展的角度分析小学生友谊质量的特点，一方面为心理、教育工作者提供理论依据，另一方面为提高儿童友谊质量、促进个体更好地发展提供新的思路。

二、研究方法

（一）被试

1）开放式问卷被试。在辽宁省朝阳市 1 所小学一至六年级以班级为单位随机选取被试。首先，运用"好朋友提名问卷"让学生进行提名，在具有互选朋友的学生中，每个年级随机抽取 20 名，共 120 名被试。

2）"小学生友谊质量问卷"被试。从辽宁省大连市 3 所小学一至六年级以班级为单位随机抽取被试，经配对后有效被试共 761 名，随机选取 392 名被试作为探索性因素分析样本和项目分析样本，剩余的 369 名被试作为验证性因素分析样本。

3）小学生友谊质量发展特点被试。从大连市另外 3 所小学一至六年级以班级为单位随机抽取被试，经配对后具有互选朋友且有效的被试共 700 名。

（二）工具

1. 小学生友谊质量开放式问卷

从全面收集小学生友谊质量特征这一目的出发，根据友谊质量定义设计以下开放式题目：①说说你和好朋友之间发生的最让你开心的事。②说说你和好朋友之间发生的最让你伤心的事。③什么事情会使你和好朋友之间的感情变好？④什么事情会使你和好朋友之间的感情变糟？

2. 最好朋友提名问卷

请所有被试填答最好朋友提名问卷。被试按照与自己关系的亲密程度依次写出班级内 3 个最好朋友，选取具有互选朋友的被试。

3. 小学生友谊质量问卷

被试根据与最好朋友提名问卷中的第一个最好朋友之间的关系填答小学生友谊质量问卷，问卷包含 24 道题目，由 6 个维度组成，即支持性、信任感、冲突性、陪伴娱乐性、重要性、沟通性。问卷采用 5 级计分，1～5 分别代表"完全不符合"

"不太符合""有些符合""比较符合""完全符合"。

（三）统计分析

采用 SPSS15.0 和 Amos7.0 对数据进行探索性因素分析、项目分析及验证性因素分析，考察小学生友谊质量结构，用方差分析考察小学生友谊质量的发展特点。

三、研究结果

（一）小学生友谊质量结构

1. 理论建构

首先，对开放式问卷进行编码，编码原则如下：①如果学生只是陈述事件，但没有明确写出是什么，把这种句子标示为描述朋友间交往的行为表现；②如果写出的词和相应的行为表现内涵不一致，按照行为描述的内涵标示为相应的词。根据以上原则，把意义相近和意义截然相反的归为一类，最后设置 28 个有意义码号，通过对码号之间的关系进行分析，发现可以把意义相近的合并到一起，进而总结出 7 个类属，同时进行码号频次统计，结果见表 8-11。

表 8-11 小学生友谊质量结构编码表（N=120）

类属（%）	码号	总数	百分比（%）	具体行为表现举例
陪伴娱乐性（34.32）	陪伴	13	3.49	我们放学都是一起走
	一起学习	5	1.34	我们一起学习
	一起玩	106	28.42	我们一起玩跳皮筋
	一起做事	4	1.07	我们俩一起制作纸枪
冲突性（27.34）	意见不一致	14	3.75	我说去操场玩，他说在教室玩
	惹对方生气	37	9.92	我把他的笔弄坏了，他就生气了
	争吵	18	4.83	我们会为一点小事争吵
	打架	30	8.04	我们因为打架而感情不好了
	说坏话	3	0.80	说我坏话
支持性（23.07）	单向帮助	52	13.94	我不会做的题，他帮助我
	互相帮助	13	3.49	她帮助我，我也帮助她
	关心	7	1.88	她经常关心我
	指导	2	0.54	有些事她告诉我怎么做是对的
	安慰	10	2.68	我没有回答出问题很伤心，他安慰我
	鼓励	2	0.54	在我有困难的时候，她会鼓励我

续表

类属（%）	码号	总数	百分比（%）	具体行为表现举例
重要性 （5.90）	在乎	15	4.02	每次出去玩，她都先找我
	忽视	7	1.88	他不与我玩，我最伤心
信任感 （4.02）	守信用	7	1.88	他答应我的事，都能做到
	信任	8	2.14	彼此信任对方
沟通性 （2.94）	讨论	3	0.80	我们遇到问题经常在一起商量
	讲笑话	3	0.80	我的好朋友常给我讲笑话
	讲故事	2	0.54	他总是能给我讲我喜欢的故事
	不沟通	3	0.80	我们生气后彼此不再说什么
亲密性 （2.41）	谈心	3	0.80	有心事，我和他说
	分享	1	0.27	买了玩具送给我的朋友
	理解	1	0.27	明白朋友的心思
	互惠	3	0.80	我有好吃的给他，他有好吃的也给我
	移情	1	0.27	她伤心的时候，我也伤心
总数		373		

其次，结合理论推导[①]，认为友谊质量的结构主要包括支持性、冲突性、信任感、重要性、沟通性、亲密性、陪伴娱乐性 7 个因素，在此基础之上，编制成含有 54 道题的初始问卷。

2. 初步项目筛选

由心理学专家、发展与教育心理学专业的博士研究生，以及具有长期教学经验的小学教师对问卷项目的可读性、适宜性、语义表达等进行审阅和修改，删除较抽象及重复的题目，对剩下的 47 道题进行探索性因素分析（$N=392$）。

3. 探索性因素分析

首先，对探索性因素分析数据进行 KMO 检验和 Bartlett 球形检验，结果表明，KMO 值为 0.849，Bartlett 球形检验的 $\chi^2=2030.096$（$p<0.001$），适合因素分析。通过因素分析，采用主成分分析法从 47 个项目中抽取公共因素，删除因素载荷较低和在两个或两个以上因素中载荷值近似的题目，最终形成 24 道题的"小学生友谊质量问卷"。探索性因素分析结果见表 8-12。

[①] Ladd, G. W., et al. Friendship quality as a predictor of young children's early school adjustment. Child Development, 1996, 67（3），1103-1118；于海琴、周宗奎：《儿童的两种亲密人际关系：亲子依恋与友谊》，《心理科学》2004 年第 1 期，第 143-144 页；邹泓、周晖、周燕：《中学生友谊、友谊质量与同伴接纳的关系》，《北京师范大学学报（社会科学版）》1998 年第 1 期，第 43-50 页；Parker, J. G., Asher, S. R. Friendship and friendship quality in middle childhood: Links with peer group acceptance and feelings of loneliness and social dissatisfaction. Developmental Psychology, 1993, 29（4），611-621.

表 8-12 "小学生友谊质量问卷"探索性因素分析（N=392）

因素载荷

项目	支持性	共同度	项目	信任感	共同度	项目	冲突性	共同度	项目	陪伴娱乐性	共同度	项目	重要性	共同度	项目	沟通性	共同度
t43	0.713	0.561	t2	0.778	0.674	t33	0.679	0.549	t20	0.800	0.670	t10	0.694	0.605	t7	0.782	0.644
t21	0.627	0.517	t18	0.672	0.560	t41	0.673	0.506	t29	0.785	0.634	t5	0.586	0.468	t1	0.634	0.492
t31	0.612	0.470	t8	0.648	0.513	t3	0.672	0.440	t36	0.525	0.398	t15	0.438	0.397	t12	0.453	0.446
t40	0.562	0.494	t13	0.537	0.452	t28	0.585	0.376									
t35	0.538	0.481				t23	0.411	0.592									
t17	0.420	0.411															
特征根	2.667			2.220			2.123			1.841			1.766			1.732	
贡献率(%)	11.113			9.248			8.845			7.672			7.358			7.217	

根据组成各因素题目的内涵对 6 个因素进行命名，6 个因素按贡献率从大到小的顺序依次为支持性、信任感、冲突性、陪伴娱乐性、重要性、沟通性。理论构想中亲密性与支持性合并为一个维度，将其命名为支持性，其他维度旋转后没有变化，说明探索性因素分析得到的 6 个维度基本与理论构想相吻合。

4. 项目分析

对探索性因素分析剩下的题目进行项目分析，采取极端组比较法，检验项目的区分度。按问卷总分由高到低进行排序，取总人数前 27% 与后 27% 分别作为高分组和低分组，然后检验这两组被试在每个项目得分上的差异。结果显示，在各个项目上，高分组得分显著高于低分组（$ps<0.001$），表明经探索性因素分析后剩余的项目有理想的区分度。

5. 验证性因素分析

验证性因素分析结果表明，24 个项目的因素载荷为 0.444~0.715（$ps<0.001$），说明得出的维度能够较好地预测各题。同时，拟合指数（表 8-13）表明，小学生友谊质量结构模型与实证数据拟合理想，说明六维度模型是合理的。

表 8-13 验证性因素分析的拟合指数（N=369）

χ^2	df	χ^2/df	GFI	AGFI	NFI	IFI	CFI	RMR	SRMR	RMSEA
424.935	237	1.793	0.916	0.893	0.835	0.920	0.918	0.069	0.045	0.046

6. 问卷的信度和效度

1）信度。验证性因素分析样本的内部一致性信度为 0.859，分半信度为 0.860，重测信度为 0.768（$p<0.001$），各维度的内部一致性信度为 0.616~0.750，分半信度为 0.609~0.792，重测信度为 0.456~0.694（$ps<0.001$），说明问卷具有理想的信度。

2）效度。效度评估采用内容效度、结构效度和相容效度 3 个指标。对于题目，请心理学专家、发展心理学博士研究生及小学教师对其语义表达、代表性、适宜性等进行评价，使问卷具有理想的内容效度。验证性因素分析结果表明，问卷具有理想的结构效度。检验此问卷与周宗奎等[1]修订的帕克（Parker）等编制的"友谊质量问卷"[2]的 18 项目简表之间的总分相关，相关系数 r=0.807（$p<0.001$），说明该问卷具有理想的相容效度。

---

[1] 周宗奎、张春妹、Sueh Y H：《小学儿童的尊重观念与同伴关系》，《心理学报》2006 年第 2 期，第 232-239 页。
[2] Parker，J.G.，Asher，S. R. Friendship and friendship quality in middle childhood：Links with peer group acceptance and feelings of loneliness and social dissatisfaction. Developmental Psychology，1993，29（4），611-621.

（二）小学生友谊质量发展特点

为了考察小学生友谊质量的发展特点，首先以友谊质量的总分为因变量，采用 3（年级：低、中、高）×2（性别：男生、女生）的多因素方差分析，结果表明，性别与年级的交互作用不显著 [$F(2, 694)=0.675, p>0.05$]。性别主效应显著 [$F(1, 694)=5.630, p<0.05$]，且女生得分显著高于男生。年级主效应显著 [$F(2, 694)=16.135, p<0.001$]。进一步事后检验表明，低年级与高年级之间的差异显著（$p<0.05$），且低年级的友谊质量总分显著低于高年级。低年级与中年级的差异不显著（$p>0.05$），中年级与高年级的差异显著（$p<0.05$），且中年级的友谊质量总分显著低于高年级。

其次，分别以友谊质量各维度为因变量进行 3（年级：低、中、高）×2（性别：男生、女生）的多元方差分析，结果见表 8-14。

表 8-14　3（年级：低、中、高）×2（性别：男、女）两因素多元方差分析（$N=700$）

	Wilks' λ	F	η^2
年级	0.870	8.269***	0.067
性别	0.979	2.464*	0.021
年级×性别	0.976	1.402	0.012

注：低年级为一至二年级，中年级为三至四年级，高年级为五至六年级。

如表 8-14 所示，年级主效应显著，性别主效应显著，年级与性别的交互作用不显著。这说明年级和性别分别对小学生友谊质量有影响，低、中、高年级小学生友谊质量在男孩和女孩两个水平上的发展趋势一致，或者说小学男孩、女孩的友谊质量在低、中、高年级中趋势是一致的。进一步进行单因变量方差分析，结果表明，年级与性别的交互作用在各维度上均不显著（$ps>0.05$）。不同性别在支持性 [$F(1, 694)=10.117, p<0.01$]、信任感 [$F(1, 694)=4.365, p<0.05$] 和重要性 [$F(1, 694)=8.012, p<0.01$] 维度上存在显著差异，且均为女生高于男生，沟通性、陪伴娱乐性及冲突性在性别上的差异不显著（$ps>0.05$）。在支持性 [$F(2, 694)=5.418, p<0.01$]、信任感 [$F(2, 694)=3.049, p<0.05$]、重要性 [$F(2, 694)=6.497, p<0.01$]、沟通性 [$F(2, 694)=24.855, p<0.001$]、陪伴娱乐性 [$F(2, 694)=17.328, p<0.001$]、冲突性 [$F(2, 694)=9.908, p<0.001$] 维度上，年级的主效应显著。

进一步对年级进行事后比较，结果表明，在信任感维度上，低年级与中年级、中年级与高年级的差异均不显著（$ps>0.05$），低年级与高年级的差异显著（$p<0.05$），且高年级的得分显著高于低年级。在支持性、重要性、陪伴娱乐性维度上，低年级与中年级之间的差异均不显著（$ps>0.05$），中年级与高年级的差异显著（$ps<0.05$），

且高年级的得分显著高于中年级，低年级与高年级之间的差异显著（$ps<0.05$），且高年级的得分显著高于低年级；在沟通性维度上，低年级与中年级之间的差异显著（$p<0.05$），且中年级的得分高于低年级，中年级与高年级之间的差异显著（$p<0.05$），且高年级的得分高于中年级，低年级与高年级之间的差异显著（$p<0.05$），且高年级的得分高于低年级；在冲突性维度上，低年级与中年级之间的差异显著（$p<0.05$），且低年级显著高于中年级，中年级与高年级之间的差异不显著（$p>0.05$），低年级与高年级之间的差异显著（$p<0.05$），且高年级的得分显著低于低年级。

四、讨论与结论

（一）小学生友谊质量的结构

1. 小学生友谊质量的六维结构

基于以往的研究，我们进行了开放式问卷调查、访谈，结合理论分析，形成了理论建构，以小学生为被试，运用探索性因素分析和验证性因素分析，最终得出友谊质量的结构，形成的问卷具有较高的信度和效度，可以作为测评小学生友谊质量的有效工具。24道题的"小学生友谊质量问卷"由6个维度构成，分别为支持性、信任感、冲突性、重要性、沟通性、陪伴娱乐性。友谊质量的六维模型既能全面地反映出中国文化背景下小学生友谊质量的本质特征，又与国外学者的研究结果一脉相承。

支持性是指在日常生活中个体面对困难和挑战时，朋友在情感、行为等方面互相鼓励、关心和帮助的程度。经过探索性因素分析和验证性因素分析，理论构想中的亲密性维度与支持性维度合并为支持性。从定义上看，亲密性是指个体与其朋友交往时，双方自愿将自己的秘密和情感坦露给对方的程度，主要体现在情感方面的亲密。有研究者认为，亲密是支持的重要成分，在一次亲密的谈话中，朋友彼此提供切实的建议和感情支持。支持性包含朋友间在认知、情感、行为等多方面的帮助、鼓励，可见情感支持是支持性的一个重要方面，所以将亲密性与支持性合并为一个维度是合理的。纽科姆（Newcomb）等提出的宽类型-窄类型模型认为，相互喜欢（彼此的情感联系和相互依恋）、亲近性（朋友之间的自我暴露）、忠诚性（彼此的联盟和相互支持）是衡量友谊质量的关键指标[1]。支持性维度的含义与这些关键指标相似。

---

[1] Newcomb, A. F., Bagwell., C. L Children's friendship relations: A meta-analytic review. Psychological Bulletin, 1995, 117（2）, 306-347.

信任感指朋友一方相信另一方，是对朋友的信赖程度，主要表现在朋友间彼此能够相互信任，如"他答应我的事，都能做到"，"她说话算数"，"我们彼此信任对方"，等等。这与布科夫斯基（Bukowski）等考察儿童和青少年早期友谊质量结构中的安全性维度意义接近，对于儿童和青少年，相信和依赖他们的朋友是友谊的核心特征之一[①]。信任感是朋友在长期交往中，由于双方"言必信、行必果"的实际行动积累起来的。

冲突性是指朋友间因在思想和行为上的不一致性而形成的一种对立状态。当儿童一方对另一方的行为、想法或言语提出反对意见时，往往同伴间的冲突就产生了，如"我们会为一点小事争吵"，"我把他的笔弄坏了，他就生气了"，等等。与以往国内外友谊质量的结构进行比较发现，从幼儿到初中生的友谊质量结构中都包含这一维度[②]，可见冲突性是友谊质量的一个重要维度。

重要性是指渴望得到朋友更多的关注和接纳，是对友谊关系的认可和积极反馈，体现了朋友在对方心中的重要地位，例如，"每次出去玩，她都先找我"。儿童的友谊让彼此体验到了自己在朋友心中的优先性，不仅会提升其自我价值感，更能够加强朋友间的喜爱和依恋，是促进和巩固友谊关系的情感纽带。

沟通性是指朋友之间在思想与感情上的交流，例如，"他总是能给我讲我喜欢的故事"，"我们遇到问题经常在一起商量"，等等。沟通满足了彼此互动的需求，使朋友双方感到愉快与满意。有研究表明，较高的语言能力是高友谊质量的重要条件[③]。所以，在日常生活中，我们要有针对性地提高儿童的语言能力，进而促进其与朋友之间的沟通。沟通有助于促进友谊关系的发展、改变和维持。

陪伴娱乐性是指朋友间经常一起活动或互相陪伴。理论与实证研究都强调在一起玩和陪伴是友谊关系中的一个最基本的特征，并认为其是友谊关系的成分[④]。有研究表明，当问及儿童和青少年"友谊是什么"时，陪伴与娱乐是为数不多的两个年龄段的儿童都提到的友谊特征[⑤]。能与同伴在一起娱乐、玩耍是孩子增加友谊

---

① Bukowski, W. M., et al. Measuring friendship quality during pre-and early adolescence: The development and psychometric properties of the Friendship Qualities Scale. Journal of Social and Personal Relationships, 1994, 11 (3), 471-484.

② Ladd, G. W., et al. Friendship quality as a predictor of young children's early school adjustment. Child Development, 1996, 67 (3), 1103-1118；于海琴、周宗奎：《儿童的两种亲密人际关系：亲子依恋与友谊》，《心理科学》2004年第1期，第143-144页；邹泓、周晖、周燕：《中学生友谊、友谊质量与同伴接纳的关系》，《北京师范大学学报（社会科学版）》1998年第1期，第43-50页；Parker, J. G., Asher, S. R. Friendship and friendship quality in middle childhood: Links with peer group acceptance and feelings of loneliness and social dissatisfaction. Developmental Psychology, 1993, 29 (4), 611-621.

③ Botting, N., Conti-Ramsden, G. The role of language, social cognition, and social skill in the functional social outcomes of young adolescents with and without a history of SLI. British Journal of Developmental Psychology, 2008, 26 (2), 281-300.

④ Buhrmester, D., Furman, W. The development of companionship and intimacy. Child Development, 1987, 1101-1113.

⑤ Berndt, T. J. The features and effects of friendship in early adolescence. Child Development, 1982, 1447-1460.

经验的一种重要途径。

2. 小学生友谊质量各维度的内在关系

友谊质量的 6 个维度是相互联系的有机整体。从各个成分上看，信任感是友谊的基础，只有双方相互信任，彼此忠诚对待，才可能建立更亲密、更真挚的友谊。冲突性、沟通性是形成友谊关系的催化剂，影响着友谊关系的发展、改变和维持。在儿童交往中，朋友之间发生冲突是不可避免的[1]，未解决的矛盾可能会暂时影响朋友之间的友谊质量，但如果双方能够很好地沟通、相互了解，可能会缓解双方之间的矛盾。常言道："不打不相识。"解决好冲突，朋友就会"和好如初"，从而形成高质量的友谊。陪伴娱乐性是形成友谊的重要途径，特别是对于低年级的儿童而言，虽然其已经进入了学龄期，但与朋友之间的交往主要体现在陪伴与娱乐上，他们在共同参与的游戏活动中相互了解，提高友谊质量。重要性是提升友谊质量的情感纽带，而支持性是友谊质量的最高表现形式。

（二）小学生友谊质量发展特点

1. 小学生友谊质量年级发展特点

小学生与同伴的关系是逐渐建立起来的，从年级发展上看，小学生友谊质量总体随着年级的升高呈上升趋势，具体来分析，低、中年级儿童之间的差异不显著，中、高年级儿童之间的友谊质量提升迅速，且高年级儿童的友谊质量显著高于中年级儿童。深入分析友谊质量的发展规律，究其原因可能有以下两方面。

首先，受观点采择能力发展的影响。在小学儿童认知、理解他人的行为过程中，角色采择技能的发展起着重要的作用[2]。在塞尔曼（Celman）提出的儿童观点采择发展阶段中，中、高年级儿童的观点采择能力基本处于相互性角色采择阶段（10～12 岁），这一阶段的儿童能够考虑自己和他人的观点，以一个客观的旁观者的身份来解释和反应。因此，中年级到高年级儿童在与朋友交往时，能准确地理解和推断朋友的行为，这有助于建立良好的交往关系，进而儿童更善于协调自己的行为，促进与朋友之间关系的维持和发展。

其次，受儿童交往需要变化的影响。以往的研究认为，6～9 岁儿童的交往特点是被同伴群体接纳的需要日益增加[3]，这个年龄段的儿童经常与许多同伴在一

---

[1] 吴鹏、刘华山、刁春婷：《青少年攻击行为与友谊质量的交叉滞后回归分析》，《心理学探新》2012 年第 1 期，第 49-54 页。

[2] 林崇德：《发展心理学》，人民教育出版社 1995 年版，第 317 页。

[3] Parker, J. G., et al. Peer relationships, child development, and adjustment: A developmental psychopathology perspective. In D. Cicchetti & D. J. Cohen (Eds.), Developmental Psychopathology Theory and Method (p. 435). New York: Wiley, 2006.

起玩耍。进一步分析通过采用小学生友谊质量开放式问卷收集的资料归纳而成的类属发现,小学低、中年级朋友之间的关系以玩伴型为主,即友谊关系以陪伴娱乐性为主,冲突较多,与特定的朋友交往时间短、稳定性弱,因此友谊质量相对较低。从中年级到高年级,陪伴娱乐性、冲突性水平迅速下降,而支持性水平的上升趋势明显,朋友之间的关系逐渐发展为密友型。有研究者认为,9~12岁,儿童的需要由被同伴群体认可的一般需要转变为对特定的朋友之间亲密关系的需要[1]。高年级儿童朋友之间的交往强调心理上的互惠,心理的互惠有助于建立持久的、稳定的友谊关系[2],因此这个阶段的友谊质量迅速提升。

2. 小学生友谊质量性别发展特点

从研究结果来看,总体上小学生友谊质量具有性别差异,并且是女生得分高于男生。下面分析这种性别差异的产生原因。

从男女孩的交往形式来看,男孩往往形成"帮",而女孩往往形成"对",即男孩经常在群体中进行竞争游戏或体育运动,而女孩经常与某一同伴建立持久的、更具合作性的友谊关系[3]。在同一时间里,对更多朋友的投入可能会降低这些关系的质量和稳定性,更小的朋友圈子会增强关系的亲密性[4]。有研究者认为,女孩好朋友之间比男孩好朋友之间更愿意分享彼此的秘密,互相倾吐心声,进行自我表露[5],以上原因都有可能使女生比男生更容易建立起比较稳定的、亲密的、持久的个体间的友谊关系,友谊质量也更高。

从各个维度来看,不同性别在支持性 $[F(1, 694)=10.117, p<0.01]$、信任感 $[F(1, 694)=4.365, p<0.05]$ 和重要性 $[F(1, 694)=8.012, p<0.01]$ 维度上存在显著差异,且均为女生的水平高于男生,沟通性、陪伴娱乐性及冲突性在性别上的差异不显著($ps>0.05$)。

以往研究表明,与女孩相比,在肯定与关心,帮助与指导方面,男孩报告的

---

[1] Parker, J. G., et al. Peer relationships, child development, and adjustment: A developmental psychopathology perspective. In D. Cicchetti & D. J. Cohen (Eds.), Developmental Psychopathology Theory and Method (p. 435). New York: Wiley, 2006.

[2] 林崇德:《发展心理学》,人民教育出版社1995年版,第190-318页。

[3] Rose, A. J. Structure, content, and socioemotional correlates of girls, and boys, friendships: Recent advances and future directions. Merrill-Palmer Quarterly, 2007, 53, 489-506; Landsford, J. E., Parker, J. G. Children's interactions in triads: Behavioral profiles and effects of gender and patterns of friendship among members. Developmental Psychology, 1999, 35, 80-93.

[4] Poulin, F., Chan, A. Friendship stability and change in childhood and adolescence. Developmental Review, 2010, 30, 257-272.

[5] 张文新:《儿童社会性发展》,北京师范大学出版社1999年版,第164-173页。

分数显著低于女孩。①这与我们的研究结果相一致,即女生在支持维度上的得分显著高于男生。思考其深层原因,并不是男生没有能力去表达情感和行为上的支持,在一定程度上,文化起着重要的作用。我国文化是不鼓励男性之间表达亲密的,在这种特定的文化背景中,性别角色规范和塑造了两性的行为,从而支持性的性别差异可能就由此产生了。

本次研究结果表明,在重要性和信任感维度上存在性别差异,且女生得分高于男生。有研究者认为,女性的友谊是整体的,涵盖许多方面的经历,而男性的友谊是有限的,做不同的事情有不同的伙伴②。也正因为如此,女生往往把与自己关系最好的朋友看得更重要一些,同时也会更在乎自己在对方心中的地位,而对于男生,他们做不同的事情有不同的伙伴,相对来说,特定的好朋友的重要性及信任的程度相对弱一些。在信任感维度上,本次研究结果表明,女生得分高于男生,这与以往研究发现的女生比男生更强调情感相融与信任相一致③。

本次研究结果表明,冲突性在性别上的差异不显著。男女两性的攻击性可能是产生冲突的原因。一般认为,男孩的身体攻击水平高于女孩,但研究者发现,女孩更容易使用冷落他人、忽视他人、故意破坏他人的人际关系等隐蔽的方式进行攻击,她们可能会以不同的攻击方式引起冲突。

沟通性在性别上的差异不显著。女生之间比男生之间更容易谈论其对自己所处亲密关系的感觉及生活中其他个人化的事情,相比之下,男生会谈论非个人化的事情,男生和女生的交流内容不同,有时他们会以不同的方式去沟通,但最终的沟通程度和结果可能并没有什么差异。

在描述男性和女性之间友谊的差异时,赖特(Wright)区分了友谊中的媒介(如活动)和交流(如亲密性、表达性、自我表露),认为男性与女性在第一维度上的差异是微小的,而在第二维度上的差异才是较大的④。这与我们的研究结果中陪伴娱乐在性别上的差异不显著较为一致,我们的研究为其提供了实证数据方面的支持。

---

① Parker, J. G., Asher, S. R. Friendship and friendship quality in middle childhood: Links with peer group acceptance and feeling of loneliness and dissatisfaction. Development Psychology, 1993, 29 (4), 611-621.
② Buhrmester, D., Prager, K. Patterns and functions of self-disclosure during childhood and adolescence. In: K. J. Rotenberg (Eds.), Disclosure Processes in Children and Adolescents (pp. 10-77). Cambridge: Cambridge University Press, 1995.
③ 劳拉·E. 贝克:《儿童发展》,吴颖等译,江苏教育出版社2002年版,第653页。
④ Wright, P. H. Toward an expanded orientation to the study of sex differences in friendship. In: D. J. Canary,, K. Dindia (Ed.), Sex Differences and Similarities in Communication: Critical Essays and Empirical Investigations of Sex and Gender in Interaction (pp. 41-63) .. Mahwah: Lawrence Erlbaum Associates, 1998.

（三）未来研究方向

本次研究对小学生的友谊质量结构和发展特点进行了考察，但仍然有一些重要问题需要在未来的研究中探讨。首先，以往的研究指出，友谊关系有一个产生、发展与终止的过程[①]。那么，在不同的年龄阶段，友谊质量是如何随着时间的变化而变化的？将来可采用纵向研究设计，对友谊质量总体和不同性别动态发展轨迹进行考察。其次，儿童与同性别的朋友或者与异性朋友之间的友谊质量是否可能存在独特性？不同社交网络的（班级内朋友、班级外朋友但在校内或者校外等）朋友之间的友谊质量又如何？同龄与混龄朋友之间的友谊质量是否有异同？等等，在未来研究中，可以继续对这些问题进行深入研究。

综上所述，本次研究结论如下：①小学生友谊质量由支持性、信任感、冲突性、陪伴娱乐性、重要性、沟通性6个维度组成。②"小学生友谊质量问卷"具有较理想的信、效度，可作为评定小学生友谊质量的有效工具。③小学生友谊质量总体随年级的升高而提升，且中年级到高年级发展迅速。④小学生友谊质量总体存在性别差异，且女生的友谊质量高于男生。

---

① Asher, S. R., et al. Distinguishing friendship from acceptance: Implications for intervention and assessment. In W. M. Bukowski,, et al（Eds.）, The Company they Keep: Friendship in Childhood and Adolescence（pp. 367-370）. Cambridge: Cambridge University Press, 1996.

第九章

人格发展与重金属音乐的关系

社会文化是影响儿童、青少年人格发展的宏观社会环境，我们以往进行了跨文化比较研究，发现文化背景对幼儿人格具有影响。本章从亚文化角度考察重金属音乐（heavy metal music）对个体抑制能力的影响。

第一节 背景中的重金属音乐速度对青少年冒险行为的影响

一、引言

重金属音乐是一种出现于20世纪70年代的音乐风格。这种音乐在20世纪80年代以后的美国日渐流行，随后在世界范围内广泛传播。像Metallica（金属乐队）、Iron Maiden（铁娘子乐队）等知名乐队的唱片销量都已超过2亿张，并且拥有大量的青少年乐迷。重金属音乐在青少年中有着广泛的影响力，许多青少年自称是重金属音乐爱好者。这种音乐在演奏时会采用较大的音量和较快的节奏[①]。有研究发现，比起喜欢其他音乐风格的同龄人，喜欢重金属音乐的青少年会出现更多的冒险行为。男性重金属音乐乐迷会有更大概率出现危险驾驶、无保护性行为和药物滥用行为。

斯坦伯格（Steinberg）从发展认知神经科学的角度提出了青少年冒险行为的双系统模型（dual systems model），认为冒险行为的产生主要与大脑中的社会-情

---

① Arnett, J. Heavy metal music and reckless behavior among adolescents. Journal of Youth and Adolescence, 1991, 20 (6), 573-592.

感奖赏系统和认知控制系统有关[1]。有研究发现，音乐速度会诱发更强的电生理反应。在不同速度的摇滚乐背景下，被试的皮肤电传导水平显示，快速音乐比慢速音乐有更强的激活[2]。

对于音乐速度与冒险行为之间的关系，存在两种观点：一种观点认为，较快的音乐速度会占用更多的认知资源。汤普森（Thompson）等考察了背景音乐的播放速度和音量对阅读理解的影响，发现二者存在显著的交互作用，当播放快速且音量大的音乐片段的时候，对阅读理解带来的干扰最强。快节奏和大音量正是重金属音乐的两个最为典型的特征。从认知资源理论的角度看，如果背景音乐是属于高唤醒（快节奏、大音量）类型，其占用的认知资源也会增多，从而导致阅读理解时的认知控制资源不足，注意力无法集中，从而干扰了阅读理解的结果[3]。另一种观点则认为，快速的音乐背景会诱发较快的思维速度，进而导致冒险水平的升高。钱德勒（Chandler）等进行了一些思维速度对冒险行为影响的实验，发现通过控制被试的文字阅读速度，可以改变其思维速度，快速的思维速度会引起较严重的冒险行为结果[4]。他们还通过播放不同速度的影片来诱发不同的思维速度，得出了类似的结论。

到底是由于有冒险倾向的个体主动选择听重金属音乐，还是因为选择了重金属音乐而使得个体变得更爱冒险？本章将从重金属音乐的内部变量——音乐速度入手，分两个实验考察音乐速度对冒险行为的影响以及认知控制在其中的作用。

本次研究从音乐的内部变量（音乐速度）的角度考察其对冒险行为的影响。通过改变背景中重金属音乐的速度（快速/慢速），考察个体在完成气球模拟冒险任务（The Balloon Analog Risk Task，BART）时的冒险水平的差异。

二、研究方法

（一）被试

被试为大连市一所初中的 21 名初二年级学生（男生 10 名，女生 11 名），年

---

[1] Steinberg, L. A dual systems model of adolescent risk-taking. Developmental Psychobiology, 2010, 3SI (52), 216-224; Steinberg, L. A social neuroscience perspective on adolescent risk-taking. Developmental Review, 2008, 28 (1), 78-106.

[2] Dillman, C., et al. Effects of music on physiological arousal: Explorations into tempo and genre. Media Psychology, 2007, 10 (3), 339-363.

[3] Carretti, B., et al. Role of working memory in explaining the performance of individuals with specific reading comprehension difficulties: A meta-analysis. Learning and Individual Differences, 2009, 19(2), 246-251; Thompson, W. F., et al. Fast and loud background music disrupts reading comprehension. Psychology of Music, 2012, 40 (6), 700-708.

[4] Chandler, J. J., Pronin, E. Fast thought speed induces risk taking. Psychological Science, 2012, 23 (4), 370-374.

龄为 13～15 岁（*M*=14.17，*SD*=0.42）。

（二）工具

1. 知觉到的音乐播放速度量尺

被试在 0～100 的量表尺上选择自己对音乐片段播放速度的感知，并被要求从 0～100 中（0 代表非常慢，100 代表非常快）选择代表其感知到的背景音乐速度的数字。

2. 正性负性情绪问卷

正性负性情绪问卷（PANAS）由沃森（Watson）等编制[①]，后经黄丽等[②]修订为中文版本。该问卷由 20 个反映情绪的形容词组成，包含了正性情绪因子和负性情绪因子。正性情绪因子和负性情绪因子的克龙巴赫 α 系数分别为 0.85、0.83。我们考虑有研究认为 PANAS 的分数可能与冒险行为有关，因此本次实验也将其作为一个变量加以考察。

3. 冒险行为

采用修改后的勒居斯（Lejuez）的 BART。该任务要求被试为一个随时可能爆炸的气球充气，每组实验总共 30 个气球。每为气球充气 1 次，被试就会得到 1 分钱的奖励。充气次数越多，被试获得的奖励就越多；但是气球一旦爆炸，被试就无法获得奖励。被试为所有气球的平均充气次数、为未爆炸气球的平均充气次数，以及气球爆炸次数都会在软件中被自动记录下来。这些参数与在以往研究中发现和现实生活中的冒险行为（例如，药物滥用、赌博、吸烟、无保护性行为等）都有显著的高相关。

4. 音乐片段

本次研究采用美国著名金属乐队 Metallica 的歌曲 *For Whom the Bell Tolls*（"丧钟为谁而鸣"）中的前 1min 59s 作为诱发材料。Metallica 组建于 1981 年，是世界上杰出的、影响较大的重金属乐队之一。该音乐片段是 4 个连复段的纯器乐片段，从专辑的 MP3 中截取正常倍速（120bpm）的片段。随后，通过专业音乐软件 Adobe Audition 2 对音乐进行拉伸，得到了慢速（90bpm）和快速（150bpm）的音乐片段。实验中，通过笔记本电脑中的 foobar 音乐播放软件播放音乐片段，采用 Sennheiser

---

① Watson, D., et al. Development and validation of brief measures of positive and negative affect: The PANAS Scales. Journal of Personality and Social Psychology, 1988, 54 (6), 1063-1070.
② 黄丽、杨廷忠、季忠民：《正性负性情绪量表的中国人群适用性研究》，《中国心理卫生杂志》2003 年第 1 期，第 54-56 页。

PX80 空气动圈耳机收听，音量恒定为 70dB。

（三）程序

本次研究采用单因素 2 个水平的被试内设计。实验分为 3 组，每组之间休息 5min。第 1 组为练习阶段，要求被试在不听音乐的情况下完成一组 BART 实验。第 2、3 组分别随机给被试播放慢速和快速两种速度的音乐片段，要求被试边听音乐边完成 BART 任务。被试完成每组任务后都要求其填写一份问卷，问卷包括对知觉到音乐播放速度、知觉到思维速度、即时情绪体验的评定和对音乐风格的判断。采用 SPSS21.0 对数据进行重复测量方差分析。

三、研究结果

被试在两种音乐背景下完成 BART 的相关指标的描述统计结果见表 9-1。

表 9-1　不同音乐背景下 BART 的相关指标描述统计（$N=21$）

音乐背景	感知到的音乐速度 $M(SD)$	所有气球充气次数 $M(SD)$	未爆炸气球充气次数 $M(SD)$	积极情绪 $M(SD)$	消极情绪 $M(SD)$
快速	70.29（18.22）	32.41（10.66）	37.88（14.11）	30.95（9.28）	16.24（6.90）
慢速	50.24（19.07）	29.57（10.47）	34.48（13.94）	29.24（10.04）	16.76（5.68）

对被试在两种音乐背景下感知到的音乐速度、所有气球平均充气次数、未爆炸气球平均充气次数、积极情绪和消极情绪 5 个因变量进行重复测量方差分析，结果见表 9-2。

表 9-2　重复测量方差分析结果（$N=21$）

变量	SS	df	MS	F	η^2
感知到的音乐速度	4220.02	1	4220.02	13.11	0.40
所有气球平均充气次数	84.69	1	84.69	8.95	0.31
未爆炸气球平均充气次数	121.14	1	121.14	12.04	0.38
积极情绪	30.86	1	30.86	1.61	
消极情绪	2.88	1	2.88	0.43	

被试对于不同音乐背景中音乐速度的知觉存在显著差异。被试在快速音乐背景下感知到的音乐速度比慢速音乐背景下要快[$F(1,20)=13.11, p<0.01, \eta^2=0.40$]，说明实验材料具有明显的区分度，自变量操作是有效的。

被试在快速音乐背景下为所有气球的平均充气次数（不论气球爆炸与否）显

著多于慢速音乐背景 [$F(1, 20)=8.95$，$p<0.01$，$\eta^2=0.31$]。在爆炸气球的平均充气次数上，快速音乐背景下也显著多于慢速音乐背景 [$F(1, 20)=12.04$，$p<0.01$，$\eta^2=0.38$]，见图9-1。

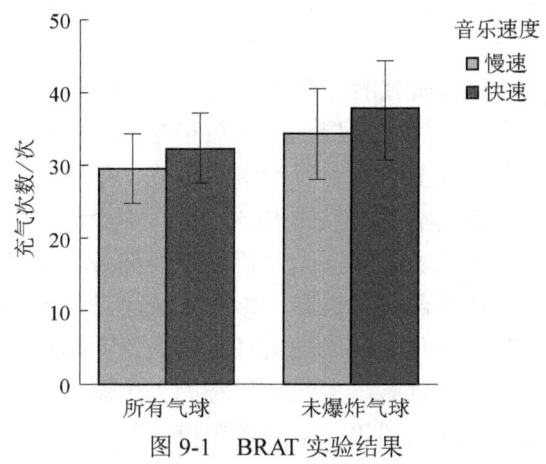

图9-1　BRAT实验结果

被试在两种音乐背景下产生的积极情绪与消极情绪之间不存在显著差异，表明情绪与冒险行为之间并无直接联系。

四、讨论与结论

（一）实验任务及情境操作的适用性分析

本实验是通过播放不同速度的音乐片段来对自变量进行操纵的。重金属音乐的一个重要特点就是速度略快，而这种材料更容易获得，也可以精确操控，因此本次实验将不同速度的重金属音乐背景作为实验操纵的自变量。在每组实验后，从被试对于感知到的音乐速度评价上看，被试感知到的背景音乐速度差异显著，说明实验的自变量操纵是有效的。

有研究表明，音乐与语言激活的大脑部位是有差异的，不规则的和弦会诱发早期右前侧出现负电位事件相关电位（early right anterior negativity，ERAN），而不规则的语句则会诱发早期左前侧出现负电位事件相关电位（early left anterior negativity，ELAN）。本次实验不关心音乐和语言的差异，因此在实验材料上只选取了纯器乐片段。考虑到以后可以跟带有人声的音乐做对比，本次实验并没有直接选取一整首纯器乐的作品，而是从著名的作品 *For Whom the Bell Tolls* 中截取了前奏中的无人声的4个连复段，而人声部分可以继续取后面的4个连复段。考虑到有研究发现音乐的音量也会影响注意力，从而影响文本阅读[①]，本次实验也将背景音乐的音量保持为 70dB，仅仅改变音乐的速度，来考察其对冒险行为的影响。同时，考虑到同样的音乐可能会带给被试不同的情绪体验，本次实验在每组实验之后，对被试体验到的情绪进行评估，发现在两种音乐背景下，不管是正性情绪还是负性情绪都没有显著差异。

BART 任务是冒险行为研究的经典实验范式，已经有大量的研究对其信、效度进行过探讨。虽然本书综述中还提到过爱荷华赌博任务、汽车驾驶游戏任务、信号灯任务，以及交通灯任务等冒险行为研究范式，但是综合来看，对于本次实验来说，BART 有其他范式不可比拟的优势。本次实验要求被试在音乐背景下完成任务，需要给被试足够的思考时间。爱荷华赌博任务、信号灯任务、交通灯任务等范式都是要求被试在瞬间做出选择，给予被试思考的时间不足。汽车驾驶游戏任务虽然与 BART 有些类似，风险随着任务的进行而增加，而且随着风险的提高，被试的决策时间也可以延长，但是该任务的每个试次的持续时间仍然过短，不如 BART 可以完全控制实验进度。音乐的影响一般较为迟缓，因此需要实验任务有足够的时长。对比其他几项任务，被试在 BART 任务中可以听得更久一些（平均实验时长为 10min 以上）。因此，本次实验采用 BART 更加细致地考察个体在不同速度的重金属音乐背景下的冒险程度。

（二）背景音乐速度对冒险行为的影响

从结果上看，不管是所有气球的平均充气次数还是未爆炸气球的平均充气次数，在两种音乐背景下都出现了显著的差异，说明在快速音乐背景下被试会出现更多的冒险行为。这可能是由两种原因导致的：第一种可能是背景音乐速度诱发了被试快速的思维速度，进而导致了冒险行为的增加。钱德勒（Chandler）等曾经用文字材料和视频材料诱发被试快速的思维速度，来考察其冒险行为的变化[②]。他们通过调节文字材料的呈现速度来调节被试的阅读速度，进而改变其思维速度，发现文字材料呈现的速度越快，个体在随后的 BART 任务中的冒险水平越高。随后，他们又让被试先观赏一段视频，然后完成 BART 任务。同样，其还发现，在观看完快速视频材料之后的那组被试进行 BART 任务时，冒险水平更高。因此，他们认为快速的视觉刺激可以促使个体快速做出反应，从而诱发出快速的思维速度。这种思维速度会怂恿个体做出更加大胆的行为，并阻止个体考虑行为的消极后果。他们认为思维速度是决定个体情绪和行为的关键。另一种可能则是快速的背

[①] Thompson, W. F., et al. Fast and loud background music disrupts reading comprehension. Psychology of Music, 2012, 40（6），700-708.

[②] Chandler, J. J., Pronin, E. Fast thought speed induces risk taking. Psychological Science, 2012, 23（4），370-374.

景音乐干扰了被试的认知控制系统,从而无法抑制其做出冒险行为的冲动。汤普森(Thompson)等的研究发现,在快速和大声的音乐背景下,个体的文本阅读能力会受到干扰[①]。当单位时间内的音乐片段包含更多的音乐信息时,其会在个体有限的注意资源中占据更大的比例。大的背景声音使得个体很难去忽略这种信息。慢速的音乐则可以给予持续自发注意资源恢复时间,即便声音很大,也不会耗费太多注意资源。但是,这种恢复在快速音乐背景下几乎不可能出现,因此个体在快速音乐背景下的注意力难以集中。对于这两种解释,从斯坦伯格(Steinberg)的双系统模型角度来看,其更倾向于认同认知资源受到占用的观点。因此,在第二节,我们将考察音乐速度对认知控制的影响。

第二节 背景中的重金属音乐速度对认知控制影响的事件相关电位研究

一、研究目的

本次实验的目的在于通过被试在不同速度的重金属音乐背景中完成简单视觉 Go/No-Go 实验的脑电成分(N2、P3)的差异,考察重金属背景音乐对认知控制影响的电生理特征的差异。

二、研究方法

(一)被试

被试是大连市某中学的初二年级学生。该学校是本书研究的合作研究基地。在取得学校主要领导的同意后,在家长会上向家长讲解实验的具体过程,并发放家长知情同意书,请同意参加实验的家长签字后留下联系方式,实验前预约测试时间。研究共选取初二年级学生 29 人,要求被试男女比例大致相当,为右利手,视力或矫正视力均在 1.0 以上,无脑部损伤史及神经系统疾病史。在脑电数据筛查后,共保留 17 名有效被试(11 名男生,6 名女生),被试的年龄分布为 12~15 岁(M=13.70,SD=0.61)。每位家长在实验后会得到反馈报告,以及自我控制的相关培养建议。每名被试在实验后会得到一个精美的塑料水杯作为礼物。

[①] Thompson, W. F., et al. Fast and loud background music disrupts reading comprehension. Psychology of Music, 2012, 40 (6), 700-708.

（二）工具

1. 音乐片段

采用笔记本电脑中的 foobar 2000 软件在漫步者 2.1 音响上播放音乐片段，音量恒定为 70dB。

2. 对音乐片段的主观认知

采用量表尺对实验中被试对播放的音乐片段的喜欢程度及感知到的音乐速度进行评估。要求被试在 0～100 的量表尺上选择自己对该音乐片段的喜欢程度/播放速度的感知，从 0～100 中（0 代表"非常不喜欢/慢"，100 代表"非常喜欢/快"）选择代表其感知到的背景音乐速度的数字。

3. 思维速度

采用量表尺对被试在完成实验时的思维速度进行评估。被试在 0～100 的量表尺上选择自己在完成实验时对思维速度的感知，并被要求从 0～100 中（0 代表"非常慢"，100 代表"非常快"）选择代表其思维速度的数字。

4. Go/No-Go 范式

如图 9-2 所示，认知控制的评估采用经典的 Go/No-Go 范式[1]，该程序采用 E-Prime 1.0 软件在 19 英寸[2]液晶计算机显示器上呈现。实验总共分为 3 组，包括练习组和快速与慢速两种音乐背景下的正式实验组，正式组实验之间休息 10min。练习组包括 15 个试次，每个正式实验组包括 300 个试次，每 100 个试次后有一段休息时间。

实验包括 Go 和 No-Go 两种刺激，其中 Go 刺激出现的比例为 80%，No-Go 刺激出现的比例为 20%，两种刺激采用完全随机方式呈现。刺激物为灰色背景下的等边三角形。每个刺激物大小相同，为高 4.34cm、底边长为 5.01cm（图 9-2 位为示意图，非原图）的等边三角形。刺激物呈现在显示器中心，视距为 100cm，水平和垂直视角约为 3.6°。

如图 9-2 所示，每个试次中，屏幕上首先出现持续时间为 400～600ms 的注视点。实验刺激在注视点后出现，持续时间恒定为 100ms，随后呈现 1000ms 的空屏。在练习阶段，被试做完反应以后，会立刻呈现反应正确与否的反馈。待被试熟悉实验任务后，告知正式实验没有反馈，完成一个试次后紧接着进入下一个试

---

[1] Wiersema, J. R., Roeyers, H. ERP correlates of effortful control in children with varying levels of ADHD symptoms. Journal of Abnormal child Asychology，2009，37（3），327-336.
[2] 1 英寸≈2.54 厘米。

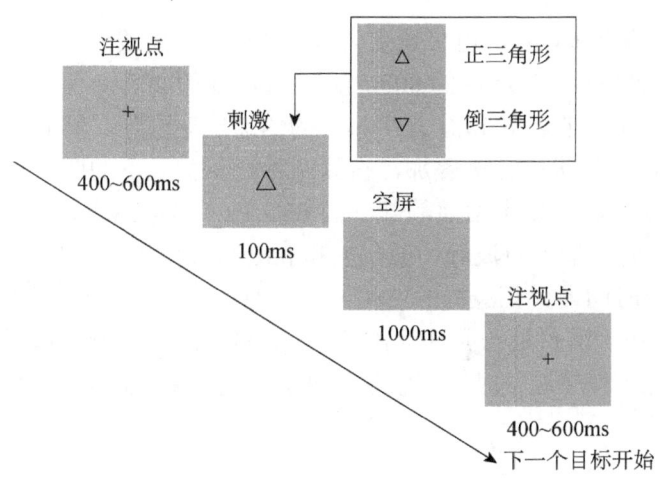

图 9-2 Go/No-Go 脑电实验流程图

次。两个刺激间隔的时间固定为 1600ms。

要求被试在看到实验刺激后，快速、准确地在键盘上按键做出反应（Go 刺激按 1 键，No-Go 刺激不按键）。对被试进行随机匹配，一半被试对正立的三角形做按键反应，对倒立的三角形不按键；另一半被试则相反。每组正式实验的总时长大约为 20min。

（三）实验过程与离线分析

实验在暑假进行，实验前 1～7 天联系被试家长，预约实验时间，要求家长带孩子到实验室，并且可以在控制室全程陪同，但实验过程中不允许与被试交流。实验前，由主试带被试熟悉实验室，介绍实验器材和实验目的，消除被试因为对于实验设备的不熟悉产生的恐惧心理，建立双方的信任关系，并告知被试如果在实验过程中身体不适，可随时停止实验。实验室隔音良好，灯光柔和，温度控制在 28℃。

实验前，对被试的头发和头皮进行清洁，并用电吹风机吹干，给被试佩戴好电极帽，要求电极点的阻抗小于 5kΩ，要求被试在实验过程中保持身体和头部静止，实验中不能说话，尽量不要眨眼。告知被试在看到刺激后，快速、准确地做出反应。

本实验采用 Brain Products 公司生产的脑电信号记录系统，通过 64 导电极帽来收集脑电信号。记录数据滤波带宽为 0.1～100Hz，采样频率为 250Hz/导，头皮阻抗小于 5kΩ。采用 E-Prime 1.0 程序同时记录行为指标，即被试的反应时和正确率。水平眼电由右眼外侧安置的电极记录，垂直眼电由左眼眶下的电极记录，前额 FPz 和 Fz 中点接地，参考电极设定为双耳乳突点。离线分析的时程为 1000ms，包括刺激前的 200ms 和刺激后的 800ms。将刺激前的 200ms 平均电压作为基线，在去除眼电伪迹后，将波幅超过 ±100μV 的伪迹自动剔除。然后，将不同背景下的正确反应脑电信号进行分类叠加，得到两种音乐背景下的两类脑电刺激。参考以往研究，本次实验主要考察前额部分的 F3、Fz 和 F4 点的 N2 成分（刺激出现后 200~300ms 时的最大负波峰的波幅）和 P3、Pz 和 P4 点的 P3 成分（刺激出现后 300~500ms 时的最大正波峰的波幅），并计算二者的差异波。此外，将 N2 和 P3 之间的时长作为潜伏期一并计算出来[①]。实验行为数据所需指标，即反应的正确率，由 E-Prime 程序运行时同步收集。对于研究结果，采用 SPSS 21.0 软件包进行方差分析。

三、研究结果

（一）对音乐片段的感知

对被试知觉到的两种背景音乐的速度、喜欢程度和在两种背景下完成任务时的思维速度分别进行重复测量方差分析，见表 9-3。被试在快速音乐背景下感知到的音乐速度（M=74.47，SD=17.00）显著快于慢速音乐背景（M=49.12，SD=16.70）[F（1,16）=26.47，p<0.001，η^2=0.62]。被试对于两种音乐的喜欢程度和完成任务时的思维速度没有显著差异。

表 9-3 重复测量方差分析结果（N=17）

变量	SS	df	MS	F	η^2
感知到的音乐速度	5463.56	1	5463.56	26.47***	0.62
对音乐的喜欢程度	188.24	1	188.24	0.59	
思维速度	0.74	1	0.74	0.003	

（二）不同音乐背景下的 Go/No-Go 实验正确率

两种音乐背景下，被试在 Go 和 No-Go 条件下的正确率描述统计见表 9-4。

表 9-4 两种音乐背景下 Go 和 No-Go 的正确率（N=17）

统计指标	快速音乐		慢速音乐	
	Go	No-Go	Go	No-Go
M	0.95	0.76	0.97	0.91
SD	0.07	0.04	0.03	0.03

[①] Bokura, H., et al. Electrophysiological correlates for response inhibition in a Go/NoGo task. Clinical Neurophysiology, 2001，112（12），2224-2232.

采用2（背景音乐速度：快、慢）×2（抑制条件：Go、No-Go）的两因素重复测量方差分析，对被试的正确率进行比较，结果见表9-5。

表9-5 行为实验正确率重复测量方差分析表（N=17）

变异来源	SS	df	MS	F	η^2
背景音乐速度	0.12	1	0.12	67.73***	0.81
抑制条件	0.27	1	0.27	340.95***	0.96
背景音乐速度×抑制条件	0.07	1	0.07	200.29***	0.93

通过表9-5可以看到，背景音乐速度的主效应显著[$F(1, 16)=67.73$, $p<0.001$, $\eta^2=0.81$]；抑制条件的主效应显著[$F(1, 16)=340.95$, $p<0.001$, $\eta^2=0.96$]；背景音乐速度与抑制条件的交互作用显著[$F(1, 16)=200.29$, $p<0.001$, $\eta^2=0.93$]。进一步做简单效应分析，并结合图9-3，可以发现在Go条件下，在快速音乐与慢速音乐背景下，被试的正确率的差异不显著[$F(1, 16)=1.92$, $p=0.19$]；在No-Go条件下，被试在快速音乐背景下的正确率显著低于慢速音乐背景下的正确率[$F(1, 16)=360.96$, $p<0.001$, $\eta^2=0.96$]。

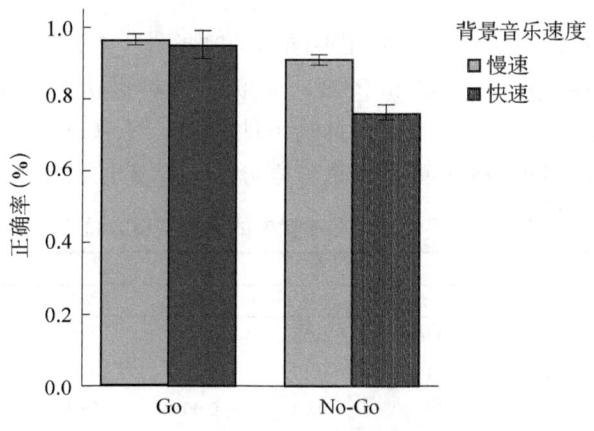

图9-3 不同抑制条件下被试的正确率

（三）脑电数据结果

以往采用Go/No-Go的事件相关电位研究主要考察了N2和P3成分。本实验被试在不同音乐背景下完成Go/No-Go任务时，均成功地诱发出了这两个成分。其中，N2脑电波主要分布在前额叶，主要对应的电极点为F3、Fz、F4；P3脑电波主要分布在顶叶区域，主要对应的电极点为P3、Pz、P4。本实验采用以上几个电极点的N2和P3成分的总平均波幅和峰潜伏期作为因变量指标，描述统计结果见表9-6。

表 9-6　N2 和 P3 平均波幅和峰潜伏期的描述统计（N=17）

项目			N2			P3		
			F3	Fz	F4	P3	Pz	P4
平均波幅 （μV）	慢速背景	Go 条件	6.03 (2.13)	6.16 (2.00)	6.13 (1.70)	9.83 (2.93)	9.85 (2.39)	9.79 (1.48)
		No-Go 条件	6.12 (2.48)	6.11 (2.45)	6.10 (2.08)	12.55 (2.81)	12.64 (2.87)	12.46 (2.65)
	快速背景	Go 条件	5.63 (2.00)	5.64 (2.00)	5.67 (1.93)	8.51 (3.45)	8.53 (2.93)	8.44 (1.53)
		No-Go 条件	6.13 (2.11)	6.13 (2.06)	6.21 (2.17)	11.83 (2.71)	12.44 (3.25)	12.00 (2.62)
峰潜伏期 （ms）	慢速背景	Go 条件	213.71 (30.14)	214.12 (28.66)	215.06 (25.84)	275.00 (23.40)	274.24 (24.59)	274.82 (24.99)
		No-Go 条件	252.06 (24.72)	249.59 (26.49)	249.82 (23.26)	310.06 (25.49)	310.00 (22.70)	310.29 (40.94)
	快速背景	Go 条件	229.12 (39.10)	229.35 (37.58)	230.59 (29.86)	215.18 (21.10)	215.53 (34.58)	215.12 (32.33)
		No-Go 条件	278.65 (27.66)	280.18 (25.55)	281.18 (44.46)	270.24 (25.64)	271.76 (35.13)	270.47 (31.33)

注：括号内的数据为标准差

为了考察不同音乐背景下个体在不同的抑制条件下 N2 和 P3 的平均波幅和潜伏期是否存在差异，分别以 N2 和 P3 的平均波幅和峰潜伏期为因变量，对数据进行 2（背景音乐速度：快、慢）×2（抑制条件：Go、No-Go）×3（电极：F3、Fz、F4 或 P3、Pz、P4）的三因素重复测量方差分析，结果见表 9-7。

表 9-7　N2 和 P3 平均波幅和潜伏期的重复测量方差表（N=17）

项目			N2			P3		
			df	F	η^2	df	F	η^2
平均波幅 （μV）		背景音乐速度（A）	116	0.58	0.12	116	10.15**	0.390
		抑制条件（B）	116	0.17	0.11	116	143.36***	0.900
		电极（C）	232	0.02	0.001	232	0.11	0.010
		A×B	116	1.81	0.10	116	7.02*	0.310
		B×C	232	0.02	0.001	232	0.44	0.030
		A×C	232	0.02	0.001	232	0.15	0.010
		A×B×C	232	0.03	0.002	232	0.44	0.030
峰潜伏期 （ms）		背景音乐速度（A）	116	17.30**	0.52	116	314.92***	0.950
		抑制条件（B）	116	136.30***	0.90	116	122.95***	0.890
		电极（C）	232	0.02	0.001	232	0.02	0.000
		A×B	116	2.36	0.13	116	5.98*	0.270
		B×C	232	0.01	0.00	232	0.01	0.001
		A×C	232	0.03	0.002	232	0.004	0.000
		A×B×C	232	0.03	0.002	232	0.000	0.000

如表 9-7 所示，N2 在平均波幅上三个因素的主效应不显著。但是，在 N2 峰潜伏期上，背景音乐速度主效应显著 [$F(1, 16)=17.30$，$p<0.01$，$\eta^2=0.52$]，抑制条件的主效应也显著 [$F(1, 16)=13.30$，$p<0.001$，$\eta^2=0.90$]。N2 的峰潜伏期在电极点因素的主效应以及因素之间交互作用上均不显著。电极的主效应不显著，说明 F3、Fz、F4 三个电极之间没有显著差异，因此选择 Fz 电极进一步对 N2 的峰潜伏期上的背景音乐速度和抑制条件分别进行简单效应分析，发现在 No-Go 条件下，慢速音乐背景下的峰潜伏期显著比快速背景下的潜伏期长 [$F(1, 16)=10.95$，$p<0.01$，$\eta^2=0.41$]，在 Go 条件下没有发现显著差异。通过对抑制条件做简单效应分析，还可以发现不管在哪种音乐背景中，No-Go 条件下的峰潜伏期显著比 Go 条件下长：在快速音乐背景下，$F(1, 16)=15.40$，$p<0.01$，$\eta^2=0.4$，在慢速音乐背景下，$F(1, 16)=23.14$，$p<0.001$，$\eta^2=0.59$。

P3 在平均波幅上背景音乐速度与抑制条件的因素主效应及其交互作用显著，电极因素的主效应与交互作用均不显著。考虑到背景音乐速度与抑制条件存在交互作用，进一步做简单效应分析。电极的主效应不显著，说明 P3、Pz、P4 三个电极之间没有显著差异，因此做简单效应分析时，只选择 Pz 电极进行计算。在慢速音乐背景中，No-Go 条件下的波幅显著大于 Go 条件下的波幅 [$F(1, 16)=46.53$，$p<0.001$，$\eta^2=0.74$]；在快速音乐背景中，也发现了类似的差异 [$F(1, 16)=32.00$，$p<0.001$，$\eta^2=0.67$]。对背景音乐做简单效应分析，发现在 Go 条件下，快速音乐背景的波幅显著大于慢速音乐背景 [$F(1, 16)=12.28$，$p<0.01$，$\eta^2=0.43$]；在 No-Go 条件下，二者的差异不显著。

在 P3 峰潜伏期上的结果与平均波幅相一致，背景音乐速度与抑制条件及其交互作用显著，而电极因素的主效应与交互作用均不显著。选择 Pz 电极的数据对背景音乐速度与抑制条件分别进行简单效应分析，发现在慢速音乐背景中，No-Go 条件下的峰潜伏期显著比 Go 条件的峰潜伏期长 [$F(1, 16)=20.45$，$p<0.001$，$\eta^2=0.56$]；在快速音乐背景中，也发现了类似的差异 [$F(1, 16)=18.67$，$p<0.01$，$\eta^2=0.54$]。对背景音乐做简单效应分析，发现在 Go 条件下，快速音乐背景的峰潜伏期显著比慢速音乐背景的峰潜伏期长 [$F(1, 16)=30.65$，$p<0.01$，$\eta^2=0.66$]；在 No-Go 条件下，二者也出现了类似差异 [$F(1, 16)=18.69$，$p<0.01$，$\eta^2=0.54$]。具体波形见图 9-4。

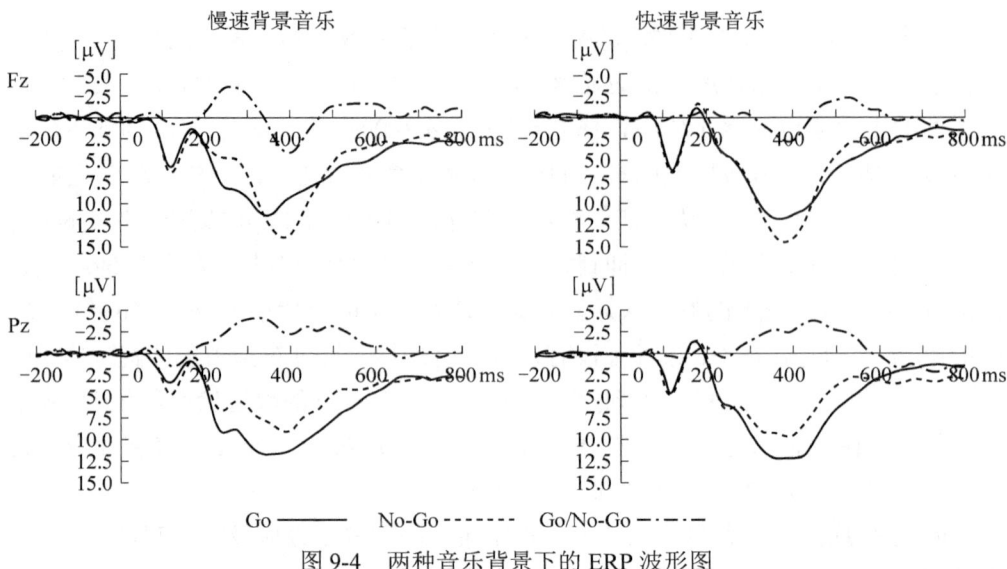

图 9-4 两种音乐背景下的 ERP 波形图

四、讨论与结论

(一) 实验任务及情境操作的适用性分析

前一节的研究已经证实,本实验采用的音乐片段不会引起被试积极情绪或者消极情绪的变化,并且具有较好的区分度,可以显著影响个体的冒险行为。本实验对音乐片段再次进行了评估,考察了被试两个音乐片段知觉到的音乐速度,发现差异显著,再次表明音乐片段的区分度良好。然后,考察被试对音乐片段的喜欢程度,发现被试对不同音乐片段的喜欢程度没有显著差异。本实验所采用的实验室是标准化设计的脑电实验室,具有隔音、恒温、光线恒定、座椅舒适等特点,可以尽量把环境中可能会对脑电成分造成影响的因素排除或恒定。综合以上结果,可以认为是音乐速度而非其他因素引起了个体认知控制水平的变化。

Go/No-Go 任务范式已经在大量的与认知控制有关的研究中得到广泛应用,而且该范式与 ERP 技术的结合也相当完美。个体对于 No-Go 刺激反应的正确率在许多研究中都被认为是认知控制能力的有效测量指标[①]。在该任务中,与认知控制有关的两个 ERP 成分是 N2 和 P3,前者主要指在刺激出现后 200~300ms 出现的负波,后者主要指在刺激出现后 300~600ms 出现的正波,这两个成分的波幅在 No-Go 条件下都比 Go 条件下更大。因此,本实验采用的材料、研究范式、考察的

---

① Bokura, H., et al. Electrophysiological correlates for response inhibition in a Go/NoGo task. Clinical Neurophysiology, 2001, 112 (12), 2224-2232.

研究指标都是可靠的。

（二）重金属背景音乐速度影响冒险行为的认知机制探讨

背景中的重金属音乐速度对青少年冒险行为的影响研究已经证实，背景中快速的重金属音乐可能会导致更多的冒险行为。其中存在两种可能：一种是更快的音乐速度诱发了更快的思维速度，从而导致了冒险行为的增加；另一种则是更快的音乐速度影响了个体的认知控制能力，从而导致冒险行为的增加。

对于第一种可能性，实验后，个体对在完成任务时思维速度进行评估，两种背景音乐下个体的思维速度并不存在显著差异。这可能有以下三个原因：第一，对于思维速度是否影响冒险行为，只有普罗明（Promin）等进行过一些研究，相关的实证研究非常少[1]。思维速度只能通过事后个体主观报告的方法进行评估，其准确性与客观性都无法验证，很可能不同个体对自身思维速度的评估偏差过大，导致研究结果中思维速度存在显著差异或者差异不显著。第二，普罗明的研究中的思维速度的诱发方法主要是采用视觉刺激呈现（文本阅读或视频播放）。虽然这种诱发方法在刺激呈现时会影响个体的思维速度，但是这种影响的延时效果是不确定的。在普罗明的实验中，冒险行为任务无法在视觉刺激呈现时同时进行，必须要在诱发出思维速度之后，再完成冒险行为实验。因为普罗明的研究中也没有对其诱发出思维速度的后效进行评估，这就存在思维速度的延时效果问题，从而导致结果的不可靠。第三，本实验采用不同速度的音频刺激，并未诱发出思维速度上的差异，也可能是思维速度只能由视频刺激进行诱发。

对于第二种可能性，在两种背景音乐下，个体在认知控制的行为与脑电指标上都存在显著差异。因此，本实验的结果更倾向于支持第二种可能性，即背景中快速的音乐速度会降低个体的认知控制能力，从而导致更多冒险行为的出现。从脑电实验的结果看，音乐背景在 N2 和 P3 的潜伏期上都存在显著差异，在 P3 波幅上也存在显著差异。从 N2 的指标上看，N2 在不同音乐背景下的平均波幅的差异不显著。这一现象在很多有关自我控制的脑电研究中都曾出现，如苏丹曾经对自我控制水平不同的 26 名大学生进行了 Go/No-Go 脑电研究，发现自我控制高低分组的 N2 平均波幅的差异不显著。[2]在峰潜伏期方面，本实验发现在 No-Go 条件下，慢速音乐背景下的峰潜伏期显著比快速音乐背景下更长。在 No-Go 条件下，不管何种音乐背景，都出现了显著的 No-Go-N2 效应。根据约翰斯通（Johnstone）

---

[1] Chandler, J. J., Pronin, E. Fast thought speed induces risk taking. Psychological Science, 2012, 23（4），370-374；Pronin, E., Jacobs, E. Thought speed, mood, and the experience of mental motion. Perspectives on Psychological Science, 2008, 3（6），461-485.

[2] 苏丹：《青少年自我调节学习发展特点及脑机制研究》，首都师范大学博士学位论文，2011 年。

等的研究结果,在快速音乐背景下,被试更多的认知控制资源被占用[1]。从 P3 的指标来看,在两种音乐背景下,Go 条件下的波幅都比 No-Go 条件下小,潜伏期也更短。在 Go 条件下,快速音乐的波幅与潜伏期都比慢速音乐背景下更大和更长;No-Go 条件下两种背景的波幅差异不显著,但是快速音乐背景下的潜伏期仍然比慢速音乐背景下更长,说明在快速音乐背景下,个体进行抑制冲动行为时需要消耗更多的认知资源,这在许多低自我控制水平者身上得到了验证。

虽然本实验初步探讨了音乐速度与冒险行为之间的关系,并考察了音乐速度对认知控制的影响,但这仅仅是探索性的开端,未来的研究还需从以下几个方面进一步深入。首先,音乐的内部因素包含的变量很多(例如,音乐的速度、音量、清晰度、音色、音高、旋律),本实验仅将音乐速度作为自变量进行了操纵,而对于其他内部变量并未进行过多的考察。有些研究发现,音乐对认知加工有影响[2],因此其他内部变量或许对于认知控制或者冒险行为本身也存在一定的影响,但是目前仍缺乏相关的实证研究。其次,本实验仅在重金属音乐方面发现了音乐速度对认知控制和冒险行为的影响。尽管可以从认知资源理论的角度进行解释,但假如是由于快速的音乐背景占用了更多的认知资源,从而导致认知控制能力降低,还可以大胆地推论,改变其他流派音乐片段的速度也会影响认知控制能力,进而影响冒险行为。这个推论是否成立,还需要采用其他音乐流派的片段作为实验材料进一步来探究。最后,本实验虽然从行为与电生理的角度探讨了音乐速度对认知控制的影响,但是由于事件相关电位研究的空间分辨率较低,无法精确判断对应的大脑皮层激活区域及大脑网络连接模式,未来的研究还需要采用空间定位等更为精确的技术(如 fMRI、PET)来进一步考察。

(三)重金属音乐对冒险行为的影响机制

重金属音乐很可能是通过音乐的内部变量对冒险行为产生影响的,其机制可能是通过音乐速度影响认知控制,从而导致个体在面对冒险行为的冲动时抑制能力下降、冒险行为增加。尽管斯坦伯格(Steinberg)在其理论中一直强调以前额叶、前扣带回及顶骨联合皮层为代表的认知控制系统对于青少年冒险行为的重要抑制作用[3],但是从冒险行为的角度对认知控制系统进行的实证研究(特别是认知神经科学研究)相对较少。本次研究的结果从冒险行为的角度考察了认知控制系统的

---

[1] Johnstone, S. J., et al. Response inhibition and interference control in children with AD/HD: A visual ERP investigation. International Journal of Psychophysiology, 2009, 72 (2), 145-153.

[2] Bock, O. Sensorimotor adaptation is influenced by background music. Experimental Brain Research, 2010, 203 (4), 737-741.

[3] Steinberg, L. A social neuroscience perspective on adolescent risk-taking. Developmental Review, 2008, 28 (1), 78-106.

作用，并在一定程度上支持了认知控制的资源有限理论。认知控制的资源有限理论认为，认知控制是一种有限的资源，这种资源通常处于休眠中，在特定情境状态下可以被唤醒。认知控制作为一种认知资源，目前也被来自行为、EEG 和神经成像的研究证明：当检测到可能产生认知冲突的特定情境时，前扣带回会从额叶调用认知资源来应对这一冲突[1]。在快速音乐背景下，大脑接收到更多的信息，需要占用更多的认知资源，因此当冒险行为出现时，大脑无法顺利地调用足够的认知资源来抑制冒险行为，从而导致了冒险行为的增多。

虽然本次研究仅仅对于重金属音乐内部变量中的音乐速度进行了操控，产生了个体认知控制和冒险行为的改变，但是有研究也表明，音乐的响度也会影响认知控制[2]，所以仍然可能会存在其他内部音乐变量占用较多的认知资源，从而影响冒险行为的出现。

本次研究的结论如下：①背景中的重金属音乐速度会影响个体的冒险行为，音乐速度越快，个体的冒险行为越多；②背景中的重金属音乐速度会通过占用认知控制资源，从而影响个体的认知控制能力，音乐速度越快，占用的认知资源越多，认知控制能力会降低；③背景中的重金属音乐速度通过影响个体抑制冲动的能力来影响冒险行为。快速的重金属音乐背景会降低个体抑制冲动的能力，导致冒险行为的增多。

[1] Carter, C. S., et al. Anterior cingulate cortex, error detection, and the online monitoring of performance. Science, 1998, 280 (5364), 747-749; Gratton, G., et al. Optimizing the use of information: Strategic control of activation of responses. Journal of Experimental Psychology: General, 1992, 121 (4), 480-506; Kerns, J. G., et al. Anterior cingulate conflict monitoring and adjustments in control. Science, 2004, 303 (5660), 1023-1026.

[2] Thompson, W. F., et al. Fast and loud background music disrupts reading comprehension. Psychology of Music, 2012, 40 (6), 700-708.

第十章

人格的作用

儿童、青少年人格发展受生理、气质、社会环境的影响，同时人格因素也影响着儿童、青少年的身心发展，包括智力的发展方向和水平。这是因为人格因素经常而稳定地支配、调节着人们对客观事物的态度、活动的积极性和行为的方式，并制约着人们对各种认识活动对象的趋向和选择，成为影响儿童、青少年身心发展，包括智力发展的动力载体。本章主要阐述中小学生的自我与心理时间旅行的关系、小学生努力控制对其学业成绩的影响；以及初一年级学生人格发展对其学业成绩的影响，从而进一步理解人格的重要作用。

第一节 中小学生的自我与心理时间旅行

一、引言

心理时间旅行可以使个体主观地将自我定位到曾经经历过的事件来重新体验自己的过去（情景记忆），或者将自我定位到未来预先体验某个事件（预见）。相关的研究起始于20世纪末，于21世纪初受到了研究者的重视，主要从比较心理学的角度探讨心理时间旅行的种系发生图谱，从发展心理学的角度考察心理时间旅行的发生和发展状况，从认知神经科学的角度揭示心理时间旅行的认知机制和神经基础[1]。为了揭示其中的认知机制，建构-情景-模拟假说提出，个体过去的经历是其预见未来的基本信息来源和重要基础，同时个体对未来事件的模拟具有重

---

[1] 刘岩、杨丽珠、徐国庆：《预见：情景记忆的未来投射与重构》，《心理科学进展》2010年第9期，第1403-1412页。

构性，是对记忆信息进行重新组合的过程①。其中，情景记忆对预见加工的作用已经得到了行为和神经成像研究的证实②，对重构过程的探讨也取得了一些成果③，但是从发展的角度探讨自我与心理时间旅行关系的研究还很少。

有研究者强调了"自我投射（self-projection）"的重要性，即以自我为参照点，将当前环境向想象中的未来环境进行的知觉转换。情景预见可以被看作从现在到未来的转换，由于过去经验是转换视角和想象未来的基础，所以自我投射必然依赖于记忆系统④。还有研究者认为情景预见和情景建构的相似性依赖于共同的"情景建构（scene construction）"，即产生和维持一个连贯的、多通道的空间表征，而时间上的自我投射和自我相关的加工则是一种在多通道情景建构基础上的拓展⑤。虽然两组研究者对自我投射和情景建构重要性的强调不同，但都认为自我和记忆是心理时间旅行不可或缺的两个部分。

已有研究考察了成年人的自我与情景预见的关系。结果发现，不同类型的自我描述与情景预见具有一定的关系模式：偏向个人型的被试在想象未来时更多集中于自己，而偏向社会型的被试在想象未来时更多集中于与他人的交往过程⑥。进一步研究发现，通过启动诱发的状态性自我概念能够引导个体对过去和未来事件进行建构：互倚型的个体比独立型的个体能报告出更多具体事件，并更关注他人和关系⑦；而通过实验操控的自我效能感也能帮助个体有选择地建构过去和未来事件，促进其社会问题的解决⑧。还有研究发现，与个人目标有关的知识在情景预见中发挥了重要的作用⑨。

在儿童、青少年的发展过程中，自我对情景预见的作用模式相对复杂。虽然

---

① Schacter, D. L., et al. Episodic simulation of future events. Annals of the New York Academy of Sciences, 2008, 1124（1），39-60.
② Addis, D. R., et al. Remembering the past and imagining the future: Common and distinct neural substrates during event construction and elaboration. Neuropsychologia, 2007, 45（7），1363-1377.
③ Liberman, N., Trope, Y. The psychology of transcending the here and now. Science, 2008, 322（5905），1201-1205；Gilbert, D. T., Wilson, T. D. Prospection: Experiencing the future. Science, 2007, 317（5843），1351-1354.
④ Buckner, R. L., Carroll, D. C. Self-projection and the brain. Trends in Cognitive Sciences, 2007, 11（2），49-57.
⑤ Hassabis, D., et al. Using imagination to understand the neural basis of episodic memory. Journal of Neuroscience, 2007, 27（52），14365-14374.
⑥ Shao, Y., et al. Does the self drive mental time travel? Memory, 2010, 18（8），855-862.
⑦ 杨丽珠、刘岩、周天游、李涵妮：《心理时间旅行的动力机制：自我的作用》，《心理科学》2013年第4期，第971-977页。
⑧ Brown, A. D., et al. The impact of perceived self-efficacy on mental time travel and social problem solving. Consciousness and Cognition, 2012, 21（1），299-306.
⑨ D'Argembeau, A., Mathy, A. Tracking the construction of episodic future thoughts. Journal of Experimental Psychology: General, 2011, 140（2），258-271；D'Argembeau, A., Van der Linden, M. Predicting the phenomenology of episodic future thoughts. Consciousness and Cognition, 2012, 21（3），1198-1206.

幼儿可以讲述关于自我的故事[①]，但 12 岁以下的儿童报告的记忆内容里大多是可观察和可感知的信息，较少包含自己和他人的心理状态和想法解释。此类信息从青少年早期到中期明显增多，但直到青少年后期才占主导地位，在这一过程中，儿童青少年利用他们对心理状态和自我的理解去组织个人经验，并赋予其一定的意义[②]。也就是说，通过自传体推理（将过去、现在和未来不同部分的生活与人格和发展建立联系的活动）建立自我连续感（随着时间的推移，个人仍然维持原状的感受，是自我同一性的重要组成方面，代表着不同时期自我的整合）的过程在儿童晚期到青年期会有质的飞跃[③]。因此，"自我"对情景预见的组织作用将通过不同的形态在发展中逐步表现出来。在儿童晚期和少年期，"自我"一般采用感知到的直接信息进行建构，此时通过"自我描述"能够较为准确地捕捉到"自我"发展的特点。

综上，本研究将考察在不同年龄段，关键的影响因素（自我和情景记忆）对情景预见发展的作用模式的差异。我们以小学中高年级（9~12 岁）和初中生（13~15 岁）为研究对象，通过访谈，让被试回忆过去和想象未来，以情景细节的丰富性作为心理时间旅行的指标，考察两个年龄段内部情景预见和情景记忆的发展轨迹和关系，同时根据该年龄段儿童、青少年的发展特点，以"自我描述"作为自我的指标，探讨自我和情景记忆与情景预见的关系模式的可能变化。

二、研究方法

（一）目的

本次研究的目的是考察儿童、青少年自我和情景记忆与情景预见的关系模式。

（二）具体方法

1. 被试

选取某小学 135 名 3~6 年级小学生（9~12 岁）和某中学 93 名初一至初三学生（13~15 岁），在每个年级分层随机取样。三年级 38 人（年龄：$M=9.0$ 岁，$SD=0.62$），男女各半；四年级 35 人（年龄：$M=10.1$ 岁，$SD=0.48$），其中男生 16

[①] Reese, E., Brown, N. Reminiscing and recounting in the preschool years. Applied Cognitive Psychology, 2000, 14 (1), 1-17.

[②] Pasupathi, M., Wainryb, C. On telling the whole story: Facts and interpretations in autobiographical memory narratives from childhood through midadolescence. Developmental Psychology, 2010, 46 (3), 735-746.

[③] Habermas, T., Bluck, S. Getting a life: The emergence of the life story in adolescence. Psychological Bulletin, 2000, 126 (5), 748-769; Pasupathi, M., Mansour, E. Adult age differences in autobiographical reasoning in narratives. Developmental Psychology, 2006, 42 (5), 798-808.

人，女生 19 人；五年级 31 人（年龄：M=10.9 岁，SD=0.26），其中男生 15 人，女生 16 人；六年级 31 人（年龄：M=11.9 岁，SD=0.32），其中男生 16 人，女生 15 人；初一年级 34 人（年龄：M=12.5 岁，SD=0.30），其中男生 19 人，女生 15 人；初二年级 33 人（年龄：M=13.6 岁，SD=0.48），其中男生 16 人，女生 17 人；初三年级 26 人（年龄：M=14.6 岁，SD=0.48），男女各半。

2. 程序

根据经典研究范式进行心理时间旅行的一对一访谈[1]。访谈中，要求被试在脑海中回忆或想象 4 个时段内（去年、过去 3～5 年、明年以及未来 3～5 年）所发生的特定事件，就好像正在亲身感受一样，尽可能多地描述感官细节（比如，看到什么、听到什么、感觉到了什么等）。回忆或想象的事件可以是小事，也可以是重要的事，但必须是特定的。这个特定事件发生在特定的时间和特定的地点，并且持续了几分钟或几个小时，但不超过一天。此外，主试还要进一步明确个体想象的事件是合理的（例如，他们已经计划的或者可能会发生的事）和崭新的（在过去没有发生过的）。该任务没有时间限制。实验中对过去和未来访谈顺序进行了平衡。

访谈结束后，要求学生填写 10 个以"我"开头的描述自己的句子。

3. 编码

（1）心理时间旅行

根据通用的评分标准对心理时间旅行的访谈内容进行编码[2]。评分者对被试所报告的内容按 8 种类别进行划分：事件细节（如人物）、地点细节（如国家）、时间细节（如时期）、知觉细节（如听觉）、思想及情感细节（如情感状态）、语义细节（如一般知识或事实）、重复细节和其他细节。前 5 类细节属于内部细节，加和后得到内部细节的数量，与主要事件直接相关；后 3 类细节属于外部细节，与主要事件没有直接的联系。内部细节的数量代表个体所构建事件的详细程度，细节数量越多，表明个体回忆或预见信息的能力越强，我们以此作为情景记忆和情景预见的主要指标。

为了验证通过频次累计进行编码的可靠性和稳定性，评分者还要对访谈内容进行评级。评级的内容包括：地点评级（0～3 分）、时间评级（0～3 分）、知觉评级（0～3 分）、思想及情感评级（0～3 分）以及情景丰富度评级（0～6 分），最高

---

[1] D'Argembeau, A., et al. Component processes underlying future thinking. Memory & Cognition, 2010, 38 (6), 809-819.
[2] Levine, B., et al. Aging and autobiographical memory: Dissociating episodic from semantic retrieval. Psychology and Aging, 2002, 17 (4), 677-689.

分（3分或6分）代表报告的内容生动、丰富、具体，让人体验到身临其境的感觉，最低分（0分）代表报告的内容没有特异性的信息，不属于情景记忆的范畴。最后，将这5类评级的得分加和，作为复合评级的指标。

（2）自我描述

对以"我"开头的句子进行编码时，按照个体自我描述、集体自我描述以及公众自我描述进行三类独立评分，符合某一类别的描述将被归到相应类别中，然后进行频次的累加[①]。其中，个体自我描述指集中于个体特征、状态和行为的描述（如"我很高"）；集体自我描述指集中于组织成员内容的描述（如"我是家中的一员"）；公众自我描述指个体与他人的互动和他人对自己的看法（如"别人认为我很和蔼"）。

4. 编码一致性信度

由一名主试按照编码系统对被试的回答进行编码。由受过培训的另一名心理学专业研究生作为第二编码者，对随机抽取的20%被试的资料进行独立编码。采用积差相关，两名编码者对被试报告的过去内部细节、未来内部细节、过去复合评级以及未来复合评级的编码一致性分别为0.92、0.94、0.66和0.84，对被试报告的个体自我描述、集体自我描述和公众自我描述编码的一致性分别为0.93、0.95和0.92。

三、结果与分析

（一）小学生心理时间旅行的发展及与自我的关系

在心理时间旅行的访谈中，小学生对过去事件的回忆和对未来事件的想象在内部细节数量和复合评级指标上的描述性统计值如表10-1所示。

表10-1 小学生过去和未来内部细节及复合评级的描述性统计（$M±SD$）

年级	过去内部细节	未来内部细节	过去复合评级	未来复合评级
三年级	20.34±8.02	13.76±5.63	13.03±4.10	8.37±3.65
四年级	23.60±11.19	15.20±7.29	13.80±4.85	8.63±4.31
五年级	25.39±16.33	17.00±7.80	14.77±5.58	10.77±4.29
六年级	27.26±12.11	17.58±6.57	16.10±4.80	10.52±4.23

为了考察小学中高年级学生心理时间旅行的发展特点，以内部细节数量为因变量，进行2（时间取向：情景记忆、情景预见）×4（年级：三年级、四年级、五

[①] Wang, Q., et al. Childhood memory and self-description in young Chinese adults: The impact of growing up an only child. Cognition, 1998, 69（1）, 73-103.

年级、六年级）的重复测量方差分析。结果发现，时间取向主效应显著，$F(1, 131)=94.12$，$p<0.001$，$\eta^2=0.42$，小学生报告的情景记忆的细节数量显著多于情景预见；年级主效应边缘显著，$F(3, 131)=2.63$，$p=0.053$，$\eta^2=0.057$；时间取向与年级的交互作用不显著。对年级的事后分析表明，小学生情景记忆与情景预见能力随着年级的增长呈现出相似的增长趋势，三年级学生情景细节的丰富程度显著低于五年级和六年级，$ps<0.05$。

如前所述，复合评级是为了验证编码时对内部细节进行频次累加的有效性。接下来，以复合评级为因变量，进行2（时间取向：情景记忆、情景预见）×4（年级：三年级、四年级、五年级、六年级）的重复测量方差分析。结果发现，时间取向主效应显著，$F(1, 131)=128.00$，$p<0.001$，$\eta^2=0.49$，情景记忆的复合评级显著高于情景预见；年级主效应显著，$F(3, 131)=3.75$，$p<0.05$，$\eta^2=0.08$；年级与时间取向的交互作用不显著。对年级的事后分析表明，对于情景细节丰富程度，三年级学生显著低于五年级和六年级学生（$ps<0.05$），四年级学生则显著低于六年级学生（$p<0.05$）。总的来说，复合评级的结果与内部细节的频次累加结果吻合，说明情景预见在小学阶段与情景记忆平行发展这一结果是稳定可靠的。

对小学生情景记忆、情景预见与自我描述的关系进行统计分析。首先，对小学生情景预见、情景记忆与个体自我描述、集体自我描述和公众自我描述进行相关分析，结果如表10-2所示，情景预见（未来内部细节）只与情景记忆（过去内部细节）相关显著。当控制年级进行偏相关分析时，两者相关值略有下降，$r=0.58$，$p<0.001$。接下来，将年级和情景记忆作为自变量进行进一步的逐步回归分析，结果发现，只有情景记忆能够显著预测情景预见，$\beta=0.60$，$R^2=0.35$，$p<0.001$。

表 10-2 心理时间旅行与自我描述的相关分析

项目	1	2	3	4
1. 个体自我描述				
2. 集体自我描述	−0.50**			
3. 公众自我描述	−0.79**	−0.13		
4. 过去内部细节	−0.13	−0.03	0.17*	
5. 未来内部细节	−0.07	−0.09	0.14	0.60**

注：*$p<0.05$，**$p<0.01$，下同。

（二）初中生心理时间旅行的发展及与自我的关系

在心理时间旅行的访谈中，初中生对过去事件的回忆和对未来事件的想象在内部细节数量和复合评级两个指标上的描述性统计值如表10-3所示。

表 10-3　初中生过去和未来内部细节及复合评级的描述性统计（M±SD）

年级	过去内部细节	未来内部细节	过去复合评级	未来复合评级
初一	35.57±8.79	29.24±6.35	20.62±4.19	18.03±3.51
初二	35.76±9.79	31.12±7.04	20.61±3.93	17.48±3.97
初三	32.88±9.07	30.27±7.75	19.77±4.03	18.38±3.86

为了考察初中生心理时间旅行的发展特点，以内部细节数量为因变量，进行 2（时间取向：情景记忆、情景预见）×3（年级：初一、初二、初三）的重复测量方差分析。结果发现，时间取向主效应显著，$F(1, 90)=25.57$，$\eta^2=0.22$，$p<0.001$，中学生报告的情景记忆的细节数量显著多于情景预见；年级主效应及其与时间取向的交互作用均不显著。

同样的，我们以复合评级为因变量，进行 2（时间取向：情景记忆、情景预见）×3（年级：初一、初二、初三）的重复测量方差分析。结果发现，时间取向主效应显著，$F(1, 90)=23.21$，$p<0.001$，$\eta^2=0.21$，情景记忆复合评级显著高于情景预见复合评级；而年级主效应及其与时间取向的交互作用均不显著。该结果与以内部细节数量为因变量的结果吻合，说明在初中阶段，情景预见同情景记忆一样处于平稳发展阶段。

另外，我们对初中生情景记忆、自我描述与情景预见的关系进行统计分析。首先，对初中生情景预见、情景记忆与个体自我描述、集体自我描述和公众自我描述进行相关分析。结果如表 10-4 所示，情景预见（未来内部细节）不仅与情景记忆（过去内部细节）相关显著，也与集体自我描述存在显著相关，但情景记忆与集体自我描述的相关不显著。进一步的逐步回归分析结果表明，情景记忆（$\beta=0.46$）和集体自我描述（$\beta=0.24$）能够显著地预测情景预见，$R^2=0.25$，$p<0.001$。

表 10-4　心理时间旅行与自我描述的相关分析

项目	1	2	3	4
1. 个体自我描述				
2. 集体自我描述	−0.46**			
3. 公众自我描述	−0.84**	−0.11		
4. 过去内部细节	−0.07	−0.03	−0.06	
5. 未来内部细节	−0.02	0.23*	−0.12	0.45**

综上，情景记忆和自我描述对情景预见的贡献在不同年龄段表现不同：在小学阶段，情景记忆是情景预见的可靠预测源；在初中阶段，除了情景记忆的贡献，自我的作用开始显现。

四、讨论与结论

本研究发现，自我描述直到少年期才能显著预测个体的情景预见能力。有研究表明，自我控制能力低的幼儿在回忆过去时，对可控性高的事件报告出更多的具体内容，但没有发现自我控制能力对幼儿的情景预见有影响[1]。也就是说，在发展的早期，自我对情景预见的贡献还比较小。到了少年期，个体的自我同一性开始发展，其集体自我描述越详细，说明其归属感越强，也就越有利于其自我同一性的发展，从而促进其展开丰富的想象。这与同类研究结果是一致的。有研究发现，同独立型自我概念的个体相比，互倚型自我概念的个体能够更详细地建构未来事件[2]。也就是说，自我描述能够引导个体对未来事件的建构，但这种作用在少年期才会出现。还有研究发现，在青年早期，情景记忆会以自我连续性为中介变量作用于情景预见[3]。具体来说，青年早期的个体会以情景记忆为基础（原材料），在单一生活事件中挖掘自我的意义，并将若干事件所蕴含的意义联系起来，找到连续发展的自我。而这种跨时间的自我成长又会进一步组织看似零散的生活片段，以自我为参照点，将当前环境向想象中的未来环境进行知觉的转换，形成情景预见。也就是说，心理时间旅行在被"自我"组织的同时，也在创造和改变着"自我"[4]。

本研究在不同年龄段发现了自我与心理时间旅行的不同关系模式，这可能与个体脑的发育特点有关。已有研究发现，额叶，尤其是前额叶，对于个体超越即时的当前环境，灵活地转换自己的视角进行自我投射和自我反思有重要贡献[5]，而内侧颞叶（主要包括海马和周围皮层）在陈述性记忆（包括情景记忆）建构、保持和将情景进行可视化的加工（情景建构）中发挥了重要的作用[6]。

在脑的发育过程中，额叶成熟比较晚，个体青春期时额叶仍在发育中，并且会持续到成年期。与相对简单的皮层（如边缘系统）发育模式不同，前额叶皮层

---

[1] 刘岩、杨丽珠、侯雨欣、周旭：《事件可控性和自我控制能力对4岁幼儿心理时间旅行的影响》，《学前教育研究》2010年第7期，第49-55页。

[2] 杨丽珠、刘岩、周天游、李涵妮：《心理时间旅行的动力机制：自我的作用》，《心理科学》2013年第4期，第971-977页。

[3] 刘岩、刘静、王敏楠：《心理时间旅行与自我：发展中关系模式的转换》，《心理发展与教育》2016年第1期，第17-25页。

[4] Cosentino, E. Self in time and language. Consciousness and Cognition, 2011, 20 (3), 777-783; McKeough, A., Malcolm, J. Stories of family, stories of self: Developmental pathways to interpretive thought during adolescence. New Directions for Child and Adolescent Development, 2011, 2011 (131), 59-71.

[5] Buckner, R. L., Carroll, D. C. Self-projection and the brain. Trends in Cognitive Sciences, 2007, 11 (2), 49-57; Herwig, U., et al. Neural activity associated with self-reflection. BMC Neuroscience, 2012, 13, 52-64; Johnson, S. C., et al. Neural correlates of self-reflection. Brain, 2002, 125 (8), 1808-1814; Ochsner, K. N., et al. The neural correlates of direct and reflected self-knowledge. NeuroImage, 2005, 28 (4), 797-814.

[6] Buckner, R. L., Carroll, D. C. Self-projection and the brain. Trends in Cognitive Sciences, 2007, 11 (2), 49-57.

的发育轨迹更加复杂，而且大部分白质在青少年时期会持续增长①。海马体成熟较早，在儿童期就开始发挥作用，促进情景建构，通过对情景记忆的解构来建构情景预见，因此在儿童期就可以看到情景记忆对情景预见的预测作用；而前额叶成熟比较晚，海马体与新皮层的神经联系在发展中也会逐步加强，因此自我的作用在少年期才开始显现出来。

总之，本研究发现，从少年期开始，自我描述对情景预见的影响便开始显现。

第二节 小学生努力控制对学业成绩的影响

一、引言

小学生的主要任务是通过学校的教育与教学逐步掌握最基本的知识和技能。学业成绩是对学生学习活动效果的评定，体现出了学生对各学科知识的掌握程度，被普遍认为是衡量学习适应的核心指标。以分数的形式呈现的学业成绩会受到多种因素的影响，并且这些因素之间会发生相互作用，所以说学业成绩的最终表现形式，即学业分数，是主观、客观和智力、非智力等各种因素相互作用的结果。学业成绩对于个体的未来发展有一定的预测作用，有研究显示，学习成绩同身心健康、学业进展以及未来就业密切相关。

然而，存在这样一些儿童，他们总是不能达到规定的分数标准，存在学业困难，即学业不良儿童。学业不良儿童是指智力水平正常，又没有感官障碍，具有一定学习动机，但其学业成绩明显低于同年级学生，不能达到预期学习目的的学生。学业不良儿童很少能获得老师的积极关注，最后往往会成为辍学生。学业不良儿童也存在较多的心理和行为问题，如谷长芬等发现学业不良儿童的孤独感得分显著高于一般儿童②；李颖发现学业不良儿童除了存在情绪问题，还存在行为问题和人际交往问题等③。"学业不良成因及对策研究"课题组的调查发现，学业不良儿童约占所调查小学儿童总人数的 10%～15%④，数量众多。因此，如何提高学业不良儿童的学业成绩，成为亟待解决的问题。

---

① 鞠恩霞、李红、龙长权、袁加锦：《基于神经成像技术的青少年大脑发育研究》，《心理科学进展》2010 年第 6 期，第 907-913 页。
② 谷长芬、王雁、曹雁：《父母教养方式与小学学业不良儿童孤独感的关系》，《中国特殊教育》2009 年第 2 期，第 69-74 页。
③ 李颖：《学业不良学生的情绪行为问题及改进建议》，《科教文汇（下旬刊）》2015 年第 3 期，第 166-167、205 页。
④ 刘颂、刘全礼：《学业不良儿童家庭教育资源研究》，《中国特殊教育》2007 年第 6 期，第 85-88 页。

罗特巴特（Rothbart）等从气质角度提出了努力控制的概念[1]。气质是在情感、行为和注意领域的反应性和自我调控上的差异。反应性是个体的生物属性，而自我调控则是个体的适应性表现，即个体对情感、行为和注意进行调控（增强或减弱）的能力。根据气质理论，罗特巴特团队研发了一系列气质问卷，如婴儿行为问卷（Infant Behavior Questionnaire，IBQ）、早期行为问卷（Early Childhood Behavior Questionnaire，ECBQ）、儿童行为问卷（Children's Behavior Questionnaire，CBQ）、儿童中期气质问卷（Temperament in Middle Childhood Questionnaire，TMCQ）、青少年早期气质问卷（Early Adolescent Temperament Questionnaire，EATQ）和成人气质问卷（Adult Temperament Questionnaire，ATQ）。通过对婴儿期、童年期和青少年期个体气质的研究发现，各年龄段的气质一般都可以归为3个维度，即外倾性维度、消极情绪维度和努力控制维度，其中外倾性维度和消极情绪性维度体现了个体的反应性水平，努力控制维度则反映了自我调控水平，但各年龄阶段个体的特质存在一些差别。努力控制是指儿童主动抑制优势或本能行为，发起、维持劣势反应或行为的能力，是气质的重要成分，通常通过家长报告的形式进行评定。

近年来，许多研究者发现了努力控制对于学业成绩的重要作用。首先，努力控制对于学业成绩有预测作用。例如，布莱尔（Blair）等的研究发现，学龄前儿童的努力控制对于数学和词汇评估具有预测作用[2]。其次，努力控制对学业成绩的影响十分稳定，不受评分者（家长评或教师评）或研究方法（问卷法和观察法）的影响。艾森伯格（Eisenberg）等通过问卷法和实验室观察法研究了4~8岁儿童的努力控制水平，经过6年的追踪研究发现，问卷得分较高并且在挫折实验任务中坚持时间更久的儿童，6年后其有更高的学业成绩[3]。最后，努力控制自身除了对学业成绩有预测作用外，还在父母受教育水平对儿童学业成绩的影响中发挥了中介作用。

杨丽珠采用贝叶斯网络建模技术综合考察了气质、学校和家庭对小学生智能特征的影响[4]，结果发现，除了气质对智能特征产生的影响较大外，与其他因素（父母教养方式、小学生知觉到的教师期望）相比，同伴关系对智能特征的影响更为直接。同伴关系是小学生重要的社会关系之一，是指同龄人之间或心理发展水平相当的个体之间在交往过程中建立和发展起来的一种人际关系。儿童进入小学后，随着其独立性的逐渐增强和心智的不断成熟，对成人的权威感有所降低，同伴关

---

[1] Rothbart, M. K., Rueda, M. R. The development of effortful control. Developing individuality in the human brain: A tribute to Michael I. Posner, 2005, 167-188.
[2] Blair, C., Razza, R. P. Relating effortful control, executive function, and false belief understanding to emerging math and literacy ability in kindergarten. Child Development, 2007, 78（2），647-663.
[3] Eisenberg, N., et al. Self-regulation and school readiness. Early Education and Development, 2010, 21（5），681-698.
[4] 杨丽珠：《儿童青少年人格发展与教育》，中国人民大学出版社2014年版，第345-357页。

系的影响则越来越大，逐渐超过了亲子关系和师生关系。同伴往往一起学习，相互参考笔记，分享学习资源、策略，相互鼓励，也可以将同伴的学习态度和成绩作为自己的参考标准，在这种积极互动中提高学业成绩。杨丽珠等采用多层中介分析发现，小学生的同伴接纳和友谊质量对其智能特征的发展产生了重要作用[1]。文策尔（Wentzel）等的研究发现，如果儿童在小学四年级时获得较低水平的同伴接纳，其六年级时的学业成绩较低；受同伴接纳的学生的学业参与性更强，具有更强的学习动机，在学习活动中表现积极[2]。杨海波通过调查二至六年级学生发现，同伴关系对小学生的学业成绩有一定的影响，在班级中越受欢迎，越有助于其学习；越受排斥，学业成绩越不良[3]。有研究者对儿童的同伴侵害对学业成绩的预测作用进行了研究，结果发现，在小学三年级遭受过同伴侵害的儿童，到了五年级后其学业成绩较差。研究也发现了努力控制对儿童同伴关系的影响[4]。艾森伯格（Eisenberg）等对印度尼西亚三年级的小学生进行研究发现，成人报告的低努力控制与同伴的消极评估（不喜欢、打斗）相关，成人报告的高努力控制同积极的同伴提名（喜欢、亲社会）相关，经过3年的追踪后，这种相关仍然存在[5]。戴维（David）等的研究发现，努力控制对于同伴交往中的问题行为（如敌意、消极情绪和挑拨行为）具有预测作用，但是努力控制与同伴的数量并不相关[6]。综合以往研究，同伴关系可能在努力控制和学业成绩之间发挥着中介作用。这一假设在瓦利安特（Valiente）等的研究中得到了证实，他们对美国240名7~12岁儿童的努力控制、喜爱学校的程度和学业能力进行了测量，其中喜爱学校的程度包含了儿童对同伴关系、师生关系以及学校生活的喜爱程度，结果发现，喜爱学校的程度在努力控制和学业能力的关系中起到了中介作用[7]。

本次研究在以往研究的基础上，拟考察小学生的努力控制与同伴关系和学业成绩的关系，进一步分析同伴关系在努力控制和学业成绩之间的作用，为提高小学生的学业成绩提供科学的依据。本次研究假设努力控制和学业成绩的关系会受

---

[1] 杨丽珠、徐敏、马世超：《小学生同伴接纳对其人格发展的影响：友谊质量的多层级中介效应》，《心理科学》2012年第1期，第93-99页。

[2] Wentzel, K. R., Caldwell, K. Friendships, peer acceptance, and group membership: Relations to academic achievement in middle school. Child Development, 1997, 68（6），1198-1209.

[3] 杨海波：《同伴关系与小学生学业成绩相关研究的新视角》，《心理科学》2008年第3期，第648-651页。

[4] Liu, J. S, et al. Predictive relations between peer victimization and academic achievement in Chinese children. School Psychology Quarterly, 2014, 29（1），89-98.

[5] Eisenberg, N., et al. The relations of regulation and negative emotionality to Indonesian children's social functioning. Child Development, 2001, 72（6），1747-1763.

[6] David, K. M., Murphy, B. C. Interparental conflict and preschoolers' peer relations: The moderating roles of temperament and gender. Social Development, 2007, 16（1），1-23.

[7] Valiente, C., et al. Children's effortful control and academic competence: Mediation through school liking. Merrill-Palmer Quarterly, 2007, 1-25.

到同伴关系的中介作用的影响。

二、研究方法

（一）被试

1. 用于问卷修订的被试

（1）预测被试

在大连市某小学，以班级为单位选取一至六年级学生作为被试，共收回有效问卷593份，其中一年级有效被试116人（男生65人，女生51人），二年级有效被试118人（男生58人，女生60人），三年级有效被试108人（男生51人，女生57人），四年级有效被试85人（男生45人，女生40人），五年级有效被试85人（男生49人，女生36人），六年级有效被试81人（男生37人，女生44人）。

（2）正式施测被试

从大连市2所小学随机抽取一至六年级被试634人，用以进行探索性因素分析和验证性因素分析。

探索性因素分析被试434人，其中一年级82人（男生50人，女生32人），二年级61人（男生27人，女生34人），三年级66人（男生34人，女生32人），四年级58人（男生35人，女生23人），五年级91人（男生50人，女生41人），六年级76人（男生31人，女生45人）。

验证性因素分析被试200人，其中一年级30人（男生16人，女生14人），二年级34人（男生17人，女生17人），三年级36人（男生20人，女生16人），四年级40人（男生20人，女生20人），五年级30人（男生15人，女生15人），六年级30人（男生15人，女生15人）。

2. 用于中介分析的被试

以班级为单位，从大连市2所小学一至六年级随机抽取被试200人，删除在努力控制问卷、同伴关系问卷和学业成绩三项调查中任意一项有缺失的被试9人，剩余有效被试191人（男生93人，女生98人）。其中，一年级29人，二年级37人，三年级34人，四年级21人，五年级43人，六年级27人。

（二）工具

1. 努力控制问卷

罗特巴特（Rothbart）团队编制的适用于7～10岁儿童的TMCQ具有广泛的

应用性。原版 TMCQ-努力控制分量表共 48 个项目，包含活动控制（15 题）、注意力集中（7 题）、抑制控制（8 题）、低强度的乐趣（8 题）和敏感性（10 题）5 个维度，除活动控制外，其余各维度的内部一致性系数为 0.75～0.90。该问卷采用 5 级计分，1 表示"我的孩子几乎从来不这样"；2 表示"我的孩子通常不这样"；3 表示"我的孩子有时是这样，有时不是"；4 表示"我的孩子通常是这样"；5 表示"我的孩子几乎总是这样"。由家长根据孩子在过去 6 个月的行为反应做出相应的选择。其中，有些项目采用反向计分，如"听故事时容易走神""做作业时东张西望"等。本次研究对罗特巴特（Rothbart）团队编制的 TMCQ-努力控制分问卷进行了中文修订。修订工作得到了西蒙兹（Simonds）的大力支持，他不但同意笔者对努力控制分量表进行中文修订，而且为修订工作提供了 TMCQ 相关材料，以及台湾的翻译版本。同时，我们与原作者讨论发现，其测量 11～12 岁儿童也是有效的。因此，扩大了原量表施测对象的年龄范围，由 7～10 岁扩展到 7～12 岁。

（1）量表的翻译和回译

由笔者将问卷翻译成中文版本，并请一名长期在中国学习的美国人对中文版本进行审查，讨论并修改不恰当的翻译，以确定中文版本在表达了原版含义的基础上，符合中国的文化历史和具体语义。两名以英文为母语且能较熟练讲中文的外教将中文版本进行回译，并将回译版本发给作者西蒙兹进行校对，待原作者确定回译版与原版无异后，开始施测。

（2）量表的初试

首先，请 5 名小学教师以及 20 名小学家长对问卷的内容进行评定，检验是否存在表述不清、有歧义、理解困难的项目，并在不改变题意的前提下进行修改。其次，请 2 名中文系研究生对问卷进行审核并酌情润色，避免语法错误、生僻、方言或学术词汇的出现。最后，请 2 名家长和 2 名教师对内容进行再次评定，最终形成 TMCQ-努力控制分量表（第一版）。

（3）预测

使用 TMCQ-努力控制分量表（第一版）对预测被试进行施测，并对预测的结果进行项目分析，删除区分度不高的项目共 4 题，形成了包含 44 题的 TMCQ-努力控制分量表（第二版）。

（4）正式施测

1）探索性因素分析。对所得数据做探索性因素分析前，需要考察 KMO 值和 Bartlett 球形检验值（若球形检验呈显著水平，说明数据适合进行因素分析）。以 Oblimin 斜交旋转法来抽取公共因子个数，取特征根大于 1 的因子，有的因子即使特征根大于 1，如果某特质所含项目在 2 个以下，则将其剔除，最终保留 40 个题目。

2）验证性因素分析。采用 Mplus 软件检验探索性因素分析所得的 40 个题目与五维度的拟合程度。Mplus 的研究中考察拟合度的指标有拟合优度卡方检验（χ^2/df）、近似误差均方根（RMSEA）、相对拟合指数（CFI）、非标准化拟合指数（TLI）和平均残差协方差标准化的总和（SRMR）等。结果发现，修订后的问卷支持原结构，即包含活动控制、注意力集中、敏感性、低强度乐趣和抑制控制 5 个维度，由 40 个项目构成，问卷总体的内部一致性信度为 0.868，分半信度为 0.864。各维度的内部一致性信度为 0.800~0.895，分半信度为 0.607~0.856。验证性因素分析结果如下：χ^2/df=1.30，RMSEA=0.039，SRMR=0.068，GFI=0.915，TLI=0.909。

2. 同伴关系问卷

采用同伴提名法评定儿童的同伴接纳与拒斥情况。要求被试分别写出自己在班里最喜欢的 3 名同学和最不喜欢的 3 名同学的名字。喜欢记作"积极提名"，不喜欢记作"消极提名"，积极提名的次数以正分表示，消极提名的次数以负分表示，二者相加后得到"同伴关系"分数。

3. 学业成绩

评定学业成绩的方式有很多种，如日常授课的成绩、作业成绩、学生平时的表现（包括在班级各种活动中的表现）等。一次考试成绩不可能全面反映一个学生的真实学习能力，因此本次研究不仅收集了期末考试成绩数据，还对学生的班主任进行了访谈，了解本次考试中是否存在发挥严重超常或失常的学生，如果存在予以剔除，最后将语文、数学和英语期末成绩在班级内标准化后相加作为小学生的学业成绩指标。

（三）程序

首先，以班级为单位发放"努力控制问卷"和"致家长的一封信"，由学生带给父母。父母根据指导语自愿填写，次日再由学生将填好的问卷交给班主任。

其次，主试进入班级进行同伴关系问卷的施测。培训主试，统一指导语，尤其是对于低年级的学生要进行详细的解释，并且告诉他们不会写的字可以用拼音代替，避免由于儿童的阅读能力和书写能力不足影响施测结果。

最后，收集期末考试成绩。为避免年级间的差异，将语文、数学和英语成绩分别以每个班级、每个科目为标准转化成 Z 分数，并计算总成绩。

（四）共同方法偏差的控制

为了减少由共同方法变异导致的共同方法偏差，本次研究主要采用哈曼单因素检验方法。分析后发现,特征值大于 1 的公因子有 3 个,第一公因子只解释了方差的 29.388%,小于 40%的临界标准,由此可见本次研究中并不存在共同方法偏差的问题。

(五)统计分析

使用 SPSS20.0 对数据进行探索性因素分析、验证性因素分析以及回归分析等统计处理。

三、研究结果

(一)小学生努力控制与同伴关系、学业成绩的相关分析

本次研究先对小学生努力控制、同伴关系以及学业成绩进行相关分析,结果见表 10-5。通过相关矩阵可以看出,小学生的努力控制、同伴关系和学业成绩均呈显著正相关。

表 10-5 努力控制、同伴关系与学业成绩之间的相关矩阵

项目	努力控制	同伴关系
同伴关系	0.147*	
学业成绩	0.260**	0.390**

(二)同伴关系在努力控制和学业成绩之间的中介作用

根据相关分析可以发现,小学生的努力控制、同伴关系以及学业成绩两两之间均存在显著相关,可以假设同伴关系在努力控制对学业成绩的影响中起中介作用。

温忠麟等提出了一个中介效应检验程序[①]:首先,检验回归系数 c,只有在显著的情况下才能分析中介作用。其次,进行巴伦(Baron)和肯尼(Kenny)部分中介检验。依次检验系数 a 和 b,如果都显著,继续下面的检验;如果至少有一个不显著,则进行 Sobel(索贝尔)检验,如果显著,意味着中介变量 M 的中介效应显著,否则中介效应不显著。最后,做贾德(Judd)和肯尼(Kenny)完全中介检验,即检验系数 c',如果不显著,说明是完全中介过程(X 对 Y 的影响都是通过中介变量 M 实现的),如果显著,说明只是部分中介过程(X 对 Y 的影响只有一部分是通过中介变量 M 实现的),见图 10-1 和图 10-2。

---

① 温忠麟、张雷、侯杰泰等:《中介效应检验程序及其应用》,《心理学报》2004 年第 5 期,第 614-620 页。

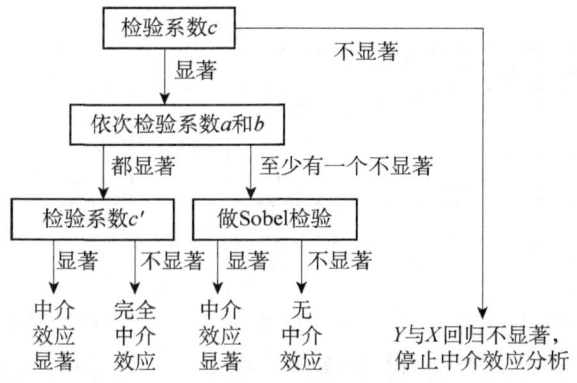

图 10-1 中介效应检验程序

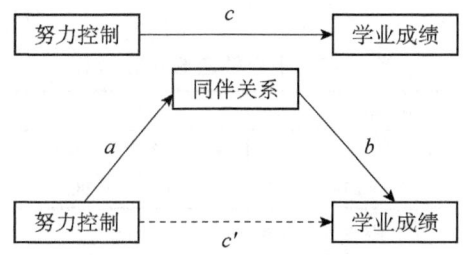

图 10-2 同伴关系的中介效应路径

注：实线表示影响显著，虚线表示中介变量起部分中介作用

本次研究采用该检验程序，以依次回归技术来考察中介变量的中介效应，构建中介作用模型，见图 10-2（a、c 分别为努力控制单独预测同伴关系、学业成绩的回归系数，b、c' 分别为同伴关系和努力控制共同预测学业成绩时各自的回归系数）。对小学生同伴关系在努力控制与学业成绩之间是否存在中介效应进行检验。首先，建立学业成绩对努力控制的回归方程。其次，建立同伴关系对努力控制的回归方程，结果表明，努力控制能够显著预测同伴关系（$\beta=0.147$，$p<0.05$）。最后，建立学业成绩对努力控制和同伴关系的回归方程，结果发现，同伴关系对学业成绩具有显著的预测作用（$\beta=0.360$，$p<0.001$），努力控制对于学业成绩的预测作用显著（$\beta=0.207$，$p<0.01$），说明同伴关系在小学生努力控制与学业成绩之间起到了部分中介作用，结果见表 10-6。

表 10-6 中介效应的检验（$N=191$）

进入步骤	结果变量	预测变量	R^2	F	B	$S.E$	β	t
第一步	学业成绩		0.068	13.685				
		努力控制			0.646	0.175	0.260	3.699***
第二步	同伴关系		0.022	4.190				
		努力控制			0.145	0.071	0.147	2.047*

续表

进入步骤	结果变量	预测变量	R^2	F	B	$S.E$	β	t
第三步	学业成绩		0.194	22.652				
		努力控制			0.515	0.165	0.207	3.125**
		同伴关系			0.906	0.167	0.360	5.436***

（三）同伴关系中介作用的性别差异

在男女生群体中分别采用如上所述的中介效应检验程序考察同伴关系的中介作用，判断其中介作用是否会有性别差异。根据温忠麟等提出的检验程序（a 或 b 有一个不显著的情况）对男生群体和女生群体进行同伴关系的中介效应的 Soble 检验，结果见表 10-7。

表 10-7 中介效应 Soble 检验

性别	a（sa）	b（sb）	Z
男生（$n=93$）	0.05（0.115）	1.218（0.227）	0.433
女生（$n=98$）	0.117（0.079）	0.575（0.282）	1.198

注：sa 表示为 a 的标准差，sb 表示为 b 的标准差

结果发现，男生组 Soble 检验结果得出的 Z 值小于温忠麟等提出的临界值为 0.97（双尾）的标准，对于男生群体来说，同伴关系在努力控制和学业成绩之间并没有起到中介作用。然而，对于女生群体来说，同伴关系在努力控制和学业成绩之间起到了部分中介作用。

四、讨论与结论

（一）修订后的努力控制问卷的项目构成

美国版 TMCQ-努力控制分问卷由 5 个维度、48 个项目组成。活动控制维度包含 15 个项目，指执行一个动作时有一种强烈的倾向去避免执行它的能力。注意力集中维度包括 7 个项目，指对事物保持注意力集中的倾向。抑制控制维度包括 8 个项目，指计划并抑制在异常或不确定的情况下的不恰当的做法的反应。低强度乐趣维度包括 8 个项目，指对低强度、速度、复杂性、新颖性活动的喜爱程度。敏感性维度包括 10 个项目，指从外部环境中检测轻微的低强度的刺激。

中文版 TMCQ-努力控制分问卷的结构与美国版相符，保留了原有的 5 个维度，但是由于中国和美国的文化存在差异，一些题目并不适用于中国儿童，结合统计分析的结果对其进行了删除。例如，"即使觉得疼，也能在需要的时候揭下创

可贴",在日常生活中,这种现象很少出现,大部分家长都选 1,即"几乎从来不这样",因而该项目被删除。最终形成了支持原结构的包含 40 个项目的中文版问卷。

(二)努力控制对学业成绩的预测作用

本次研究发现,对于小学生来说,努力控制对其学业成绩具有显著的预测作用。在控制了同伴关系的影响后,该预测作用依然存在,即努力控制水平高的儿童具有较高的学业成绩。该结果与瓦利安特(Valiente)等的追踪结果相一致。焦小燕等的研究也发现,一、三、五年级小学生的努力控制对 18 个月后的学业成绩有着显著的预测作用,努力控制能力较强的小学生会表现出更多的积极社会行为[1]。

努力控制包括抑制控制(抑制不恰当反应的能力)、主动集中或转换注意、解决冲突(出现矛盾或冲突刺激时做出选择的能力)等,是衡量个体能否良好适应社会的重要指标。从其含义可以看出,努力控制可以反映儿童注意力集中的程度以及抵制诱惑的能力。例如,努力控制水平高的学生会严格要求自己,上课时认真听讲,学习时能抑制诱惑,认真完成课内外作业,能更好地接收文化知识。相反,努力控制水平差的学生在课堂上爱讲话,不能及时完成作业,学习时容易分心,学业成绩相对较差。同时,成绩较差的学生容易对学习产生厌烦情绪,降低学习的积极性,进一步加剧成绩的恶化。加之努力控制个体间的差异具有一定的稳定性,这种差异的稳定性也是其能够对学业成绩进行预测的重要原因。

(三)同伴关系的中介效应

结果表明,同伴关系在努力控制对学业成绩的影响上具有部分中介效应。一方面,小学生的努力控制会影响其同伴关系的发展。努力控制高的儿童在人际交往过程中能够更好地管理自己的注意、情绪和行为,遵守社会规范,避免令人厌恶或者具有攻击性的行为,能够做出更恰当的社交行为,如帮助他人、态度友善等。另一方面,小学生的努力控制有一部分通过影响同伴关系,进而影响其学业成绩。杨丽珠在研究小学生气质对智能特征的影响中,也发现了同伴关系的中介作用,即气质(反应性和抑制性)和同伴关系会直接影响小学生的智能特征,同时专注性又会通过影响同伴接纳,进而影响智能特征[2]。

布朗芬布伦纳(Bronfenbrenner)提出的生态系统理论向我们呈现了影响儿童

---

[1] 焦小燕、盖笑松:《小学生自我调节、师生关系与学校适应的关系》,《心理学与创新能力提升——第十六届全国心理学学术会议论文集》,2012 年,第 688-689 页。
[2] 杨丽珠:《儿童青少年人格发展与教育》,中国人民大学出版社 2014 年版,第 353 页。

发展的环境因素，并将环境看作一系列嵌套结构，每一层都会影响儿童的发展。[①]学校是儿童参与的重要环境，而大多数同伴互动都发生在学校背景下，其质量的好坏必然会影响儿童的发展。群体社会化理论也强调同伴的作用，认为对儿童产生长远影响的环境是他们与同伴的共享环境。同伴关系在儿童、青少年的发展和社会适应中具有成人无法取代的独特的重要作用。同伴关系好的学生通常是随和的而且善于与人合作的，这种个性特质使得他们能够得到学业上的帮助；相反，行为越轨、被同伴拒绝的学生在学业上获得的同伴帮助要比其他孩子少。同时，努力控制差、被同伴拒绝的学生会对学校产生消极和负面的态度，他们不愿意参加学校活动，包括学业活动。有研究在考察中国儿童的同伴侵害和学业成绩的关系时发现，虽然低学业成绩会引发同伴侵害，但是更多的是由于同伴侵害而造成低学业成绩[②]。这一结论进一步证明了同伴关系对于小学生学业成绩的重要作用，因此父母和教师在注重培养孩子的努力控制的同时，也要关注儿童的同伴交往质量，帮助他们在同伴中寻找良好的学习榜样和建立积极的同伴网络。

（四）同伴关系中介效应的性别差异

本次研究的另一个重要发现是同伴关系的中介作用存在性别差异。在男生群体中，同伴关系的中介作用是不明显的。本次研究发现，男生努力控制的发展对学业成绩具有显著的预测作用，同伴关系对学业成绩也具有显著的预测作用，但是努力控制对于学业成绩的影响并不是通过同伴关系产生的。在女生群体中，努力控制对学业成绩的影响除了通过先影响同伴关系来间接实现外，还会直接影响学业成绩。

男性和女性扮演着不同的社会角色，人们鼓励女孩子担任表达性角色，如善于照料他人，能敏感地察觉到他人的需求，多从事安静的、低冒险性的游戏活动，而努力控制高的女孩行为得体、情绪稳定、不会过分吵闹、符合社会文化的角色要求，因此受到同伴们的喜爱。相反，男性则被鼓励扮演工具性角色，希望其是支配、果断、独立和富有竞争性的。男孩多从事冒险性和刺激性的游戏，如果一个男孩过于"自控"，很难融入同伴、的交往之中，容易成为被大家忽视的角色，这可能是造成中介作用不显著的一个原因。

女孩的依赖性较强，做事情需要得到支持，尤其是同伴的支持。因此，女孩对于同伴交往的要求更高，她们会分享秘密，平时一起吃饭、上学甚至上辅导班。男孩的同伴交往则不会如此亲密，他们可能只有在游戏的时候才会聚在一起，并

[①] 杨丽珠，刘文：《毕生发展心理学》，高等教育出版社2006年版，第58页。
[②] Liu, J. S, et al. Predictive relations between peer victimization and academic achievement in Chinese children. School Psychology Quarterly, 2014, 29（1），89-98.

且男孩往往"成群",不会像女孩那样建立一一对应的亲密关系。

总之,修订后的 TMCQ-努力控制分问卷具有良好的信、效度,能够作为评定小学生努力控制水平的有效工具;同伴关系在努力控制和学习成绩的关系上具有中介作用,并且这种中介作用存在性别差异,在男生群体中,同伴关系的中介作用是不明显的。

(五)局限性及对教育的启示

1. 局限性

本次研究虽然考察了小学生努力控制、同伴关系和学业成绩之间的关系,但是还存在一定的不足,未来可以考虑引入多变量进行设计,如引进师生关系、社会适应等变量,建立复杂模型,提高研究结果的外部效度。另外,还可以对努力控制、同伴关系和学业成绩的关系进行追踪,进一步研究三者之间关系的跨时间的稳定性。

2. 对教育的启示

本次研究发现,努力控制水平高的儿童能够自觉规范自己的学习行为,如上课认真听讲、课后认真完成作业,同时这样的儿童在同伴交往中更受欢迎,更易得到同伴的学业支持。因此,教育工作者可以结合努力控制发展的年龄特点,采用适用于不同年级阶段的培养方案进行有针对性的教育。除此之外,要注意人际关系对于提高学业成绩的重要作用,有意识地引导、帮助低努力控制儿童发展积极的同伴关系,如建立学习小组,让他们较多地获得来自同伴的学业支持和肯定,在学校生活中体验到积极情绪,进而提升其学习的信心。

第三节 初一年级学生人格发展对其学业成绩的影响——基于辽宁省17.5万名初一年级学生数据的分析

一、引言

有研究表明,人格与个体的人际关系满意度、健康和主观幸福感等生活质量指标息息相关。因此,人格的研究一直受到心理学家的关注。初中阶段是人格发展的第二转折点,随着"心理断乳期"的来临,初中生的独立性逐渐增强,成人感逐渐形成,自我认识、自我控制的能力增强,人格会产生质的飞跃。国家对青少年的人格健康尤为重视，早在 2010 年，国家人口和计划生育委员会就联合教育部等启动了"青少年健康人格"工程，同时不断推进中小学素质教育，旨在提高青少年的综合素质和生命质量。在初中阶段，除人格健康受到广泛关注外，学习也是中学生阶段的重要任务之一，而关于学业成绩的影响因素，很多人认为是智力因素占主导，然而超过 50% 的学业成绩的变异，很难用智力因素来解释。

随着研究的进行，研究者普遍发现，除智力因素外，人格因素与学业成绩呈显著相关，并对其产生了重要影响。例如，求知欲、责任感、自信心等这些人格因素与中学生的学业成绩显著相关，可以积极促进学生的学习。相反，学业成绩不佳的学生表现出合作意识差、较为敏感、情绪波动较大、悲观自卑、焦虑急躁等消极的人格特点，这些消极的人格品质会阻碍学生学业的发展，导致其学业成绩下降。

国外研究主要依据影响较为广泛的大五或五因素模型，比较一致地得出尽责性在学业表现中起到了重要的作用，与学业表现呈正相关。对于其他 4 个维度，各研究也得出了不同的结论，开放性和宜人性可能与学业能力存在正相关，神经质和外倾性可能与学业表现呈负相关。其中，诺夫特（Noftle）等对五大人格特质与学术能力评估测试（SAT）成绩和平均成绩（GPA）进行了差异检验[1]，发现对于 SAT 口语成绩来说，开放性是最有力的预测因子，但与学业能力不存在显著相关。对于高中和大学 GPA 来说，尽责性是最强的预测因子。研究者通过进一步的分析发现，尽责性可以预测中学的 GPA，即使控制了后来的高等学校的 GPA 和 SAT 成绩。有研究者进行了纵向追踪调查研究[2]，以两所英国大学样本进行测查，对如旷工、论文写作、教师考试预测等一些学术行为的指标进行了考察，除此之外，还检测了学生的学术表现和个性特征。研究显示，比起其他几个学术指标，神经质和尽责性这两个维度被认为是最能预测最终考试成绩的因素，这两个维度可以解释 10% 以上的学业考试成绩的变异。神经质则可能会损害学术的性能，尽责性可能会提高学术成就。

国内学者对人格与学业能力之间的关系也做了一些探讨。例如，李皓等采用儿童 14 种人格因素问卷调查了初中生人格得分，并提取出 5 个因子，得出智力性因素，即聪慧性人格特征对初中生的期末成绩（语文、数学、外语总分）有预测作用[3]。吴海棣等的研究发现，世故性、有恒性、敢为性、聪慧性和实验性是影响男生学业成绩的主要人格因素；怀疑性和乐群性是影响女生学业成绩的主要人格

---

[1] Noftle, E. E., Robins, R. W. Personality predictors of academic outcomes: Big five correlates of GPA and SAT scores. Journal of Personality and Social Psychology, 2007, 93（1），116-130.

[2] Chamorro-Premuzic, T., Furnham, A. Personality predicts academic performance: Evidence from two longitudinal university samples. Journal of Research in Personality, 2003, 37（4），319-338.

[3] 李皓、金瑜、叶盛泉：《中学生个性因素及其与学业成就关系的探讨》，《心理科学》2003 年第 3 期，第 445-447 页。

因素[①]。钮丽丽等使用自编量表发现，在外向性维度和谨慎性维度上得分更高的学生学业成绩更好[②]。

我们通过查阅文献发现，以往对于人格与学业成绩之间的关系，由于采用了不同的测量工具而得出了不尽一致的结论。本次研究采用了杨丽珠和杜文轩编制的初中生人格发展自评量表。该问卷是杨丽珠团队依据近30年内的研究，从初中生群体出发，结合词汇学和特质论的观点，不仅采用开放式问卷、访谈法、人格特质形容词表法的方法，还通过自由描述的方法搜集初中生的人格资料，将特性原则和共性原则相结合，采用自下而上与自上而下相结合的研究范式，通过质性编码和量化分析对初中生的人格结构进行了测评，得到了由亲社会性、智能特征、认真自控、外倾性、情绪稳定性5个维度及其下属的17个特质构成的初中生人格结构层次模型，适用于测量中国初中生的人格。这些研究均以变量为中心的视角来考察人格与学业成就的关系，对于人格差异，还可以从以个体为中心的视角进行研究，因为以个体为中心的研究能够为以变量为中心的研究提供一个非常重要的补充，它可以将几个人格特质综合起来描述某个个体，可以预测哪些个体、何种特点的群体能够具较好的学业表现，更关注人的发展。杨丽珠团队已得出大连市初中生人格五维度的三分类模式，本次研究将采用潜在类别分析对辽宁省的样本进行分类，旨在从以变量为中心和以个体为中心两个视角，来考察辽宁省初一年级学生的人格差异对学生学业成绩的影响。

二、研究方法

（一）被试

采用整群抽样，被试来自辽宁省14个市的715所学校，共175 793人，其中男生90 349人，女生85 444人，平均年龄为12.75±0.55岁。

（二）工具

人格调查采用杨丽珠和杜文轩编制的初中生人格发展自评量表，该量表共有59个题目，测量了人格的5个维度和17种特质。量表采用利克特5级计分，1代表"从不这样或完全不符合"，2代表"偶尔这样或比较不符合"，3代表"有时候这样或说不清"，4代表"经常这样或比较符合"，5代表"总是这样或完全符合"。本次研究中，亲社会性、智能特征、认真自控、外倾性和情绪稳定性5个维度的

[①] 吴海棣、李建成、熊永军等：《中学生人格因素与学习成绩关系的探讨》，《中国学校卫生》1996年第4期，第280-281页。

[②] 钮丽丽、周燕、周晖：《中学生人格发展特点的研究》，《心理科学》2001年第4期，第505-506页。

克龙巴赫 α 系数依次是 0.837、0.810、0.871、0.828 和 0.775。

采用由大连现代学习科学研究院开发的增值评价系统中的学业基线测试命题对学生的学业能力进行测试。测试问卷是按照国际公认的程序和方法，通过抽样、编制命题框架、命题、试测、组卷、数据分析、反馈报告等环节编制而成，一套完整的基线测试问卷包括语文、数学、英语学科测试和认知测试，学科测试旨在考核学生在各学科的核心能力，认知测试则主要从感知觉与观察力、空间能力和推理能力几个方面测查学生认知能力的发展水平。每项测试满分均为 100 分，各科目的成绩可相加。

（三）调查实施

首先，使用初中生人格发展自评量表对辽宁省初一年级学生进行大范围施测，由各班主任代为发放和回收，问卷回收后剔除作答不完整的无效问卷，确定有效问卷 175 793 份，问卷回收有效率为 95.64%。调整反向计分后，各维度得分越高，说明该维度的人格水平越高。

（四）数据处理

对问卷所得数据采用 SPSS17.0 进行描述统计和方差分析，采用 Mplus 进行潜在类别分析。

三、研究结果

（一）辽宁省初一年级学生人格特质的描述统计

对人格五维度的描述统计结果显示（表 10-8），学生除在亲社会性上的平均分数高于 4 分，智能特征、认真自控、外倾性和情绪稳定性 4 个维度的得分均在 3～4 分。单因素重复测量方差分析显示，人格五维度的差异显著[$F(2.61, 458\,460)=34\,009.5$，$p<0.001$，$\eta_p^2=0.162$]，亲社会性水平最高。

表 10-8 辽宁省初中生人格各维度的描述统计及事后检验

人格维度	平均数	标准差
1. 亲社会性	4.06	0.61
2. 智能特征	3.62	0.67
3. 认真自控	3.77	0.69
4. 外倾性	3.98	0.74
5. 情绪稳定性	3.57	0.74
事后检验	1<4<3<2<5	

(二)辽宁省初一年级学生人格的潜在类别

通过潜在类别分析对初中生人格进行类型划分,得到各类的拟合指数 AIC(the Akaike Information Criterion)、BIC（Bayesian Information Criterion）、aBIC（the sample-size Adjusted BIC）以及伪决定系数 Entropy，结果见表 10-9。

表 10-9　辽宁省初一年级学生人格维度的潜在类别分析拟合指数

拟合指数	1 类（基线模型）	2 类	3 类	4 类
AIC	1 383 048.942	1 366 971.393	1 356 222.679	1 345 775.971
BIC	1 383 250.483	1 367 233.397	1 356 545.145	1 346 158.899
aBIC	1 383 186.922	1 367 150.767	1 356 443.447	1 346 038.134
Entropy		0.700	0.754	0.718
p（LMR）		0	0	0
p（BLRT）		0	0	0

根据数据结果和前人的研究将初中生人格划分为三类,即低控型、过度控制型和适应型,低控型占 18.6%,过度控制型占 5.6%,适应型占 75.8%。由于研究结果与本团队之前对大连市样本的研究结果基本一致（图 10-3),并且各类型具有相似的人格特征,故本部分不再赘述。

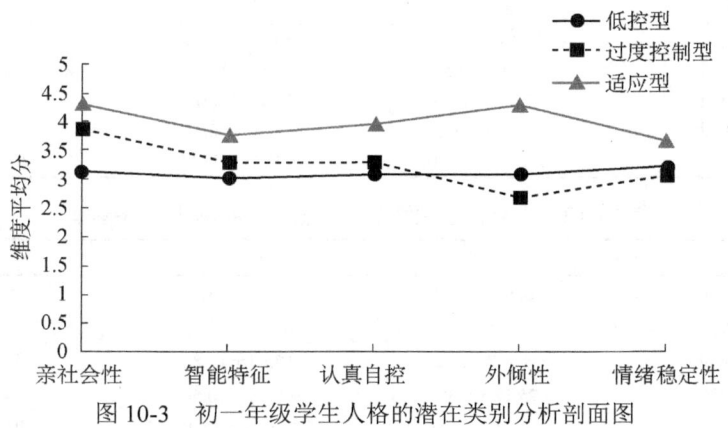

图 10-3　初一年级学生人格的潜在类别分析剖面图

(三)人格对学业成绩的影响

1. 人格特质对学业成绩的影响

为了了解人格各维度得分和学业成绩的关系,笔者将初中生人格得分排序,取其前 27% 作为高分组,后 27% 作为低分组,分别以认知成绩、数学成绩、英语成绩、语文成绩和总成绩为因变量,人格五维度高、低分组为自变量,进行独立

样本 t 检验，考察人格各维度高、低分组的初中生的学业质量之间的差异。结果显示（表 10-10～表 10-14），人格各维度分组之间的各科成绩和总成绩差异显著，无论是单科成绩还是总成绩，人格各维度高分组的初中生都显著高于人格各维度低分组的初中生。

表 10-10　人格亲社会性维度高、低分组的学业成绩差异

成绩	高分组	低分组	t
认知成绩	77.35±12.06	67.44±13.98	114.71***
数学成绩	76.93±12.81	66.57±14.25	115.59***
英语成绩	69.91±17.79	55.33±17.30	125.49***
语文成绩	75.93±9.02	68.05±10.42	122.21***
总成绩	300.12±48.46	257.39±52.56	127.74***

表 10-11　人格智能特征维度高、低分组的学业成绩差异

成绩	高分组	低分组	t
认知成绩	78.05±13.07	67.95±12.68	123.04***
数学成绩	77.95±13.59	66.61±13.02	133.72***
英语成绩	70.14±18.72	56.28±16.45	123.22***
语文成绩	76.44±9.62	68.27±9.60	133.54***
总成绩	302.57±51.84	259.11±48.27	136.16***

表 10-12　人格认真自控维度高、低分组的学业成绩差异

成绩	高分组	低分组	t
认知成绩	75.16±12.76	70.70±13.99	52.45***
数学成绩	74.61±13.51	69.83±14.38	53.89***
英语成绩	67.25±18.25	58.94±18.17	71.78***
语文成绩	74.18±9.62	70.49±10.42	57.83***
总成绩	291.19±51.00	269.96±53.65	63.84***

表 10-13　人格外倾性维度高、低分组的学业成绩差异

成绩	高分组	低分组	t
认知成绩	76.28±12.63	69.34±14.02	80.09***
数学成绩	75.83±13.30	68.38±14.39	82.81***
英语成绩	68.37±18.32	57.64±17.86	91.68***
语文成绩	75.12±9.39	69.40±10.50	88.36***
总成绩	295.61±50.46	264.76±53.47	91.44***

表 10-14　人格情绪稳定性维度高、低分组的学业成绩差异

成绩	高分组	低分组	t
认知成绩	76.65±12.31	69.04±13.81	91.26***
数学成绩	75.95±13.22	68.39±14.13	86.83***
英语成绩	68.25±17.96	58.15±17.96	88.29***
语文成绩	75.07±9.39	69.60±10.27	87.41***
总成绩	295.92±49.65	265.18±52.84	94.13***

2. 人格类型对学业成绩的影响

为了考察人格类型对学业成绩的影响，以各科学业成绩和总成绩为因变量，以人格类型为自变量做单因素方差分析，结果见表 10-15。在各科成绩和总成绩上，方差分析结果均显示差异显著。事后检验表明，低控制型人格的学生在各科成绩中得分均相对落后，学业成绩表现最差；过度控制型人格的学生在认知成绩、数学成绩和语文成绩上与适应型人格学生无差异，但英语成绩和总成绩低于适应型人格的学生。适应型人格学生的学业成绩表现总体好于其他两种人格类型的学生。

表 10-15　各人格类型在学业成绩上的方差分析

人格类型	认知成绩	数学成绩	英语成绩	语文成绩	总成绩
1（n=32 723）	66.56±14.15	65.70±14.41	54.33±17.18	67.37±10.56	253.95±52.92
2（n=9 900）	74.90±13.09	74.08±13.63	64.22±18.27	73.72±9.70	286.92±51.32
3（n=133 170）	74.88±12.67	74.19±13.37	65.80±18.14	73.79±9.54	288.66±50.49
F（2, 175790）	5472.478***	5194.763***	5354.169***	5785.862***	6130.752***
事后检验	1<2=3	1<2=3	1<2<3	1<2=3	1<2<3
效应量（η^2）	0.059	0.056	0.057	0.062	0.065

注：1 代表低控型，2 代表过度控制型，3 代表适应型

四、讨论与结论

从人格特质的调查结果来看，辽宁省初一年级学生人格中除亲社会性得分为 4.06 分，达到问卷 5 级计分中的"经常这样或比较符合"的程度外，智能特征、认真自控、外倾性和情绪稳定性得分均在 3.5～4 分，处于"有时候这样或说不清"，还未达到"经常这样或比较符合"的程度。初一是由小学变迁至初中的第一年，是由儿童期转变为青年期的转折点，此时的青少年从以教师为主导转变为由自己主导，由更重视师生关系转变为更注重同伴关系，渴望获得良好的人际关系，受同伴欢迎，所以青少年在亲社会性方面的人格特质急剧发展，成为人格五维度中发展水平最高的。从人格类型的调查结果来看，辽宁省初一年级学生符合三类别的人格分布，与之前的研究一致。在辽宁省总体样本中，初一年级学生大部分处于适应型，其次是低控型，过度控制型所占比例最低。总体来说，辽宁省大部分初一年级学生属于适应型的人格类型。

人格是理解人的综合框架，它能够指引个体的选择和维持从事智力刺激活动的水平。所以，人格的作用不仅体现在学生的考试成绩、阅读理解测验等与学习相关的测试分数上，而且与其他重要的认知（如智力）和非认知（如自我概念）

的能够预测学业成功的变量有关。本次研究中无论以变量为中心还是以个体为中心的结果都显示出人格是在基本学业能力差异中起主导作用的因素之一。

亲社会性是指在社会交往中表现出的关心他人、合作、谦让、分享、乐群、助人、讲礼貌等一切有助于社会和谐的情感和行为，与大五人格或五因素模型中的宜人性相近。有研究指出[①]，宜人性与持续关注学习任务相联系，这可以促进学习进程，进而对学习结果产生积极的影响。此外，亲社会性水平高的学生以他们良好的行为改善着班级氛围，更易得到教师和同学的支持与帮助，从而提高他们的学习成绩。智能特征对学业质量的影响是由其本身的内涵决定的，智能特征水平高的个体对知识丰富、反应敏捷、喜欢探索、知识获得是有强烈渴望的。认真自控代表初中生日常生活中表现出的认真、有条理，以及对自身行为的控制能力的程度，与大五或五因素中的尽责性较为相似。高认真自控的学生会更认真地对待学习，遵守学校纪律，并且可以坚持不懈地克服困难，具有较高水平的坚忍性，而这些对于成就学业都是十分必要的，所以说认真自控与学业质量的相关性可以简单地归因于高认真自控个体的勤奋、组织计划的本性。本次研究也表明，一个有责任感的学生更可能愿意去完成具有挑战性的任务。外倾性代表个体对外界的关注水平以及对外界投入的精力，外倾性维度得分高的人喜欢与人接触，充满活力，经常感受到积极情绪。本次研究得出外倾性得分高低对学业质量有影响，但国外大多数研究得出了不一致的结论，即外倾性与学业成绩无关甚至是呈负相关，我们认为这与中西文化的差异有关。中国是集体主义国家，更注重个体或群体之间的关系性，大多数家长认为孩子的外倾性水平较高是有利于孩子发展的，而西方人则可能认为是否具有外倾性对个体的影响不大，更以自我为中心。这使得在中国文化背景下，高外倾性水平的个体处理社会交往有关情境和解决问题的能力较强，比如，更积极地向老师请教问题，积极与他人交往以获取知识，并能够以充沛的精力和积极的情绪参与学习。国内有学者的研究表明，乐观人格是影响初中生学业成绩的一个重要因素，高水平的乐观有利于提高学业成绩。情绪稳定性是在青春期表现较为突出的一种人格特征，它与大五人格或人格五因素模型中的神经质相近，情绪不稳定个体的情绪波动较大，更可能产生焦虑和低自我效能，降低对学业任务的关注力，导致学业成绩的降低。

人格类型反映了个体内人格分布的典型结构。本次研究的潜在类别分析显示，适应型在人格5个维度上的得分均较高，适应型人格的特征是具有高水平的自我弹性和自我控制，能够依据环境调整自我控制的水平，该类型的青少年被发现是自信的、自我导向的、情绪稳定的、精力充沛的，具有典型的社会适应型人格，

---

① Vermetten, Y. J., et al. The role of personality traits and goal orientations in strategy use. Contemporary Educational Psychology, 2001, 26 (2), 149-170.

因此该类型人格的学生的学业成绩表现总体好于其他两种人格类型的学生。低控型和过度控制型学生在五维度上的得分均低于适应型学生，但二者不同的是，低控型人格的学生具有相对低的自控水平，趋向于做出冲动和非规范性行为，而拥有这些特征的青少年往往存在很多外化问题，表现为学业不良、暴力犯罪等。低责任性、高神经质涉及适应不良行为，如低合作、低组织性，以及低成就驱动、不遵守纪律，因此神经质的学生较少会控制某些对学习纪律不利的冲动。因此，研究得出低控型人格学生的各科成绩相对落后，学业成绩表现最差。相对于低控型青少年，过度控制型的青少年拥有高水平但不灵活的自我控制，一般比较害羞，会抑制和内化自己的问题，这种类型的青少年比较容易焦虑，不善于交际。因此，过度控制型人格的学生具有较低的外倾性和情绪稳定性，但由于他们比较遵守规则、自我控制能力相对较强，其总体学习成绩尚可。

总之，辽宁省初一年级学生的亲社会性水平较高，智能特征、认真自控、外倾性和情绪稳定性处于中等水平。初中生人格存在三类型分布，分别为低控型、过度控制型和适应型，适应型所占比例较高。人格五维度即亲社会性、智能特征、认真自控、外倾性和情绪稳定性对认知成绩、数学成绩、英语成绩、语文成绩和总成绩均有影响。具有适应型人格学生的学业质量最高，其次为过度控制型，具有低控型人格学生的学业质量最差。

第十一章

促进儿童、青少年健全人格的发展

第一节 全国3~6岁幼儿健全人格的培养

研究儿童、青少年人格发展的终极目标是构建儿童、青少年健全人格教育模式，促进儿童、青少年健全人格的发展。为此，本章在研究儿童、青少年人格的结构、评定工具、影响因素的基础上，进一步分别探讨如何对幼儿、小学生、初中生进行健全人格的培养。

一、引言

任性、挑食、注意力不集中等人格问题在我国当代幼儿中屡见不鲜。对全国15个省10 409名幼儿人格发展现状的调查结果显示，我国幼儿存在情绪稳定性差、创造性差、不诚实等人格问题。幼儿人格分类结果显示，低控型幼儿占调查人数的18.6%，过度控制型幼儿占56.2%，仅有25.2%的幼儿属于适应型。已有研究也证实，我国4~16岁儿童的心理行为问题发生率为13.9%，社会适应问题检出率更是高达23.46%[1]。国外的调查研究显示，随着年龄的增长，幼儿在人格宜人性、情绪稳定性等维度上的发展均呈下降趋势[2]，而人格发展停滞会使反社会性人格、多动性障碍等问题的检出率从50%增加至70%[3]。正因为如此，幼儿人格发展的问题近年来受到国家的重视。习近平总书记在八一学校教师节的讲话中明

---

[1] 关宏岩、戴耀华、张雨青:《早期儿童气质对学龄期儿童行为问题的预测效果初探》,《中国儿童保健杂志》2010年第1期，第14-17、19页。
[2] Laidra, K., et al. Assessing childhood personality with the Estonian short version of the Hierarchical Personality Inventory for Children (HiPIC). Personality and Individual Differences, 2017, 112, 31-36.
[3] Kerekes, N., et al. The protective effect of character maturity in child aggressive antisocial behavior. Comprehensive Psychiatry, 2017, 76, 129-137.

确提出："希望同学们敞开胸怀拥抱自然，点点滴滴播撒阳光，经年累月铸就美好，努力做一个心灵纯洁、人格健全、品德高尚的人。"[1]党的十九大报告也明确提出，加强社会心理服务体系建设，培育自尊自信、理性平和、积极向上的社会心态；把社会主义核心价值观融入社会发展各方面，转化为人们的情感认同和行为习惯。幼儿是国家的希望和未来，幼儿时期作为人格发展的关键期，对于人的一生有着极其重大的影响。已有研究表明，儿童时期的人格发展可以预测成年时期的犯罪[2]，并且会影响其子女的人格发展[3]。

目前，国内对于幼儿人格问题的研究主要集中在人格理论[4]、人格问题干预[5]、人格与其他影响因素的关系[6]等方面。国外对于幼儿人格的研究也主要集中于人格问题的干预及影响方面，如不良习惯与成瘾问题[7]、人际交流障碍[8]、抑郁症[9]等。纵观这些研究可以发现，研究者大多停留在干预幼儿人格问题方面，而对于如何培养幼儿的健全人格的研究较少。近年来，随着积极心理学的发展，推进个体与群体的幸福进程、推动人类社会的进步与发展等得到了广泛的关注。积极心理学强调研究积极情感体验、积极人格和积极社会组织系统，我们应借鉴积极心理学的思想，从正面、积极的角度培养幼儿的健全人格。

笔者所在的团队自1981年以来，通过对幼儿人格特质的研究初步提出了有关幼儿人格培养的理论观点。我们认为培养儿童的健全人格，首先要依据儿童人格结构，确定培养目标；依据儿童人格发展的特点和关键期，设计教育活动；依据影响儿童人格发展的因素，选择最佳的有效载体，运用最佳的教育形式，以建构促进儿童人格发展的教育模式[10]。以此理论为指导，我们进行了历时5年的幼儿健全人格小样本培养研究。在此基础上，我们又进一步扩大样本，在全国范围内进

---

[1] 央视网. 习近平给少年儿童的美好箴言.（2019-06-01）. http://news.cctv.com/2019/06/01/ARTIJLpwDucxDfiovK2Ht0W8190601.shtml[2022-08-10].
[2] Kachaeva, M., et al. A study of the impact of child and adolescent abuse on personality disorders in adult women. European Psychiatry, 2017, 41, S587.
[3] Clark, D. A., et al. Internalizing symptoms and personality traits color parental reports of child temperament. Journal of Personality, 2017, 85（6）, 852-866.
[4] 燕国材、刘同辉：《中国古代传统的五因素人格理论》，《心理科学》2005年第4期，第780-783页。
[5] 侯逸华：《边缘型人格障碍人群对子女行为影响及其干预对策初探》，《教育评论》2015年第11期，第106-109页。
[6] 杨秀莲：《文化与人格关系研究的若干问题》，《教育研究》2006年第12期，第79-83、96页。
[7] Lister, J. J., et al. Personality traits of problem gamblers with and without alcohol dependence. Addictive Behaviors, 2015, 47, 48-54.
[8] De Meulemeester, C., et al. Mentalizing and interpersonal problems in borderline personality disorder: The mediating role of identity diffusion. Psychiatry Research, 2017, 258, 141-144.
[9] Harty, L., et al. Are inmates' subjective sleep problems associated with borderline personality, psychopathy, and antisocial personality independent of depression and substance dependence?. Journal of Forensic Psychiatry & Psychology, 2010, 21（1）, 23-39.
[10] 杨丽珠：《儿童人格发展与教育的研究》，吉林人民出版社2006年版，第386页。

行了为期一年的幼儿健全人格培养推广教育现场实验,通过确定培养目标、选择游戏载体、构建中国幼儿游戏活动方案,最后验证培养方案的有效性。

二、研究方法

(一)被试

本次研究依据中国发展指数聚类分析结果,采取分层随机抽样的方法,在第一层抽样中考虑被试取样所在地区的经济发展水平,在第二层抽样中考虑被试所在市及幼儿园类型等人口学变量。选取一类地区(北京)、二类地区(江苏、山东、辽宁)、三类地区(福建、黑龙江、河北、陕西、湖南、重庆、河南、甘肃、广西)、四类地区(云南、青海)共15个省(自治区、直辖市),每个省(自治区、直辖市)选取两个市(一个省会级或副省会级城市,一个普通城市),每个城市选取2所幼儿园(1所公办,1所民办),经过筛选,共选取53所幼儿园。从每所幼儿园分别选取大、中、小班三个年级各两个幼儿人格发展水平基本一致的班级参加为期一年的幼儿健全人格培养推广实验。同时,选取168名教师参与游戏方案的设计。最终,共选取7920名幼儿,其中实验班幼儿3955名,控制班幼儿3965名。一年的教育现场实验后,由于被试的流失,后测幼儿共7269名,其中实验班幼儿3639名,控制班幼儿3630名,后测有效被试约占选取幼儿总数的92%。

(二)工具

本次研究采用笔者等编制的"幼儿人格发展教师评定量表(3~6岁)"[①]。该问卷历经3轮、15年,经在全国10个省(自治区、直辖市)开展的质化研究,形成人格词表,再经探索性因素、验证性因素分析及多质多法获得幼儿人格结构。在确定幼儿人格结构的基础上形成问卷,包括智能特征、认真自控、外倾性、亲社会性、情绪稳定性5个维度,共计60道题。其中,智能特征包括聪慧性、探索创新、自主进取、文艺兴趣4个特质;认真自控包括坚持自制、认真尽责、攻击反抗3个特质;外倾性包括善交际、精力充沛、乐观开朗3个特质;亲社会性包括同情利他、合群守礼、诚实知耻3个特质;情绪稳定性包括暴躁易怒、敏感焦虑2个特质。问卷采用利克特5点计分,1表示"非常不符合",5表示"非常符合"。

进行信度检验,问卷的内部一致性系数克龙巴赫 α 系数为0.952,评分者信度为0.88,分别对问卷5个维度及15个特质进行内部一致性分析,克龙巴赫 α 系

---

① 杨丽珠、张金荣、刘红云等:《3~6岁儿童人格发展的群组序列追踪研究》,《心理科学》2015年第5期,第586-593页。

数均在 0.95 以上，由此我们可以认为该问卷具有良好的信度。为进一步验证问卷的效度，采用 Amos21.0 构建结构方程，对该问卷进行结构效度分析，CFI 为 0.95，GFI 为 0.89，NNFI 为 0.94，可以认为假设模型与研究数据有着良好的拟合，说明问卷的效度良好。

（三）实验设计与程序

1. 选取游戏活动为载体

对于载体的选择，必须立足于幼儿的学习特点与发展规律，而游戏正是最能满足幼儿学习特点、符合其发展规律的活动[1]，所以教育部颁布的《3~6 岁儿童学习与发展指南》就明确提出，要珍视游戏和生活的独特价值，最大限度地支持和满足幼儿通过直接感知、实际操作和亲身体验获取经验的需要[2]。首先，幼儿在游戏时收获的经验是直接的，也是综合的，可以保持语言、社会、认知、动作等方面的统一性，能更好地体现幼儿学习与发展的整体性。其次，游戏的本质特征是自由、自发、自主[3]，这就意味着幼儿可以根据自身的需要来进行适合自身的活动，从而能够极大地尊重幼儿的个体差异性。再次，游戏为幼儿提供了直接感知、实际操作的机会，通过游戏幼儿可以学会解决问题，获取有用的知识和经验。最后，游戏可以促进幼儿积极主动地探索求知，培养幼儿的主动性等积极学习品质[4]。总之，以游戏为活动载体，能帮助幼儿更好地理解和感受培养方案希望他们具备的人格特质。

2. 设计培养方案

本次研究立足于积极心理学的理论，继承中国优秀的传统文化，借鉴西方有益的文化，依据幼儿健全人格发展的总目标、阶段目标，幼儿人格发展特点和关键期等构建中国幼儿健全人格培养游戏活动方案。根据幼儿人格发展的 9 个主要特质和 3 个不同年龄阶段，对于每个阶段的不同特质各设计 4 个游戏，共 108 个游戏。从全国 53 所幼儿园中选取小、中、大班的 168 名教师参与游戏活动方案的设计。不同教师分工协作，保证每个人格特质下都有 10 个以上的游戏活动，这样一共设计了 318 个游戏活动方案。请全国一线教师与学前教育专家分别对每个人格特质下的游戏活动进行评价，选出得分较高的 4 个游戏活动，形成包含 108 个

---

[1] 董志杰：《幼儿园游戏环境的构建》，《学前教育研究》2016 年第 9 期，第 58-60 页。
[2] 教育部：《3—6 岁儿童学习与发展指南》，首都师范大学出版社 2012 年版，第 2 页。
[3] 李春良、张莉：《大班幼儿判断游戏活动的依据——基于儿童视角的研究》，《学前教育研究》2017 年第 5 期，第 23-34 页。
[4] 赵玲：《利用区域活动培养幼儿的学习品质》，《学前教育研究》2018 年第 3 期，第 64-66 页。

游戏的游戏库。接下来，再将与总目标对应的中国特色文化元素融入这108个游戏中，其中具体文化元素的选取以我国优秀传统文化为主，辅以西方有益文化，由此体现"不忘本来，吸收外来，面向未来"的中国特色文化。最后，对专家和有经验的教师审定的游戏活动方案进行预测，根据预测结果对部分内容进行调整和完善，最终形成本次研究的自变量——中国幼儿健全人格培养游戏活动方案。

3. 教育现场实验

在确定教育现场实验载体及培养方案后，以培养方案为自变量，对全国15个省（自治区、直辖市）的53所幼儿园的幼儿进行为期一年的教育现场实验。

（1）前期培训阶段

对幼儿园基地负责人及教师进行实验前的培训，内容包括幼儿健全人格培养的总目标和阶段目标；幼儿人格发展教师评定量表（3～6岁）的评定方式，问卷中的五个点分别对应幼儿日常生活表现；设计活动方案的方法，其中应包括遵循的中国特色文化设计理念及怎样突出要培养的人格特质；进行实验的方式，即如何开展游戏活动及其注意事项等。

（2）前测与后测阶段

每个班级选择一名主班主任和一名副班主任同时根据"幼儿人格发展教师评定量表卷（3～6岁）"对班级中所有幼儿的人格发展状况进行评价，评价过程中两名教师不得商议。在培养结束后，测量幼儿的人格发展情况，方法与前测一致。

（3）现场实验阶段

对实验班幼儿进行每周1～2次的人格培养游戏活动，每次15～30min，培养时间为幼儿午休后半个小时。实验训练持续一年（两个学期），每个年级共计完成36个人格培养游戏活动。

本次研究的实验设计为准实验设计，在无关变量的控制上采取的措施如下：第一，对前测数据进行同质性检验，如果两个班级在人格水平上同质，即可按事先确定的实验班、控制班进行，如果不同质，则得分较低的班级为实验班。第二，在实验班实施人格培养游戏活动的同时，控制班的幼儿开展自由游戏，除此以外，其他一切活动保持一致。第三，召开家长会，控制幼儿园人格培养游戏活动之外的教育活动。第四，每一名幼儿的人格发展水平由两名熟悉幼儿的教师共同评价，二人在评价过程中不能商量，然后对结果进行评分者信度检验，确保评价的客观性。第五，实验班和控制班教师的教龄均在3年以上，在能力水平上没有明显差异。第六，在实验过程中不能有教师人员上的变动，由相同的教师完成对幼儿的评定与培养。

三、研究结果

（一）中国幼儿健全人格培养游戏活动方案的构建

本次研究最终形成的中国幼儿健全人格培养游戏活动方案包括108个体现积极心理学理论，蕴含中西方优秀文化思想，符合幼儿健全人格发展的总目标与阶段目标、幼儿人格发展特点和关键期的游戏活动。

首先，这一游戏活动方案通过游戏向幼儿传达了积极心理学思想，能够促进幼儿积极、健康人格的发展。例如，小班的自主进取游戏"勇敢的小兵"，通过鼓励幼儿克服障碍，使幼儿获得成功、向上的喜悦，形成积极生活、笑对困难的人格特质。其次，将中、西方优秀文化思想进行提炼、归纳，去粗取精，以中国传统文化为主，以西方文化为辅，归纳并总结了9种符合中国幼儿人格健全发展需要的文化要素，与我们建构的涉及9种人格特质的游戏活动相对应，如"合作交往"体现了致和的集体主义精神；"自我控制"体现了正心修身的律己能力；"诚实礼貌"体现了诚实守信的交往方式；"情绪适应"体现了和谐稳定的情感态度；"自主进取"体现了自强不息的民族包容；"同情助人"体现了奉献利他的道德追求；"认真尽责"体现了尽心尽责的民族使命；"探索创造"体现了开拓进取的创新精神；"自尊自信"体现了平等民主的价值观念。最后，该方案符合幼儿健全人格发展的总目标、阶段目标以及幼儿人格发展的特点和关键期。该方案的设计遵从已有健全人格发展的总目标，根据小、中、大班幼儿在不同人格特质上的发展特点和关键期制订游戏方案的阶段目标，按照阶段目标设计游戏活动。例如，培养方案中的探索创造游戏"颜色变变变"鼓励幼儿通过自身的尝试，对颜色进行混合创造，符合中班幼儿探索创造阶段目标"对自己感兴趣的事物和现象进行探究，并乐在其中；能探索游戏的不同玩法或进行简单创作"。

采用上述具有中国特色的游戏活动方案进行预实验，小、中、大班人格五维度前测与后测的 t 检验结果显示，各维度的差异非常显著，三个年级实验班幼儿人格五维度的后测得分均显著高于前测，证明该方案可以有效地促进了幼儿健全人格的发展，可以其为自变量开展正式的教育现场实验。

（二）游戏活动方案能有效促进幼儿健全人格的发展

1. 为期一年的教育现场实验促进了实验班幼儿健全人格的发展

为了探究幼儿人格发展总体水平的变化及差异，我们对实验班、控制班的幼儿人格五维度前测与后测结果进行差异检验。结果表明，实验班在实验前后人格五个维度均呈显著上升趋势（$p<0.001$），并且通过一年的培养，实验班幼儿人格五

维度平均分数从一般符合（$M=3\sim3.5$）上升至比较符合（$M=3.5\sim4$），说明我们建构的中国幼儿健全人格培养游戏活动方案可以有效提升我国幼儿的人格发展水平。随着年龄的增长，控制班幼儿的人格虽然有发展，但仍保持在一般符合水平（表11-1、表11-2）。

表11-1 全国实验班幼儿实验前后人格五维度的平均值（标准差）及差异检验

项目	实验前	实验后	t
智能特征	3.15（0.69）	3.95（0.71）	−51.9***
认真自控	3.23（0.71）	3.95（0.74）	−44.9***
外倾性	3.21（0.71）	3.94（0.75）	−45.1***
亲社会性	3.16（0.64）	3.96（0.72）	−53.5***
情绪稳定性	3.49（0.77）	3.66（1.03）	−8.2***

表11-2 全国控制班幼儿实验前后人格五维度的平均值（标准差）及差异检验

项目	实验前	实验后	t
智能特征	3.34（0.70）	3.48（0.74）	−9.3***
认真自控	3.41（0.73）	3.52（0.75）	−6.6***
外倾性	3.39（0.71）	3.48（0.74）	−5.5***
亲社会性	3.38（0.67）	3.47（0.71）	−6.1***
情绪稳定性	3.47（0.78）	3.53（0.89）	−3.5**

2. 实验班、控制班幼儿的人格发展总体水平有明显的差异

为了探究幼儿的人格变化究竟是由于培养还是年龄增长引起的，本次研究采用重复测量方差分析，以人格各维度为因变量，以前后测和班型为自变量，做2（前测、后测）×2（班型：实验班、控制班）的两因素重复测量方差分析。方差分析主要考察前后测和班型的交互作用，如果交互作用显著，再进行简单效应检验，具体考察实验前后实验班和控制班的变化。结果显示，小、中、大班幼儿人格5个维度上的交互作用均显著。进一步用简单效应分析对大、中、小班幼儿人格的5个维度进行检验，从年级来看，在人格5个维度上小班实验班和控制班的后测成绩均高于前测成绩，实验班前后测成绩的增长幅度大于控制班，即年龄增长对幼儿人格发展有影响。从前后测维度来看，在智能特征、认真自控、外倾性、亲社会性4个维度的前测水平上，实验班和控制班的差异均显著，实验班平均得分均低于控制班；在后测水平上，实验班和控制班的差异均显著，实验班的得分高于控制班。在情绪稳定性维度上，小班实验班与控制班的前测同质，后测中实验班与控制班的差异显著，实验班的得分显著高于控制班。由此可以看出，幼儿健全

人格培养游戏活动方案的实施是引起变异的主要原因。通过分析，对于中班和大班得出了与小班相似的结论（表 11-3）。

表 11-3 全国小、中、大班幼儿人格各维度方差分析

年级	因变量	变异来源	SS	df	MS	F	偏 η^2
小班 （n=2 335）	智能特征	前后测×班型	11 464.29	1	11 464.29	153.64***	0.062
	认真自控	前后测×班型	35 197.44	1	35 197.44	145.29***	0.059
	外倾性	前后测×班型	29 45.26	1	2 945.26	139.63***	0.056
	亲社会性	前后测×班型	8 879.08	1	8 879.08	173.15***	0.069
	情绪稳定性	前后测×班型	2 133.26	1	2 133.26	104.98***	0.043
中班 （n=2 527）	智能特征	前后测×班型	19 223.06	1	19 223.06	352.20***	0.122
	认真自控	前后测×班型	7 297.51	1	7 297.51	235.03***	0.085
	外倾性	前后测×班型	6 314.60	1	6 314.60	353.30***	0.123
	亲社会性	前后测×班型	18 125.35	1	18 125.35	445.84***	0.150
	情绪稳定性	前后测×班型	3 405.99	1	3 405.99	188.35***	0.069
大班 （n=2 407）	智能特征	前后测×班型	7 004.56	1	7 004.56	95.93***	0.038
	认真自控	前后测×班型	3 486.68	1	3 486.68	96.85***	0.036
	外倾性	前后测×班型	2 514.30	1	2 514.30	106.76***	0.043
	亲社会性	前后测×班型	6 749.16	1	6 749.16	139.84***	0.055
	情绪稳定性	前后测×班型	3 478.12	1	3 478.12	110.54***	0.044

3. 教育现场实验使实验班适应型幼儿人数增加，低控型和过度控制型幼儿人数减少

本次研究基于五维度的幼儿人格模型，将幼儿人格划分为低控型、过度控制型和适应型三种类型。低控型幼儿的亲社会性、智能特征、外倾性和认真自控水平均低于其他两种人格类型，情绪稳定性也较差。过度控制型幼儿有中高等水平的亲社会性、智能特征、外倾性和认真自控水平，但由于其自我控制的不灵活，在生活情境中缺乏灵活表达自身情绪的能力，因此情绪稳定性水平较低[①]。适应型幼儿在人格5个维度上的发展水平都比较高，具有更适应社会发展的人格。例如，在幼儿园教师分发水果这一幼儿等待的过程中，低控型幼儿会离座走到老师前面拿水果，过度控制型幼儿会坐在自己的座位上等待，但情绪会出现波动，如跟旁边的小朋友抱怨"怎么还不发水果"，适应型幼儿会安静地等待教师分发水果，安抚其他小朋友的情绪。

潜在类别分析结果显示，在实验后，实验班适应型幼儿的比例上升，这一结

---

① Caspi, A., Roberts B. W. Personality development across the life course: The argument for change and continuity. Psychological Inquiry, 2001, 12 (2), 49-66.

果提示游戏活动方案可以改善幼儿的人格类型。作为控制班的小、中、大班中的适应型幼儿人数均有所下降,这一结果表明,由于年龄的增长,在发展过程中,幼儿在生活中遇到的不可控的问题会日益增加,若没有相应的游戏活动方案对其进行培养,其人格水平发展会不稳定,对新环境产生不适应(表 11-4)。

表 11-4 实验班与控制班幼儿人格类型实验前后分布情况

时间	班级类型	人格类型	年级类型		
			小班	中班	大班
实验前	实验班	低控型	248(20.1)	264(19.6)	195(14.8)
		过度控制型	679(55.1)	830(61.5)	655(49.6)
		适应型	305(24.8)	256(19.0)	471(35.7)
	控制班	低控型	247(20.2)	260(19.3)	130(12.3)
		过度控制型	691(56.5)	613(45.5)	574(54.2)
		适应型	285(23.3)	474(35.2)	356(33.6)
实验后	实验班	低控型	80(6.5)	157(11.6)	140(10.6)
		过度控制型	685(55.6)	668(49.5)	668(50.6)
		适应型	467(37.9)	525(38.9)	513(38.8)
	控制班	低控型	268(21.9)	267(19.8)	160(15.1)
		过度控制型	746(61.0)	703(52.2)	602(56.8)
		适应型	209(17.1)	377(28.0)	298(28.1)

注:括号外数据代表样本数,单位为人,括号内数据代表比例,单位为%。

进一步对实验班、控制班前后测中幼儿人格类型分布情况进行差异分析,结果显示,实验班中的小、中、大班幼儿人格类型分布在实验前后差异显著($F=1004.09$,$F=956.70$,$F=793.47$,$ps<0.001$),表现为适应型幼儿人数比例在后测中均显著高于实验前测,低控型、过度控制型幼儿人数比例均显著低于实验前测。控制班中的小、中班在实验前后的差异不显著,大班幼儿人格类型分布实验前后的差异显著($F=12.85$,$ps<0.001$),具体表现为低控型大班幼儿所占比例在前测、后测中差异不显著,过度控制型大班幼儿所占比例显著提高,适应型大班幼儿所占比例显著下降。

四、讨论与结论

(一)确定适宜的培养目标体系是培养幼儿健全人格的基本前提

开展幼儿健全人格培养实验的首要任务,是确定对整个培养起方向性引领作用的培养目标体系。因为每个国家的自然条件和文化都有差异,所以不同国家对于该国幼儿人格发展的期许和要求也不同,譬如,美国家长更注重培养幼儿的独立精神,中国家长则更希望自己的孩子具有集体荣誉感且合群,所以我们应该根据本国自身的特点确定幼儿健全人格培养方案的目标体系。

本次研究通过对中国本土3轮、15年,涉及10个省(自治区、直辖市)的质化研究,形成中国幼儿人格结构,包括5个维度、15个特质。在此基础上,基于教师评定法得到了9个涵盖幼儿人格结构5个维度的特质,由此确立了中国幼儿健全人格培养游戏活动方案的总目标:通过幼儿园系统和有意识的人格发展教育,幼儿能够具有良好的自我认识,有自信心,积极进取,有独立做事的能力,有主见,喜欢探索,有创造力;乐于与他人交往,喜欢合作,诚实,对他人有礼貌;有同情心,对他人的不幸表现出关注,并愿意帮助他人;做事认真负责,有一定的控制力;心境平和,有适度的情绪表达,有良好的情绪适应能力[1]。依据总目标,根据幼儿的年龄阶段提出适合不同年龄幼儿发展的阶段目标,针对不同的阶段目标设计适应不同年龄段幼儿人格发展的活动方案。以特质"自我控制"为例,小班幼儿的阶段目标为:"在外界的要求下能遵守规则;在成人的鼓励下,能持续专注于某事。"中班幼儿的阶段目标为:"有规则意识,基本上能自觉遵守规则,能自觉克服困难,坚持完成自己正在做的事,对诱惑有一定的抵制力,能克制自己的冲动。"大班幼儿的阶段目标为:"能自我约束,在各种活动中能遵守规则,不易受外界诱惑的干扰,能主动地控制自己的情感和行动,能长久专注于某项活动。"由此可见,对于"自我控制"特质的培养是由外部要求向内转化的,以中班(4岁)作为一个分界点,在专注时间上,也随着年龄的增长而有所延长。这种阶段目标的设定既符合幼儿认知的规律,也符合4岁为幼儿自我控制发展的关键期的理论。因此,我们认为确定培养目标体系是构建中国幼儿健全人格培养游戏活动方案的基本出发点,如此才能保证培养依据总目标、阶段目标有序进行。

(二)以游戏为载体是培养幼儿健全人格发展的最佳方式

如前所述,游戏对幼儿人格发展的积极作用不容忽视。以游戏为载体的思想不仅符合《3~6岁儿童学习与发展指南》的要求[2],也能体现学前教育的专业特殊性[3],而且符合幼儿的身心发展需要,这都可以从教育现场实验的教学案例中得到验证。

首先,游戏可以激发幼儿的自主性,满足幼儿的不同要求。参加教育现场实

---

[1] 杨丽珠、金芳、孙岩:《终身发展理念下幼儿健全人格的培养目标构建及教育促进实验》,《学前教育研究》2014年第8期,第3-16页。
[2] 王萍:《3~6岁儿童学习与发展指南解读》,东北师范大学出版社2013年版,第14页。
[3] 丁海东:《幼儿园教师职业的专业性及其发生根基》,《学前教育研究》2015年第11期,第21-27页。

验的教师反馈，以游戏为载体可以促使幼儿主动完成任务，并且不同能力水平的幼儿可以选择适合自己的不同难度的游戏活动。例如，自我控制游戏"快乐机器人"要求幼儿在音乐开始时随音乐走动，音乐停止时随之停止。在游戏过程中，幼儿可以自主选择做出不同的机器人动作、不同的静止动作，以及选择坚持不动的时间，由此很好地满足了幼儿的自主性需要，实现了因材施教。

其次，游戏为幼儿提供了直接感知、实际操作的机会，让幼儿在游戏中学会解决问题，获取有用的知识和经验。据参加教育现场实验的教师反馈，幼儿在游戏活动中可以通过自己的直接经验和实际操作来解决自身存在的问题。例如，山东某幼儿园的教师在总结中提到：小班的××小朋友上幼儿园总会哭闹，在开展情绪适应主题游戏"做个笑娃娃"时，他一直哭闹着找妈妈，而当训练他对着镜子做哭泣的表情时，他渐渐融入了游戏中，明白哭闹时的表情不太好看；在让他听磁带里的笑声的时候，他被周围的氛围感染，跟着咯咯地笑起来；当再与小伙伴游戏时，他开始变得积极主动。可见，这一游戏活动让他懂得了应调整自己的焦虑情绪，适应幼儿园生活。

再次，游戏可以发展幼儿积极主动、探索求知的品质。参加教育现场实验的教师反馈，游戏是幼儿愿意接受的活动形式，每次开展人格培养游戏时，幼儿的参与度和积极性都很高。例如，山东某教师在观察记录表中写道：在中班实施"自我控制"人格特质下的游戏"不倒的纸杯"时，教师没有急于开展这一游戏，而是首先根据孩子喜欢玩的天性和对新鲜事物充满好奇心的特点，将纸杯投放到美工区和建构区，让孩子们自由选择和探索，于是有的幼儿用纸杯剪剪画画做手工，有的幼儿用纸杯拼搭出各式各样的叠叠高造型。在孩子们与纸杯充分互动，有了一定的玩的经验之后，教师再开展游戏"不倒的纸杯"。这种头顶纸杯的玩法让幼儿感到很新奇，所以很好地激发了他们参与和探索的热情，由此既保证了游戏的效率，又玩出了水平。游戏结束后，教师发现孩子们意犹未尽，于是把纸杯继续投放在区域中，供孩子们自由游戏，这进一步证实了游戏是幼儿乐于接受的活动形式。

最后，通过游戏可以把人格培养的内容转化为幼儿的内在需要。游戏是幼儿极易接受而又贴近幼儿生活的活动形式，可以在潜移默化中影响幼儿人格的发展，尤其是大班幼儿，可以在游戏活动中渐渐内化游戏希望培养的人格特质。例如，大班的同情助人游戏"爱心墙"以卖火柴的小女孩故事引入，引发幼儿对弱者的同情，继而想到以送祝福、捐衣物等形式帮助需要帮助的人。幼儿在游戏之后会在生活中主动帮助需要帮助的人，由此渐渐将乐于助人的人格特质内化，将同情和帮助变为一种习惯。

总之，游戏作为幼儿健全人格培养的最佳载体，除了在教育现场实验中得到质性证实之外,也通过教育现场实验的结果得到了数据的验证。实验班在教育现场实验开始之前,人格5个维度的平均得分低于控制班,在培养实验结束之后,其人格5个维度的平均得分显著高于控制班。这说明我国幼儿通过一年的健全人格培养实验,其人格水平有了显著的提升,游戏是适合用于幼儿健全人格培养的载体。

（三）构建具有中国文化特色的游戏活动方案是培养幼儿健全人格的关键

在确立了总目标与载体的基础上,如何体现中国特色,如何传递社会主义核心价值观,也是中国幼儿健全人格培养游戏活动方案的重中之重。关于中国特色文化,党的十九大报告指出:"推动中华优秀传统文化创造性转化、创新性发展,继承革命文化,发展社会主义先进文化,不忘本来、吸收外来、面向未来,更好构筑中国精神、中国价值、中国力量,为人民提供精神指引。"由此可见,我们构建的游戏活动方案应体现"不忘本来、吸收外来、面向未来"的原则,继承我国优秀的传统文化,结合西方优秀文化,形成适合中国发展情况的中国特色文化。

对我国优秀传统文化与西方杰出文化的研究发现,我国优秀传统文化具有重视伦理道德价值取向、追求和谐稳定的世界观、具有强大的生命力及包容性、多种学派思想交叉渗透等特点[1];西方优秀文化主要表现在勇于创新的开拓精神,独立、平等的民主氛围等方面[2]。基于此,我们提取我国传统文化的精华部分——和谐、稳定、自律、诚信、自强、爱人、尽责,结合西方优秀文化的特点——创新、平等,形成了9种可以涵盖东西方优秀文化、适合中国发展的特色文化要素,正好与9种人格特质相对应,如"合作交往"特质体现了对幼儿集体主义精神、合作精神的培养,符合"致和的集体主义精神"这一中国特色文化;"自我控制"特质以培养幼儿的自律能力为主,教导幼儿可以适当为了长远的目标而抑制自身当前的欲求,符合"正心修身的律己能力"这一中国特色文化;"诚实礼貌"特质重在培养幼儿诚实守信、礼貌待人的品质,与中国特色文化中的"诚实守信的交往方式"相契合;"情绪稳定"特质旨在缓解幼儿的焦虑敏感,保持情绪的稳定愉悦,符合中国传统文化对"和谐稳定的情感态度"的追求;"自主进取"特质希望使幼儿产生一种自发向上、自强不息的力量,符合"自强不息的民族包容"的文化特征;"同情助人"特质希望培养幼儿同情弱小、乐于助人的品质,符合"奉献利他的道德追求"这一文化特征;"认真尽责"特质主要培养幼儿对于他人的责任,对

---

[1] 邓红:《中国传统文化与美国社会文化基本特征的比较》,《华中农业大学学报(社会科学版)》2007年第5期,第108-112页。
[2] 朱世达:《当代美国文化》,社会科学文献出版社2001年版,第32-44页。

于工作学习和人生的责任心,凸显了"尽心尽责的民族使命"这一文化特征;"探索创新"特质希望培养幼儿积极探索、勇于创新的人格,符合"开拓进取的创新精神"这一文化特征;"自尊自信"特质希望帮助幼儿形成自我意识,并在成长的过程中促进幼儿民族自信的形成,符合"平等民主的自尊自信"这一文化特征。这9种特质对应的中国特色文化都在游戏中有所体现,如小班合作交往游戏"小猴一起运果子"通过全班幼儿站在"桥上"把"果子"运回去的运球活动,促使幼儿集体合作,这就将我国的集体主义合作精神融合到了游戏中,使幼儿懂得了集体合作对于任务完成的重要意义。按照此种方式,我们把我国优秀文化一一对应地融入了不同年级(小、中、大班)9种特质的共108个游戏中,由此保证了最终形成的幼儿健全人格培养游戏活动方案是具有中国文化特色的,为开展幼儿健全人格培养的教育现场实验提供了前提和基础,是幼儿健全人格培养实施的关键。

(四)教育现场实验是培养幼儿健全人格的有效路径

在形成中国幼儿健全人格培养游戏活动方案后,要确定该方案是否能切实提高我国幼儿的人格发展水平,确定该方案是否适用于中国不同的地区,就需要实施教育现场实验。

首先,从培养的整体效果来看,实验班3个年级人格五维度的得分均上升了一个点,这表示幼儿在日常生活中的行为发生了切实的变化,如"认真自控"维度题目"在拿饭碗或水杯时轻拿轻放","一般符合"是代表幼儿能够遵守基本的生活规范和要求,爱护玩具和其他物品,"比较符合"代表幼儿可以主动遵循基本的生活规范和要求,对他人的东西也知道爱护,因此仅仅是一个描述点的提高,就代表了幼儿对于规范的自主性遵守和对于他人物品的珍惜。控制班人格五维度分数虽然呈上升趋势,但没有发生质的飞跃。另外,小、中、大班三个年级在前测时都是实验班人格五维度得分低于控制班(除小班在情绪稳定性维度上同质外),这是在全国范围内选取实验班的结果。大部分幼儿园没有足够的班级可以供课题组选取合适的同质性好的实验班和控制班,在这种情况下,就只能选择前测分数较低的班级作为实验班。然而,在后测分数上,实验班显著高于控制班,这说明即使实验班在前测时分数明显较低,通过该方案的培养,后测中其人格发展状况也好于控制班,由此进一步证明了以该培养方案为内容的教育现场实验对幼儿人格培养有切实的效果。

其次,从个体发展水平来看,实验班中的大、中、小班的幼儿通过为期一年的实验,均呈现出了适应型幼儿比例上升、低控型和过度控制型幼儿比例下降的趋势。控制班幼儿的发展特点则是适应型幼儿人数比例随年级的升高而降低,过度控制型和低控型幼儿人数比例随年级的升高而升高。通过分析控制班中的小、中、大班幼儿的人格类型特点，可以发现在小、中班幼儿中，三种人格类型的分布变化不如大班明显，大班幼儿人格类型变化主要表现为过度控制型幼儿人数增加，适应型幼儿人数减少。由此可见，如果不有意识地对幼儿人格进行培养，人格类型分布在小、中班不会有明显的变化，但到了大班，部分适应型幼儿会逐步变为过度控制型幼儿，这与幼儿本身的人格结构不稳定有关。随着年龄的增长，幼儿的交际范围和生活圈子会扩大，幼儿遇到的问题和挑战也会随之增加，这就导致了幼儿人格发展中存在不稳定的影响因素，但是通过以幼儿健全人格培养游戏活动方案为内容的教育现场实验，无论是小班、中班还是大班，适应型幼儿人数都有显著的增加，可见该培养方案可以为幼儿人格发展提供良好的准备与指导。

最后，教育现场实验证明了中国幼儿健全人格培养游戏活动方案适合于我国不同地区，使用范围广。本次研究选择的实验基地比较有代表性，由此得出的结论可以在较大程度上代表我国幼儿培养的情况。另外，在设计方案的过程中，研究者能考虑到方案自身应具有的特点，也为此人格培养方案在全国的应用提供了前提条件。其一，我们要求游戏活动方案操作简便易行，有两年以上教学经验的教师经稍加培训后便可掌握；其二，游戏材料容易统一，都是幼儿园教学中较为常见的教具和器材；其三，大部分游戏活动教具可以反复使用，这为幼儿园开展幼儿人格培养活动提供了便利；其四，总课题组为保障实验顺利实施，也提供了必要的前期、中期和总结性指导，希望通过研究者的努力可以使有关幼儿人格的培养成为全国幼儿园教育的关键部分。总之，本次研究的被试具有代表性，培养材料也具有普适性，为其在全国的应用奠定了良好的基础。

另外，教师的专业能力也随着教育现场实验的进行得到了提高，对于教师来说，实施该方案的过程就是与幼儿一同成长的过程。总的来说，幼儿园教师的成长主要表现在以下方面：首先，理论水平有明显提高。以前游戏就是游戏，教师不知道如何通过游戏改善孩子的人格特质，现在则能把《3～6岁儿童学习与发展指南》中关于孩子发展的目标与游戏相关联，明确幼儿人格的发展方向。其次，改善了家园交流的质量。以前教师不知如何跟家长讨论幼儿存在的问题，对家长提出的关于孩子的一些问题也无法解答，通过教育现场实验，教师清楚了幼儿人格各方面的发展状况，也能解答家长提出的问题。再次，教师通过游戏活动发现了不同游戏的价值，拓宽了知识面，体验到了专业成长的快乐。最后，通过一年的教育现场实验，教师自身的坚持性也得到了发展，有助于为孩子人格的发展树立良好的榜样。

当前，我国幼儿健全人格培养问题迫在眉睫，促进幼儿健全人格发展要从全局出发，从确立适宜的培养目标入手，选择合适的载体，构建具有中国文化特色的游戏活动方案，促进幼儿健全人格的发展，践行社会主义核心价值观，培养出具有中国特色的时代新人。

第二节 6～12岁小学生健全人格的培养

一、引言

在现代社会，物质文明高度发达的同时，人类精神生活也遭到了猛烈冲击，人们的心理不断产生多元文化与价值观的冲突。在儿童、青少年人格教育领域凸显出许多实际问题，如价值观的冲突、心理疾患和各种类型的犯罪，以及各种违反伦理道德的行为等。2017年的《中国校园欺凌调查报告》指出，中部地区学校的校园欺凌行为数量占比最高，为46.23%。[1]研究者对我国内地小学生、初中生和高中生心理健康问题检出率进行元分析发现，在儿童、青少年的心理健康问题中，焦虑、抑郁、自我伤害和睡眠问题排在前列，是我国儿童、青少年面临的主要心理问题[2]，这给儿童、青少年的人格发展带来了巨大挑战。

培养健全人格应该从孩子抓起。儿童期形成的思维、情感和行为方式，可以影响到其今后的学习、工作、生活等诸多方面。塑造健全人格应是儿童教育倡导的方向，也应是基础教育的重要目标。

以往的相关研究中主要以某一个人格特质为内容，未形成小学生人格整体培养体系。本次研究是依据小学生人格结构及其发展特点，制定了健全人格培养的总目标和年龄阶段目标，以设计的小学生互动体验式活动库作为自变量，对小学生健全人格进行系统、整体的培养实验，这为更广泛地开展小学生人格教育实践提供了有益的依据，并丰富和发展了我国小学生人格教育理论。

二、研究方法

（一）被试

笔者选取大连市1所小学，在低、中、高三个年级分别选择2个班，随机选

---

[1] 中国应急管理学会校园安全专业委员会：《中国校园欺凌调查报告》，中国新闻网，http://www.chinanews.com/sh/2017/05-21/8229705.shtml[2017-05-20]。
[2] 黄潇潇、张亚利、俞国良：《2010—2020中国内地小学生心理健康问题检出率的元分析》，《心理科学进展》2022年第5期，第953-964页；张亚利、靳娟娟、俞国良：《2010—2020中国内地初中生心理健康问题检出率的元分析》，《心理科学进展》2022年第5期，第965-977页；于晓琪、张亚利、俞国良：《2010—2020中国内地高中生心理健康问题检出率的元分析》，《心理科学进展》2022年第5期，第978-990页。

取一个班为实验班,另一个班为对比班。对不同年龄阶段的儿童性别进行卡方检验,结果显示,每个年级的所有被试均不存在显著的性别差异,分别为 $\chi^2=0.50$,$\chi^2=0.01$,$\chi^2=0.07$,$ps>0.05$。被试的具体信息见表 11-5。

表 11-5 被试的基本信息 单位:人

项目	实验班		对比班		χ^2
	男	女	男	女	
低年级	20	13	15	14	0.50
中年级	15	20	14	19	0.01
高年级	17	12	16	13	0.07
合计	52	45	45	46	0.33

（二）工具

1. 问卷评定

采用小学生人格教师评定问卷对被试进行测量。问卷由每班班主任教师同时对全班所有儿童进行问卷评定,评定时要求教师根据对幼儿的了解进行打分。给予教师充足的评定时间,之后将问卷全部收回。

2. 情境实验

本次研究通过设置一定的情境来激发小学生典型的行为或反应,以测量小学生的人格发展。从小学生人格结构的 5 个维度各选择有代表性的人格特质进行情境实验设计,实验设计基本与金芳等的研究中的 5 个情境实验相似,即创造性、同情帮助、情绪稳定、善交际和坚持性实验。研究指出,5 个实验得分与其编制的小学生人格教师评定问卷对应的维度,如智能特征、认真自控、亲社会性、情绪稳定性和外倾性得分的相关系数分别为 0.540、0.523、0.573、0.506、0.512（$ps<0.01$）,表明此情境实验可以考察小学生人格发展的现状。[①]

（三）程序

1. 对教师及主试的培训

在填写问卷时,我们对实验班和对比班的教师进行了培训,以明确问卷填写的要求,使教师能客观地对儿童人格发展水平进行评定。

在进行情境实验前,我们对实验主试进行培训,在培养活动实施前,使实验

---

① 金芳、杨丽珠、张金荣:《幼儿健全人格发展的现场实验——基于情境实验的评定》,《教育导刊（下半月）》2014 年第 3 期,第 23-27 页。

主试充分掌握活动方案,理解活动的培养目标及方法,明确并统一活动实施过程,以保证实验的顺利进行。

2. 研究过程

首先,对实验班和对比班进行问卷和情境实验的测量。

其次,在实验班实施培养活动,每周进行1~2次,每次40min。实验共进行半年。

最后,对实验班和对比班再次进行问卷和情境实验的测量。

需要注意的是,本次研究为准实验设计,需要控制一些无关变量,具体如下:①在整个实验过程中,实验班与对比班日常活动的差异仅体现在实验班实施培养活动,而对比班不实施培养活动。②实验班和对比班班主班教师的教龄均为3年以上,对自己班的教学时间在半年以上,以保证对本班幼儿的充分了解。③开家长会,以控制家庭额外的培养活动。

(四)统计分析

对不同班型的前测与后测数据进行描述统计、重复测量方差分析。

三、研究结果

(一)问卷结果

因为按年龄阶段设计培养活动,所以以人格各维度的发展变化为因变量,对三个年级的实验数据进行2(前测、后测)×2(班型:实验班、对比班)的重复测量方差分析。

1. 低年级儿童在前测与后测中人格五维度的结果

由表11-6和表11-7可知,智能特征维度的前后测主效应不显著[$F(1, 60)=1.37, p>0.05$],班型的主效应显著[$F(1, 60)=76.35, p<0.001$],前后测和班型之间的交互作用显著[$F(1, 60)=53.11, p<0.001$]。简单效应分析显示,在前测水平上,实验班与对比班的差异不显著[$F(1, 60)=3.08, p>0.05$];在后测水平上,实验班与对比班的差异显著[$F(1, 60)=133.61, p<0.001$],实验班的得分高于对比班。在实验班水平上,前测与后测的差异显著[$F(1,60)=38.22, p<0.001$],具体表现为后测好于前测;在对比班水平上,前测与后测的差异显著[$F(1, 60)=17.58, p<0.001$],前测好于后测,见图11-1。

表 11-6 低年级儿童人格五维度结果的描述统计

维度	项目	实验班（n=33）		对比班（n=29）	
		M	SD	M	SD
智能特征	前测	45.18	3.26	42.03	9.70
	后测	55.00	2.84	34.93	9.51
认真自控	前测	42.61	9.59	48.66	10.61
	后测	57.12	3.47	53.72	2.34
外倾性	前测	35.39	3.13	35.55	6.71
	后测	43.27	3.25	29.24	4.80
亲社会性	前测	36.42	8.53	44.80	7.89
	后测	67.97	4.04	51.73	2.52
情绪稳定性	前测	27.48	3.33	28.24	1.50
	后测	30.61	1.25	28.97	2.20

表 11-7 低年级儿童人格五维度的方差分析

因变量	变异来源	df	MS	F	偏 η^2
智能特征	前后测	1	56.88	1.37	0.022
	前后测×班型	1	2 209.91	53.11***	0.470
	组内误差	60	41.61		
	班型	1	4 159.84	76.35***	0.560
	组间误差	60	54.48		
认真自控	前后测	1	2 960.05	53.53***	0.471
	前后测×班型	1	688.66	12.45***	0.172
	组内误差	60	55.30		
	班型	1	54.28	0.98	0.016
	组间误差	60	55.23		
外倾性	前后测	1	18.99	0.78	0.013
	前后测×班型	1	1 553.82	64.13***	0.517
	组内误差	60	24.23		
	班型	1	1 485.48	80.95***	0.574
	组间误差	60	18.35		
亲社会性	前后测	1	11 633.42	266.28***	0.993
	前后测×班型	1	4 759.52	108.94***	0.641
	组内误差	60	43.69		
	班型	1	485.49	13.63***	0.183
	组间误差	60	35.62		
情绪稳定性	前后测	1	114.12	25.58**	0.299
	前后测×班型	1	44.35	9.94**	0.142
	组内误差	60	4.46		
	班型	1	6.03	0.90	0.015
	组间误差	60	6.71		

在认真自控维度上，前后测的主效应显著$[F(1, 60)=53.53, p<0.001]$，班型的主效应不显著$[F(1, 60)=0.90, p>0.05]$，前后测和班型之间的交互作用显著$[F(1, 60)=12.45, p<0.01]$。简单效应分析显示，在实验班水平上，前测与后测的差异显著$[F(1, 60)=36.03, p<0.001]$，后测好于前测；在对比班水平上，前测与后测的差异不显著$[F(1, 60)=1.70, p>0.05]$，后测好于前测。在后测水平上，实验班与对比班的差异显著$[F(1, 60)=19.82, p<0.001]$，实验班的得分高于对比班；在前测水平上，实验班与对比班的差异显著$[F(1, 60)=5.56, p<0.05]$，对比班的得分高于实验班，见图11-2。

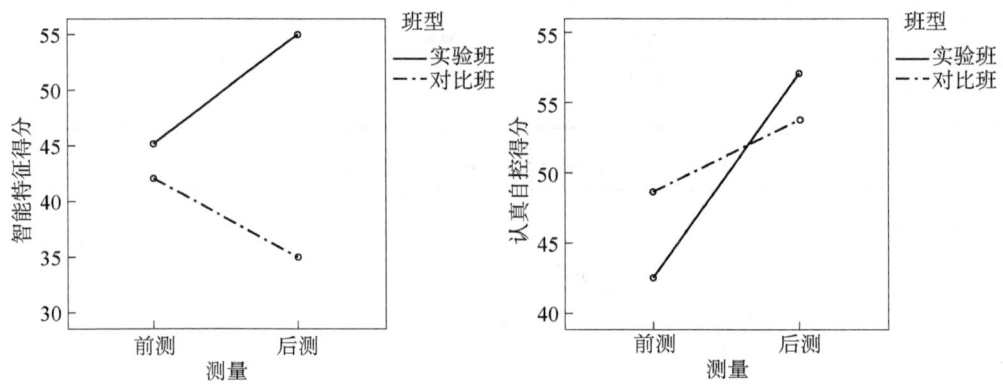

图11-1　低年级儿童智能特征的交互作用图　　图11-2　低年级儿童认真自控的交互作用图

在外倾性维度上，前后测的差异不显著$[F(1, 60)=0.78, p>0.05]$，班型的主效应显著$[F(1, 60)=80.95, p<0.001]$，前后测和班型之间的交互作用显著$[F(1, 60)=64.13, p<0.001]$。简单效应分析显示，在实验班水平上，前测与后测差异显著$[F(1, 60)=42.27, p<0.001]$，后测好于前测；在对比班水平上，前测与后测差异显著$[F(1, 60)=23.83, p<0.001]$，前测好于后测。在后测水平上，实验班与对比班差异显著$[F(1, 60)=187.70, p<0.001]$，实验班的得分高于对比班；在前测水平上，实验班与对比班的差异不显著$[F(1, 60)=0.01, p>0.05]$，见图11-3。

在亲社会性维度上，前测与后测差异显著$[F(1, 60)=266.28, p<0.001]$，班型的主效应显著$[F(1, 60)=13.63, p<0.001]$，前后测和班型之间的交互作用显著$[F(1, 60)=108.94, p<0.001]$，见图11-4。简单效应分析显示，在实验班水平上，前测与后测的差异显著$[F(1, 60)=370.28, p<0.001]$，后测好于前测；在对比班水平上，前测与后测的差异显著$[F(1, 60)=16.18, p<0.001]$，后测好于前测。在前测水平上，实验班与对比班的差异显著$[F(1, 60)=15.16, p<0.001]$，对比班的得分高于实验班；在后测水平上，实验班与对比班的差异显著$[F(1, 60)=$

352.39，$p<0.001$]，实验班的得分高于对比班。

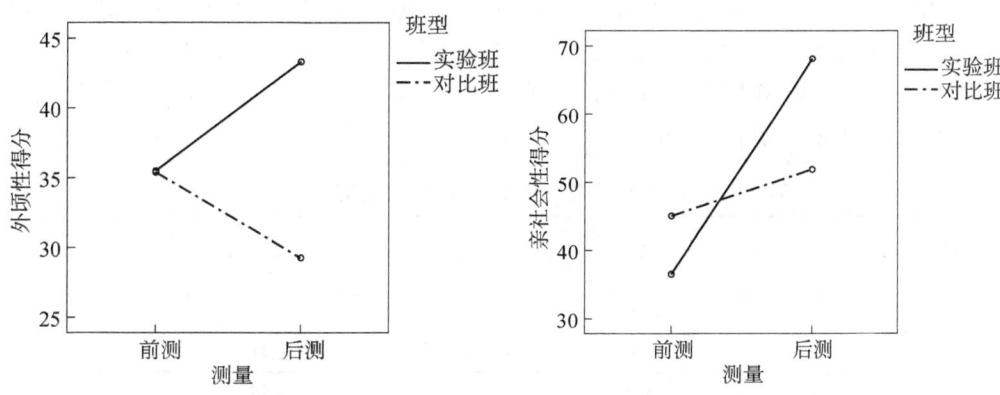

图 11-3　低年级儿童外倾性的交互作用图　　图 11-4　低年级儿童亲社会性的交互作图

在情绪稳定性维度上，前后测的主效应差异显著[$F(1,60)=25.58$，$p<0.01$]，班型的主效应不显著[$F(1,60)=0.90$，$p>0.05$]，前后测和班型之间的交互作用显著[$F(1,60)=9.94$，$p<0.01$]。简单效应分析显示，在实验班水平上，前测与后测差异显著[$F(1,60)=36.03$，$p<0.001$]，后测好于前测；在对比班水平上，前后测的差异不显著[$F(1,60)=1.70$，$p>0.05$]。在后测水平上，实验班与对比班差异显著[$F(1,60)=9.86$，$p<0.01$]，实验班的得分高于对比班；在前测水平上，实验班与对比班差异不显著[$F(1,60)=1.27$，$p>0.05$]，见图 11-5。

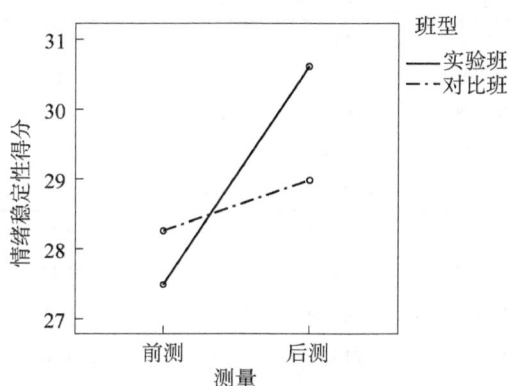

图 11-5　低年级儿童情绪稳定性的交互作用图

2. 中年级儿童前后测不同班型人格各维度的结果

基于表 11-8 和表 11-9 的数据，智能特征维度前后测的主效应显著[$F(1,66)=33.96$，$p<0.001$]，班型的主效应不显著[$F(1,66)=3.38$，$p>0.05$]，前后测和班型之间的交互作用显著[$F(1,66)=4.79$，$p<0.05$]。简单效应分析显示，在实验

班水平上，前测与后测差异显著$[F(1, 66)=30.23, p<0.001]$，后测好于前测；在对比班水平上，前测与后测差异显著$[F(1, 66)=5.22, p<0.05]$，后测好于前测。在前测水平上，实验班与对比班差异不显著$[F(1, 66)=0.05, p>0.05]$；在后测水平上，实验班与对比班差异显著$[F(1, 66)=12.31, p<0.01]$，实验班的得分高于对比班，见图11-6。

表 11-8　中年级儿童人格五维度结果的描述统计分析

维度	项目	实验班（n=35）		对比班（n=33）	
		M	SD	M	SD
智能特征	前测	38.86	11.07	38.33	8.79
	后测	49.54	3.94	42.91	10.43
认真自控	前测	43.89	11.60	44.48	7.17
	后测	53.80	4.30	48.12	11.55
外倾性	前测	30.89	7.87	30.52	7.08
	后测	38.94	4.04	34.12	7.06
亲社会性	前测	36.54	10.58	35.30	8.66
	后测	68.89	5.76	47.88	8.59
情绪稳定性	前测	21.49	4.40	21.79	6.04
	后测	25.14	5.05	23.03	3.70

表 11-9　中年级儿童人格各维度的方差分析

因变量	变异来源	SS	df	MS	F	偏 η^2
智能特征	前后测	2 245.76	1	2 245.76	33.96***	0.340
	前后测×班型	317.04	1	317.04	4.79*	0.068
	组内误差	4 364.80	66	66.13		
	班型	322.01	1	322.01	3.38	0.070
	组间误差	6 282.23	66	95.19		
认真自控	前后测	1 559.42	1	4 559.42	25.44***	0.365
	前后测×班型	334.72	1	334.72	5.46*	0.076
	组内误差	4 046.19	66	61.31		
	班型	219.16	1	219.36	2.05	0.030
	组间误差	7 072.71	66	107.16		
外倾性	前后测	1 155.26	1	1 155.26	38.84***	0.370
	前后测×班型	168.26	1	168.26	5.66*	0.079
	组内误差	1 962.88	66	29.74		
	班型	228.95	1	228.95	3.88	0.055
	组间误差	3 898.30	66	59.07		

续表

因变量	变异来源	SS	df	MS	F	偏 η^2
亲社会性	前后测	17 135.46	1	17 135.46	290.58***	0.815
	前后测×班型	3 318.40	1	3 318.40	56.27***	0.460
	组内误差	3 891.97	66	58.97		
	班型	4 203.16	1	4 203.16	47.79***	0.420
	组间误差	5 804.74	66	87.95		
情绪稳定性	前后测	203.87	1	203.87	10.78**	0.140
	前后测×班型	49.52	1	49.52	2.61	0.038
	组内误差	1 251.97	66	18.97		
	班型	27.84	1	27.84	0.98	0.015
	组间误差	1 879.54	66	28.48		

在认真自控维度，前后测的主效应显著[$F(1, 66)=25.44$, $p<0.001$]，班型的主效应不显著[$F(1, 66)=2.05$, $p>0.05$]，前后测和班型之间的交互作用显著[$F(1, 66)=5.46$, $p<0.05$]。简单效应分析显示，在实验班水平上，前测与后测差异显著[$F(1, 66)=28.06$, $p<0.001$]；在对比班水平上，前测与后测的差异不显著[$F(1, 66)=3.56$, $p>0.05$]。在后测水平上，实验班与对比班的差异显著[$F(1, 66)=7.38$, $p<0.01$]，实验班的得分高于对比班；在前测水平上，实验班与对比班的差异不显著[$F(1, 66)=0.06$, $p>0.05$]，见图11-7。

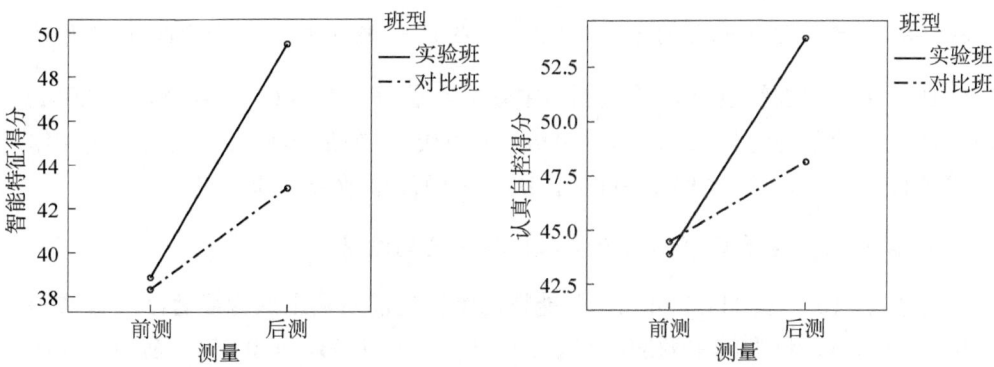

图11-6 中年级儿童智能特征的交互作用图　　图11-7 中年级儿童认真自控的交互作用图

在外倾性维度上，前后测的主效应显著[$F(1, 66)=38.84$, $p<0.001$]，班型的主效应不显著[$F(1, 66)=3.88$, $p>0.05$]，前后测和班型之间的交互作用显著[$F(1, 66)=5.66$, $p<0.05$]。简单效应分析显示，在实验班水平上，前测与后测差异显著[$F(1, 66)=38.20$, $p<0.001$]，后测好于前测；在对比班水平上，前测

与后测差异显著[$F(1, 66)=7.21, p<0.01$],后测好于前测。在后测水平上,实验班与对比班差异显著[$F(1, 66)=12.10, p<0.01$],实验班的得分高于对比班;在前测水平上,实验班与对比班差异不显著[$F(1, 66)=0.04, p>0.05$],见图11-8。

在亲社会性维度上,前后测的主效应显著[$F(1, 66)=290.58, p<0.001$],班型的主效应显著[$F(1, 66)=47.79, p<0.001$],前后测和班型之间的交互作用显著[$F(1, 66)=56.27, p<0.001$]。简单效应分析显示,在实验班水平上,前测与后测的差异显著[$F(1, 66)=310.43, p<0.001$];在对比班水平上,前测与后测的差异显著[$F(1, 66)=44.25, p<0.001$],后测好于前测。在前测水平上,实验班与对比班差异不显著[$F(1, 66)=0.28, p>0.05$];在后测水平上,实验班与对比班差异显著[$F(1, 66)=141.79, p<0.001$],实验班的得分高于对比班,见图11-9。

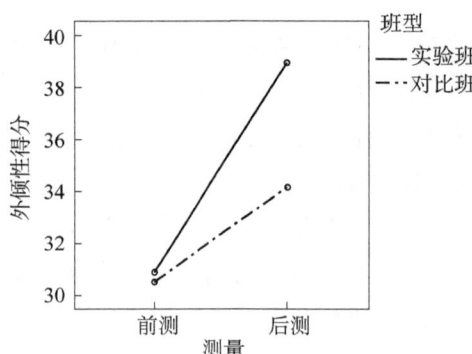

图11-8 中年级儿童外倾性的交互作用图　　图11-9 中年级儿童亲社会性的交互作用图

在情绪稳定性维度上,前后测的主效应显著[$F(1, 66)=10.78, p<0.001$],班型的主效应不显著[$F(1, 66)=0.98, p>0.05$],前后测和班型之间的交互作用不显著[$F(1, 66)=2.61, p>0.05$],因此未做简单效应检验。

3. 高年级儿童前后测不同班型人格各维度的结果

由表11-10和表11-11可知,智能特征维度的前后测主效应显著[$F(1, 56)=4.48, p<0.05$],班型的主效应不显著[$F(1, 56)=0.53, p>0.05$],前后测和班型之间的交互作用不显著[$F(1, 56)=1.59, p>0.05$],因此未做简单效应检验。

表11-10 高年级儿童人格五维度结果的描述统计分析

维度	项目	实验班（$n=29$）		对比班（$n=29$）	
		M	SD	M	SD
智能特征	前测	43.38	11.01	44.14	9.11
	后测	48.55	6.82	45.45	6.06

续表

维度	项目	实验班（n=29）		对比班（n=29）	
		M	SD	M	SD
认真自控	前测	48.07	8.70	49.14	5.23
	后测	55.76	6.02	51.21	9.55
外倾性	前测	34.62	6.23	34.66	4.98
	后测	39.69	5.09	35.31	7.20
亲社会性	前测	46.03	5.18	46.72	10.63
	后测	64.45	10.63	47.79	4.65
情绪稳定性	前测	27.17	2.67	26.00	3.26
	后测	31.10	5.09	27.72	4.77

表 11-11　高年级儿童人格五维度的方差分析

因变量	变异来源	SS	df	MS	F	偏 η^2
智能特征	前后测	304.69	1	304.69	4.48*	0.074
	前后测×班型	108.14	1	108.14	1.59	0.028
	组内误差	3 804.17	56	67.97		
	班型	39.86	1	39.86	0.53	0.008
	组间误差	4246.45	56	75.83		
认真自控	前后测	690.42	1	690.42	13.62***	0.196
	前后测×班型	229.04	1	229.04	4.52*	0.075
	组内误差	2839.03	56	50.70		
	班型	87.94	1	87.94	1.36	0.024
	组间误差	3612.35	56	64.51		
外倾性	前后测	240.42	1	240.42	7.01*	0.111
	前后测×班型	139.04	1	139.04	4.05*	0.067
	组内误差	1921.03	56	34.30		
	班型	134.70	1	134.70	3.71	0.062
	组间误差	2035.10	56	36.34		
亲社会性	前后测	2751.94	1	2751.94	50.89***	0.476
	前后测×班型	2181.11	1	2181.11	40.33***	0.419
	组内误差	3028.45	56	54.08		
	班型	1848.01	1	1848.01	52.47***	0.484
	组间误差	1972.24	56	35.21		
情绪稳定性	前后测	231.86	1	231.86	13.53**	0.195
	前后测×班型	35.31	1	35.31	2.06	0.035
	组内误差	959.83	56	17.14		
	班型	150.20	1	150.20	9.32**	0.143
	组间误差	902.79	56	16.12		

在认真自控维度，前后测的主效应显著[$F(1, 56)=13.62, p<0.001$]，班型

的主效应不显著[$F(1, 56)=1.36, p>0.05$]，前后测和班型之间的交互作用显著[$F(1, 56)=4.52, p<0.05$]。简单效应分析显示，在实验班水平上，前测与后测差异显著[$F(1, 56)=16.91, p<0.001$]；在对比班水平上，前测与后测差异不显著[$F(1, 56)=1.22, p>0.05$]。在后测水平上，实验班与对比班差异显著[$F(1, 56)=4.71, p<0.05$]，实验班的得分高于对比班；在前测水平上，实验班与对比班差异不显著[$F(1, 56)=0.32, p>0.05$]，见图11-10。

在外倾性维度上，前后测的主效应显著[$F(1, 56)=7.01, p<0.05$]，班型的主效应不显著[$F(1, 56)=3.71, p>0.05$]，前后测和班型之间的交互作用显著[$F(1, 56)=4.05, p<0.05$]。简单效应分析显示，在实验班水平上，前测与后测差异显著[$F(1, 56)=10.86, p<0.01$]；在对比班水平上，前测与后测的差异不显著[$F(1, 56)=0.20, p>0.05$]。在前测水平上，实验班与对比班差异不显著[$F(1, 56)=0.00, p>0.05$]；在后测水平上，实验班与对比班差异显著[$F(1,56)=7.05, p<0.05$]，实验班的得分高于对比班，见图11-11。

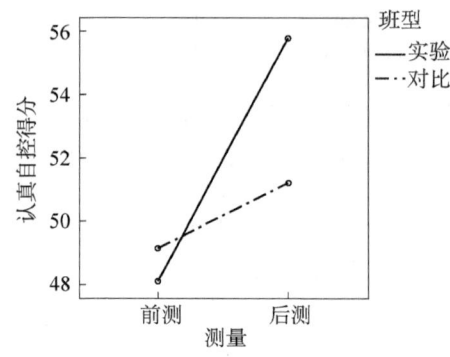
图11-10 高年级儿童认真自控的交互作用

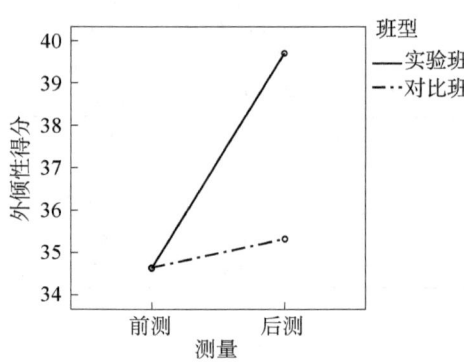
图11-11 高年级儿童外倾性的交互作用图

在亲社会性维度上，前后测的主效应显著[$F(1, 56)=50.89, p<0.001$]，班型的主效应显著[$F(1, 56)=52.47, p<0.001$]，前后测和班型之间的交互作用显著[$F(1, 56)=40.33, p<0.001$]。简单效应分析显示，在实验班水平上，前测与后测差异显著[$F(1, 56)=90.91, p<0.001$]；在对比班水平上，前测与后测的差异不显著[$F(1, 56)=0.31, p>0.05$]。在前测水平上，实验班与对比班的差异不显著[$F(1, 56)=0.31, p>0.05$]；在后测水平上，实验班与对比班差异显著[$F(1, 56)=59.75, p<0.001$]，实验班的得分高于对比班，见图11-12。

在情绪稳定性维度上，前后测的主效应显著[$F(1, 56)=13.53, p<0.01$]，班型的主效应显著[$F(1, 56)=9.32, p<0.01$]，前后测和班型之间的交互作用不显著[$F(1, 56)=2.06, p>0.05$]，因此未做简单效应检验。

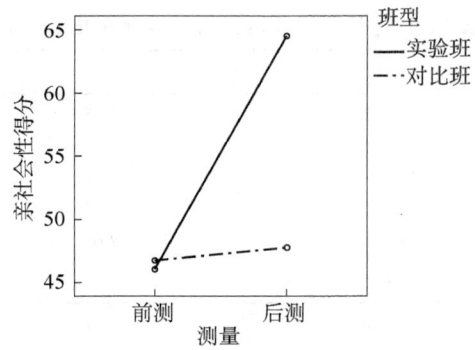

图 11-12　高年级儿童亲社会性的交互作用图

（二）情境实验结果的分析

1. 低年级儿童情境实验结果的分析

从表 11-12 和表 11-13 可知，在创造性特质上，前后测的主效应显著[$F(1, 55)=5.77$, $p<0.05$]，班型的主效应显著[$F(1, 55)=4.54$, $p<0.05$]，前后测和班型之间的交互作用显著[$F(1, 55)=3.92$, $p<0.05$]。简单效应分析显示，在对比班水平上，前测与后测的差异不显著[$F(1, 55)=0.09$, $p>0.05$]；在实验班中，前测与后测差异显著[$F(1, 55)=9.77$, $p<0.01$]。在前测水平上，实验班与对比班差异不显著[$F(1, 55)=0.01$, $p>0.05$]；在后测水平上，实验班与对比班差异显著[$F(1, 55)=10.21$, $p<0.05$]，实验班的得分高于对比班，见图 11-13。

表 11-12　低年级儿童人格五维度的描述统计分析

维度	项目	实验班（$n=29$）		对比班（$n=28$）	
		M	SD	M	SD
创造性	前测	2.98	0.90	3.01	0.90
	后测	3.71	0.53	3.08	0.92
坚持性	前测	3.23	0.73	3.17	0.85
	后测	3.83	0.87	3.29	0.41
善交际	前测	3.32	0.71	3.34	0.81
	后测	3.75	0.60	3.49	0.54
同情帮助	前测	3.17	0.49	3.51	0.70
	后测	4.01	0.81	3.82	0.29
情绪稳定性	前测	2.84	0.55	2.87	0.88
	后测	3.39	1.12	3.09	0.45

表 11-13　低年级儿童人格五维度的方差分析

因变量	变异来源	SS	df	MS	F	偏 η^2
创造性	前后测	4.55	1	4.55	5.77*	0.100
	前后测×班型	3.09	1	3.09	3.92*	0.066
	组内误差	43.38	55	0.79		
	班型	2.69	1	2.69	4.54*	0.076
	组间误差	32.54	55	0.59		
坚持性	前后测	3.61	1	3.61	8.21**	0.130
	前后测×班型	1.61	1	1.61	3.65*	0.062
	组内误差	24.19	55	0.44		
	班型	2.53	1	2.53	3.88	0.002
	组间误差	35.7	55	0.65		
善交际	前后测	2.45	1	2.45	4.71*	0.079
	前后测×班型	0.58	1	0.58	1.11	0.020
	组内误差	28.62	55	0.52		
	班型	0.40	1	0.40	1.05	0.019
	组间误差	20.96	55	0.38		
同情帮助	前后测	9.27	1	9.27	33.61***	0.379
	前后测×班型	2.01	1	2.01	7.27**	0.117
	组内误差	15.16	55	0.28		
	班型	0.18	1	0.18	0.38	0.007
	组间误差	25.94	55	0.47		
情绪稳定性	前后测	4.26	1	4.26	7.61**	0.122
	前后测×班型	0.78	1	0.78	1.39	0.025
	组内误差	30.77	55	30.77		
	班型	0.56	1	0.56	0.78	0.014
	组间误差	39.33	55	0.72		

在坚持性特质上，前后测的主效应显著[$F(1, 55)=8.21, p<0.01$]，班型的主效应不显著[$F(1, 55)=3.88, p>0.05$]，前后测和班型之间的交互作用显著[$F(1, 55)=3.65, p<0.05$]。简单效应分析显示，在对比班水平上，前测与后测的差异不显著[$F(1, 55)=0.45, p>0.05$]；在实验班水平上，前测与后测差异显著[$F(1, 55)=11.61, p<0.01$]。在前测水平上，实验班与对比班差异不显著[$F(1, 55)=0.05, p>0.05$]；在后测水平上，实验班与对比班差异显著[$F(1, 55)=8.78, p<0.05$]，实验班的得分高于对比班，见图 11-14。

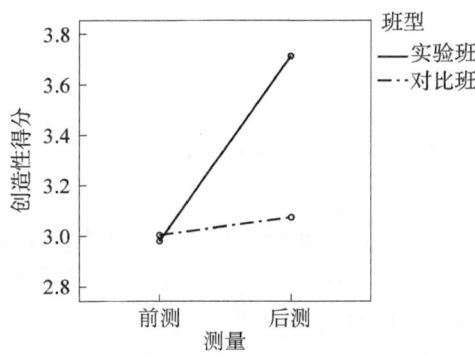 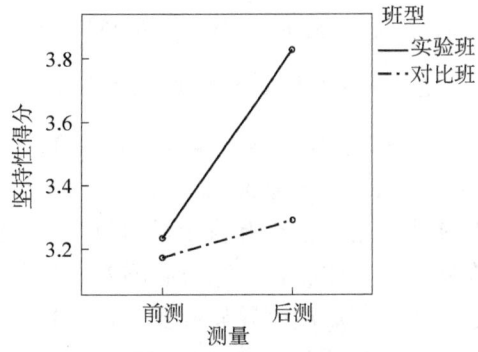

图 11-13　低年级儿童创造性的交互作用图　　图 11-14　低年级儿童坚持性的交互作用图

在善交际特质上，前后测的主效应显著[$F(1,55)=4.71$，$p<0.05$]，班型的主效应不显著[$F(1,55)=1.05$，$p>0.05$]，前后测和班型之间的交互作用不显著[$F(1,55)=1.11$，$p>0.05$]，因此未做简单效应检验。

在同情帮助特质上，前后测的主效应显著[$F(1,55)=33.61$，$p<0.001$]，班型的主效应不显著[$F(1,55)=0.38$，$p>0.05$]，前后测和班型之间的交互作用显著[$F(1,55)=7.27$，$p<0.01$]。简单效应分析显示，在对比班水平上，前测与后测差异显著[$F(1,55)=4.72$，$p<0.05$]，后测好于前测；在实验班水平上，前测与后测差异显著[$F(1,55)=36.72$，$p<0.001$]。在前测水平上，实验班与对比班差异显著[$F(1,55)=4.57$，$p<0.05$]，对比班的得分高于实验班；在后测水平上，实验班与对比班差异不显著[$F(1,55)=1.31$，$p>0.05$]，虽然未达到显著差异，但结果表明实验班得分高于对比班，见图 11-15。

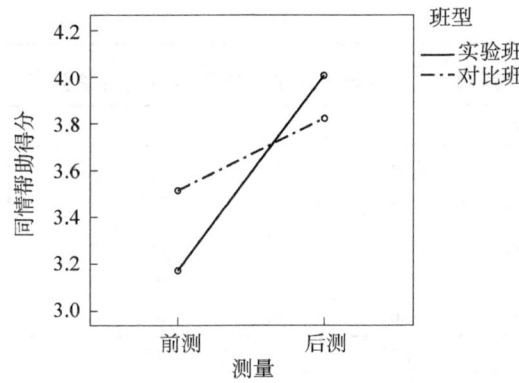

图 11-15　低年级儿童同情帮助的交互作用图

在情绪稳定性特质上，前后测的主效应显著[$F(1,55)=7.61$，$p<0.01$]，班型的主效应不显著[$F(1,55)=0.78$，$p>0.05$]，前后测和班型之间的交互作用不显著[$F(1, 55)=1.39$, $p>0.05$],因此未做简单效应检验。

2. 中年级儿童情境实验结果的分析

由表11-14和表11-15可知,在创造性特质上,前后测的主效应显著[$F(1, 58)=131.99$, $p<0.001$],班型的主效应显著[$F(1, 58)=13.73$, $p<0.001$],前后测和班型之间的交互作用显著[$F(1, 58)=14.71$, $p<0.001$]。简单效应分析显示,在实验班水平上,前测与后测差异显著[$F(1, 58)=100.65$, $p<0.001$];在对比班水平上,前后测差异显著[$F(1, 58)=35.14$, $p<0.05$]。在前测水平上,实验班与对比班差异不显著[$F(1, 58)=0.52$, $p>0.05$];在后测水平上,实验班与对比班差异显著[$F(1, 58)=35.94$, $p<0.001$],实验班的得分高于对比班,见图11-16。

表11-14 中年级儿童人格五维度的描述统计分析

维度	项目	实验班（n=35）		对比班（n=25）	
		M	SD	M	SD
创造性	前测	3.00	0.74	2.88	0.57
	后测	4.35	0.37	3.55	0.59
坚持性	前测	2.98	0.63	3.15	0.71
	后测	4.59	0.37	3.72	0.62
善交际	前测	3.04	0.79	3.17	0.40
	后测	4.67	0.29	3.48	0.60
同情帮助	前测	3.15	0.76	3.27	0.34
	后测	4.90	0.17	3.55	0.55
情绪稳定	前测	3.12	0.67	3.29	0.41
	后测	4.04	0.53	3.55	0.62

表11-15 中年级儿童人格五维度的方差分析

因变量	变异来源	SS	df	MS	F	偏η^2
创造性	前后测	29.81	1	29.81	131.99***	0.695
	前后测×班型	3.32	1	3.32	14.71***	0.202
	组内误差	13.10	58	0.23		
	班型	6.17	1	6.17	13.73***	0.191
	组间误差	26.07	58	0.45		
坚持性	前后测	34.53	1	34.53	145.31***	0.715
	前后测×班型	7.95	1	7.95	33.44***	0.366
	组内组内误差	13.78	58	0.24		
	班型	3.63	1	3.63	7.20*	0.110
	组间误差	29.24	58	0.50		

续表

因变量	变异来源	SS	df	MS	F	偏 η^2
善交际	前后测	27.30	1	27.30	99.98***	0.633
	前后测×班型	13.05	1	13.05	47.78***	0.452
	组内误差	15.84	58	0.27		
	班型	8.15	1	8.15	25.54***	0.306
	组间误差	18.51	58	0.32		
同情帮助	前后测	29.95	1	29.95	168.59***	0.744
	前后测×班型	15.73	1	15.73	88.51***	0.604
	组内误差	10.31	58	0.18		
	班型	10.94	1	10.94	34.49***	0.373
	组间误差	18.41	58	0.32		
情绪稳定性	前后测	10.31	1	10.31	29.50***	0.337
	前后测×班型	3.18	1	3.18	9.11**	0.136
	组内误差	20.28	58	0.35		
	班型	0.74	1	0.74	2.70	0.003
	组间误差	15.95	58	0.28		

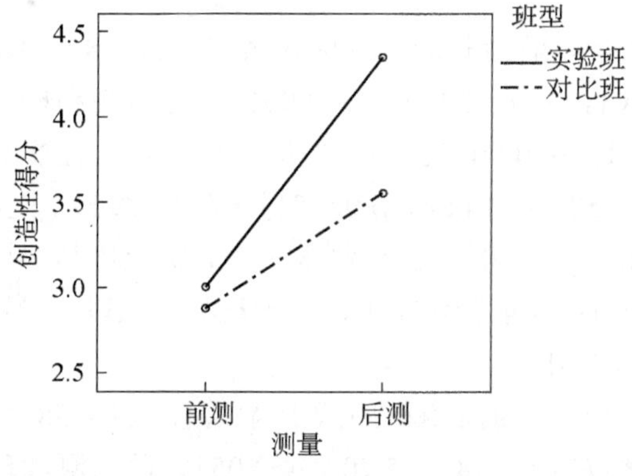

图 11-16 中年级儿童创造性的交互作用图

在坚持性特质上，前后测的主效应显著[$F(1, 58)=145.31, p<0.001$]，班型的主效应显著[$F(1, 58)=7.20, p<0.05$]，前后测和班型之间的交互作用显著[$F(1, 58)=33.44, p<0.001$]。简单效应分析显示，在实验班水平上，前后测差异显著[$F(1, 58)=136.36, p<0.001$]；在对比班水平上，前后测差异显著[$F(1, 58)=23.60, p<0.001$]。在后测水平上，实验班与对比班差异显著[$F(1, 58)=39.51, p<0.001$]；在前测水平上，实验班与对比班差异不显著[$F(1, 58)=0.91, p>0.05$]，见图 11-17。

在善交际特质上，前后测的主效应显著[$F(1, 58)=99.98, p<0.001$]，班型

的主效应显著[$F(1, 58)=25.54$, $p<0.001$],前后测和班型之间的交互作用显著[$F(1, 58)=47.78$, $p<0.001$]。简单效应分析显示,在实验班水平上,前后测差异显著[$F(1, 58)=122.56$, $p<0.001$],后测好于前测;在对比班水平上,前后测差异显著[$F(1, 58)=5.72$, $p<0.05$]。在后测水平上,实验班与对比班差异显著[$F(1, 58)=85.80$, $p<0.001$];在前测水平上,实验班与对比班差异不显著[$F(1, 58)=0.82$, $p>0.05$],见图11-18。

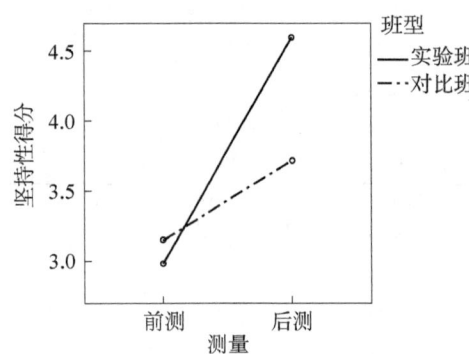 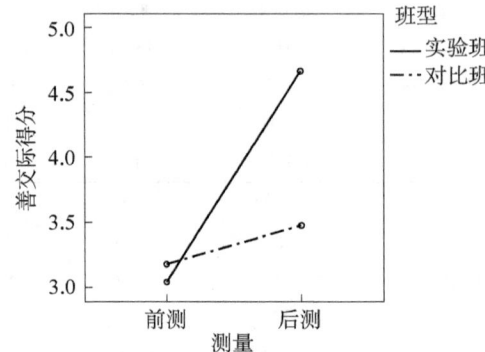

图11-17 中年级儿童坚持性的交互作用图　　图11-18 中年级儿童善交际的交互作用图

在同情帮助特质上,前后测的主效应显著[$F(1, 58)=168.59$, $p<0.001$],班型的主效应显著[$F(1, 58)=34.49$, $p<0.001$],前后测和班型之间的交互作用显著[$F(1, 58)=88.51$, $p<0.001$]。简单效应分析显示,在实验班水平上,前测与后测差异显著[$F(1, 58)=214.88$, $p<0.001$];在对比班水平上,前测与后测差异显著[$F(1, 58)=7.67$, $p<0.01$]。在后测水平上,实验班与对比班差异显著[$F(1, 58)=141.81$, $p<0.001$];在前测水平上,实验班与对比班差异不显著[$F(1, 58)=0.70$, $p>0.05$],见图11-19。

在情绪稳定性特质上,前后测的主效应显著[$F(1, 58)=29.50$, $p<0.001$],班型的主效应不显著[$F(1, 58)=2.70$, $p>0.05$],前后测和班型的交互作用显著[$F(1, 58)=9.11$, $p<0.01$]。简单效应分析显示,在实验班水平上,前测与后测差异显著[$F(1, 58)=30.59$, $p<0.001$],后测好于前测;在对比班水平上,前测与后测差异不显著[$F(1, 58)=3.50$, $p>0.05$]。在前测水平上,实验班与对比班差异不显著[$F(1, 58)=1.48$, $p>0.05$];在后测水平上,实验班与对比班差异显著[$F(1, 58)=10.35$, $p<0.01$],实验班的后测得分高于对比班,见图11-20。

3. 高年级儿童情境实验结果的分析

由表11-16和表11-17可知,在创造性特质上,前后测的主效应不显著[$F(1, 65)=0.99$, $p>0.05$],班型的主效应不显著[$F(1, 65)=0.00$, $p>0.05$],

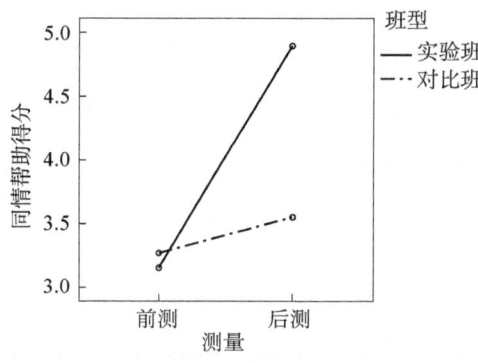 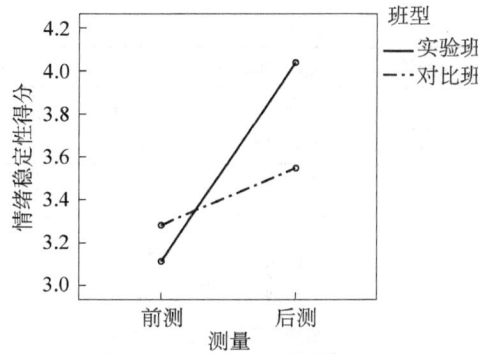

图 11-19　中年级儿童同情帮助的交互作用图　　图 11-20　中年级儿童情绪稳定性的交互作用图

前后测和班型之间的交互作用不显著[$F(1,65)=0.89$，$p>0.05$]，因此未做简单效应检验。

表 11-16　高年级儿童人格五维度的描述统计分析

维度	项目	实验班（$n=34$）		对比班（$n=33$）	
		M	SD	M	SD
创造性	前测	2.79	1.20	2.95	0.76
	后测	3.10	0.93	2.95	0.64
坚持性	前测	2.85	0.88	2.98	0.84
	后测	3.42	0.88	3.02	0.58
善交际	前测	3.02	0.42	3.07	0.42
	后测	3.53	0.88	3.14	0.77
同情帮助	前测	2.88	0.90	3.02	0.77
	后测	3.73	0.64	3.34	0.28
情绪稳定性	前测	2.92	0.70	3.04	0.74
	后测	3.61	0.82	3.37	0.35

表 11-17　高年级儿童人格五维度的方差分析

因变量	变异来源	SS	df	MS	F	偏 η^2
创造性	前后测	0.85	1	0.85	0.99	0.015
	前后测×班型	0.76	1	0.76	0.89	0.014
	组内误差	55.22	65	0.85		
	班型	0.01	1	0.01	0.00	0.000
	组间误差	51.06	65	0.79		
坚持性	前后测	3.27	1	3.27	4.83*	0.069
	前后测×班型	2.35	1	2.35	3.48*	0.051
	组内误差	43.94	65	0.68		

续表

因变量	变异来源	SS	df	MS	F	偏 η^2
坚持性	班型	0.61	1	0.61	0.97	0.015
	组间误差	41.08	65	0.63		
善交际	前后测	2.76	1	2.76	6.80*	0.093
	前后测×班型	1.59	1	1.59	3.83*	0.056
	组内误差	26.89	65	0.41		
	班型	1.00	1	1.00	2.34	0.033
	组间误差	29.04	65	0.45		
同情帮助	前后测	11.59	1	11.59	23.93***	0.269
	前后测×班型	2.47	1	2.47	5.09*	0.073
	组内误差	31.50	65	0.49		
	班型	0.50	1	0.50	1.08	0.006
	组间误差	30.31	65	0.47		
情绪稳定性	前后测	8.87	1	8.87	20.28***	0.238
	前后测×班型	1.05	1	1.05	2.41	0.036
	组内误差	28.42	65	0.44		
	班型	0.13	1	0.13	0.27	0.004
	组间误差	31.20	65	0.48		

在坚持性特质上，前后测的主效应显著[$F(1, 65)=4.83, p<0.05$]，班型的主效应不显著[$F(1, 65)=0.97, p>0.05$]，前后测和班型之间的交互作用显著[$F(1, 65)=3.48, p<0.05$]。简单效应分析显示，在实验班水平上，前测与后测差异显著[$F(1, 65)=8.38, p<0.01$]，后测好于前测；在对比班水平上，前测与后测差异不显著[$F(1, 65)=0.05, p>0.05$]。在前测水平上，实验班与对比班差异不显著[$F(1, 65)=0.38, p>0.01$]；在后测水平上，实验班与对比班差异显著[$F(1, 65)=4.76, p<0.05$]，实验班的得分高于对比班，见图11-21。

在善交际特质上，前后测的主效应显著[$F(1, 65)=6.80, p<0.05$]，班型的主效应不显著[$F(1, 65)=2.34, p>0.05$]，前后测和班型之间的交互作用显著[$F(1, 65)=3.83, p<0.05$]。简单效应分析显示，在实验班水平上，前测与后测差异显著[$F(1, 65)=10.47, p<0.01$]，后测好于前测；在对比班水平上，前测与后测差异不显著[$F(1, 65)=0.19, p>0.05$]。在前测水平上，实验班与对比班差异不显著[$F(1, 65)=0.19, p>0.05$]；在后测水平上，实验班与对比班差异显著[$F(1, 65)=3.73, p<0.05$]，实验班的得分高于对比班，见图11-22。

在同情帮助特质上，前后测的主效应显著[$F(1, 65)=23.93, p<0.001$]，班型的主效应不显著[$F(1, 65)=1.08, p>0.05$]，前后测和班型之间的交互作用显

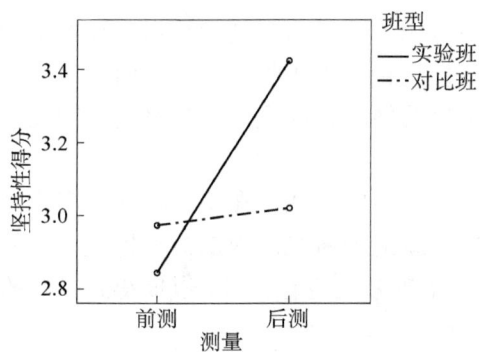

图 11-21　高年级儿童坚持性的交互作用图

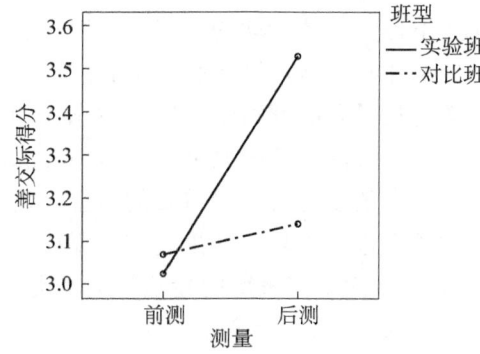

图 11-22　高年级儿童善交际的交互作用图

著[$F(1, 65)=5.09$, $p<0.05$]。简单效应分析显示，在对比班水平上，前测与后测差异不显著[$F(1, 65)=3.42$, $p>0.05$]；在实验班水平上，前测与后测差异显著[$F(1, 65)=25.93$, $p<0.001$]，后测好于前测。在前测水平上，实验班与对比班差异不显著[$F(1, 65)=0.53$, $p>0.05$]；在后测水平上，实验班与对比班差异显著[$F(1, 65)=10.64$, $p<0.01$]，实验班的得分高于对比班，见图 11-23。

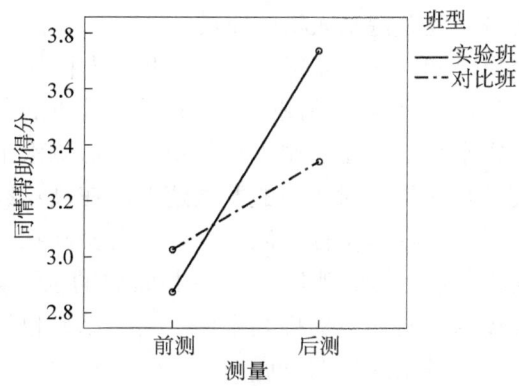

图 11-23　高年级儿童同情帮助的交互作用图

在情绪稳定性特质上，前后测的主效应显著[$F(1, 65)=20.28$, $p<0.001$]，班型的主效应不显著[$F(1, 65)=0.27$, $p>0.05$]，前后测和班型之间的交互作用不显著[$F(1, 65)=2.41$, $p>0.05$]，因此未做简单效应检验。

四、讨论与结论

本次研究是在自然状态下进行的，即进行现场实验，因此具有较高的外部效度或生态效度。本次研究中对无关变量的控制采取了一些措施，如选择有相似教学水平的班级，取得学校领导、班级教师、家长的认可和支持，保证参与实验的儿童不再受其他活动的干扰，但现场实验中对无关变量的控制无法像实验室实验的控制那样严格，这会影响实验的内部效度。尽管这种实验存在一些问题，但随着教育科学和心理科学研究的生态化和现场化的要求逐渐提高，越来越多的儿童人格和社会性培养研究采用了这种方法。

内部效度是实验最重要的特征，研究中运用不同方法、在不同时间对变量之间的关系进行检验，如果研究结果比较一致，就能为研究的内部效度提供可靠的支持[1]。本次研究采用问卷法和情境实验法对培养效果进行检验，以期得到良好的实验内部效度。

本次研究对实验班和对比班进行了问卷和情境实验两种测量，以充分检验人格培养活动的有效性，证实实验的内部效度。

从问卷测量的结果可知，在低年级，实验班儿童人格的5个维度的后测成绩显著高于前测；对比班儿童人格除智能特征和外倾性维度外，其余3个维度也呈现出上升的发展趋势，但其发展速度要低于实验班的发展速度。在中年级和高年级水平上，在实验班和对比班，儿童人格的5个维度都呈现出显著的上升趋势，并且表现为实验班的发展速度快于对比班的发展速度。这一结果说明，我们的人格培养活动有效地促进了儿童健全人格的发展。

从情境实验的结果可知，在低年级水平上，儿童人格的5个特质都显示出显著的前后测主效应，后测水平高于前测水平，并且实验班的发展速度快于对比班的发展速度。在中年级水平上，在5个人格特质中，后测水平高于前测水平，并且实验班的发展速度要显著快于对比班的发展速度。在高年级水平上，除在创造性特质上没有显著差异外，在坚持性、同情帮助和善交际特质等方面显示出显著的差异。但从描述统计来看，在后测中，5个人格特质的水平都有所提高，并且表现为实验班的提高幅度大于对比班的提高幅度。这一结果也说明，我们的人格培养活动有效地促进了儿童健全人格的发展。

内化理论和活动理论可以解释这一结果。维果斯基（Vygotsky）的人格建构理论提出，人的心理过程的变化与他的实践活动过程的变化是同样的，个体高级心理机能的发展是将外部活动内化的结果。个体在进行外部活动过程中，不断认知和认可活动的内涵，最终成为人的新的内部心理结构。人格作为一种高级心理机能，其发展过程是将自己参与的外部活动内化的结果[2]。此外，在活动理论中，列昂捷夫提出，个性最初就是在社会活动中产生的，并且只有作为社会活动的主体才能发展成为个性，即个性产生于活动。儿童参加生活中的各种活动，逐渐形成了自己的个性。根据活动-建构理论，儿童亲身参与实践和交往活动，并且从中不

---

[1] 王凡：《现场实验的内部和外部效度：兼与实验室实验的效度比较》，《心理科学》2008年第4期，第932-935页。
[2] 转引自魏萍、宋宝萍：《浅析维果斯基的人格建构思想》，《时代文学（下半月）》2009年第4期，第169-170页。

断地获得新经验，最终促进儿童的主体发展①。

本次研究中，健全人格培养教育活动是儿童共同参与的主体性活动，在活动中，儿童积极参与，并进行交流、分享、合作。也就是说，健全人格形成的过程就是儿童与活动相互作用的过程，在这一过程中，活动中蕴含的积极品质不断被儿童内化，从而体现在儿童的人格特质中。

总之，本次研究采用准实验设计，运用问卷评定和情境实验两种测量方法在小学的低、中、高年级开展了为期半年的现场实验。结果表明，小学生互动体验式活动方案能够有效地促进小学生健全人格的发展，采用两种评定方式得出的结果基本一致。

第三节　12~15岁初中生健全人格的培养

一、引言

20世纪50年代后期，由于对人的潜能研究的重视，健全人格、心理健康等方面的研究越来越受到关注。研究者结合各种实验及研究成果，对心理状态发展比较优良的个体进行研究，提出了许多健全人格模式，包括"成熟者"模式、"自我实现者"模式、创发者模式等。

健全人格就是完美人格，属于高层次的心理健康②。健全人格是随个体人格的发展而发展的，它是一个相对的、发展的、结构性的概念③。初中生人格结构与成人五因素人格模型相似，由情绪稳定性、亲社会性、智能特征、外倾性、认真自控5个维度及17个特质构成④。如果个体人格要全面健康地发展，就需要5个维度之间均衡、统一地发展。换言之，如果其中任何一个人格维度过度发展或发展不足，那个体就会出现不同程度的外在或内在的问题。以认真自控维度为例，过度控制型人格在此维度上有较高的发展水平，但由于过于死板，会表现出过度追求完美、焦虑抑郁、不善表达自我、自我批判等内在问题；而低控型人格的个体由于缺乏自我控制的能力，会出现多种行为问题，如药物滥用、攻击性行为、学

---

① 转引自杨莉娟：《活动理论与建构主义学习观》，《教育科学研究》2000年第4期，第59-65页。
② 黄希庭、郑涌、李宏翰：《学生健全人格养成教育的心理学观点》，《广西师范大学学报（哲学社会科学版）》2006年第3期，第90-94页。
③ 葛明贵：《健全人格的内涵及其教育》，《安徽师范大学学报（人文社会科学版）》2003年第4期，第469-473页。
④ 杜文轩、杨丽珠、马世超：《初中生人格量表的常模制定——基于大连市6449名初中生的研究》，《辽宁师范大学学报（社会科学版）》2014年第3期，第365-370页。

业不良等①②。

　　我们的研究发现，幼儿、小学生和初中生人格的维度均相同，但是各个维度下的特质却有不同，说明随着年龄的增长，人格既具有稳定性，又具有可变性。人格各维度下各特质的发展是人格发展的基础，而健全人格是随着人格的发展而发展的。

　　对于儿童、青少年人格的培养，国内外学者已经做了大量的研究。由于对儿童、青少年教育的乏力，以及家庭成员分离及社会媒体的负面传播等负性影响，20世纪80年代初期，美国青少年犯罪率和自杀率达到历史最高水平，其道德状况直线下滑。美国政府开始重视对儿童、青少年品格的培养，随着"新品格教育运动"（new character education movement）的出现，越来越多的研究者将对学生教育的重点放在对其品格的培养上。在以新21世纪核心素养为目标体系的美国基础教育改革的推动下，美国提出全新的品格教育包含对道德品质、好奇心、勇敢、心理弹性、领导力及正念六个方面的品格的培养，旨在顺应当前时代需求的前提下，继续倡导传统德育教育中的精华部分。有研究者对美国33个品格教育项目进行调查，发现不同的项目对这四个方面的培养侧重也有所不同③。例如，"通过社区服务培养决策力"（building decision skills with community service）项目主要侧重于对青少年亲社会品质的培养，狮子探索（lion-quest）和促进可选择性思维（Promoting Alternative Thinking Strategy，PATHE）项目主要是针对校本成果进行的培养，而"青少年积极发展"（positive youth development）及"社交策略制定或问题解决"（social decision making/problem solving）项目主要是针对基本社会情绪管理进行的培养。

　　香港研究者石丹理等④制定了青少年正向发展课程，对全香港20多万名初中生推行了"共创成长路——赛马会青少年培育计划"，通过主观、客观成效评估、次级数据分析等多种评估方法得出的结果表明，该课程有效干预了香港青少年的不良行为，促进其正向发展。由于香港是一个具有多元文化的地区，与我国其他地区的社会文化有所不同，为了验证该计划是否适用于内地青少年群体，韩晓燕

---

① Bleys，D.，et al. The role of intergenerational similarity and parenting in adolescent self-criticism：An actor-partner interdependence model. Journal of Adolescence，2016，49，68-76.
② Ngo，F. T.，Paternoster，R. Contemporaneous and lagged effects of life domains and substance use：A test of Agnew's general theory of crime and delinquency. Journal of Criminology，2014，3，1-20.
③ Berkowitz，M. W.，Simmons P. E. Integrating Science Education and Character Education. In D. L. Zeidler (Ed.)，The Role of Moral Reasoning on Socioscientific Issues and Discourse in Science Education. Dordrecht：Springer Netherlands，2003，117-138.
④ 石丹理、孙翠芬：《香港"共创成长路"计划：课程发展，推行及成果》，《儿童青少年与家庭社会工作评论》2014年第2期，第67-83页。

等[①]进一步在华东地区的 4 所中学进行了计划推广实验。实验将参与学校分为实验组和对比组,结果表明,实验组学生的发展好于对比组学生,并且超过95%的被试认为该计划对他们有所帮助。

全面、综合的健全人格教育模式强调放眼未来,综合采用各种途径解决多方面问题。青少年健全人格的培养必须应该着眼于品格塑造和心理改造。教育者要了解青少年人格发展的现状,有目的、有计划地运用多种手段对青少年施加影响,包括心理教育、心理训练、心理建构等方式与方法,促使其人格健全地发展。在如何对初中生的进行健全人格培养的问题上,我们要进行更加细致、全面的审视和思考,争取用最少的时间和易操作的方法实现健全人格培养的目标,进而全面提高初中生心理健康水平。由此,我们依据初中生人格结构,采用科学的方法确定初中生人格培养的总目标及年级阶段目标。在目标的指引下,依据相关理论,以团体体验式活动为最佳载体并开展相关内容设计,获得团体体验式心理训练活动方案。进一步而言,以确定的活动库为自变量,在初中 3 个年级开展教育现场实验。通过初中生人格自评和情境实验测量,以探索团体体验式活动方案对于其人格发展的有效性。

二、研究方法

(一) 被试

我们在大连市 1 所普通中学初中 3 个年级随机选取两个发展水平基本一致的班级,将各年级中的 1 个班级作为实验班,另 1 个班级作为对比班,共计 197 人。由于实验研究时间较长,有少量被试流失,最终完成本次实验的初中生共 192 人,被试分布情况见表 11-18。

表 11-18 初中生人格教育现场实验被试分布 单位:人

年级	实验班		对比班		合计
	男	女	男	女	
初一	19	13	20	13	65
初二	12	21	14	17	64
初三	16	15	18	14	63
合计	47	49	52	44	192

---

① 韩晓燕、石丹理、赵鑫:《"中国青少年正面成长计划"的成效评估——基于华东地区的实证研究》,《四川师范大学学报(社会科学版)》2014 年第 4 期,第 81-89 页。

（二）工具

1. 问卷评定

在教育实验活动前后，分别对实验班和对比班的学生进行前测和后测，采用初中生人格自评问卷进行测量。问卷由初中生人格结构的 5 个维度（亲社会性、智能特征、认真自控、外倾性、情绪稳定性）及其下属的 17 个特质组成，共 59 道题目。该问卷答案设计为利克特 5 点量表，从"从不这样"到"总是这样"。问卷由实验班、对比班学生统一进行问卷评定，评定时学生根据自己的情况打分，相互之间不可以商量。评定时间约为 30min，评定完即刻收回。问卷具有良好的信度（内部一致性信度、分半信度、重测信度）和效度（内容效度、结构效度、效标关联效度）。各维度的内部一致性信度为 0.77~0.87，分半信度为 0.71~0.89，重测信度为 0.55~0.69。问卷各维度之间的相关在中等水平（0.36~0.70）。

2. 情境实验测量

情境实验是通过设置一定的情境来刺激研究对象的行为或反应。为进一步检验问卷的构念效度，确立初中生人格的测评结构，从 5 个维度中各挑选出载荷系数最高的、最有代表性又容易进行操作的特质来进行实验设计，考察团体心理训练活动对初中生人格发展的有效性及问卷评定的可信度。所选特质分别为探索创新（智能特征维度）、合群利他（亲社会性维度）、善交际（外倾性维度）、情绪稳定（情绪稳定性）。

（三）程序

在实验班实施团体体验式心理训练活动方案，进行教育现场实验。每周 1 次，每次 1 课时，由研究者本人、2 名心理学研究生担任任课教师。在实验前，对任课者进行培训，使其熟悉具体的活动方案及实验流程。实验进行 1 个学期。在教育现场实验前后，运用问卷法和情境实验法对实验班、对比班进行前测和后测。

（四）统计分析

采用 SPSS19.0 分别对实验班和对比班的前测与后测数据进行描述统计分析及方差分析等，考察实验班和对比班的人格特质在实验前后是否存在差异。

三、研究结果

（一）问卷评定结果

本次研究为准实验设计，按自然班级选取被试。对初一、初二、初三年级分别采用不同的团体心理训练活动,故对三个年级的实验效果分别进行考察,以初中生人格各维度得分为因变量,以前后测和班型为自变量,进行 2(前测、后测)× 2(班型:实验班、对比班)的多因素重复测量方差分析。方差分析主要考察前后测和班型的交互作用,如果交互作用显著,再进行简单效应检验,具体考察测量前后实验班和对比班的变化。

1. 初一年级问卷评定结果

(1)初一年级问卷前测同质性检验

前测中,初一年级实验班和对比班学生人格五维度的差异均不显著($ps>0.05$),见表 11-19。

表 11-19　初一年级人格五维度前测的描述统计及同质性检验

维度	实验班(n=32)		对比班(n=33)		t
	M	SD	M	SD	
亲社会性	3.549	0.376	3.531	0.533	0.161
智能特征	3.426	3.465	3.465	0.627	−0.262
认真自控	3.507	0.553	3.530	0.365	−0.200
外倾性	3.690	0.822	3.595	0.693	0.507
情绪稳定性	3.116	0.639	3.221	0.528	−0.728

(2)初一年级问卷各维度重复测量方差分析评定结果

后测中,初一年级实验班和对比班人格五维度的描述统计及方差分析结果分别见表 11-20 和表 11-21。

表 11-20　初一年级人格五维度后测的描述统计

维度	实验班(n=32)		对比班(n=33)	
	M	SD	M	SD
亲社会性	4.044	0.426	3.750	0.648
智能特征	3.949	0.631	3.573	0.640
认真自控	3.926	0.468	3.639	0.399
外倾性	4.289	0.585	3.771	0.616
情绪稳定性	3.710	0.785	3.770	0.615

表 11-21　初一年级人格五维度的方差分析

因变量	变异来源	SS	df	MS	F	偏 η^2
亲社会性	前后测	4.227	1	4.227	33.971***	0.350
	前后测×班型	0.586	1	0.586	4.711*	0.070
	组内误差	7.839	63	0.124		

续表

因变量	变异来源	SS	df	MS	F	偏 η^2
亲社会性	班型	0.758	1	0.758	1.934	0.030
	组间误差	24.703	63	0.392		
智能特征	前后测	3.229	1	3.229	19.020***	0.232
	前后测×班型	1.396	1	1.396	8.221**	0.115
	组内误差	10.695	63	0.170		
	班型	0.921	1	0.921	1.557	0.024
	组间误差	37.274	63	0.592		
认真自控	前后测	2.258	1	2.258	27.791***	0.306
	前后测×班型	0.779	1	0.779	9.586**	0.132
	组内误差	5.119	63	5.119		
	班型	0.564	1	0.564	1.731	0.027
	组间误差	20.516	63	0.326		
外倾性	前后测	4.235	1	4.235	17.732***	0.220
	前后测×班型	1.826	1	1.826	7.647**	0.108
	组内误差	15.047	63	0.239		
	班型	2.567	1	2.567	3.902	0.058
	组间误差	41.441	63	0.658		
情绪稳定性	前后测	10.553	1	10.553	26.494*	0.296
	前后测×班型	0.019	1	0.019	0.048	0.001
	组内误差	25.095	63	0.398		
	班型	0.215	1	0.215	0.491	0.008
	组间误差	27.655	63	0.439		

如表 11-21 所示，在亲社会性维度上，初一年级的前后测主效应显著[$F(1,63)=33.971, p<0.001$]，班型的主效应不显著[$F(1,63)=1.934, p>0.05$]，前后测和班型之间的交互作用显著[$F(1,63)=4.711, p<0.05$]。简单效应分析发现，实验班和对比班在前测中差异不显著[$F(1,63)=0.03, p>0.05$]，在后测中两个班级差异显著[$F(1,63)=4.42, p<0.05$]。实验班的前测与后测差异显著[$F(1,63)=31.51, p<0.001$]，对比班的前测与后测差异也显著[$F(1,63)=6.79, p<0.01$]。如图 11-24 所示，实验班的增长率明显高于对比班。

在智能特征维度上，初一年级前后测的主效应显著[$F(1,63)=19.020, p<0.001$]，班型的主效应不显著[$F(1,63)=1.557, p>0.05$]，前后测和班型之间的交互作用显著[$F(1,63)=8.221, p<0.01$]。简单效应分析发现，实验班、对比班在前测中差异不显著[$F(1,63)=0.07, p>0.05$]，在后测中两个班级差异显著[$F(1,63)=5.67, p<0.05$]。实验班在实验前后差异显著[$F(1,63)=25.73, p<0.001$]，

对比班在实验前后的差异不显著[$F(1, 63)=1.13$,$p>0.05$]。如图 11-25 所示，实验班的增长率明显高于对比班。

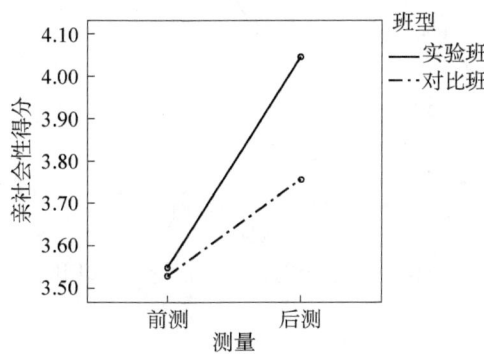
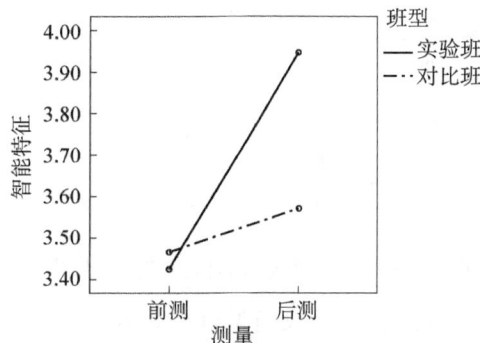

图 11-24　初一年级亲社会性的交互作用图　　图 11-25　初一年级智能特征的交互作用图

在认真自控维度上，初一年级的前后测主效应显著[$F(1, 63)=27.791$,$p<0.001$]，班型的主效应不显著[$F(1, 63)=1.731$,$p>0.05$]，前后测和班型的交互作用显著[$F(1, 63)=9.586$,$p<0.01$]。简单效应分析发现，实验班、对比班在前测中差异不显著[$F(1, 63)=0.04$,$p>0.05$]，在后测中两个班级差异显著[$F(1, 63)=7.06$,$p=0.01$]。实验班的前测与后测差异显著[$F(1, 63)=34.48$,$p<0.001$]，对比班的前测与后测差异不显著[$F(1, 63)=2.40$,$p>0.05$]。如图 11-26 所示，实验班的增长率明显高于对比班。

在外倾性维度上，初一年级的前后测主效应显著[$F(1,63)=17.732$,$p<0.001$]，班型的主效应不显著[$F(1, 63)=3.902$,$p>0.05$]，前后测和班型的交互作用显著[$F(1, 63)=7.647$,$p<0.01$]。简单效应分析发现，实验班、对比班在前测中差异不显著[$F(1,63)=0.06$,$p>0.05$]，在后测中两个班级差异显著[$F(1, 63)=12.08$,$p=0.01$]。实验班在实验前后的差异显著[$F(1, 63)=23.97$,$p<0.001$]，对比班在实验前后的差异不显著[$F(1, 63)=1.06$,$p>0.05$]。如图 11-27 所示，实验班的增长率明显高于对比班。

在情绪稳定性维度上，初一年级的前后测主效应显著[$F(1, 46)=26.494$,$p<0.05$]，班型主效应不显著[$F(1, 46)=0.491$,$p>0.05$]，前后测和班型的交互作用不显著[$F(1, 46)=0.048$,$p>0.05$]。

以上结果说明了团体体验式心理训练活动方案对初一年级学生的亲社会性、智能特征、认真自控及外倾性起到了促进作用，但是对情绪稳定性的促进作用不明显。

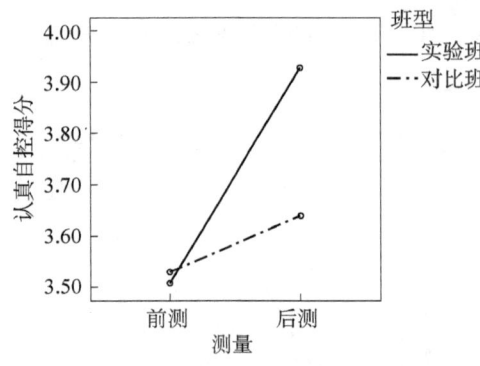

图 11-26　初一年级认真自控的交互作用图　　图 11-27　初一年级外倾性的交互作用图

2. 初二年级问卷评定结果

（1）初二年级问卷前测同质性检验

在初二年级学生人格问卷前测中，人格总分及各维度的差异均不显著（$ps>0.05$），见表 11-22。

表 11-22　初二年级实验前测问卷描述统计及同质性检验

维度	实验班（$n=33$）		对比班（$n=31$）		t
	M	SD	M	SD	
亲社会性	3.271	0.634	3.577	0.768	−1.874
智能特征	3.382	0.456	3.368	0.481	0.251
认真自控	3.439	0.561	3.571	0.542	0.097
外倾性	3.463	0.643	3.685	0.695	0.674
情绪稳定性	3.580	0.661	3.836	0.678	0.896

（2）初二年级问卷各维度重复测量方差分析评定结果

初二年级人格五维度的描述统计及方差分析结果分别见表 11-23 和表 11-24。

表 11-23　初二年级实验后测问卷描述统计

维度	实验班（$n=33$）		对比班（$n=31$）	
	M	SD	M	SD
亲社会性	4.129	0.536	3.827	0.545
智能特征	4.195	0.431	3.825	0.465
认真自控	3.791	0.522	3.378	0.580
外倾性	4.021	0.440	3.722	0.552
情绪稳定性	2.442	0.769	2.077	0.587

表 11-24 初二年级人格五维度的方差分析

因变量	变异来源	SS	df	MS	F	偏 η^2
亲社会性	前后测	6.952	1	6.952	15.766***	0.203
	前后测×班型	3.756	1	3.756	8.518**	0.121
	组内误差	27.338	62	0.441		
	班型	0.012	1	0.012	0.032	0.054
	组间误差	24.256	62	0.391		
智能特征	前后测	10.458	1	10.458	80.994***	0.566
	前后测×班型	0.792	1	0.792	6.137*	0.090
	组内误差	8.005	62	0.129		
	班型	1.115	1	1.115	4.139	0.063
	组间误差	16.708	62	0.269		
认真自控	前后测	0.179	1	0.179	0.605	0.010
	前后测×班型	2.465	1	2.465	8.346*	0.119
	组内误差	18.309	62	0.295		
	班型	0.685	1	0.685	2.195	0.034
	组间误差	19.356	62	0.312		
外倾性	前后测	2.835	1	2.835	10.590**	0.146
	前后测×班型	2.173	1	2.173	8.116**	0.116
	组内误差	16.597	62	0.268		
	班型	0.048	1	0.048	0.113	0.002
	组间误差	26.498	62	0.427		
情绪稳定性	前后测	67.012	1	67.012	171.942***	0.735
	前后测×班型	3.077	1	3.077	7.895**	0.113
	组内误差	24.164	62	0.390		
	班型	0.096	1	0.096	0.181	0.003
	组间误差	32.839	62	0.530		

如表 11-24 所示，在亲社会性维度上，初二年级的前后测主效应显著[$F(1, 62)=15.766, p<0.001$]，班型的主效应不显著[$F(1, 61)=0.032, p>0.05$]，前后测与班型的交互作用显著[$F(1, 62)=8.518, p<0.01$]。简单效应分析发现，在前测中，实验班与对比班的差异不显著[$F(1, 62)=3.51, p>0.05$]；在后测中二者差异显著[$F(1, 62)=5.88, p<0.05$]。实验班前测与后测差异显著[$F(1, 62)=24.50, p<0.001$]，对比班前测与后测差异不显著[$F(1, 62)=0.54, p>0.05$]。如图 11-28 所示，实验班的增长率明显高于对比班。

在智能特征维度上，初二年级前后测的主效应显著[$F(1, 62)=80.994, p<0.001$]，班型的主效应不显著[$F(1, 62)=4.139, p>0.05$]，前后测与班型的交互作用边缘显著[$F(1, 62)=6.137, p<0.05$]。简单效应分析发现，在前测中，实验班与对比班的差异不显著[$F(1, 62)=0.06, p>0.05$]；在后测中，二者的差异显著[$F(1, 62)=10.54, p<0.01$]。实验班前测与后测差异显著[$F(1, 62)=67.98, p<0.001$]，对比班前测与后测差异显著[$F(1, 62)=20.63, p<0.001$]。如图11-29所示，实验班的增长率明显高于对比班。

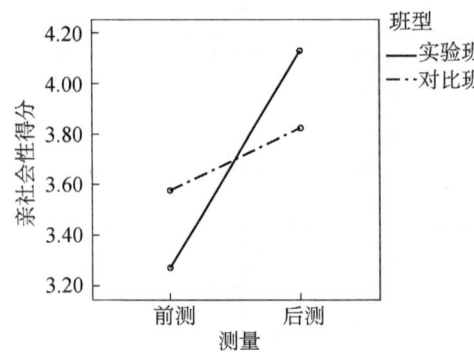
图11-28 初二年级亲社会性的交互作用图

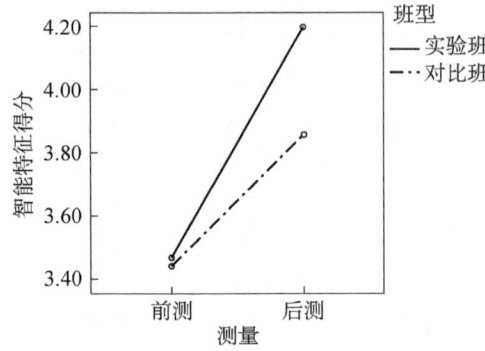
图11-29 初二年级智能特征的交互作用图

在认真自控维度上，初二年级的前后测主效应不显著[$F(1, 62)=0.605, p>0.05$]，班型的主效应不显著[$F(1, 62)=2.195, p>0.05$]，前后测与班型的交互作用边缘显著[$F(1, 62)=8.346, p<0.05$]。简单效应分析发现，在前测中，实验班与对比班差异不显著[$F(1, 62)=0.90, p>0.05$]；在后测中，二者差异显著[$F(1, 62)=9.48, p<0.01$]。实验班前测与后测差异显著[$F(1, 62)=6.94, p<0.001$]，对比班前测与后测差异不显著[$F(1, 62)=2.16, p>0.05$]。如图11-30所示，实验班的得分呈增长趋势，而对比班的得分呈下降趋势。

在外倾性维度上，初二年级的前后测主效应显著[$F(1, 62)=10.590, p<0.01$]，班型的主效应不显著[$F(1, 62)=0.113, p>0.05$]，前后测与班型的交互作用显著[$F(1, 62)=8.116, p<0.01$]。简单效应分析发现，在前测中，实验班与对比班差异不显著[$F(1, 62)=1.76, p>0.05$]；在后测中，二者差异显著[$F(1, 62)=5.79, p<0.05$]。实验班前测与后测差异显著[$F(1, 62)=19.23, p<0.001$]，对比班前测与后测差异不显著[$F(1, 62)=0.08, p>0.05$]。如图11-31所示，实验班的增长率明显高于对比班。

在情绪稳定性维度上，初二年级的前后测主效应显著[$F(1, 62)=171.942, p<0.001$]，班型的主效应不显著[$F(1, 562)=0.181, p>0.05$]，前后测与班型的交互作用显著[$F(1, 62)=7.895, p<0.01$]。简单效应分析发现，在前测中，实验班与对比班差异不显著[$F(1, 62)=2.33, p>0.05$]；在后测中，二者差异显著

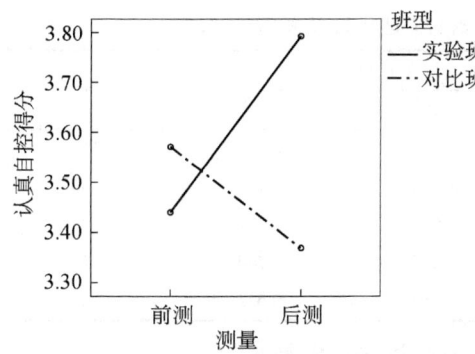
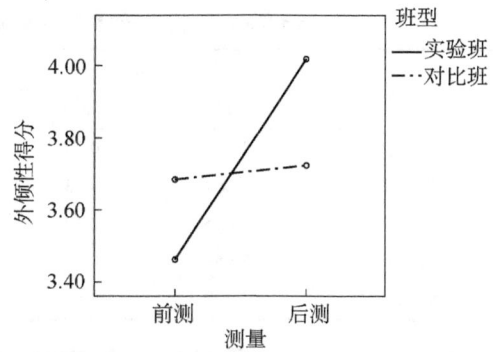

图 11-30　初二年级认真自控的交互作用图　　图 11-31　初二年级外倾性的交互作用图

$[F(1,62)=4.51, p<0.05]$。实验班前测与后测差异显著$[F(1,62)=54.79, p<0.001]$，对比班前测与后测差异不显著$[F(1,62)=122.92, p<0.001]$。如图 11-32 所示，实验班的下降率明显高于对比班。

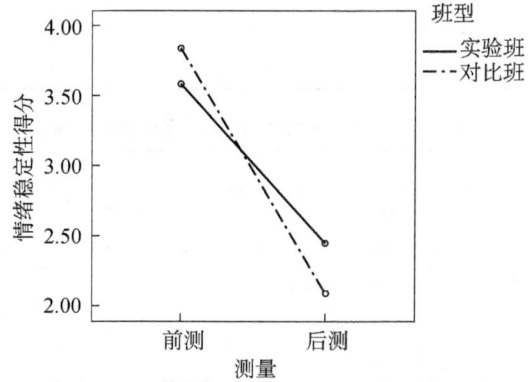

图 11-32　初二年级情绪稳定性的交互作用图

综合以上结果，团体体验式心理训练活动方案对初二年级学生的亲社会性、智能特征、认真自控、外倾性及情绪稳定性均起到了促进作用。

3. 初三年级问卷评定结果

（1）初三年级问卷前测同质性检验

在初三年级学生人格问卷前测中，人格总分及各维度的差异均不显著（$ps>0.05$），见表 11-25。

（2）初三年级问卷各维度重复测量方差分析评定结果

在初三年级人格问卷后测中，人格各维度的描述统计及方差分析分别见表 11-26 和表 11-27。

表 11-25　初三年级人格五维度前测的描述统计及同质性检验

维度	实验班（n=31）		对比班（n=32）		t
	M	SD	M	SD	
亲社会性	3.733	0.365	3.690	0.469	0.375
智能特征	3.664	0.435	3.612	0.465	0.406
认真自控	3.635	0.488	3.665	0.492	0.081
外倾性	3.653	0.621	3.845	0.744	−0.525
情绪稳定性	2.479	0.573	2.669	0.652	−0.769

表 11-26　初三年级人格五维度后测的描述统计

维度	实验班（n=31）		对比班（n=32）	
	M	SD	M	SD
亲社会性	4.426	0.473	3.994	0.453
智能特征	4.302	0.428	3.991	0.453
认真自控	4.140	0.467	3.707	0.644
外倾性	4.518	0.558	4.089	0.666
情绪稳定性	3.231	0.716	2.867	0.624

表 11-27　初三年级人格五维度的方差分析

因变量	变异来源	SS	df	MS	F	偏 η^2
亲社会性	前后测	7.835	1	7.835	43.233***	0.415
	前后测×班型	1.195	1	1.195	6.592*	0.098
	组内误差	11.055	61	0.181		
	班型	1.771	1	1.771	8.417**	0.121
	组间误差	12.840	61	0.210		
智能特征	前后测	7.724	1	7.724	71.801***	0.541
	前后测×班型	0.625	1	0.625	5.810*	0.087
	组内误差	6.562	61	0.108		
	班型	1.092	1	1.092	3.477	0.054
	组间误差	19.166	61	0.314		
认真自控	前后测	2.356	1	2.356	11.514**	0.159
	前后测×班型	1.682	1	1.682	8.221**	0.119
	组内误差	11.897	61	0.216		
	班型	1.280	1	1.280	3.623	0.056
	组间误差	21.546	61	0.353		
外倾性	前后测	9.655	1	9.655	21.388***	0.260
	前后测×班型	3.036	1	3.036	6.726*	0.099
	组内误差	27.535	61	0.451		

续表

因变量	变异来源	SS	df	MS	F	偏 η^2
外倾性	班型	0.444	1	0.444	1.114	0.018
	组间误差	224.308	61	0.398		
情绪稳定性	前后测	6.101	1	6.101	13.701***	0.222
	前后测×班型	2.179	1	2.179	4.893*	0.088
	组内误差	24.491	61	0.445		
	班型	0.637	1	0.637	1.580	0.009
	组间误差	22.193	61	0.404		

如表 11-27 所示，在亲社会性维度上，初三年级的前后测主效应显著 $[F(1, 61)=43.233, p<0.001]$，班型的主效应显著 $[F(1, 61)=8.417, p<0.01]$，前后测与班型的交互作用显著 $[F(1, 61)=6.592, p<0.05]$。简单效应分析发现，在前测中，实验班与对比班差异不显著 $[F(1, 61)=0.16, p>0.05]$，而在后测中，二者差异显著 $[F(1, 61)=13.70, p<0.001]$。实验班前测与后测差异显著 $[F(1, 61)=41.14, p<0.001]$，对比班前测与后测差异显著 $[F(1, 61)=8.16, p<0.01]$。如图 11-33 所示，实验班的增长比率明显高于对比班。

在智能特征维度上，初三年级前后测的主效应显著 $[F(1, 61)=71.801, p<0.001]$，班型的主效应不显著 $[F(1, 61)=3.477, p>0.05]$，前后测与班型的交互作用显著 $[F(1, 61)=5.810, p<0.05]$。简单效应分析发现，在前测中，实验班与对比班差异不显著 $[F(1, 61)=0.15, p>0.05]$；在后测中，二者差异显著 $[F(1, 61)=8.18, p<0.01]$。实验班前测与后测差异显著 $[F(1, 61)=58.3, p<0.001]$，对比班前测与后测差异显著 $[F(1, 61)=18.68, p<0.001]$。如图 11-34 所示，实验班的增长率明显高于对比班。

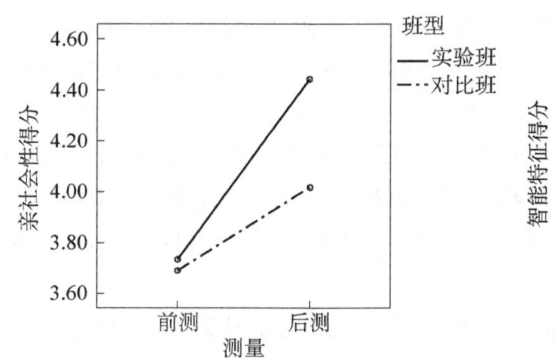

图 11-33 初三年级亲社会性的交互作用图

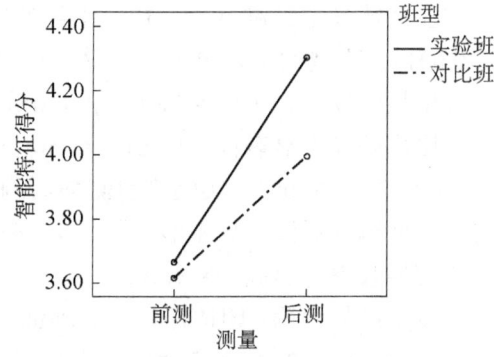

图 11-34 初三年级智能特征的交互作用图

在认真自控维度上，初三年级的前后测主效应显著 $[F(1, 61)=11.514,$

$p<0.01$],班型的主效应不显著[$F(1, 61)=3.623$, $p>0.05$],前后测与班型的交互作用显著[$F(1, 61)=8.221$, $p<0.01$]。简单效应分析发现,在前测中,实验班与对比班的差异不显著[$F(1, 61)=0.06$, $p>0.05$];在后测中,二者的差异显著[$F(1, 61)=9.2$, $p<0.01$]。实验班前测与后测差异显著[$F(1, 61)=19.29$, $p<0.001$],对比班前测与后测差异不显著[$F(1, 61)=0.14$, $p>0.05$]。如图11-35所示,实验班的增长率明显高于对比班。

在外倾性维度上,初三年级的前后测主效应显著[$F(1, 61)=21.388$, $p<0.001$],班型的主效应不显著[$F(1, 61)=1.114$, $p>0.05$],前后测与班型的交互作用显著[$F(1, 61)=6.726$, $p<0.05$]。简单效应分析发现,在前测中,实验班与对比班差异不显著[$F(1, 61)=1.23$, $p>0.05$];在后测中,二者差异显著[$F(1, 61)=7.66$, $p<0.01$]。实验班前测与后测差异显著[$F(1, 61)=25.64$, $p<0.001$],对比班前测与后测差异不显著[$F(1, 61)=2.10$, $p>0.05$]。如图11-36所示,实验班的增长比率明显高于对比班。

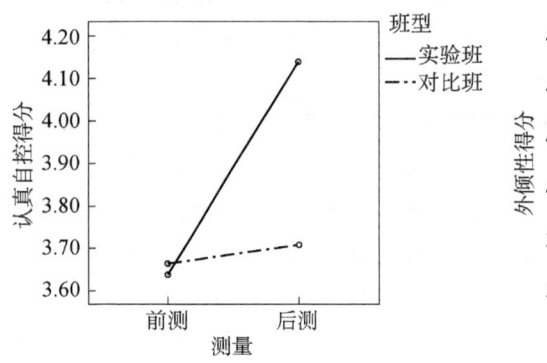

图11-35 初三年级认真自控的交互作用图　　图11-36 初三年级外倾性的交互作用图

在情绪稳定性维度上,初三年级的前后测主效应显著[$F(1, 61)=13.701$, $p<0.001$],班型的主效应不显著[$F(1, 61)=1.580$, $p>0.05$],前后测与班型的交互作用显著[$F(1, 61)=4.893$, $p<0.05$]。简单效应分析发现,在前测中,实验班与对比班差异不显著[$F(1, 61)=1.50$, $p>0.05$];在后测中,二者差异显著[$F(1, 61)=4.62$, $p<0.05$]。实验班前测与后测差异显著[$F(1, 61)=21.46$, $p<0.001$],对比班前测与后测差异不显著[$F(1, 61)=1.54$, $p>0.05$]。如图11-37所示,实验班的增长率明显高于对比班。

以上结果说明,团体体验式心理训练对初三年级学生的亲社会性、智能特征、认真自控、外倾性及情绪稳定性均起到了促进作用。

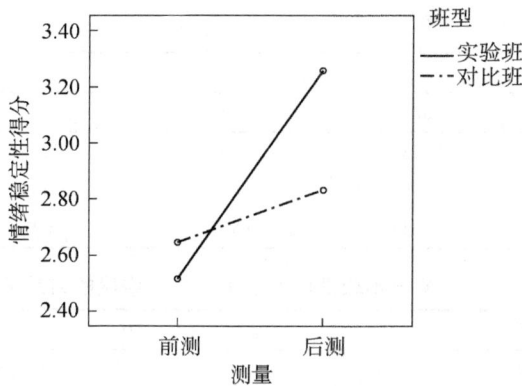

图 11-37 初三年级情绪稳定性的交互作用图

(二)情境实验评定结果

1. 初一年级情境实验评定结果

(1)初一年级情境实验前测同质性检验

初一年级情境实验被试情况如下:在合群利他、善交际、情绪稳定性实验中,实验班、对比班各 24 人;在探索创新实验中,实验班 24 人,对比班 20 人;在自我控制实验中,实验班 24 人,对比班 22 人。

在初一年级学生前测中,人格五维度的差异均不显著($ps>0.05$),见表 11-28。

表 11-28　初一年级人格五维度前测结果的描述统计及同质性检验

维度	实验班		对比班		t
	M	SD	M	SD	
合群性	3.819	0.567	3.94	0.787	−0.627
创造性	1.792	0.779	1.700	0.657	0.417
坚持性	3.284	0.558	3.274	0.777	0.053
善交际	3.311	0.951	3.468	0.841	−0.606
情绪稳定性	2.754	0.961	2.857	0.644	−0.432

(2)初一年级情境实验各维度重复测量方差分析评定结果

在初一年级情境实验后测中,人格五维度的描述统计与方差分析结果见表 11-29 和表 11-30。

表 11-29　初一年级人格五维度后测结果的描述统计

维度	实验班		对比班	
	M	SD	M	SD
合群利他	4.419	0.381	3.996	0.549
探索创新	3.500	1.103	2.700	1.174

续表

维度	实验班		对比班	
	M	SD	M	SD
自我控制	3.873	0.567	3.464	0.609
善交际	3.970	0.826	3.667	0.964
情绪稳定性	3.531	0.867	3.021	0.447

表 11-30 初一年级情境实验中人格五维度的方差分析

因变量	变异来源	SS	df	MS	F	偏 η^2
合群利他	前后测	2.573	1	2.573	8.337**	0.153
	前后测×班型	1.784	1	1.784	5.780*	0.112
	组内误差	14.194	46	0.309		
	班型	0.529	1	0.529	1.375	0.029
	组间误差	17.693	46	0.385		
探索创新	前后测	40.009	1	40.009	63.461***	0.602
	前后测×班型	2.737	1	2.737	4.341*	0.094
	组内误差	26.479	42	0.630		
	班型	4.337	1	4.337	3.652	0.080
	组间误差	49.879	42	1.188		
自我控制	前后测	3.488	1	3.488	17.074***	0.280
	前后测×班型	0.912	1	0.912	4.466*	0.092
	组内误差	8.989	44	0.204		
	班型	1.011	1	1.011	1.709	0.037
	组间误差	26.031	44	0.592		
善交际	前后测	4.420	1	4.420	5.182***	0.101
	前后测×班型	1.274	1	1.274	1.494	0.031
	组内误差	39.236	46	0.853		
	班型	0.129	1	0.129	0.170	0.004
	组间误差	34.893	46	0.759		
情绪稳定性	前后测	5.325	1	5.325	9.752**	0.175
	前后测×班型	2.248	1	2.248	4.117*	0.082
	组内误差	25.118	46	0.546		
	班型	0.998	1	0.998	1.670	0.035
	组间误差	27.504	46	0.598		

根据表 11-30，在合群利他特质上，初一年级的前后测的主效应显著[$F(1,46)=8.337, p<0.01$]，班型的主效应不显著[$F(1,46)=1.375, p>0.05$]，前后测与班型的交互作用显著[$F(1,46)=5.780, p<0.05$]。简单效应分析发现，在前测

中，实验班与对比班差异不显著[$F(1, 46)=0.39, p>0.05$];在后测中，二者差异显著[$F(1, 46)=9.54, p<0.01$]。实验班的前测与后测差异显著[$F(1, 46)=14.00, p<0.05$]，对比班的前测与后测差异不显著[$F(1, 46)=0.12, p>0.05$]。如图11-38所示，实验班的增长率明显高于对比班。

在探索创新特质上，初一年级的前后测主效应显著[$F(1, 42)=63.461, p<0.001$]，班型的主效应不显著[$F(1, 42)=3.652, p>0.05$]，前后测与班型的交互作用显著[$F(1, 42)=4.341, p<0.05$]。简单效应分析发现，在前测中，实验班与对比班差异不显著[$F(1, 46)=0.17, p>0.05$];在后测中，二者差异显著[$F(1, 46)=5.41, p<0.05$]。实验班的前测与后测差异显著[$F(1, 46)=55.55, p<0.001$]，对比班的前测与后测差异显著[$F(1, 46)=15.86, p<0.001$]。如图11-39所示，实验班的增长率明显高于对比班。

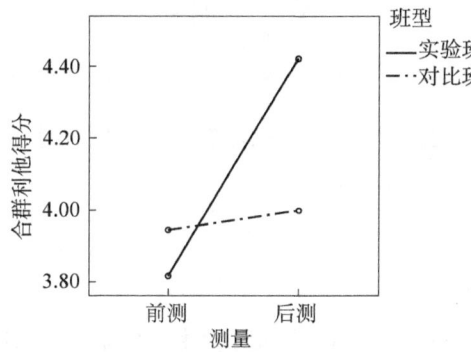 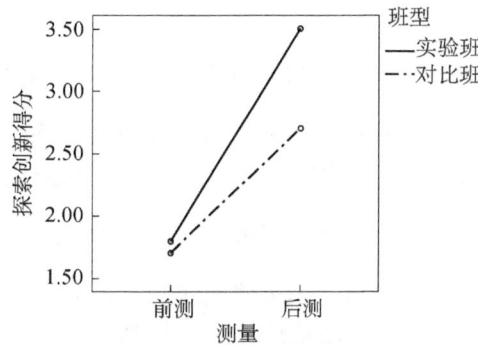

图11-38 初一年级合群利他的交互作用图　　图11-39 初一年级探索创新的交互作用图

在自我控制特质上，初一年级的前后测主效应显著[$F(1, 44)=17.074, p<0.001$]，班型的主效应不显著[$F(1, 44)=1.709, p>0.05$]，前后测与班型的交互作用显著[$F(1, 44)=4.466, p<0.05$]。简单效应分析发现，在前测中，实验班与对比班差异不显著[$F(1, 44)=0.01, p>0.05$];在后测中，二者差异显著[$F(1, 44)=5.57, p<0.05$]。实验班的前测与后测差异显著[$F(1, 44)=20.39, p<0.001$]，对比班的前测与后测差异不显著[$F(1, 44)=1.95, p>0.05$]。如图11-40所示，实验班的增长率明显高于对比班。

在善交际特质上，初一年级的前后测主效应显著[$F(1, 46)=5.182, p<0.001$]，班型的主效应不显著[$F(1, 46)=0.170, p>0.05$]，前后测与班型的交互作用不显著[$F(1, 46)=1.494, p>0.05$]。

在情绪稳定性特质上，初一年级的前后测主效应显著[$F(1, 46)=9.752, p<0.01$]，班型的主效应不显著[$F(1, 46)=1.670, p>0.05$]，前后测与班型的交互作用显著[$F(1, 46)=4.117, p<0.05$]。简单效应分析发现，在前测中，实验班

与对比班差异不显著[$F(1, 46)=0.19, p>0.05$];在后测中,二者差异显著[$F(1, 46)=6.57, p<0.05$]。实验班的前测与后测差异显著[$F(1, 46)=13.27, p<0.05$],对比班的前测与后测差异不显著[$F(1, 46)=0.6, p>0.05$]。如图11-41所示,实验班的增长率明显高于对比班。

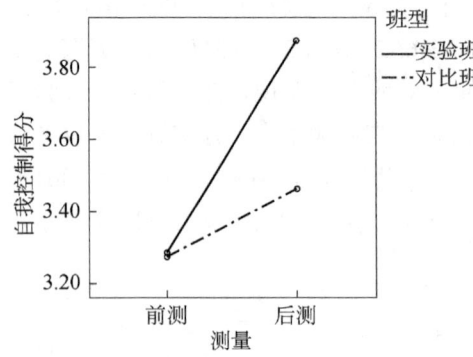

图11-40 初一年级自我控制的交互作用图

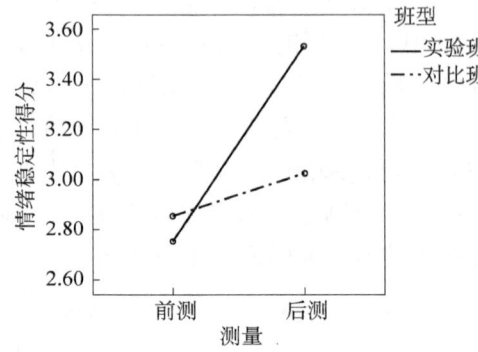

图11-41 初一年级情绪稳定性的交互作用图

综上所述,团体体验式心理训练活动方案促进了初一年级学生的合群利他、探索创新、自我控制、善交际及情绪稳定的发展水平。

2. 初二年级情境实验评定结果

(1)初二年级情境实验前测同质性检验

初二年级情境实验被试情况如下：合群利他、自我控制实验中,实验班、对比班各26人；探索创新实验中,实验班25人,对比班26人；善交际实验中,实验班24人,对比班24人；情绪稳定性实验中,实验班24人,对比班26人。初二年级学生人格情境实验前测各维度的差异均不显著($ps>0.05$),见表11-31。

表11-31 初二年级人格五维度前测结果的描述统计及同质性检验

维度	实验班		对比班		t
	M	SD	M	SD	
合群利他	4.001	0.640	3.964	0.587	0.255
探索创新	3.560	0.700	3.533	0.476	0.161
自我控制	3.278	0.824	3.314	0.855	−0.154
善交际	3.190	0.744	3.249	0.860	−0.252
情绪稳定性	3.627	0.678	3.677	0.818	−0.232

(2)初二年级情境实验各维度重复测量方差分析评定结果

初二年级情境实验后测中,人格五维度的描述统计与方差分析结果见表11-32和表11-33。

表 11-32　初二年级人格五维度后测结果的描述统计

维度	实验班		对比班	
	M	SD	M	SD
合群利他	4.454	0.570	4.127	0.512
探索创新	4.19	0.507	3.73	0.610
自我控制	3.886	0.645	3.362	0.582
善交际	3.865	0.568	3.346	0.735
情绪稳定性	3.828	0.566	0.334	0.667

表 11-33　初二年级情境实验中人格五维度的方差分析

因变量	变异来源	SS	df	均方	F	偏 η^2
合群利他	前后测	2.413	1	2.413	7.165**	0.125
	前后测×班型	0.524	1	0.524	1.555	0.030
	组内误差	16.836	50	0.337		
	班型	0.894	1	0.894	2.680	0.051
	组间误差	16.670	50	0.333		
探索创新	前后测	4.358	1	4.385	15.215***	0.237
	前后测×班型	1.195	1	1.195	4.173*	0.078
	组内误差	14.033	49	0.286		
	班型	1.511	1	1.511	3.918	0.074
	组间误差	18.894	49	0.386		
自我控制	前后测	2.798	1	2.798	6.105*	0.109
	前后测×班型	2.038	1	2.038	4.447*	0.082
	组内误差	22.919	50	0.458		
	班型	1.551	1	1.551	2.486	0.047
	组间误差	31.193	50	0.624		
善交际	前后测	3.908	1	3.908	7.854**	0.136
	前后测×班型	1.274	1	1.274	1.494	0.031
	组内误差	39.236	46	0.853		
	班型	0.129	1	0.129	0.170	0.004
	组间误差	34.893	46	0.759		
情绪稳定性	前后测	0.120	1	0.120	0.327	0.007
	前后测×班型	1.828	1	1.828	4.979*	0.094
	组内误差	17.624	48	0.367		
	班型	1.221	1	1.221	2.083	0.042
	组间误差	28.134	48	0.586		

如表 11-33 所示，在合群利他特质上，初二年级的前后测主效应显著[F（1，

50)=7.165，$p<0.01$]，班型的主效应不显著[F（1，50）=2.680，$p>0.05$]，前后测与班型之间的交互作用不显著[F（1，50）=1.555，$p>0.05$]。

在探索创新特质上，前后测的主效应显著[F（1，49）=15.215，$p<0.001$]，班型的主效应不显著[F（1，49）=3.918，$p>0.05$]，前后测与班型之间的交互作用显著[F（1，49）=4.173，$p<0.05$]。简单效应分析发现，在前测中，实验班与对比班差异不显著[F（1，49）=0.03，$p>0.05$]；在后测中，二者差异边缘显著[F（1，46）=8.54，$p=0.05$]。实验班前测与后测差异显著[F（1，49）=17.32，$p<0.001$]，对比班前测与后测差异不显著[F（1，49）=1.76，$p>0.05$]。如图11-42所示，实验班的增长率明显高于对比班。

在自我控制特质上，前后测的主效应显著[F（1，50）=6.105，$p<0.05$]，班型的主效应不显著[F（1，50）=2.486，$p>0.05$]，前后测与班型的交互作用显著[F（1，50）=4.447，$p<0.05$]。简单效应分析发现，在前测中，实验班与对比班差异不显著[F（1，50）=0.02，$p>0.05$]；在后测中，二者差异显著[F（1，50）=9.47，$p<0.05$]。实验班的前测与后测差异显著[F（1，50）=10.49，$p<0.05$]，对比班的前测与后测差异不显著[F（1，50）=0.07，$p>0.05$]。如图11-43所示，实验班的增长率明显高于对比班。

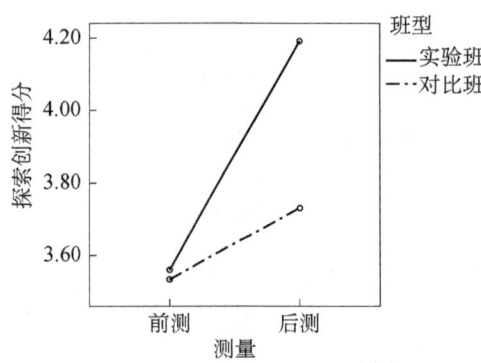 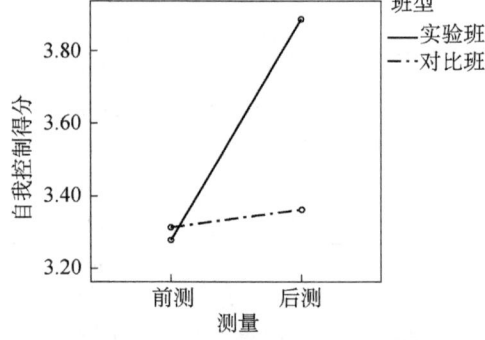

图11-42 初二年级探索创新的交互作用图　　图11-43 初二年级自我控制的交互作用图

在善交际特质上，前后测的主效应显著[F（1，50）=7.854，$p<0.05$]，班型的主效应不显著[F（1，50）=0.170，$p>0.05$]，前后测与班型的交互作用不显著[F（1，50）=1.494，$p>0.05$]。简单效应分析发现，在前测中，实验班与对比班差异不显著[F（1，50）=0.06，$p>0.05$]；在后测中，二者差异显著[F（1，50）=7.81，$p<0.05$]。实验班的前测与后测差异显著[F（1，50）=11.92，$p<0.05$]，对比班的前测与后测差异不显著[F（1，50）=0.26，$p>0.05$]。如图11-44所示，实验班的增长率明显高于对比班。

在情绪稳定性特质上,前后测的主效应不显著[$F(1, 48)=0.327$, $p>0.05$],班型的主效应不显著[$F(1, 48)=2.083$, $p>0.05$],前后测与班型之间的交互作用显著[$F(1, 48)=4.979$, $p<0.05$]。简单效应分析发现,在前测中,实验班与对比班差异不显著[$F(1, 50)=0.05$, $p>0.05$];在后测中,二者差异显著[$F(1, 50)=7.84$, $p<0.05$]。实验班的前测与后测差异不显著[$F(1, 50)=1.32$, $p>0.05$],对比班的前测与后测差异显著[$F(1, 50)=4.09$, $p<0.05$]。如图11-45所示,实验班的得分呈增长趋势,而对比班的得分呈下降趋势。

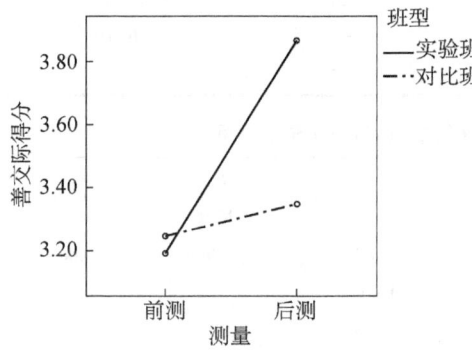

图11-44 初二年级善交际的交互作用图

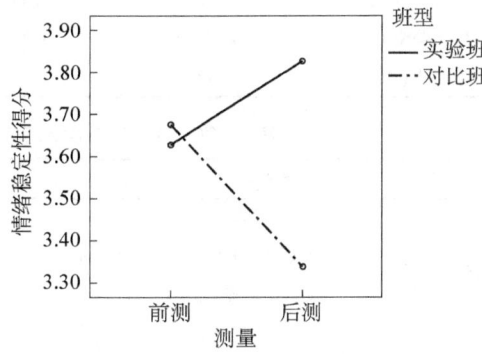

图11-45 初二年级情绪稳定性的交互作用图

综上所述,团体体验式心理训练活动方案促进了初二年级学生探索创新、自我控制、善交际及情绪稳定性的发展。

3. 初三年级情境实验评定结果

(1) 初三年级情境实验前测同质性检验

初三年级情境实验被试情况如下:在合群利他、探索创新、自我控制实验中,实验班各28人,对比班各29人;在善交际实验中,实验班各26人,对比班各28人;在情绪稳定性实验中,实验班各27人,对比班各29人。初三年级学生人格情境实验前测各维度的差异均不显著(ps>0.05),见表11-34。

表11-34 初三年级人格五维度前测结果的描述统计及同质性检验

维度	实验班		对比班		t
	M	SD	M	SD	
合群利他	4.018	0.623	3.987	0.689	0.177
探索创新	3.554	0.664	3.509	0.541	0.220
自我控制	3.559	0.812	3.598	0.823	0.865
善交际	3.205	0.633	3.655	0.888	0.068
情绪稳定性	2.472	0.630	2.426	0.591	0.353

（2）初三年级情境实验各维度重复测量方差分析评定结果

初三年级情境实验后测描述统计与方差分析结果见表 11-35 和表 11-36。

表 11-35　初三年级人格五维度后测结果的描述统计

维度	实验班		对比班	
	M	SD	M	SD
合群利他	4.478	0.557	4.022	0.582
探索创新	4.179	0.544	3.836	0.698
自我控制	4.488	0.459	4.075	0.723
善交际	4.244	0.328	3.935	0.762
情绪稳定性	3.071	0.849	2.748	0.715

表 11-36　初三年级情境实验中人格五维度的方差分析

因变量	变异来源	SS	df	MS	F	偏 η^2
合群利他	前后测	1.742	1	1.742	5.459*	0.090
	前后测×班型	1.288	1	1.288	4.036*	0.068
	组内误差	17.548	55	0.319		
	班型	1.688	1	1.688	3.851	0.065
	组间误差	24.104	55	0.438		
探索创新	前后测	6.463	1	6.463	18.984***	0.257
	前后测×班型	0.630	1	0.630	1.851	0.033
	组内误差	18.725	55	0.340		
	班型	1.069	1	1.069	2.553	0.044
	组间误差	23.021	55	0.419		
自我控制	前后测	14.091	1	14.091	37.801***	0.407
	前后测×班型	1.460	1	1.460	3.917*	0.066
	组内误差	20.503	55	0.373		
	班型	0.996	1	0.996	1.497	0.027
	组间误差	36.603	55	0.666		
善交际	前后测	11.731	1	11.731	32.321***	0.383
	前后测×班型	3.886	1	3.886	10.705*	0.171
	组内误差	18.874	52	0.363		
	班型	0.135	1	0.135	0.228	0.004
	组间误差	30.777	52	0.592		
情绪稳定性	前后测	5.928	1	5.928	13.142*	0.196
	前后测×班型	0.539	1	0.539	1.195	0.022
	组内误差	24.358	54	0.451		
	班型	0.954	1	0.954	1.790	0.032
	组间误差	28.780	54	0.533		

如表 11-36 所示，在合群利他特质上，初三年级的前后测主效应显著[$F(1, 55)=5.459, p<0.05$]，班型的主效应不显著[$F(1, 55)=3.851, p>0.05$]，前后测与班型的交互作用显著[$F(1, 55)=4.036, p<0.05$]。简单效应分析发现，在前测中，实验班与对比班差异不显著[$F(1, 55)=0.03, p>0.05$]；在后测中，二者差异显著[$F(1, 55)=9.12, p<0.01$]。实验班的前测与后测差异显著[$F(1, 55)=9.28, p<0.01$]，对比班的前测与后测差异不显著[$F(1, 49)=0.05, p>0.05$]。如图 11-46 所示，实验班的增长率明显高于对比班。

在探索创新特质上，前后测的主效应显著[$F(1, 55)=18.984, p<0.001$]，班型的主效应不显著[$F(1, 55)=2.553, p>0.05$]，前后测与班型的交互作用不显著[$F(1, 55)=1.851, p>0.05$]，故没有做进一步的简单效应分析。

在自我控制特质上，前后测的主效应显著[$F(1, 55)=37.801, p<0.001$]，班型的主效应不显著[$F(1, 55)=1.497, p>0.05$]，前后测与班型的交互作用边缘显著[$F(1, 55)=3.917, p<0.05$]。简单效应分析发现，在前测中，实验班与对比班差异不显著[$F(1, 55)=0.03, p>0.05$]；在后测中，二者差异显著[$F(1, 55)=6.59, p<0.05$]。实验班的前测与后测差异显著[$F(1, 55)=32.46, p<0.001$]，对比班的前测与后测差异显著[$F(1, 55)=8.85, p<0.01$]。如图 11-47 所示，实验班的增长率明显高于对比班。

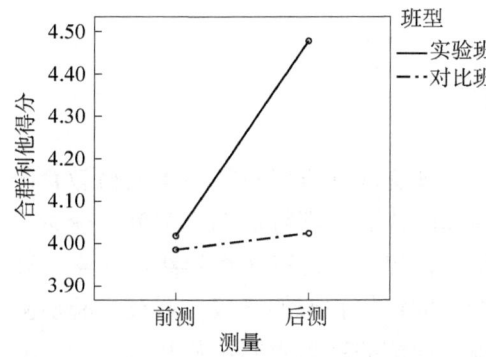 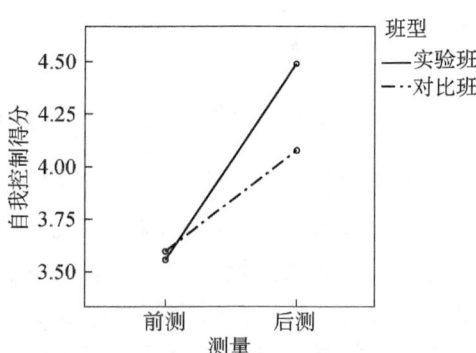

图 11-46　初三年级合群利他的交互作用图　　图 11-47　初三年级自我控制的交互作用图

在善交际特质上，前后测的主效应显著[$F(1, 52)=32.321, p<0.001$]，班型的主效应不显著[$F(1, 52)=0.228, p>0.05$]，前后测与班型的交互作用显著[$F(1, 52)=10.705, p<0.05$]。简单效应分析发现，在前测中，实验班与对比班差异显著[$F(1, 52)=4.54, p<0.05$]；在后测中，二者差异不显著[$F(1, 52)=3.64, p>0.05$]。实验班前测与后测差异显著[$F(1, 52)=38.68, p<0.001$]，对比班前测与后测差异不显著[$F(1, 52)=3.02, p>0.05$]。如图 11-48 所示，实验班的增长率明显高于对比班。

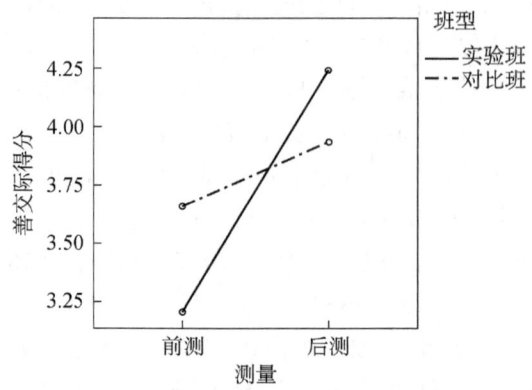

图 11-48 初三年级善交际的交互作用图

在情绪稳定性特质上,前后测的主效应显著[F(1,54)=13.142,p=0.05],班型的主效应不显著[F(1,54)=1.790,p>0.05],前后测与班型的交互作用不显著[F(1,54)=1.195,p>0.05],故没有做进一步的简单效应分析。

综上所述,团体体验式心理训练活动方案促进了初三年级学生合群利他、自我控制、善交际的发展。

四、讨论与结论

(一)初中生健全人格现场教育的实施

根据实验结果,我们认为团体体验式心理训练活动方案对初中生人格教育的培养是适合的、有效的。因此,我们以团体体验式心理训练活动方案为自变量,进行正式的教育实验。在一所普通中学的初一、初二、初三3个年级,由学校教导主任及心理教师在每个年级选取2个背景、成绩均相似的班级。通过实验前测确定从各年级选定的2个班级发展水平一致。前测的结果表明,从初二年级选取的2个班不具有同质性,因此经校方同意,我们再次选取2个发展水平相近的班级。根据选定班级的学校课程安排情况,分别将其作为实验班和对比班。无论实验班还是对比班,均不参加学校其他有关人格培养的教育活动。在人格教育活动实施一个学期以后,对各年级的实验班和对比班实施后测。对实验班和对比班前测与后测的数据进行方差检验,以检验人格教育活动对初中生健全人格发展的影响。

本次研究是在自然状态下进行的,即进行现场实验,因此具有较高的外部效度与生态效度。这种控制组的设计模式较好地控制了个体成熟等因素的影响,在一定程度上有效地控制了被试的选择偏差,从而提高了实验的内部效度。如果在研究中在不同的时间运用不同的方法对变量之间的关系进行检验的结果较为一致,则能为研究的内部效度提供可靠的支持[①]。

尽管本次研究对无关变量采取了一些控制措施,例如,选择有相似教学水平的班级,保证参与实验的各年级学生不再接受其他的活动培养(例如,学校的心理健康辅导课),但在现场实验中,对无关变量的控制无法像实验室实验控制得那样严格,这会影响实验的内部效度。虽然这种实验存在一定的问题,但随着教育科学和心理科学领域更加注重实验研究的生态化和现场化的要求,越来越多的关于儿童、青少年的人格和社会性培养研究采用这种实验方法。

(二)初中生健全人格的教育实验现场中评定工具的运用

在本次研究中,关于初中生人格在教育活动实验前后是否存在差异性,我们采用了两种评定工具来测量:第一种是人格问卷;第二种是情境实验。初中生人格发展自评量表是我们团队针对初中生进行的自下而上的探索,通过质化与量化相结合的方法形成了初中生人格理论结构,以该理论结构为基础,经过探索性因素分析和验证性因素分析,最终得出与初中生人格结构模型相对应的问卷。该问卷由 5 个维度、17 个人格特质构成,共包含 59 道自评题目。问卷在总体上具有较好的稳定性和内部一致性,各维度及总分的克龙巴赫 α 系数为 0.700~0.941,分半信度为 0.713~0.902,重测信度为 0.551~0.734,能作为测量初中生人格发展水平的工具之一。

为了减少自评的主观性,从客观的角度提供真实的信息,并且可以检验问卷的构念效度,我们设计了 5 个可以在现实情境中对初中生表现计分的人格特质情境实验。从前文所列的数据来看,问卷法和情境实验的评定结果基本是一致的,由此说明团体体验式活动有效地促进了初中生人格的发展。在问卷前测的评定结果中,初一、初二、初三年级的实验班和对比班在 5 个维度的发展上具有同质性。在后测结果中,初一年级只有在情绪稳定性维度上的差异不显著,而初二、初三年级在人格 5 个维度上的差异均显著。在情境实验中,初一年级在善交际特质,初二年级在合群利他特质,初三年级在探索创新特质和情绪稳定特质上均没有出现显著差异。在其他几个特质实验前后,实验班和对比班的差异均显著,实验班明显好于对比班。

两种评定结果略有不同。在情境实验中,初一年级学生外倾性维度下的善交际特质水平没有显著提高。相对于已经习惯于中学生活的初二、初三年级学生,

---

[①] 王凡:《现场实验的内部和外部效度》,《心理科学》2008 年第 4 期,第 932-935 页。

初一年级学生与不熟悉的人沟通时较为拘谨,与较为熟悉的人沟通的方式又比较直接,这种直接沟通不一定是有效的沟通方式。随着年龄的增长,儿童在解决人际问题时的沟通策略数量是逐渐增多的[①]。王英春等的研究发现,初一年级男生群体在交往原则上的认识水平低于高年级学生,初一年级女生群体在交往知识的认识水平上低于高年级学生[②]。例如,在研究2"初中生健全人格培养活动库的设计"的预实验中,就有2名初一年级学生因为意见不合而针锋相对,而在实验者的询问下却又默不作声。在研究中,随着团体体验式心理训练活动方案的实施,我们通过观察发现,初一年级学生在活动开始时还会面红耳赤地强调自己的意见,但是逐渐地就会接受团体内其他成员的观点,在活动体验反思阶段互相指责的次数越来越少。虽然初一年级学生在情境实验中的沟通能力与实验活动中实验者观察到的有出入,也不能就此认为教育活动对初一年级学生人格发展的促进是完全没有成效的。

在情境实验中,初二年级学生在亲社会性维度下的合群利他特质上,实验前后实验班和对比班差异不显著。相对于刚刚经历"小升初"的初一新生,初二年级的青少年已经非常熟悉同班级甚至跨年级的同学。同伴接纳、观点采择能力等对儿童、青少年亲社会行为发展有促进作用[③④]。有研究者认为,青少年亲社会行为的其中一个维度——关系性亲社会行为,是指重视维护同伴之间友好、和谐的关系与共同利益的发展[⑤⑥]。李萌等认为,维持关系是青少年同伴关系形成的其中一个方面[⑦]。已有实证研究证明,同伴接纳与初二、初三年级学生在亲社会性、智能特征及认真自控等方面均有显著的正相关[⑧]。合群利他的情境实验分别在班级进行,以个体是否退让来决定小组分数的高低,因此我们推断,初二年级的青少年因为重视同伴友谊而做出相互退让的举动,以此来赢得小组胜利,所以造成了实验班、对比班的合群利他特质在情境实验中的差异并不显著。

在探索创新、情绪稳定性特质的情境实验中,初三年级实验班、对比班的前

---

① KenIchi, O., Yamamoto, I. The power strategies of Japanese children in interpersonal conflict: Effects of age, gender, and target. Journal of Genetic Psychology, 1990, 151 (3), 349-360.
② 王英春、邹泓:《青少年人际交往能力的发展特点》,《心理科学》2009年第5期,第1078-1081页。
③ Banerjee, R., et al. Peer relations and the understanding of faux pas: Longitudinal evidence for bidirectional associations. Child Development, 2011, 82 (6): 1887-1905.
④ Barry, C. M., Wentzel, K. R. Friend influence on prosocial behavior: The role of motivational factors and friendship characteristics. Developmental Psychology, 2006, 42 (1), 153-163.
⑤ 黄希庭、郑涌、李宏翰:《学生健全人格养成教育的心理学观点》,《广西师范大学学报(哲学社会科学版)》2006年第3期,第90-94页。
⑥ 寇彧、付艳、马艳:《初中生认同的亲社会行为的初步研究》,《心理发展与教育》2004年第4期,第43-48页。
⑦ 李萌、周宗奎:《儿童发展研究中的群体社会化之争》,《西南师范大学学报(人文社会科学版)》2003年第3期,第42-46页。
⑧ 王权:《初二初三年级学生的同伴接纳、友谊质量对其人格发展的影响》,辽宁师范大学硕士学位论文,2014年。

测与后测差异均不显著。在探索创新情境实验中,我们的实验材料借鉴了托兰斯创造性思维测验(Torrance tests of creative thinking,TTCT),即给 30 对平行线加上细节,使之构成完整的图画。完成图画任务多用于对个体的扩散思维能力的测量。例如,Williams 的"创意评估包"(creative assessment packet,CAP)就要求儿童完成一幅别人都想不到的画作,来测查儿童的创造性、发散性思维能力;"创造性思维的绘画创作"(the test for creative thinking-drawing production,TCT-DP)要求儿童可以使用任何方式去完成已经由画家创作出一部分的画作[1]。虽然儿童的创造性的发展水平是随着年龄的增长而提高的,但是在整体的发展过程中会出现高峰期和低潮期[2]。根据早期的研究,儿童创造性的发展有两个下降趋势阶段:一个是在 5 岁,另一个是在 12 岁[3]。儿童创造性发展在 10~11 岁出现一个平缓上升的高峰期,在 12 岁时出现低潮期,在 12 岁后呈稳定、上升的趋势,一直到 16 岁达到高峰期。在一项追踪研究中,研究者发现四年级、六年级及九年级(即初三年级)的儿童、青少年除了在有多少细节反应方面不一样,在其他扩散思维方面没有任何显著的区别[4]。根据儿童、青少年创造性的发展特点,无论是实验班还是对比班的初三年级学生,他们的创造性在此年龄阶段都是快速发展的。我们在情境实验中发现,初三年级在前测与后测中完成的图画类型大致一样,只是在细节方面略有不同。例如,在前测中,一位初三年级学生完成了一幅"房子"的图画,对房子的描绘有门窗、砖纹,而在后测中,该学生还是画了"房子",只是较之前的样子又添加了门牌号码、门前花草等细节。但在实际进行培养的过程中,我们发现实验班的学生越来越喜欢尝试采用不同的方式去完成目标任务,而初三实验班和对比班的问卷前测与后测结果也证实了我们设计的教育活动能有效促进初三年级学生智能特征的发展。

在初三年级学生情绪稳定性特质上,情境实验结果显示,实验前后实验班与对比班的差异不显著。相关研究表明,从青春期中后期开始,由于认知神经结构趋于完善,个体的情绪反应对情绪的控制、调节能力逐渐增强,使得个体在后期发展出更为灵活的策略。个体情绪调节结果的好坏与本身的情绪反应性、状态、

---

[1] Williams, F. E. Creativity Assessment Packet (CAP) Examinersmanual, 1993, 2-9. 林幸台、王木荣修订:《威廉斯创造性思考活动手册》,心理出版社 1997 年版。

[2] Charles, R. E., Runco, M. A. Developmental trends in the evaluative and divergent thinking of children. Creativity Research Journal, 2001, 13 (3-4), 417-437.

[3] Smith, G. J. W., Carlsson, I. Creativity in early and middle school years. International Journal of Behavioral Development, 1983, 6 (2), 167-195; Urban, K. K. On the development of creativity in children. Creativity Research Journal, 1991, 4 (2), 177-191.

[4] Claxton, A. F., et al. Developmental trends in the creativity of school-age children. Creativity Research Journal, 2005, 17 (4), 327-335.

调节策略的使用效果都有关系①。我们在随后的观察中发现,参加实验的初三年级每天都有不同科目的小考,学生对此大多习以为常,也许这是造成情境实验结果不显著的原因之一。同时,这也说明情境实验在应用中存在着一定的局限性,只能在特定情境下反映个体的行为,不能反映个体心理特征的全貌。因此,我们采用问卷和情境实验相结合的方法来弥补其中的不足。

总之,我们采用准实验设计,以团体体验式心理训练活动方案为自变量,以初中生人格五维度发展为因变量,开展了为期一学期的教育现场实验。实验前后,运用问卷评定和情境实验两种测量手段对初一、初二、初三年级学生的人格进行评定。问卷评定和情境实验的结果均表明,团体体验式心理训练活动方案对初中生健全人格的发展有显著的促进作用。

---

[1] Silvers, J. A., et al. Age-related differences in emotional reactivity, regulation, and rejection sensitivity in adolescence. Emotion, 2012, 12 (6), 1235-1247.

第十二章

幼儿自我控制的培养

自我控制是人格的核心特质。国内外学者达成了一些共识：幼儿阶段的自我控制可以预期小学生、初中生、大学生乃至成人的身心水平，培养幼儿的自我控制具有极为重要的实践意义。本章着重考察了游戏训练、音乐训练、音乐律动对幼儿自我控制的促进作用，揭示了培养幼儿自我控制的教育规律。

第一节 游戏训练能提高幼儿的自我控制能力

一、引言

自我控制是一种重要的人格特质，具体表现为是否能够控制自己的冲动行为，抵制外界事物的干扰，坚持完成自己的事情[1]。目前，有许多学者在从事这方面的研究，主要是因为执行自我控制的能力是人类取得成功和幸福的关键[2]。4 岁左右是个体形成自我控制的关键期，这一时期形成的自我控制具有相对稳定性，能够有效地预测儿童以后在社交方面的表现、认知和心理健康水平[3]、学业成就[4]、行为方式、受教育程度、收入及工作满意度。自我控制水平较低的儿童表现得更为多动、易冲动，缺乏坚持性、专注性，在 30 年后会更加不健康，生活更加贫穷，

---

[1] Diamond, A. Executive functions. Annual Review of Psychology, 2013, (64), 135-168.
[2] Hare, T. A., et al. Self-control in decision-making involves modulation of the vmPFC valuation system. Science, 2009, 324 (5927), 646-648.
[3] Mischel, W., et al. Willpower over the life span: Decomposing self-regulation. Social Cognitive and Affective Neuroscience, 2010, 6 (2), 252-256.
[4] Duckworth, A. L., et al. Is it really self-control? Examining the predictive power of the delay of gratification task. Personality and Social Psychology Bulletin, 2013, 39 (7), 843-855.

更容易犯罪①。

这些研究表明，自我控制存在个体差异，并且这一差异从儿童期到成人期相对稳定，所以研究者越来越关注儿童自我控制能力的培养，尤其是问题儿童。例如，约翰斯通（Johnstone）等通过电脑游戏训练，提高了 ADHD 儿童的行为控制水平②。约翰斯通等在此基础上加入了正常儿童组，结果得到了再现③。海因里希（Heinrich）等通过 3 周的皮层慢电位（slow cortical potentials，SCPs）训练使 7～13 岁 ADHD 儿童在训练后的冲动性和 ADHD 病理特征减少④。另有研究者对 7～13 岁 ADHD 儿童进行了注意训练和社会技能训练，训练后儿童有更显著的与自我控制和反应监测相关的皮层结构激活⑤。中国传统身心锻炼（内养功训练）使 6～17 岁自闭症儿童在训练后缓解了自闭症状，提高了脾气和行为控制力，并使得调节自我控制的前扣带回皮层的 EEG 活动增强⑥。我们通过以上研究发现，儿童自我控制能力的培养主要是针对 7～13 岁问题儿童。然而，4 岁左右是儿童自我控制发展的关键期⑦，4 岁的表现可以预测其 40 年后的冲动抑制能力⑧，此时训练能达到事半功倍的效果。拉克斯（Lakes）等通过武术训练来提高幼儿的自我调节能力及其他一些表现⑨。多塞特（Dowsett）等采用威斯康星卡片排序任务的修改版和改变规则任务的简化版提高 3 岁幼儿的抑制控制能力⑩。拉扎（Razza）等对 3～5 岁幼儿进行了冥想训练，结果显示，其自我调节能力得到了提高⑪。综上所述，儿童自我控制能力的培养方式主要包括电脑游戏训练、武术训练、实验室的

---

① Moffitt, T. E., et al. A gradient of childhood self-control predicts health, wealth, and public safety. Proceedings of the National Academy of Sciences of the United States of America, 2011, 108（7），2693-2698.
② Johnstone, S. J., et al. A pilot study of combined working memory and inhibition training for children with AD/HD. ADHD Attention Deficit and Hyperactivity Disorders, 2010, 2（1），31-42.
③ Johnstone, S. J., et al. Neurocognitive training for children with and without AD/HD. ADHD Attention Deficit and Hyperactivity Disorders, 2012, 4（1），11-23.
④ Heinrich, H., et al. Training of slow cortical potentials in attention-deficit/hyperactivity disorder: Evidence for positive behavioral and neurophysiological effects. Biological Psychiatry, 2004, 55（7），772-775.
⑤ Siniatchkin, M., et al. Behavioural treatment increases activity in the cognitive neuronal networks in children with attention deficit/hyperactivity disorder. Brain Topography, 2012, 25（3），332-344.
⑥ Chan, A. S., et al. A Chinese mind-body exercise improves self-control of children with autism: A randomized controlled trial. PLoS One, 2013, 8（7），e68184.
⑦ 杨丽珠、沈悦：《儿童自我控制的发展与促进》，安徽教育出版社 2013 年版，第 159 页。
⑧ Casey, B. J., et al. Behavioral and neural correlates of delay of gratification 40 years later. Proceedings of the National Academy of Sciences, 2011, 108（36），14998-15003.
⑨ Lakes, K. D., Hoyt, W. T. Promoting self-regulation through school-based martial arts training. Journal of Applied Developmental Psychology, 2004, 25（3），283-302.
⑩ Dowsett, S. M., Livesey, D. J. The development of inhibitory control in preschool children: Effects of "executive skills" training. Developmental Psychobiology: The Journal of the International Society for Developmental Psychobiology, 2000, 36（2），161-174.
⑪ Razza, R. A., et al. Enhancing preschoolers' self-regulation via mindful Yoga. Journal of Child and Family Studies, 2015, 24（2），372-385.

训练、身心调节训练和团体行为治疗，其中团体行为治疗主要应用于问题儿童，电脑游戏训练和武术训练更适合 8~12 岁儿童。戴蒙德（Diamond）等认为，最好的能力训练是能够激发孩子的兴趣，带给他们快乐和自豪，并且具有普遍性，不需要额外的费用支持，是可以让孩子重复练习的一种方式[1]。

游戏是指儿童在某一固定时空中，遵从一定的规则，伴有愉悦情绪，自发、自愿进行的有序活动[2]。维果斯基认为，游戏是学前儿童的主导性活动，儿童的个性是在游戏过程中逐渐形成的。游戏创造着儿童的"最近发展区"，儿童在游戏中的表现水平高于在实际生活中的表现[3]。我们认为，游戏是培养幼儿自我控制的最佳载体，幼儿园教师应寓教育于游戏之中，使幼儿的自我控制能力在积极的情感体验中得到发展。

我们之前的研究已经用问卷评定的方式证明教育游戏可以提高幼儿的自我控制能力[4]，但这只是对外显行为的评价，还未直接考察游戏训练对自我控制的大脑神经机制的影响。埃斯皮内特（Espinet）等已经通过 ERP 技术考察了幼儿在执行功能上的训练效果，发现了脑电指标的变化。因此，将 ERP 技术作为测量手段来考察幼儿的训练效果是可行的[5]。

在自我控制的认知研究中，最常用的是 Go/No-Go 范式。No-Go 条件下的 N2 和 P3 被认为与抑制控制能力有关。约翰斯通（Johnstone）等的研究采用 Go/No-Go 任务，证明有效的训练手段可以导致 N2 波幅的改变，他们认为 ERP 反映出了个体在执行反应和抑制过程中的脑活动变化，从而检验了训练效果[6]。本次研究采用 Go/No-Go 任务诱发幼儿脑电成分，考察实验组和对比组训练前后的神经电生理变化。我们假设：实验组游戏训练后的 No-Go-N2 和 No-Go-P3 波幅显著小于训练前，而对比组的前测与后测差异不显著；后测中，实验组的 No-Go-N2 和 No-Go-P3 波幅显著小于对比组。

---

[1] Diamond, A., Lee, K. Interventions shown to aid executive function development in children 4 to 12 years old. Science, 2011, 333（6045), 959-964.
[2] 邱学青：《学前儿童游戏》，江苏教育出版社 2008 年版，第 13 页。
[3] 转引自刘焱：《儿童游戏通论》，北京师范大学出版社 2004 年版，第 124 页。
[4] 杨丽珠、金芳、孙岩：《终身发展理念下幼儿健全人格的培养目标构建及教育促进实验》，《学前教育研究》2014 年第 8 期，第 3-16 页。
[5] Espinet, S. D., et al. Reflection training improves executive function in preschool-age children: Behavioral and neural effects. Developmental Cognitive Neuroscience, 2013, (4), 3-15.
[6] Johnstone, S. J., et al. A pilot study of combined working memory and inhibition training for children with AD/HD. ADHD Attention Deficit and Hyperactivity Disorders, 2010, 2（1), 31-42.

二、研究方法

（一）被试

大连市某幼儿园 50 名幼儿参加了本次研究，幼儿年龄为 3.5～5 岁，平均年龄为 4.04 岁（$SD=0.73$ 岁）。参加实验的幼儿视力正常，幼儿的父母均表示愿意让孩子参加实验并签署了知情同意书。按其所在班级将幼儿随机分配到实验组和对比组。实验组包含 25 名幼儿（男生 13 人），平均年龄为 3.92 岁（$SD=0.76$ 岁），对比组包含 25 名幼儿（男生 12 人），平均年龄为 4.16 岁（$SD=0.69$ 岁）。两组幼儿的年龄无明显的差异。

（二）实验设计

采用 2（前后测）×2（组别）×3（电极点）的三因素混合设计，其中前后测包括前测、后测两个水平，组别包括实验组、对比组两个水平，当考察 N2 成分的平均波幅时，电极点包括 Fc3、Fcz、Fc4 三个水平，当考察 P3 成分的平均波幅时，电极点包括 P3、Pz、P4 三个水平。

（三）实验材料与实验过程

1. 前后测评定任务

所有被试在训练前和训练后完成视觉 Go/No-Go 任务，Go/No-Go 刺激为白眼睛老鼠或红眼睛老鼠的图片，为防止系统误差，在被试间做出 Go 刺激和 No-Go 刺激的平衡，一半将红眼睛老鼠作为 Go 条件进行反应，一半将红眼睛老鼠作为 No-Go 条件进行反应。实验时，主试确保幼儿理解实验规则后，进入实验的练习部分，实验的全过程由一名主试陪同。练习阶段包含 10 个试次（Go 条件与 No-Go 条件各占 50%），练习后确保幼儿完全明白任务内容，进入正式实验。正式实验由 2 个区组组成，每个区组包含 120 个试次，需要按键的 Go 的试次占 75%，不需要按键的 No-Go 的试次占 25%，两种条件随机呈现，实验流程见图 12-1。幼儿完成整个实验大约需要 12min。实验后，送给幼儿一个他/她喜欢的小礼物。

2. 教育现场实验方案及程序

实验方案采用自行设计的自我控制游戏活动。具体的游戏方案，请见杨丽珠等的相关研究[①]。实验组与对照组在开始训练前进行 Go/No-Go 任务脑电的前测，

---

① 杨丽珠、金芳、孙岩：《终身发展理念下幼儿健全人格的培养目标构建及教育促进实验》，《学前教育研究》2014 年第 8 期，第 3-16 页。

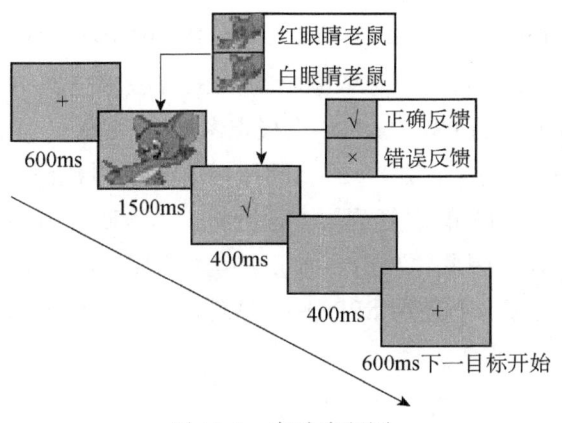

图 12-1 实验流程图

记录 ERP 数据，接下来对实验组进行自我控制游戏训练。游戏训练由带班教师担任主试。实验前，研究者统一培训实验组主试，进行统一要求并明确注意事项，使主试熟悉并准确掌握游戏活动的操作过程。游戏期间，教师带领实验组的幼儿进入事先安排好的游戏场所，并由两名心理学硕士研究生陪同组织，在每次游戏活动结束后，让幼儿分享和讨论在此次游戏中体会到了什么，教师对游戏内容进行总结，结束游戏。在实验进行过程中，对照组进行自由活动。实验组除了进行精心设计的游戏活动外，其他活动与对照组一致。游戏训练共进行一学期，每周进行 1~2 次教育现场实验，每次进行一个游戏，每次大约持续 40min，共进行 20 次训练。训练后再次对两组幼儿进行与前测相同的 Go/No-Go 任务，并记录 ERP 数据。

（四）数据采集及处理

实验采用 EGI 公司的 64 导便携式脑电仪，在双眼外侧、上下各安置一个电极记录水平眼电和垂直眼电，Cz 点为参考电极。滤波带通为 1~100Hz，采样频率为 250Hz/导，头皮阻抗小于 50KΩ。采用 Netstation 软件对脑电记录数据进行离线处理，设置低通滤波为 30Hz。由于儿童的眼动电位变化较弱，水平眼电和垂直眼电超过 50μV 的均被标记为眼动伪迹。分析时程为 1700ms，即刺激呈现前 200ms 到刺激后的 1500ms。叠加并平均后得到每名被试前测与后测的脑电波。对 ERP 数据基于正确反应的试次进行分析。根据前人研究得出，No-Go 条件下 N2[1]和 P3 波

---

[1] Folstein, J. R., Van Petten, C. Influence of cognitive control and mismatch on the N2 component of the ERP: A review. Psychophysiology, 2008, 45 (1), 152-170.

幅大小是预测自我控制水平的有效指标[1]，本书采用国际 10-10 系统配位法，根据前人的研究[2]和本书研究目的，选取额叶的 Fc3、Fcz 和 Fc4 电极点分析 N2 成分的平均波幅，选取顶叶的 P3、Pz、P4 电极点考察 P3 成分。对 N2 和 P3 的平均波幅进行 2（前后测：前测、后测）×2（组别：实验组、对比组）×3（电极点：Fc3、Fcz、Fc4 或 P3、Pz、P4）的重复测量方差分析。本次研究考察的重点是训练前后自我控制水平的差异，因此主要分析前后测与组别在 No-Go-N2 和 No-Go-P3 成分上的交互作用。上述分析使用 SPPS16.0 软件，对方差分析的 p 采用 Greenhouse Geisser 法校正。

三、研究结果

（一）行为数据结果

因为只考察 No-Go 条件，而在 No-Go 条件下被试不需要做出反应，所以不考察反应时指标。在正确率上，重复测量方差分析（实验组与对比组两个组别作为被试间因素，训练前后测作为重复测量的因素）表明，前后测的主效应显著，$F(1, 48)=6.89$，$p<0.05$，$\eta_p^2=0.13$，后测的正确率（实验组为 0.88，对比组为 0.90）较前测（实验组为 0.82，对比组为 0.88）都有所提高。组别主效应和组别与前后测的交互作用不显著。

（二）ERP 结果

1. N2 成分

实验组与对比组在三个电极点上前后测的 N2 平均波幅见图 12-2。在 330~550ms 的时间窗口内，是否经历过游戏训练显示出 No-Go-N2 成分的差异。重复测量方差分析表明，No-Go-N2 波幅存在显著的前后测与组别交互作用，$F(1, 48)=5.21$，$p<0.05$，$\eta_p^2=0.10$。进一步的简单效应分析表明，实验组的前测与后测差异显著，$F(1, 48)=11.28$，$p<0.01$，$\eta_p^2=0.19$，训练后的波幅（-3.53μV）显著小于训练前的波幅（-5.37μV），对比组没有表现出训练前后的差异 $F(1,48)=0.02$，$p=0.90$；训练前实验组（-5.37μV）与对比组（-5.28μV）的 N2 波幅不存在显著差异，$F(1, 48)=0.01$，$p=0.91$，训练后两组则存在显著差异，$F(1, 48)=4.06$，

---

[1] Herrmann, M. J., et al. Reduced response-inhibition in obsessive-compulsive disorder measured with topographic evoked potential mapping. Psychiatry Research, 2003, 120 (3), 265-271.

[2] Rueda, M. R., et al. Development of the time course for processing conflict: An event-related potentials study with 4 year olds and adults. BMC Neuroscience, 2004, 5 (1), 1-13.

$p<0.05$，$\eta_p^2=0.08$，实验组的 No-Go-N2 平均波幅（$-3.53\mu V$）显著小于对比组（$-5.21\mu V$）。此外，差异表现在前后测的主效应上，$F(1, 48)=6.10$，$p<0.05$，$\eta_p^2=0.11$，后测 No-Go-N2 成分的平均波幅显著小于前测。其他主效应和交互作用均未出现显著差异。

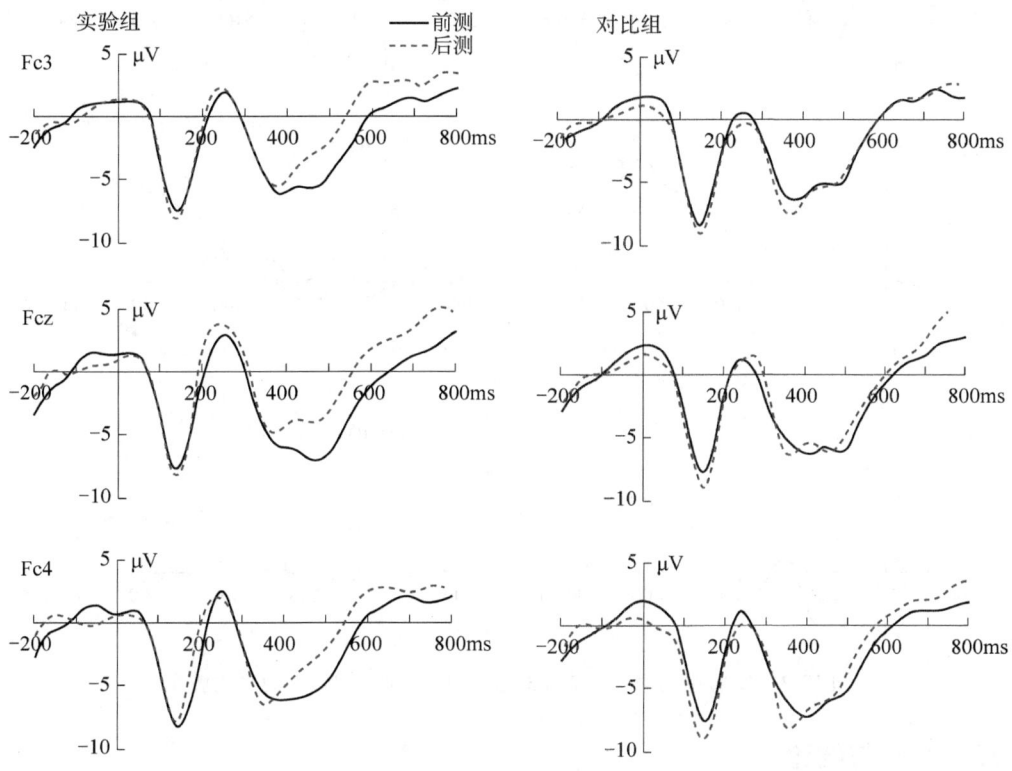

图 12-2　实验组与对比组在 Fc3、Fcz、Fc4 上的 N2 前后测平均波幅

2. P3 成分

与 No-Go-N2 成分一样，游戏训练在 No-Go-P3 成分上（时间窗口为 570～650ms）也显示出差异（图 12-3）。在 No-Go-P3 成分上，前后测与组别的交互作用仍是显著的，$F(1, 48)=4.15$，$p<0.05$，$\eta_p^2=0.08$。简单效应分析表明，实验组后测（$4.50\mu V$）的波幅显著小于前测（$6.60\mu V$），$F(1, 48)=9.81$，$p<0.01$，$\eta_p^2=0.17$；对比组则在训练前后无显著差异（对比组前测为 $5.61\mu V$，后测为 $5.45\mu V$），$F(1, 48)=1.41$，$p=0.24$。此外，前后测的主效应显著，$F(1, 48)=5.72$，$p<0.05$，$\eta_p^2=0.11$，电极点的主效应显著，$F(2, 96)=46.94$，$p<0.001$，$\eta_p^2=0.49$。其他效应均无显著差异。

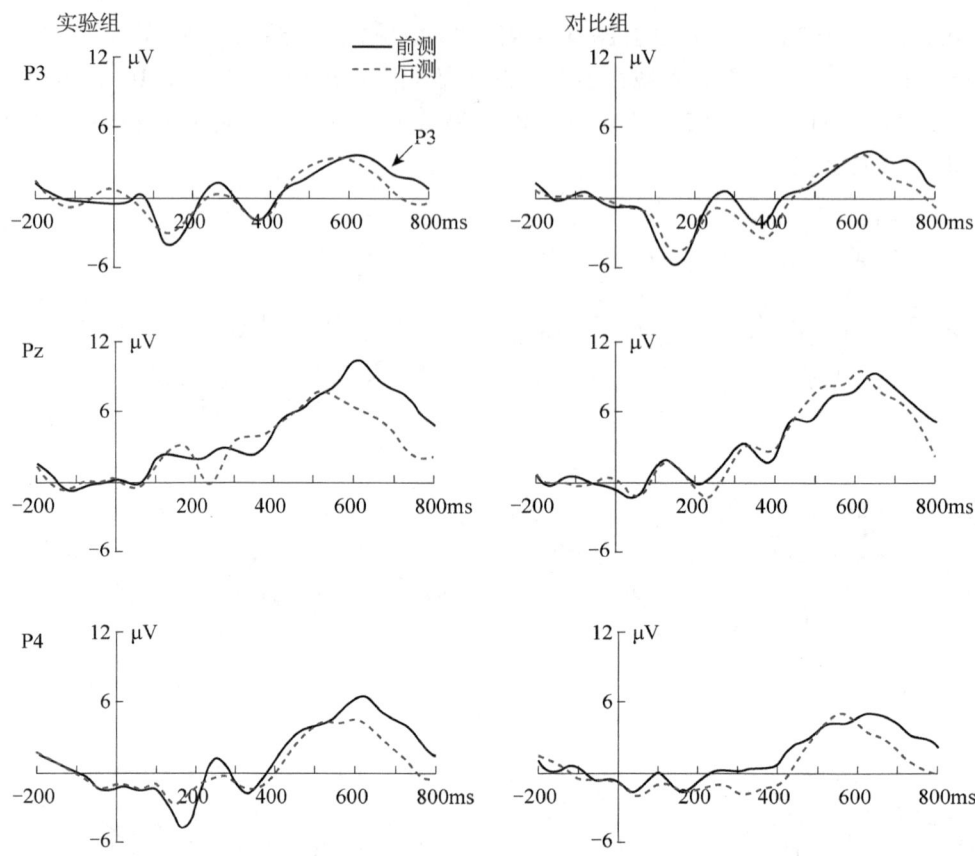

图 12-3 实验组与对比组在 P3、Pz、P4 上前后测 P3 的平均波幅

四、讨论与结论

（一）脑电指标在训练前后的变化

游戏训练前后，进行同样的 Go/No-Go 脑电测量，结果发现，与自我控制相关的 No-Go-N2 和 No-Go-P3 成分在训练前后发生了变化。幼儿训练后比训练前诱发了波幅更小的 No-Go-N2 和 No-Go-P3，而对比组在前后测中诱发的 No-Go-N2 和 No-Go-P3 波幅没有显著变化；后测中，实验组诱发的 No-Go-N2 波幅比对比组更小。研究结果与实验假设一致，游戏训练使幼儿自我控制相关的神经电生理指标发生改变，表明游戏训练促进了幼儿自我控制的发展。

Go/No-Go 范式下的 N2 和 P3 是与抑制相关的电生理指标[1]。Falkenstein 等的

---

[1] Smith, J. L., Douglas, K. M. On the use of event-related potentials to auditory stimuli in the Go/NoGo task. Psychiatry Research：Neuroimaging, 2011, 193 (3), 177-181.

研究表明，N2 是与反应抑制有关的成分，即在某种程度上需要更大的努力去抑制 Go 反应时，No-Go 刺激中的 N2 波幅会增大[1]。同时，反应抑制能力越高，N2 波幅越小[2]。本次研究中，实验组的 No-Go-N2 波幅在训练后缩小，表明幼儿在游戏训练后需要更少的努力去抑制 Go 反应，幼儿的冲动性减少，控制反应能力增强，该结果与约翰斯通（Johnstone）等的研究结果一致，说明游戏训练能够提高幼儿的自我控制能力[3]。与 N2 相比，P3 被大多数研究者认为反映了一般的抑制过程[4]或者与动作抑制有关的过程[5]。

  本次研究中，实验组 No-Go-N2 和 No-Go-P3 波幅在训练后减小，是自我控制游戏训练产生的效果。游戏活动中，教师使幼儿懂得了自我约束、在各种活动中要遵守规则，培养幼儿对诱惑的抵制力，学会控制自己的情感和行动，养成能长久专注于某项活动的行为习惯和良好品质，从而提高幼儿的自我控制能力。一方面，自我控制游戏培养了幼儿的坚持性。在幼儿抵制诱惑、专注做事的过程中，对干扰信息的监控和抑制显得尤为关键，此时要求认知控制系统能够识别和选择与任务相关的信息，抑制不相关的干扰信息，No-Go-N2 正是反映这一过程的脑电指标[6]。另一方面，游戏培养了幼儿的冲动抑制性。例如，在我们的自我控制游戏中，停止的音乐要求幼儿及时抑制自己的冲动反应，训练了幼儿抑制冲动性行为的能力。实验的结果也表明，幼儿在训练后需要更少的神经资源来成功抑制自己的冲动行为，诱发了更小的 No-Go-N2 和 No-Go-P3 波幅。一些研究探讨了不同自我控制水平幼儿的脑电特征，结果表明，No-Go-N2 波幅可以预测幼儿的自觉性、坚持性等自我控制维度和总体自我控制水平，No-Go-P3 波幅可以预测幼儿的抑制性反应水平，反映出幼儿的实际抑制表现，N2 和 P3 成分的平均波幅越小，幼儿的自我控制能力越高[7]。因此，本次研究的结果证明了自我控制游戏训练对幼儿自我控制能力有促进作用。

  总之，在训练后，幼儿的 No-Go-N2 和 No-Go-P3 波幅的减小，反映出游戏训

---

[1] Falkenstein, M., et al. ERP components in Go/Nogo tasks and their relation to inhibition. Acta Psychologica, 1999, 101 (2-3), 267-291.

[2] Lamm, C., et al. Neural correlates of cognitive control in childhood and adolescence: Disentangling the contributions of age and executive function. Neuropsychologia, 2006, 44 (11), 2139-2148.

[3] Johnstone, S. J., et al. A pilot study of combined working memory and inhibition training for children with AD/HD. ADHD Attention Deficit and Hyperactivity Disorders, 2010, 2 (1), 31-42.

[4] Randall, W. M., Smith, J. L. Conflict and inhibition in the cued-Go/NoGo task. Clinical Neurophysiology, 2011, 122 (12), 2400-2407.

[5] Maguire, M J., et al. The influence of perceptual and semantic categorization on inhibitory processing as measured by the N2–P3 response. Brain and Cognition, 2009, 71 (3), 196-203.

[6] Smith, J. L., et al. Motor and non-motor inhibition in the Go/NoGo task: An ERP and fMRI study. International Journal of Psychophysiology, 2013, 87 (3), 244-253.

[7] 杨丽珠、沈悦：《儿童自我控制的发展与促进》，安徽教育出版社 2013 年版，第 220 页。

练在一定程度上提高了幼儿自我控制的脑认知功能,进而说明游戏训练促进了幼儿自我控制能力的提高,验证了假设。

(二)游戏可以促进幼儿自我控制的发展

许多心理学家认为,游戏可以促进儿童身心的发展。皮亚杰认为游戏不仅可以反映儿童的认知发展水平,更可以促进儿童的认知发展,游戏给儿童提供了巩固他们所获得的新的认知结构及发展其情感的机会,使现实被自己同化,满足自己的需要。维果斯基则认为,游戏可以直接促进儿童认知的发展,并强调了游戏对儿童社会性和情绪发展的重要作用。维果斯基指出,游戏是一种自助工具,甚至可以作为儿童"最近发展区"的支架,促进他们的高级心理机能的发展,从而推动儿童的进一步发展。[1]在进行自我控制游戏过程中,儿童可以通过控制游戏框架和想象情境控制自己的行为,提升自我控制方面的能力。本次研究结果表明,实验组儿童在 Go/No-Go 任务中与自我控制相关的脑电指标得到显著发展,这正是游戏训练作用于儿童自我控制的结果。

首先,游戏为自我控制能力的获得提供了一个安全、积极并有趣的框架。儿童喜欢参与到游戏情境中,通过游戏学习技能是十分有效的策略。已有研究表明,游戏教学比普通教学更能使学生掌握运动技能,同时提高了儿童的自我效能感[2]。不仅如此,创设游戏情境对培养幼儿的坚持性也是十分有效的,在游戏情境中,幼儿坚持站立不动的时间远远超过了非游戏条件下站立不动的时间。因此,我们通过游戏情境培养儿童的坚持性等自我控制品质比非游戏情境更有效,因为这会让儿童在积极快乐的框架下提升他们的自我控制能力。

其次,游戏具有规则性,本次研究中的游戏规则限定在自我控制方面。游戏中,幼儿需要按照规则的要求,抑制干扰因素,学会控制冲动,抵制眼前的诱惑,坚持自己的行为。这些对幼儿自我控制的促进将起到非常重要的作用。例如,在神秘的礼物游戏中,如果儿童不遵守规则偷看礼物,就得不到礼物,也得不到出去活动的机会。在这样一个游戏框架中,儿童为了参与游戏并得到奖励,必须控制自己的行为。

最后,游戏发挥了教师监督和指导的作用。在游戏中,教师作为儿童"最近发展区"的支架,可通过鼓励式等言语指导或直接参与介入游戏来加强幼儿对游戏中自我控制规则和行为的内化。总之,4岁左右的幼儿处于由约束性顺从向自我控制转化的阶段,他们会在积极参与中将游戏规则和游戏中的自我控制要求(外

---

[1] 转引自刘焱:《儿童游戏理论》,北京师范大学出版社2004年版,第165页。

[2] Zetou, E., et al. The effect of game for understanding on backhand tennis skill learning and self-efficacy improvement in elementary students. Procedia-Social and Behavioral Sciences, 2014, (152), 765-771.

在教化）逐渐内化为主体需要，从而逐步提升自我控制认知水平，形成自我控制行为习惯。

总之，研究者通过在普通的幼儿园实施游戏活动，培养幼儿的自我控制能力发现，接受游戏训练的幼儿在训练后显示出与自我控制相关的 N2、P3 波幅的减小，说明游戏训练在一定程度上促进了幼儿自我控制神经生理功能的发展，为自我控制游戏的训练效果提供了神经电生理方面的证据。

第二节 音乐训练对幼儿自我控制的促进

一、引言

（一）自我控制培养

自我控制作为人类意识主观能动性的集中体现，在人类种系的进化史和人类个体的发展中都具有十分重要的意义。自我控制能力的获得使人可以放弃直接冲动，能够根据环境的变化主动调节自身的行为与情绪。高水平的自我控制可以使人远离诱惑及危险行为（如犯罪、药物滥用、暴食、自杀等）。幼儿阶段的自我控制水平可以有效地预测儿童日后的学习表现、社会适应[1][2]。如幼儿期自我控制水平较低的人，进入青少年时期，可能会出现低龄吸烟、高中辍学、意外怀孕等问题，这些问题会持续影响其一生。

通过追踪研究，研究者认识到了自我控制是遵守社会规则、减少经济问题、健康问题、减少犯罪，以及适应社会的关键，越来越多的研究者开始关注对幼儿自我控制的培养。莫菲特（Moffitt）等认为在幼儿期对幼儿进行自我控制的促进，比在青春期对青少年进行自我控制干预取得的效果要更好[3]，梅尔比-勒瓦格（Melby-Lervåg）等也持相同观点[4]，即对幼儿进行自我控制相关训练取得的效果更加显著。3.5～4.5 岁是幼儿自我控制发展的关键年龄[5]，在这一时期对幼儿进行自我控制的促进能取得事半功倍的效果。国内外不同研究者采用任务训练、体育

---

[1] Mischel, W., et al. Delay of gratification in children. Science, 1989, 244 (4907), 933-938.
[2] Moffitt, T. E., et al. A gradient of childhood self-control predicts health, wealth, and public safety. Proceedings of the National Academy of Sciences of the United States of America, 2011, 108 (7), 2693-2698.
[3] Moffitt, T. E., et al. A gradient of childhood self-control predicts health, wealth, and public safety. Proceedings of the National Academy of Sciences of the United States of America, 2011, 108 (7), 2693-2698.
[4] Melby-Lervåg, M., Hulme, C. Is working memory training effective? A meta-analytic review. Developmental Psychology, 2013, 49 (2), 270-291.
[5] 沈悦、杨丽珠、方乐乐：《3～6 岁儿童自我控制发展特点及其教育建议》，《教育科学》2015 年第 1 期，第 68-74 页。

活动、冥想、游戏活动、音乐训练等方式促进幼儿自我控制的发展。

综合国内外对幼儿自我控制促进的研究，我们可以发现，研究者在设计和使用促进幼儿自我控制活动时，一般遵循和提倡以下规律：首先，规则性情境的创设对幼儿自我控制的促进是十分重要的，规则性情境一方面包括游戏、活动的规则，另一方面包括教师对幼儿行为的训练及指导，无论是体育活动、游戏活动还是电脑游戏，均是在教师的指导和帮助下对幼儿开展具有规则性的游戏、活动，并在此过程中学习规则，监控自身的行为，调节与他人的关系。其次，促进幼儿自我控制活动的内容是否开展得普遍、方便操作，并可以进行重复性练习。戴蒙德（Diamond）等认为，对于幼儿自我控制的促进不能仅限于在幼儿园或学校开展，如音乐训练和体育训练等，幼儿可以在家庭环境进行重复性练习，持续促进幼儿自我控制的发展[1]。再次，促进的迁移作用是否广泛。有研究者认为，一些从认知调控角度促进幼儿自我控制的内容迁移效果比较有限，如幼儿工作记忆的训练，只能使幼儿在工作记忆上的得分得到提高，而对抑制及认知灵活性的促进效果几乎没有[2]。所以在选择促进幼儿自我控制发展的载体时，要注重其迁移效果的范围。最后，正确对待幼儿自我控制培养的意义。对幼儿进行自我控制的培养，并不只是让幼儿学会安静地坐着而已，在进行自我控制培养的过程中，研究者需要为幼儿提供其感兴趣的游戏活动，让幼儿在活动过程中感受到快乐，减轻幼儿在课堂环境中的压力，使幼儿主动投入培养活动中，在培养活动中自觉遵守规则、坚持完成任务、抑制自己的冲动行为并且学会等待，从约束性顺从逐步发展到自主地自我控制。

尽管目前有很多训练方法可以促进幼儿自我控制能力的提高，但是音乐训练的趣味性与规则性使其成为促进幼儿自我控制的合适载体。我国学者早期曾提出音乐训练作为一种具有趣味性及综合性的训练方式，能够促进儿童意志力的发展[3]，因为在音乐训练过程中，需要参与学习的幼儿自觉地认真听讲、仔细观察模仿教师的授课内容、抑制外界其他刺激，这对于促进幼儿的自觉性、坚持性、冲动抑制性、自我延迟满足水平的提高均有益处。

有研究者从实证的角度对音乐训练在冲动抑制性方面的促进作用进行了研究。贝穆德斯（Bermudez）等发现，音乐训练者不仅次级听觉皮层区比非音乐训练者厚，背外侧额叶也比非音乐训练者厚，而背外侧额叶与执行功能及工作记忆

---

[1] Diamond, A., Lee, K. Interventions shown to aid executive function development in children 4 to 12 years old. Science, 2011, 333 (6045), 959-964.

[2] Diamond, A., Lee, K. Interventions shown to aid executive function development in children 4 to 12 years old. Science, 2011, 333 (6045), 959-964.

[3] 许卓娅：《学前儿童音乐教育》，人民教育出版社1996年版，第23页。

密切相关①。Strait 等对音乐训练者与非音乐训练者进行了抑制控制相关任务的测试，他们发现音乐训练者的表现比非音乐训练者的表现更好②。比亚韦斯托克（Bialystok）等发现成年音乐训练者比非音乐训练者表现出了更加优秀的执行能力。前文中介绍的其他研究者的研究结果也表明，音乐训练是可以提升幼儿的抑制能力的③。

专业音乐练习者每天需要保证一定时长的高效率练习，在专业音乐训练的初期，练习者可能需要他人规定练习时间或保证每天的连续性练习（如儿童在专业音乐训练的初期，需要家长或教师通过引导或教育确保每天的连续性练习、练习的时长及练习的效率），也就是通过他控达到每天练习。当练习者经过一段时间的专业音乐训练之后，这种由他控达到的每天练习就会内化成一种习惯，即练习者在没有他人提醒的情况下，也会保持每天练习，由他控转变为自控。有研究表明，钢琴课程有助于幼儿集中注意力及自觉遵守纪律④。当然，这种自觉练习行为也有可能是通过动机引发的，如完成每周的作业或需要参加比赛、考试等。

幼儿在音乐训练过程中的情绪体验是影响幼儿音乐训练内容的因素⑤，如果幼儿能够在音乐训练中体验到愉悦感、成就感，那么幼儿就会主动、自觉地参与到音乐训练中。对于幼儿来说，音乐训练需要幼儿学习音乐基础知识、音乐符号等，这些内容并不是幼儿日常生活中常见的，这就需要幼儿在对音乐充满兴趣的同时，坚持对音乐基础知识的学习，在遇到问题时，不怕困难，积极解决。幼儿在主动参与、坚持学习的过程中，还需要将注意力保持在音乐训练过程中，避免外界环境的干扰，这对提升幼儿的注意力及抑制冲动性都是有益处的。

（二）以往研究的不足

1.以音乐训练提高幼儿园音乐教育水平方面的研究缺乏

20 世纪 80 年代，随着我国经济实力的迅速提升及西方教育理念的引进，音乐在幼儿园教学活动中的作用日益凸显。许多幼儿园都开展了音乐教学活动，但幼儿园音乐教育更多的是一种教学辅助活动，对幼儿音乐的教学要求也比较浅显

---

① Bermudez, P., et al. Neuroanatomical correlates of musicianship as revealed by cortical thickness and voxel-based morphometry. Cerebral Cortex, 2008, 19 (7), 1583-1596.
② Strait, D. L., et al. Musical experience shapes top-down auditory mechanisms: Evidence from masking and auditory attention performance. Hearing Research, 2010, 261 (1-2), 22-29.
③ Bialystok, E., DePape, A.-M. Musical expertise, bilingualism, and executive functioning. Journal of Experimental Psychology: Human Perception and Performance, 2009, 35 (2), 565-574.
④ Duke, R. A., et al. Children who study piano with excellent teachers in the United States. Bulletin of the Council for Research in Music Education, 1997, 51-84.
⑤ Miendlarzewska, E. A., Trost, W. J. How musical training affects cognitive development: Rhythm, reward and other modulating variables. Frontiers in Neuroscience, 2014, (7), 279.

地停留在模仿教师唱、跳的阶段，幼儿缺乏对音乐知识、音乐符号、音乐规则等基础音乐知识的训练和学习。音乐训练包括对音乐知识、音乐技能、身体韵律等方面的学习，幼儿在学习这些知识的过程中，需要控制自己的行为、注意力，锻炼自己的记忆能力和模仿能力等。同时，实证研究也发现，音乐训练能够促进幼儿智商、语言、数学能力、记忆、执行功能等方面的能力的提升[①]。国外幼儿音乐训练的目标及内容很多都是介于专业器乐学习和普通幼儿园音乐活动之间的，既让幼儿学习五线谱及节拍节奏的知识，进行一系列的韵律活动，但是又不要求幼儿达到专业器乐训练的高度，这种音乐训练模式在我国的幼儿园还是比较少见的。我国有关学前儿童音乐教育的研究大部分集中在教学法方面，并且已经取得了丰富的成果，反观学前儿童音乐教育较少从发展心理学视角进行探索，幼儿音乐教师更多是参照以往的教学经验进行教学，教学目的更多关注幼儿音乐技能的发展，忽视了音乐训练对幼儿其他方面的促进作用。因此，如何挖掘音乐训练的价值，将幼儿音乐教学活动更好地渗透到幼儿一日生活中，是值得研究者重视的。

2. 音乐训练促进幼儿自我控制的原因尚不明确

现在关于音乐训练促进幼儿自我控制原因的解释并不多见，现有解释主要集中在自我控制使音乐训练的远迁移效果增强及音乐可以直接提高训练者的自我控制水平两种观点。第一种观点认为，音乐训练分为与声音相关的近迁移（如听觉能力、言语能力）及与社会性发展相关的远迁移（如自我控制、社会适应等）。第二种观点认为，音乐训练中包含对声音、行为等的抑制，音乐训练过程可以直接促进训练者的抑制能力的提升。以上两种观点的出发点不同，第一种更重视音乐训练的结果，第二种更重视音乐训练的过程。这两种观点均是从音乐训练的视角进行的解释，并没有从干预自我控制影响因素角度来进行解释。通过综述，我们得知音乐训练可以促进训练者言语能力的发展，而言语策略是幼儿调控自身行为的重要手段。那么，是否可以从自我控制发展的影响因素视角，探索音乐训练促进幼儿自我控制的原因呢？

二、研究方法

（一）目的

本次研究以音乐训练活动方案作为自变量，进行两组前后测实验设计，运用问卷及情境实验相结合的评定方法，对音乐训练前后实验班及对比班幼儿的自我

---

① Schellenberg, E. G. Music and cognitive abilities. Current Directions in Psychological Science, 2010, 14 (6), 317-320.

控制进行测查，以此来验证音乐训练活动方案对促进幼儿自我控制能力的有效性。

（二）假设

1）依据4岁幼儿自我控制发展特点设计并实施的音乐训练活动方案能够有效促进4岁幼儿自我控制的发展。

2）音乐训练能够促进幼儿自我控制各维度的发展，音乐训练活动方案是有效的。

（三）具体方法

1. 被试

在大连市一所幼儿园随机选取中班两个，其中一个班作为实验班，另一个班作为对比班。实验班幼儿共计33人，平均月龄为51.39个月（$SD=4.27$月），对比班幼儿共计32人，平均月龄为50.35个月（$SD=3.38$月），实验班与对比班幼儿的月龄差异不显著（$F=3.799, p>0.05$）。实验班男孩19人，女孩14人；对比班男孩15人，女孩17人。对实验班及对比班幼儿的性别进行卡方检验，$\chi^2=0.746(p>0.05)$，性别差异不显著。实验班及对比班幼儿均身体健康，发育正常。家长无从事音乐相关职业的背景，在进行音乐训练前，研究者告知家长对幼儿进行音乐训练能促进幼儿自我控制水平的提升，在后效的回访过程中，家长不仅表示出对音乐训练效果的满意，也表示欢迎研究者继续对幼儿进行音乐训练促进自我控制培养活动。

在情境实验后测中，由于实验班3名幼儿生病，缺席测查，对比班2名幼儿生病，缺席测查，故情境实验部分最终实验班、对比班各保留30名幼儿。

2. 工具

（1）问卷评定

本次研究使用杨丽珠等编制的3～6岁幼儿自我控制发展特点教师评定问卷。前测的内部一致性信度为0.922，评分者信度为0.528（$p<0.01$）；后测的内部一致性信度为0.956，评分者信度为0.813（$p<0.01$）。

（2）幼儿自我控制情境实验

本次研究中幼儿自我控制情境实验与第一节使用的幼儿自我控制情境实验相同。

3. 幼儿音乐训练活动方案设计

根据幼儿自我控制结构各维度的操作性定义，制定音乐训练促进自我控制各维度水平提升的具体培养目标（表 12-1）。

表 12-1 幼儿自我控制各维度培养目标

自我控制维度	幼儿自我控制发展的目标 （依据幼儿自我控制发展特点和关键期确定）	音乐训练数量（次）
自觉性	1. 明确音乐符号的意义与规则 2. 对音乐规则的自觉遵守 3. 对自己在音乐训练中行为的控制	10
坚持性	1. 坚持练习音乐训练内容 2. 克服音乐训练中遇到的困难 3. 在音乐训练中坚持完成训练内容	10
冲动抑制性	1. 抑制对违反音乐规则的冲动 2. 对自己在音乐训练中情绪的控制 3. 对自己在音乐训练中动作的控制	10
自我延迟满足	1. 在音乐训练中学习等待，并使用等待策略 2. 学习在等待时使用言语策略 3. 学习为实现长远目标放弃近期目标	10

在设计音乐训练活动方案前，研究者对幼儿园骨干教师、师范院校音乐教学法教师、师范院校学前教育专业教师、常年从事幼儿专业器乐教学的教师进行访谈，参照《3~6岁儿童学习与发展指南》中的"艺术部分"、学前儿童音乐教育目标及内容、国外幼儿音乐训练相关实证研究等设计音乐训练活动方案及音乐训练类型。

游戏化是幼儿园课程的基本特征，课程游戏化就是让幼儿园的课程更加适合幼儿，课程能够吸引幼儿专注地投入活动，激发和提升幼儿的兴趣，满足幼儿的需要，将音乐训练活动方案游戏化可以激发幼儿对音乐训练的兴趣，使幼儿能够在音乐训练时保持注意力，这样活动以及音乐训练会更有效果，幼儿从中获得的经验也会更多。在近 20 年教育现场实验的基础上，杨丽珠研究团队以游戏为载体，以游戏活动方案为教育实验的自变量，以促进幼儿自我控制发展为目的进行了研究[1]。实验结果表明，游戏具有趣味性和规则性，幼儿积极参与游戏活动，在游戏活动中经成人的言语指导、自我和同伴评价，不断将社会规范逐渐内化为自己的需求，以实现意识对自我主动的控制、监督和调节。由此我们认为，只要活动方案具有趣味性、规则性，幼儿积极参与，在活动中不断地校正自己的问题，

---

[1] 杨丽珠：《对幼儿自控能力培养的实验研究》，《北京师范大学学报（社会科学版）》增刊 1995 年访问学者论文专辑，第 125-131 页；但菲、杨丽珠、冯璐：《在游戏中培养幼儿自我控制能力的实验研究》，《学前教育研究》2005 年第 11 期，第 13-15 页；杨丽珠、金芳、孙岩：《终身发展理念下幼儿健全人格的培养目标构建及教育促进实验》，《学前教育研究》2014 年第 8 期，第 3-16 页。

将教化的规则内化为主体的需要，他控就可以转化为自控。本轮音乐训练活动方案紧密围绕趣味性与规则性两方面，通过游戏化的音乐训练活动方案，引导幼儿主动参与音乐训练活动，并在音乐训练活动中使其学会抑制冲动、遵守规则、坚持自制、保持注意、学会等待，最终达到对自我控制能力的促进。

本次音乐训练为集体教学活动，研究者将音乐训练活动方案游戏化。音乐训练分为两个阶段：第一阶段，研究者将音乐基础知识、音乐基本符号学习与游戏相结合，让幼儿通过游戏认识音乐符号，理解音乐规则。第二阶段，研究者将独唱、合唱、轮流唱、默唱、韵律活动等音乐训练形式融入游戏中，如让幼儿在音乐游戏中扮演不同角色，幼儿会自觉遵守角色或音乐游戏规则。研究者在对每个音乐训练活动方案进行设计时，会确定一个主要培养目标，幼儿在进行音乐训练活动时，音乐训练活动会对幼儿自我控制不同维度的发展产生促进作用。

对于音乐训练部分，5 天为一个单元，第一阶段共计 4 个单元，音乐训练活动方案有 20 个；第二阶段共计 8 个单元，音乐训练活动方案有 20 个。对于第二阶段的音乐训练内容，幼儿需多次练习才能掌握，所以第二阶段的 20 个音乐训练活动方案需重复进行一次。为了降低幼儿的认知负荷，音乐训练活动方案遵循一曲多用的方式，即对一首曲目采用不同的音乐训练形式对幼儿的自我控制进行培养，故在曲目设置上有重复出现的情况。本次研究所选曲目来自《儿童视唱练耳教程》《约翰·汤普森现代钢琴教程》《学前儿童音乐教育》及研究者根据教学内容自创的曲目。所选曲目训练目的明确，音乐规则难度循序渐进，旋律积极、活泼，音乐内容以幼儿喜爱的动物主题及日常生活主题为主，节奏选取了 2/4 拍、3/4 拍，着重体现音乐训练的趣味性、规则性、游戏性、综合性。通过音乐训练课程内容，吸引幼儿主动、积极参与，使其在音乐训练过程中体验到愉悦感，进而能够自觉遵守音乐规则，坚持音乐训练，抑制冲动行为，学会等待，最终达到促进自我控制的目的。音乐活动方案见表 12-2 和表 12-3，音乐训练类型及具体内容见表 12-4。

表 12-2 音乐训练活动方案第一阶段设计清单

自我控制维度	活动 1 名称	活动 2 名称	活动 3 名称	活动 4 名称	活动 5 名称
自觉性	彩色五线谱	高低音谱号	认识 2/4 拍	认识 3/4 拍	找音符
坚持性	小蝌蚪	找音符	小鸟飞	啄木鸟	小星星
冲动抑制性	小警察	跳房子	看到就停止	看到就停止	我快你慢
自我延迟满足	小狗圆舞曲	幽默曲	小警察	狮王进行曲	找音符

表 12-3　音乐训练活动方案第二阶段设计清单

自我控制维度	活动 1 名称	活动 2 名称	活动 3 名称	活动 4 名称	活动 5 名称
自觉性	学唱音阶	快来拍拍	青蛙合唱	平安夜	指哪拍哪
坚持性	春之歌	小兔蹦蹦	湖上的天鹅	我是小青蛙	啄木鸟
冲动抑制性	兔子走兔子跑	啄木鸟	小星星	青蛙学打鼓	青蛙合唱
自我延迟满足	小调	小狗圆舞曲	平安夜	牧童短笛	幽默曲

表 12-4　音乐训练类型及具体内容

音乐训练类型	具体内容
独唱	一个人独立唱歌或独自唱歌，能够唱准节奏、旋律等，培养幼儿自觉遵守音乐规则的能力
齐唱	两个或两个以上的人在一起整齐地唱同一首歌曲，培养幼儿控制自己的声音及情绪，以及与他人协同完成任务的能力
轮流唱	对于同一首歌曲，轮流、交替地合作演唱，培养幼儿控制自己的声音及情绪，以及与他人配合完成任务的能力
默唱	不发出声音地唱歌，培养幼儿对声音及情绪的调控能力
韵律动作	韵律动作及动作组合，包括拍手、点头、击掌、跺脚等基本动作，培养幼儿对身体及运动的控制能力
角色表演	根据音乐内容进行角色表演的游戏，培养幼儿自觉遵守角色规则，坚持完成表演的能力
音乐欣赏	聆听音乐作品获得审美享受，训练幼儿在欣赏音乐时保持安静、抵抗外界干扰、等待音乐结束

下面以音乐训练活动方案（自觉性）及音乐训练活动方案（冲动抑制性）为例进行分析。

（1）自觉性的音乐训练活动方案

音乐训练名称：找音符。

音乐训练形式：基础音乐符号学习。

训练目的：明确音乐符号的意义与规则。

训练说明：指导幼儿认识、理解全音符、二分音符、四分音符和八分音符。

训练过程：①主试在白板上用四种不同颜色的水性笔分别画出全音符、二分音符、四分音符和八分音符，如全音符红色，二分音符绿色，四分音符蓝色，八分音符黄色。②幼儿分为 4 组，每组依次出来一名幼儿进行音乐训练。③主试说不同类型音符，幼儿说出音符的颜色。例如，主试说二分音符，幼儿就要说出"绿色"。当主试说"开始"的时候，幼儿才可以回答。看哪组幼儿找得又快又准。④当幼儿熟悉上面的玩法后，主试将规则反过来，主试说不同颜色，让幼儿说出这种颜色代表什么音符。例如，主试说红色，幼儿就要说出"全音符"。

（2）冲动抑制性的音乐训练活动方案

音乐训练名称：青蛙合唱。

音乐训练形式：角色扮演。

训练目的：抑制幼儿在轮唱中违反角色规定的冲动。

规则说明：音乐旋律按音高分为代表小青蛙的旋律及代表老青蛙的旋律，当出现代表小青蛙的旋律时，扮演小青蛙的幼儿演唱，扮演老青蛙的幼儿安静等待；当出现代表老青蛙的旋律时，扮演老青蛙的幼儿演唱，扮演小青蛙的幼儿安静等待。

训练过程：①主试将幼儿分为两组，一组幼儿扮演小青蛙，另一组幼儿扮演老青蛙；②主试向幼儿说明音乐训练的规则；③主试演奏钢琴，当出现小青蛙旋律时，扮演小青蛙的幼儿齐唱旋律，扮演老青蛙的幼儿安静聆听。

4. 程序

（1）实验前测

依据杨丽珠等编制的3～6岁幼儿自我控制发展特点教师评定问卷，对实验班和对比班幼儿进行问卷及情境实验前测，前测的同质性见研究结果部分。

（2）实施音乐训练和无关变量的控制

对实验班幼儿进行音乐训练。每周开展5次音乐训练，每次训练时间为15～25min。音乐训练教育现场实验持续一个学期。

本次研究采用准实验设计，在无关变量的控制上我们采取了以下措施：①本次音乐训练的所有活动方案均由研究者进行实施，研究者有21年的钢琴学习经历，取得了钢琴演奏与教学法学士学位、音乐学硕士学位及发展与教育心理学博士学位，具有较为扎实的音乐教学理论基础、幼儿音乐教学实践经验、发展与教育心理学相关知识背景和幼儿园实验研究经验，能够较好地贯彻音乐训练活动方案指导思想，调动幼儿参与音乐训练的积极性。②在前测时，对两个班的幼儿进行调查，确保两个班的幼儿没有参与园外额外音乐训练活动。实验班原34人，因1名幼儿参加园外钢琴学习，故剔除。③对前测数据进行同质性检验，确保实验班和对比班幼儿的自我控制发展具有同质性。④实验班实施音乐训练，对比班的幼儿在同一时间开展游戏活动，除此以外，其他幼儿园日常活动保持一致。对所有教师进行统一要求，教师不能组织幼儿参加额外活动。⑤告知家长控制额外音乐训练活动。⑥为了保证研究的可靠性，在情境实验前对编码人员进行培训，当两位评分者编码的一致性达到90%后，再对录像进行编码。

（3）实验后测

使用与前测相同的问卷及情境实验对幼儿的自我控制水平进行评定。

（4）统计分析

本次研究为准实验设计，以幼儿自我控制发展各维度为因变量，以前后测和班型为自变量，进行2（前后测：前测、后测）×2（班型：实验班、对比班）的两因素重复测量方差分析，其中前后测为组内变量，班型为组间变量。方差分析主要考察前后测与班型的交互作用。

三、研究结果

（一）问卷前测同质性检验

如表 12-5 所示，3～6 岁幼儿自我控制教师评定问卷前测中，自我控制总分及各维度得分差异不显著（$p>0.05$）。

表 12-5　音乐训练前自我控制的描述统计及同质性检验（问卷）

自我控制维度	实验班（n=33）	对比班（n=32）	t
	M（SD）	M（SD）	
自我控制总分	2.901（0.349）	2.978（0.308）	−0.946
自觉性	3.049（0.387）	3.011（0.473）	0.350
坚持性	2.959（0.306）	3.020（0.298）	−0.816
冲动抑制性	2.653（0.434）	2.843（0.342）	−1.960
自我延迟满足	2.942（0.358）	3.038（0.380）	−1.040

（二）重复测量方差分析评定结果（问卷）

问卷测量部分，自我控制后测结果的描述统计与前后测方差分析结果如表 12-6 和表 12-7 所示。

表 12-6　音乐训练后自我控制的描述统计（问卷）

自我控制维度	实验班（n=33）	对比班（n=32）
	M（SD）	M（SD）
自我控制总分	3.456（0.478）	3.144（0.370）
自觉性	3.412（0.503）	3.138（0.400）
坚持性	3.459（0.412）	3.182（0.419）
冲动抑制性	3.521（0.581）	3.097（0.393）
自我延迟满足	3.431（0.577）	3.149（0.401）

表 12-7　音乐训练前后自我控制的重复测量方差分析（问卷）

因变量	变异来源	SS	df	MS	F	偏 η^2
自我控制总分	前后测	4.221	1	4.221	77.648***	0.552
	前后测×班型	1.232	1	1.232	22.665***	0.265
	组内误差	3.424	63	0.054		
	班型	0.447	1	0.447	1.879	0.029
	组间误差	14.989	63	0.238		

续表

因变量	变异来源	SS	df	MS	F	偏 η^2
自觉性	前后测	2.034	1	2.034	23.649***	0.273
	前后测×班型	0.418	1	0.418	4.864*	0.072
	组内误差	5.418	63	0.086		
	班型	0.741	1	0.741	2.401	0.037
	组间误差	19.433	63	0.308		
坚持性	前后测	10.229	1	10.229	90.829***	0.590
	前后测×班型	3.074	1	3.074	27.300***	0.302
	组内误差	7.095	63	0.113		
	班型	0.445	1	0.445	1.542	0.024
	组间误差	18.185	63	0.289		
冲动抑制性	前后测	3.554	1	3.554	52.178***	0.453
	前后测×班型	0.931	1	0.931	13.668***	0.178
	组内误差	4.291	63	0.068		
	班型	0.379	1	0.379	1.929	0.030
	组间误差	12.385	63	0.197		
自我延迟满足	前后测	2.918	1	2.918	33.165***	0.345
	前后测×班型	1.155	1	1.155	13.131**	0.172
	组内误差	5.542	63	0.088		
	班型	0.282	1	0.282	0.946	
	组间误差	18.756	63	0.298		

自我控制总分的前后测主效应显著[$F(1, 63)=77.648$,$p<0.001$],班型的主效应不显著[$F(1, 63)=1.879$,$p>0.05$],前后测与班型的交互作用显著[$F(1, 63)=22.665$,$p<0.001$]。简单效应分析发现,实验班的前测与后测差异显著[$F(1, 63)=93.55$,$p<0.001$],对比班的前测与后测差异显著[$F(1, 63)=8.08$,$p<0.01$]。单因素方差分析发现,实验班的后测成绩显著高于其前测成绩[$F(1, 32)=56.369$,$p<0.001$],对比班的后测成绩显著高于其前测成绩[$F(1, 31)=25.319$,$p<0.001$],实验班前后测成绩的增长趋势大于对比班。在前测中,实验班与对比班差异不显著[$F(1, 63)=0.90$,$p>0.05$];在后测中,实验班与对比班差异显著[$F(1, 63)=8.62$,$p<0.01$],如图12-4所示。

自觉性的前后测主效应显著[$F(1, 63)=23.649$,$p<0.001$],班型的主效应不显著[$F(1, 63)=2.401$,$p>0.05$],前后测与班型的交互作用显著[$F(1, 63)=4.864$,$p<0.05$]。简单效应分析发现,实验班前后测的差异显著[$F(1, 63)=25.37$,$p<0.001$],对比班的前后测差异不显著[$F(1, 63)=3.48$,$p>0.05$]。单因素方差分析发现,实验班的后测成绩显著高于前测成绩[$F(1, 32)$=18.825, $p<0.001$], 对比班的后测成绩显著高于前测成绩[$F(1, 31)$=5.426, $p<0.05$], 实验班前后测成绩的增长趋势大于对比班。在前测中, 实验班与对比班差异不显著[$F(1,63)$=0.12, $p>0.05$]; 在后测中, 实验班与对比班差异显著[$F(1, 63)$=5.47, $p<0.05$], 如图12-5所示。

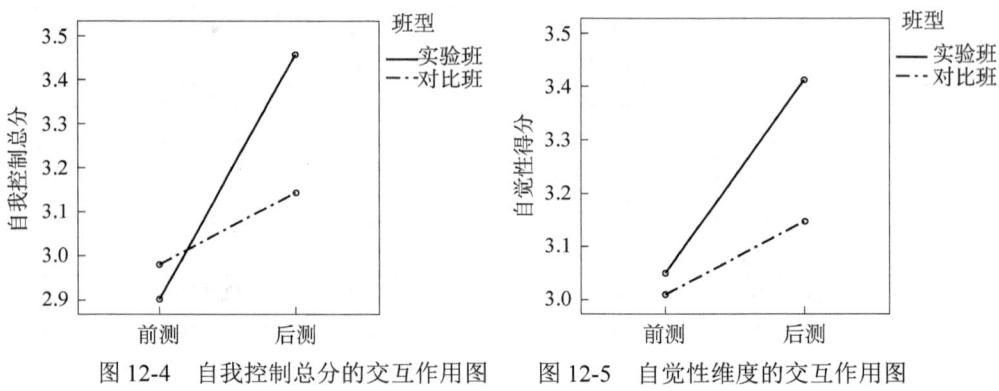

图12-4　自我控制总分的交互作用图　　图12-5　自觉性维度的交互作用图

坚持性的前后测主效应显著[$F(1, 63)$=90.829, $p<0.001$], 班型的主效应不显著[$F(1,63)$=1.542, $p>0.05$], 前后测与班型的交互作用显著[$F(1,63)$=27.300, $p<0.001$]。简单效应分析发现, 实验班的前后测差异显著[$F(1, 63)$=110.56, $p<0.001$], 对比班的前后测差异显著[$F(1, 63)$=9.13, $p<0.01$]。单因素方差分析发现, 实验班的后测成绩显著高于前测成绩[$F(1, 32)$=71.966, $p<0.001$], 对比班的后测成绩显著高于前测成绩[$F(1, 31)$=20.448, $p<0.001$], 实验班前后测成绩的增长趋势大于对比班。在前测中, 实验班与对比班差异不显著[$F(1, 63)$=3.84, $p>0.05$]; 在后测中, 实验班与对比班差异显著[$F(1, 63)$=11.82, $p<0.01$], 如图12-6所示。

冲动抑制性的前后测主效应显著[$F(1, 63)$=52.178, $p<0.001$], 班型的主效应不显著[$F(1, 63)$=1.929, $p>0.05$], 前后测与班型的交互作用显著[$F(1, 63)$=13.668, $p<0.001$]。简单效应分析发现, 实验班的前后测差异显著[$F(1,63)$=60.56, $p<0.001$], 对比班的前后测差异显著[$F(1, 63)$=6.12, $p<0.05$]。单因素方差分析发现, 实验班的后测成绩显著高于前测成绩[$F(1, 32)$=60.923, $p<0.001$], 对比班的后测成绩显著高于前测成绩[$F(1, 31)$=6.086, $p<0.05$], 实验班前后测成绩的增长趋势大于对比班。在前测中, 实验班与对比班差异不显著[$F(1, 63)$=0.67, $p>0.05$]; 在后测中, 实验班与对比班差异显著[$F(1, 63)$=7.21, $p<0.01$], 如图12-7所示。

自我延迟满足的前后测主效应显著[$F(1, 63)$=33.165, $p<0.001$], 班型的主效应不显著[$F(1, 63)$=0.946, $p>0.05$], 前后测与班型的交互作用显著[$F(1,

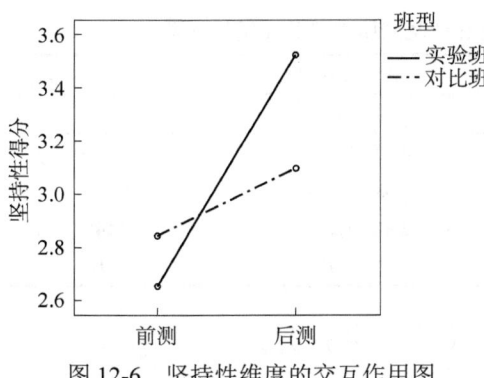

图 12-6 坚持性维度的交互作用图

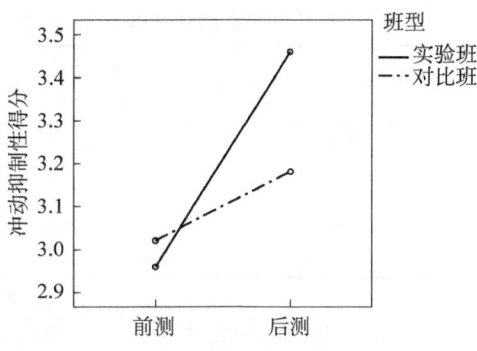

图 12-7 冲动抑制性维度的交互作用图

63）=13.131，$p<0.01$］。简单效应分析发现，实验班的前测与后测差异显著［F（1，63）=44.7，$p<0.001$］，对比班的前测与后测差异不显著［F（1，63）=2.25，$p>0.05$］。单因素方差分析发现，实验班的后测成绩显著高于前测成绩［F（1，32）=31.276，$p<0.001$］，对比班的后测成绩显著高于前测成绩［F（1，31）=4.033，$p<0.05$］，实验班前后测成绩的增长趋势大于对比班。在前测中，实验班与对比班差异不显著［F（1，63）=1.08，$p>0.05$］；在后测中，实验班与对比班差异显著［F（1，63）=5.18，$p<0.05$］，如图12-8所示。

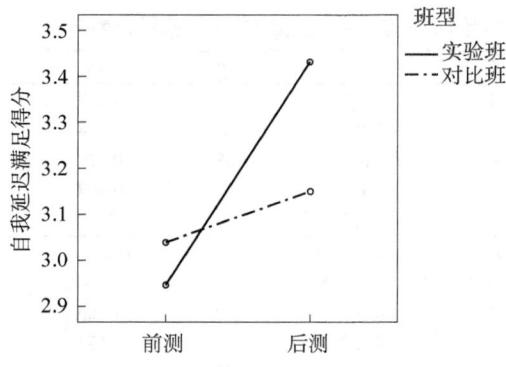

图 12-8 自我延迟满足维度的交互作用图

以上结果说明，音乐训练促进了4岁幼儿自我控制总体及自觉性、坚持性、冲动抑制性、自我延迟满足的发展。

（三）情境实验前测同质性检验

在3～6岁幼儿自我控制情境实验前测中，自我控制各维度差异不显著（$p>0.05$），见表12-8。

表 12-8　音乐训练前自我控制的描述统计及同质性检验（情境实验）

自我控制维度	实验班（n=33）	对比班（n=32）	t
	M（SD）	M（SD）	
自觉性	3.83（0.747）	4.00（0.830）	−0.817
坚持性	3.50（1.383）	3.53（1.074）	−0.104
冲动抑制性	2.80（1.095）	2.87（1.252）	−0.546
自我延迟满足	3.40（1.383）	3.53（1.074）	0.305

（四）重复测量方差分析评定结果（情境实验）

在情境实验中，音乐训练后的自我控制后测描述统计与前后测方差分析结果如表 12-9 和表 12-10 所示。

表 12-9　音乐训练后自我控制的描述统计（情境实验）

自我控制维度	实验组（n=30）	对比组（n=30）
	M（SD）	M（SD）
自觉性	4.50（0.572）	4.10（0.712）
坚持性	4.40（1.163）	3.63（0.669）
冲动抑制性	4.23（0.774）	3.10（1.094）
自我延迟满足	4.50（1.042）	3.50（0.938）

表 12-10　音乐训练前后自我控制的重复测量方差分析（情境实验）

因变量	变异来源	SS	df	MS	F	偏 η^2
自觉性	前后测	4.408	1	4.408	8.333**	0.126
	前后测×班型	2.408	1	2.408	4.552*	0.073
	组内误差	30.683	58	0.529		
	班型	0.408	1	0.408	0.798	0.014
	组间误差	29.683	58	0.512		
坚持性	前后测	20.833	1	20.833	15.035***	0.206
	前后测×班型	10.800	1	10.800	7.794**	0.118
	组内误差	80.367	58	1.386		
	班型	8.533	1	8.533	9.524**	0.141
	组间误差	51.967	58	0.896		
冲动抑制性	前后测	7.500	1	7.500	6.938*	0.070
	前后测×班型	4.800	1	4.800	4.440*	0.070
	组内误差	62.700	58	1.081		
	班型	4.033	1	4.033	2.983	0.049
	组间误差	78.433	58	1.352		
自我延迟满足	前后测	12.675	1	12.675	9.335**	0.139
	前后测×班型	6.075	1	6.075	4.474*	0.072
	组内误差	78.750	58	1.358		
	班型	9.075	1	9.075	7.336**	0.112
	组间误差	71.750	58	1.237		

自觉性的前后测主效应显著[$F(1, 58)$=8.333,p<0.01],班型的主效应不显著[$F(1, 58)$=0.798,p>0.05],前后测与班型的交互作用显著[$F(1, 58)$=4.552,p<0.05]。简单效应分析发现,实验班的前后测差异显著[$F(1,58)$=12.60,p<0.01],对比班的前后测差异不显著[$F(1, 58)$=0.28,p>0.05]。单因素方差分析发现,实验班的后测成绩显著高于前测成绩[$F(1, 29)$=12.609,p<0.01],对比班的前后测成绩差异不显著[$F(1, 29)$=0.283,p>0.05],实验班前后测成绩的增长趋势大于对比班。在前测中,实验班与对比班的差异不显著[$F(1, 58)$=0.67,p>0.05];在后测中,实验班与对比班的差异显著[$F(1, 58)$=5.75,p<0.05],见图12-9。

坚持性的前后测主效应显著[$F(1, 58)$=15.035,p<0.001],班型的主效应显著[$F(1, 58)$=9.524,p<0.01],前后测与班型的交互作用显著[$F(1, 58)$=7.794,p<0.01]。简单效应分析发现,实验班的前后测差异显著[$F(1,58)$=22.24,p<0.001],对比班的前后测差异不显著[$F(1, 58)$=0.59,p>0.05]。单因素方差分析发现,实验班的后测成绩显著高于前测成绩[$F(1, 29)$=27.344,p<0.001],对比班的前后测成绩差异不显著[$F(1, 29)$=0.497,p>0.05],实验班的前后测成绩增长趋势大于对比班。在前测中,实验班与对比班差异不显著[$F(1, 58)$=0.05,p>0.05];在后测中,实验班与对比班差异显著[$F(1, 63)$=21.46,p<0.001],见图12-10。

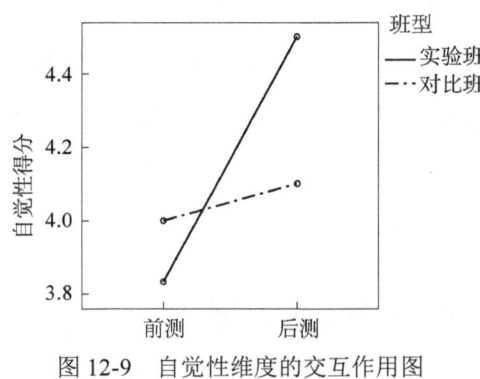

图12-9 自觉性维度的交互作用图

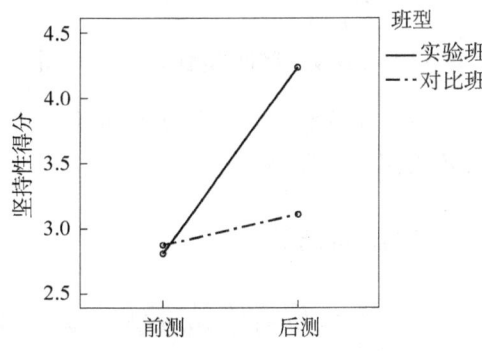

图12-10 坚持性维度的交互作用图

冲动抑制性的前后测主效应显著[$F(1, 58)$=6.938,p<0.05],班型的主效应不显著[$F(1, 58)$=2.983,p>0.05],前后测与班型的交互作用显著[$F(1,58)$=4.440,p<0.05]。简单效应分析发现,实验班的前后测成绩差异显著[$F(1, 58)$=11.24,p<0.01],对比班的前后测成绩差异不显著[$F(1, 58)$=0.14,p>0.05]。单因素方差分析发现,实验班的后测成绩显著高于前测成绩[$F(1, 29)$=7.602,p<0.05],对比班的前后测成绩差异不显著[$F(1, 29)$=0.266,p>0.05],实验班前后测成绩的增长趋势大于对比班。在前测中,实验班与对比班差异不显著[$F(1, 58)$=0.01,p>0.05];在后测中,实验班与对比班差异显著[$F(1, 63)$=9.80,p<0.01],见

图 12-11。

自我延迟满足的前后测主效应显著[$F(1, 58)=9.335, p<0.01$],班型的主效应显著[$F(1, 58)=7.336, p<0.01$],前后测与班型的交互作用显著[$F(1, 58)=4.474, p<0.05$]。简单效应分析发现,实验班的前后测差异显著[$F(1, 58)=13.37, p<0.01$],对比班的前后测差异不显著[$F(1, 58)=0.44, p>0.05$]。单因素方差分析发现,实验班的后测成绩显著高于前测成绩[$F(1, 29)=13.045, p<0.01$],对比班的前后测差异不显著[$F(1, 29)=0.453, p>0.05$],实验班前后测成绩的增长趋势大于对比班。在前测中,实验班与对比班差异不显著[$F(1,58)=0.09, p>0.05$];在后测中,实验班与对比班差异显著[$F(1, 63)=15.26, p<0.001$],见图 12-12。

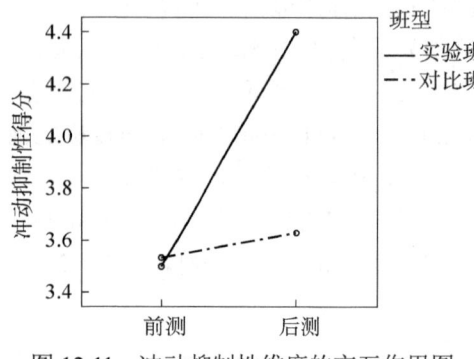 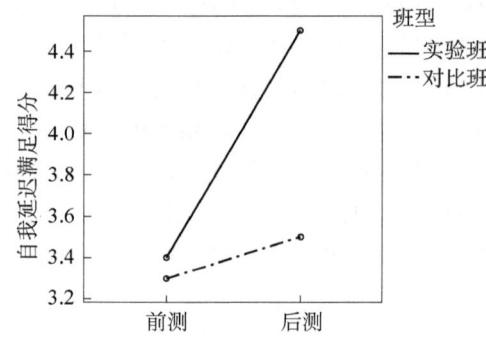

图 12-11　冲动抑制性维度的交互作用图　　图 12-12　自我延迟满足维度的交互作用图

以上结果说明,音乐训练促进了 4 岁幼儿自觉性、坚持性、冲动抑制性、自我延迟满足的发展。

四、讨论与结论

(一)音乐训练促进幼儿自我控制发展的有效性分析

自我控制是人格结构的核心成分,自我控制对于个体诸多生活领域都起到了至关重要的作用。幼儿阶段是自我控制快速发展的时期,越来越多的研究者认为在幼儿期对幼儿进行自我控制的培养取得的效果更加显著[1]。结合本团队以往的研究结果,3.5~4.5 岁(平均 4 岁)是幼儿自我控制发展的关键年龄[2],所以本章

---

[1] Moffitt, T. E., et al. A gradient of childhood self-control predicts health, wealth, and public safety. Proceedings of the National Academy of Sciences of the United States of America, 2011, 108 (7), 2693-2698;Melby-Lervåg, M., Hulme, C. Is working memory training effective? A meta-analytic review. Developmental Psychology, 2013, 49 (2), 270-291.

[2] 沈悦、杨丽珠、方乐乐:《3~6 岁儿童自我控制发展特点及其教育建议》,《教育科学》2015 年第 1 期,第 68-74 页。

选取自我控制发展关键期的平均年龄为 4 岁的幼儿进行自我控制培养研究。音乐训练作为一种具有趣味性及综合性的训练方式，能够促进儿童意志力的发展，在音乐学习过程中，需要参与学习的幼儿能够自觉地认真听讲、仔细观察模仿教师的授课内容、抑制外界其他刺激，这对促进幼儿的抑制能力、注意力的提升有益。本次研究选择音乐训练作为促进幼儿自我控制发展的载体，并使用问卷调查法与情境实验相结合的方法，证明了音乐训练作为促进幼儿自我控制载体的有效性。

在实验前，实验班与对比班的幼儿在自我控制发展总体水平上没有显著差异。经过一学期的音乐训练后，实验班与对比班的幼儿在自我控制总体水平及各维度上的差异显著，由于两因素的交互作用显著，所以进一步进行了简单效应分析。通过简单效应分析可知，培养前，实验班与对比班幼儿在自我控制总分及自我控制各维度上得分的差异不显著；在后测上，实验班与对比班幼儿在自我控制总分及各维度上均有显著发展，但对比班幼儿自我控制能力的发展速度要明显慢于实验班幼儿。这说明随着年龄的增长，对比班幼儿的自我控制能力得到了提升，而实验班幼儿由于进行了人为的干预，其自我控制发展水平比同龄幼儿自然发展水平更加迅速。这说明本次音乐训练对促进幼儿自我控制发展是有效的，能够较好地提高幼儿的自我控制发展水平。

音乐训练的趣味性、游戏性及规则性能够较好地符合幼儿自我控制培养的条件。第一，幼儿阶段的音乐训练在音乐内容的选取上首先要考虑幼儿的音乐能力及音乐偏好，这一时期的幼儿主要以具体的形象思维为主，在选曲上，研究者主要以动物形象为具体音乐内容，如《小兔蹦蹦》《啄木鸟》《青蛙合唱》《湖上的天鹅》等曲目。在开展音乐训练时，主试能够浅显、直观地引导幼儿理解音乐内容，这样不会给幼儿施加过多的认知负荷。第二，在音乐节奏的选择上，是以 2/4 拍、3/4 拍为主，这两种节拍类型比较简单，强弱规律鲜明，幼儿能够理解、跟随并掌握节奏的规律性。第三，幼儿在音乐训练过程中的情绪体验是影响幼儿音乐学习内容的因素[1]，如果幼儿能够在音乐学习中体验到愉悦感、成就感，那么幼儿就会主动、自觉地参与到音乐学习中。第四，音乐训练的游戏性使幼儿能够主动参与到音乐训练中，在音乐训练中幼儿能够积极地遵守音乐规则、坚持完成音乐表演、抑制冲动、学会等待，主试从音乐规则的角度强化控制带来的好处，让幼儿体会到按照音乐旋律规则演唱或演奏出来是非常好听的，幼儿在这个过程中能够体验到音乐的美感，并且为了达到这一目的而监督、调控自己的行为。正是由于音乐训练具有这些特点，其能够成为促进幼儿自我控制的良好载体。

---

[1] Miendlarzewska, E. A., Trost, W. J. How musical training affects cognitive development: Rhythm, reward and other modulating variables. Frontiers in Neuroscience, 2014, (7), 1-18.

（二）音乐训练对幼儿自我控制各维度的促进作用

音乐训练对幼儿的自觉性、冲动抑制性、坚持性和自我延迟满足均有显著的促进作用。在幼儿阶段，自觉性表现为幼儿在无他人监督的情况下能够主动地监督、调控自己的行为，自觉遵守秩序与规则，自觉性是幼儿实现自我控制的基础和保障。音乐训练中的音乐旋律是音符按照音乐写作规则，使用音乐符号将音符组合在一起的，那么在音乐训练中，幼儿能否理解音乐规则、识别音乐符号，并且按照音乐规则及音乐符号演唱或击打节拍是音乐旋律能否进行下去的基础。在这个过程中，就需要幼儿理解音乐及符号规则、按规则演唱或演奏出音乐旋律，并且在进行轮流唱、合唱、分声部演唱等需要多人配合的音乐训练内容时，能够遵守自己的演唱顺序，察觉其他小朋友的演唱顺序，监督、调节自己的表现。我们采用"基础音乐学习"的音乐形式，对幼儿的自觉性进行训练。例如，音乐训练活动方案"找音符"，在训练过程中，幼儿需要根据规则认识不同类型的音符，并根据主试的指示，快速、准确地在黑板上找到不同颜色对应的音符。随着幼儿对音符规则的认识和理解，幼儿不仅能够快速、准确地按照主试的指导找到相应的音符，还会提示其他小朋友找错了，这对于促进幼儿自觉性的发展非常有益。

冲动抑制性在幼儿阶段主要体现为能否抑制自身的优势反应、对取胜的迫切心理、对玩具和奖品的占有等方面，在音乐训练中，主要体现在是否能够根据音乐符号的改变而调节自身的行为或情绪。默唱是指不发出声音唱歌，我们采用默唱这种音乐形式，对幼儿的冲动抑制性进行训练。在音乐训练初期，让幼儿做到默唱是很困难的，但随着幼儿对默唱规则的认识、理解，幼儿能够逐步做到抑制自己想唱歌的冲动。例如，在进行音乐基础知识学习时，幼儿会学习终止记号，也就是说当乐曲中出现终止记号时，幼儿能否抑制自己继续演唱的冲动而停止演唱。再如，在节拍练习时，主试会根据节拍的变化规律，在练习中加入渐强或渐弱符号，检测幼儿能否抑制自身优势反应，做出或渐强或渐弱的反应。

对于幼儿来说，相较于其他游戏活动，进行音乐训练时需要学习一定的音乐基础知识，如识别音符等，这需要幼儿在音乐训练的过程中保持注意力，仔细模仿主试的演唱或演奏，反复练习音乐训练的内容等，这对于促进幼儿的坚持性也是非常有益的。例如，我们采用"韵律活动"的音乐形式对幼儿的坚持性进行训练，主试会让幼儿模仿击打 3/4 拍的拍型，在音乐训练初期，主试会选择较短的音乐作品，让幼儿随乐模仿击打，随着音乐训练的持续进行，主试会逐步增加音乐作品的长度，这就需要幼儿保持注意、坚持练习。

此外，音乐训练中的轮流唱、合唱、分声部唱等训练内容具有较强的规则性，并且这种训练方式与给幼儿创设一个情境类似，幼儿在这个情境中可以以情境中的角色自居，幼儿对音乐训练内容产生的兴趣与音乐规则的约束，使幼儿的自我延迟满足能力得到了提升。例如，在音乐训练活动"青蛙合唱"中，幼儿可以自由选择扮演小青蛙或者老青蛙，不同角色演唱的旋律不同，当小青蛙唱时，老青蛙要安静聆听、等待，当老青蛙唱时，小青蛙要安静聆听、等待，小青蛙和老青蛙都唱完之后，所有青蛙要一起合唱。在进行这项训练内容时，幼儿表现得十分积极，在练习过几次后，大部分幼儿能够做到遵守角色演唱顺序，在不是自己所唱旋律时，能够做到安静等待，并且能够将注意力保持在音乐训练中。随着训练时间的持续，规则具体明确、充满游戏性的音乐训练使幼儿的自我控制能力逐渐得到提高。本次针对音乐训练即时效果的测查采用了教师评定问卷及情境实验相结合的方式，在自我控制的发展趋势上，实验班幼儿与对比班幼儿的教师评定问卷及情境实验的结果具有一致性，即幼儿在各维度的水平均呈上升发展趋势。本次研究初步探索了音乐训练对幼儿自我控制的促进作用，并没有单独针对自我控制发展水平较低的幼儿进行训练，我们的主旨是依据积极心理学的理念、教育部颁布的《3～6岁儿童学习与发展指南》的精神，让实验班所有幼儿的能力在原水平上得到提高，以促进幼儿自我控制水平的发展。以后我们会对自我控制较差的儿童进行特殊的干预。

总之，选取音乐训练作为促进幼儿自我控制发展的有效载体，并采用教育现场实验，运用问卷评定与情境实验相结合的方法测查音乐训练对幼儿自我控制促进的效果，结果表明，音乐训练可以促进幼儿自我控制的发展，两种评定方式的研究结果具有一致性。

第三节　音乐律动对幼儿自我控制的促进

一、引言

3.5～4.5岁是幼儿自我控制能力发展的关键时期[1]。幼儿时期良好的自我控制能力不仅是其成功适应学校生活的重要因素，而且对于其成年之后的身体健康状态、药物依赖情况等具有一定的预测性[2]。一项30年的追踪调查数据显示，幼儿时期自我控制水平较高的个体，其成年之后患有肥胖的风险率更低[3]。来自21 000

---

[1] 杨丽珠、沈悦：《儿童自我控制的发展与促进》，安徽教育出版社2013年版，第159页。
[2] Moffitt, T. E., et al. A gradient of childhood self-control predicts health, wealth, and public safety. Proceedings of the National Academy of Sciences of the United States of America, 2011, 108（7），2693-2698.
[3] Schlam, T. R., et al. Preschoolers' delay of gratification predicts their body mass 30 years later. The Journal of Pediatrics, 2013, 162（1），90-93.

名儿童的自我控制能力研究结果表明，儿童时期自我控制水平较低的个体成年后吸烟的可能性增加[1]。

这些研究表明，幼儿时期的自我控制能力是促进个体全方面健康发展的重要基石，并且经济学家的研究证明，儿童时期的教育培养投资回报率会达到7%甚至更高，因此对幼儿进行教育投资和培养是促进个体发展和降低教育的社会成本的双赢之路。基于幼儿自我控制的重要性和效益性，近年来，关于幼儿自我控制的研究日益受到重视，且其受重视程度具有跨文化的一致性。在中国、美国、日本三国的幼儿人格教育目标中，都将自我控制因素归为幼儿应当发展的重要品质[2]。与此同时，幼儿自我控制能力培养方式和途径也呈现出多元化的发展趋势，课堂教学、运动训练、音乐训练、游戏训练等方法被广泛应用于幼儿自我控制的培养中。

拉克斯（Lakes）等的研究发现，武术训练能够提高儿童的自我控制能力[3]。在被试年龄跨度从幼儿到小学五年级儿童的实验中，经过3个月武术训练的实验组被试较施加正常教育活动的控制组被试的自我控制能力得到了更好的发展，并且这种自我控制能力的发展有效迁移到了儿童的学习活动中。

拉扎（Razza）等将29名3~5岁幼儿分为实验组和控制组，实验组的幼儿进行了为期25周，累计干预时间为40h的正念瑜伽训练，训练内容包括呼吸调整、瑜伽姿势训练和深呼吸练习[4]。实验结果显示，实验组的儿童通过正念瑜伽训练之后，被试在礼物等待任务、敲打铅笔任务和"头、肩膀、膝盖、脚"的任务中的得分显著高于控制组的儿童。由此可见，正念瑜伽训练促进了儿童自我控制能力的发展。

戴维（David）等对肥胖儿童进行了为期13周的有氧运动干预[5]，该干预研究将肥胖儿童随机分为三组，即高强度有氧运动组、低强度有氧运动组和无运动的控制组。高强度有氧运动组的被试每天进行40min的有氧运动训练，低强度有氧运动组的被试每天进行20min的有氧运动训练，高、低强度的有氧运动均在被试的承受范围之内。研究结果显示，在以制订计划、策略应用、自我控制为核心的执行功能的前后测中，高强度有氧运动组的被试得分显著高于其他两组。

---

[1] Daly, M., et al. Childhood self-control predicts smoking throughout life: Evidence from 21000 cohort study participants. Health Psychology, 2016, 35 (11), 1254-1263.

[2] 杨丽珠、沈悦、马世超:《幼儿气质、教师期望和同伴接纳对自我控制的影响》,《心理科学》2012年第6期,第1410-1415页。

[3] Lakes, K. D., Hoyt, W. T. Promoting self-regulation through school-based martial arts training. Journal of Applied Developmental Psychology, 2004, 25 (3), 283-302.

[4] Razza, R. A., et al. Enhancing preschoolers' self-regulation via mindful Yoga. Journal of Child and Family Studies, 2015, 24 (2), 372-385.

[5] David, K. M., Murphy, B. C. Interparental conflict and preschoolers' peer relations: The moderating roles of temperament and gender. Social Development, 2007, 16 (1), 1-23.

在身体运动训练成为培养儿童自我控制能力手段的大趋势下，传统的心理学理论被研究者寓于课程内容之中，成为培养儿童自我控制能力的重要途径。戴蒙德（Diamond）等采用工具课程对 5 岁幼儿进行了为期 1~2 年的培养，工具课程借鉴了维果斯基的理论，它的核心内容包含 40 个能够促进幼儿执行功能发展的社会性假装扮演活动[1]。维果斯基强调了儿童社会性假装扮演游戏在儿童早期发展中的重要性，在假装扮演游戏中，儿童需要抑制自身优势反应，记住自己及他人的角色，并灵活转换，即兴创作。研究结果表明，学习工具课程的幼儿在以抑制控制、工作记忆、灵活转换性为主的执行功能任务中的表现显著好于学习普通课程的幼儿。

传统的蒙台梭利课程也体现出了对儿童自我控制能力的培养。蒙台梭利课程强调儿童的常态化、标准化，即儿童能从无序、冲动的状态转换到自律、有序的状态，这种状态的转换对儿童的自我控制能力提出了要求。以蒙台梭利课程中的行走冥想训练为例，在该训练中，要求儿童集中注意力，围绕地上已有的路线行走而不使身上所戴的铃铛响起[2]，整个训练过程的实质是对儿童自我控制能力的训练与培养。

随着心理学的发展和学前教育的推进，自我控制的培养方式与学前教育的内容开始融合，尤其以音乐训练为主。莫雷诺（Moreno）等对 4~6 岁幼儿进行了为期 20 天的短期音乐训练[3]，以视觉艺术训练作为对比组，研究结果显示，经过短期音乐训练的幼儿在 Go/No-Go 实验任务中后测的 P2 波幅显著大于前测，即短期音乐训练促进了幼儿抑制控制能力的发展。温斯勒（Winsler）等对 3~5 岁的幼儿进行了音乐训练[4]，比较了音乐训练前后实验组与对比组幼儿在抑制控制能力方面的发展变化，实验结果表明，经过音乐训练的幼儿在抑制控制任务上的得分显著高于控制组幼儿。综上所述，儿童自我控制的培养活动具有一定的规则性和趣味性，儿童在活动中具有自主性，成人在活动中起到了指导和支持的"鹰架"作用。虞永平提出，能够吸引幼儿专注地投入活动，激发和提升幼儿的兴趣，满足幼儿的需要，这样的活动会更有效果，幼儿也能获得更多的经验[5]。戴蒙德

---

[1] Diamond, A., et al. Preschool program improves cognitive control. Science, 2007, 318 (5855), 1387-1388.
[2] Diamond, A., Lee, K. Interventions shown to aid executive function development in children 4 to 12 years old. Science, 2011, 333 (6045), 959-964.
[3] Moreno, S., et al. Short-term music training enhances verbal intelligence and executive function. Psychological Science, 2011, 22 (11), 1425-1433.
[4] Winsler, A., et al. Singing one's way to self-regulation: The role of early music and movement curricula and private speech. Early Education and Development, 2011, 22 (2), 274-304.
[5] 虞永平：《课程游戏化的意义和实践路径》，《早期教育（教师版）》2015 年第 3 卷，第 4-7 页。

（Diamond）等认为，提高儿童自我控制最关键的是要增强儿童参与活动的兴趣[1]，在活动中，儿童是充满活力的，同时活动让儿童释放了压力，体验到了愉悦感、自豪感、归属感和社会接纳感。基于培养儿童自我控制活动的共同点和关键，我们认为作为学前音乐教育活动的音乐律动可以成为培养幼儿自我控制的合适载体。

音乐律动是伴随音乐进行并与音乐相协调的身体动作表现活动[2]，其定义直接反映了音乐律动的规则性，同时音乐律动符合幼儿的身心发展规律，是幼儿文艺兴趣的重要表现形式，能够使幼儿的自我控制能力在积极的情感体验中得到发展。另外，一些实证研究结果证实了音乐律动可以促进儿童各方面能力尤其是自我控制能力的发展。有研究者指出，音乐律动通过调动身体的各个器官来训练身体各部分之间的配合，如头脑与身体协调、动作控制与反应和肌肉的紧张与放松，进而提高自我控制能力；也有研究者认为音乐律动可以培养幼儿的节奏感，提高幼儿的想象力、动作反应能力、自我控制能力和创造力等；王丹通过观察4岁幼儿发现，在音乐欣赏活动中，体态律动教学比倾听式教学更有利于幼儿在音乐欣赏活动中集中注意力[3]。

斯廷森（Stinson）指出舞蹈可以促进自我控制能力的发展[4]，并在 *Dance for Young Children: Finding the Magic in Movement* 一书中提到，身体控制是行为自我控制发展的第一步。许多关于身体舞动、律动的研究也证明了这一点。Zachopoulou 等在奥尔夫音乐教学体系的理论基础上，开发了音乐运动课程，对4～5岁幼儿进行了为期2个月的培养，研究结果显示，音乐运动课程促进了幼儿运动控制能力和身体动态平衡能力的发展[5]。洛博（Lobo）等对幼儿进行了自由舞蹈训练，自由舞蹈是儿童根据音乐自发进行的符合音乐规则的身体运动[6]。研究者将40名39～62个月的幼儿随机分配到实验组和控制组，实验组的被试接受每周两次、训练时间为8周的自由舞蹈训练，自由舞蹈训练内容一共包括五部分，即问候训练、热身和拉伸训练、动作练习时间、根据短故事即兴舞蹈、结束训练。训练的前后测实验结果显示，接受自由舞蹈训练的幼儿在社交能力和行为控制上的表现比控制

---

[1] Diamond, A., Lee, K. Interventions shown to aid executive function development in children 4 to 12 years old. Science, 2011, 333（6045），959-964.

[2] 许卓娅：《学前儿童音乐教育》，人民教育出版社1996年版，第35-37页。

[3] 王丹：《音乐欣赏活动中体态律动对幼儿注意集中状况的影响》，《中华女子学院学报》2005年第5期，第76-81页。

[4] Stinson, S. Dance for young children: Finding the magic in movement. Reston: American Alliance for Health, Physical Education, Recreation, and Dance, 1988, 23-24.

[5] Zachopoulou, E., et al. The effects of a developmentally appropriate music and movement program on motor performance. Early Childhood Research Quarterly, 2004, 19（4），631-642.

[6] Lobo, Y. B., Winsler, A. The effects of a creative dance and movement program on the social competence of head start preschoolers. Social Development, 2006, 15（3），501-519.

组幼儿有更大程度的进步和发展。研究者指出，音乐相关训练不仅可以使个体获得特殊的音乐技能及学到大量的音乐知识，还可以对个体的大脑神经发育产生广泛而深远的影响，加强并改善大脑神经系统的神经联结与信息沟通，使运动系统、听觉系统、边缘系统等多个脑区得以锻炼和发展[1]。通过以上的实证研究可知，音乐律动能够促进儿童自我控制能力的发展，可以归结为两点原因。

第一，音乐的固有属性为儿童自我控制的发展提供了基础。音乐律动最核心的要素包括两部分，即音乐和律动。首先，音乐本身具有三个重要的属性，即节奏、强度、重点节拍。节奏是音乐的速度，在律动的过程中音乐可以呈现出慢、中、快的节奏变化，对于儿童来说，感受音乐节奏的变化并根据节奏的变化做出相应的动作调整是至关重要的，在调整和变化过程中，儿童学会了对自身的控制。强度体现的是音乐的厚重感或者轻快感，儿童根据不同的音乐强度变换动作或是根据同一首音乐的不同强度变换自身的动作幅度，都体现了对自身的控制。每一首音乐中都包括重点节拍，儿童在音乐律动中可以根据音乐中的重点节拍改变自身的动作方向或是根据重点节拍出现的位置做出相应的动作，形成对自身良好的把控[2]。其次，音乐律动的曲目为儿童喜欢的音乐，有研究表明，体验音乐与获得食物都会让人产生兴奋感和愉悦感，而愉悦感是儿童参与韵律活动的重要要素，儿童体会到音乐律动的乐趣才更愿意去练习和重复，进而使自我控制得到更好的发展。

第二，音乐韵律动作是促进儿童自我控制发展的必要条件。音乐律动的第二个关键要素便是律动，即韵律动作本身。韵律动作主要包括四方面：身体意识、空间意识、动作的幅度及身体各部位之间的关系。身体意识要求儿童在律动的过程中必须要很好地控制自己的身体方向（左右、上下），空间意识要求儿童在韵律过程中把握自身的运动空间（低、中、高）和运动的线条（直线或者曲线），动作的幅度要求儿童掌握音乐律动的速度和力度，身体各部位之间的关系要求儿童在律动中动作协调并适当地与他人配合完成韵律活动。动作配合音乐具有一定的规则。儿童在音乐规则的要求下，学会从不同的方面控制自身的动作，逐渐将外化的身体控制转化为对自身的主动掌握，这样真正的自我控制便得以形成和发展[3]。韵律活动是幼儿园中最重要的活动，因为韵律活动满足了幼儿去移动自己的身体和探索空间的意识，帮助他们获得跑、跳等技能，更重要的是，在这一过程中，他们的自我控制能力得到了发展。

---

[1] 宋蓓、侯建成：《音乐训练对大脑可塑性的影响》，《黄钟》2013年第1期，第170-175页。
[2] Zachopoulou, E., et al. The effects of a developmentally appropriate music and movement program on motor performance. Early Childhood Research Quarterly, 2004, 19（4），631-642.
[3] Zachopoulou, E. et al. The effects of a developmentally appropriate music and movement program on motor performance. Early Childhood Research Quarterly, 2004, 19（4），631-642.

但在以往的相关研究和幼儿教学活动中，研究者和教师更多地注重音乐律动对幼儿音乐技能的影响，忽视了音乐律动对幼儿自我控制能力的发展与促进具有的教育价值，因此音乐律动培养幼儿的自我控制能力是对音乐律动教育价值的深度挖掘，也拓宽了幼儿自我控制的培养途径。本次研究我们假设：音乐律动能够作为有效的培养载体促进幼儿自我控制能力的发展。

二、研究方法

（一）被试

大连市某幼儿园 64 名幼儿参与了本次研究，幼儿年龄在 3.5~4.5 岁。按其所在班级，将幼儿分为实验组与对比组，实验组与对比组均包含 32 名幼儿（均含男生 17 人），实验组与对比组幼儿的年龄差异不显著。参加本次研究的幼儿父母及教师均表示愿意参加实验并签署了知情同意书。

（二）实验设计

本次研究采用 2（前后测）×2（组别）的两因素混合设计，其中前后测因素包括前测和后测两个水平，组别因素包括实验组和对比组两个水平。

（三）实验材料

1. 幼儿自我控制教师评定问卷

使用笔者等编制的幼儿自我控制教师评定问卷。该问卷是笔者所在的团队经过 3 轮、10 年的论证编制而成。问卷共计 32 题，采用 5 点计分，由自觉性维度、坚持性维度、冲动抑制性维度及自我延迟满足维度构成，分数越高，代表被试自我控制的发展水平越高。该问卷具有良好的内部一致性。问卷各维度及总体的内部一致性系数为 0.870~0.971。

2. 情境实验

为了避免问卷评定主观性的影响，本次研究选取了与幼儿自我控制结构相对应的情境实验对其进行测量，以与问卷结果相互佐证。情境实验由笔者等编制[①]。自觉性与冲动抑制性情境实验选取玩具任务，坚持性情境实验选取拼图任务，自我延迟满足实验选取经典的自我延迟满足范式。情境实验得分越高，代表被试自我控制的发展水平越高。情境实验任务及计分标准如下。

---

① 杨丽珠、沈悦：《儿童自我控制的发展与促进》，安徽教育出版社 2013 年版，第 121-124 页。

1) 玩具任务。在幼儿园选择幼儿熟悉的一间教室，在桌子上放满幼儿喜欢的玩具，主试借故有事情要出去，要求幼儿在椅子上安静地坐好，直到主试回来之后，幼儿方可玩桌子上的玩具。确保幼儿理解实验任务规则后，主试离开教室，实验持续 5min，用摄像机记录幼儿在 5min 内的行为表现。记录幼儿在主试离开教室后第一次触碰玩具的时间点，给出冲动抑制性维度的得分：0～60s 碰玩具计 1 分；61～120s 碰玩具计 2 分；121～180s 碰玩具计 3 分；181～240s 碰玩具计 4 分；241～300s 碰玩具和根本没有触碰玩具计 5 分。记录幼儿在主试离开教室后触碰玩具的总次数及言语行为表现，给出自觉性维度的得分：在实验过程中大声喧哗或下地活动并玩玩具，计 1 分；实验过程中活动不剧烈但一直玩玩具，计 2 分；实验过程中多次触碰玩具但未玩耍，喧哗或下地活动，计 3 分；实验过程中少次触碰玩具（5 次以下），较为安静，计 4 分，实验过程中仅有少次的玩具指向行为，能够保持安静，计 5 分。

2) 拼图任务。首先，让幼儿在熟悉的教室进行一个简单的拼图任务，在其理解和熟悉拼图规则之后，让幼儿做一个超出其能力水平的拼图任务，主试借故离开教室，观察并记录幼儿坚持拼图的时间和行为表现，时间的上限为 10min。记录幼儿在主试离开教室后的拼图时间并给出分值：坚持拼图时间 0～3min，计 1 分；坚持拼图时间 4～6min，计 2 分；坚持拼图时间 7～9min，计 3 分；坚持拼图时间 10～12min，计 4 分；坚持拼图时间 13～15min，计 5 分。

3) 自我延迟满足任务。主试给幼儿准备一个大消防车和一个小汽车，询问幼儿更想玩哪个车，在确认幼儿喜欢大消防车之后（如果幼儿始终选择小汽车，则该幼儿的数据无效），主试借故离开，当主试离开的时候，主试告诉幼儿不能碰这两个车，如果碰了，主试回来后，幼儿就只能玩小汽车；如果幼儿不想等待了，可以按门铃将主试叫回来，但按门铃将主试叫回，幼儿也只能玩小汽车，只有当主试自己回来，幼儿才可以玩大消防车。在确认幼儿理解规则后，主试离开教室开始计时，共计 15min。如果幼儿按门铃或碰触车辆，实验停止，幼儿得到即时奖励；如果幼儿能够一直等待，幼儿获得延迟奖励物。对实验进行录像，幼儿等待 0～3min 计 1 分；等待 4～6min 计 2 分；等待 7～9min 计 3 分，等待 10～12min 计 4 分，等待 13～15min 计 5 分。

（四）教育现场实验方案及程序

实验方案采取自行设计的韵律活动。根据《幼儿园教育指导纲要》《3～6 岁儿童学习与发展指南》对幼儿艺术发展的要求，本次研究设计的韵律活动方案注重引导幼儿采取多种方式表达其对音乐的感受。韵律活动的设计参考了美国著名教育学家戴维·韦卡特（David Weikart）)提出的"高瞻课程"教育理论。高瞻课程强调学前教育中成人的"鹰架"作用及幼儿与人、环境的互动性，并提出了幼儿发展的 58 条关键经验，其中指明了幼儿在韵律活动中应该达到的发展水平[1]。在设计韵律活动方案前，对从事幼儿教学活动多年的幼儿教师进行了访谈，并对幼儿的韵律动作发展水平进行了预测，以确定韵律活动的动作难度符合幼儿的身心发展规律和学习规律[2]。最终确定 8 个主题欢快活泼、节奏鲜明、符合 3～4 岁幼儿身心发展特点的韵律活动方案。每一个韵律活动方案以培养幼儿自我控制的一个维度为主，其他维度为辅，每个维度有两个主要的音乐韵律活动培养方案。音乐韵律活动类型见表 12-11。

表 12-11 音乐韵律活动类型

音乐韵律活动类型	内涵
轮流表演律动	同一首韵律活动曲目，幼儿分别进行律动表演，鼓励幼儿采用大胆的、不同的形式表现自己，其他幼儿耐心观看同伴的表演并等待其结束进行鼓励
角色扮演律动	根据音乐的内容，幼儿分角色进行律动，培养幼儿的自觉遵守音乐规则的能力
变换曲速律动	同一首韵律活动曲目，幼儿根据曲速的快慢变化做出相应的动作，培养幼儿的身体控制能力
合作律动	幼儿能够和同伴配合，根据音乐做出相应的韵律动作，培养幼儿与他人配合、克服音乐律动中的困难、坚持完成活动的能力
音乐信号律动	根据音乐的放送或停止，幼儿能够开始律动或停止身体的律动，培养幼儿的冲动抑制能力

在音乐律动训练前，实验组与对比组进行了幼儿自我控制教师评定问卷及相关情境实验的前测，记录问卷数据和情境实验数据，接下来对实验组幼儿进行自我控制的音乐律动训练。音乐律动训练由专门接受过音乐律动训练的硕士研究生担任主试。在音乐律动训练期间，主试带领实验组的幼儿进行相应的音乐韵律活动，在实验进行过程中，对比组幼儿进行自由活动。实验组除音乐韵律活动外，其他一切活动与对比组一致。音乐律动训练共进行 12 周，每周进行 5 次，每次持续 30min。训练后，再次对实验组和对比组幼儿进行与前测相同的问卷、情境实验任务测试并记录数据。

---

[1] Weikart, D. P. The ypsilanti perry preschool project: Preschool years and longitudinal results through fourth grade. Ypsilanti, MI: High/Scope Press, 1978, 10-15.
[2] 许卓娅：《学前儿童音乐教育》，人民教育出版社 1996 年版，第 66-79 页。

三、研究结果

（一）问卷结果

1. 音乐律动培养后测结果的描述统计

音乐律动培养后自我控制的描述统计见表12-12。

表12-12　音乐律动培养后自我控制的描述统计

自我控制维度	实验组（$n=32$） M（SD）	对比组（$n=32$） M（SD）
自觉性	3.77（0.50）	3.37（0.47）
坚持性	3.54（0.51）	3.26（0.49）
冲动抑制性	3.39（0.54）	3.14（0.43）
自我延迟满足	3.95（0.53）	3.50（0.50）
自我控制总均分	3.68（0.48）	3.33（0.44）

2. 音乐律动培养幼儿自我控制的重复测量方差分析结果

音乐律动培养幼儿自我控制的重复测量方差分析结果见表12-13。

表12-13　音乐律动培养幼儿自我控制的重复测量方差分析

因变量	变异来源	SS	df	MS	F	偏 η^2
自觉性	前后测	10.337	1	10.337	96.077***	0.608
	前后测×组别	0.516	1	0.516	4.794*	0.072
	组别	2.359	1	2.359	4.051*	0.061
坚持性	前后测	19.793	1	19.793	191.709***	0.756
	前后测×组别	2.084	1	2.084	20.187***	0.246
	组别	0.012	1	0.012	0.021	0.001
冲动抑制性	前后测	9.662	1	9.662	91.869***	0.597
	前后测×组别	0.610	1	0.610	5.796*	0.085
	组别	0.401	1	0.401	0.855	0.014
自我延迟满足	前后测	8.508	1	8.508	78.291***	0.558
	前后测×组别	0.514	1	0.514	4.730*	0.071
	组别	3.373	1	3.373	6.931*	0.101
自我控制总均分	前后测	11.959	1	11.959	171.323***	0.734
	前后测×组别	0.882	1	0.882	12.635**	0.169
	组别	1.113	1	1.113	2.323	0.036

音乐律动训练前后，对幼儿自我控制教师评定问卷的测量结果进行统计分析，以组别为被试间因素，前后测为重复测量的因素。

重复测量方差分析结果（表12-13）表明，自觉性维度的前后测主效应显著

$[F(1, 62)=96.077, p<0.001]$,前后测与组别的交互作用显著$[F(1, 62)=4.794, p<0.05]$,组别的主效应显著$[F(1, 62)=4.051, p<0.05]$。简单效应结果显示,实验组的前后测差异显著$[F(1, 62)=71.90, p<0.001]$,对比组的前后测差异显著$[F(1, 62)=28.97, p<0.001]$,后测中,实验组与对比组的差异显著$[F(1, 62)=10.64, p<0.05]$。实验组的前后测成绩增长率高于对比组。

坚持性维度的前后测主效应显著$[F(1, 62)=191.709, p<0.001]$,前后测与组别的交互作用显著$[F(1, 62)=20.187, p<0.001]$,组别的主效应不显著$[F(1, 62)=0.021, p>0.05]$。简单效应结果显示,实验组的前后测差异显著$[F(1, 62)=168.16, p<0.001]$,对比组的前后测差异显著$[F(1, 62)=43.74, p<0.001]$,后测中实验组与对比组的差异显著$[F(1, 62)=4.77 (p<0.05)]$,实验组的前后测成绩增长率高于对比组。

冲动抑制性维度的前后测主效应显著$[F(1, 62)=91.869, p<0.001]$,前后测与组别的交互作用显著$[F(1, 62)=5.796, p<0.05]$,组别的主效应不显著$[F(1, 62)=0.855, p>0.05]$。简单效应结果显示,实验组的前后测差异显著$[F(1, 62)=71.91, p<0.001]$,对比组的前后测差异显著$[F(1, 62)=25.76, p<0.001]$,后测中,实验组与对比组的差异显著$[F(1, 62)=4.21, p<0.05]$。在冲动抑制性维度上,实验组的前后测成绩增长率高于对比组。

自我延迟满足维度的前后测主效应显著$[F(1, 62)=78.291, p<0.001]$,组别的主效应显著$[F(1, 62)=6.931, p<0.05]$,前后测与组别的交互作用显著$[F(1, 62)=4.730, p<0.05]$。简单效应结果显示,实验组的前后测差异显著$[F(1, 62)=60.75, p<0.001]$,对比组的前后测差异显著$[F(1, 62)=22.27, p<0.001]$,实验组与对比组的后测差异显著$[F(1, 62)=12.31, p<0.01]$。实验组的前后测成绩增长率高于对比组。

自我控制总均分的前后测主效应显著$[F(1, 62)=171.323, p<0.001]$,前后测与组别的交互作用显著$[F(1, 62)=12.635, p<0.01]$,组别的主效应不显著$[F(1, 62)=2.323, p>0.05]$。简单效应结果显示,实验组的前后测差异显著$[F(1, 62)=118.50, p<0.001]$,对比组的前后测差异显著$[F(1, 62)=49.14, p<0.001]$,实验组与对比组的后测差异显著$[F(1, 62)=5.00, p<0.05]$。实验组的前后测成绩增长率高于对比组。

(二)情境实验结果

1. 音乐律动培养后测描述统计

音乐律动培养后测描述统计见表12-14。

表 12-14　音乐律动培养后测描述统计

维度	实验组（n=32）M（SD）	对比组（n=32）M（SD）
自觉性	4.41（0.62）	3.44（1.11）
坚持性	3.75（1.14）	3.25（1.24）
冲动抑制性	4.03（1.20）	3.03（0.93）
自我延迟满足	4.53（0.76）	3.72（1.20）

2. 音乐律动培养幼儿自我控制的重复测量方差分析结果

对问卷结果进行统计分析后，进一步对情境实验的数据结果进行统计分析，以组别为被试间因素，以前后测为重复测量因素。重复测量方差分析结果见表 12-15。

表 12-15　音乐律动培养幼儿自我控制的重复测量方差分析

因变量	变异来源	SS	df	MS	F
自觉性	前后测	10.695	1	10.695	25.830***
	组别	11.883	1	11.883	7.891**
	前后测×组别	4.133	1	4.133	9.981**
坚持性	前后测	12.500	1	12.500	47.328***
	组别	1.125	1	1.125	0.452
	前后测×组别	3.125	1	3.125	11.832**
冲动抑制性	前后测	28.125	1	28.125	33.057***
	组别	21.125	1	21.125	7.261**
	前后测×组别	15.125	1	15.125	17.777***
自我延迟满足	前后测	21.945	1	21.945	36.665***
	组别	7.508	1	7.508	2.941
	前后测×组别	3.445	1	3.445	5.756*

自觉性维度的前后测主效应显著 $[F(1, 62)=25.830, p<0.001]$，组别的主效应显著 $[F(1, 62)=7.891, p<0.01]$，前后测与组别的交互作用显著 $[F(1, 62)=9.981, p<0.01]$。简单效应结果显示，实验组的前后测差异显著 $[F(1, 62)=33.96, p<0.001]$，对比组的前后测差异不显著 $[F(1, 62)=1.85, p>0.05]$，后测中实验组与对比组差异显著 $[F(1, 62)=18.77, p<0.001]$。实验组的前后测成绩增长速度快于对比组。

坚持性维度的前后测主效应显著 $[F(1, 62)=47.328, p<0.001]$，组别的主效应不显著 $[F(1, 62)=0.452, p>0.05]$，前后测与组别的交互作用显著 $[F(1, 62)=11.832, p<0.01]$。简单效应结果显示，实验组的前后测差异显著 $[F(1, 62)=53.24, p<0.001]$，对比组的前测与后测差异显著 $[F(1, 62)=5.92, p<0.05]$。在

坚持性维度上，实验组的前后测成绩增长率高于对比组。

冲动抑制性维度的前后测主效应显著 [$F(1, 62)=33.057, p<0.001$]，组别的主效应显著 [$F(1, 62)=7.261, p<0.01$]，前后测与组别的交互作用显著 [$F(1, 62)=17.777, p<0.001$]。简单效应结果显示，实验组的前后测差异显著 [$F(1, 62)=46.99, p<0.001$]，对比组的前后测差异显著 [$F(1, 62)=10.01, p<0.01$]，后测中实验组与对比组差异显著 [$F(1, 62)=13.79, p<0.001$]。在冲动抑制性维度上，实验组的前后测成绩增长率高于对比组。

自我延迟满足维度的前后测主效应显著 [$F(1, 62)=36.665, p<0.001$]，组别的主效应不显著 [$F(1, 62)=2.941, p>0.05$]，前后测与组别的交互作用显著 [$F(1, 62)=5.756, p<0.05$]。简单效应结果显示，实验组的前后测差异显著 [$F(1, 62)=37.37, p<0.001$]，对比组的前后测差异显著 [$F(1, 62)=6.62, p<0.05$]，后测中实验组与对比组差异显著 [$F(1, 62)=11.70, p<0.01$]。在自我延迟满足维度上，实验组的前后测成绩增长率高于对比组。

四、讨论与结论

本章运用问卷和情境实验两种测评方法，对实验前后幼儿的自我控制水平进行了测查。研究结果显示，幼儿自我控制各个维度的前后测主效应显著，前后测和组别的交互作用显著。进一步做简单效应分析发现，实验组幼儿的自我控制能力增长率高于对比组幼儿自我控制能力的增长率，这充分说明音乐律动有效地促进了幼儿自我控制能力的发展。

本次研究表明，音乐律动促进了幼儿自我控制的发展，这与之前的研究结果一致。温斯勒（Winsler）等对幼儿进行了有关音乐运动课程的训练，在训练的前后测采用礼物延迟、慢走运动、熊龙指令等一系列抑制控制实验范式对实验组和对比组的幼儿进行测量，实验结果显示，音乐运动课程有效地促进了幼儿自我控制能力的发展[1]。

对于音乐律动促进幼儿自我控制的发展，训练的迁移理论可以为其提供理论支持。训练的正交两维度迁移理论指出，音乐相关训练能够促进个体感知/认知和近距离/远距离两个维度的发展。一方面，训练能够促进个体与音乐直接相关的能力的发展，比如，听觉能力，这是训练对个体感知觉的、近距离的促进作用；另一方面，训练也能够促进个体与音乐间接相关的社会能力、执行能力、自我控制能力等的发展，视之为训练对个体认知的、远距离的迁移作用。莫雷诺（Moreno）

---

[1] Winsler, A., et al. Singing one's way to self-regulation: The role of early music and movement curricula and private speech. Early Education and Development, 2011, 22 (2), 274-304.

等以 Go/No-Go 实验范式为测量指标，经音乐训练后，实验组幼儿相较对比组幼儿在后测中的表现好于前测，这正说明了音乐训练有效促进了个体自我控制能力的发展，即音乐训练实现了对个体认知的、远距离的迁移[1]。参与本次研究的幼儿经音乐律动培养后，其自我控制的发展体现了音乐律动对个体认知的、高水平的、远距离的迁移效果。

本次研究可以得到的结果是音乐律动促进了幼儿自我控制的各维度的发展。那么促进幼儿自我控制发展的究竟是音乐律动中的指导语，是音乐律动为幼儿提供的自由表达平台，是在音乐律动中幼儿与同伴、教师建立的良好关系，还是在重复的音乐韵律活动训练中幼儿将音乐律动作为调节自身行为的一种工具？

首先，音乐律动为幼儿创设了安全、愉悦、轻松的氛围，是促进幼儿自我控制发展的文化工具。韵律活动为幼儿提供了展示自己的机会，在教师的指导下，幼儿表达自己，与同伴、教师进行互动，在这种环境和反复的训练培养下，幼儿将音乐律动作为调节自身行为的符号和工具，逐渐内化，促进了自我控制的发展。维果斯基和鲁利亚（Luria）的传统心理学理论认为，语言在幼儿的自我控制发展中具有重要作用，儿童的行为从他人言语的调控逐渐转向自身言语的自控，而其他文化工具或符号系统，包括音乐、舞蹈等都能够被儿童内化成调节自身行为的工具[2]。因此，音乐律动作为一种文化系统能够被儿童内化进而形成监控、调节自身行为的工具[3]。

其次，音乐律动具有规则性，在音乐韵律活动中，幼儿需要根据音乐，排除干扰，自觉地做出指定动作，根据音乐的变化，抑制自身的优势动作倾向，在变化的音乐中，坚持相应的动作行为，这些音乐律动本身具有的规则性对幼儿自我控制各维度的发展起到了促进作用。例如，在"我的身体"的韵律活动中，幼儿需要根据音乐的内容、音乐的快慢，用双手交替地指出自己的身体部位，在这一过程中，为体验活动并得到最后的奖励，幼儿需要遵守音乐律动的规则，适时、适当地抑制自己优势动作的反应。

总之，在幼儿园中实施了音乐律动教育现场实验，培养幼儿的自我控制能力，结果发现，接受音乐律动培养的幼儿在自我控制方面得到了更大幅度的提高，说明音乐律动在一定程度上促进了幼儿自我控制能力的发展，拓宽了儿童自我控制的培养载体。

---

[1] Moreno, S., et al. Short-term music training enhances verbal intelligence and executive function. Psychological Science, 2011, 22 (11), 1425-1433.
[2] 维果斯基：《思维与语言》，李维译，北京大学出版社 2010 年版，第 21-34 页。
[3] Lobo, Y. B., Winsler, A. The effects of a creative dance and movement program on the social competence of head start preschoolers. Social Development, 2006, 15 (3), 501-519.

第十三章

理论总结、教育建议与未来展望

我们从 1983 年承担朱智贤教授的"六五"国家重点课题"中国儿童（含青少年）心理发展与教育"以来，历经多年，通过近 200 名硕士生、博士生和我的团队成员共同努力，主持了国家自然科学基金一般项目"儿童自我延迟满足的发展及其影响因素的研究"（杨丽珠，2002 年，项目号 30170323）、国家社会科学基金"十五"规划课题"儿童个性发展特点及其影响因素的研究"（杨丽珠，2002 年，项目号 BBB010467）、国家社会科学基金"十一五"规划课题"儿童青少年人格发展机制与干预研究"（杨丽珠，2008 年，项目号 BBA080048）、国家社会科学基金"十二五"重点项目"我国儿童青少年人格发展及其培养研究"（杨丽珠，2011 年，项目号 11AZD089），取得了丰硕的成果，主要出版了《幼儿个性发展与教育》[1]、《幼儿社会性发展与教育》[2]、《儿童个性发展与培养的实验研究》[3]、《儿童人格发展与教育的研究》[4]、《儿童青少年人格发展与教育》[5]、《儿童青少年健全人格培养研究》[6]、《早期儿童自我认知发生发展研究》[7]、《早期儿童自我意识情绪发生发展研究》[8]、《儿童自我控制的发展与促进》[9]。由此，本章将总结儿童、青少年人格发展的理论，提出教育建议和未来研究方向。

---

[1] 杨丽珠：《幼儿个性发展与教育》，世界图书出版公司 1993 年版。
[2] 杨丽珠、吴文菊：《幼儿社会性发展与教育》，辽宁师范大学出版社 2000 年版。
[3] 杨丽珠：《儿童个性发展与培养的实验研究》，吉林人民出版社 2001 年版。
[4] 杨丽珠：《儿童人格发展与教育的研究》，吉林人民出版社 2006 年版；杨丽珠：《儿童人格发展与教育的研究》（修订版），大连海事大学出版社 2008 年版。
[5] 杨丽珠：《儿童青少年人格发展与教育》，中国人民大学出版社 2014 年版。
[6] 孙岩、金芳、杨丽珠：《儿童青少年健全人格培养研究》，大连海事大学出版社 2017 年版。
[7] 杨丽珠、刘凌、徐敏：《早期儿童自我认知发生发展研究》，北京师范大学出版社 2014 年版。
[8] 杨丽珠、姜月、陶沙：《早期儿童自我意识情绪发生发展研究》，北京师范大学出版社 2014 年版。
[9] 杨丽珠、沈悦：《儿童自我控制的发展与促进》，安徽教育出版社 2013 年版；杨丽珠、沈悦：《儿童自我控制的发展与促进（修订版）》，北京师范大学出版社 2017 年版。

第十三章 理论总结、教育建议与未来展望

第一节 理论总结

一、儿童、青少年人格的含义

（一）儿童、青少年人格的概念

人格是指个体在生物的基础上，受社会生活条件制约形成的独特而稳定的具有调控能力、倾向性、动力性的各种心理特征的综合系统。

（二）儿童、青少年健全人格的概念

儿童青少年健全人格是在不断发展的，其内涵有其独特性。独特性是指儿童、青少年人格结构中具有普遍性和积极适应性的典型人格特质的健康、稳定、均衡发展。

1. 幼儿健全人格的概念

幼儿健全人格是指在幼儿人格结构中具有普遍性、积极适应性的典型人格特质，如聪慧性、文艺兴趣、自主进取、探索创新、坚持自制、认真负责、攻击反抗、善交际、精力充沛、乐观开朗、暴躁易怒、敏感焦虑、诚实知耻、同情利他、合群守礼的健康、稳定、均衡发展。

2. 小学生健全人格的概念

小学生健全人格是指在小学生人格结构中具有普遍性、积极适应性的典型人格特质，如聪慧性、探索创新、文艺兴趣、自主进取、认真尽责、攻击反抗、坚持自制、同情利他、合群守礼、诚实知耻、暴躁易怒、敏感焦虑、善交际、精力充沛、乐观开朗的健康、稳定、均衡发展。

3. 初中生健全人格的概念

初中生健全人格是指在初中生人格结构中具有普遍性、积极适应性的典型人格特质，如条理性、计划性、责任心、坚持性、攻击反抗、合群性、诚实守信、同情利他、聪慧性、探索创新、自主性、暴躁易怒、敏感焦虑、忧郁、精力充沛、善交际性、乐观开朗的健康、稳定、均衡发展。

二、中国儿童、青少年人格的结构

1. 中国 3~6 岁幼儿人格结构（指标体系）

历经 3 轮研究，通过自由描述和形容词法的质性研究与因素分析等量化研究程序编制而成的幼儿人格发展教师评定量表已具有理想的信度与效度指标，又经全国取样，最终获得了中国幼儿人格发展结构即指标体系，由智能特征、认真自控、亲社会性、情绪稳定性和外倾性 5 个维度及其下属的 15 个特质构成。

智能特征是指个体自我意识、智力及才能的发展特点，其主要反映了幼儿是否能相信自己的能力，可以用各种不同的办法成功地解决问题，积极参与文体活动，并展现自己的才能，以及在此过程中体现的悟性、反应敏捷性以及探索性，具体包括聪慧性、自主进取、探索创新、文艺兴趣 4 个特质。聪慧性主要反映个体的悟性、记忆能力、语言表达能力及头脑反应速度等智力特点，主要表现为爱动脑筋、好探索、善于观察、记忆力、语言表达能力、接受能力强等；自主进取主要反映了幼儿一种积极向上的心态，主要表现为幼儿相信自己的能力，遇事会积极主动地独立解决问题，并在其过程中展示出不服输、力争上游、努力做到最好的心理倾向；探索创新主要表现为幼儿思维的开放性和新异性，幼儿喜欢探究和提问，对周围的一切事物都充满好奇；文艺兴趣主要表现为个体在艺术方面的兴趣及才能，想象力丰富、兴趣广泛、多才多艺。

认真自控是指个体的做事风格和态度，在日常生活中表现出来的认真负责，以及对自身行为的控制能力，具体包括认真尽责、攻击反抗、坚持自制 3 个特质。认真尽责主要反映了个体的做事态度及投入程度，主要表现为幼儿完成一件事时，在活动中是否能集中注意力、认真踏实、有条理；攻击反抗主要反映了个体与外界环境相冲突时的行为方式，主要表现为幼儿在与同伴和教师交往时是否能在冲突环境中抑制自己的冲动（如骂人、打人、顶撞老师、砸物），约束自己的行为，顺从外在环境的要求；坚持自制主要反映了个体做事的毅力及自我克制的特点，主要表现为幼儿在日常生活中能否遵守既定规则，是否能在遇到困难时坚持不懈、完成预定任务等。

亲社会性是指个体做出的符合社会期望而对他人、群体或社会有益的情感和行为。研究表明，亲社会行为能够促进品德教育，影响品德的形成[①]。亲社会性反映了人格中具有道德价值的核心成分，具体包括诚实知耻、同情利他、合群守礼 3 个特质。诚实知耻主要反映了个体的信用特点，以及对在自己或他人的行为与社会标准或自我期望不一致时的体验特点，主要表现为幼儿做错事后能认识到自

---

① 李辽：《青少年的移情与亲社会行为的关系》，《心理学报》1990 年第 1 期，第 72-79 页。

己的错误，并感到羞愧、难为情等情感体验或行为表现，且能如实告知大人事情的真相，这是幼儿亲社会行为形成的重要基础；同情利他主要反映了幼儿在他人遇到困难时的利他行为，主要表现为同情和关心他人、谦让、安慰、分享、助人，这是幼儿亲社会性的外在行为表现；合群守礼主要反映了个体在人际交往中的亲和力及行为的适宜性，主要表现为幼儿对他人有礼貌，能较容易地融入群体生活中，与同伴相处融洽、共同游戏等，这是幼儿亲社会性发展的最初体现。

情绪稳定性是指幼儿持续性的积极或消极情绪的表达，表现为暴躁易怒、敏感焦虑2个特质。暴躁易怒主要反映了个体的情绪控制方面，主要表现为幼儿在挫折情境下易生气、发怒、哭泣不止、难以安抚；敏感焦虑主要反映了个体的情绪易感性，主要表现为幼儿对于细微的环境变化都会表现出害怕、恐惧的情绪，尤其是在游戏或表演中容易产生焦虑。

外倾性是指个体在人际交往中的主动性、活跃性和自然性，具体包括精力充沛、善交际、乐观开朗3个特质。精力充沛主要反映了幼儿活泼好动、调皮等特征，与以往研究的"活动性"类似，主要表现为幼儿活动时间较长、强度较大、不易疲惫；善交际主要反映了个体在人际交往中的主动性和人际技巧，主要表现为幼儿见到生人不害怕、会主动问好，且积极主动参与同伴的游戏活动；乐观开朗主要表现为幼儿遇到困难不退缩，能乐观、积极地看到事情的另一面。

2. 中国6～12岁小学生人格结构（指标体系）

历经3轮研究，通过自由描述和形容词法的质性研究与因素分析等量化研究程序编制而成的6～12岁小学生人格问卷，已具有理想的信度与效度指标，又经全国取样，最终获得了中国小学生人格发展结构即指标体系，由认真自控、智能特征、外倾性、亲社会性和情绪稳定性5个维度及其下属15个特质构成。

认真自控主要指个体的行事风格和态度，指小学生在学习中表现出的踏实、严谨、持之以恒，以及对自身行为的控制能力，包括认真尽责、攻击反抗、坚持自制、计划有序4个特质。认真尽责主要表现为学习注意力集中，一丝不苟，并对班级活动尽心尽力，有较强的集体荣誉感；攻击反抗在小学生身上已不再单纯是自控能力弱的问题，初步具备了对他人敌意的态度倾向和处理冲突的不良行为倾向；坚持自制指小学生能控制自己的言行使之符合学校的管理制度，在学习或其他活动中能坚持不懈，有始有终；计划有序是指小学生在学习活动中能设定目标，制定步骤，有序地完成任务，其作为一个单独的特质出现，体现了儿童人格随着年龄的增长不断分化、内涵更加丰富。

智能特征是指个体自我意识、智力及才能的特点，主要体现为小学生在学习活动中是否具有自己独立的想法、较好的学习能力和力争上游的学习动机，包括聪慧性、自主进取、探索创新3个特质。聪慧性是小学生在学习和生活中表现出的记忆力好、思维敏捷等心理品质，具体表现为学习新知识快、悟性好、语言表达能力强等；自主进取反映了小学生已能对事物形成自己的见解和判断，并积极进取、不甘人后，以获得较好的自我和他人评价，其在学习和活动中主要表现为有强烈的自信心、自尊心，做什么事都要拔尖、力争第一等；探索创新是小学生在学习和生活中表现出的好奇心强、喜欢探究等心理品质，具体表现为兴趣广泛、学习能举一反三、对问题有独到的见解等。

外倾性是指个体在人际交往中的主动性、活跃性和自然性，包括精力充沛、善交际、乐观开朗3个特质。精力充沛已不是单纯的体现儿童活泼好动的特点，而是反映小学生在学习和活动中的活跃程度与参与程度；善交际也不再只是儿童喜欢与他人交往的态度倾向，更主要地体现在交往技巧和策略的运用上，体现在小学儿童身上已是一种"交往能力"；乐观开朗主要体现为小学生在日常交往中热情、开朗、幽默的精神面貌。

亲社会性是指个体做出的符合社会期望而对他人、群体或社会有益的情感和行为，包括诚实知耻、同情利他、合群守礼3个特质。诚实知耻体现了小学生在日常生活中真诚与人交往，不撒谎，重承诺，在做了有违道德规范的事时会产生羞耻的情感体验，这种体验是进一步激发道德行为发展的条件；同情利他是指小学生主动帮助、安慰他人的行为倾向和同情关心他人的情感倾向，具体表现为从简单的帮助和安慰行为发展为情感上的共鸣和关心；合群守礼除了体现在小学生是否能很好地融入集体，与同伴进行良好交往，更体现在小学生能否在学习或活动中与他人有效合作，共同实现目标，这些体现出了中国儿童人格结构与西方儿童人格结构的差异。

情绪稳定性是指个体情绪的稳定性、持续性及情绪表达的特点。到小学阶段，儿童的情绪稳定性已有所提高。但随着学习环境的改变、社会交往范围的扩大，教师和家长提出了更高的要求，小学生会经历更多的心理压力事件，造成情绪的波动。情绪稳定性包括暴躁易怒和敏感焦虑两个特质。暴躁易怒是当小学生遭遇压力事件时，如与同学、教师发生冲突或遭遇不公平事件时，表现出的急躁、愤怒情绪；敏感焦虑反映了小学生过于在意他人的评价或在面对考试、竞赛等应激事件时不知所措、着急、紧张的心理倾向。

3. 中国12~15岁初中生人格结构（指标体系）

在以往研究的基础上，通过自由描述和形容词法的质性研究与因素分析等量化研究程序编制而成的初中生人格自我评定量表，已具有理想的信度与效度指标，又经全国取样，最终获得了中国初中生人格发展结构，即指标体系，由亲社会性、智能特征、认真自控、外倾性和情绪稳定性5个维度及其下属的17个特质构成。

亲社会性是指人们在日常生活和社会交往中表现出来的乐群、谦让、关心他人、合作、助人、讲礼貌等一切有助于社会和谐的行为和情感,又叫积极的社会行为。亲社会性维度主要包括合群性、同情利他、攻击反抗、诚实守信4个特质。合群性是指个体与他人交流时懂礼貌、随和、合作的人格特质;同情利他是个体帮助他人、与他人分享资源,以及对他人的不幸产生共鸣和对其行动的关心、支持的人格特质;攻击反抗是指与人际冲突有关的人格特质;诚实守信是真诚、遵守承诺的人格特质。

智能特征主要是与智力有关的在成功解决问题时具备的良好适应性的人格特征和行为,包括聪慧性、探索创新、自主性3个特质。聪慧性是指在日常生活和学习中表现出来的与智力有关的记忆力、知识丰富程度、反应的敏捷性等人格特质;探索创新是指积极主动探索新事物,并乐于用新的方法解决各种问题的人格特质;自主性是指个体独立处理问题的能力,包括独立做出决定。

认真自控主要体现在初中生的日常生活,以及其对自身行为的控制力,包括条理性、计划性、坚持性、责任心4个特质。条理性是指与个体的自理、干净、整洁程度有关的人格特质;计划性体现在对时间的掌控以及对任务的前瞻性把握上;坚持性表现为能坚持不懈地克服困难以达到既定目标,并在此过程中持续、持久的一种人格特质;责任心是指个体对其所在群体的社会角色承担相应的义务与责任的行为。

外倾性预示着个体更外向、乐群、积极、乐观、好交际、爱冒险、热情以及活跃等,代表了个体对外界关注的水平以及投入外界的能力,包括善交际、精力充沛、乐观开朗3个特质。善交际是指主动与人交往的意愿与能力;精力充沛是指与活力感和精神状态有关的人格特质;乐观开朗是指向上的心理倾向和生活态度。

情绪稳定性是指初中生积极或消极的情绪反应,包括敏感焦虑、暴躁易怒、忧郁3个特质。敏感焦虑是指当个体面对应激事件时表现出的猜疑、紧张、过分注意的心理倾向;暴躁易怒反映的是愤怒感体验和情绪冲动性的人格特质;忧郁反映的是正常心境向情绪低落方面波动的人格特质。

4. 儿童、青少年人格结构发展既具发展性又具阶段性

由表13-1可见,幼儿、小学生、初中生的人格有其各自的特点,这表明儿童、青少年人格结构是在不断发展的,儿童、青少年人格结构发展具有阶段性、动态性。

表 13-1　幼儿、小学生、初中生人格结构比较

维度	幼儿	小学生	初中生
智能特征	聪慧性 文艺兴趣 自主进取 探索创新	聪慧性 自主进取 探索创新	聪慧性 自主性 探索创新
认真自控	坚持自制 认真尽责 攻击反抗	坚持自制 认真尽责 攻击反抗 计划有序	坚持性 责任心 条理性 计划性
外倾性	善交际 精力充沛 乐观开朗	善交际 精力充沛 乐观开朗	善交际 精力充沛 乐观开朗
情绪稳定性	暴躁易怒 敏感焦虑	暴躁易怒 敏感焦虑	暴躁易怒 敏感焦虑 忧郁
亲社会性	诚实知耻 同情利他 合群守礼	诚实知耻 同情利他 合群守礼	诚实守信 同情利他 合群性 攻击反抗

三、中国儿童、青少年人格的评定工具及常模建立

1. 中国幼儿人格的评定工具及常模建立

我们经过 3 轮研究，编制了幼儿人格发展教师评定量表和幼儿人格家长评定量表（简版），又经全国取样，验证了我们编制的这两个量表是可信、有效的。在此基础上建立了全国常模。常模参照团体的构成依据"中国发展指数"确定的中国四类地区进行分层随机抽样，按照地区人口比例，在各类地区中抽取有代表性的省份，在各省份中抽取有代表性的地市，在各地市抽取有代表性的 3 所幼儿园，包括城市公办幼儿园、城市民办幼儿园和乡镇公办幼儿园各 1 所，每所幼儿园抽取大、中、小班各 60 人，共 180 人进行"幼儿人格发展教师评定量表"的测量。最终，抽取有效被试 7161 人，全国取样具有代表性。各年级被试的性别比例无差异。基于幼儿人格发展的年级和性别差异，幼儿以年级和性别分为 6 个团体，进行常模参照分数的确定。幼儿人格各维度的内部一致性信度和评分者信度的测量结果均较为理想。人格各维度以各常模参照团体为单位，将原始分数转化为百分等级，再转化为正态化标准分数和 T 分数，建立了中国幼儿人格发展教师评定量表的百分等级和 T 分数常模，以评估其在常模参照团体中的相对位置。

2. 中国小学生人格的评定工具及常模建立

我们经过 3 轮研究，编制了小学生人格教师评定量表和小学生人格家长评定

量表（简版），又经全国取样，验证了我们编制的这两个量表是可信、有效的。在此基础上，建立全国常模。常模参照团体的构成依据"中国发展指数"确定的中国四类地区进行分层随机抽样，按照地区人口比例，在各类地区中抽取有代表性的省份，在各省份中抽取有代表性的地市，在各地市抽取有代表性的 2 所小学，包括 1 所较好小学和 1 所普通小学，每所小学 6 个年级各抽取 60 人，共 360 人，进行小学生人格教师评定量表的测量。最终抽取有效被试 9254 人，全国取样具有代表性。各年级被试的性别比例无差异。基于小学生人格发展的年级和性别差异，将小学生以年级和性别分为 12 个团体，进行常模参照分数的确定。小学生人格各维度的内部一致性信度和评分者信度的测量结果均较为理想。人格各维度以各常模参照团体为单位，将原始分数转化为百分等级，再转化为正态化标准分数和 T 分数，建立了中国小学生人格发展教师评定量表的百分等级和 T 分数常模，以评估其在常模参照团体中的相对位置。

3. 中国初中生人格的评定工具及常模建立

我们编制了初中生人格发展自评量表、初中生人格教师评定量表、初中生人格家长评定量表（简版），又经全国取样，验证了我们编制的 3 个量表是可信、有效的。在此基础上，建立全国常模。常模参照团体的构成依据"中国发展指数"确定的中国四类地区进行分层随机抽样，按照地区人口比例，在各类地区中抽取有代表性的省份，在各省份中抽取有代表性的地市，在各地市抽取有代表性的 2 所初中，包括 1 所较好初中和 1 所普通初中，每所初中三个年级各抽取 60 人，共 180 人，进行中国初中生人格自评量表的测量。最终抽取有效被试 4955 人，全国取样具有代表性。各年级被试的性别比例基本一致。基于初中生人格发展的年级和性别差异，将初中生以年级和性别分为 6 个团体，进行常模参照分数的确定。初中生人格各维度的内部一致性信度均较为理想。人格各维度以各常模参照团体为单位，将原始分数转化为百分等级，再转化为正态化标准分数和 T 分数，建立了中国初中生人格发展自评量表的百分等级和 T 分数常模，以评估其在常模参照团体中的相对位置。

4. 儿童、青少年人格评定工具的可靠性和有效性

一个可靠、有效的评定工具不仅要有代表性，而且要具有可重复性。我们及他人多次使用，其信度诸如重测信度、同质性信度、折半信度和评分者信度都达到了统计要求，这表明评定工具有一定的可靠性；效度诸如校标效度、关联效度、结构效度都良好，特别是构念效度，我们分别从幼儿、小学生、初中生人格 5 个维度中选出 1 个贡献率大的做情境实验，幼儿部分实验结果与问卷测量的结果相

关系数分别为 0.708、0.804、0.707、0.711、0.705，差异显著（$p<0.01$）；小学生部分实验结果与问卷测量的结果相关系数分别为 0.540、0.523、0.573、0.506、0.512，差异显著（$p<0.01$）；初中生部分实验结果与问卷测量的结果相关系数为 0.51~0.56，差异显著（$p<0.01$），这表明运用多质多法检验评定工具有效。

四、中国儿童、青少年人格跨阶段纵向发展特点

（一）幼儿、小学生、初中生人格纵向发展特点

1. 3~6岁幼儿人格纵向发展特点

运用自编幼儿人格教师评定问卷对幼儿人格进行追踪测量，探讨其年龄及性别的发展特点。用整群抽样法选取 3~3.5 岁、3.5~4 岁、4~4.5 岁 3 个年龄群组幼儿为被试，采用群组序列的追踪设计，进行为期 1.5 年的追踪测量，结合潜变量增长曲线模型和多层线性模型处理数据，探讨幼儿在 3~6 岁的人格发展特点。结果发现：①幼儿的智能特征、认真自控、外倾性、亲社会性、情绪稳定性 5 个人格维度在 3~4 岁发展最快，4~5 岁持续发展，但发展速度放缓，到 5~6 岁趋于平稳；②女孩的认真自控和亲社会性水平在 3 岁显著高于男孩，但在 3~6 岁的增长率不存在差异，即女孩的认真自控和亲社会性在幼儿阶段的发展水平始终高于男孩。结果表明，从家庭进入幼儿园的环境变迁促进了幼儿人格的进一步发展，5 岁左右，幼儿的人格开始初步形成；女孩的认真自控和亲社会性水平在幼儿阶段始终高于男孩。

2. 6~12岁小学生人格纵向发展特点

采用整群抽样法选取 9 个年龄群组的小学生为被试，应用群组序列追踪设计，进行为期 1.5 年的 4 个时间点的测量，并运用潜变量增长曲线模型和多层线性模型进行数据分析，探讨了 6~12 岁儿童人格的年龄和性别发展特点。结果发现：①在整个小学阶段，认真自控水平呈持续的线性上升趋势，智能特征、外倾性、亲社会性、情绪稳定性的发展呈现出先快速发展，而后发展放缓，在高年级出现下降的趋势；②女孩的认真自控在 6 岁的初始值高于男孩，而且在整个小学阶段内的发展速度也快于男孩。

3. 12~15岁初中生人格纵向发展特点

采用群组序列的设计，对初中生 3 个群组（13~13.5 岁、13.5~14 岁、14~14.5 岁）进行为期 1.5 年的追踪，每隔半年测量 1 次，共测量 4 次。运用潜变量增长曲线模型和多层线性模型进行数据分析，探讨初中生人格的纵向发展特点。

结果发现：①随着年龄的增长，除外倾性外，其余特质均表现出显著的发展趋势，亲社会性和认真自控水平呈上升趋势，智能特征水平呈倒"U"形发展趋势，情绪稳定性水平为下降趋势。②男生的智能特征得分显著高于女生。

（二）中国儿童、青少年人格分数等值与跨阶段发展特点研究

在我国四类地区选取代表性大样本，其中幼儿7161人，小学生9254人，初中生4955人，采用锚测验-非等组测验等值设计，将幼儿、小学生和初中生三个阶段的人格量表得分等值于同一尺度，进而探讨同一尺度下人格得分的跨幼儿、小学和初中阶段以及性别的发展特点。

1）运用Tucker等值方法产生的标准误最小，以幼儿为尺度产生的标准误最小，由此采用Tucker等值方法，以幼儿为尺度将人格各维度分数进行等值，这样我们就可以探讨3~15岁儿童、青少年人格发展的趋势。

2）在变迁阶段，环境发生了很大变化，幼儿变迁至小学、小学变迁至初中，儿童、青少年的人格有了很大变化。变迁阶段是儿童、青少年人格发展的敏感期。在环境发生变迁时，我国儿童、青少年人格会发生显著变化，儿童、青少年人格是可塑的。

3）幼儿阶段、小学阶段和初中阶段的人格各维度得分的均值水平和等级顺序方面均有显著改变。儿童、青少年人格发展既有连续性，又有阶段性发展的特点。

（三）揭示中国儿童、青少年人格类型及跨阶段纵向发展特点

1. 探讨中国儿童、青少年人格分数等值后人格的三种类型

以人为中心的研究方式为考察儿童、青少年人格发展的研究提供了新的视角。以往研究依据自我调节的两个维度（自我适应与自我控制），区分出三种人格类型，即适应型、过度控制型及低控型。但针对儿童、青少年的这种类型划分，是通过三个年龄阶段（幼儿、小学生、初中生）分别实现的，得出的人格类型结果并不完全是同一意义或等值的。因此，本书在人格测验得分的Tucker线性等值的基础上，采用潜在类别分析技术，结果表明，我国儿童、青少年人格可以合理地被划分为适应型、过度控制型和低控型三种典型的类型。

2. 探讨3~15岁儿童人格类型跨阶段纵向发展特点

以往对人格类型的研究都是基于分阶段的儿童、青少年人格类型划分的，相应的区分结果并不完全是同一意义的或等值的。基于中国儿童、青少年人格五因素框架，将人格各维度得分进行Tucker线性等值，并在中国儿童、青少年总体的

人格三种类型（适应型、低控型、过度控制型）的基础上，"以个体为中心"探讨我国儿童、青少年人格发展的特征。结果发现：①随着年级的升高，人格类型中适应型比例增加，另两类比例降低；②在低控型和过度控制型人格类型中，女生比例低于男生比例。在适应型人格类型中，女生比例高于男生比例。

五、儿童、青少年人格发展的影响因素

（一）生理作用

1. 脑电生理表征

我们利用 ERP 技术考察了高、低自控组在停止信号任务中的自控能力诱发的脑电成分，发现脑电成分 N2 和 P3 可以预测初中生的自我控制水平。同时，应用经典的自我延迟满足实验对癫痫幼儿和正常幼儿的自我控制行为进行测试，以便探索癫痫与自我控制的关系。我们发现癫痫组幼儿的平均延迟时间短于正常组幼儿，癫痫幼儿基本上不会有效地使用各种延迟策略，癫痫引起的大脑损伤导致癫痫幼儿自我延迟满足能力的发展水平明显滞后于正常同龄幼儿，带有明显的低自我控制倾向。由此可见，脑电生理是人格发展的基础。

2. 社会基因的作用

我们通过梳理文献资料发现，在社会基因视角下，人格改变的动力来自进化与成熟的过程中个体自下而上地随环境要求改变而导致的基因表达的改变。基因受环境影响的机制包括即刻早期反应基因转录激活、mRNA 表达增加、DNA 甲基化和长期压力的累积效应等。由此可见，基因为人格的发展提供了可能性，起到了基础性作用。

为了更好地解释人格发展的影响因素，还必须研究气质与社会支持系统。以往我们是分别探讨气质、家庭、教师期望、同伴关系、社会文化对儿童、青少年人格发展的影响，但在研究过程中发现这些因素综合影响着儿童人格的发展，因此，本书我们有目的地将一些因素放在一起研究，更细致地研究这些因素的综合作用。

（二）气质、父母教育价值观、教师期望、学生知觉的教师期望、同伴接纳、友谊质量综合影响儿童、青少年人格发展的机制

1. 探究气质对幼儿自我控制与利他行为关系的调节作用

采用实验法和问卷法考察了不同气质类型的儿童的自控和利他之间的关系，

探讨了气质对3~5岁幼儿自我控制能力和利他行为之间的关系的调节作用。研究表明，气质情绪性、活动性、反应性与自控能力呈负相关；气质情绪性、社会抑制性与利他呈负相关，专注性与自控能力、利他呈正相关；自控与利他呈正相关；气质对自控与利他之间关系的强度具有调节作用，敏感型气质对二者关系的解释率最高，抑制型气质对二者关系的解释率最低。

2. 探究幼儿气质、教师期望和同伴接纳对自我控制的影响

我们通过对684名3~5岁幼儿进行同伴提名和问卷测量，考察了气质、教师期望和同伴接纳对自我控制的影响。结果发现：①气质、教师期望和同伴接纳各维度不同程度地预测了幼儿的自我控制水平；②气质、同伴接纳、教师期望交互作用于自我控制，其中同伴接纳是有调节的中介变量，其既是气质反应性、专注性和教师对幼儿日常习惯期望影响自我控制的部分中介变量，同时又受到气质情绪性的调节；③社会抑制性与教师对幼儿人际互动的期望交互作用于自我控制。

3. 探究父母教养方式、同伴接纳和教师期望对小学生人格的影响

我们以2150名小学生为被试，采用问卷法探讨父母教养方式、同伴接纳、学生知觉的教师期望与小学生人格发展的关系。结果发现：①父母教养方式的民主性能正向预测小学生人格的外倾性、亲社会性的发展；②同伴接纳分别在父母教养方式的民主性与小学生人格的外倾性、亲社会性之间起中介作用；③学生知觉的教师期望消极反馈调节了中介过程的前半路径，因此同伴接纳是有调节的中介变量。

4. 探究父母教育价值观对儿童人格的影响：有调节的中介模型

我们通过随机取样的方法选取大连市3所幼儿园553名3~6岁幼儿作为被试，采用问卷方式探讨了家长教育价值观、父母教养方式、儿童气质以及儿童人格之间的关系。我们构建了一个有调节的中介模型，即父母教养方式在教育价值观和儿童人格之间起中介作用，这一中介作用受到儿童自身气质特点的调节。结果发现：①教育价值观的关系性维度正向预测了儿童人格的智能特征，教育价值观的好行为维度正向预测了儿童人格的情绪稳定性；②教养方式不一致性维度在关系性与智能特征的关系中起中介作用，教养方式溺爱性维度在好行为与情绪稳定性的关系中起中介作用；③气质的情绪性维度和反应性维度分别调节了教养方式不一致性和溺爱性的中介作用。

5. 探究教师期望对幼儿人格的影响

我们选取634名幼儿作为被试，采用问卷法，应用多层线性模型，在班级和

个体两个层面上探讨教师期望对幼儿人格的影响,并考察师幼关系的中介效应。结果发现:①个体层面和班级层面的教师期望对师幼关系均有显著的预测作用;②在个体层面上,教师期望对人格智能特征、认真自控、外倾性和亲社会性有显著的预测作用;在班级层面上,班级平均教师期望对认真自控有显著的预测作用;③在个体层面上,师幼关系是教师期望影响人格的认真自控、外倾性、亲社会性和情绪稳定性的中介变量,在班级层面上,师幼关系无显著的中介作用。

6. 探究教师期望对初中生人格的影响

本书采用问卷法对 434 名初中生及其教师进行施测,探索了教师期望和学生知觉的教师期望对初中生人格的影响。结果发现:①教师期望的学业维度对初中生人格的智能特征、外倾性和情绪稳定性均有显著的预测作用,品行与纪律维度分别对初中生的认真自控和亲社会性有预测作用;②除关心支持外,学生知觉的教师期望的各维度对初中生人格各维度分别具有预测作用;③学生知觉的教师期望在教师期望对初中生的智能特征、认真自控、外倾性及亲社会性的影响中起到了部分中介作用,情绪稳定性不受教师期望的影响。

由此可见,气质与社会支持系统交互作用,影响了人格的发展。这种影响不是单方向的,而是双向的,人格与环境因素交互作用,影响了儿童的行为。

(三)人格的作用

1. 探索小学生努力控制对学业成绩的影响:同伴关系的中介作用

我们探讨了小学生努力控制、同伴关系和学业成绩之间的关系。我们将修订美国的 TMCQ-努力控制分问卷作为测量小学生努力控制的工具,并结合同伴关系问卷和期末考试成绩,对 191 名小学生进行调查。结果发现:①小学生的努力控制、同伴关系和学业成绩均呈显著正相关;②同伴关系在努力控制和学习成绩的关系上起到了部分中介作用,即努力控制不仅会直接影响小学生的学业成绩,还会通过影响同伴关系进而影响学业成绩;③同伴关系的中介效应存在性别差异,在女生群体中更为明显。由此可见,对于存在学业不良现象的儿童,尤其是女学生,家长和教师可以在提升其努力控制水平的同时,帮助她们建立积极的同伴关系,进而改善其学业状况。

2. 探索心理时间旅行的动力机制:自我的作用

我们选取 120 名大学生,考察了自我在心理时间旅行中的动力机制。我们以核心自我评价为评估自我概念的指标,发现自尊和一般自我效能对指向未来的心理时间旅行具有一定的预测效力。通过启动使不同类型的自我概念在意识中占优势，发现互倚组比独立组报告出更多具体的事件，且更关注他人和关系。结果表明，核心自我评价和独立型/互倚型自我概念对过去和未来事件的回忆和建构具有一定的引导及调控作用。

3. 探索初一年级学生人格发展对其学业成绩的影响

为了了解初中生人格发展对学业成绩的影响，我们采用初中生人格自我评定问卷和学业评价测试对辽宁省14个市的17万多名初一年级学生的人格和学业成绩进行了调查。潜在类别分析结果显示，人格可分为低控型、过度控制型和适应型三种类型。方差分析结果显示，在人格维度上，人格五维度高、低分组在各科成绩和总成绩上均存在显著差异；在人格类型上，适应型人格的学生学习成绩较好，其次为过度控制型，低控型最差。总体来说，无论是从以变量为中心还是从以个体为中心角度均得出，人格发展较好的学生比相对较差的学生具有更好的学业成绩。

总之，生理、基因、气质、社会支持系统，诸如家庭、幼儿园/学校（含教育）综合影响了儿童人格的形成和发展。其中，生理为儿童人格的发展提供了先天的基础，提供了发展的可能性，气质与社会支持系统交互作用改变了生理先天的遗传，使其基因发生变化，进而使人格发生改变，特别是在环境变迁时，我们要抓住这个关键时期，对儿童、青少年的健全人格进行培养。

六、儿童、青少年健全人格培养模式

（一）对儿童、青少年健全人格的培养

我们于2009—2014年系统地进行了小样本的幼儿健全人格的培养，完成了一篇博士学位论文，在此基础上，于2015—2016年对全国15个省份的53所幼儿园进行了全国幼儿健全人格培养的推广教育现场实验，收获甚丰，影响很大。我们于2013—2016年分别进行了小样本的中小学生健全人格的培养，完成了两篇博士学位论文，在此基础上，于2017年分别对全国10个省份的66所小学、47所初中进行了全国中小学生健全人格培养的推广教育现场实验，并对辽宁省中小学生健全人格培养进行推广，由此形成了对儿童、青少年健全人格培养的独特体会。

1. 确定适宜的培养目标体系是培养儿童、青少年健全人格的基本前提

开展儿童、青少年健全人格培养实验的首要任务，是确定对整个培养起方向性和引领作用的培养目标体系。国别不同，文化价值观有异，我们应该根据本国自身的特点，确定儿童、青少年健全人格培养方案的目标体系。

我们通过对中国本土 3 轮、15 年涉及 10 个省份的质化研究，分别形成了中国儿童、青少年人格结构，在此基础上基于教师评定法等，分别确立了中国儿童、青少年健全人格培养的总目标。同时，分别依据儿童、青少年健全人格的总目标，根据儿童、青少年的年龄阶段提出适合不同年龄儿童、青少年发展的阶段目标，针对不同的阶段目标设计适应不同年龄段儿童、青少年人格发展的活动方案，这是构建中国儿童、青少年健全人格培养活动方案的基本出发点。

2. 以适宜的活动为载体是培养儿童、青少年健全人格发展的最佳方式

游戏对幼儿人格发展的积极作用不容忽视。以游戏为载体的思想不仅符合《3～6 岁儿童学习与发展指南》的要求，也能体现学前教育的专业特殊性，而且符合幼儿的身心发展需要。这些可以从教育现场实验的教学案例中得到验证。

游戏可以激发幼儿的自主性，满足幼儿的不同需求；游戏为幼儿提供了直接感知、实际操作的机会，让幼儿在游戏中学会解决问题，获取有用的知识和经验；游戏可以发展幼儿积极主动、探索求知的品质；游戏可以把人格培养的内容转化为幼儿的内在需要。总之，通过一年的健全人格培养实验，其人格水平有了显著提升，可见游戏是适合用于幼儿健全人格培养的载体。

培养小学生健全人格的最佳载体为互动体验式教育活动。活动理论强调儿童是学习的主体，儿童在活动中能以自然、放松的状态与教师和同伴平等互动；活动理论重视儿童的学习兴趣和直接经验，鼓励儿童主动与教师、同伴交流互动、分享体验，以促进其身心和谐发展。为了促进学生的健全人格的形成，首先必须让学生作为主体去参与、体验活动，将活动内在的教育价值转化为儿童实际发展水平，使儿童在活动中得到发展[①]。从积极人格心理学观来说，这类互动体验式活动蕴含着积极的人格特质，在进行活动时使儿童掌握活动所包含的积极人格特质。采用儿童个体与培养载体相互作用的方式，将互动体验式活动载体中蕴含的积极心理品质内化为儿童的内部图式，最终实现儿童人格的积极全面发展。另外，设计的互动体验式活动方案要适合儿童心理发展的可接受性，符合学生心理的发展特点，最终实现促进儿童人格的全面发展。

团体体验式教育活动是培养初中生健全人格的最佳教育载体。该活动理论强调初中阶段的青少年的发展的基本方式就是活动。根据达维多夫（Davidov）的活动发展说，处于初中阶段的青少年的主导活动方式是社会有益活动[②]。社会性活动是指个体增加社会性体验，促进其社会性发展的活动。作为影响青少年社会性发展的一个重要途径，同辈群体的作用性越来越受到研究者的关注。初中生希望自

---

① 杨莉娟：《活动理论与建构主义学习观》，《教育科学研究》2000 年第 4 期，第 59-65 页。
② 转引自朱智贤：《儿童心理学》，人民教育出版社 1993 年版，第 57-59 页。

己被同伴接纳和认同,在初中生的价值体系中,同伴友谊是处于首位的[①]。团体体验式活动满足了初中生获得同伴接纳和认同的需要。其中,个体与团体之间的关系是相互作用的,个体体验到的积极的情绪对团体内其他成员的积极情绪的调节有促进作用,进而能增强团体动力,团体内个体的内在动机是促成团体动力形成的主要作用力。沉浸体验作为个体的内在动机,对其主动地实现目标有积极的促进作用。团体体验式活动充满了趣味性、挑战性以及反思性,学生乐于其中、主动参与,从而与他人互动,产生了深层体验、感悟。我们认为团体体验式活动是培养初中生健全人格的最佳载体。

3. 构建具有中国文化特色的活动方案是培养儿童、青少年健全人格的关键

在确立了总目标、阶段目标与载体的基础上,如何体现中国特色,如何传递出社会主义核心价值观,也是中国儿童、青少年健全人格培养活动方案的重中之重。关于中国特色文化,党的十九大报告有这样的要求:"推动中华优秀传统文化创造性转化、创新性发展,继承革命文化,发展社会主义先进文化,不忘本来、吸收外来、面向未来,更好构筑中国精神、中国价值、中国力量,为人民提供精神指引。"由此可见,我们构建的活动方案应体现"不忘本来、吸收外来、面向未来"的原则,继承我国优秀传统文化,结合西方杰出文化,形成适应中国发展的中国特色文化。我们设计了培养幼儿健全人格发展的游戏活动方案108个,培养小学生健全人格发展的互动体验式活动方案60个,培养初中生健全人格发展的团体体验式活动方案60个。这些方案适合中国发展的特色文化要素,如"合作交往"特质体现了对集体主义精神、合作精神的培养,符合"致和的集体主义精神"这一中国特色文化;"诚实礼貌"特质重在培养儿童、青少年的诚实守信、礼貌待人的品质,与中国特色文化"诚实守信的交往方式"相契合。这些活动方案为开展儿童、青少年健全人格培养的教育现场实验提供了前提和基础,是儿童、青少年健全人格培养实施的关键。

4. 教育现场实验是培养儿童、青少年健全人格的有效路径

在形成中国儿童、青少年健全人格培养活动方案后,要确定该方案是否能切实提高我国儿童、青少年的人格发展水平,确定该方案是否适用于中国不同的地区,这就需要实施教育现场实验。通过教育现场实验,可以证实我们把设计的中国幼儿健全人格游戏活动方案、中国小学生健全人格互动体验式活动方案、中国初中生健全人格团体体验式活动方案作为培养的自变量,能够促进儿童、青少年健全人格的发展。

---

① Bagwell, C. L., et al. Friendship and Happiness in Adolescence. Friendship and Happiness, 2015, 99-116.

无论是从培养的整体效果来看，还是从个体发展水平来看，实验班儿童的人格发展水平都高于对比班，证明了以儿童、青少年健全人格培养方案为内容的教育现场实验对儿童、青少年健全人格有切实的培养效果，该培养方案可以为儿童、青少年提供培养健全人格发展的良好课程资源与指导。另外，在此期间，教师的专业能力也随着教育现场实验的进行得到了提升，他们学会了如何了解儿童，拓宽了知识面，体验到了专业成长的快乐，同时也提高了自身的人格水平。

（二）儿童、青少年人格培养理论

20世纪90年代，我们分别进行过人格特质的培养，诸如对幼儿自尊、自信心、独立性、自我控制、同情心、好奇心等特质的培养，初步形成了儿童人格培养理论。我们通过全国幼儿健全人格培养推广实验、小学生健全人格培养教育现场实验、初中生健全人格培养教育现场实验，进一步验证了我们提出的儿童人格培养理论的有效性。在此基础上，我们完善了儿童、青少年健全人格理论。我们认为儿童、青少年健全人格培养理论，要依据国家方针政策、社会需求、儿童及青少年人格结构确定培养儿童、青少年人格发展的总目标，依据总目标和儿童人格发展特点确定阶段目标；依据影响儿童人格发展的因素，选择最佳的有效载体；依据阶段目标和儿童人格发展的特点与关键经验，设计儿童、青少年健全人格培养方案；实施教育现场实验，遵循自主性和尊重平等的教育理念，促进儿童、青少年健全人格的发展，以建构促进儿童人格发展的教育模式。

第二节 教育建议

一、幼儿健全人格培养的教育建议

（一）亲社会性培养的教育建议

幼儿的亲社会性是其人格结构中的道德成分，是幼儿表现出的符合社会期望并有益于他人的情感和行为。目前，大部分幼儿是独生子女，在家庭中受到父母及长辈的宠爱，易形成独占、挑剔等人格特点。因此，在刚入园时，大多数幼儿不懂得谦让、分享与合作，无法理解他人的情绪状态和心理。但随着教师权威地位的确立，其期望和态度会对幼儿产生直接的影响。而且，在3~4岁，幼儿处于"复制式心理理论"发展的重要阶段，其社会规则知识的获得依赖于成人，他们更倾向于依据教师传授的道德原则去行事，因此在教师的影响下，幼儿在此阶段的利他行为显著发展。

在幼儿园中，教师可以通过童话故事的讲述培养幼儿的亲社会性。通过呈现童话故事图片与教师语言讲解以及启发性提问相结合，可以让幼儿体会到童话主人公的悲伤与痛苦，学会关心和理解别人的情感，并引导幼儿去思考该如何对待那些弱小的、值得同情的人。例如，在"小鸟和牵牛花"的故事中，教师利用图片生动地讲述故事，幼儿通过图片和教师的启发性提问，感受到了小鸟因为生病不能出去玩的悲伤，通过推测故事中小鸟的情感变化，也感受到了牵牛花给予的同情和热情帮助对小鸟产生的影响，进而教育幼儿在别人生病的时候，要做到像牵牛花那样，热心地帮助别人。再如，"卖火柴的小女孩"的故事，幼儿在这个故事里感受到了小女孩的悲伤，然后通过教师提问启发幼儿理解小女孩的贫穷困苦，对她的处境感到同情，进而教育幼儿主动帮助穷人。此外，也可以组织幼儿观看图片或报道中的悲惨处境、救助行为来激发幼儿的同情体验，并引导幼儿在类似的情境中主动做出助人行为。

有些家长认为，等孩子大一点懂事了就知道关心他人了，但事实上孩子的爱心不是靠强行灌输在一夜之间培养出来的，更不是用没有原则的、失去理智的溺爱换来的，它是通过自然而然的模仿、潜移默化的渗透逐渐形成的。同情的发展可能会经历四个阶段：①普遍的同情，0~1岁婴儿处于此阶段，此时婴儿还不能区分自己的痛苦和他人的痛苦，他们的同情带有无意识的特征；②自我中心的同情，1~2岁幼儿处于此阶段，幼儿的同情体验开始分化为自我中心的个人悲伤和指向他人的移情担心；③对他人情感的同情，2岁以后的儿童处于此阶段，此时儿童已能区分他人的不同情绪状态，对他人的痛苦能采取更为有效的反应方式；④对他人生活状况的同情，5~8岁儿童处于此阶段，此时儿童已经能够认识到他人是有着较安定的生活史的存在，对他人的同情已经能够结合他人的整个人生历程，着眼于他人的人生幸福。所以，家长应在1岁以后就有意识地去引导幼儿，促进其同情心的发展。

我们总是强调要给予孩子充分的爱，然而一味地给予爱而不教其如何去爱自己的父母、长辈及同伴，反而会使孩子变得自我甚至自私，不懂得同情他人、关心他人，反而不利于幼儿亲社会性的发展。我们在培养幼儿良好品质的时候，首先要让孩子学会关心父母，在此基础上关心长辈或者同伴，教会孩子给予爱。在生活中，如果父母生病了，应该告诉孩子自己很难受，让孩子体会到父母同样需要关怀与照顾。对于亲近的人的痛楚，孩子可能更容易感知，让他们学着心疼父母，或者会想着怎样才能让父母感觉好受点。例如，父母在生病的时候，可以让孩子端水、拿药等，或者让他陪自己说说话，使他明白自己需要他的帮助。有的孩子一直觉得父母帮自己做事是理所应当的，一部分原因是他们不理解父母的真实感受，不能切身地为他人的处境着想；另一部分原因是他们认为父母的处境是大人的事情，作为小孩是无法解决的。父母把自己的想法与孩子进行沟通，孩子会理解父母跟自己一样也需要别人的帮助，这样孩子在理解父母的同时，关心父母，并做出照顾父母的行为之后，有利于将其同情助人行为迁移到父母之外的其他人，从而提高幼儿的亲社会行为水平。

（二）智能特征培养的教育建议

德国著名教育家第斯多惠（Diesterweg）曾经说过，人的固有本质就是人的主动性。教育的最高目标或最终目的是激发学生的主动性，培养独立性，使人达到自我完善。当前，随着幼儿教育改革的深化，我国的幼儿教育越来越重视促进幼儿主体性的发展，"以幼儿为本"的教育理念逐渐深入人心，尊重幼儿发展的内在规律，尊重幼儿的自主性和参与性，尊重幼儿的个体差异，让幼儿获得充分的自主、自由和自尊。与此同时，我们也发现，现实生活中很多幼儿缺乏自主性，很多成人不能恰当地理解什么才是幼儿自主性的发展，导致在幼儿自主性培养中出现了很多困惑。

在幼儿园生活中，不仅要有教师组织的集体教学和集体活动，而且要有自主活动的时间和空间，让幼儿有机会来决定自己做什么，什么时候做以及怎么做等，这样可以培养幼儿的自主意识和自主行为。在集体教学活动中，确定教学内容时，教师要重视幼儿的兴趣、需要和经验，引导幼儿发表自己的意见；指导教育活动时，教师要尊重幼儿的选择和参与权，尊重幼儿进行独立的尝试性探索；评价活动效果时，要克服教师"一锤定音"的习惯，积极引导幼儿参与评价过程，从而使其更加自觉地管理自己的学习[①]。区域活动的教育形式给幼儿提供了极大的活动空间，他们能根据自身的喜好和能力进行活动选择，这使得幼儿的活动不再局限于教师的安排，大大提高了幼儿进行自主活动的兴致。这既可以培养幼儿进行自主探索的能力，提高幼儿独立面对问题、思考问题以及解决问题的能力，也可以培养幼儿进行主动合作的能力，让幼儿自发进行合作，提高与其他幼儿交流、合作的能力，培养幼儿更好地解决问题，提高解决问题的自主性能力。

在家庭生活中，家长要做到"放心"和"放手"。所谓"放心"，就是说家长要相信幼儿有自我发展的可能性，不要总是无谓地担忧，害怕孩子做不好，害怕孩子年龄小，等等。殊不知，家长的焦虑会在无形中传染给孩子，在家长的害怕之下，孩子也会越来越胆小、越来越依赖父母。所谓"放手"，是说家长在"放心"的基础上，要放开手脚，应让幼儿为自己的生活负责。例如，在幼儿2岁多的时

---

① 杨春燕、张庆林：《谈谈幼儿自主性的培养》，《学前教育研究》1997年第5期，第6-7页。

候,有一个阶段特别想自己拿勺子吃饭,很多家长怕幼儿自己吃不好,弄得身上、地上到处都是,就不让幼儿自己吃,而是由家长喂着吃。结果,错过了幼儿自己吃饭的关键时期,到了 3~4 岁,家长觉得幼儿应该自己吃饭的时候,幼儿反倒不自己吃饭了。所以,"放手"的家长才能培养出"能干"的孩子。家长要本着"大人放手,孩子动手"的原则,让幼儿做一些力所能及的事情。在家里,家长可以根据孩子的兴趣和能力因势利导,通过具体、细致的示范,从身边的小事做起,由易到难,教给幼儿一些自我服务的技能,如学习自己擦嘴、擦鼻涕、洗手、刷牙、洗脸、穿衣服、整理床铺等。这些看上去虽然是很小的事,但实际上给幼儿创造了很好的锻炼机会,无形中培养了幼儿独立生活的能力。

(三)认真自控培养的教育建议

自我控制是人格建构理论的核心概念,是个人对自身心理与行为的主动掌握。在个体社会生活中,自我控制对于人成功地适应社会相当重要,它是一个人良好个性形成和发展的必要条件与基本保证。因此,自我控制在个体社会生活中起重要作用。幼儿期是自我控制的形成时期,它会影响幼儿未来的社会生活,所以这一时期要注重培养幼儿的自我控制能力。然而,我们发现,中国绝大部分家长和幼儿园对幼儿的控制偏高,幼儿过度依赖成人反而不利于对他们自我控制的培养。幼儿认真自控在 3~4 岁发展迅猛,在 4~5 岁时发展相对缓慢,5~6 岁逐步稳定。相对于成人来说,幼儿的自我控制能力较差,他们很难长时间地专注某件事,让他们安静地待一会儿,更是不敢想象,所以成人想尽各种办法来约束、管制孩子,但往往收效甚微。其实,在培养幼儿自我控制能力的过程中,我们需要正确地看待幼儿自控能力差的表现,不能一概而论,更不能用简单、粗暴的方法去应付幼儿。首先,幼儿好动、不能很好地约束自己,是由于其神经系统发育还不够成熟,兴奋过程强于抑制过程造成的,并不是幼儿有意为之,我们应保持一颗平常之心,不要成天盯着孩子并苛刻地去要求他们。其次,幼儿并不是任何时候都缺乏自制力的,他们往往对自己感兴趣的事情有较高的约束力,可以相对长时间地专注于这些事情。所以,成人要想帮助幼儿养成良好的自我控制能力,应根据幼儿的实际需要采用适合他们的方法来进行,如在一个案例中,妈妈可以和小志一起做游戏,在游戏中让小志扮演警察站岗,可能小志就会表现得更好一些。随着年龄的增长,幼儿能逐渐摆脱他人的提醒而实现自我约束。另外,幼儿的自制力表现是有限的,即使再感兴趣的事情,幼儿也会有厌烦的时候,具体来说,小班幼儿集中注意力的时间是 5min,中、大班幼儿可以坚持 10~15min。所以不要长时间强迫幼儿做一件事情,比如,案例中的妈妈要求小志安静地待上 40min 是不恰当的,当然也就收效甚微了。

(四)外倾性培养的教育建议

对于幼儿来说,同伴间的积极友好的交往和互动有利于其获得积极的情感体验、拓宽视野,而缺乏同伴交往则会导致幼儿出现孤独感和孤僻行为,成年后也会出现人际适应方面的困难。合作交往的能力是人生活在社会中应具备的最基本的能力,在维持个体与他人和社会的关系中发挥着极为重要的作用。如果幼儿缺乏必要的交往行为,容易形成封闭的心理,变得孤僻、冷漠、自私。学会交往本身是 21 世纪教育的四大支柱之一,而幼儿时期是个体社会交往态度与技能形成的重要时期,通过交往活动,个体能获得对社会的适应和身心的健康成长;通过交往活动,社会得以正常运转和发展。幼儿的社会交往对于促进个性、情绪情感、认知等方面的发展都具有十分重要的作用,交往状况不良的幼儿更容易出现心理问题,并且会影响其学习能力。

教育学家威廉·德·乌申斯基说:"如果我们强制一个小孩做一种事,我们也会引起孩子对这一对象的厌恶。"①我们深深地知道兴趣是学习最好的老师。因此,要想有效地培养幼儿合作交往的能力,首先要培养他们和人交往的兴趣,激发他们和人交往的欲望,让他们在交往中体会到乐趣。例如,每次玩游戏,教师可以让幼儿根据自己的兴趣,自主地选择自己喜欢的游戏。他们选择了自己喜欢的游戏,自然就会主动扮演游戏中的角色并积极地参与到游戏中去。在游戏交往中,幼儿得到了快乐,自然就会提升他们交往的兴趣,促进其外倾性的发展。教师可以在幼儿园的教育教学活动中利用各种机会培养幼儿的合作意识。幼儿年龄小、能力有限,因此在日常生活中有许多事情需要帮助,在进行合作教育前,幼儿碰到困难时往往会求助于教师。为了提高幼儿的合作意识与能力,教师可以利用日常生活中的各种机会,引导幼儿互相帮助、互相关心,可以从你帮我擦汗、我帮你换衣服或者互换玩具等小事做起。

在日常生活中,有不少家长反映孩子害羞、胆小,不敢与别的小朋友交往。对于不敢交往的幼儿来说,家长首先要做的是不强制性地要求他去和小朋友们玩,更不能当着孩子的面和别人说他害羞、胆小等,因为这样只会让孩子感觉不舒服,导致其以后的交往变得更加困难。作为家长,面对孩子的社交退缩,应该在日常生活中有意识地引导孩子与人交往,并且以身作则,如经常邀请朋友来家里做客,幼儿耳濡目染,不仅学会了交往的技巧,还会慢慢觉得与人交往是一件愉快的事

---

① 威廉·德·乌申斯基:《人是教育的对象(下卷)》,张佩珍等译,人民教育出版社 2007 年版,第 776 页。

情。相反，如果父母自身就不爱与人交往，既不邀请客人来家里，也不让孩子参与其中，孩子自然就觉得交往是一件难事。此外，家长还应该积极地为幼儿创设与同伴交往的条件，鼓励幼儿多与伙伴交往，并教给幼儿一些必要的交往技能，如介绍自己、主动打招呼、拿自己最喜欢的玩具给别的小朋友玩、申请加入游戏、邀请小朋友一起玩等。另外，在孩子遇到同伴冲突时，家长尽量不要参与其中，更不能替孩子解决冲突，而是让幼儿自己去解决问题，家长只帮助其分析原因、提供建议，以此提高幼儿的同伴交往能力[1]。

（五）情绪稳定性培养的教育建议

情绪是儿童早期适应生存、适应社会生活的重要心理工具，对儿童的心理和行为具有重要的组织作用。从现实中幼儿成长的状况来看，情绪适应的培养是困扰幼儿及其家庭的主要问题之一。从幼儿情绪适应的角度出发，造成幼儿情绪暴躁、恐惧和抑郁的原因，大多与父母的教养方式有关。在现实生活中，幼儿刚入园的时候，差不多每个父母都经历过孩子"生离死别"般的反应。在心理学中，这就是亲子分离焦虑的表现。亲子分离焦虑是幼儿对陌生环境和陌生人产生的不安全感和害怕感的反映。当然，入园焦虑是正常的反应，但是如果持续时间过长、情绪波动太大，就会影响幼儿的健康成长。孩子出现分离焦虑的原因有多种，幼儿期是人生发展的初始阶段，幼儿的身心尚未发育成熟，这就决定了他们在生活、心理上比较依恋成年人，害怕与家长分开，这种情感断乳的心理冲击会使幼儿产生紧张、不安、焦虑的情绪，形成入园不适应症。加上幼儿园的物理环境和人际环境都与原来生活的家庭大不相同，致使幼儿出现短暂的不适应状况[2]。幼儿出现分离焦虑还与家长自身的焦虑情绪有很大关系，幼儿入园前，家长首先就会担心孩子入园后不适应，甚至不舍幼儿与自己分开，这样的焦虑情绪会影响到幼儿，导致幼儿出现分离焦虑。另外，由于家长缺乏对幼儿入园前的准备，很多幼儿缺乏一定的自理能力，不能很好地适应新的集体生活，或者家长在长期的家庭生活中不善于引导幼儿与他人接触和交往，导致幼儿胆小，出现社交退缩等状况。当然，幼儿入园时，教师的态度在一定程度上也影响了幼儿的情绪反应，如果教师对幼儿抱有爱心、耐心，亲切地对待每一个孩子，那么孩子的分离焦虑就会大大减轻。为了帮助幼儿入园后能快速地熟悉陌生的环境，消除其不安全感、害怕感，在幼儿入园前的7—8月份，父母可以利用星期六、星期天或吃完晚饭散步的时间，带幼儿步行到幼儿园参观、游玩，以熟悉环境，产生安全感。回家后，父母可以和

---

[1] 陈莉：《幼儿同伴协商行为研究》，南京师范大学硕士学位论文，2003年。
[2] 于曼：《小班幼儿入园焦虑问题初探》，《中国校外教育》2009年第S1期，第275-275页。

幼儿一起谈话，让幼儿慢慢对幼儿园以及其他幼儿产生印象。对于分离焦虑反应较为严重的幼儿，刚入园时只在园里待半天，等其逐渐适应了再正常接送。父母在送幼儿入园的时候要明确地告诉幼儿："下班后就来接宝宝。"让幼儿知道他只是与父母短暂分离，这样幼儿的分离焦虑就会减轻。

二、小学生健全人格培养的教育建议

（一）亲社会性培养的教育建议

亲社会性及其包含的特质大都在6～7岁发展最快，其次是7～9.5岁，9.5岁后发展速度逐步放缓，从11岁开始出现下降趋势。在这一维度中，主要存在的问题是不懂礼貌，在家不知道尊重老人，经常对长辈大呼小叫，在外对外人经常不搭理。还有一部分小学生以自我为中心，不考虑他人的感受，也会有为了达到自己的目的而撒谎或者隐瞒自己过错的现象，这都是这一阶段亲社会维度上存在的问题。在小学阶段，出现这一问题的原因主要有两个：其一，儿童没有意识到自己的行为的错误；其二，儿童意志薄弱，道德观念不能战胜不合理的需求。针对第一种情况，需要教师及家长的教育，帮助儿童建立正确的认知。针对第二种情况，则需要儿童从意志力上加以改善。

不同年龄阶段的小学生有不同的同情培养目标，教师应根据不同年龄阶段的培养目标制订不同的培养方案，抓住培养同情心的有利时期和情境。同时，在教育过程中应采取多种形式，如运用情绪追忆和情感换位的方法可以促进儿童的同情体验，运用讲故事和情境讨论方法可以提高儿童的同情理解能力，运用榜样示范、角色扮演、教师言语指导的方法可以增加儿童的同情行为。另外，教师应根据班级的实际情况进行经常性的随机化教育，把儿童在上课学到的东西迁移到现实生活中，使儿童把学习到的"教条"内化为其行动的"自觉"。同情心的形成离不开人与人的交往，而在家庭中，父母与子女的交往特别密切。在与父母的交往中，大人的言谈举止、行为习惯，孩子都看在眼里、记在心上，并常常反映在自己的行动上。俗语说："儿女是父母的一面镜子。"父母富有同情心的谈话和行为，孩子都可以从中感受、学习其优良品质并逐渐内化到心灵深处。例如，母亲下班回家后，既要忙着料理家务，又要操心照顾老人或孩子，非常辛苦，那么做父亲的就应以各种方式来表示关心、体贴，如主动带孩子，帮助做家务等。在他人遇到不幸的时候，父母不仅要有同情的话语、表情，而且要有助人为乐的行为。这就为儿童树立了良好的榜样，其影响就像山泉溪流，涓涓不息，从而起到滴水穿石之功，收到潜移默化之效。

（二）智能特征培养的教育建议

智能特征包含的特质大都在 6~7 岁发展最快，其次是 7~9.5 岁，9.5 岁后发展速度逐步放缓，到 10.5 岁后下降（其中，探索创新的发展在 10 岁后下降）。调查结果显示，不少小学生在学习能力、阅读能力、语言表达、操作能力、组织协调能力等方面都存在欠缺，主要表现为不喜欢学习或者学习效率不高、很少阅读书籍、不善于沟通等。例如，对待教师讲授的内容，大部分学生不能做到举一反三；碰到解决不了的问题，不能积极探索；成绩中等及中等偏下的学生不能奋发图强。大部分小学生在生活上依赖父母，遇到事情拿不定主意，对待家长的批评无动于衷，孩子的这些情况会令家长很苦恼。

社会学习理论的创始人班杜拉（Bandula）认为，人的行为可以通过观察学习过程获得。但是，获得什么样的行为以及行为的表现如何，则有赖于榜样的作用[1]。榜样是否具有魅力、榜样行为的复杂程度、榜样行为的结果和榜样与观察者的人际关系都将会影响观察者的行为表现。在教学过程中，教师尤其要发挥榜样的作用。在为学生选择榜样时，需要选择相似类型且差距不大的榜样，这样学生才能产生心理上的共鸣，才会产生奋发图强的斗志。个体会对自己的成败如何归因，对其将来的行为会有很大的影响，把成功归结为内部原因（努力、能力），会使人产生满足和自豪；把失败归于内因，会使人感到羞耻和沮丧；把成功归因于稳定因素（任务容易或能力强），会提高其以后工作的积极性。现代心理学家和教育家一直呼吁，要仔细分析"自我归因"的能力。所以，对于教师来说，当学生某件事做不好时，帮他分析原因，进行正确的归因，这样学生在经历挫折后才不会轻易被挫折打败，也不会轻易产生自卑感，认为自己不行。

学生课外辅导偏多，各种课外拓展班数不胜数，课外学习的效果不尽如人意，主要是因为课外班以盈利为主，不太注重课程内容的针对性，学生负担过重；内在原因是家长认为将孩子托付给老师，自己就不需要管了，孩子理应学会这项技能。这是一种错误的认知，外在的教授只是起一种促进的作用，而要想真正取得效果，一定是需要家长积极配合的。孩子回到家中后，家长有责任监督孩子的学习，给孩子树立好榜样，并从生活中拓展孩子的课外知识，不能课上紧张、课下松懈，只有将课上学习与课下练习结合起来，孩子才能真正掌握知识，学习才会取得事半功倍的效果。无论孩子做什么事，只要在合理的范围内，家长就要给予肯定和鼓励。同时，家长还要善于发现孩子的点滴进步和成功，给予适当的赞赏，使他们积累积极的情感体验。另外，成人要以一颗宽容的心去对待儿童，不必什么事情都要求儿童做对做好，要珍视儿童的努力，从内心深处去鼓励他们。尤其

---

[1] Albert Bandura：《社会学习理论》，陈欣银、李伯黍译，中国人民大学出版社 2015 年版，第 1 页。

是当孩子遇到困难与挫折时,更是要给予鼓励。当然,鼓励和赞扬不能盲目,应该注意评价要适当。因为过高的评价会不现实地提高一个人的效能信念,认为自己干什么都行,这很快会出现令人失望的结果,使人放弃努力,并对自己的能力产生怀疑,这对儿童自主进取特质的培养是极其不利的。

(三)认真自控培养的教育建议

整个小学阶段,认真自控维度的发展呈显著的线性上升趋势。我们对教师和家长关于在教育过程中遇到的困扰的开放式问卷结果进行统计分析发现,家长和教师都认为,小学生在认真自控这一维度上做得最不好,尤其是计划有序,有一半以上的儿童平时做事、学习没有计划性,会出现做事拖拉,如回家先玩再写作业,出现作业很晚才能完成的现象。低年级小学生普遍未养成自觉整理自己物品的好习惯,经常丢三落四。与此同时,大部分教师和家长反映孩子在坚持自制方面做得不够好,在听讲的时候经常注意力不集中,不能按时完成自己的任务,不能抵制外界的诱惑,碰到困难选择退缩。当老师、父母对其进行教育批评时,低年级学生常常不能理解老师、家长的批评,常常出现屡教不改的现象,高年级学生则容易反驳、抵抗。

在小学阶段,教师和家长通常以成绩优异、刻苦努力作为对好学生的评判标准,因此与成绩优异相关的认真性、计划性、自控能力等方面受到教师与家长的关注。认真自控水平的发展在小学阶段呈持续增长的趋势,倘若教师和家长采取积极的教育方式,更有利于促进孩子的认真自控能力的发展。教师在布置作业的时候,要有一个时间的范围,要求学生在规定的时间内完成作业,不仅以做题正确率判断作业质量,还要将时间和正确率共同考虑在内。这需要家长的积极配合,需要家长在孩子完成作业后标注完成的时间。作为教师应该懂得怎样有效地使用行为结果来教育学生。具体而言,应该在行为之前就把结果清楚明白地告诉学生,并且给予学生的奖励应该是他们需要和喜欢的,而惩罚一定是他们不希望得到的,或者是对他们喜欢的东西和特权的剥夺,对学生来说无足轻重的东西是起不到强化作用的。对于孩子得到的奖励和惩罚,要告诉他们为什么能得到。

教师与家长分别在学校和家庭群体中起到了教育孩子的重要作用,都以促进孩子更好地发展为基本出发点,而学校和家庭的教育本就不是分开的两个部分,一个在家不能及时完成作业的学生很少能够在学校认真听讲。所以,当教师布置作业需要家长监督完成的时候,家长应当积极配合,共同促进孩子的发展。一旦家长随意应付,这种不良习惯就会被孩子学习,从而自己也表现出敷衍行为。在家庭教育中，只有通过实践体验才能提高孩子的责任意识，家长越俎代庖是无济于事的，有的家长求子成才心切，会帮孩子做作业，或替孩子完成在学校揽下的活，这是一种责任心的"越位"。其实有时候孩子做错或不能完成任务未必是坏事，父母可以坦率地告诉孩子父母不是万能的，有些事情是父母做不了的，告诉孩子今后遇到事情，要先想一想有没有能力完成，要让孩子知道什么是量力而行，什么叫身体力行，从小让他们养成对自己言行负责任的态度。通过让孩子承担失责的后果，从而使其懂得自己所做的一切事情都是要自己去负责的。所以，父母要善于抓住生活中的点滴小事，无论事情的结果好坏，只要是孩子的独立行为结果，就要鼓励孩子敢作敢当，不要逃避责任，应该勇于承担后果。家长不应替孩子承担一切，要让孩子在原则性问题上明辨是非，懂得什么是该做的，怎么做才是对的。

（四）外倾性培养的教育建议

与智能特征一样，外倾性包含的特质大都在6～7岁发展最快，其次是7～9.5岁，9.5岁后发展速度逐步放缓，到10.5岁后下降（善交际的发展水平在11岁后下降）。经过分析，在这一维度上最大的问题是交往能力。部分小学生性格内向，不会主动跟别人交流，不能正确地表达自己的思想，导致交际圈较小。同时，家长较为担心孩子自信心不足，遇到挫折容易被挫折打败，认为小学生应该学会化挫折为动力。据埃里克森的理论，处于"勤奋感对自卑感"成长阶段的小学生，十分依赖于外界评价，以获得"我是努力还是不努力"的信息。教师评价无疑是这一信息的重要来源。但在日常学校生活中，教师对学生不当的言行可能会让学生在同伴中的地位低下，学习成绩差，产生孤单无助、自卑等不良反应。一些有意或无意的行为传递着教师对学生的关心、鼓励、欣赏或漠视、冷淡等相反的情感反应，这种行为在孩子眼里可能具有一定的评价意义，因为小学生在对教师的态度上偏向于情感的依恋，而且对他人的情感表达已有足够的敏感性，学生会笼统地知觉为"我是个好孩子"或"老师不喜欢我"。此类"隐性评价"相较于教师给学生学业的评分、品行的评语、荣誉及奖励等显性评价而言，更具有隐蔽性、广泛性和情境性。倘若教师的"隐性评价"是积极的，学生容易感受到教师对自己的认可，会认为自己很棒，从而更加自信。

家庭的气氛、家庭成员之间的关系在很大程度上会影响孩子性格的形成。研究表明，孩子在牙牙学语之前就能感觉到周围的情绪和氛围，尽管当时他还不能用语言来表达。可以想见，一个充满了敌意甚至暴力的家庭，难以培养出开朗乐观的孩子。和他人融洽相处者的内心世界较为光明美好。父母应该带孩子接触不同年龄、性别、性格、职业和社会地位的人，让他们学会和不同类型的人融洽相处。当然，孩子首先得学会跟父母和兄弟姐妹融洽相处，跟亲戚朋友融洽相处。此外，家长自己应与他人融洽相处，做到热情、真诚地待人，不势利，不在背后随意议论别人，给孩子树立一个好榜样。

（五）情绪稳定性培养的教育建议

情绪稳定性及其包含的特质在 6~7 岁发展最快，7~8.5 岁发展较快，8.5~10.5 岁变化不大，10.5 岁后开始下降。小学阶段的儿童情绪还不够稳定，会出现暴躁、易怒现象，高年级学生比低年级学生发生的频率高，这种现象经常会出现在受到批评和事情不如意的时候。少数小学生的人格为敏感型人格，即使是很小的事，也容易多想，给自己造成较大压力。能够正确地控制自己的情绪，是拥有健全人格的基础，脾气温顺的儿童往往更能得到教师、家长、同学的喜欢，所以大多数教师及家长认为暴躁、易怒是儿童亟待解决的问题。小学阶段儿童的情绪还不稳定，是情绪稳定性的发展阶段，适当的教育可以帮助儿童控制自己的情绪。

小学生如果脾气暴躁，多数是受到了环境的影响，或从环境中学习到脾气暴躁，或因为发脾气得到自己想要的结果，或以发脾气作为发泄自己的不满的方式。暴躁的脾气多半发生在面对亲人的时候，所以教师要利用孩子在学校的时间对其进行积极教育，告诉学生乱发脾气是错误的；组织学生进行角色扮演活动，让容易发脾气的学生感受一下别人的怒气，亲身体验发脾气的坏处，从心理上认识到发脾气是不对的。有的学生天生属于敏感焦虑型，容易把事情扩大化，即使别人所说的话、做的事并没有什么，也容易把它想得非常严重，具有这种人格的学生容易惴惴不安、有自卑感。这种人格的学生出现的问题行为较多，教师要给予更大的关注，尽量不要用语言、行为等刺激他们。

当父母发现孩子脾气暴躁时，首先要尽量理解他们，然后再了解孩子的想法，着手分析孩子为什么会发脾气，对症下"药"。同时，家长要多和教师沟通，以便找出孩子叛逆举动的原因，尽早消除。对孩子的不良行为，要及时发现，并采取措施，教会孩子处理矛盾的方法，可以适当强制性地让他休息片刻，换一种方式转移孩子的注意力，给予其一个轻柔的暗示，或暂时地冷落，可能会产生效果。久而久之，孩子就知道发脾气的方法没有效果了，就会停止用该方法来达到自己的目的。之后，在父母的耐心教导下，孩子就会慢慢地学会自我控制情绪。

三、初中生健全人格培养的教育建议

(一) 亲社会性培养的教育建议

情境因素对亲社会行为的影响是非常显著的①。在行为期待不明确的情境中，个人因素在很大程度上影响了个人的行为，而当情境的社会意义十分明确时，情境因素对行为决策起着一定的作用。因此，在对初中生的亲社会性进行培养时，教师可以创设强制性的情境，如主题班会、班级大扫除等，班主任在场组织并亲自参与，学生则会表现出较多的亲社会行为。

现代社会既是一个竞争激烈的社会，又是一个讲究合作的社会。从某种意义上说，合作是一种比知识更重要的能力，学会交往、懂得互助是初中生成长过程中不可或缺的一课，合作精神和合作能力是初中生成长中必备的品质。现在的初中教学强调小组学习，在这样的氛围中，学生不仅能够探索、掌握知识，还能掌握与人相处的技能，为以后走向社会做准备。但是，在现实生活中，我们往往会发现初中生不愿意参与团体活动，避免与人合作，这导致教师、家长在这方面也有很多困惑。初一年级学生刚刚升入初中，对身边的一切感到新鲜，有很强的求知欲，并且容易听信权威，也更易于接受教师给予的观念。因此，对于初一年级学生，教师可以以灌输观念为主，即不断地强化亲社会性的内容，例如，多讲一些名人的事迹等。当学生步入初二、初三年级后，对人生和世界已经有自己独立的思考见解，不再满足老师、家长的"你讲我听，你说我做"，在一定程度上对老师、家长存在闭锁心理。面对这个阶段的初中生，教师应减少说教，适当地放下"老师"的架子，站在学生的角度进行沟通。尤其是这个时期初中生对同龄人的开放性提高，教师要鼓励和支持学生合作，可以让学生根据自己身边的事迹排演心理剧，鼓励学生敢想敢做，各抒己见，广泛交流。教师应运用互帮互教的教学形式，促使初中生学会关心他人、学会合作、学会团结，为他们提供更多的共同协作以及共享快乐的机会，使他们能恰当地认识和处理自己与周围人之间的关系，保持个人与环境的协调，借此提高学生适应社会的能力。

(二) 智能特征培养的教育建议

古语有云："知之者不如好之者，好之者不如乐之者。"在学习活动中，对于自己感兴趣的现象、原理、规律等，学生总是会主动、积极地去思索、研究。学生只有对所学的知识产生兴趣，才能产生强烈的学习愿望，才能自主地积极探索，

---

① 白利刚、章志光：《初中生利他取向、社会赞许性与亲社会行为关系的实验研究》，《心理发展与教育》1996年第4期，第8-13页。

成为学习的主人。因此，教师在教学中应设法激发学生学习的兴趣，以诱发学生的探究动机。同时，教师必须具有创新意识，改变以知识传授为主的教学思路，以培养学生的创新意识和实践能力为目标，需要避免教师为主、学生为辅的教课模式。教师应把教学定位于训练学生自主探索的能力，为学生提供空间，尊重学生的爱好、个性和人格，以平等、宽容、友善的态度对待学生，使学生在教育教学的过程中能够与教师一起参与教和学，做学习的主人，形成一种宽松和谐的教育环境。平日里，教师可以通过营造轻松的课堂氛围，来诱发学生探索的欲望。教师在教学中要恰如其分地出示问题，比如，教师适当调整问题的难度让学生"跳一跳，才能摘到桃子"，提出的问题应该是学生感兴趣的，以此来吸引学生，可以激发学生的思考，引发其强烈的兴趣和求知欲。学生因兴趣而学习、思考，并提出新质疑，自觉地去解决问题，去创新解决问题的方式。与此同时，教师还要创造合适的机会使学生感受成功的喜悦，这对于培养他们的创新能力是有必要的。教师在教学工作中要正确而恰当地运用探索、研究、发现式的教学方法，这对于促进学生智力的发展、培养学生的创新能力，都具有积极的意义。为了适应知识经济对人才创造性的要求，教师在教学工作中既要注意给学生创设问题情景，激发他们的疑问，又要引导好学生的思维过程，鼓励他们大胆地提问，富有创造性地解决问题。

同时，教师可以让学生自己来承担平日班级的管理工作，以及班级活动的方案制订、实施以及总结等，让他们充分发表意见，积极提出建议，集中集体智慧和力量形成统一意志，齐心协力付诸实施。同时，当学校要求参与各项活动时，教师应鼓励和引导学生自主参与，让学生根据本班的需要，自主选择活动的内容、形式，然后自主设计活动方案，实施活动。例如，学校组织"小区居住环境保护的调查"这一类社会实践活动时，教师需鼓励学生自己制订详细的活动实施计划，确定活动目的、内容、形式和要求，同学间分配工作，包括总指挥协调、后勤、联络、安全、宣传等方面，这样不但可以增强学生的环保意识，同时还能促使学生积极动脑，提出对自己居住的小区环境保护有益的建议，从而达到培养其自主性的目的。只有在这种氛围中，学生才会畅所欲言，敢于发表自己的见解，或在别人的启示下探索出一种更佳的想法，从而在学习以及日常生活过程中提升自我的自主性以及探索创新的能力。

教育的起点不是小学、幼儿园，而是家庭。父母是孩子的第一任教师，每一个幸福的家庭都堪称一流的"学府"，适宜的家庭环境是培养子女创造力的基础和重要条件。纵观大量杰出人才的成长历程，他们的事业成功都离不开创新，而他们所具有的创新精神、创新意识和创新能力大多是从小开发和培养的，在很大程度上得益于早期家庭教育的成功。因此，家长一定要更新观念，具有培养人才的超前意识，具有随机教育的创新意识，做"有心人"，抓住孩子多思好问、活泼好动的契机进行适时的随机教育，启发孩子独立思考，促使孩子善于交往，引导孩子积极探索，鼓励孩子动手动脑，教育孩子与人合作，培养孩子利用信息，锻造孩子的坚强性格，对孩子的创新动机和创造活动予以积极配合，让孩子创新意识的萌芽得到精心的呵护、充分的挖掘、有效的培养、全面的发展。

（三）认真自控培养的教育建议

《中国教育改革和发展纲要》指出："要重视对学生进行中国优秀文化传统教育。对中小学生还要注意进行文明行为的养成教育。"养成教育是对学生行为指导与良好习惯培养的一种教育模式。现代教育家叶圣陶先生说：我想教育这个词……就粗浅方面说，"养成好习惯"一句话也就说明了它的含义[①]。促进初中生全面发展，必然包括养成良好的行为习惯。良好的行为习惯是人的能力和素质的生长点，为实现人的全面发展提供了支撑性平台。青少年的身心特点与教育规律也说明，从培养良好习惯入手，作为培养初中生认真自控的切入点，是对其进行素质教育的最佳途径。

学校是教书育人的场所，除了教授给学生有效的知识外，让学生掌握技能、养成好习惯，在做人、做事上有所提高，更是其责无旁贷的责任。在学习方面，教师以及家长可以有意识地在"如何制订学习计划"上给予学生引导和指点，以此来促进对学生计划有序特质的培养。初一年级是学生制订学习计划的重要时期，此阶段的学生在制订学习计划时需要注意几点：①学习计划要循序渐进，不要好高骛远；②要制订适合自己情况的计划，充分利用自己的高效时段；③合理安排时间，在计划中要对完成各项任务的时间做出具体的安排；④必须做到坚持不懈，正所谓"志不强者智不达，言不信者行不果"。

在初中阶段，虽然学习是学生的主要活动，但是对其生活上的计划性的培养也是不容忽视的。例如，在制订学习计划的同时，家长和教师还要要求学生对自身的睡眠、娱乐以及锻炼的时间加以规划，一方面可以使学生自身的生活更加多彩多姿，另一方面可以避免学习生活单调乏味。家长和教师可以帮助初一年级学生制订"锻炼计划检查表"，把何时、什么任务、进行到什么程度列成表格。每完成一项，就打上记号，以增强学生的成就感。让学生根据检查结果及时地调整计划，使其慢慢学会自己制订及调整计划，进而对学生的学习和生活产生促进作用。值得注意的是，家长应该重视对孩子在家庭生活中的行为习惯的培养，行为习惯的养成同时也是计划性培养的一部分。譬如，在初一阶段，孩子应该学会自己整

---

① 张圣华：《叶圣陶教育名篇》，教育科学出版社2013年版，第29页。

理个人学习用品以及清洗简单的个人衣物;饭后,帮助父母收拾碗筷;每周有计划地做力所能及的家务;等等。

在家庭中培养孩子的自我控制意识,孩子应是主体,父母应起主导作用,父母需要有意识地提醒孩子进行自我控制练习。例如,父母同孩子一起购物时,要有意识地提前做出购物计划,在购物过程中遵循购物计划,约束孩子因为追赶流行而冲动购物。又如,孩子在家学习时,父母要有意识地提醒孩子适当休息,做到劳逸结合,或者孩子放学回家后总是玩、看电视、玩电脑,父母要有意识地提醒孩子控制自己的娱乐时间,监督孩子合理安排学习和休息的时间,通过这些日常小事来培养孩子的自我控制特质。在日常生活中,对于孩子有效的自我控制行为,家长应该及时关注并积极强化,促进其形成良好的自我控制习惯。譬如,孩子自觉按时起床,家长要给予积极关注,鼓励孩子坚持,直至形成按时起床的生活习惯。再者,家长要鼓励孩子每天跑步锻炼身体,即使天气状况不是很好,也要克服困难坚持下去,这样不仅能提高孩子的自我控制能力,还能培养孩子的坚强意志。

(四)外倾性培养的教育建议

初一年级学生的人际交往焦虑可能很大程度上是由"小升初"的转变引起的,在新的环境中,个体对于教师、同学的看法更加关注,更担心自己的表现不能令他人满意。进入学校代表着儿童、青少年将开始真正的群体生活,他们将开始独立地去构建自己的人际关系圈。教师不仅要营造积极平等的学习氛围,也要鼓励学生进行友善、轻松的人际交往,使他们愿意同教师分享自己的困惑,寻求帮助,同时主动地与同伴建立信任、愉快的关系。这就要求教师要调动学生主动交往的积极性。针对性格阳光开朗、人际能力较强的学生,教师要给予表扬和肯定,并鼓励他们多和相对内向、安静的同学交往;对于不善言辞和表达、害羞内向的学生,教师应以亲切关怀的态度去激发他们主动参与交往的愿望,对他们适当地增加关注。学校应为学生的人际交往创造有利的环境,重视对学生多方面能力的培养,不以成绩作为唯一评价标准,多角度地肯定学生的发展,淡化应试教育造成的弊端。同时,学校应开展有利于增强团体凝聚力的集体活动,使学生之间增加相互了解与沟通的机会,培养他们的团队协作能力。

另外,学生要正确地认识和看待自己,同时还要正确地认识和看待他人,这是进行正常人际交往的基础。正所谓"金无足赤,人无完人",每个人都有优缺点和不同的价值观以及处理问题的方式,在日常交往中,学生应学会宽容待人、取长补短,相互信任与帮助。妒忌、怀疑、怯懦、过于强势等性格特征会对人际关系产生负面的影响，积极开朗、理解他人、尊重他人等品质是有利于人际交往的。因此，克服与他人人际交往问题的重要途径就是加强自我修养，掌握与人交往的技巧。要想提升人际交往能力，首先要懂得尊重。在面对自我时，要始终保有自尊，使自我的价值得到更多的认可；在面对他人时，要尊重他人的人格和习惯。每个人都是独一无二的，在同他人交往的过程中，应注意满足对方想获得他人关注及肯定的情感体验，这是良好人际关系开始的基石。再者，要始终对自己抱有自信，教师可以引导学生进行积极的自我暗示，如在心里默默地对自己说："我是一个受欢迎的人，我能行，大家会喜欢我的。"这样的心态会促使学生敞开心扉，以轻松的态度融入群体。

当然，家长不能对孩子不加管教、听之任之，但是控制过严又可能会压制孩子的权利，对孩子的心理健康产生消极影响。尤其是对孩子期望过高的家长，容易对孩子要求过高，剥夺孩子玩乐的时间。家长要了解学习时间与学习效果没有直接的关系，有时学习时间过长反而会影响学习效率，不妨让孩子在学习和娱乐的时间上有自主权，给予他们放松的机会。孩子不能客观地进行自我评价是导致他们产生学习压力的一个重要原因。如果孩子可以客观、正确地评价自己，面对困难时就能主动评估自己是否有足够的能力来解决问题，既不会苛责自己，也不会丧失信心，避免了因挫折而产生的心理压力。

（五）情绪稳定性培养的教育建议

初中生正处于青春发育期，尽管大脑的重量已经达到了成人的水平，但是其发育并没有完全成熟，其调节能力仍然较差，大脑的抑制能力仍然不高，兴奋和抑制不均衡、不协调。与小学生相比，他们的情绪成熟了很多，但是与成年人相比，他们的情绪仍然表现出不稳定性。这些经常困扰着他们，使他们产生不良的自我感觉和心理危机。爱发火、好生闷气、情绪大起大落是初中生情绪不稳定的表现。他们的情绪的大起大落，除了与自身的生理、心理发育特点、外来复杂刺激的交替作用等原因有关，不注意调节与控制情绪也是非常重要的原因。他们可能缺乏外来指导，不知道如何调节自己的情绪，也可能根本不知道情绪大起大落会对身心健康产生不利影响，有少数学生得到教师和其他人错误的强化，产生了错误的认识。因此，教师应积极对学生做出指导，通过心理健康课教给他们调节情绪的方法，使得他们学会合理宣泄情绪、学会放松，学会用幽默的方式面对消极情绪，利用其他事情转移自己的负性情绪。

首先，教师要帮助学生了解自己的情绪。情绪不稳定的人经常通过发脾气、生闷气等来表达自己的不满，在别人看来，他们的行为很没有道理，但是发脾气的人并不清楚自己的情绪反应有什么不合理的地方，反而觉得理所应当。因此，要促进学生情绪稳定的发展，应当帮助他们体验到对方的感受，从而认识到自己情绪反应不合理的地方，进而才能控制自己的情绪。比如，教师可以让学生通过换位思考、角色扮演的方式来了解自己的情绪，探讨不能控制情绪的原因。在帮助学生分析其发脾气时的想法时，要指出不合理的地方，并用合理的想法取代。其次，教师要教给学生控制情绪、调节情绪的具体方法。具体的方法如下：①自我教导法。当学生知道自己在某些时间、面对某些人或事时容易生气，尤其是日常容易遇到的事件时，就可以学习如何使用自我教导的方法，给自己打"预防针"，到时候就不会被消极情绪影响。比如，要发火或者应付激怒时，可以一边想着如何处理，一边大声说出对"我要面对什么状况？我要怎么做？我可以掌握，对事不对人，问题没这么严重……"这类问题的合理想法。声音可以由大到小，慢慢内化成自己的想法。②情绪转移法。当有强烈的负性情绪时，要积极地转移，设法使思绪转移到中性或者积极的方面。比如，主动去帮助别人，或是读一本有意思的书，要让自己的心情有所寄托，不要使自己心理空旷。如果能将不愉快的情绪快速地转移，不良情绪的存留时间也较短。有时候，到室外走走，换一个环境，也是调节情绪的一种方式。③宣泄情绪。情绪宣泄的方法可以分为身体上的和心理上的。不开心的时候可以跑步、打球等，运动能使人产生兴奋和愉悦的体验。同时，心情不佳时，可以通过自我暗示的方法来调节心理的紧张状态，比如，"发火没有用，还是面对现实，想办法"等，在放松平静、专心致志的状态下进行自我暗示，可以有效地调节情绪。④还可以将自己的苦闷告诉身边的亲人、朋友，以此来摆脱不良情绪的控制。

在家庭中，家长的行为模式会对孩子产生较大的影响，孩子会无意识地"遗传"家长的某些行为习惯。如果家长做到言必信、行必果，孩子往往也会严格要求自己。如果家长一不如意就发脾气，不控制自己的情绪，孩子也可能学习到这样的行为，不利于孩子的健康成长，家长要改变不当的教养方式，营造和谐的家庭氛围及建立良好的亲子关系。营造健康向上的家庭氛围，不但需要夫妻关系和睦，还需要采用有效的亲子沟通方式，家长应与孩子自由开放、平等式地交流沟通，积极互动，相互理解，多陪伴、多倾听，适时开导孩子，采取与时俱进的教育方式，尊重孩子的选择，给予其足够的空间，在家庭教育方面做到张弛有度。

儿童、青少年健全人格的培养不但是顺应时代的需求，实现中国梦不可缺少的基石，也是每位教育者、研究者的历史责任。对儿童、青少年进行健全人格的培养，形成其良好的自我认知和人格统一，帮助他们健康成长、均衡发展，有利于提高其应对压力、挫折的能力，提高社会适应性，有利于提高应对挑战与参与竞争的能力，形成良好的社会性，为未来的成长之路奠定良好的基础。

第三节 未来展望

（一）深入研究特殊群体儿童的人格特点及其干预

以往我们多从正面培养幼儿、小学生、初中生人格，今后我们要深入探讨特殊群体儿童，如自闭症儿童、癫痫儿童、流动儿童的人格发展特点，并对其人格存在的问题进行干预。

（二）深入探讨儿童、青少年人格发展的生理机制

我们原来主要利用 ERP 手段探讨儿童、青少年人格发展的电生理表征，今后在此基础上还要利用功能磁共振成像手段探讨儿童、青少年人格发展的生理机制，特别是要注重人格核心概念自我控制的脑智研究，研究幼儿、小学生、初中生自我控制的脑发育特点，以及对幼儿、小学生、初中生进行自我控制教育训练后其脑发育的变化状况。

（三）深入探讨文化对儿童、青少年人格发展的影响

我们将进一步探讨文化，特别是中国传统文化对儿童、青少年人格发展的影响，最终创建出培养幼儿健全人格发展的中国幼儿游戏方案、培养小学生健全人格发展的中国小学生互动体验式活动方案、培养初中生健全人格发展的中国初中生团体体验式活动方案。

（四）深入研究儿童、青少年人格发展评定量表的标准参照指标

人格评定不仅仅是评定学生如何，更重要的是要让教师了解学生，因此我们将在现有研究的基础上，进行"幼儿人格教师评定量表""小学生人格教师评定量表""初中生人格教师评定量表"的标准参照指标研究。

（五）探究在课堂教学中如何培养中小学生的健全人格

课堂是教师教育学生的主战场，我们要充分利用课堂教学这个平台。中国学生核心素养就包含健全人格，因此更需要探讨课堂教学培养儿童、青少年健全人格的规律。

（六）在全国范围内推广儿童、青少年健全人格教育现场实验

我们已经在全国15个省份进行了幼儿健全人格培养推广实验，取得了很好的效果，今后将在全国15个省份的中小学校推广儿童、青少年健全人格教育现场实验，探索中国小学生和初中生健全人格培养的规律，创建培养儿童、青少年人格活动库，为学校提供系统的课程，从而服务于基础教育。

（七）创建我国儿童、青少年人格评定与培养的云平台

历经近40年的本土化研究，我们系统地探究出了儿童青少年人格形容词表、人格结构；制定出其人格评定工具、常模；探索出了人格纵向发展特点和人格类型发展特点以及影响因素；在此基础上，我们从确立适宜的培养目标入手，选择合适的载体，构建了具有中国文化特色的活动方案。接下来，我们将在继续完善这些研究成果的基础上，创建我国儿童、青少年健全人格评定与培养的云平台，进一步构建中国儿童、青少年健全人格发展指标数据库，健全人格评定数据库，健全人格培养方案数据库，实现以数据存储和计算处理兼顾的综合云计算平台，搭建多元互动式的交流平台，将网络通信技术、云平台技术、多媒体技术、数据库互连技术、分布式对象技术相结合，以及学术研究与网络云平台服务相结合，构建一个开放且具有交互体验的儿童、青少年健全人格网络云平台。"问渠那得清如许，为有源头活水来。"儿童、青少年人格发展与教育研究是一个永恒的科研项目，随着社会的发展需要不断更新和完善，同时也需要更多致力于人格研究的学者继续努力。

后 记
POSTSCRIPT

本研究成果是我的团队、我的博士生和硕士生及全国20多所高校教师和广大的幼儿园、小学和初中教师共同合作的结晶，在此对他们深表感谢。

本书各部分的撰写分工如下：第一章由杨丽珠完成；第二章第一节由马世超、张金荣、杨丽珠完成，第二节由马世超、马振、杨丽珠完成，第三节由马世超、杜文轩、杨丽珠完成；第三章第一节由杨丽珠、张金荣（刘红云、孙岩）、马振（张金荣、沈悦）完成，第二节由沈悦、马世超、杨丽珠完成；第四章由陈靖涵、马世超、杨丽珠完成；第五章第一至第三节由潘玲、杨丽珠完成，第四节由马世超、杨丽珠、邹伟完成；第六章第一节由刘文、刘敏完成，第二节由杨丽珠、沈悦、马世超完成；第七章第一节由孙岩、刘沙、杨丽珠完成，第二节由孙岩、马亚楠、杨丽珠完成；第八章第一节由姚祝耶、杨丽珠完成，第二节由李淼、杨丽珠、杜文轩完成，第三节由徐敏、杨丽珠完成；第九章由杜文轩、杨丽珠完成；第十章第一节由刘岩、刘静、王敏楠完成，第二节由王素霞、杨丽珠、陈靖涵完成，第三节由何明影、杨丽珠、沈漪完成；第十一章第一节由高毓婉、杨丽珠完成，第二节由马振、杨丽珠完成，第三节由刘嵩晗、杨丽珠完成；第十二章第一节由孙岩、金芳、杨丽珠、何明影、沈悦完成，第二节由方乐乐、杨丽珠完成，第三节由王美娥、杨丽珠完成；第十三章由杨丽珠完成。

同时，全国幼儿健全人格培养推广实验研究地区的负责人和我的53个实验基地的幼儿园的广大师生为本书研究做出了重要贡献。

地区负责人名单如下：

北京市：北京青年政治学院，田宏杰

江苏省：南京师范大学，许卓娅

黑龙江省：哈尔滨师范大学，刘爱书

辽宁省：辽宁师范大学，孙丽华、高毓婉

山东省：鲁东大学，王慧萍

德州市直机关幼儿园，孙志国

河北省：河北大学，宋耀武
河南省：河南中医学院，潘玲
湖南省：《学前教育研究》杂志社，赵南
甘肃省：西北师范大学，郑名、路娟
青海省：青海师范大学，马亚玲
云南省：云南师范大学，陶云、姚韵红
福建省：泉州师范学院，陈秀丽
陕西省：陕西师范大学，李彩娜
广西壮族自治区：广西教育学院教育科学学院，左建中
重庆市：西南大学，苏贵民

实验基地幼儿园教师名单如下：

北京市

延庆区第五幼儿园：宋金英，田宏杰，彭美华，王腾，王佳敏，赵宇巍，赵晨思，赵荷璞，郭烨，唐文静，王桂霞，王静怡，王李烨，孟维赛，夏淑芳，卓娜，陈冲，杨敏，王晓颖，王李烨，郭欣。

北京市红苹果艺术幼儿园（延庆园）：李月英，张梦，张磊，石磊，谷春涛，崔丽丽，沈梦鸽。

江苏省

南京市北京东路小学附属幼儿园：吴邵萍，陈一平，黄双雷，马岚，刘晶，戴安琪，谢宁，顾婷婷，张优俪，陈德玲，龚梦缘，徐雯雯，尚梦妮，蒋娇娇，秦蓉。

南京仙林晨光幼儿园：唐晓洁，彭宁，高洋，张君燕，徐艳婷，魏云，周爱慧。

黑龙江省

哈尔滨市尚志幼儿园：宋丽玲，孙诺，杜鹃，许宪丽，王浩，孙激扬，杨林娣，付雪，孙福华，曾亚楠，许春红，周楠，尹天真，郭雪，姜雨婷，宋鑫宇，李可鑫。

佳木斯市小哈佛幼儿园：张琪，樊孟琪，张宝静，孙佳欢，王影，孙明丽，岳鹏杰，孙萌萌，殷善金。

佳木斯市第二实验幼儿园：曹牧，宋寰宇，陈欢，瞿莹，刘丽芳，朱佳琪，王晓莹，于淑敏，逢丽庆，刘雨，段瑛琳，吕姝璇，刘静丽，曹晶，杨海云，闻文。

哈尔滨市国脉圣田幼儿园：王凤云，孙微，朱琳，李艳飞，邵京凤，丁京京，

赵晓眷，刘金妤，孙晓丹，所佳欣，马赢赢，张迪，王静，廉欣。

辽宁省

阜新市教育幼儿园：姜巍，宗艳梅，芦超，刘宁宁，徐增利，陈墨，邵瀛莹，王千一，李剑娇，郑东溟，王雪，李昕颖，王琰，朱仙凤，刘建欣，孙振。

辽宁师范大学幼儿园：胡艳红，李正华，金纯，吴洁，隋琦，梁玉，王桂枝，刘佳佳，徐文姣，田聪，金华，马迪，吴玲，刘洋洋。

大连沙河口北大幼教东特幼儿园：娄礼梅，姜承华，赵慧霞，许丹，赵冠男，刘玉婧，赵文慧，王丽娜，王秀芸，杨磊，司源，于雪，刘洋，王丹，刘琳，赵敏。

山东省

德州市直机关幼儿园：郝娟，颜雪花，王芹，李蕊，莫冰，王桂敏，张金荣，黄英霞，王惠荣，陈安娜，赵书芹，刘秀霞，庞志霞，张泽萍，夏玉环。

德州经济技术开发区瑞吉欧幼儿园：马雪红，马丽娜，吉敬梅，李月，苏丽媛，张丽雅，肖如月，刘晓宁，苏梦，周文静，何荣荣，宋长花，莫敏敏。

烟台市福山区鼎丰幼儿园：吕姿贻，高晓娜，邢丹丹，王冰梅，张耀文，邓桦，齐琳琳，崔丽丽，刘寅泉，殷媛媛，王雪莹，张银红，张方翠。

烟台市芝罘区文化路小学幼儿园：纪学杰，丛艳荣，孙桂芹，吴晓睿，郭力华，郑蕴韬，张鸿，郭淑晓，吴晓彦，代利琴，张雁，王琰，张楠，梁乔。

河北省

石家庄外国语小学附属双语幼儿园：任爱君，马亚然，宋涛，陈萍萍，刘佳，崔筠华，刘银芬，吕晓苗，聂芳，郭晓颖，赵鑫，李琼，王琳娜，王丽红。

河北省直机关第七幼儿园：刘孟娟，刘文英，董娜娜，李静，张瑜，袁叶，任晓恬，刘丹，宋丽敏，施东钰，王鑫，刘盈盈，高春娟，张军，卢艳辉，史潇。

保定市青年路幼儿园：张春炬，李芳，栗艺文，梁丽丽，郑红玲，刘珊，梁雪静，秦雯，李苗苗，刘凡，段硕，崔颖，张春芳，房倩，王立红，朱俊然。

保定市莲池区惠嘉幼儿园：刘艳琨，刘娇娇，贾淑新，潘丽文，刘春雪，闫硕果，刘敬，付晓霞，王月焦，赵晓薇，孙伟楠，宋天艺。

河南省

郑州市高新技术产业开发区第一幼儿园：马蕾，张燕梅，李美娟，李静芬，许彦明，齐琪，牛丽娜，王梦婷，楚谦，徐巧巧，李小艳，段广丽，郭利娜，赵珍珍，文小会，冉彦玲，孟娇娇，张燕梅，王凡。

郑州市高新区六一幼儿园：付俊枝，李金耀，王慧，索孟杰，张圆圆，贺馨锐，闫婷，张红霞，王丽，付晓，赵莹雪，闫含笑，杨瑞杰，赵盈盈。

郑州市金水区第一幼儿园：刘霞，郭俊杰，靳晓颖，李想，姚成雯，邵莎莎，封瑞，陈阳，李玺，候枚汀，牛治青，武丽媛，李嘉慧，范梦迪。

郑州市金水区英玫瑰幼儿园：佟莉，申捷，董岩，葛方方，盖梦杰，郑延芬，时薪扉，李莹莹，孟慧娜，王菲菲，唐晓芬，杜重阳，张晓，江小慧，赵素霞，常铭伟，师雅利。

湖南省

长沙师范学院附属第二幼儿园：罗晓红，肖佳，肖意凡，周燕，游芳，陈飞凤，叶历群。

长沙湘龙幼儿园：罗宏春，陈静，孙艳，苏惠芳，李书林，韩倩，李双，刘艳鹏，杨思行，王敏，殷婕好，朱容英，周婷，张超峰。

湖南省水利厅幼儿园：李颖斌，李智玲，毛娟，黄花，张雨晴，方连红，张瑜，赵静，朱文硕。

长沙市万婴幼儿园：周隽，邓双，谢月玲，胡风，陈佳美，刘雅利，彭青青，喻希韵，李浓琴，戴平平，张佳，彭菊梅，邹丽娟，易欣，刘纯。

甘肃省

兰州石化幼教中心临洮街幼儿园：张颖光，吴梅，张庆兰，张琳，朱庆莉，段丽娟，董文静，谢爱英，王春清，张云燕，刘宏，赵媛，窦媛媛，袁晓晨，王彦，李洁。

兰州市实验幼儿园：刘志，景伟荣，韩月莲，高敏，李珺媛，谢鹏琪，孙嘉雯，黄玉娇，李峰，张肃豫，景伟荣，郭月媛，帅青，王丽芬，王芳梅。

陇南市武都区幼儿园：汪芳，翟婧，雍箐，任玉敏，台璐，马莉，唐红燕，文霞，张风琴，巩蓉，孙丹，马紫霞，马炜玮，张莲红。

陇南市洛塘中心小学附属幼儿园：杨永武，余敏秀，台璐，刘赵琴，寇江，王晶，袁小芳，牛芳军，李婷婷，赵静，唐红霞，杜飞，赵亚文，孟玮。

青海省

大通回族土族自治县幼儿园：蔡晓真，包淑英，刘珠，陈宝林，张芝云，赵文婷，蔡生珠，张建华，陈海燕，李克琼，严桂芳，李玉琴，郭艳，赵西，杨发霞，谢小青。

青海省军区幼儿园：马晓燕，杜海霞，铁永媛，王妮嫚，郭乐，季璟，贺晓燕，侯文琴，姜昭羽，宋璟，谭超君，何颖，程韶香，季琳，莫延静，吴国文。

西宁市城中区爱尚幼儿园：张媛，周玉娟，徐秀花，李晓玉，张廷花，尚国莲，李建玲，冶春青，吴雪垠，马蓉，王鹤，冶金兰，卢桂娟，王金芳，文继先。

黄南藏族自治州幼儿园：王海琼，夏吾卓玛，琪琪珂，白茹，刘国发，牛俊茹，黄慧丽，祁雪琴，鲍玉兰，完德吉，王莉，白春燕。

云南省

中国人民解放军 78300 部队机关幼儿园：和晓春，李敏，李卫萍，马静，张萍，孙璟，白鸽，李璐，郭春村，李静，邓超，马瑶，李钰雅，潘琪蓉，朱楠楠，李莉，谢依婷。

曲靖市翰森贝迪幼儿园：张晓祎，刘加，吕亚君，缪艳，张雪梅，勾坤琴，周荣惠，吕琼媛，王君艳，陈燕南，王子兰，张蓉，徐玲艳，刘娅苹。

普洱市思茅区幼儿园：阳晓，李丽玲，程本俊云，汤柳，陆汉梅，魏春丽，金晓燕，张晓梅，程娅，肖兴凤，刘春丽，袁梦，杨谐，周易，雷碧岚。

普洱市思茅区兴希望幼儿园：罗圆圆，钟永芳，袁德秀，陈晓梅，杨易萍，许梅，李秋萍，苏璐瑶，杨忠菊，李珊珊，周兴会，刘婷婷，雷晓萍。

福建省

泉州市丰泽区实验幼儿园：徐小静，龚晓燕，黄清华，邵宇宁，刘金花，郑丽萍，刘嫣嫣，林媛玲，康云丽，庄静鸿，吴清梅，王晓菲。

泉州市丰泽区圣湖幼儿园：林碧珠，黄青青，房秀梅，陈艺虹，黄冰冰，何小兰，李芳，周冰玲，康桂凤，杨坤玉，蔡银兰，杜春丽，陈帅帅，石燕芬。

厦门市仙岳幼儿园：吴山红，赵云，宋金霞，张文卿，冯聪真，李泰芳，方红，许婕，李洁，曾萍萍，李慧卿，尤桂英，李珊珊，陈碧华，赖丽娜，张研玲，林龙琴，林飞鸣。

厦门市湖里区蔡塘幼儿园：汪怡红，蔡瑾辉，李伟，钟缘琴，曾淑琼，黄敏，杜双凤，吴冰冰，陈淑云，陈惠鑫，黄婷婷，郭菁，张丹琴，吴晓翠，任珊，刘永丹，邱秀芳，余惠灵，蒋燕妮。

陕西省

陕西师范大学幼儿园：高东慧，郭晓雪，冯小雅，曹钰，李云，魏旸，胡海倩，高晓茹，孙楠，周娟，刘华，肖平，刘雷，李玉莲。

西安市金色摇篮车城幼儿园：赵京玲，吴菲，聂茜，李红妮，宋欣，杨慧，于娜，安小兴，付云利。

广西壮族自治区

广西壮族自治区直属机关第二幼儿园：诸葛慧慧，李比兰，黄紫楹，丘丽芬，谭红，李丽华，梁康利，黄晓燕，唐文晓，蒙琦，陈国群，林瑞青，赵倩，谭丹丹，秦红梅。

梧州市一幼玥城实验幼儿园：梁尼，冯星星，陈韵，陈敏凤，童嘉锐，梁嘉茵，李桂岚，唐丽萍，吴雪清，唐嘉慧，黎海军，刘静，欧丽敏，钟莹。

南宁市江南区铭恩德艺幼儿园：张秀莲，王宏，韦春柳，钟晓茜，陆培云，韦爱芬，黄惠，雷善，方丽丽，韦灵敏，陆冰冰，黄玲，敖显俊，黄小丽，卢丽玲。

梧州市第一幼儿园：谢冬妮，封云，关瑜，陈彩玉，邱琼霞，黎晓健，傅碧琼，庄榕，陈小宁，黄爱华，吴瑞卿，唐珺，李科，石文，莫楚萍，陈韵晨，曹盈，刘钰昊。

重庆市

渝中区区级机关幼儿园：庞青，赵璐，王珂，庄莉，黄玉婷，殷艳，熊菡，石双萍，易丹，柯玲玲，胡玥君，赵迪，王江琴。

渝中区金点幼儿园：翁昌群、张洪冉、周小琴、丁彦、秦彩莲、周晓娅、冯霞、罗小凤、筒天莹、蒋坤莉、王玲、苏秀娟、雷静、陈欣、郑佳利、李红。

杨家坪启蒙幼儿园：秦文，蒋红梅，龚亮，任桂梅，彭和旭，刘芳，聂晓红，汤思露，许云云，彭忠艺，付静，许灿，涂霞，刘美兰，蒋梅，陶周惠，黄迪，张玲玲。

九龙坡区区机关幼儿园：刘颖，刘丽，胡广萃，刘竹青，番莉，潘映竹，曾微，杨利海，赵小舟，曹梦雪，林瑶，邓叶，刘芮言，曾凡娜。